FACHWERK PHYSIK

Gesamtband

Baden-Württemberg

Cornelsen

FACHWERK
PHYSIK

Autorinnen und Autoren:
Herbert Fallscheer, Bettina Missale, Markus Wacker M. A., Johanna Wetzel

Fachdidaktische Beratung: Herbert Fallscheer

Redaktion: Jan Philipp Bornebusch, Dr. Christian Spitz

Redaktionelle Mitarbeit: Thorsten Berndt, Jonas Herrmann

Illustration und Grafik: Atelier Tigercolor, Tom Menzel; Matthias Pflügner; Walther-Maria Scheid

Umschlaggestaltung: Zweimanns Grafik; Michaela Müller für agentur corngreen, Leipzig

Layout und technische Umsetzung: zweiband.media, Berlin

Begleitmaterialien zum Lehrwerk:

978-3-06-010405-5	E-Book
978-3-06-011377-4	Lösungen
978-3-06-010706-3	Kopiervorlagen
978-3-06-015872-0	Begleitmaterial auf USB-Stick mit Unterrichtsmanager und E-Book auf scook
978-3-06-015875-1	Gefährdungsbeurteilungen

www.cornelsen.de

Dieses Werk enthält Vorschläge und Anleitungen für Untersuchungen und Experimente. Vor jedem Experiment sind mögliche Gefahrenquellen zu besprechen. Beim Experimentieren sind die Richtlinien zur Sicherheit im Unterricht einzuhalten.

1. Auflage, 2. Druck 2017

Alle Drucke dieser Auflage sind inhaltlich unverändert und können im Unterricht nebeneinander verwendet werden.

Druck: Firmengruppe APPL, aprinta Druck, Wemding

ISBN 978-3-06-011376-7

PEFC
PEFC/04-32-0928

PEFC zertifiziert
Dieses Produkt stammt aus nachhaltig bewirtschafteten Wäldern und kontrollierten Quellen.

www.pefc.de

Inhalt

3 Grundgrößen der Elektrizität 98

4 Magnetismus und Elektromagnetismus 142

5 Einfache Bewegungen 162

6 Wirkung von Kräften 184

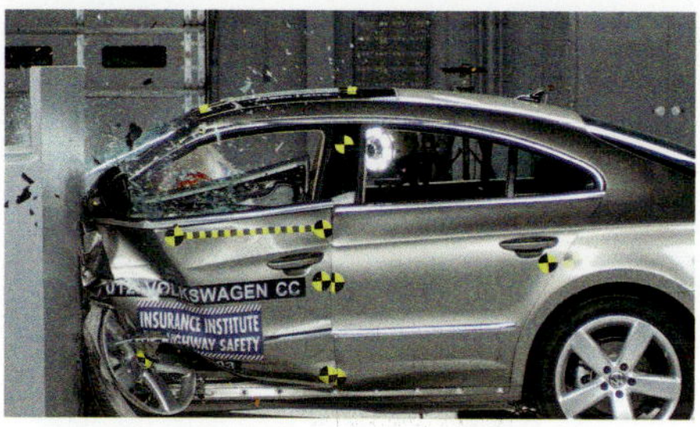

7 Elektromagnetische Induktion 226

8 Wärme 254

9 Struktur der Materie 290

Anhang

Rallye durch dein Buch

Sicherlich hast du in deinem neuen Buch schon herumgeblättert. Damit du dich darin gut zurechtfindest, bearbeite die folgenden zehn Aufgaben. Notiere die Antworten auf die Fragen in deinem Heft. Danach weißt du genau, was dir dein neues Buch alles bietet. Viel Spaß!

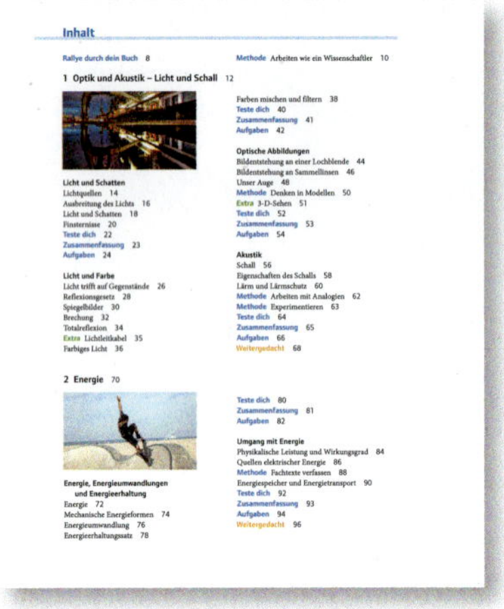
Inhalt

1 Schlage das **Inhaltsverzeichnis** in deinem Buch auf. Lies alle fett gedruckten Hauptthemen durch. Du erfährst, was du in den kommenden Schuljahren lernen wirst. Hast du Fragen zu einem bestimmten Thema? Notiere sie.

2 Alle Kapitel beginnen mit einer **Eröffnungsseite** mit Bildern, zu denen Fragen gestellt werden. Bilder und Fragen geben dir einen Einblick in die Inhalte des Kapitels. Notiere, was dir die Bilder auf der Eröffnungsseite des Kapitels „Optik und Akustik – Licht und Schall" über den Inhalt des Kapitels sagen und formuliere Vermutungen zu den Fragen.

3 Auf den **Grundseiten** erhältst du Informationen zu einem bestimmten Thema. Auf den Seiten 20/21 geht es um Sonnen- und Mondfinsternisse. Erkläre mit einer Zeichnung den Unterschied zwischen den beiden Finsternissen.

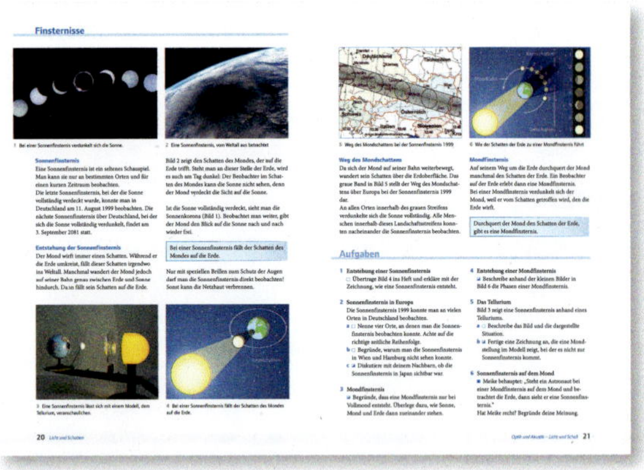

Nur Eisen, Nickel und Cobalt sowie einige Materialien, die diese Stoffe enthalten, werden von Magneten angezogen. Diese Stoffe heißen ferromagnetisch und können magnetisiert werden.

Eisen, Nickel und **Cobalt** werden von Magneten angezogen und lassen sich magnetisieren.

Aufgaben

3 Magnetische Gegenstände
a □ Nenne fünf magnetische Gegenstände und fünf nicht-magnetische Gegenstände.
b ◪ Nenne Alltagsanwendungen für Magnete.

4 Alle Grundseiten enthalten **Merksätze**, in denen das Wichtigste noch einmal zusammengefasst ist. Es folgen **Aufgaben** mit Symbolen, die dir zeigen, wie hoch der Schwierigkeitsgrad ist: □ einfach, ◪ mittel, ■ schwer. Lies den Merksatz auf Seite 145. Nenne Gegenstände, die sich von einem Magnet anziehen lassen, und finde heraus, woraus sie bestehen.

5 Überall im Buch wird dir gezeigt, mit welchen **Methoden** du arbeiten kannst, um naturwissenschaftliche Fragen zu untersuchen, zu verstehen und die Ergebisse zu präsentieren. Suche die Methodenseite „Projektarbeit" im Inhaltsverzeichnis und notiere die wichtigsten Schritte bei der Arbeit an einem Projekt. Die Methodenseiten sind im Inhaltsverzeichnis **blau** hervorgehoben.

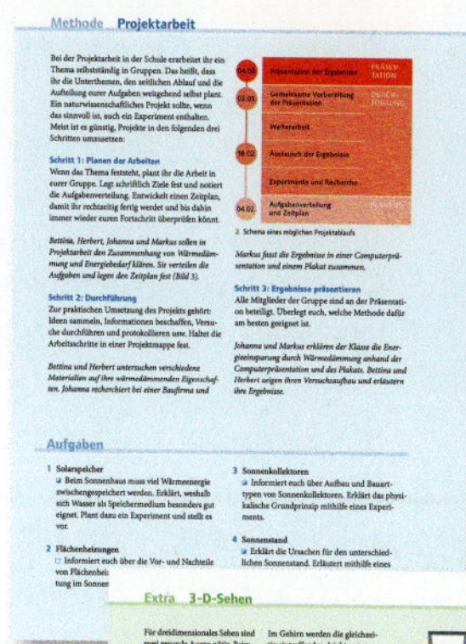

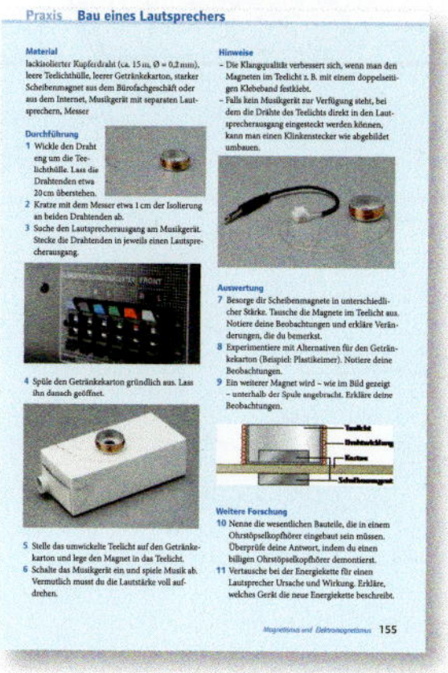

6 Anleitungen für praktische Untersuchungen, wie z. B. Experimente oder den Bau von Modellen, findest du auf den **Praxisseiten**. Lies auf Seite 155 nach. Schreibe auf, welche Materialien du für den Bau eines einfachen Lautsprechers benötigst.

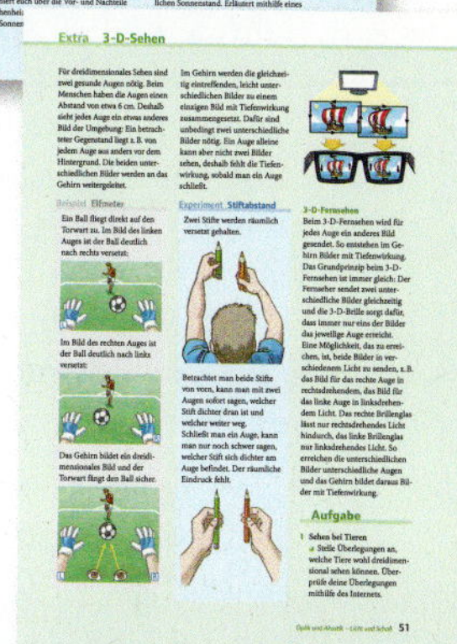

7 Auf **Extra-Seiten** werden Themen aus anderen Bereichen von Natur und Technik angesprochen. Einige sollen euch zur Diskussion anregen. Benenne das Thema, das auf der Seite 51 behandelt wird.

8 Gegen Ende eines jeden Unterkapitels findest du auf der „**Teste dich**"-Seite Aufgaben, mit denen du dein Wissen überprüfen kannst. In der gegenüberliegenden **Zusammenfassung** sind noch einmal alle wichtigen Inhalte des Unterkapitels zusammengestellt. Beschreibe das große Bild auf Seite 205. Kannst du dir vorstellen, was es mit dem Begriff „Kraft" zu tun hat?

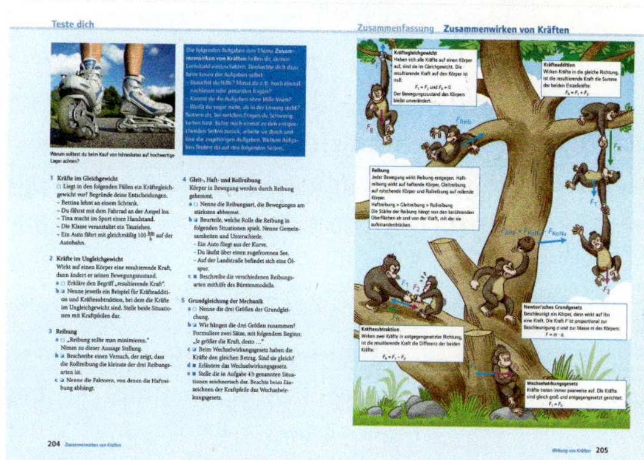

9 Knifflige und spannende Aufgaben findest du auf den **Weitergedacht-Seiten** am Ende jedes Kapitels. Sie sind umfangreicher als die normalen Aufgaben und verknüpfen oder erweitern das, was du im Kapitel gelernt hast. Erkläre, wie man mit dem Solarkocher auf Seite 289 auch ohne elektrischen Strom kochen kann.

10 Am Ende des Buchs findest du einen Anhang mit einer Reihe von Seiten zum Nachschlagen. Hier kannst du z. B. nachsehen, wenn du die **Lösungen** zu den „Teste dich"-Aufgaben nachlesen möchtest oder wissen willst, wie bestimmte **Arbeitsaufträge** zu verstehen sind.
Wenn du Informationen zu einem Fachwort suchst, kannst du ins **Register** schauen. Hier findest du alle Seiten, auf denen du wichtige Informationen zu dem Begriff erhältst. Notiere alle Seiten, auf denen der Begriff „Kernkraftwerk" vorkommt.

Arbeiten wie ein Wissenschaftler

Unwetter stört Ultratriathlon

Blitz und Donner: Athleten dürfen nicht ins Wasser

NORDINGERSIEL **Wegen eines schweren Gewitters musste die Schwimmstrecke durch einen Strandlauf ersetzt werden.**

Einmal im Jahr trifft sich die deutsche Ultratriathlon-Elite in Nordingersiel, um 4 km zu schwimmen, 180 km Rad zu fahren und anschließend noch einen Marathon (42 km) zu absolvieren. Während die Ausdauerathleten letztes Jahr mit einem Wintereinbruch und Temperaturen um den Gefrierpunkt zu kämpfen hatten, wirbelte dieses Jahr ein Unwetter den Ablauf durcheinander. Weil zur Startzeit um 5 Uhr in der Früh ein schweres Gewitter aufzog, hätte Schwimmen im Meer für die Sportler Lebensgefahr bedeutet. Also ersetzte der Veranstalter die Schwimmstrecke kurzerhand durch einen ebenso langen Strandlauf.

„Das hat meinen Rhythmus völlig durcheinandergebracht. Auf dem Fahrrad hatte ich dann richtig schlechte Beine. Aber am Ende hat es ja gereicht", kommentierte Marcus Ellwanger, der nach 10 Stunden und 55 Minuten triumphierend als Erster die Ziellinie überquerte. *jpb*

1 Ein Gewitter verhindert den Triathlon.

2 Mayas Versuchsskizze aus Schritt 3

Aus Beobachtungen im Alltag ergeben sich oft Fragen. Experimente helfen, diese Fragen zu beantworten. Mithilfe von Experimenten lassen sich auch technische Anwendungen besser verstehen.

Schritt 1: Beobachtungen und Fragen

Durch genaues Beobachten und Hinterfragen können Anlässe für Fragen entstehen.

Beim Lesen des Zeitungsartikels überlegt sich Maya, warum das Schwimmen abgesagt wurde. Warum darf man bei Gewitter nicht im Wasser sein?

Schritt 2: Vermutung aufstellen

Auf die Frage ergeben sich mögliche Antworten. Kann man diese Antworten nicht begründen, so formuliert man sie zunächst als Vermutungen. Diese Vermutung muss überprüft werden.

Maya weiß, dass die Blitze eines Gewitters etwas mit Elektrizität zu tun haben. Sie vermutet: Wenn ein Blitz ins Wasser einschlägt, leitet das Wasser vielleicht den elektrischen Strom. Das könnte für einen Menschen im Wasser gefährlich werden.

Schritt 3: Experiment planen

Bei der Planung eines Experiments muss man sich überlegen, welche Bedingungen der Wirklichkeit für die Überprüfung der Vermutung wichtig sind. Diese müssen sich im Experiment wiederfinden.
Zur Planung des Experiments gehört eine Skizze des Versuchsaufbaus, eine Materialliste und eine Durchführungsbeschreibung.

Das Meer stellt Maya mit einem Glas voll Wasser nach. Als Quelle des elektrischen Stroms verwendet sie eine Batterie.

Um nachweisen zu können, dass elektrischer Strom fließt, baut sie noch ein Glühlämpchen in den Stromkreis ein.

Materialliste:
- *Glasgefäß mit Leitungswasser*
- *Batterie (4,5 V)*
- *Experimentierkabel und Klemmen*
- *Glühlampe (3,8 V; 0,07 A) mit Fassung*

Schritt 4: Experiment durchführen und dokumentieren

Das Experiment wird wie geplant aufgebaut und durchgeführt. Dabei erhält man Versuchsergebnisse. Diese werden in einem geeigneten Protokoll aufgeschrieben.

Maya baut den Versuch wie in ihrer Skizze auf. Als sie den Stromkreis schließt, stellt sie fest, dass die Lampe nicht leuchtet. Maya notiert diese Beobachtung.

Schritt 5:
Experiment auswerten

Wenn das Versuchsergebnis der Vermutung entspricht, ist die Vermutung eine gute Erklärung für die Beobachtung.
Wenn das Versuchsergebnis die Vermutung widerlegt, muss der Versuchsaufbau verbessert oder eine neue Vermutung formuliert werden.

Das Versuchsergebnis passt nicht zu Mayas Vermutung. Das Leitungswasser leitet den elektrischen Strom anscheinend nicht gut.

Mayas Bruder Max gibt ihr den Hinweis, dass sie es doch mit Salzwasser versuchen soll. Also formuliert Maya eine neue Vermutung und durchläuft die Schritte 3 bis 5 noch einmal, aber diesmal mit Salzwasser:
Die Lampe beginnt schwach zu leuchten und wird umso heller, je mehr Salz Maya ins Wasser einrührt.

Die Erkenntnis des Experiments lautet für Maya, dass der elektrische Strom umso besser im Wasser geleitet wird, je mehr Salz im Wasser gelöst ist.

Schritt 6:
Erklärung

Die Antwort zur ursprünglichen Frage wird mithilfe der Erkenntnisse aus dem Experiment begründet.

Auch im Wasser von Meeren und Seen sind Salze gelöst, die den elektrischen Strom des Blitzes leiten. Deshalb ist Schwimmen im Freien bei Gewitter sehr gefährlich.

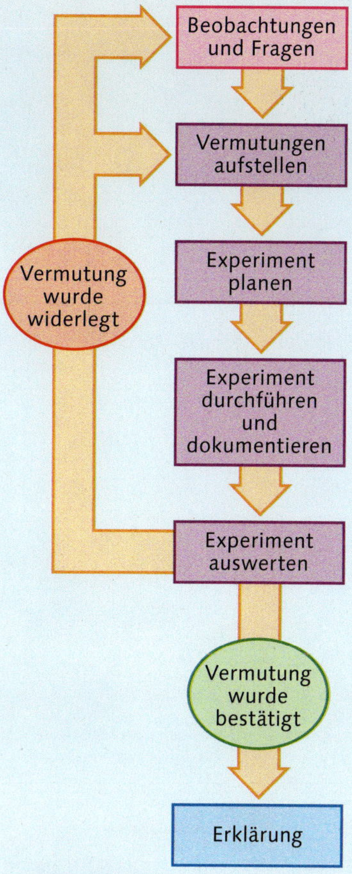

3 Ablauf der experimentellen Methode

4 Gefahrensymbol

Aufgaben

1 Test mit der Brille
Beschreibe ein Experiment, mit dem du überprüfen kannst, ob ein Brillengestell den elektrischen Strom leitet.

2 Gefährlich oder nicht?
Beschreibe Situationen in Küche und Badezimmer, in denen es mit Elektrizität gefährlich werden kann.

Umgang mit Elektrizität

Elektrischer Strom kann bei Menschen zu Verletzungen und sogar zum Tod führen. Daher muss man bestimmte Regeln einhalten, die einen sicheren Umgang mit dem elektrischen Strom ermöglichen.

1. Experimentiere niemals mit Steckdosen. Handelsübliche Batterien bis zu 9 V sind ungefährlich.
2. Metalle leiten den elektrischen Strom. Berühre daher keine blanken Drähte, sondern verwende immer Leitungen mit Kunststoffmantel.
3. Auch Leitungswasser kann den elektrischen Strom leiten, besonders wenn eine Steckdose als Energiequelle dient. Verwende deshalb keine elektrischen Geräte, wenn du auf nassem Boden stehst.
4. Baue elektrische Schaltungen stets bei ausgeschaltetem Strom auf. Überprüfe deine Schaltung vor dem Einschalten genau.
5. Wo der elektrische Strom für dich lebensgefährlich werden kann, sind oft Warnschilder wie in Bild 4 angebracht. Beachte dies besonders wenn du Drachen steigen lässt.
6. Wenn du zu Hause ein Experiment mit elektrischem Strom durchführen möchtest, bitte vorher deinen Lehrer oder deine Lehrerin um Rat.

1

Optik und Akustik – Licht und Schall

Warum sieht man auf der Wasseroberfläche ein Spiegelbild?

Großvater, warum hast du so große Augen?

Warum sieht man manchmal Sonnenstrahlen?

Lichtquellen

1 Flutlicht im Stadion

2 Gruselige Lichtershow

Selbstleuchtende Körper

Flutlicht erleuchtet das Stadion. Das Licht wird von Scheinwerfern erzeugt. Da Scheinwerfer das Licht selbst erzeugen, nennt man sie selbstleuchtende Köper oder Lichtquellen.

> Lichtquellen sind selbstleuchtende Körper. Das heißt, sie erzeugen das Licht selbst.

Natürliche Lichtquellen sind die Sonne, Sterne oder Glühwürmchen, aber auch Polarlichter, Blitze, Feuer und Leuchtalgen.
Künstliche Lichtquellen werden vom Menschen hergestellt. Dazu gehören Öllampen, Glühlampen, LEDs und Laser.

Beleuchtete Körper

Das Gesicht wird von einer Taschenlampe angestrahlt. Es scheint selbst zu leuchten. Das Gesicht wirft aber nur das Licht der Taschenlampe zurück: Es reflektiert Licht. Gesichter erzeugen selbst kein Licht. Sie sind beleuchtete Körper.

> Beleuchtete Körper erzeugen selbst kein Licht. Sie reflektieren nur das Licht, das von einer Lichtquelle auf sie fällt.

Jede Blume, jeder Gegenstand, den man sieht, der kein selbstleuchtender Körper ist, ist ein beleuchteter Körper. Zu den beleuchteten Körpern gehören auch der Mond und die Planeten.

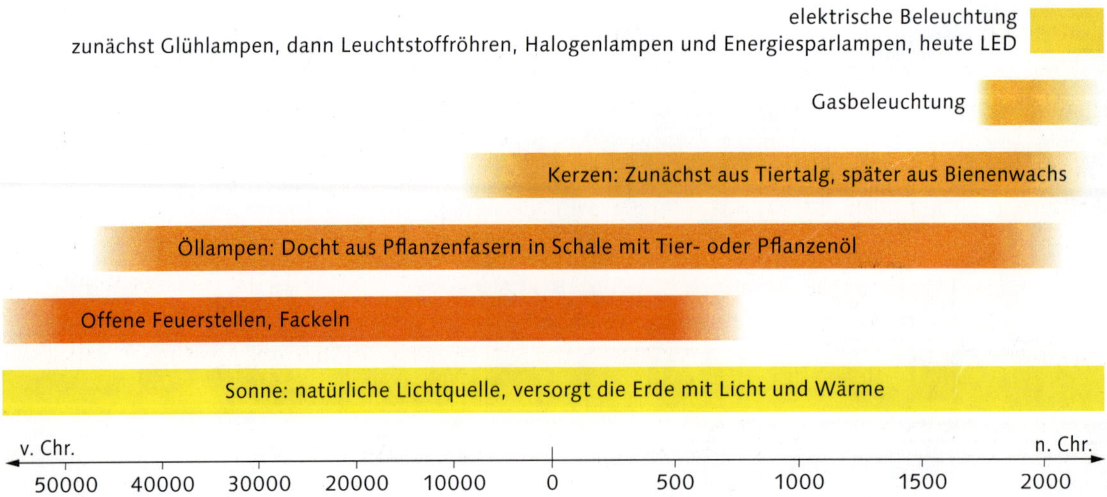

3 Geschichte der Lichtquellen

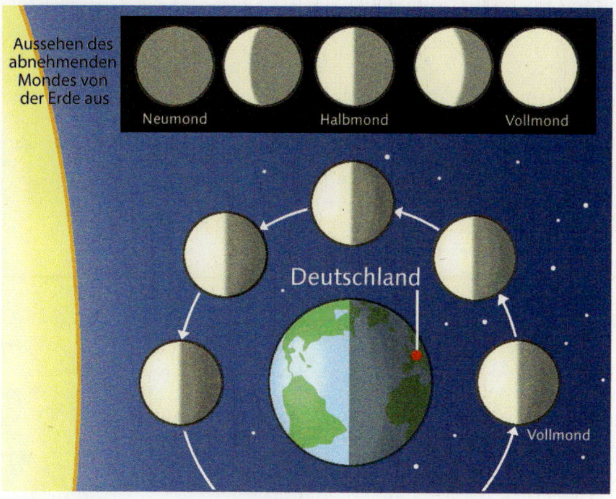

4 Entstehung der Mondphasen

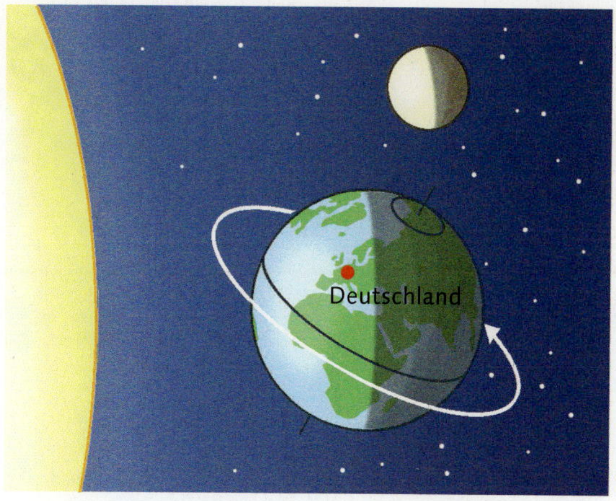

5 Entstehung von Tag und Nacht

Mondphasen

Betrachtet man, wie sich Sonne, Erde und Mond durchs Weltall bewegen, so kann man den Wechsel von Tag und Nacht und die Entstehung der Mondphasen erklären.

Die Mondphasen entstehen durch das Licht der Sonne. Die Sonne strahlt immer eine Hälfte des Mondes an, die andere Hälfte bleibt dunkel. Der Mond kreist jedoch um die Erde. Dadurch verändert sich, welchen Teil der beleuchteten Mondhalbkugel man von der Erde aus sieht. Die nicht beleuchtete Hälfte des Mondes kann man von der Erde aus nicht sehen. Sie hebt sich nicht vom dunklen Weltall ab.
Kann man von der Erde die angestrahlte Seite des Mondes vollständig sehen, ist **Vollmond**.
Wandert der Mond auf seiner Bahn um die Erde weiter, dann sieht man den abnehmenden Mond. Ist vom Mond nur noch ein leuchtender Halbkreis zu sehen, ist **Halbmond**.
Nach einer weiteren Viertelrunde auf der Bahn um die Erde wendet der Mond der Erde seine dunkle, unbeleuchtete Hälfte zu und ist nicht mehr zu sehen. Es ist **Neumond**.
Eine halbe Umrundung später sieht man wieder voll auf die angestrahlte Seite des Mondes: Es ist wieder Vollmond.

> Die Mondphase hängt davon ab, welcher Teil der beleuchteten Hälfte des Mondes gerade von der Erde aus sichtbar ist.

Tag und Nacht

Auf der angestrahlten Seite der Erde ist Tag. In Bild 5 markiert ein roter Punkt Deutschland. Dreht sich die Erde weiter, wandert Deutschland auf die Schattengrenze zu. An der Schattengrenze sieht man von Deutschland aus den Sonnenuntergang. Danach dreht sich die Erde weiter und es wird Nacht. Deutschland befindet sich nun auf der unbeleuchteten Seite der Erde.

> Tag und Nacht entstehen durch die Drehung der Erde im Licht der Sonne.

Aufgaben

1 Lichtquellen

a □ Erläutere, was eine Lichtquelle ist.

b ◪ Nenne je drei Beispiele für künstliche und natürliche Lichtquellen.

2 Beleuchtete Körper

a □ Nenne je drei Beispiele für Lichtquellen und beleuchtete Körper.

b ◪ Erkläre den Unterschied zwischen Lichtquellen und beleuchteten Körpern.

3 Sonne und Mond

■ Beschreibe mit eigenen Worten, wie Tag, Nacht und die Mondphasen entstehen.

Ausbreitung des Lichts

1 Nebel im Wald lässt uns Lichtstrahlen sehen.

2 Das Licht wird von der Blume in unser Auge umgelenkt.

Lichtausbreitung

Bei Nebel kann man im Wald manchmal Sonnenstrahlen sehen. Verlängert man die Sonnenstrahlen in Gedanken zurück zu ihrem Ursprung, erkennt man, dass sie alle von der Sonne ausgehen.
Das Licht jeder Lichtquelle breitet sich geradlinig aus. Eine Lichtquelle schickt unendlich viele Lichtstrahlen in alle Richtungen.

Licht breitet sich geradlinig aus. Die Strahlen beginnen an der Lichtquelle und breiten sich in jede Richtung aus.

Wann kann man Gegenstände sehen?

Trifft Licht auf einen Gegenstand, wird es umgelenkt. Fällt das vom Gegenstand umgelenkte Licht in unser Auge, können wir ihn sehen.

Man kann Körper sehen, wenn von ihnen Licht in unser Auge umgelenkt wird.

Sonnenstrahlen wie in Bild 1 kann man nur sehen, weil die Wassertröpfchen des Nebels das Licht in unser Auge umlenken. Der Weg des Lichts ist ansonsten unsichtbar.

Experiment Lichtbündel sichtbar machen

Zunächst bespannt man ein Haushaltssieb mit Aluminiumfolie und stellt eine Lampe mit kleiner Wendel unter das Sieb. Sticht man nun ein kleines Loch in die Folie, ist vom Licht zunächst nichts zu sehen. Schüttelt man nun über dem Sieb Kreidestaub aus einem Lappen, wird ein Lichtbündel sichtbar.
Das Licht wird von den kleinen Kreidestaubkörnern reflektiert und gelangt so ins Auge. Deshalb kann man den Lichtstrahl sehen.
Sticht man weitere Löcher in die Folie, sieht man im Kreidestaub mehrere Lichtbündel. Aus ihrem Verlauf lässt sich die Position der Lampe ermitteln. Denn alle Lichtbündel führen von der Lampe geradlinig nach außen.

3 Kreidestaub macht Lichtbündel sichtbar.

Extra Lichtstrahlen

4 Ein Lichtstrahl entsteht mithilfe von Blenden.

Die Strahlen einer Lichtquelle breiten sich in alle Richtungen aus. Engt man das Licht der Lichtquelle mit einer Blende ein, so spricht man von einem Lichtbündel.
Ein Lichtbündel beginnt immer in einem Punkt: an der Lichtquelle. Es breitet sich von dort geradlinig aus. Dabei läuft es wie ein Kegel immer weiter auseinander. Trifft ein Lichtbündel auf eine Wand, entsteht dort ein Lichtfleck.

Ein Lichtbündel lässt sich immer weiter einengen. Ein unendlich dünnes Lichtbündel bezeichnet man als Lichtstrahl. Trifft so ein Lichtstrahl auf eine Wand, entsteht dort ein Lichtpunkt.

Lichtstrahlen gibt es in Wirklichkeit nicht, nur Lichtbündel. Lichtstrahlen sind eine Modellvorstellung, die hilft, Beobachtungen bei Experimenten zu erklären.

Aufgaben

1 Lichtausbreitung
□ Beschreibe, wie sich das Licht von einer Lichtquelle ausbreitet.

2 Sehen
◪ Erkläre, wann man einen Gegenstand sehen kann. Verwende Bild 2 als Erklärungshilfe.

3 Freche Schnecke
a □ Beschreibe, warum Lotta die Schnecke sehen kann.
b ◪ Zeichne ein Bild mit Lichtstrahlen, an dem man erkennen kann, dass die Schnecke auch Lotta sehen kann. Erläutere deine Zeichnung.

4 Experiment
◪ Beschreibe das Experiment „Lichtbündel sichtbar machen“ mit eigenen Worten. Fertige zur Erklärung eine Zeichnung an.

5 Lichtstrahl und Lichtbündel
■ Erkläre den Unterschied zwischen einem Lichtstrahl und einem Lichtbündel.

6 Lichtschwerter
◪ Erkläre mit deinem Wissen über den Sehvorgang und die Ausbreitung des Lichts, warum die Darstellung von Lichtschwertern in Filmen falsch ist.

Licht und Schatten

1 Ein Schattenhund entsteht aus geschickter Handhaltung.

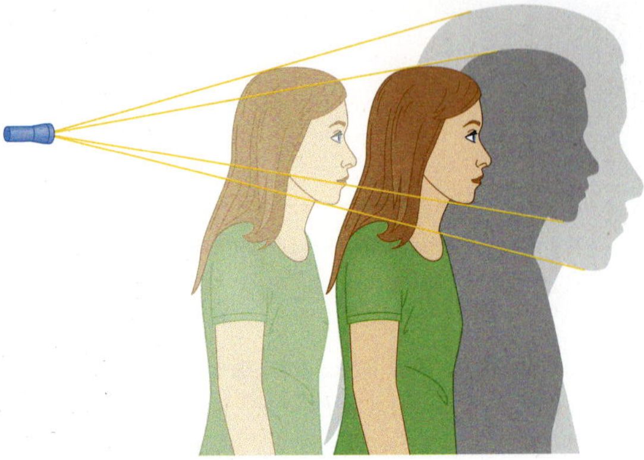

2 Die Schattengröße lässt sich zeichnerisch voraussagen.

Schattenentstehung

Mit den Händen kann man ganz verschiedene Schattenfiguren bilden.

Lichtstrahlen breiten sich von einer Lichtquelle gradlinig aus. Treffen sie auf einen Gegenstand, verhindert dieser die Lichtausbreitung: Ein Schatten entsteht.
Steht hinter dem Gegenstand zum Beispiel eine Wand, entsteht darauf ein **Schattenbild**. Nur die Form des Gegenstands wird als Schattenbild abgebildet. Deshalb wird aus den geschickt geformten Händen ein Schattenhund.

> Schatten entstehen, wenn Körper die Ausbreitung des Lichts verhindern. Auf einer Wand entsteht ein Schattenbild.

Größe des Schattens

Das Mädchen in Bild 2 wirft einen Schatten. Die gelben Linien zeigen den Verlauf der Lichtstrahlen. Rutscht das Mädchen dichter an die Lichtquelle heran, so vergrößert sich ihr Schatten.

Es gibt zwei Möglichkeiten, die Größe des Schattens zu verändern. Verkleinert man den Abstand zwischen Lichtquelle und Gegenstand, wird der Schatten größer. Vergrößert man den Abstand zwischen Gegenstand und Wand, indem man die Wand bewegt, vergrößert sich der Schatten ebenfalls.

> Je größer das Schattenbild sein soll, desto kleiner muss der Abstand zwischen Lichtquelle und Gegenstand sein und desto größer muss der Abstand zwischen Gegenstand und Wand sein.

Extra Ausgedehnte Lichtquellen

Im Alltag begegnet man meist ausgedehnten Lichtquellen wie der Sonne oder Neonröhren. Ausgedehnte Lichtquellen werfen keinen scharf abgegrenzten Schatten. Stattdessen gibt es einen nach außen heller werdenden Übergangsbereich. Diesen Bereich nennt man Übergangsschatten oder *Teilschatten*. Stellt man sich in den Teilschatten, kann man von dort aus noch immer einen Teil der Lichtquelle sehen.
Der ganz dunkle, lichtlose Bereich, von dem aus kein Teil der Lichtquelle zu sehen ist, wird *Kernschatten* genannt.

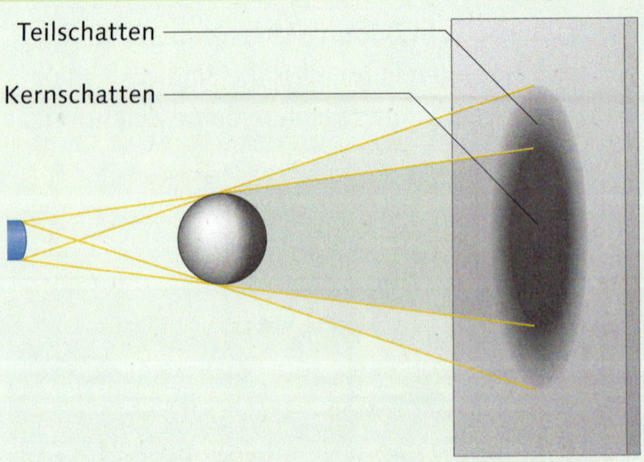

3 Schatten einer ausgedehnten Lichtquelle

4 Zwei Lichtquellen beleuchten einen Körper.

Kernschatten

Die Lichtquellen in Bild 4 ergeben ein besonderes Schattenbild. Es gibt einen dunklen und zwei hellere Schattenbereiche.
Jede Lichtquelle erzeugt einen eigenen Schatten. In den Bereich, in dem sich die Schatten überlagern, fällt kein Licht. Diesen Bereich nennt man **Kernschatten**. Die helleren Schattenbereiche werden jeweils nur von einer Lichtquelle beleuchtet.

> Der Kernschatten ist der Bereich, den kein Licht erreicht.

Experiment Schattendinosaurier im Ei

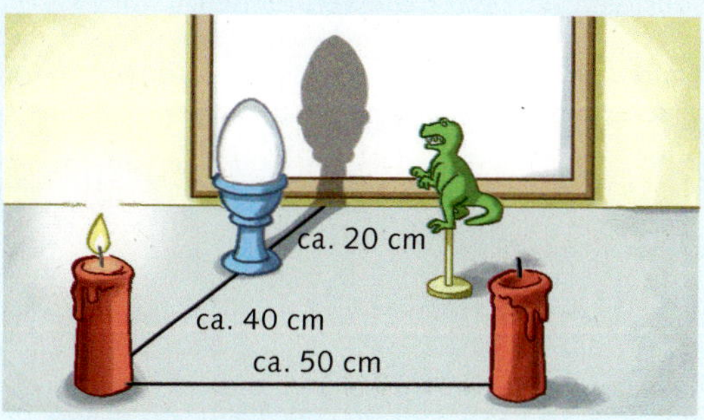

Zündest du die erste Kerze an, siehst du das Schattenbild des Eies auf dem Schirm. Der Schatten des Dinos fällt neben den Schirm und ist nicht sichtbar.
Zündest du die zweite Kerze an, überlagern sich der Schatten des Eises und der des Dinos. Jetzt sitzt ein kleiner Schattendino im Ei.

Aufgaben

1 Passende Schatten

□ Welcher Schatten ist der richtige? Begründe jeweils deine Antwort.

2 Schattengröße

a □ Beschreibe, wovon die Größe eines Schattens abhängt.

b ◪ Erkläre, wie man ein möglichst kleines Schattenbild erzeugt.

3 Experiment mit zwei Lichtquellen

a ◪ Erkläre, wie im Experiment der Dino ins Ei kommt.

b ◪ Wie musst du die Abstände von Ei und Dino zum Schirm verändern, damit ein riesiger Dino entsteht, der ein kleines Ei frisst? Fertige eine Skizze an.

4 Schattenbilder zusammensetzen

a ◪ Die abgebildete Schattenflasche entsteht aus den Schatten verschiedener Gegenstände. Beschreibe, wie aus den Schatten der einzelnen Gegenstände der Eindruck einer Schattenflasche entsteht.

b ■ Versuche auf gleiche Weise den Schatten eines Tiers zusammenzusetzen. Fotografiere dein Ergebnis.

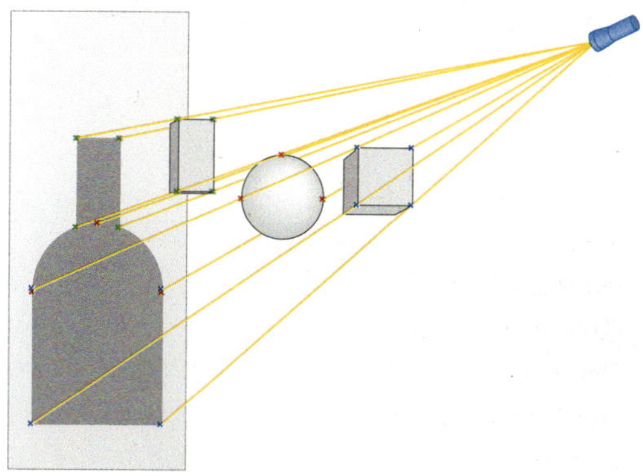

Finsternisse

1 Bei einer Sonnenfinsternis verdunkelt sich die Sonne.

2 Eine Sonnenfinsternis, vom Weltall aus betrachtet

Sonnenfinsternis

Eine Sonnenfinsternis ist ein seltenes Schauspiel. Man kann sie nur an bestimmten Orten und für einen kurzen Zeitraum beobachten.
Die letzte Sonnenfinsternis, bei der die Sonne vollständig verdeckt wurde, konnte man in Deutschland am 11. August 1999 beobachten. Die nächste Sonnenfinsternis über Deutschland, bei der sich die Sonne vollständig verdunkelt, findet am 3. September 2081 statt.

Entstehung der Sonnenfinsternis

Der Mond wirft immer einen Schatten. Während er die Erde umkreist, fällt dieser Schatten irgendwo ins Weltall. Manchmal wandert der Mond jedoch auf seiner Bahn genau zwischen Erde und Sonne hindurch. Dann fällt sein Schatten auf die Erde.

Bild 2 zeigt den Schatten des Mondes, der auf die Erde trifft. Steht man an dieser Stelle der Erde, wird es auch am Tag dunkel: Der Beobachter im Schatten des Mondes kann die Sonne nicht sehen, denn der Mond verdeckt die Sicht auf die Sonne.

Ist die Sonne vollständig verdeckt, sieht man die Sonnenkorona (Bild 1). Beobachtet man weiter, gibt der Mond den Blick auf die Sonne nach und nach wieder frei.

> Bei einer Sonnenfinsternis fällt der Schatten des Mondes auf die Erde.

Nur mit speziellen Brillen zum Schutz der Augen darf man die Sonnenfinsternis direkt beobachten! Sonst kann die Netzhaut verbrennen.

3 Eine Sonnenfinsternis lässt sich mit einem Modell, dem Tellurium, veranschaulichen.

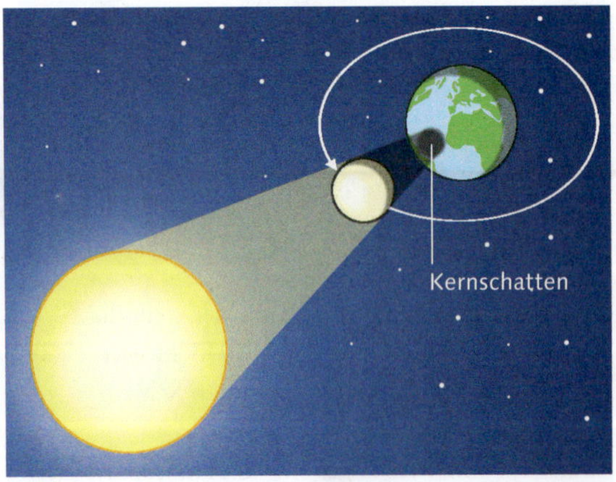

4 Bei einer Sonnenfinsternis fällt der Schatten des Mondes auf die Erde.

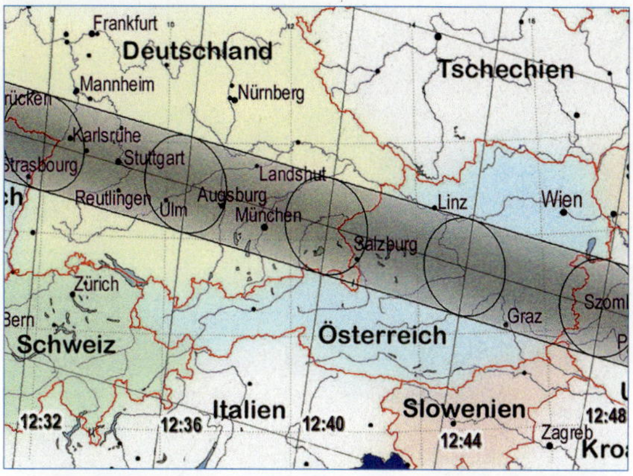

5 Weg des Mondschattens bei der Sonnenfinsternis 1999

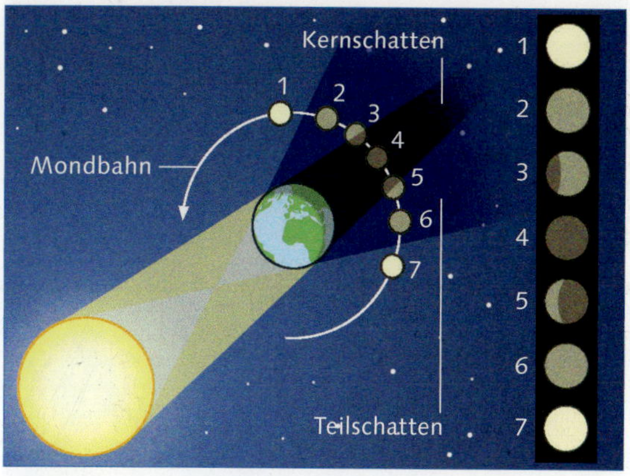

6 Wie der Schatten der Erde zu einer Mondfinsternis führt

Weg des Mondschattens

Da sich der Mond auf seiner Bahn weiterbewegt, wandert sein Schatten über die Erdoberfläche. Das graue Band in Bild 5 stellt der Weg des Mondschattens über Europa bei der Sonnenfinsternis 1999 dar.

An allen Orten innerhalb des grauen Streifens verdunkelte sich die Sonne vollständig. Alle Menschen innerhalb dieses Landschaftsstreifens konnten nacheinander die Sonnenfinsternis beobachten.

Mondfinsternis

Auf seinem Weg um die Erde durchquert der Mond manchmal den Schatten der Erde. Ein Beobachter auf der Erde erlebt dann eine Mondfinsternis.

Bei einer Mondfinsternis verdunkelt sich der Mond, weil er vom Schatten getroffen wird, den die Erde wirft.

> Durchquert der Mond den Schatten der Erde, gibt es eine Mondfinsternis.

Aufgaben

1 Entstehung einer Sonnenfinsternis

□ Übertrage Bild 4 ins Heft und erkläre mit der Zeichnung, wie eine Sonnenfinsternis entsteht.

2 Sonnenfinsternis in Europa

Die Sonnenfinsternis 1999 konnte man an vielen Orten in Deutschland beobachten.

a □ Nenne vier Orte, an denen man die Sonnenfinsternis beobachten konnte. Achte auf die richtige zeitliche Reihenfolge.

b □ Begründe, warum man die Sonnenfinsternis in Wien und Hamburg nicht sehen konnte.

c ◪ Diskutiere mit deinem Nachbarn, ob die Sonnenfinsternis in Japan sichtbar war.

3 Mondfinsternis

◪ Begründe, dass eine Mondfinsternis nur bei Vollmond entsteht. Überlege dazu, wie Sonne, Mond und Erde dann zueinander stehen.

4 Entstehung einer Mondfinsternis

◪ Beschreibe anhand der kleinen Bilder in Bild 6 die Phasen einer Mondfinsternis.

5 Das Tellurium

Bild 3 zeigt eine Sonnenfinsternis anhand eines Telluriums.

a □ Beschreibe das Bild und die dargestellte Situation.

b ◪ Fertige eine Zeichnung an, die eine Mondstellung im Modell zeigt, bei der es nicht zur Sonnenfinsternis kommt.

6 Sonnenfinsternis auf dem Mond

■ Meike behauptet: „Steht ein Astronaut bei einer Mondfinsternis auf dem Mond und betrachtet die Erde, dann sieht er eine Sonnenfinsternis."

Hat Meike recht? Begründe deine Meinung.

Warum sieht man manchmal Sonnenstrahlen?

Die folgenden Aufgaben zum Thema **Licht und Schatten** helfen dir, deinen Lernstand einzuschätzen. Beobachte dich dazu beim Lösen der Aufgaben selbst:
- Brauchst du Hilfe? Musst du z. B. noch einmal nachlesen oder jemanden fragen?
- Kannst du die Aufgaben ohne Hilfe lösen?
- Weißt du sogar mehr, als in der Lösung steht?

Notiere dir, bei welchen Fragen du Schwierigkeiten hast. Kehre noch einmal zu den entsprechenden Seiten zurück, arbeite sie durch und löse die zugehörigen Aufgaben. Weitere Aufgaben findest du auf den folgenden Seiten.

1 Lichtquellen
Man unterscheidet Lichtquellen und beleuchtete Körper.
- **a** □ Ein altes Schulbuch stellt die Frage: „Was unterscheidet Selbstleuchter von Fremdleuchtern?“ Erkläre, was mit dieser Frage gemeint ist, und beantworte sie.
- **b** ◪ Erkläre, wie Sonne, Mond und Erde bei Vollmond zueinander stehen und wie sich ab da die Mondphasen entwickeln.

2 Ausbreitung des Lichts
Licht geht immer von Lichtquellen aus.
- **a** □ Beschreibe, wie sich das Licht ausgehend von einer Lichtquelle ausbreitet.
- **b** ◪ Erkläre den Unterschied zwischen einem Lichtbündel und der Modellvorstellung eines Lichtstrahls.
- **c** ◪ Erkläre den Sehvorgang mithilfe einer Skizze.

3 Licht und Schatten
Schatten entstehen, wenn Licht an seiner Ausbreitung gehindert wird.
- **a** □ Beschreibe, wie Schatten entstehen.
- **b** ◪ Korrigiere die Aussage: „Die Größe eines Schattens hängt allein von der Größe des Schatten werfenden Gegenstands ab.“
- **c** ■ Beschreibe den Schattenwurf einer Streichholzschachtel, wenn sie von zwei Lichtquellen beleuchtet wird.

4 Sonnenfinsternis
Verdunkelt sich die Sonne mitten am Tag, spricht man von einer Sonnenfinsternis.
- **a** □ Erkläre, welche Rolle der Mond bei der Entstehung einer Sonnenfinsternis spielt.
- **b** ◪ Beschreibe die Lage von Erde, Sonne und Mond zum Zeitpunkt einer Sonnenfinsternis über Deutschland.
- **c** ■ Erkläre, warum eine Sonnenfinsternis immer nur regional sichtbar ist.

5 Mondfinsternis
Eine Mondfinsternis ist ein beeindruckendes Schauspiel.
- **a** □ Erkläre den Zusammenhang zwischen der Mondbahn und dem Erdschatten bei der Entstehung einer Mondfinsternis.
- **b** ■ Begründe, warum eine Mondfinsternis nur bei Vollmond entstehen kann.

Licht und Schatten

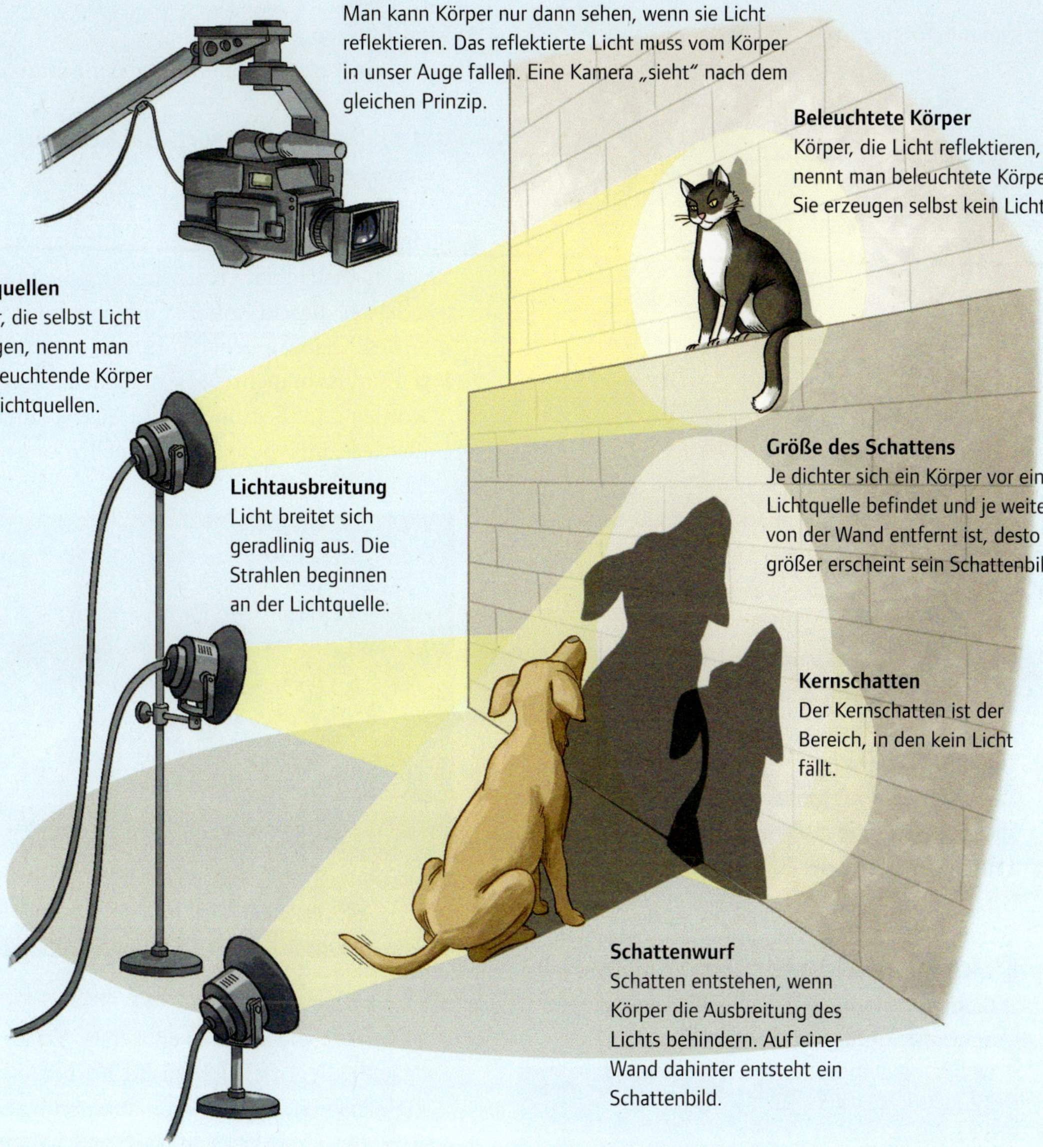

Sehen
Man kann Körper nur dann sehen, wenn sie Licht reflektieren. Das reflektierte Licht muss vom Körper in unser Auge fallen. Eine Kamera „sieht" nach dem gleichen Prinzip.

Beleuchtete Körper
Körper, die Licht reflektieren, nennt man beleuchtete Körper. Sie erzeugen selbst kein Licht.

Lichtquellen
Körper, die selbst Licht erzeugen, nennt man selbstleuchtende Körper oder Lichtquellen.

Größe des Schattens
Je dichter sich ein Körper vor einer Lichtquelle befindet und je weiter er von der Wand entfernt ist, desto größer erscheint sein Schattenbild.

Lichtausbreitung
Licht breitet sich geradlinig aus. Die Strahlen beginnen an der Lichtquelle.

Kernschatten
Der Kernschatten ist der Bereich, in den kein Licht fällt.

Schattenwurf
Schatten entstehen, wenn Körper die Ausbreitung des Lichts behindern. Auf einer Wand dahinter entsteht ein Schattenbild.

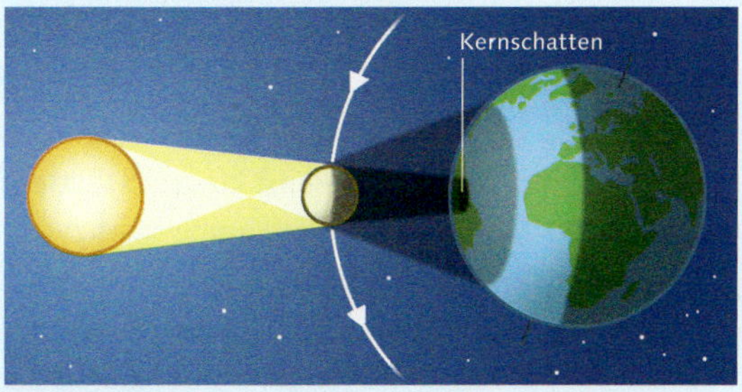

Sonnenfinsternis
Bei einer Sonnenfinsternis fällt der Schatten des Mondes auf eine kleine Stelle der Erde.

Mondfinsternis
Durchquert der Mond den Schatten der Erde, gibt es eine Mondfinsternis.

Aufgaben

1 Lichtausbreitung

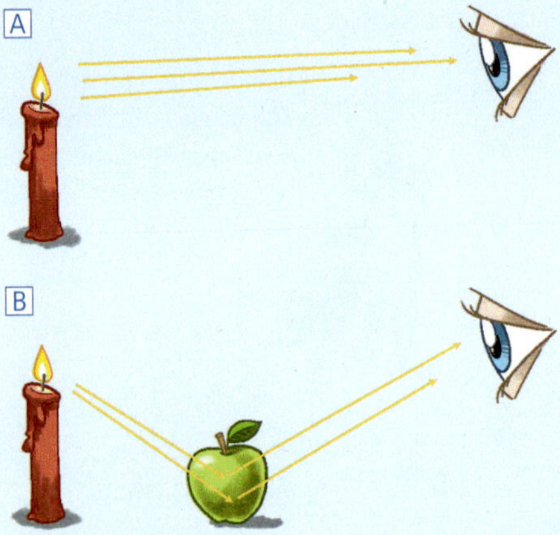

a □ Beschreibe, wann man Gegenstände sieht.

b ◪ Lichtquellen und beleuchtete Körper sind Lichtsender. Erkläre, was mit dieser Aussage gemeint ist.

c ◪ Unsere Augen sind, wie Kameras, Lichtempfänger. Erkläre diese Aussage.

2 Tag und Nacht

Tag und Nacht hängen mit Licht und Schatten zusammen. Im angestrahlten Teil der Erde ist Tag. In der Hälfte der Erde, die im Schatten liegt, herrscht Nacht.

a ◪ Beschreibe, wie Tag und Nacht entstehen.

b ◪ Ordne die folgenden Bilder beginnend mit dem Sonnenaufgang. Stelle dir dazu vor, auf dem roten Punkt zu stehen.

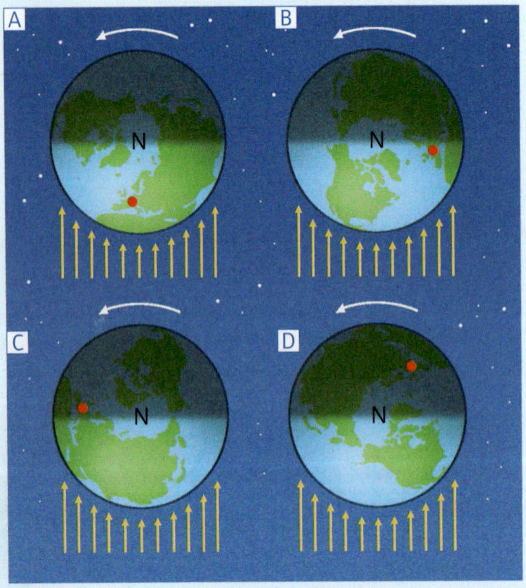

3 Mondphasen

a □ Beschreibe die Entstehung der Mondphasen.

b ◪ Erkläre, wie Vollmond und Neumond entstehen.

4 Sichtbare Lichtbündel

Licht ist unsichtbar. Trotzdem kann man Lichtbündel aus diesem Koffer kommen sehen.

a □ Beschreibe, welcher Trick genutzt wurde.

b ■ Es müssen mehrere Lichtquellen verwendet worden sein. Begründe diese Aussage und überlege, um wie viele Lichtquellen es sich handeln könnte.

5 Wie Schatten entstehen

a ◪ Erkläre, wie Schatten entstehen. Verwende dazu die Begriffe: Lichtquelle, Körper, Lichtausbreitung und Wand bzw. Schirm.

b ◪ Fertige eine Skizze an, die den Schattenwurf eines Stofftiers mit einer Taschenlampe an eine Wand zeigt. Beschreibe zwei Möglichkeiten, die Größe des Schattens zu verändern.

6 Ein Kopf, zwei Schatten

Jan möchte von seinem Kopf zuerst ein sehr großes und dann ein möglichst kleines Schattenbild an die Wand werfen. Die Lampe steht zwei Meter von der Wand entfernt.

a ◪ Fertige eine Zeichnung an, die zeigt, wie er sich jeweils zwischen Lampe und Wand setzen muss.

b ■ Erkläre deine Skizze.

7 Schattenbild

a □ Beschreibe, wie dieses Schattenbild entstanden ist.

b ◪ Erkläre den Begriff „Kernschatten“.

8 Licht und Schatten

Im dunklen Wohnzimmer befinden sich vier Personen. Nur eine Lampe ist eingeschaltet.

a ◪ Übertrage den Grundriss des Wohnzimmers in dein Heft und zeichne die Bereiche ein, in die kein Licht fällt.

b ■ Wen kann Jonas im Raum alles sehen? Begründe deine Antwort.

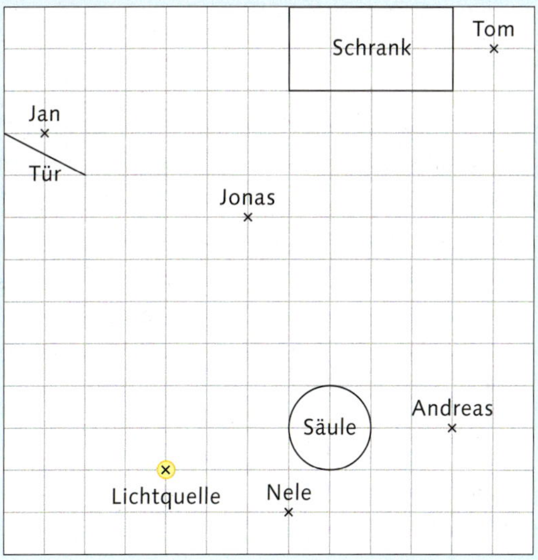

9 Turmschatten

◪ Ein zehn Meter hoher Sprungturm im Freibad wirft bei Sonnenschein einen Schatten. Beschreibe genau, wie sich dieser Schatten im Laufe eines Tages verändert. Erkläre, woher diese Änderung kommt und warum sich nicht nur die Position, sondern auch die Größe des Schattens ändert.

10 Finsternisse

Ina hat beim Mitschreiben im Unterricht geschlampt. Beim Lernen für die Klassenarbeit findet sie folgende Skizzen in ihrem Heft:

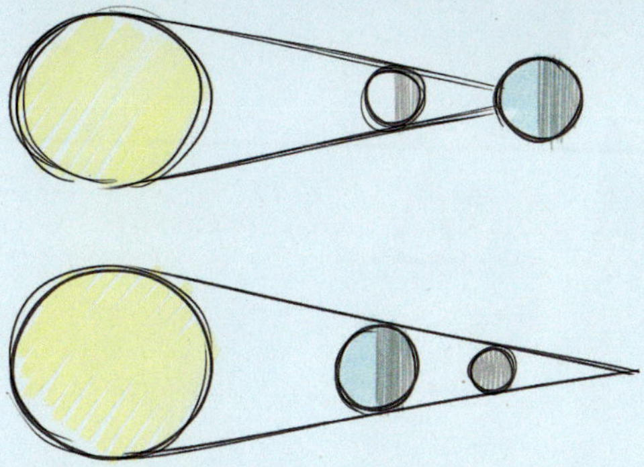

◪ Hilf Ina weiter: Was ist jeweils dargestellt? Übertrage die Zeichnungen in dein Heft und beschrifte sie.

11 Mondbilder

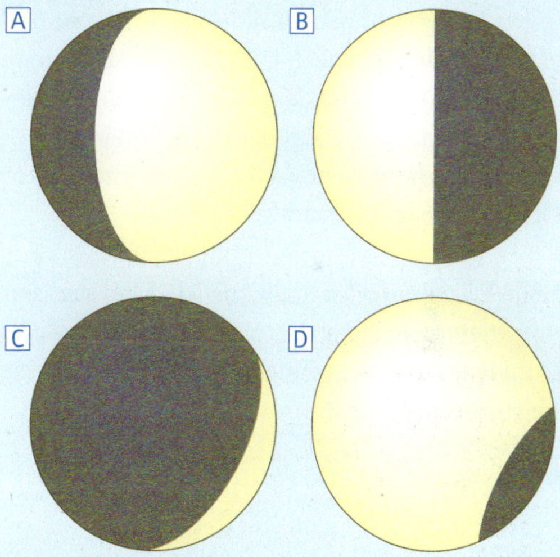

■ Bei welchen Bildern handelt es sich um Darstellungen von Mondphasen, bei welchen um Darstellungen einer Mondfinsternis? Begründe.

12 Schatten im Weltall

◪ Kann es auf anderen Planeten eine Sonnenfinsternis geben? Begründe deine Antwort.

13 Erde im All

■ Astronauten auf der ISS sprechen von „Erdphasen“. Erkläre, was damit gemeint ist. Wie sieht die Erde aus dem All aus?

Licht trifft auf Gegenstände

1 In der dunklen Disco sieht man die Tänzer im Licht der Scheinwerfer unterschiedlich gut.

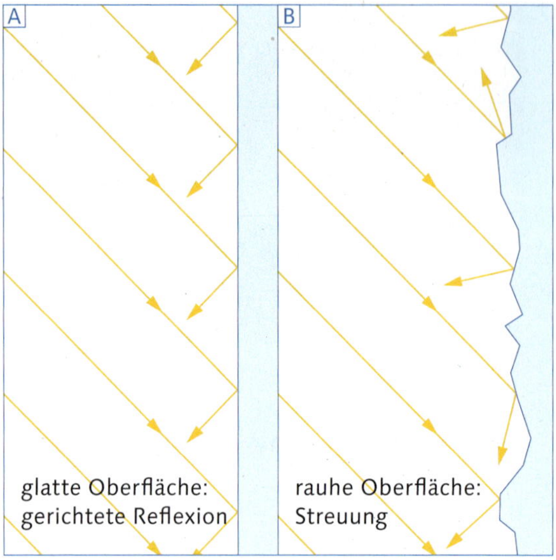

2 Glatte und raue Oberflächen reflektieren das Licht unterschiedlich.

Reflexion und Absorption

In der Disco sieht man dunkle Kleidung kaum, helle Kleidung hingegen fällt ins Auge. Dass man die Tänzer in verschiedenartiger Kleidung unterschiedlich gut sieht, liegt daran, dass manche Oberflächen viel Licht zurückwerfen und andere Oberflächen mehr Licht verschlucken.

Helle Flächen werfen Licht zurück. Man sagt sie reflektieren Licht.
Dunkle Flächen verschlucken viel Licht. Man sagt, sie absorbieren Licht.

> Wird Licht von einer Oberfläche zurückgeworfen, spricht man von Reflexion.
> Wird Licht von einer Oberfläche verschluckt, spricht man von Absorption.

Beispiel Verkehrssicherheit

Fahrradfahrer in dunkler Kleidung sieht man bei Nacht schlecht, denn ihre dunkle Kleidung verschluckt das Licht der Autoscheinwerfer. So kann es leicht passieren, dass ein Autofahrer den Fahrradfahrer übersieht und ein Unfall geschieht. Helle Kleidung reflektiert das Licht. Ein hell gekleideter Fahrradfahrer ist für Autofahrer leichter zu sehen. Das ist sicherer.

Trifft Licht auf eine Oberfläche, wird jeder Lichtstrahl an der Oberfläche umgelenkt und läuft nach der Umlenkung in eine bestimmte andere Richtung weiter.

Gerichtete Reflexion

An einer glatten Oberfläche werden alle Lichtstrahlen in gleicher Weise zurückgeworfen. Wenn die Lichtstrahlen vor der Umlenkung parallel verlaufen, laufen sie nach der Umlenkung wieder alle in die gleiche Richtung (Bild 2A). Man spricht von (gerichteter) Reflexion.

> Bei der gerichteten Reflexion wird das einfallende Licht so umgelenkt, dass alle Lichtstrahlen in die gleiche Richtung reflektiert werden.

Streuung

Trifft Licht einer Lichtquelle auf eine raue Oberfläche, werden die einzelnen Lichtstrahlen in verschiedene Richtungen zurückgeworfen: Das Licht wird gestreut. Man sagt auch: Das Licht wird diffus reflektiert.

> Bei der Streuung wird das einfallende Licht in alle Richtungen umgelenkt. Jeder Lichtstrahl wird in eine andere Richtung reflektiert.

Experiment Licht trifft auf Oberflächen

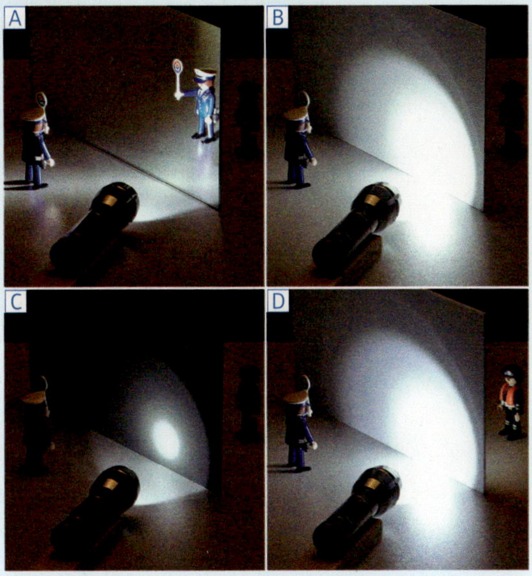

3 Licht trifft auf einen Spiegel (A), ein weißes Stück Pappe (B), ein schwarzes Stück Pappe (C) und auf Milchglas (D).

Im Experiment wird Licht auf vier verschiedene Oberflächen geworfen.

Trifft das Licht der Taschenlampe auf einen *Spiegel*, so wird es *gerichtet reflektiert*. Das gesamte einfallende Licht wird in eine Richtung umgelenkt. Die Figur vor dem Spiegel wird vom reflektierten Licht beleuchtet. Die Figur hinter dem Spiegel bleibt im Dunkeln.

Nimmt man anstelle des Spiegels ein Stück *weiße Pappe*, so wird das Licht der Taschenlampe *gestreut*. Die raue Oberfläche der Pappe lenkt das Licht in alle Richtungen um. Die Figur vor der Pappe wird vom gestreuten Licht beleuchtet, aber weniger hell als durch den Spiegel. Die Figur hinter der Pappe bleibt im Dunkeln.

Tauscht man die weiße Pappe gegen ein Stück *schwarze Pappe* aus, wird das Licht größtenteils *absorbiert*. Beide Figuren stehen im Dunkeln.

Nimmt man eine lichtdurchlässige Scheibe aus *Milchglas*, sieht man beide Figuren. Ein Teil des Lichts wird von der Scheibe hindurchgelassen und beleuchtet die hintere Figur. Ein Teil des Lichts wird von der Scheibe reflektiert und beleuchtet die vordere Figur.

Aufgaben

1 In der Disco
□ Erkläre, warum man die helle Kleidung aus Bild 1 im Licht der Scheinwerfer sehen kann, die dunkle Kleidung nicht.

2 Reflexion und Absorption
Beschreibe, was bei Reflexion und Absorption mit dem einfallenden Licht geschieht.

3 Katze im Dunklen

◪ Beschreibe das Bild. Verwende dabei die Begriffe „reflektieren" und „absorbieren".

4 Experiment
◪ Beschreibe mit eigenen Worten, warum im beschriebenen Experiment sowohl die Figur hinter der Milchglasscheibe als auch die Figur vor der Milchglasscheibe beleuchtet ist.

5 Diffuse Reflexion
◪ Erkläre, was geschieht, wenn Licht auf eine weiße, verputzte Hauswand trifft.

6 Gerichtete Reflexion
◪ Mit einem Geodreieck kann man Licht umlenken. Erkläre, warum das funktioniert.

7 Lichtstrahlen
◪ Übernimm die Zeichnung in dein Heft und vervollständige die Lichtstrahlen. Ergänze die Begriffe „gerichtete Reflexion" und „Streuung".

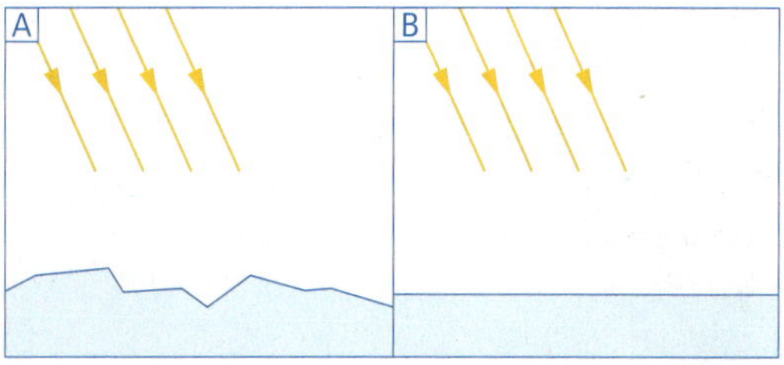

Reflexionsgesetz

1 Das Dorf Rjukan erhält Sonnenlicht mithilfe eines großen Spiegels.

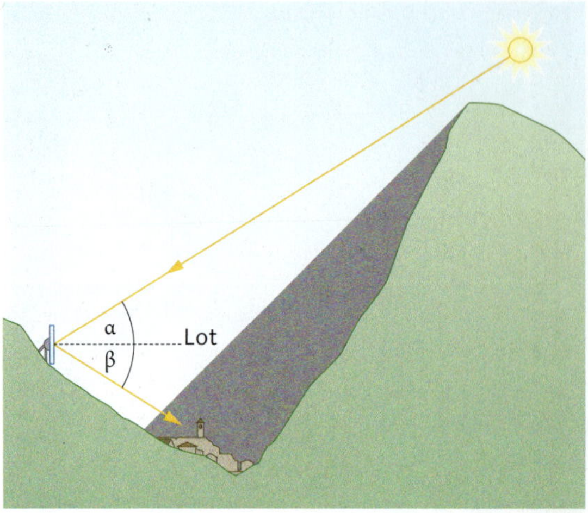

2 Reflexion der Sonnenstrahlen

Das norwegische Dorf Rjukan liegt tief unten zwischen bewaldeten Hügeln und bekam früher im Winter sechs monatelang kein Sonnenlicht. Seit 2013 erhellen drei 17 m^2 große Spiegel auf einem nahegelegenen Hügel den Marktplatz. Die Spiegel folgen computergesteuert dem Gang der Sonne, um den ganzen Tag lang Sonnenlicht ins Dorf zu spiegeln.

Reflexionsgesetz

Trifft Licht auf eine spiegelnde Fläche, wird es reflektiert. Um die Lichtstrahlen des Sonnenlichts zielgenau ins Dorf zu reflektieren, muss man wissen, in welche Richtung das Licht nach der Reflexion an einer ebenen Spiegelfläche strahlt.

Die gestrichelte Linie in Bild 2 heißt Lot. Das Lot steht immer senkrecht auf der Spiegelfläche. Entscheidend für die Ausbreitung des Lichts nach dem Spiegel ist der Winkel α zwischen dem einfallenden Lichtstrahl und dem Lot. Dieser Winkel heißt Einfallswinkel. Nach der Reflexion am Spiegel breitet sich das Licht im gleich großen Winkel β zwischen Lichtstrahl und Lot weiter aus. Dieser Winkel heißt Reflexionswinkel.

> Wird Licht von einer glatten Fläche reflektiert, entscheidet der Winkel zwischen einfallendem Lichtstrahl und Lot über den Weg des reflektierten Lichts. Einfallswinkel und Reflexionswinkel sind gleich groß: $\alpha = \beta$.

Experiment Reflexion am Taschenspiegel

Mit einem Kamm, einer Taschenlampe und einem Taschenspiegel oder einer Spiegelfliese kann man das Reflexionsgesetz sehr gut veranschaulichen.
Der Kamm macht aus dem Licht der Taschenlampe einzelne Lichtbündel. Der Verlauf dieser Lichtbündel ist auf dem Tisch sichtbar.
Zeichnet man die Lichtstrahlen und den Spiegel auf einem Blatt Papier nach, kann man mit einem Geodreieck nachmessen, dass bei jedem Lichtbündel Einfallswinkel und Reflexionswinkel gleich groß sind – unabhängig davon, aus welcher Richtung das Lichtbündel auf den Spiegel fällt.

Aufgaben

1 Sonnenspiegel

□ Erkläre die Rolle des Sonnenspiegels für das Dorf Rjukan.

2 Reflexionsgesetz

a □ Wie lautet das Reflexionsgesetz?

b ◪ Zeichne den Strahlenverlauf an einem ebenen Spiegel und benenne alle Bestandteile der Skizze. Der Einfallswinkel soll 60° betragen.

3 Weg des Lichts

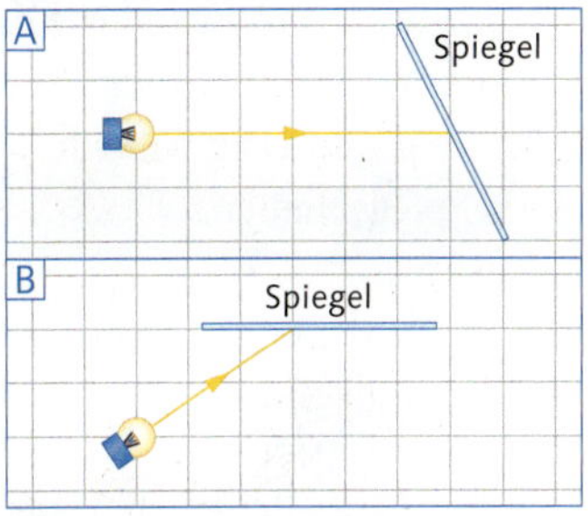

◪ Übertrage die Zeichnungen in dein Heft und zeichne den Weg des Lichts nach der Reflexion ein.

4 Versteckte Spiegel

■ In den Kästen sind Spiegel versteckt. Erkläre, wie diese Spiegel platziert sein müssen. Fertige eine Zeichnung an.

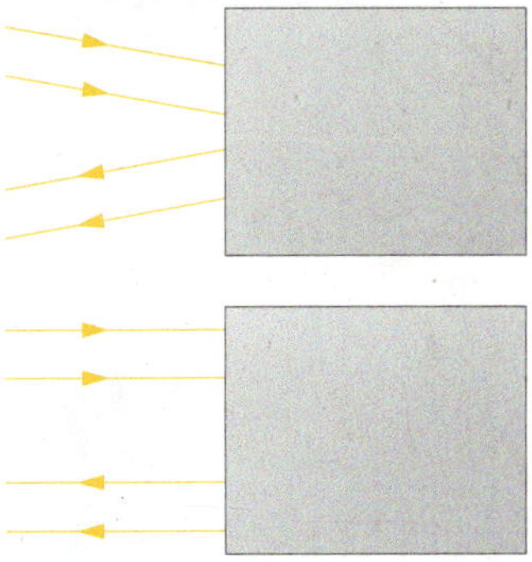

Praxis Periskop bauen

3 Der Spion sieht alles und bleibt selbst im Versteck!

Heimlich beobachtet Jonas mit einem Periskop seine Eltern beim Verpacken der Geschenke. Ein Periskop ist ein Hilfsmittel, mit dem man um die Ecke schauen kann.

Material

lange Schachtel mit Deckel,
2 Spiegel

Durchführung

Das Entscheidende beim Periskop sind die zwei Spiegel. Experimentiere zunächst mit den beiden Spiegeln. Schneide dazu zwei Sichtfenster in die Schachtel und setze die Spiegel ein.
Verändere die Position der Spiegel: Wenn du unten auf den ersten Spiegel schaust, musst du sehen können, was hinter der Schachtel liegt.
Nachdem du die Spiegel in den Karton eingebaut und die Schachtel verschlossen hast, kannst du mit deinem Periskop um die Ecke oder über Mauern blicken.

Auswertung

◪ Begründe, warum die Spiegel bei 45° optimal stehen.

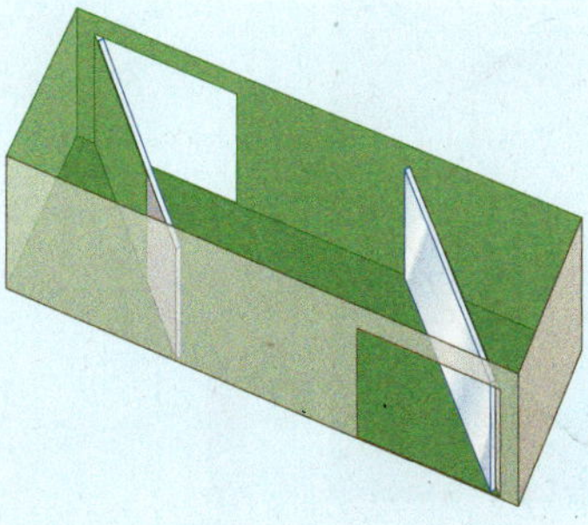

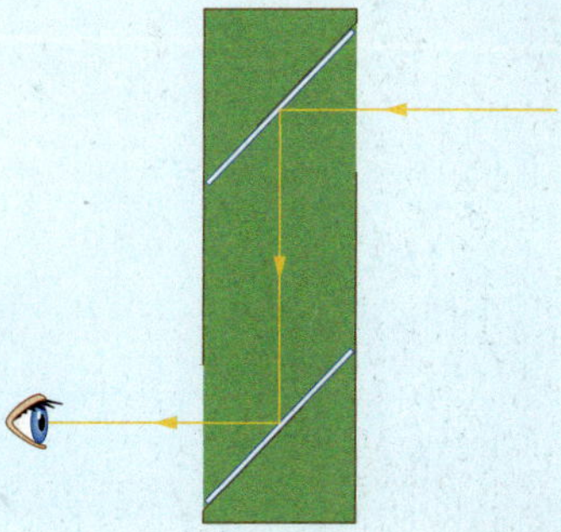

Spiegelbilder

1 Die Tänzerin übt vor dem Spiegel.

Zur Koordination ihrer Bewegungen trainieren viele Tänzer vor einem Spiegel.

Lage und Größe des Spiegelbilds

Spiegelbilder sieht man, wenn man glatte Reflexionsflächen betrachtet. Die Bilder scheinen hinter der Spiegelfläche zu liegen. Hinter dem Spiegel befindet sich jedoch meist eine Wand.

Ein Spiegelbild scheint genauso weit hinter der Spiegelfläche zu liegen, wie der Gegenstand vom Spiegel entfernt ist. Das Spiegelbild hat dort die gleiche Größe wie der gleiche Gegenstand in gleicher Entfernung.

Beispiel Spiegelbild in einer Pfütze

Die Wasseroberfläche reflektiert das Licht, das von den Gebäuden ausgeht. Das Gebäude scheint unter dem Asphalt zu stehen.

2 Wasserspiegelung in einer Pfütze

Experiment Lage und Größe des Spiegelbilds

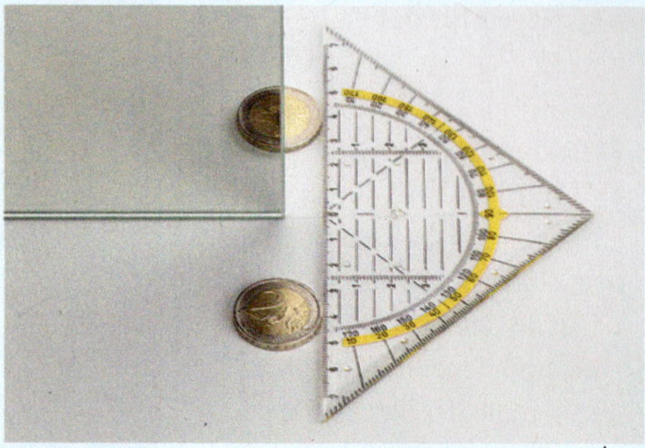

Legt man eine Münze vor einen Spiegel, sodass der Spiegel die halbe Münze spiegelt, kann man mit einer zweiten, identischen Münze zeigen, dass das Spiegelbild die gleiche Größe hat wie das Original. Das abgebildete Geodreieck zeigt außerdem, dass Spiegelbild und Original den gleichen Abstand vom Spiegel haben.

Vereinfacht kann man sagen, dass ein Gegenstand und sein Spiegelbild gleich groß sind.

Ein Gegenstand und sein Spiegelbild haben die gleiche Größe und den gleichen Abstand von der Spiegelfläche.

Entstehung des Spiegelbilds

Licht breitet sich geradlinig aus. Die Lichtstrahlen der Kerze werden jedoch nach dem Reflexionsgesetz von der Spiegelfläche reflektiert. Diese Richtungsänderung kann das Gehirn aber nicht verarbeiten – es vervollständigt den Strahlengang geradlinig. Daher scheint der Gegenstand im gleichen Abstand zum Spiegel, aber *hinter* der Spiegelfläche zu liegen.

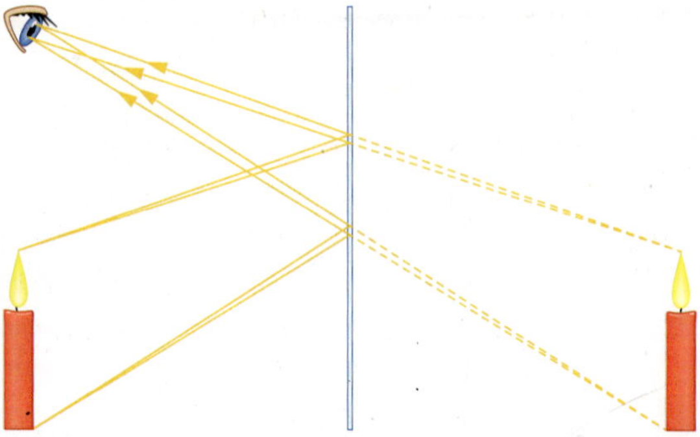

3 Lage des Spiegelbilds hinter dem Spiegel

Experiment Eigenschaften des Spiegelbilds

Steht eine Figur aufrecht vor einem Spiegel, steht auch ihr Spiegelbild aufrecht. Oben und unten werden nicht vertauscht.

Liegt die Figur mit dem Kopf nach rechts vor dem Spiegel, befindet sich auch der Kopf ihres Spiegelbilds auf der rechten Seite. Der Spiegel lässt rechts und links unverändert. Spiegelbilder sind seitenrichtig.

Weisen die Füße der Figur vom Betrachter weg, ist es im Spiegel umgekehrt: Die Fußspitzen der Figur im Spiegel zeigen in die entgegengesetzte Richtung, also auf den Betrachter zu. *Spiegel vertauschen vorne und hinten!*

Aufgaben

1 Fahrrad im Schaufenster

□ Simon stellt sein Fahrrad 30 cm vor einer Schaufensterscheibe ab. Durch die Spiegelung der Scheibe sieht er ein Spiegelbild seines Fahrrads. Wie weit scheint das Spiegelbild hinter der Scheibe zu liegen? Fertige eine Skizze an, die die Lage von Fahrrad, Schaufensterscheibe und Spiegelbild zeigt.

2 Spiegelbilder

◪ Erläutere, warum Spiegelbilder hinter dem Spiegel zu liegen scheinen und man sagen kann, dass sie die gleiche Größe haben wie der Gegenstand. Fertige zur Erklärung eine Skizze an.

3 Spiegelbild zeichnen

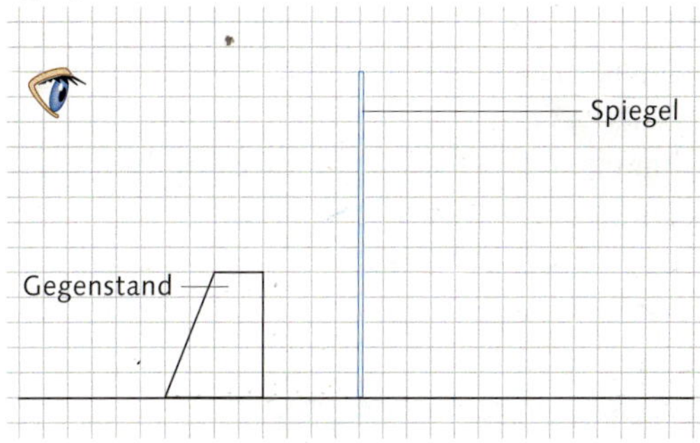

◪ Übertrage die Skizze in dein Heft. Zeichne das Spiegelbild und die zur Bestimmung von Lage und Größe des Spiegelbilds nötigen Lichtstrahlen ein.

4 Polizeiauto

◪ Bei der Beschriftung dieses Polizeiautos mit Spiegelschrift ist etwas schiefgelaufen. Finde den Fehler und korrigiere ihn.

brandingservice/Stephan Schwill

Brechung

1 Der Fisch schwimmt nicht an der Stelle, an der der Fischer ihn sieht.

2 Der Fisch ist tiefer unter der Wasseroberfläche als erwartet.

Beim Speerfischen braucht man viel Erfahrung, um den Fisch im Wasser zu treffen. Der Fisch scheint dicht unter der Oberfläche zu schwimmen. In Wirklichkeit befindet sich der Fisch aber an einer anderen Stelle als erwartet. Trotz aller Erfahrung verfehlt der abgebildete Fischer seine Beute.

Übergang vom Wasser zur Luft

Gehen Lichtbündel von Wasser in Luft über, ändert sich dabei ihre Ausbreitungsrichtung. Man sagt: Die Lichtbündel werden an der Grenzfläche von Wasser zu Luft *gebrochen*. Sie verändern ihre Ausbreitungsrichtung dabei zur Wasseroberfläche hin.

Das vom Fisch zurückgeworfene Sonnenlicht breitet sich also ab der Wasseroberfläche in eine andere Richtung aus. Das Gehirn ergänzt den Weg des Lichts aber geradlinig. Deshalb sieht der Speerfischer den Fisch an einer anderen Stelle und verfehlt ihn.

Beim Übergang von Wasser zu Luft ändern Lichtbündel an der Grenzfläche ihre Ausbreitungsrichtung. Sie werden zur Wasseroberfläche hin gebrochen.

Trifft Licht senkrecht auf die Grenzfläche zwischen Wasser und Luft, ändert sich seine Ausbreitungsrichtung nicht: Senkrecht auftreffendes Licht wird nicht gebrochen.

Übergang von Luft ins Wasser

Auch beim Eintritt ins Wasser ändern die Lichtbündel ihre Richtung. Diesmal werden sie aber von der Wasseroberfläche weg gebrochen.

Beim Übergang von Luft zu Wasser ändern Lichtbündel ihre Ausbreitungsrichtung ebenfalls. Sie werden von der Wasseroberfläche weg gebrochen.

Bild 3 zeigt den Weg des Lichts beim Eintritt ins Wasser und beim Verlassen des Wassers. Die Lichtbündel werden jeweils an der Grenzfläche zwischen Wasser und Luft gebrochen. Stellt man eine zweite Lampe auf die rechte Beckenseite, stellt man fest: Der Lichtweg ist in beide Richtungen der gleiche.

3 Das Lichtbündel ändert beim Eintritt ins Wasser und beim Verlassen des Wassers seine Richtung.

Experiment Position des Fischs

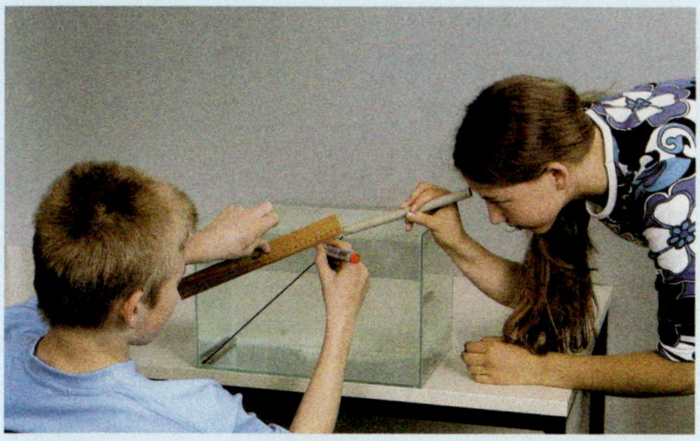

4 Im Experiment wird der Weg des Lichts dargestellt.

Ein Aquarium ist mit Wasser gefüllt, am Beckenboden sitzt ein Plastikfisch. Das Mädchen zielt durch ein Rohr auf den Fisch. Mit einem Lineal markiert der Junge die Blickrichtung seiner Partnerin. Außerdem hat er eine Verbindungslinie vom Plastikfisch zum Rohr eingezeichnet. Der Schüler kann sofort erkennen, dass seine Partnerin falsch gezielt hat. Die Linie, die die Blickrichtung darstellt, trifft den Fisch nicht. Steckt man einen dünnen Stab durch das Rohr, verfehlt dieser den Modellfisch.

Das Lichtbündel, das vom Fisch reflektiert wird, wird an der Wasseroberfläche gebrochen. Die zweite Linie, die der Junge aufs Aquarium gezeichnet hat, zeigt den Weg des Lichtbündels.

Unser Gehirn geht davon aus, dass sich Licht geradlinig ausbreitet. Es kann die Richtungsänderung des Lichtbündels nicht verarbeiten. Daher vermutet es den Fisch in gerader Verlängerung des Rohrs.

Aufgaben

1 Lichtbrechung

□ Beschreibe, was geschieht, wenn Lichtbündel auf die Grenzfläche zwischen Wasser und Luft treffen. Verwende Bild 3 als Hilfe.

2 Speerfischen

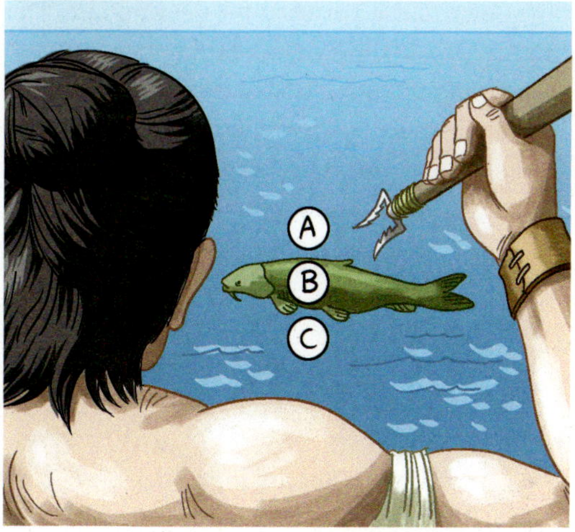

a ◪ Erkläre, was der Speerfischer beachten muss, wenn er den Fisch im Wasser mit seinem Speer treffen will.

b ◪ Wohin muss der Speerfischer zielen, um den Fisch zu treffen? Begründe deine Antwort.

3 Delfin

Der Delfin soll durch den Reifen springen, den er durch die Wasseroberfläche sehen kann.

a □ Beschreibe, wohin er zielen muss.

b ◪ Begründe deine Antwort mit einer Argumentation über den Weg des Lichtbündels vom Reifen zum Delfin.

4 Aquarium

a □ Beschreibe Bild 4 in eigenen Worten. Erkläre, warum das Guckrohr der Schülerin nicht auf den Fisch zeigt.

b ◪ Erkläre die Rolle unseres Gehirns beim Speerfischen.

Totalreflexion

1 Lichtbündel einer Unterwasserlichtquelle treffen von unten auf die Wasseroberfläche.

Reflexion an der Wasseroberfläche

Im abgebildeten Aquarium ist eine Unterwasserlichtquelle eingebaut. Diese Lampe sendet Lichtbündel in verschiedene Richtungen aus.

Eines der Lichtbündel trifft senkrecht von unten auf die Grenzfläche zwischen Wasser und Luft. Das Licht verlässt das Wasser vollständig.

Wenn ein Lichtbündel schräg auf die Grenzfläche trifft, verlässt nur ein Teil des Lichts als gebrochenes Lichtbündel das Wasser. Der Rest wird ins Wasser zurückreflektiert. Je größer der Einfallswinkel ist, desto größer ist der Anteil des Lichts, der ins Wasser zurückgeworfen wird.

Ab einem bestimmten Einfallswinkel wird das gesamte Lichtbündel reflektiert. Es gibt keinen gebrochenen Anteil des Lichtbündels mehr, der das Wasser verlassen kann. Dieses Phänomen nennt man **Totalreflexion**.
Totalreflexion tritt nicht nur beim Übergang von Wasser zu Luft auf, sondern auch zwischen anderen durchsichtigen Stoffen, z. B. beim Übergang von Glas zu Luft.

Wenn Licht an einer Grenzfläche zwischen zwei durchsichtigen Stoffen ab einem bestimmten Winkel vollständig zurückgeworfen wird, spricht man von Totalreflexion.

Experiment Totalreflexion im Wasserstrahl

2 Im dunklen Raum sieht man ein im Wasserstrahl gefangenes Lichtbündel.

Ein Joghurtbecher wird mit zwei Löchern versehen. Eines der Löcher wird mit durchsichtigem Klebeband wieder verschlossen. Dann wird der Becher mit Wasser gefüllt.
Leuchtet man nun mit einer Taschenlampe durch das zugeklebte Loch in den Becher, dann sieht man, dass der Wasserstrahl, der aus dem Becher fließt, Licht führt.
Das liegt an der Totalreflexion: Die Lichtstrahlen der Taschenlampe treffen in flachem Winkel auf die Grenzfläche zwischen Wasser und Luft. Dort werden sie total reflektiert: Sie können das Wasser nicht verlassen. Danach treffen die Lichtstrahlen immer wieder in flachem Winkel auf die Grenzfläche. Auch hier werden sie totalreflektiert: Der Wasserstrahl führt das Licht.

Aufgaben

1 Totalreflexion

a □ Erkläre den Begriff Totalreflexion.

b ◪ Beschreibe, wie sich die Anteile von reflektiertem und gebrochenem Licht mit größer werdendem Einfallswinkel verändern.

2 Glasfaserkabel

■ Ein Glasfaserkabel leitet Licht ähnlich wie der Wasserstrahl. Erkläre mithilfe der Totalreflexion.

Extra Lichtleitkabel

1 Lichtdurchlässiger Beton

2 Glasfaserkabellampe

In diesen Beton sind Lichtleiter eingebaut. So wird selbst meterdicker Beton lichtdurchsichtig.

Glasfaserkabel

Glasfasern sind Lichtleiter. Sie bestehen aus Quarzglas oder Kunststoff. In einem Lichtleiter sind die Lichtstrahlen sozusagen gefangen. Sie folgen dem Kabel auch dann, wenn es gebogen wird.

Lichtleitkabel nutzen das Prinzip der Totalreflexion. Sie bestehen aus einem durchsichtigen Kern und einem ebenfalls durchsichtigen Mantel. Die Brechungseigenschaften der Materialien sind so aufeinander abgestimmt, dass Licht – während es den Lichtleiter entlangläuft – immer wieder an der Grenze zwischen Kern und Mantel totalreflektiert wird. Deshalb folgt der Lichtstrahl auch jeder Biegung des Leiters.

Anwendungen der Glasfasertechnologie

Am bekanntesten ist der Einsatz von Glasfasern bei kunstvollen Lampen oder zur Datenübertragung. Bei der Datenübertragung ist die hohe Geschwindigkeit von Vorteil, mit der sich Licht ausbreitet. So können in gleicher Zeit mehr Daten übertragen werden als auf herkömmlichem Weg.

In der Medizin werden Lichtleiter in Endoskopen verwendet. Hier ist vor allem ihre Biegsamkeit wichtig. Mithilfe der biegsamen Lichtleiter kann man einen Blick ins Körperinnere werfen, ohne den Organismus zu verletzen.

In der Industrie werden Lichtleitkabel eingesetzt, um Laserstrahlen an schwer zu erreichende Stellen in Werkstücken zu leiten. So kann das Material zielgenau bearbeitet werden.

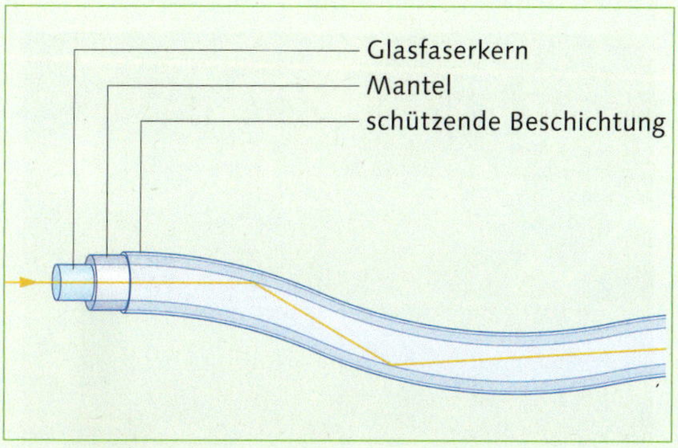

3 Der Lichtstrahl ist im Lichtleiter gefangen.

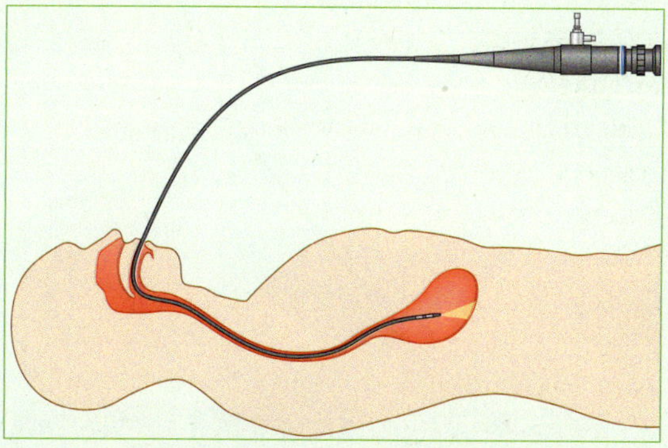

4 Untersuchungen des Magens mit Lichtleitertechnik

Farbiges Licht

1 Am Gewitterhimmel ist ein Regenbogen aus farbigem Licht zu sehen.

Wenn nach einem Gewitter die Sonne wieder durch die Wolken bricht, kann man manchmal einen Regenbogen sehen.

Entstehung des Regenbogens

Das weiße Licht der Sonne enthält alle Farben des Regenbogens. Trifft das weiße Licht der Sonne auf einen Regentropfen, wird es in seine verschiedenfarbigen Anteile zerlegt. Denn beim Übergang des Lichts in den Wassertropfen, wird der grüne Anteil des Lichts stärker gebrochen als der rote. Der blaue Anteil des Lichts wird noch stärker abgelenkt als der grüne. Dadurch wird das weiße Licht nach seinen Farbanteilen aufgefächert. Beim Übergang des Lichts vom Wassertropfen zurück an die Luft verstärkt sich die Aufteilung der farbigen Lichtstrahlen noch: Ein Regenbogen entsteht.
Die Farben des Lichts nennt man **Spektralfarben**.

> Das weiße Licht der Sonne enthält alle Spektralfarben und kann deshalb in farbiges Licht zerlegt werden.

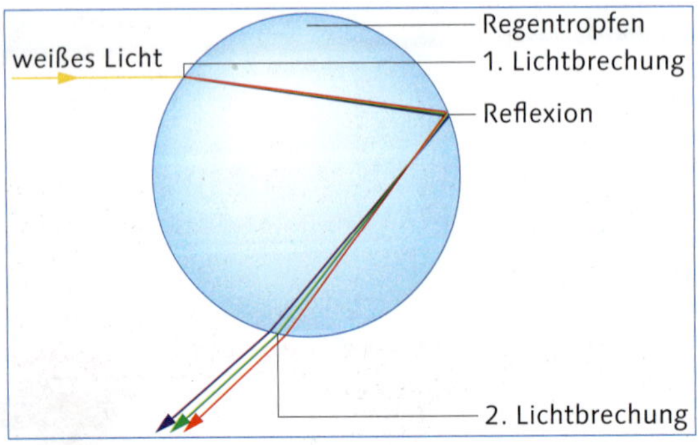

2 Ein Wassertropfen zerlegt weißes Sonnenlicht.

Experiment Spektralfarben am Prisma

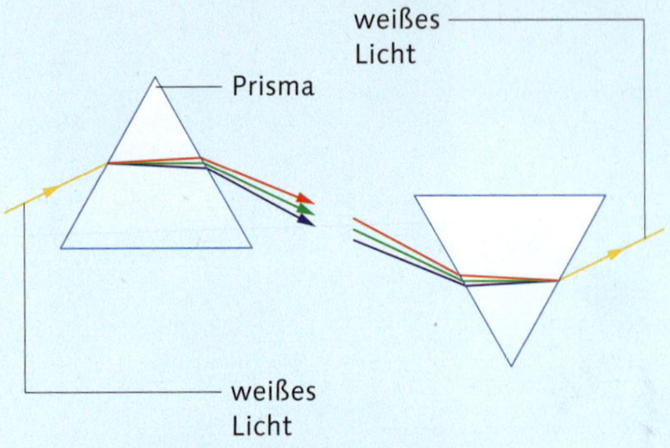

3 Brechung und Bündelung mit einem Prisma

Ein Prisma aus Glas kann den gleichen Effekt erzielen wie der Regentropfen: Es kann das Licht in seine Spektralfarben auffächern.
Mit einer Spaltblende und einer hellen Glühlampe wird ein schmales Lichtbündel erzeugt. Stellt man ein Prisma in das Lichtbündel und fängt das Licht hinter dem Prisma mit einem Schirm auf, sieht man, dass das weiße Licht in seine Spektralfarben aufgefächert worden ist.

Mit einer Sammellinse und einem zweiten Prisma lässt sich das aufgefächerte Licht wieder bündeln. Das gebündelte Licht hinter dem zweiten Prisma ist wieder weiß.

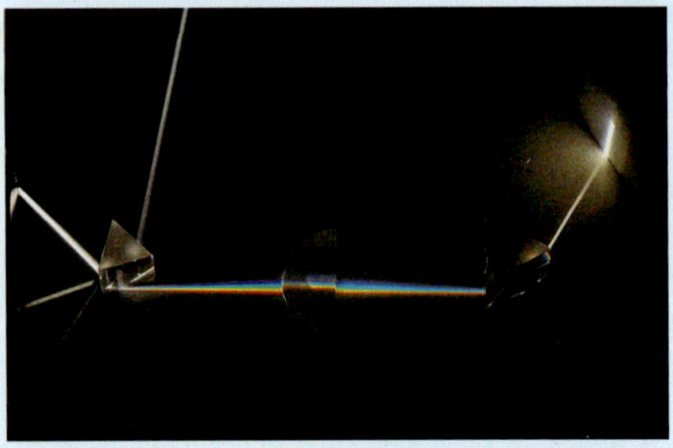

Extra Unsichtbares „Licht“

Außerhalb des Bereichs des sichtbaren Lichts gibt es auch unsichtbares „Licht“. Weil man dieses „Licht“ nicht sehen kann, spricht man in diesem Fall von *Strahlung*.

Ultraviolette Strahlung (UV-Strahlung) schließt sich am violetten Ende des sichtbaren Lichtspektrums an. Sie ist sehr energiereich und kann sogar die Haut schädigen: Von zu viel UV-Strahlung bekommt man einen Sonnenbrand. Bestandteile von Waschmitteln lassen weiße Kleidung unter UV-Strahlung hell aufleuchten. Da diese Strahlung selbst unsichtbar ist, sieht man die damit beleuchteten Körper im Dunkeln sehr gut.

Infrarote Strahlung (IR-Strahlung) schließt sich am roten Ende des sichtbaren Spektrums an. Ist ein Körper warm, sendet er infrarote Strahlung aus. Infrarotkameras nutzen diese Eigenschaft, um Wärmebilder zu erstellen.

Aufgaben

1 Regenbogen

a □ Das Licht der Sonne ist weiß. Erkläre, warum es einen Regenbogen erzeugen kann.

b ◪ Erkläre, was mit dem weißen Licht der Sonne geschehen muss, damit ein Regenbogen entsteht.

c ◪ Manchmal sieht man auch bei schönem Wetter einen Regenbogen über einem Wasserfall stehen. Erkläre, wie es dazu kommt.

2 Spektralfarben am Prisma

a ◪ Beschreibe die Rolle, die die Glasprismen im links dargestellten Experiment spielen.

b ■ Erkläre die Ergebnisse des Experiments in eigenen Worten.

3 Strahlengang am Prisma

a □ Nenne Situationen aus dem Alltag, in denen dir ein Prisma begegnet.

b ◪ Übertrage die folgende Skizze in dein Heft und zeichne den Strahlengang des Lichts im und hinter dem Prisma ein.

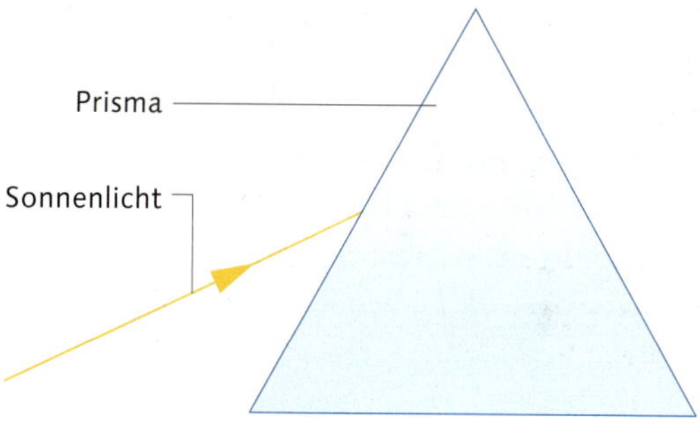

4 Ultraviolette Strahlung

■ UV-Strahlung kann unseren Augen schaden. Die Zeichnung stellt dar, welche Funktion Sonnenbrillen haben. Beschreibe die Zeichnung und erkläre die Schutzfunktion der Sonnenbrille.

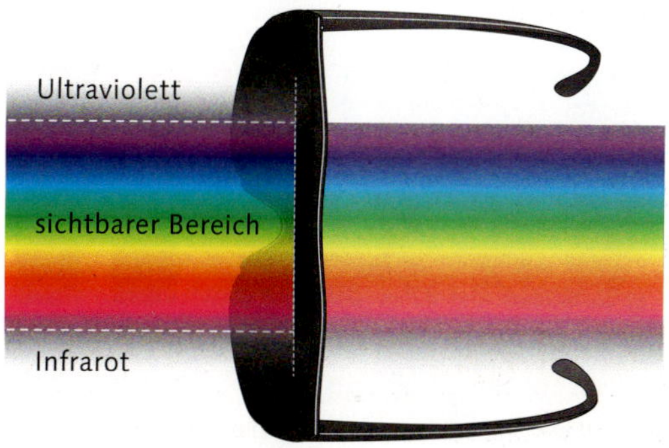

Farben mischen und filtern

1 Handybildschirme stellen bunte Bilder dar – mit nur drei Farben!

Additive Farbmischung

Betrachtet man einen Bildschirm mit einer Lupe, so erkennt man, dass der Bildschirm aus lauter kleinen Lichtquellen besteht. Immer drei verschiedenfarbige Lichtquellen zusammen bilden ein **Pixel**. Mit diesen drei farbigen Lichtquellen zusammen lassen sich alle Farbeindrücke erzeugen, die der Bildschirm anzeigen kann.

Bei der additiven Farbmischung wird farbiges Licht verschiedener Lichtquellen überlagert, um andere Farbeindrücke zu erzeugen. Bildschirme nutzen dazu die Farben Rot, Grün und Blau.

Experiment Mischen farbigen Lichts

3 Farbiges Licht mischt sich zu weißem Licht.

Drei gleiche Halogenlampen werden mit Farbfiltern versehen. Sie werden so eingerichtet, dass sich ihr Licht auf einem Schirm teilweise überlagert. Auf dem Schirm sieht man in der Mitte – an der Stelle, an der sich alle drei Lichtfarben überschneiden – weißes Licht.

Um andere Mischfarben zu erhalten, muss man die Helligkeit der einzelnen farbigen Lichtquellen ändern. So ergeben rotes und grünes Licht zusammen den Farbeindruck gelb. Mehr rotes und weniger grünes Licht ergeben den Farbeindruck orange.

2 Additive Farbmischung bei Bildschirmpixeln

Extra Subtraktive Farbmischung

4 Buntglasfenster filtern das Sonnenlicht.

Weißes Sonnenlicht enthält alle Spektralfarben. Farbige Glasfenster oder Lichtfilter lassen nur einen Teil des Lichts hindurch, die anderen Farben werden subtrahiert. Das farbige Licht an der Wand setzt sich aus den Farbanteilen zusammen, die das Glas durchdringen können.

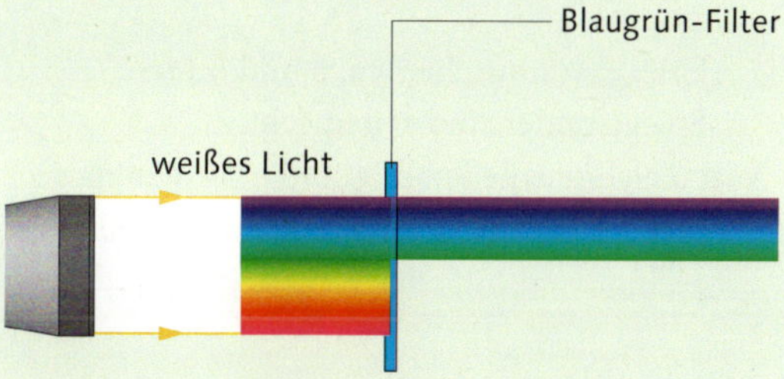

Das Licht, das einen Blaugrün-Filter passiert hat, sieht blaugrün aus, weil dieser Filter blaues und grünes Licht hindurchlässt. Rotes Licht wird absorbiert: Es kann den Filter nicht durchdringen.

Fügt man zum Blaugrün-Filter einen gelben und einen roten Filter hinzu, so wird alles Licht subtrahiert. Der Schirm bleibt dunkel.

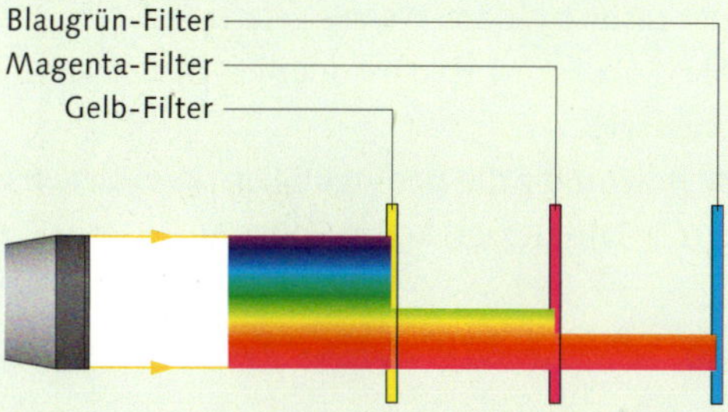

Aufgaben

1 Additive Farbmischung

a ◪ Beschreibe, was man sieht, wenn man einen Bildschirm mit einer Lupe betrachtet.

b ◪ Erkläre, was man unter additiver Farbmischung versteht.

2 Farbiges Licht

◪ Beschreibe, welche Lichtfarben man mischen muss für:
- einen gelben Farbeindruck
- einen magentafarbenen Farbeindruck
- einen orangefarbenen Farbeindruck

3 Kaputtes Display

Bei Monas Handy sind alle blauen Minilichtquellen ausgefallen.

a ◪ Kann ihr Display noch „Weiß" darstellen? Begründe deine Antwort.

b ◪ Nenne zwei Farben außer Rot und Grün, die das Display auch jetzt noch darstellen kann.

4 Bühnenbeleuchtung

Die Theater-AG braucht auf der Bühne farbiges Licht. Es gibt einen gelben, einen blauen und einen weißen Scheinwerfer.

a ◪ Nenne fünf Farben, in denen die Bühne ganz einfach ausgeleuchtet werden kann.

b ■ Erkläre, welchen Trick man anwenden kann, um mit diesen drei Scheinwerfern alle Lichtfarben zu erzeugen.

5 Achtung: Sprachfalle!

◪ Der Begriff „Rotfilter" legt nahe, dass er aus weißem Licht die roten Farbanteile herausfiltert. Kläre das Missverständnis auf und beschreibe dazu, welche Wirkung ein Rot-Filter hat.

6 Gefiltertes Licht

◪ Erkläre die Skizze.

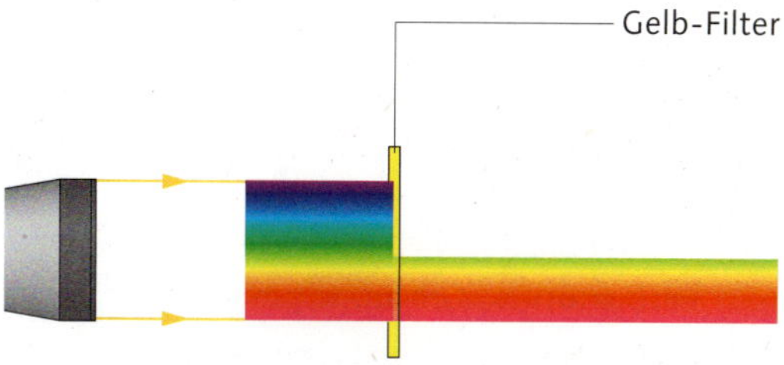

Teste dich

Warum sieht man auf der Wasseroberfläche ein Spiegelbild?

Die folgenden Aufgaben zum Thema **Licht und Farbe** helfen dir, deinen Lernstand einzuschätzen. Beobachte dich dazu beim Lösen der Aufgaben selbst:
- Brauchst du Hilfe? Musst du z. B. noch einmal nachlesen oder jemanden fragen?
- Kannst du die Aufgaben ohne Hilfe lösen?
- Weißt du sogar mehr, als in der Lösung steht? Notiere dir, bei welchen Fragen du Schwierigkeiten hast. Kehre noch einmal zu den entsprechenden Seiten zurück, arbeite sie durch und löse die zugehörigen Aufgaben. Weitere Aufgaben findest du auf den folgenden Seiten.

1 Licht auf Oberflächen

Trifft Licht auf eine Oberfläche, entscheidet die Beschaffenheit der Oberfläche darüber, was geschieht.

a ◪ Beschreibe, was geschieht, wenn Licht auf eine raue, helle Wand trifft.

b ◪ Erkläre, warum man bei Dunkelheit besser keine schwarze Jacke trägt.

c ◪ Begründe, warum dunkle Kleidung mit Reflektoren ausgestattet sein sollte.

2 Reflexionsgesetz

Licht wird nach dem Reflexionsgesetz zurückgeworfen.

a □ Überprüfe die Aussage: „Trifft Licht auf eine Wasseroberfläche, sind Einfallswinkel und Reflexionswinkel stets gleich groß."

b ◪ Erkläre die Begriffe „Einfallswinkel", „Lot" und „Reflexionswinkel" und wie sie zusammenhängen.

3 Farbiges Licht

Weißes Sonnenlicht enthält alle Farben des Lichtspektrums.

a □ Beschreibe, was geschieht, wenn Sonnenlicht auf ein Prisma fällt.

b ◪ Bildschirme erzeugen ihre Farben aus drei Lichtquellen. Erkläre, wie das funktioniert.

c ■ Drei Lichtquellen erzeugen einen violetten Farbeindruck. Gib an, wie man das erreicht.

4 Spiegelbilder

Spiegelbilder entstehen durch Reflexion.

a □ Stell dir vor: Drei verschiedene Schachfiguren stehen nebeneinander vor einem Spiegel. Beschreibe alle Eigenschaften des entstehenden Spiegelbilds.

b ◪ Erkläre die folgenden Aussagen an einem Beispiel:
„Spiegel vertauschen vorn und hinten."
„Spiegelbilder sind seitenrichtig."

c ■ Zeichne eine Spielfigur, die vor einem Spiegel steht. Konstruiere das Spiegelbild der Spielfigur mithilfe des Lichtwegs.

5 Lichtbrechung

Licht breitet sich geradlinig von der Lichtquelle her aus.

a □ Erkläre, was geschieht, wenn ein Lichtstrahl auf eine Wasseroberfläche trifft.

b ◪ Erkläre, wieso Gegenstände unter Wasser an einer anderen Position zu sein scheinen, als sie tatsächlich sind.

c ■ Max behauptet: „Bei der Totalreflexion ist der Lichtstrahl im Wasser gefangen."
Hat Max recht? Erkläre oder korrigiere seine Aussage.

d ■ Beschreibe die Bedingungen, unter denen es zur Totalreflexion kommen kann.

Zusammenfassung Licht und Farbe

Licht trifft auf eine raue weiße Wand
Bei der diffusen Reflexion wird das einfallende Licht in alle Richtungen umgelenkt. Jeder Lichtstrahl wird in eine andere Richtung reflektiert.

Licht trifft auf eine schwarze Wand
Wird Licht von einem Körper verschluckt, spricht man von Absorption.

Spiegelbilder
Spiegelungen liegen genauso weit hinter dem Spiegel, wie der Gegenstand vor dem Spiegel steht.
Sie sind genauso groß wie ein Gegenstand in gleicher Entfernung.

Licht trifft auf einen Spiegel
Bei der gerichteten Reflexion werden parallele Lichtstrahlen in die gleiche Richtung reflektiert.

Additive Farberzeugung
Bei der additiven Farbmischung wird farbiges Licht verschiedener Lichtquellen überlagert, um andere Farbeindrücke zu erzeugen.

Licht trifft auf ein Prisma
Das weiße Licht der Sonne enthält alle Spektralfarben und kann deshalb in farbiges Licht zerlegt werden.

Reflexionsgesetz
Wird Licht von einer glatten Fläche reflektiert, entscheidet der Winkel zwischen Lichtstrahl und Lot über den Weg des Lichts. Einfallswinkel und Reflexionswinkel sind gleich groß: $\alpha = \beta$.

Licht trifft auf eine Wasseroberfläche
Tritt ein Lichtstrahl von Luft in Wasser über, verändert er seine Richtung. Der Lichtstrahl wird beim Übergang gebrochen.
Trifft ein Lichtstrahl in einem bestimmten Winkel von unten auf die Wasseroberfläche, kann er das Wasser nicht verlassen. Es tritt Totalreflexion auf.

Aufgaben

1 Warnwesten

□ Bei Autopannen ist es Pflicht, eine Warnweste anzulegen. Diese schützt bei Tag, aber besonders in der Nacht. Erkläre die Funktion der Warnweste mithilfe des Bildes.

2 Fahrradbekleidung

◪ Sophie soll eine neue Herbstjacke bekommen. Worauf sollte sie achten, um von anderen Verkehrsteilnehmern gut gesehen zu werden?

3 Wandbeschaffenheit

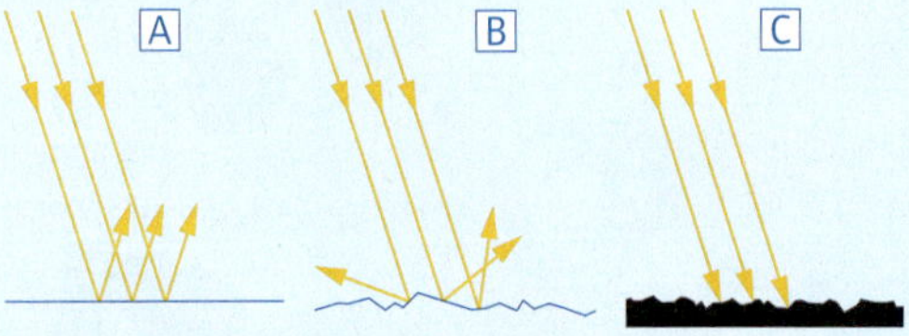

Ordne die Eigenschaften der Wand und die physikalischen Begriffe den richtigen Bildern zu: helle, raue Wand, dunkle Wand, Spiegel, Streuung, Reflexion, Absorption.

4 Zielreflektieren

a ◪ Trifft der Lichtstrahl den roten Bereich der Zielscheibe? Begründe.

b ◪ Erkläre, in welche Richtung man die Zielscheibe verschieben muss, damit der Lichtstrahl den gelben Bereich trifft.

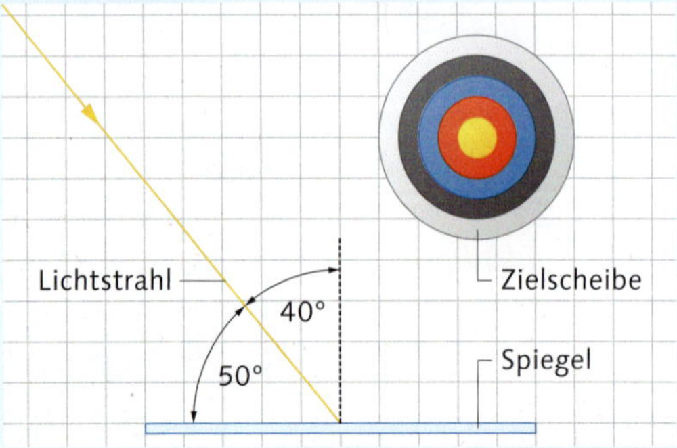

5 Fehlender Spiegel

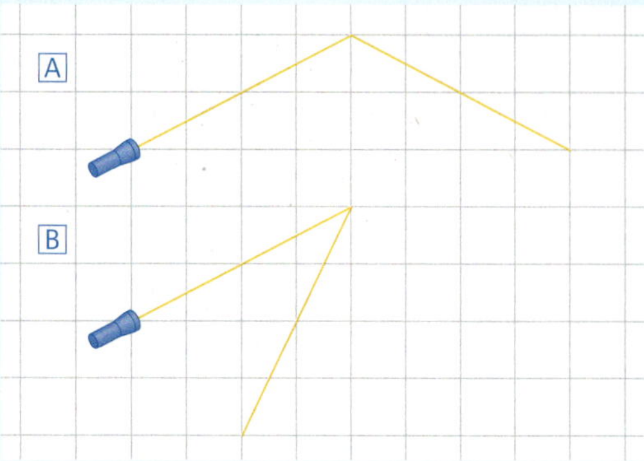

Hier wurden Spiegel und Lot vergessen.

◪ Übertrage die Skizzen in dein Heft und füge Spiegel und Lot hinzu.

6 Prisma

a □ Beschreibe, was die Zeichnung zeigt.

b ◪ Vergleiche die Zeichnung mit den Vorgängen in einem Regentropfen.

7 Wasser hebt die Münze

◪ Klebe eine Münze auf dem Boden einer Tasse fest. Stelle die Tasse so, dass die Münze aus deinem Blickwinkel gerade durch den Rand der Tasse verdeckt wird. Füllst du nun Wasser in die Tasse, wird die Münze sichtbar.

Erkläre das Experiment.

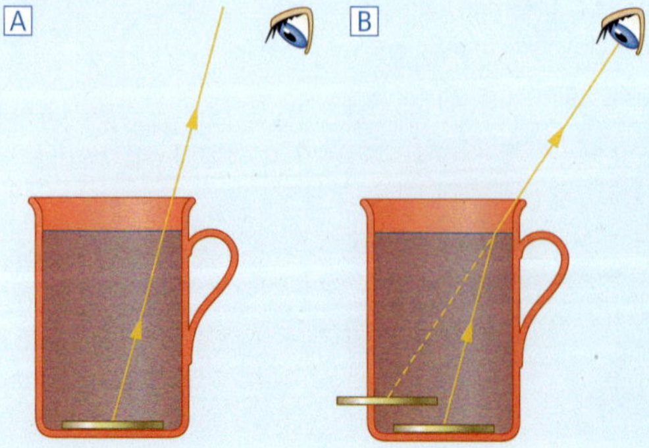

8 Geknickte Leiter

■ Eine Leiter steht im Wasser. Erkläre die zwei physikalischen Effekte, die du siehst.

9 Wassertropfen

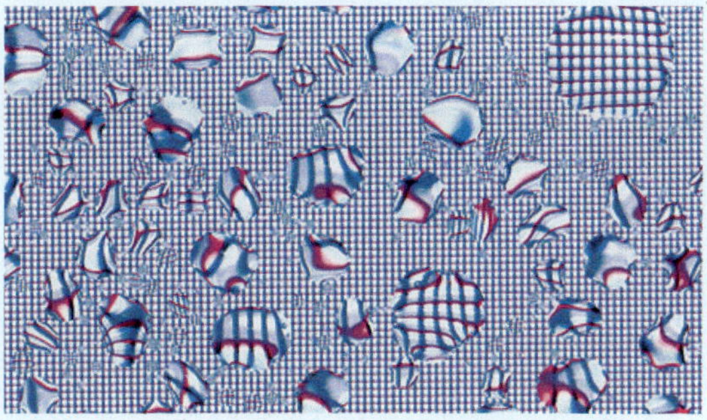

■ Hier wurden Wassertropfen auf einem Tablet-PC fotografiert. Erkläre, was man in den Wassertropfen sieht.

10 Farben entstehen

a □ Erkläre, wie sich mithilfe dreier Lichtquellen verschiedene Farbeindrücke erzeugen lassen.

b ◪ Nenne technische Geräte, die dieses Prinzip nutzen, und beschreibe an einem Beispiel, wie sie Blau, Orange und Grün erzeugen.

11 Komplementärfarben

Nimmt man eine Farbe aus dem Farbspektrum heraus und vereinigt alle anderen Farben, so ist die resultierende Farbe die Komplementärfarbe zur fehlenden Farbe.

a ◪ Gelbes Licht wird aus dem Spektrum genommen. Nenne die Anteile, aus denen sich die Komplementärfarbe zusammensetzt.

b ◪ Finde drei eigene Beispiele für Farben und ihre Komplementärfarben.

12 Spiegelbilder

Ein Musikant betrachtet sich im Spiegel.

a □ Entscheide, welches das richtige Spiegelbild ist.

b ◪ Erkläre jeweils, was bei den anderen Bildern falsch gemacht wurde.

13 Spiegelbild

□ Erkläre die Entstehung des Spiegelbilds anhand der Skizze. Gehe darauf ein, wieso man die Katze hinter dem Spiegel sieht.

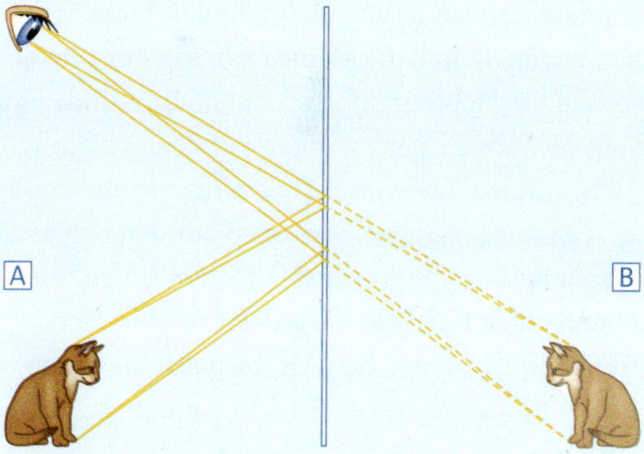

14 Schrift im Spiegel

a ◪ Erkläre die Geheimschrift.

b ■ Finde einen Weg, sie lesbar zu machen.

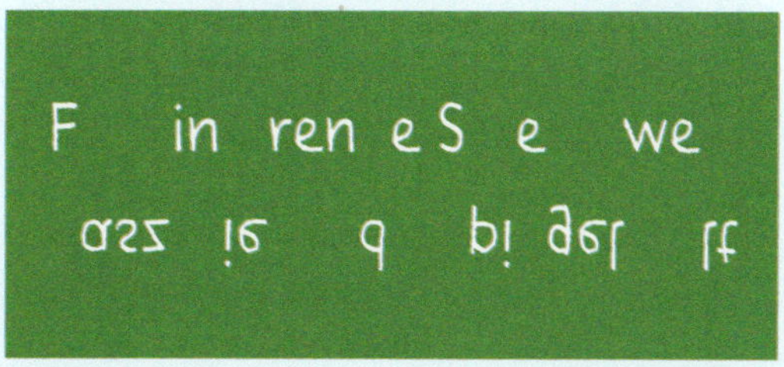

Bildentstehung an einer Lochblende

1 Ein kleines Loch erzeugt ein kopfstehendes Bild der Außenwelt.

Durch das kleine Loch in der Verdunklung fällt Licht von draußen in den Raum. Das Licht trifft auf ein großes, hell lackiertes Brett. Das Brett dient hier als Schirm. Es fängt ein Bild auf. Das Bild der Außenwelt auf dem Schirm steht allerdings auf dem Kopf.

Funktion der Blende

In der Technik macht man meist keine Löcher, sondern verwendet Blenden, um den Lichteinfall zu begrenzen. Durch die kleine Öffnung der Blende treffen die Lichtbündel, die vom oberen Ende eines Gegenstands ausgehen, unten auf den Schirm. Lichtstrahlen, die vom Fuß des Gegenstands reflektiert werden, treffen weiter oben auf den Schirm. Ähnlich ist es mit den Seiten: Lichtstrahlen, die vom rechten Rand des Gegenstands ausgehen, treffen links auf den Schirm, Lichtstrahlen vom linken Rand treffen den Schirm auf der rechten Seite.

In der Blende kreuzen sich also alle vom Gegenstand ausgehenden Lichtstrahlen. Deshalb steht das Bild auf der anderen Seite der Blende auf dem Kopf. Außerdem ist bei dem Bild rechts und links vertauscht.

> Von einer Blende erzeugte Bilder stehen auf dem Kopf und sind seitenvertauscht, weil sich die Lichtstrahlen in der Blende kreuzen.

Experiment Löcher machen Bilder

2 Das Bild der Kerzenflamme steht auf dem Kopf.

Stellt man eine Kerze vor eine Postkarte mit einem kleinen Loch, dann sieht man dahinter auf einem Schirm ein auf dem Kopf stehendes Bild der Kerzenflamme. Verändert man nun den Abstand zwischen Kerze und Blende oder zwischen Blende und Schirm, verändert auch das Bild der Kerzenflamme seine Größe. Es wird größer, wenn die Kerze an die Blende heran- oder der Schirm von der Blende wegrückt.

Experimente zeigen: Je näher der abgebildete Gegenstand an die Blende heranrückt, desto größer wird das Bild auf dem Schirm. Je näher der Schirm an die Blende rückt, desto kleiner wird das Bild.

> Der Abstand zwischen Gegenstand und Blende sowie der Abstand zwischen Blende und Schirm entscheiden über die Größe des Bildes.

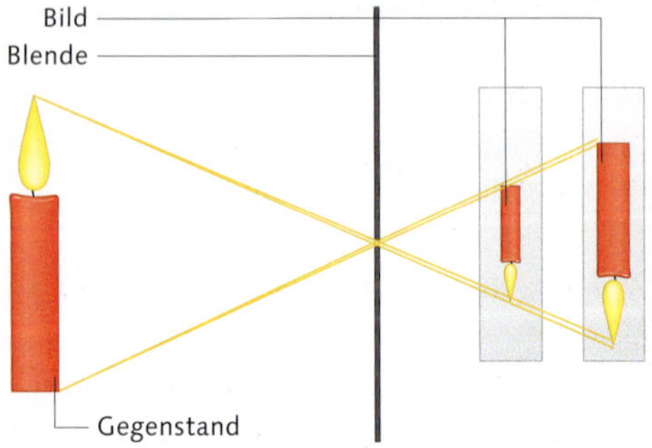

3 Die Bildgröße hängt von den Abständen ab.

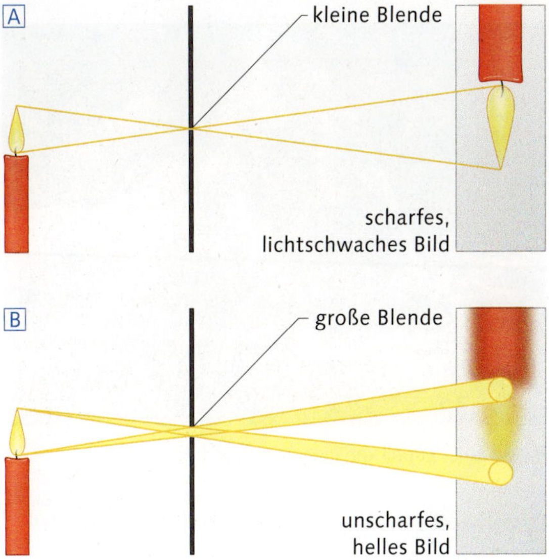

4 Bildschärfe und -helligkeit hängen von der Blende ab.

Größe der Blende

Das Bild, das man hinter einer kleinen Blendenöffnung auffängt, ist sehr lichtschwach, also dunkel, denn durch die kleine Öffnung gelangt nur wenig Licht auf den Schirm. Vergrößert man die Blende, wird das Bild heller, es verliert jedoch an Schärfe.

Scharfe Bilder entstehen nur bei sehr kleiner Blende. Dann wird jeder Punkt eines Gegenstands wieder als Punkt abgebildet.
Bei einer größeren Blende fallen breitere Lichtbündel hindurch. Sie erzeugen auf dem Schirm keine Lichtpunkte, sondern ausgedehnte Lichtflecke, die sich überlagern: Das Bild wird heller, aber unscharf.

> Die Größe der Blende entscheidet über Schärfe und Helligkeit des Bildes. Kleine Blenden erzeugen lichtschwache, scharfe Bilder. Große Blenden erzeugen helle, unscharfe Bilder.

Beispiel Lochkamera

Verbaut man eine Blende und einen Schirm in einem Gehäuse, erhält man eine Lochkamera, auch *Camera obscura* genannt. Damit man auf dem Schirm etwas sehen kann, muss er halb transparent sein. Da das Bild sehr lichtschwach ist, hilft es, sich bei der Beobachtung ein Tuch über den Kopf und die Kamera zu legen.

Aufgaben

1 Blende

a □ Beschreibe, was „Blende" bedeutet.

b ◪ Erkläre, warum das Bild, das von einer Blende erzeugt wird, auf dem Kopf steht.

2 Experiment

a □ Beschreibe, wie in einem Experiment die Größe des Bildes auf dem Schirm verändert werden kann.

b ◪ Bild 3 zeigt, wie sich die Größe des Bildes ändert, wenn man den Schirm verschiebt. Fertige zwei Skizzen an, die die Größenveränderung des Bilds zeigen, wenn man die Kerze verschiebt. Zeichne dazu die Kerze einmal dicht vor die Blende und einmal weiter weg. Beschreibe deine Skizzen.

3 Lichtpunkte

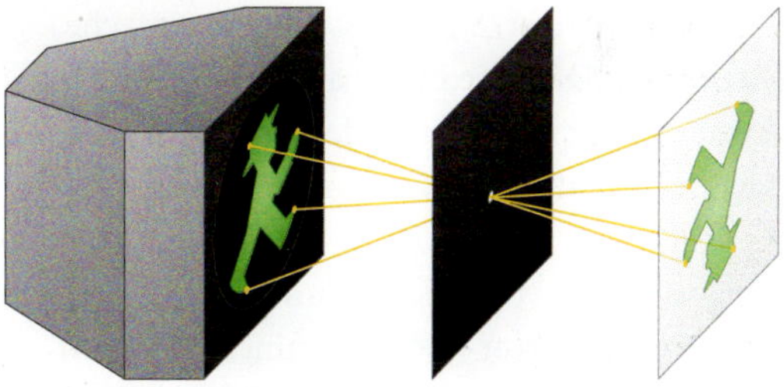

Ein Ampelmännchen wird mithilfe einer Blende auf einem Schirm abgebildet.

a □ Erkläre, warum das Bild des Männchens auf dem Kopf steht.

b ■ Überprüfe die Aussage: „Eine Lochblende vertauscht nicht nur oben und unten, sondern auch rechts und links."

4 Lochkamera

Tom hat sich eine Lochkamera gebastelt.

a □ Beschreibe, was Tom gerade sieht.

b □ Erkläre die im Bild unten auftauchenden Begriffe.

c ■ Beschreibe die Funktion der Lochkamera.

Bildentstehung an Sammellinsen

1 Sammellinsen erzeugen scharfe, helle Bilder.

3 Mit einer Lupe kann man Feuer machen.

Handykameras können gute Bilder machen. Sie verwenden – wie alle Kameras – Sammellinsen.

Helle und scharfe Bilder durch Sammellinsen

Um ein Bild zu erzeugen, reicht eine einfache Blende aus. Da diese Bilder aber entweder lichtschwach oder unscharf sind, verwenden Kameras wie die in Bild 1 Objektive mit Sammellinsen.

Fängt man das von einer Sammellinse erzeugte Bild, z. B. von einer Kerzenflamme, auf einem Schirm auf, stellt man fest: Das Bild steht auf dem Kopf, ist aber hell und scharf. Das kann man so erklären:
Die Kerzenflamme sendet von jedem Punkt aus Licht in alle Richtungen. Die Sammellinse vereinigt die auf sie fallenden Lichtbündel wieder zu Punkten. Dadurch entstehen Bilder, die nicht nur scharf, sondern auch hell sind (Bild 2).

> Sammellinsen bündeln Licht und können auf diese Weise scharfe *und* helle Bilder erzeugen.

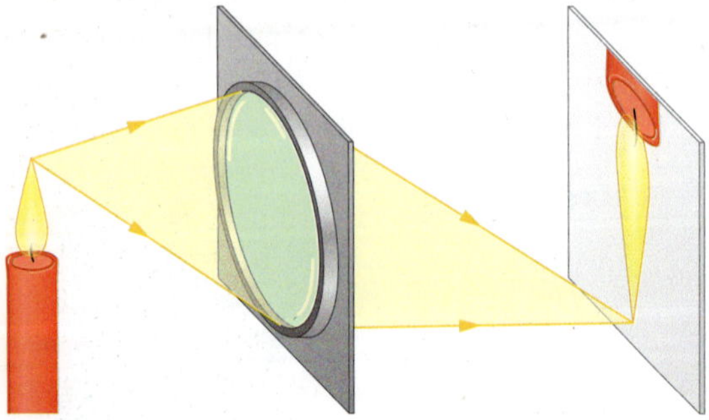

2 Bilderzeugung durch eine Sammellinse

Brennweite und Brennpunkt

Die Sonne ist so weit weg, dass die Lichtstrahlen, die bei uns ankommen, parallel verlaufen. Beim Durchgang der Lichtstrahlen durch eine Sammellinse werden die Lichtstrahlen gebrochen: einmal beim Übergang von Luft in Glas und dann noch einmal beim Übergang von Glas in Luft. Diese Brechung erfolgt bei Sammellinsen so, dass sich die Lichtstrahlen in einem Punkt treffen.

Der Punkt, an dem Sammellinsen parallel einfallendes Licht bündeln, heißt Brennpunkt, denn hier können hohe Temperaturen auftreten (Bild 3). Der Abstand zwischen dem Brennpunkt und der Linsenebene heißt Brennweite (Bild 4). Die Brennweite hängt von der Wölbung der Sammellinse ab. Im Brennpunkt ist das Bild weit entfernter Objekte scharf.

> Sammellinsen bündeln parallele Lichtstrahlen im Brennpunkt. Der Abstand zwischen Linsenebene und Brennpunkt heißt Brennweite.

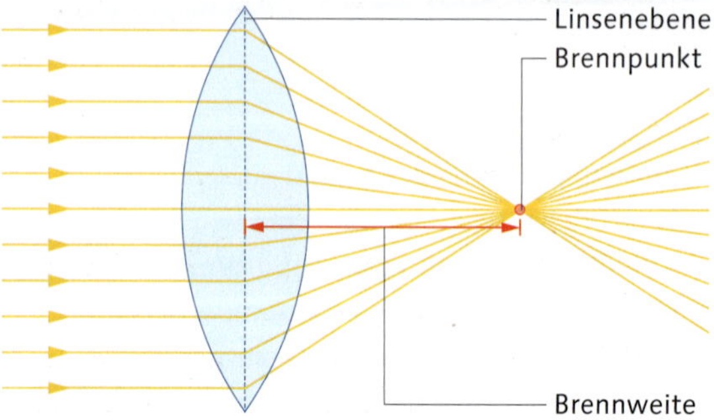

4 Weg des Lichts durch eine Sammellinse

5 Eine Lupe vergrößert Gegenstände.

6 Lichtstrahlen an der Lupe

Sammellinse als Lupe

Schaut man durch eine Sammellinse, kann man Gegenstände vergrößert sehen.

Der Abstand zwischen dem Gegenstand und der Sammellinse entscheidet darüber, ob man das Bild vergrößert sieht oder nicht: Befindet sich der Gegenstand zwischen Linsenebene und Brennpunkt, sieht man ihn vergrößert. Entfernt man die Sammellinse weiter vom Gegenstand, sodass er sich nicht mehr zwischen Linse und Brennpunkt befindet, steht der Gegenstand auf dem Kopf. Er erscheint dann aber nicht mehr vergrößert.

> Beim Blick durch Sammellinsen sieht man Gegenstände vergrößert, wenn sich die Gegenstände zwischen Linsenebene und Brennpunkt befinden.

Bild 6 zeigt, wie die Vergrößerung zustande kommt: Die von der Tomate ausgehenden Lichtstrahlen werden von der Linse gebrochen und ins Auge des Beobachters gelenkt. Das Gehirn geht jedoch von geradliniger Ausbreitung des Lichts aus. Deshalb erscheint der Gegenstand vergrößert.

Beispiel Tautropfen

Tautropfen haben die Form von Sammellinsen. Beobachtet man ein Blütenblatt oder einen Grashalm, auf dem Tautropfen liegen, sieht man durch den Tropfen die Blattstruktur vergrößert.

Aufgaben

1 Bildentstehung an Sammellinsen

□ Erkläre, warum Sammellinsen im Gegensatz zu Blenden helle *und* scharfe Bilder machen können.

2 Kameralinse

a ◪ Eine Kamera hat sowohl eine Blende als auch eine Linse.
Beschreibe die Aufgaben der beiden Teile bei der Aufnahme eines Fotos.

b ■ Erkläre, wieso das Bild einer Sammellinse auf dem Kopf steht und was das für den Fotoapparat bedeutet.

3 Wasserglas

Die Wassergläser im abgebildeten Experiment funktionieren wie Sammellinsen.

a □ Beschreibe das Bild. Was kann man sehen?

b ◪ Beschreibe den Strahlengang durch die Wassergläser und erkläre die Entstehung der Brennpunkte.

Unser Auge

1 Mit unseren Augen sehen wir helle und scharfe Bilder.

Bildentstehung im Auge

In unserem Auge ist die **Pupille** von der **Iris** umgeben. Iris und Pupille arbeiten wie eine Blende. Hinter der Pupille befindet sich die **Augenlinse**.

Durch die Pupille fällt Licht ins Auge. Die Rückwand des Augapfels ist mit der **Netzhaut** überzogen. Die Linse bricht die Lichtbündel so, dass sie auf der Netzhaut punktförmig zusammenlaufen und dort – wie auf einem Schirm – ein scharfes Bild der Außenwelt erzeugen.

> Durch die Pupille fallen Lichtbündel ins Auge. Die Linse bildet die Außenwelt als scharfes Bild auf der Netzhaut ab.

Die Lichtbündel treffen auf der Netzhaut auf empfindliche Sinneszellen. Der Sehnerv leitet die Reize ins Gehirn. So sehen wir unsere Umwelt.

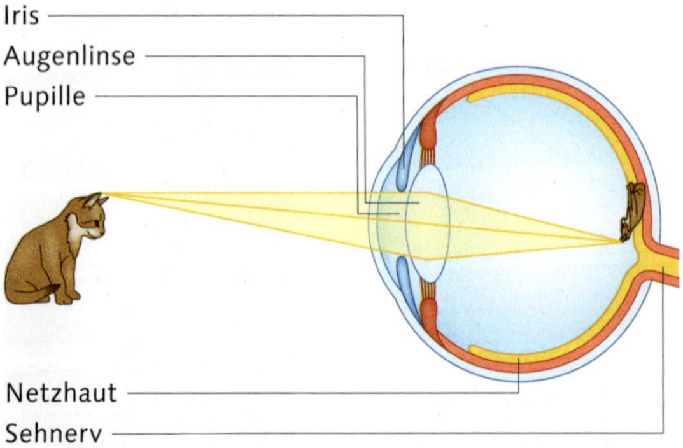

2 Auf der Netzhaut entsteht ein auf dem Kopf stehendes Bild.

Anpassung an die Helligkeit

Ist es sehr hell draußen, dann verengt sich die Pupille. Dadurch gelangt weniger Licht auf die Netzhaut. Vergrößert sich die Pupille, dann kann mehr Licht ins Auge eindringen. So reagiert das Auge auf unterschiedlich helle Umwelteindrücke. Die Pupille ist eine Blendenöffnung und erzeugt auf der Netzhaut ein Bild, das auf dem Kopf steht. Im Gehirn wird das Bild dann umgedreht.

> Die Pupille reguliert die Lichtmenge, die ins Auge gelangt. Sie erzeugt auf der Netzhaut ein auf dem Kopf stehendes Bild.

Anpassung an die Entfernung

Im Alltag befinden sich Gegenstände, die man betrachten möchte, in allen möglichen Entfernungen vom Auge. Um mit einer Linse mit fester Brennweite Gegenstände in unterschiedlichen Entfernungen scharf abzubilden, muss man den Abstand zwischen Linse und Schirm verändern. Den Abstand zwischen Linse und Netzhaut zu verändern, ist beim Auge aber nicht möglich. Deshalb ist die Linse im menschlichen Auge verformbar und kann so ihre Brennweite ändern, um immer ein scharfes Bild auf der Netzhaut zu erzeugen, egal, wie weit ein Gegenstand entfernt ist. Je stärker die Linse im Auge gewölbt ist, desto näher gelegene Gegenstände sieht man scharf.

> Um ein scharfes Bild auf der Netzhaut zu erzeugen, wird die Linse so verformt, dass die Bildpunkte des Gegenstands als Punkte auf der Netzhaut abgebildet werden.

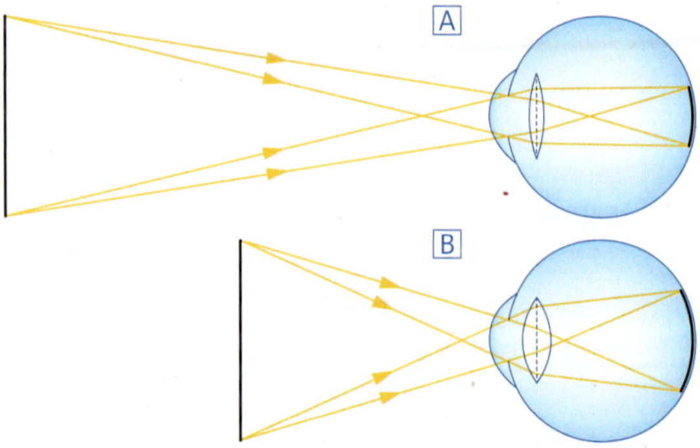

3 Verformte Linse beim Blick in die Ferne (A) und in die Nähe (B)

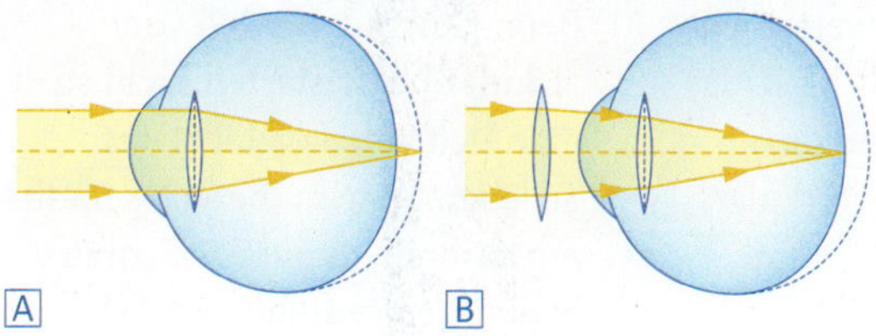

4 Weitsichtiges Auge (A) mit Korrektur (B)

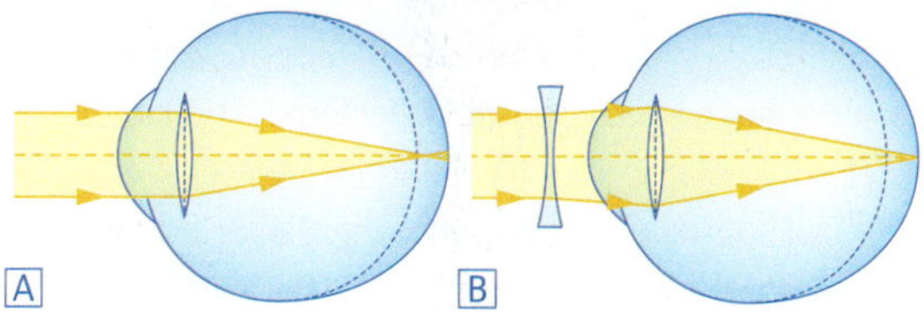

5 Kurzsichtiges Auge (A) mit Korrektur (B)

Fehlsichtigkeit

Bei einigen Menschen funktioniert das Scharfstellen des Bildes auf der Netzhaut nicht. Bei ihnen ist der Augapfel zu lang oder zu kurz. Der Abstand zwischen Linse und Schirm passt also nicht. Sie brauchen eine Sehhilfe.

Weitsichtigkeit

Weitsichtige Menschen haben Schwierigkeiten, das Kleingedruckte zu lesen. Bei ihnen ist der Augapfel zu kurz, deshalb haben sie Schwierigkeiten, scharf zu sehen. Das scharfe Bild entsteht hinter der Netzhaut (Bild 4A). Durch besondere Anstrengung können leicht Weitsichtige die Augenlinse dennoch stark genug wölben, um scharf zu sehen.

Brillengläser helfen, die fehlende Wölbung der Augenlinse ohne Anstrengung auszugleichen. Durch eine geeignete Sammellinse wird das Bild nicht mehr hinter, sondern auf der Netzhaut scharf gestellt: Der Mensch sieht wieder scharf (Bild 4B).

Kurzsichtigkeit

Bei Kurzsichtigkeit verhält es sich genau umgekehrt (Bild 5): Der Augapfel ist zu lang. Das scharfe Bild, das ohne Sehhilfe erzeugt wird, liegt vor der Netzhaut. Kurzsichtige Menschen sehen weit entfernte Dinge unscharf, weil sich bei ihnen die Linse nicht flach genug ziehen kann. Besondere Anstrengung der Augen hilft in diesem Fall nicht. Durch passende Brillengläser lässt sich jedoch auch diese Fehlsichtigkeit ausgleichen.

Aufgaben

1 Bildentstehung und Sehen

□ Erkläre, warum das Bild auf unserer Netzhaut auf dem Kopf steht.

2 Helligkeit

Iris und Pupille arbeiten zusammen als Blende.

a ◪ Fertige eine Skizze an, die erklärt, wie Iris und Pupille die Lichtmenge, die ins Augeninnere fällt, beeinflussen.

b ◪ Halte mit den Händen die Augen zu und warte 30 Sekunden. Öffne die Augen und entferne dann deine Hände. Lass einen Mitschüler beobachten, was mit deinen Pupillen geschieht, oder beobachte es selbst im Spiegel. Notiere die Beobachtung.

3 Balgenkamera

Das Bild zeigt eine Balgenkamera. Bei einer solchen Kamera wird das Bild auf dem Film scharf gestellt, indem der Abstand zwischen Linse und Film durch vor- und zurückschieben der Linse verändert wird.

a ◪ Vergleiche das Scharfstellen der Balgenkamera mit dem Scharfstellen der Bilder im menschlichen Auge.

b ■ Erkläre, wie eine Kamera funktionieren müsste, die nach dem Prinzip des Auges Bilder scharf stellt.

c ◪ Bild 4 zeigt ein weitsichtiges Auge. Erkläre Weitsichtigkeit und vergleiche den Sehfehler mit den Einstellungsmöglichkeiten der Balgenkamera.

Denken in Modellen

Gedankliche Modelle sind vereinfachte Vorstellungen der Wirklichkeit. Sie helfen, Beobachtungen physikalisch zu erklären. Bei der Arbeit mit Modellen muss man folgende Vorgehensweise beachten:

Schritt 1: Beobachtung machen

Welche Beobachtung muss erklärt werden?

Schritt 2: Modell wählen und anwenden

- Welche Modelle stehen zur Verfügung?
- Welches erklärt die Beobachtung am besten?
- Welche weiteren Voraussagen kann es machen?

Schritt 3: Grenzen des Modells beachten

Modelle beschreiben nur einen Teil der Wirklichkeit. Für andere Teile sind sie ungültig und führen zu falschen Vorhersagen. Die Grenzen muss man im Kopf behalten.

Für das Licht gibt es verschiedene Erklärungsmodelle, z. B. das Lichtstrahlmodell und das Gewindemodell vom zirkular polarisierten Licht.

Das **Lichtstrahlmodell** erklärt viele Phänomene des Lichts, z. B. die Entstehung von Schatten. Man kann mit seiner Hilfe auch den Sehvorgang verstehen:

1. Beobachtung: Man sieht Gegenstände nur dann, wenn sie vom Licht angestrahlt werden.

2. Lichtstrahlmodell: Licht breitet sich geradlinig aus und wird von Gegenständen reflektiert. Wird Licht von einem Gegenstand in unsere Augen reflektiert, können wir ihn sehen.

3. Grenzen: Die Funktion von 3-D-Polarisationsbrillen kann das Lichtstrahlmodell nicht erklären. Nach dem Lichtstrahlmodell würde man auf der Kinoleinwand auch mit 3-D-Brille zweidimensionale Doppelbilder sehen.

Beim **Gewindemodell vom zirkular polarisierten Licht** stellt man sich vor, dass Licht aus Teilchen besteht, die sich geradlinig ausbreiten und wie Schrauben in sich gedreht sind. Das Gewindemodell erklärt dieselben Phänomene wie das Lichtstrahlmodell, aber auch die Funktion von polarisierten 3-D-Brillen.

1. Beobachtung: Polarisationsbrillen ermöglichen es, Filme mit Tiefeneindruck zu sehen.

2. Gewindemodell: So wie Schrauben mit Rechtsgewinde nur in Muttern mit Rechtsgewinde passen, so gibt es Filter, die nur rechtsdrehende Lichtteilchen durchlassen; andere lassen nur linksdrehende Lichtteilchen durch. Der Kinoprojektor sendet zwei Bilder: eins mit rechtsdrehenden und eins mit linksdrehenden Lichtteilchen. Da eines der Brillengläser nur rechtsdrehendes Licht hindurchlässt, das andere nur linksdrehendes, erreicht ein Bild des Projektors nur das rechte, das andere Bild nur das linke Auge. So wird ein räumlicher Eindruck erzeugt.

3. Grenzen: Die Entstehung von Farben lässt sich weder mit dem Lichtstrahl-, noch mit dem Gewindemodell erklären.

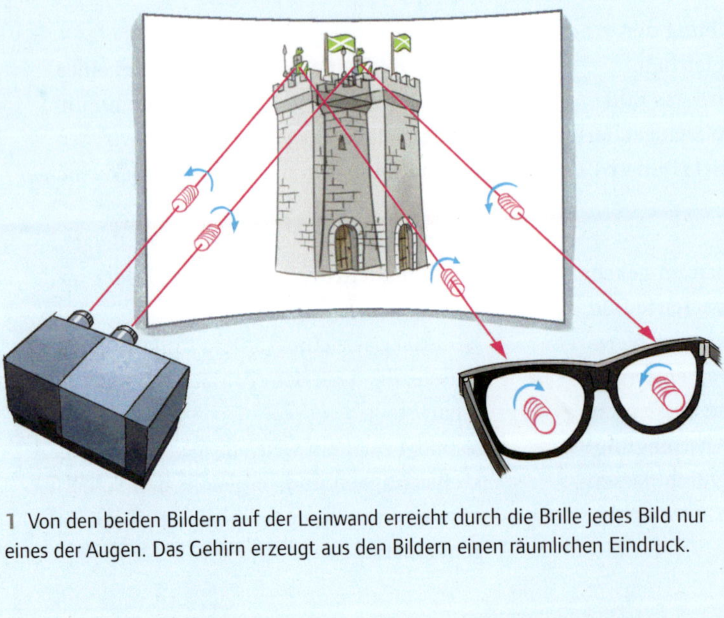

1 Von den beiden Bildern auf der Leinwand erreicht durch die Brille jedes Bild nur eines der Augen. Das Gehirn erzeugt aus den Bildern einen räumlichen Eindruck.

Aufgabe

1 Lichtstrahlmodell
◪ Schreibe einen kurzen Text, der das Lichtstrahlmodell erklärt. Gib Beispiele an, wann und wie man es anwendet.

3-D-Sehen

Für dreidimensionales Sehen sind zwei gesunde Augen nötig. Beim Menschen haben die Augen einen Abstand von etwa 6 cm. Deshalb sieht jedes Auge ein etwas anderes Bild der Umgebung: Ein betrachteter Gegenstand liegt z. B. von jedem Auge aus anders vor dem Hintergrund. Die beiden unterschiedlichen Bilder werden an das Gehirn weitergeleitet.

Im Gehirn werden die gleichzeitig eintreffenden, leicht unterschiedlichen Bilder zu einem einzigen Bild mit Tiefenwirkung zusammengesetzt. Dafür sind unbedingt zwei unterschiedliche Bilder nötig. Ein Auge alleine kann aber nicht zwei Bilder sehen, deshalb fehlt die Tiefenwirkung, sobald man ein Auge schließt.

Beispiel Elfmeter

Ein Ball fliegt direkt auf den Torwart zu. Im Bild des linken Auges ist der Ball deutlich nach rechts versetzt:

Im Bild des rechten Auges ist der Ball deutlich nach links versetzt:

Das Gehirn bildet ein dreidimensionales Bild und der Torwart fängt den Ball sicher.

Experiment Stiftabstand

Zwei Stifte werden räumlich versetzt gehalten.

Betrachtet man beide Stifte von vorn, kann man mit zwei Augen sofort sagen, welcher Stift dichter dran ist und welcher weiter weg.
Schließt man ein Auge, kann man nur noch schwer sagen, welcher Stift sich dichter am Auge befindet. Der räumliche Eindruck fehlt.

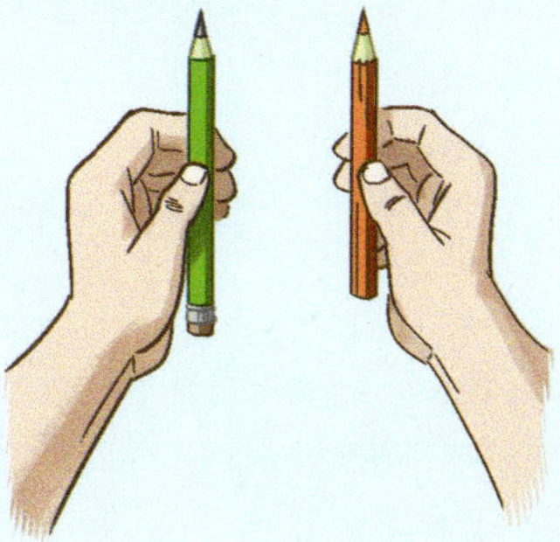

3-D-Fernsehen

Beim 3-D-Fernsehen wird für jedes Auge ein anderes Bild gesendet. So entstehen im Gehirn Bilder mit Tiefenwirkung. Das Grundprinzip beim 3-D-Fernsehen ist immer gleich: Der Fernseher sendet zwei unterschiedliche Bilder gleichzeitig und die 3-D-Brille sorgt dafür, dass immer nur eins der Bilder das jeweilige Auge erreicht.
Eine Möglichkeit, das zu erreichen, ist, beide Bilder in verschiedenem Licht zu senden, z. B. das Bild für das rechte Auge in rechtsdrehendem, das Bild für das linke Auge in linksdrehendem Licht. Das rechte Brillenglas lässt nur rechtsdrehendes Licht hindurch, das linke Brillenglas nur linksdrehendes Licht. So erreichen die unterschiedlichen Bilder unterschiedliche Augen und das Gehirn bildet daraus Bilder mit Tiefenwirkung.

Aufgabe

1 Sehen bei Tieren
Stelle Überlegungen an, welche Tiere wohl dreidimensional sehen können. Überprüfe deine Überlegungen mithilfe des Internets.

Großvater, warum hast du so große Augen?

Die folgenden Aufgaben zum Thema **Optische Abbildungen** helfen dir, deinen Lernstand einzuschätzen. Beobachte dich dazu beim Lösen der Aufgaben selbst:
- Brauchst du Hilfe? Musst du z. B. noch einmal nachlesen oder jemanden fragen?
- Kannst du die Aufgaben ohne Hilfe lösen?
- Weißt du sogar mehr, als in der Lösung steht?

Notiere dir, bei welchen Fragen du Schwierigkeiten hast. Kehre noch einmal zu den entsprechenden Seiten zurück, arbeite sie durch und löse die zugehörigen Aufgaben. Weitere Aufgaben findest du auf den folgenden Seiten.

1 Bildentstehung an der Lochblende
Mit einer Postkarte und einer Nadel lässt sich ein Bild erzeugen.
a □ Beschreibe, was du tun musst, um mit Postkarte und Nadel ein Bild einer Kerzenflamme zu erzeugen. Skizziere den Versuchsaufbau.
b ◪ Beschreibe, wie sich das Bild verändert, wenn man die Abstände im Versuchsaufbau ändert.
c ◪ Erkläre, was geschieht, wenn man die Blende vergrößert.

2 Sammellinse
Auch Sammellinsen erzeugen Bilder.
a □ Nenne die Vorteile, die eine Sammellinse bei der Bilderzeugung gegenüber einer einfachen Lochblende hat.
b ◪ Erkläre die Begriffe „Brennweite" und „Brennpunkt".
c ■ Tim sagt: „Eine Sammellinse kann drei Dinge."
Erläutere, was Tim damit meinen könnte.

3 Unser Auge
Unser Auge arbeitet mit einer Blende und einer Sammellinse.
a ◪ Beschreibe die Bildentstehung im Auge.
b ◪ Erkläre die Rolle und Funktion von Pupille und Augenlinse.

4 Licht im Modell
Sowohl die Funktion einer Blende als auch die Wirkung einer Sammellinse können mit dem Lichtstrahlmodell erklärt werden.
a □ Erkläre die Bildentstehung an einer Blende im Modell.
b ◪ Verwende das Modell, um zu erklären, warum eine große Blende ein unscharfes, helles Bild erzeugt.
c ◪ Erkläre mit dem Modell, wie Sammellinsen helle *und* scharfe Bilder erzeugen können.

5 Fehlsichtigkeit
Bei Kurzsichtigkeit hat der Mensch Probleme, weit entfernte Gegenstände scharf zu stellen.
a ◪ Bei kurzsichtigen Menschen ist der Augapfel zu lang. Beschreibe, welche Folgen das für die Bildentstehung im Auge hat.
b ■ Das Bild zeigt die Korrektur der Kurzsichtigkeit mit einer Linse. Erkläre, was die Linse bewirkt. Argumentiere mit dem Strahlengang.

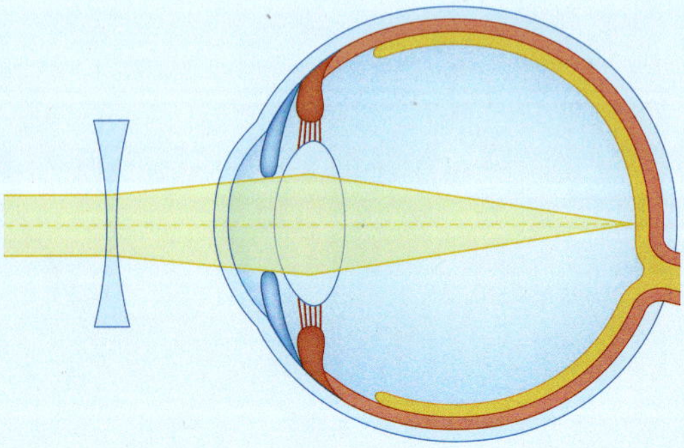

Optische Abbildungen

Blende

Eine Blende erzeugt ein Bild, das auf dem Kopf steht.

Sie bildet Gegenstandspunkte als Lichtflecke ab.

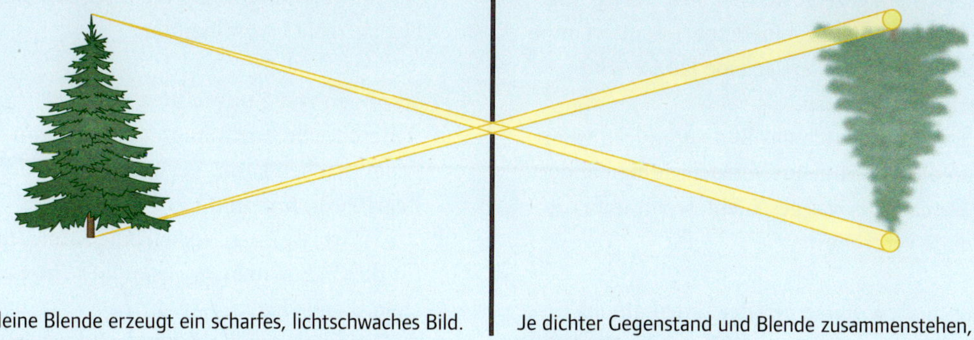

Eine kleine Blende erzeugt ein scharfes, lichtschwaches Bild.
Eine große Blende erzeugt ein helles, unscharfes Bild.

Je dichter Gegenstand und Blende zusammenstehen, desto größer wird das Bild.
Je dichter Schirm und Blende zusammenstehen, desto kleiner wird das Bild.

Sammellinse

Eine Sammellinse erzeugt ebenfalls ein Bild, das auf dem Kopf steht.

Sammellinsen können Gegenstandspunkte als Punkte abbilden und erzeugen dann helle, scharfe Bilder.

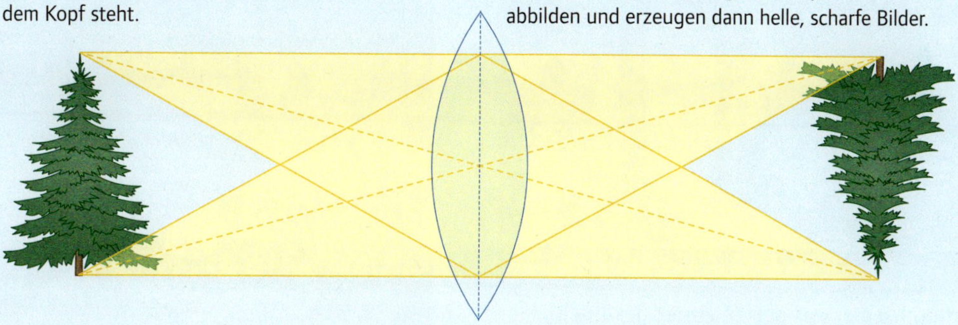

Sammellinsen bündeln parallele Lichtstrahlen im Brennpunkt.
Durch eine Sammellinse kann man Gegenstände, die sich zwischen Brennpunkt und Linse befinden, vergrößert sehen.

Auge

Auch im Auge entsteht ein Bild, das auf dem Kopf steht.

Die Pupille funktioniert wie eine Blende. Sie regelt die Lichtmenge, die ins Auge gelangt.

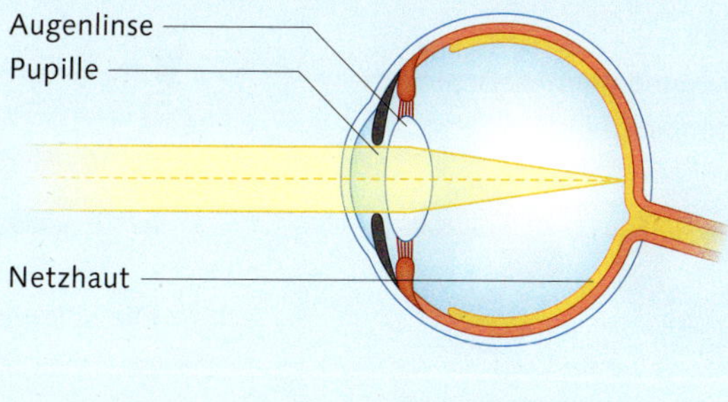

Die Augenlinse ist eine Sammellinse: Sie erzeugt ein scharfes Bild auf der Netzhaut. Zu diesem Zweck kann sie verformt werden.

Bei fehlsichtigen Menschen passt der Abstand zwischen Linse und Netzhaut nicht.
Fehlsichtigkeiten können mit passenden Linsen korrigiert werden.

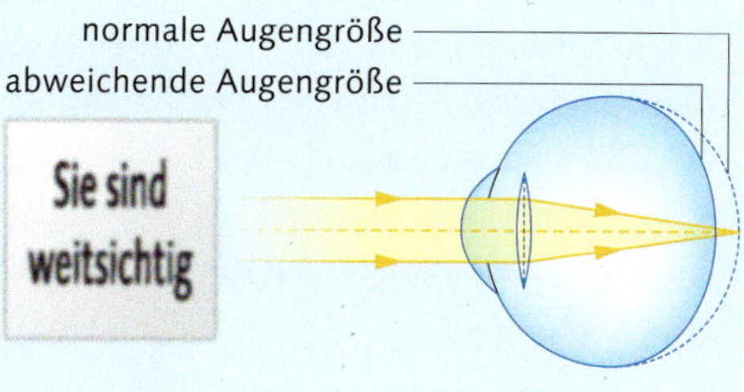

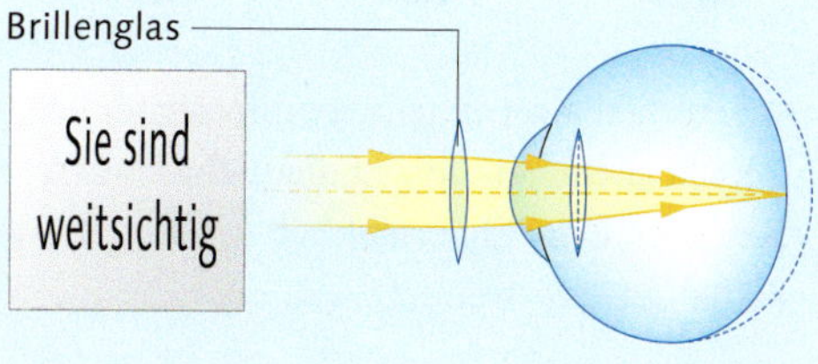

1 Blende im Experiment

a □ Die Funktion einer Blende soll in einem Experiment gezeigt werden. Zur Verfügung stehen eine Blende, eine Experimentierlampe und ein Schirm. Fertige eine Skizze vom Versuchsaufbau an.

b ◪ Erkläre, wie sich das Bild verändert, wenn man die Abstände im Versuchsaufbau ändert.

c ■ Beschreibe, was geschieht, wenn man die Blende vergrößert.

2 Landschaften malen mit der Lochkamera

Diese Zeichnung stammt aus einem sehr alten Buch.

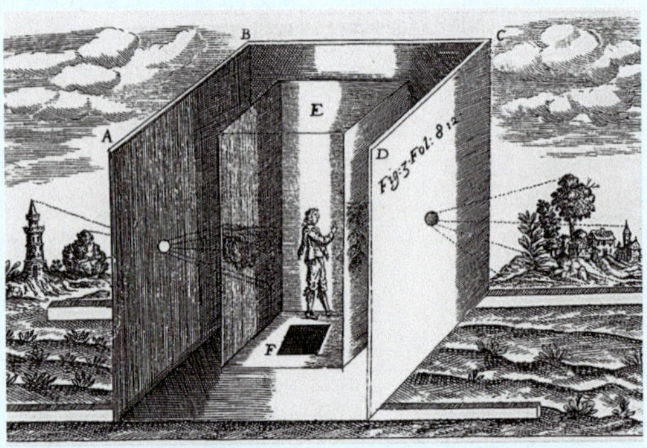

a ◪ Beschreibe, was der Zeichner des Buchs dargestellt hat.

b ■ Erkläre, wie die Bilder auf den Schirmen entstehen.

3 Blende bei der Kamera

Das Bild zeigt verschiedene Blendeneinstellungen bei einem Kameraobjektiv.

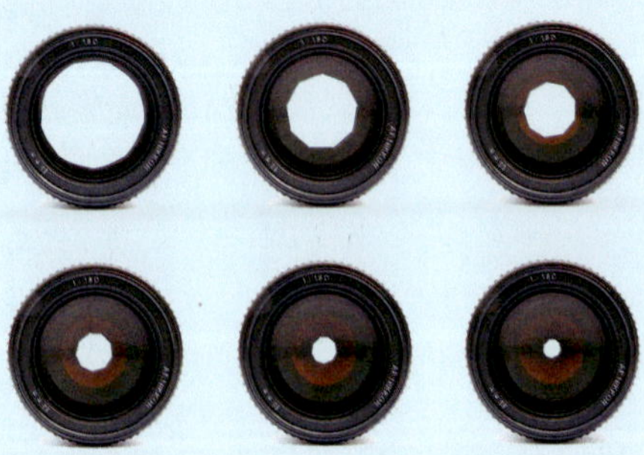

a □ Durch die verschiedenen Blendeneinstellungen entstehen unterschiedliche Bilder. Beschreibe die Eigenschaften der Bilder, wenn keine Linse verwendet wird.

b ◪ Sarah behauptet: „Die kleinste Blendenöffnung verwendet man zum Fotografieren bei Nacht, weil dann wenig Licht vorhanden ist.“ Hat sie recht? Argumentiere.

4 Wirkungen von Sammellinse

a □ Beschreibe, wie man mit einer Sammellinse Feuer machen kann. Verwende dabei den Begriff „Brennpunkt“.

b ◪ Erkläre, welchen Vorteil eine Sammellinse für die Bildentstehung gegenüber einer einfachen Blende hat.

c ■ Erläutere, wie das folgende Bild zustande kommt.

5 Figuren vor der Linse

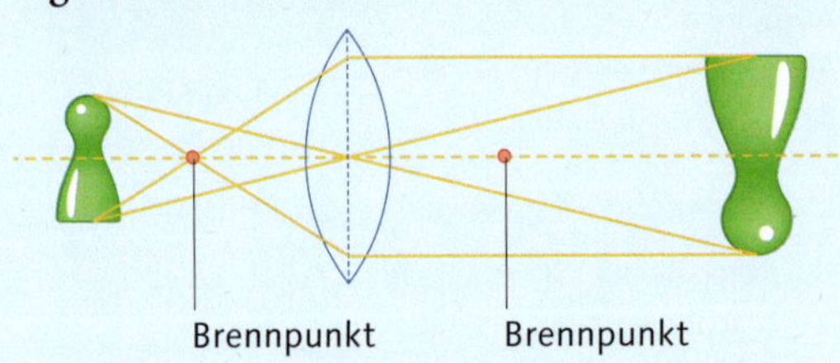

a □ Die Spielfigur wird von der Sammellinse wegbewegt. Stelle eine begründete Vermutung auf, ob sich der Ort, an dem ein scharfes Bild entsteht, von der Linse weg- oder auf die Linse zubewegt. Probiere es aus.

b ◪ Die Spielfigur verändert ihre Größe beim Bewegen nicht. Beschreibe, wie sich die Größe des Bildes verändert.

c ■ Beschreibe, was geschieht, wenn sich die Spielfigur immer weiter auf die Sammellinse zubewegt.

6 Autoscheinwerfer

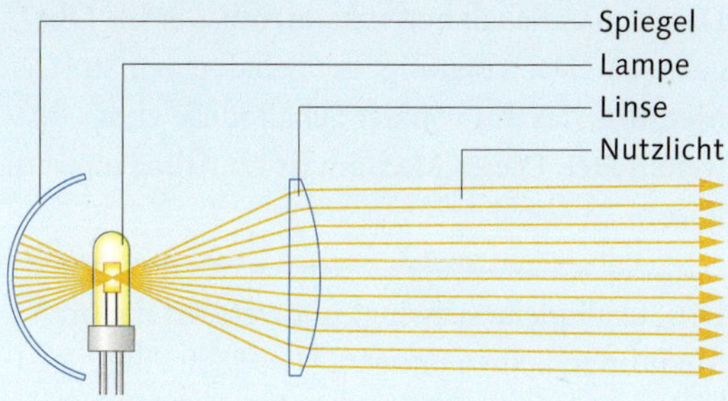

Autoscheinwerfer verwenden eine besonders geformte Linse.

a □ Die Lampe sendet Licht in alle Richtungen aus. Beschreibe zunächst den Strahlengang des Lichts ohne Linse.

b □ Erkläre, welche Funktion die Linse im Autoscheinwerfer hat.

c ■ Ein Autohersteller braucht einen Werbetext für seine neuen Scheinwerfer, in dem die Funktion aller Bauteile beschrieben wird. Verfasse diesen Werbetext.

7 Das menschliche Auge

Im menschlichen Auge wirken Pupille und Linse zusammen, damit wir klare Bilder der Umwelt sehen.

a □ Beschreibe Aufgabe und Funktion von Pupille und Linse.

b ◪ Fertige eine Skizze an und erkläre den Sehvorgang im Auge, wenn ein Baum betrachtet wird.

8 Das Nautilusauge

Der Nautilus ist ein Meeresbewohner mit einem sehr einfachen Auge.

a □ Vergleiche das unveränderbare Sehloch des Nautilusauges mit der Pupille im menschlichen Auge.

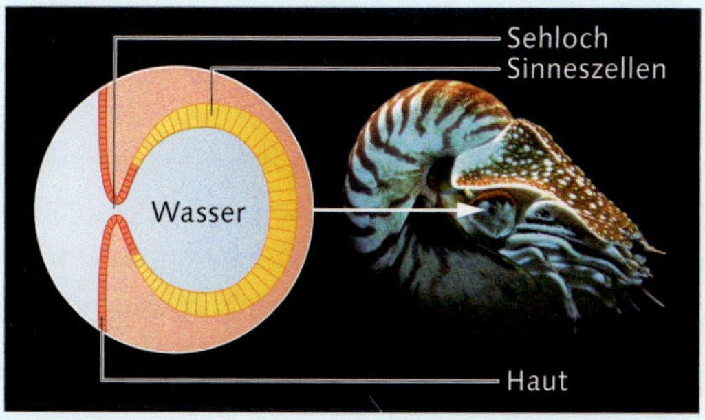

b ◪ In einer Dokumentation heißt es: „Das Nautilusauge gleicht einer Lochkamera." Bewerte diese Aussage.

c ■ Argumentiere, welche Funktionen ein solches Auge hat und welche ihm fehlen.

9 Auge und Kamera

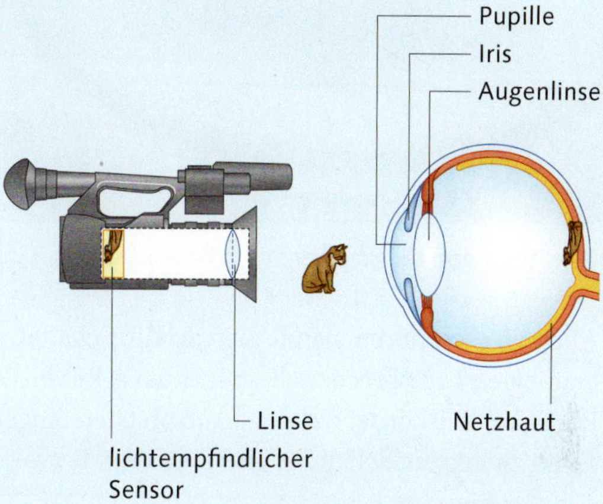

Auge und Kamera verwenden die gleichen physikalischen Prinzipien.

a □ Nenne Bauteile, die bei Auge und Kamera ähnlich sind.

b ■ Erkläre, an welchen Stellen die gleichen physikalischen Prinzipien verwendet werden und wo es Unterschiede gibt.

10 Verschwommene Armbanduhr

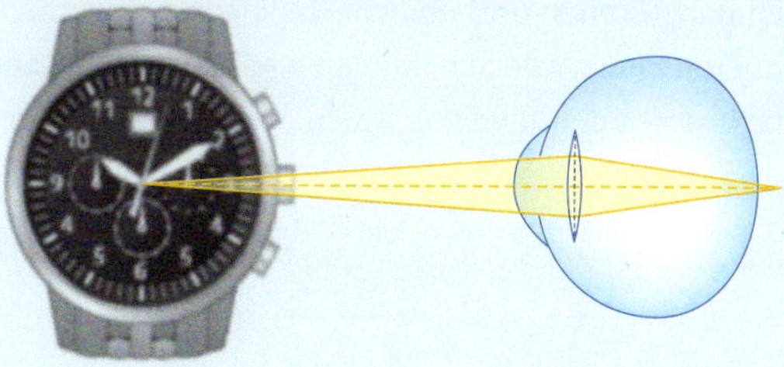

a □ Ist der Betrachter der Armbanduhr kurz- oder weitsichtig? Begründe.

b ◪ Erkläre Kurz- und Weitsichtigkeit. Argumentiere mit dem Strahlengang.

c ◪ Fertige eine Zeichnung zur Korrektur der Weitsichtigkeit mit einer Sammellinse an.

d ■ Recherchiere, mit welchen Linsen man Kurzsichtigkeit korrigiert, und erkläre, warum in diesem Fall Sammellinsen nicht funktionieren.

Schall

1 Die Staubkörner auf dem Lautsprecher sind in Bewegung.

Alles, was wir hören, nennt man Schall. Schaltet man einen Lautsprecher ein, hört man z. B. Musik. Legt man Reiskörner auf den Lautsprecher, fangen sie an zu tanzen. Schall hat also etwas mit Bewegung zu tun.

Schallquellen

Gegenstände, die Schall erzeugen, nennt man Schallquellen. Schaut man sich einen Lautsprecher genau an, sieht man besonders bei tiefen Tönen, dass sich der Schalltrichter des Lautsprechers schnell hin- und herbewegt. Nicht nur ein Lautsprecher, auch die menschliche Stimme ist eine Schallquelle, ebenso wie alle Musikinstrumente, Klingeln, Hupen, Sirenen und manche Teile von Maschinen und Geräten. Alle Schallquellen haben gemeinsam, dass sie – oder Teile von ihnen – schnell schwingen.

> Schnell schwingende Gegenstände erzeugen Schall. Sie sind Schallquellen.

2 Der Wecker erzeugt kugelförmige Schallwellen.

Schallausbreitung

Damit man Schall hören kann, muss er ins Ohr gelangen. Dazu benötigt der Schall einen Stoff, ein **Medium**, das ihn von der Schallquelle zum Ohr weiterleitet. Dieses Medium ist im Alltag meist die Luft.

Die Schallquelle schwingt und versetzt dadurch das Medium in Schwingungen. Diese Schwingungen breiten sich in Form von **Schallwellen** kugelförmig in alle Richtungen aus.
Bei der Ausbreitung werden die Schallwellen schwächer. Deswegen wird der Schall immer leiser, je weiter man sich von einer Schallquelle entfernt.

> Schall braucht ein Medium, um sich auszubreiten. Die Schallquelle versetzt das Medium, z. B. Luft, in Schwingungen, die sich in Form von Schallwellen ausbreiten.

Experiment Schwingungen sichtbar machen

Schwingungen von Schallwellen lassen sich nur mit technischen Hilfsmitteln sichtbar machen. Die wichtigsten Eigenschaften von Schwingungen kann man jedoch auch bei einem Pendel erkennen. Die Schwingung eines Pendels lässt sich mit einfachen Mitteln aufzeichnen.

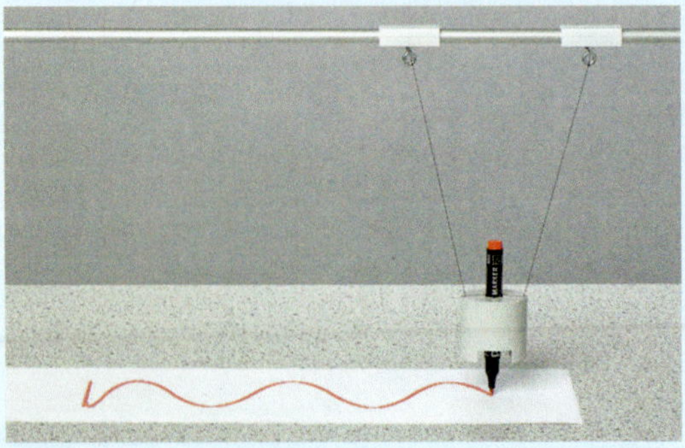

3 Stiftpendel und Papier

Zieht man das Papier mit konstanter Geschwindigkeit unter dem Stiftpendel hindurch, entsteht auf dem Papier das Bild oder Diagramm einer Schwingung. Im Diagramm steht oben/unten für die Auslenkung der Schwingung, ihre zeitliche Entwicklung verläuft von links nach rechts.

Schallempfänger

Erreichen die Schallwellen einen Gegenstand, können sie diesen in Bewegung versetzen. Er nimmt die Schwingungen der Schallwellen auf.

Kann der Gegenstand die Schallwellen so verarbeiten, dass die transportierten Informationen zu entnehmen sind, spricht man von einem Schallempfänger.
Beispiele für Schallempfänger sind das Mikrofon und das menschliche Ohr.

> Schallempfänger können Schallwellen aufnehmen und verarbeiten.

Beispiel Hörvorgang

Das Ohr ist ein Schallempfänger. Mit ihm können wir Schall wahrnehmen.
Die Schallwellen werden von der Ohrmuschel gesammelt und gelangen zum Trommelfell. Das Trommelfell wird vom Schall in Schwingung versetzt und leitet die Schwingungen an die Gehörknöchelchen – Hammer, Amboss und Steigbügel – weiter.

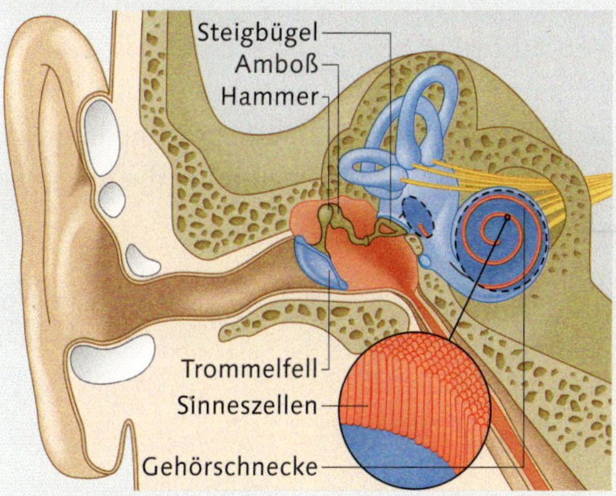

4 Aufbau des menschlichen Ohrs

Die Gehörknöchelchen geben die Schwingungen an die mit Flüssigkeit gefüllte Gehörschnecke weiter. Die Wände der Gehörschnecke sind mit feinen haarförmigen Sinneszellen besetzt. Diese Sinneszellen nehmen die Schwingungen auf und wandeln sie in elektrische Signale um. Die Nervenzellen leiten die elektrischen Signale ins Gehirn, wo der Höreindruck entsteht.

Aufgaben

1 Sender und Empfänger

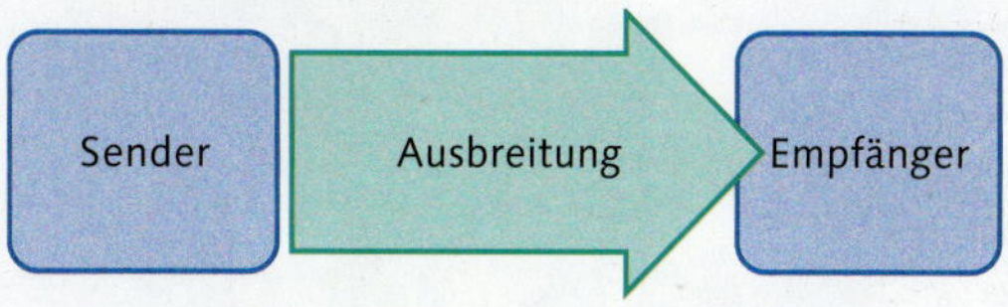

Die Grafik zeigt, wie Schall Informationen weitergeben kann.

a □ Übertrage die Grafik in dein Heft und ergänze Beispiele für Sender und Empfänger.

b ◪ Beschreibe mithilfe der Grafik, was geschieht, wenn man die Hupe eines Autos hört.

2 Schallquellen

a □ Ein Lautsprecher funktioniert als Schallquelle. Erkläre, wie er zur Schallquelle wird.

b ◪ Nenne drei weitere Schallquellen und erkläre, welche Teile schwingen, um die Luft in Bewegung zu versetzen und so Schallwellen zu erzeugen.

3 Schall in anderen Medien

a ◪ Delfine leben im Wasser und können sich untereinander mit Tönen verständigen. Beschreibe den Hörvorgang unter Wasser.

b ◪ Ein Schnurtelefon kann geflüsterte Worte über weite Strecken transportieren. Erkläre, wie es funktioniert.

c ◪ Im Weltall gibt es weder Luft noch Wasser. Das All ist leerer Raum. Welche Auswirkungen hat das für den Hörvorgang bei Schallquelle, Schallausbreitung und Schallempfänger? Bewerte daraufhin Weltraumszenen in Filmen.

Eigenschaften des Schalls

1 Auf einem Jahrmarkt geht es laut zu.

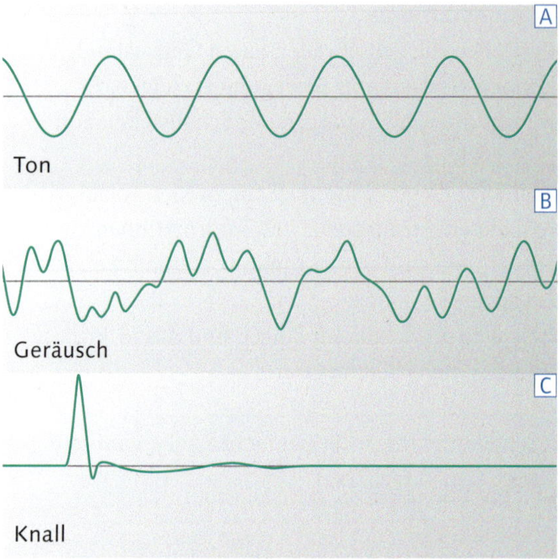

2 Schwingungsbilder am Computer sichtbar gemacht

Auf einem Jahrmarkt wird viel geboten. Schall dringt von allen Seiten auf uns ein: Die Lautsprecheranlage der Bude, die Stimme des Freunds, der Schuss des Gewehrs, das Brummen des Stromgenerators, die Musik eines benachbarten Karussells. Die Schallwellen lassen sich sichtbar machen. Anhand der Bilder kann man den Schall in verschiedene Schallarten einteilen.

Schallarten

Die Musik des Karussells besteht aus **Tönen**. Ein Ton ist Schall mit regelmäßigen Schwingungen wie in Bild 2A. Ein Beispiel für einen reinen Ton ist der Wählton des Handys. Klingen mehrere Töne gemeinsam, nennt man das **Klang**.

Der Motor des Stromgenerators verursacht ein **Geräusch**. Ein Geräusch ist eine Mischung unregelmäßiger Schwingungen wie in Bild 2B. Ein typisches Geräusch ist das Rascheln einer Chipstüte.

Der Schuss knallt aus dem Gewehr. Ein **Knall** ist ein kurzes, lautes Geräusch. In Bild 2C sieht man, dass die Schwingung schlagartig endet. Ein Knall entsteht z. B. beim Zuschlagen einer Autotür.

> Ton, Geräusch und Knall sind drei Arten von Schall mit unterschiedlichen Schwingungseigenschaften.

Laute und leise Töne

Mit dem Ohr kann man laute und leise Töne unterscheiden. Betrachtet man die Schwingungsbilder eines lauten und eines leisen Tons, so sieht man auch dort den Unterschied: Die Schwingung eines leisen Tons ist flacher.

Die Lautstärke eines Tons hängt also von der maximalen Auslenkung seiner Schwingung ab. Die maximale Auslenkung einer Schwingung nennt man ihre **Amplitude**. Je kleiner die Amplitude ist, desto leiser klingt der Ton. Je größer die Amplitude ist, desto lauter ist der Ton.

> Die Amplitude einer Schwingung bestimmt, wie laut der Ton klingt. Leise Töne haben eine geringere Schwingungsamplitude als laute Töne.

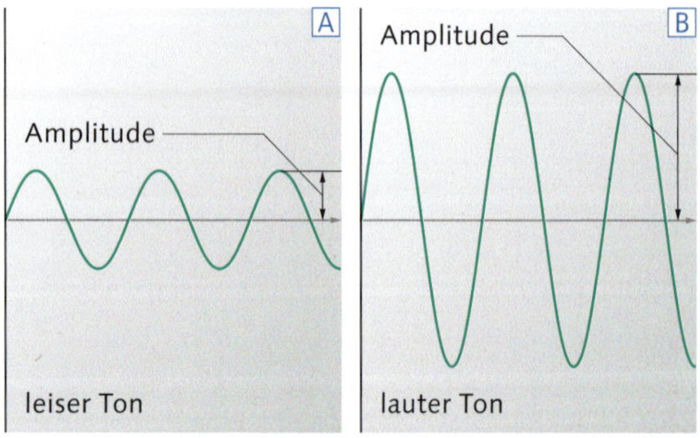

3 Schwingungsbilder des gleichen Tons: leise (A) und laut (B)

Hohe und tiefe Töne

Beim Hören kann man neben der Lautstärke auch die Tonhöhe wahrnehmen. Hohe und tiefe Töne lassen sich ebenfalls anhand ihres Schwingungsbildes unterscheiden: Beim hohen Ton liegen die Schwingungen viel enger beieinander als beim tiefen Ton.

Je höher ein Ton klingt, desto enger liegen seine Schwingungen nebeneinander. Er hat also mehr Schwingungen pro Sekunde.
Das Schwingungsbild eines tieferen Tons hat eine weitere Schwingungskurve. Er hat weniger Schwingungen pro Sekunde als ein hoher Ton.
Die Anzahl der Schwingungen eines Tons pro Sekunde bezeichnet man als seine **Frequenz**. Die Einheit der Frequenz heißt Hertz, kurz: Hz. 1 Hertz bedeutet 1 Schwingung pro Sekunde.

> Die Anzahl der Schwingungen pro Sekunde bestimmt, wie hoch ein Ton klingt. Hohe Töne haben eine höhere Frequenz als tiefe Töne.

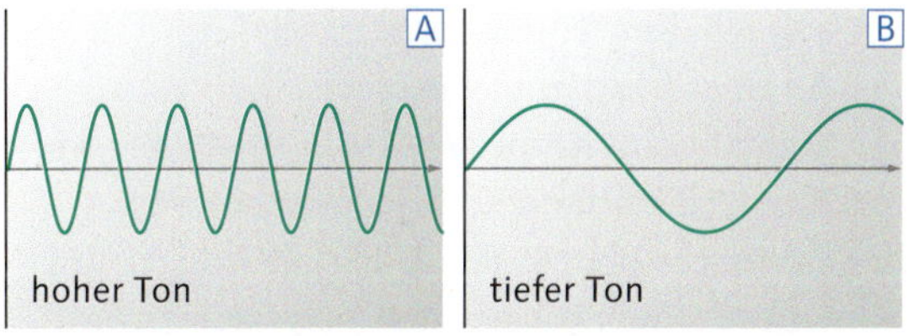

4 Schwingungsbild eines hohen (A) und eines tiefen Tons (B)

Extra Hörbereich

Tiere haben oft einen anderen Hörbereich als der Mensch. Der menschliche Hörbereich liegt zwischen 16 Hz und 20 000 Hz.

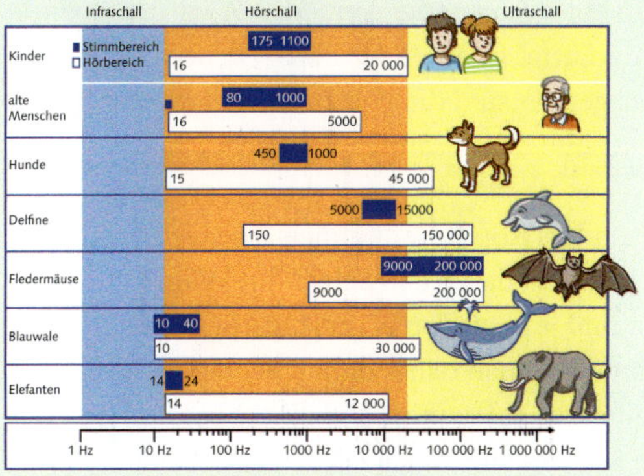

5 Hörbereiche von Menschen und Tieren

Aufgaben

1 Schallarten

a □ Nenne die drei Schallarten und finde zu jeder Schallart zwei Beispiele aus dem Alltag.

b ◪ Das Schwingungsbild zeigt einen Klang. Ein Klang ist ein Zusammenklingen mehrerer Töne. Beschreibe das Schwingungsbild und vergleiche es mit dem Schwingungsbild eines Tons und eines Geräuschs.

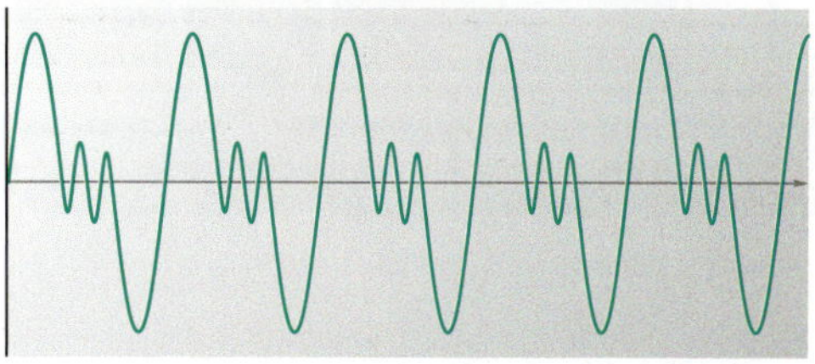

c ■ Schallwellen werden von Schallquellen erzeugt und von Schallempfängern umgewandelt. Beschreibe das Verhalten von Schallquellen und Schallempfängern bei Ton, Geräusch und Knall.

2 Verschiedene Schwingungsbilder

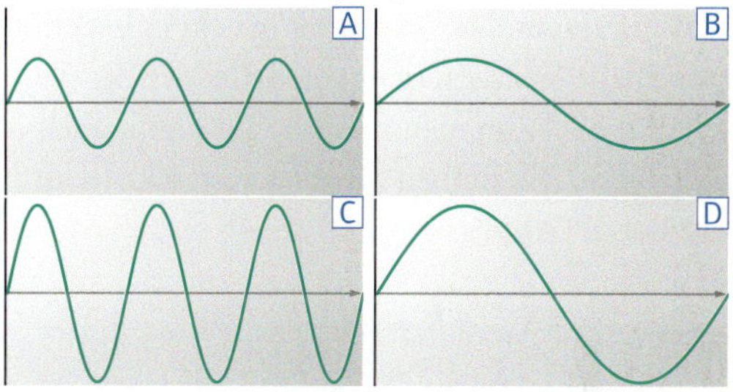

Die vier Schwingungsbilder zeigen einen leisen tiefen Ton, einen lauten hohen Ton, einen lauten tiefen Ton und einen leisen hohen Ton.

a □ Nenne die Eigenschaften des Schwingungsbildes eines lauten Tons und eines leisen Tons, eines hohen Tons und eines tiefen Tons.

b ◪ Ordne die Schwingungsbilder den richtigen Tönen zu. Begründe deine Zuordnung mit den Eigenschaften der Schwingung.

c ■ Zeichne zwei weitere Schwingungsbilder: Zeichne einen ganz leisen, ganz hohen Ton und einen ganz lauten, ganz hohen Ton.

3 Hörbereich

◪ Erkläre, was man unter dem Hörbereich versteht, und vergleiche den menschlichen Hörbereich mit dem Hörbereich von Tieren.

Lärm und Lärmschutz

1 Lärmschutzwände schützen vor Straßenlärm.

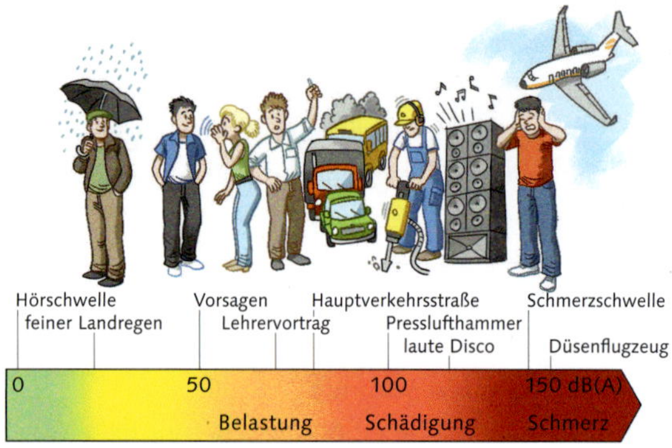

2 Lärm und seine Wirkung

Straßenlärm ist für die Anwohner an viel befahrenen Straßen oft eine große Belastung. Lärmschutzwände sollen die dahinterliegenden Häuser vor dem Lärm schützen.

Schalldruck und Lautstärke

Schallwellen drücken auf das Trommelfell. Je lauter ein Ton ist, desto größer ist die Amplitude der Schwingung und desto stärker drückt er gegen das Trommelfell. Man spricht von Schalldruck. Schalldruck kann man messen und damit auch die Lautstärke. Die Einheit für die Lautstärke heißt Dezibel dB(A).

> Je lauter ein Geräusch oder ein Ton ist, desto größer ist der Schalldruck.
> Lautstärke wird in Dezibel dB(A) angegeben.

Stellt man zwei gleiche Schallquellen nebeneinander, nimmt der Mensch diese zwei Schallquellen nicht als doppelt so laut wahr. Erst zehn gleiche Schallquellen klingen doppelt so laut wie eine einzelne Schallquelle.
Um das zu berücksichtigen, ist das Dezibel eine ungewöhnliche Maßeinheit: Bei zwei gleichen Schallquellen steigt die Lautstärke um 3 dB(A). Eine Verdopplung der empfundenen Lautstärke entspricht einem Anstieg um 10 dB(A).

Das (A) in der Einheit dB(A) gibt an, dass außerdem die unterschiedliche Empfindlichkeit des Gehörs bei verschiedenen Tonhöhen berücksichtigt wurde.

Gefahren von Lärm

Was ein Mensch als Lärm empfindet, ist unterschiedlich: Für den einen ist Kindergeschrei Lärm, für den anderen laute Musik. Unabhängig vom persönlichen Empfinden kann Lärm jedoch eine Gefahr für das menschliche Ohr darstellen.

- Ab einer Lautstärke von etwa 55 dB(A) treten körperliche und geistige Beeinträchtigungen auf, z. B. Konzentrationsstörungen.
- Ab einer Lautstärke von 65 bis 75 dB(A) kommt es im Körper zu Stresssymptomen wie Bluthochdruck oder Magenbeschwerden.
- Geräusche über 85 dB(A) beeinträchtigen das Gehör. Durch dauerhafte Überreizung schalten die Nervenzellen im Innenohr zurück und man hört eine Zeitlang schlechter.
- Lärm ab 110 dB(A) schädigt das Gehör dauerhaft: Die feinen haarförmigen Sinneszellen im Innenohr brechen ab. Sie wachsen nicht nach.

> Ab einer Lautstärke von 55 dB(A) spricht man von Lärm. Je lauter der Lärm ist, desto schwerwiegender sind die Folgen für das menschliche Ohr und den gesamten Körper.

Besonders Kopfhörer können eine Gefahr für das Gehör sein, da sie den Schall direkt am Ohr erzeugen und je nach Typ bis zu 110 dB(A) liefern. Beim Kauf sollte man daher darauf achten, dass die Lautstärke auf maximal 85 dB(A) beschränkt und die Klangqualität auch bei geringer Lautstärke ausreichend gut ist.

Lärmschutz

Da Lärm dem Menschen schadet, greift man zu Lärmschutzmaßnahmen. Dabei gibt es zwei Möglichkeiten: **Schalldämmung** und **Schalldämpfung**.

Um Schall einzudämmen, verwendet man Materialien, die den Schall zurückwerfen und ihn so an der Ausbreitung hindern. Das sind insbesondere harte und glatte Materialen. Solche Materialien verwendet man zum Bau von Lärmschutzwänden.

Um Schall zu dämpfen, verwendet man Materialien, die den Schall schlucken. Das sind insbesondere weiche oder poröse Stoffe, also Stoffe mit vielen kleinen Löchern. Solche Materialien werden zur Schallisolierung beim Hausbau verwendet.

Zum Schutz vor Lärm nutzt man Schalldämmung und Schalldämpfung. Dabei wird der Schall an der Ausbreitung gehindert, indem er zurückgeworfen oder geschluckt wird.

Experiment Schalldämpfung

Stellt man eine Eieruhr in eine Kiste und verschließt die Kiste mit einem Deckel, kann man trotzdem hören, wenn die Eieruhr klingelt. Nun kann man die Kiste nacheinander mit verschiedenen Materialien auskleiden. Die Lautstärke des Klingelns, das nach außen dringt, verändert sich mit jedem Material. Je schlechter ein Stoff den Schall weiterleitet, desto leiser ist das Klingeln außerhalb der Kiste zu hören.

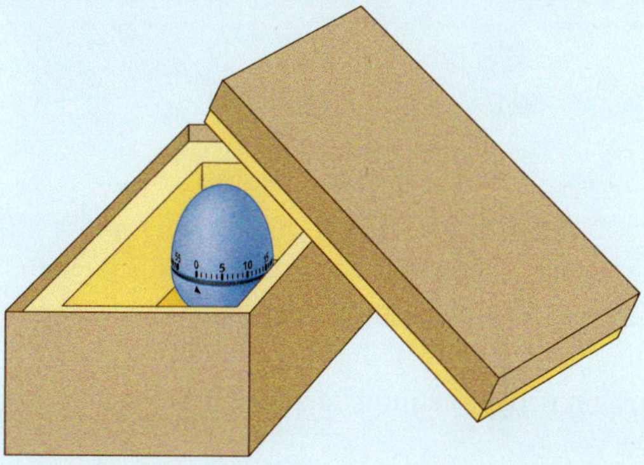

Aufgaben

1 Lautstärke

a □ Eine Sängerin singt ein Solo. Wie verändert sich die Lautstärke, wenn eine zweite Sängerin mitsingt? Begründe.

b ◪ Ein Presslufthammer klingt doppelt so laut wie ein Fernseher. Erkläre was das bedeutet.

c ◪ Erkläre, was an der Einheit Dezibel im Vergleich zu anderen physikalischen Einheiten besonders ist.

2 Gefahren von Lärm

Ältere Menschen hören meist schlechter als junge Menschen.

a □ Begründe, warum besonders Bauarbeiter im Alter oft schlecht hören.

b ◪ Erkläre, wie Maßnahmen zum Schutz vor Lärm funktionieren.

c ◪ Erkläre, warum immer mehr Jugendliche schon früh Hörschäden haben.

d ◪ Jemand will auf einer Party die Musik doppelt so laut aufdrehen. Welche Gefahren siehst du?

3 Lärmschutz

a ◪ Beschreibe das Bild unten aus akustischer Sicht. Beachte insbesondere die Rolle der Wand.

b ■ Entwickle Vorschläge, wie man den Lärmschutz verbessern könnte.

Arbeiten mit Analogien

1 Gemeinsamkeiten und Unterschiede von Licht und Schall

Licht und Schall weisen zahlreiche Ähnlichkeiten auf. Solche Gemeinsamkeiten nennt man analog. Durch die Untersuchung von Analogien ergeben sich oft neue Erkenntnisse über ein Thema.

Schritt 1: Beschreiben der Eigenschaften

Verschaffe dir einen Überblick über die Themen, die du vergleichen willst, und notiere dir die wichtigsten Punkte.

Sina notiert folgende Eigenschaften:

Schall:

1 *Schallquellen senden Schallwellen in alle Richtungen aus.*
2 *Schall braucht zur Ausbreitung ein Medium.*
3 *Schall kann geschluckt oder zurückgeworfen werden.*
4 *Schallempfänger nehmen Schallwellen auf. Gelangen Schallwellen ins Ohr, können wir etwas hören.*

Licht:

1 *Lichtquellen senden Licht in alle Richtungen aus.*
2 *Licht benötigt zur Ausbreitung kein Medium. Es breitet sich in Vakuum mit einer Geschwindigkeit von knapp 300 000 km pro Sekunde aus.*
3 *Licht kann absorbiert, reflektiert und gebrochen werden.*
4 *Lichtempfänger können Licht aufnehmen. Fällt Licht ins Auge, können wir etwas sehen.*

Schritt 2: Gemeinsamkeiten und Unterschiede benennen

Suche nun Gemeinsamkeiten und Unterschiede: Welche Merkmale haben beide Themen gemeinsam? Welche Vorgänge sind ähnlich? Wo liegen Unterschiede? Oft ist dabei eine Tabelle oder eine grafische Darstellung hilfreich (Bild 1).

Sina stellt einige Gemeinsamkeiten zwischen Licht und Schall fest:

- *Lichtquellen und Schallquellen senden Licht beziehungsweise Schall in alle Richtungen aus.*
- *Die Empfänger, Auge und Ohr, erfüllen ähnliche Rollen: Sie nehmen das Ausgesendete auf.*
- *Licht kann reflektiert, absorbiert oder gebrochen werden. Auch Schall kann zurückgeworfen oder verschluckt werden.*

Bei der Ausbreitung findet Sina auch Unterschiede:

- *Schall braucht zur Ausbreitung immer ein Medium. Licht kann sich dagegen auch ohne Medium, z. B. im Weltall, ausbreiten.*

Licht ist sehr schnell. Über die Geschwindigkeit von Schall weiß Sina noch nichts.

Schritt 3: Schlussfolgerungen ziehen

Stelle gemeinsame Merkmale und Unterschiede gegenüber und formuliere ein Ergebnis. Auf diese Weise kannst du aus Bekanntem Neues ableiten. Oft eignet sich eine Grafik, um die Schlussfolgerungen prägnant zusammenzufassen.

Sina erkennt Analogien zwischen Licht und Schall:

1 *Licht und Schall haben als gemeinsames Merkmal das Prinzip von: Sender → Ausbreitung → Empfänger*
2 *Da sowohl bei Licht als auch bei Schall Reflexion und Absorption auftreten, schließt Sina, dass Schall wahrscheinlich auch wie Licht gebrochen werden kann.*
3 *Schall und Licht unterscheiden sich darin, dass Schall ein Medium zur Ausbreitung braucht, Licht nicht.*
4 *Die Ausbreitungsgeschwindigkeit des Lichts ist sehr hoch. Wie schnell sich Schall ausbreitet, möchte Sina noch herausfinden.*

2 Bei einem Gewitter entsteht der Donner beim Blitzschlag.

Bei einem Gewitter entstehen Blitz und Donner immer gleichzeitig. Trotzdem sieht man zuerst den Blitz und hört den Donner erst deutlich später. Beobachtungen wie diese haben Forscher dazu gebracht, Experimente zu entwickeln.

Schritt 1: Beobachtung, Frage und Vermutung

Manche Beobachtungen werfen Fragen auf. Entwickle in so einem Fall eine Vermutung, die die Beobachtung erklären könnte.

Sina beobachtet ein Gewitter. Sie stellt fest, dass sie Blitz und Donner nicht gleichzeitig wahrnimmt. Sie fragt sich, woher die Zeitverzögerung zwischen Blitz und Donner kommt.
Sina vermutet, dass sich Schall langsamer ausbreitet als Licht und den Beobachter deshalb später erreicht.

Schritt 2: Planung

Plane ein Experiment, um deine Vermutung zu überprüfen oder zu widerlegen.

Sina überlegt sich, dass bei Wettläufen die Starterklappe gleichzeitig ein optisches und ein akustisches Signal sendet. Sie möchte überprüfen, ob das optische Signal vor dem akustischen Signal ankommt und aus der Zeitverzögerung die Ausbreitungsgeschwindigkeit des Schalls bestimmen.
Als Messgerät will Sina ihren Laptop verwenden. Über ein Mikrofon kann die Soundkarte den Knall der Starterklappe registrieren.

Schritt 3: Durchführung

Führe das Experiment durch. Notiere Beobachtungen und Messwerte sorgfältig. Bei manchen Experimenten ist es sinnvoll, Messungen zu wiederholen. Man kann dann einen Durchschnittswert errechnen, der genauer ist als die Einzelmessung.

Sina und ihr Bruder stellen sich 300 m voneinander entfernt auf. Sina startet die Aufnahme am Laptop in dem Moment, in dem sie sieht, wie ihr Bruder die Starterklappe zusammenschlägt.
Der erste Messdurchgang ergibt folgendes Bild:

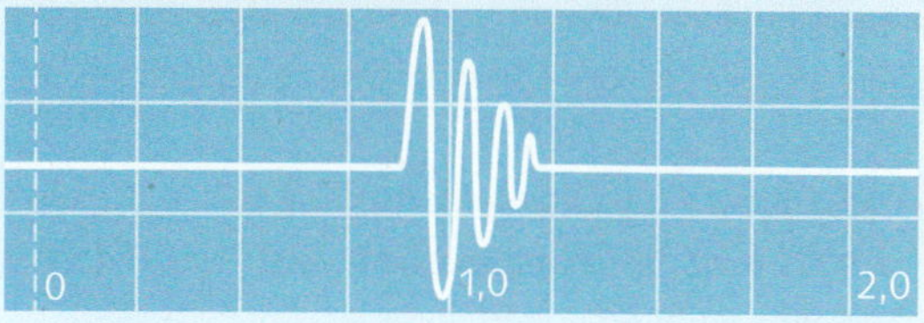

Die beiden wiederholen den Versuch 5-mal:

M1	M2	M3	M4	M5
0,91	0,95	0,94	0,84	0,96

Schritt 4: Auswertung

Werte deine Beobachtungen und Messungen aus. Dabei können Rechnungen oder Zeichnungen notwendig sein.

Sina bildet den Durchschnitt aus ihren Messergebnissen und stellt fest, dass der Schall etwas weniger als 1 Sekunde braucht, um die 300 m zurückzulegen.
Sina schließt daraus, dass der Schall etwa 3 Sekunden pro Kilometer braucht.

Schritt 5: Schlussfolgerung

Überprüfe, ob das Ergebnis deine Vermutung bestätigt oder widerlegt. Wird deine Vermutung widerlegt, musst du eine neue Idee entwickeln.

Sinas Vermutung war richtig: Schall breitet sich viel langsamer aus als Licht. Sie versteht jetzt die Gewitterregel: Pro 3 Sekunden zwischen Blitz und Donner ist das Gewitter 1 km entfernt.

Aufgabe

1 Gewitterregel

◪ Erkläre die Gewitterregel mit eigenen Worten.

Warum springen die Staubkörner auf dem Lautsprecher?

Die folgenden Aufgaben zum Thema **Schall** helfen dir, deinen Lernstand einzuschätzen. Beobachte dich dazu beim Lösen der Aufgaben selbst:
- Brauchst du Hilfe? Musst du z. B. noch einmal nachlesen oder jemanden fragen?
- Kannst du die Aufgaben ohne Hilfe lösen?
- Weißt du sogar mehr, als in der Lösung steht?

Notiere dir, bei welchen Fragen du Schwierigkeiten hast. Kehre noch einmal zu den entsprechenden Seiten zurück, arbeite sie durch und löse die zugehörigen Aufgaben. Weitere Aufgaben findest du auf den folgenden Seiten.

1 Schallquellen und Schallempfänger

a □ Nenne drei Schallquellen, die verschiedene Schallarten erzeugen.

b ◪ Erkläre, wann man einen Körper Schallquelle nennt.

c ◪ Erkläre den Hörvorgang. Verwende dabei die Begriffe „Schallquelle", „Schallempfänger" und „Medium".

2 Schallarten

Schall lässt sich in drei verschiedene Schallarten einteilen.

a □ Nenne die drei Schallarten.

b ◪ Beschreibe die Eigenschaften der drei Schallarten und gib jeweils mehrere Beispiele an.

c ◪ Zeichne Schwingungsbilder für die drei Schallarten und beschreibe sie.

d ■ Die Grafik zeigt das gleichzeitige Erklingen verschiedener Töne, einen Klang. Beschreibe das Schwingungsbild.

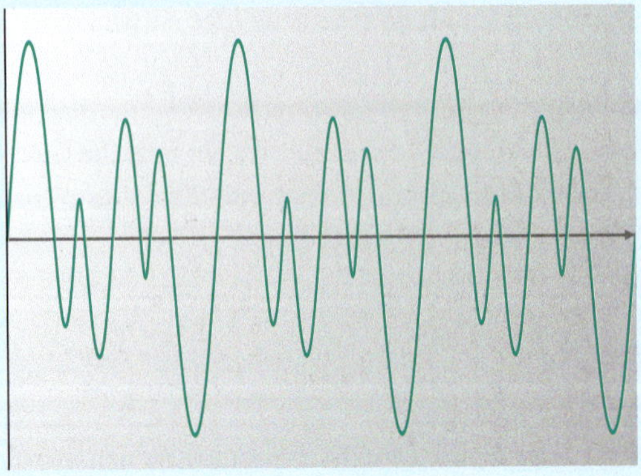

3 Weitere Eigenschaften des Schalls

Man kann den Schall nicht nur in verschiedene Schallarten einteilen, sondern ihm auch weitere Eigenschaften zuordnen.

a ◪ Erkläre, wie sich laute und leise Töne im Schwingungsbild unterscheiden.

b ◪ Erkläre, wie sich hohe und tiefe Töne im Schwingungsbild unterscheiden.

c ■ Zeichne Schwingungsbilder eines hohen, lauten Tons und eines tiefen, leisen Tons.

4 Lärmschutz

Schall umgibt uns ständig. Ist er zu laut, wird er zum Problem.

a □ Erkläre den Zusammenhang zwischen Lautstärke und Schalldruck.

b ◪ Erkläre die Begriffe „Schalldämmung" und „Schalldämpfung".

c ◪ Beschreibe den Comic mit physikalischen Begriffen. Erkläre die Rolle der Ohrenschützer des Bauarbeiters und der Hände des Mannes.

Schwingungsbilder

Schallwellen kann man z. B. mithilfe eines Computers sichtbar machen. Hohe Töne schwingen schneller als tiefe Töne. Ein Maß für die Schwingungsgeschwindigkeit ist die Frequenz. Sie wird in Hertz (Hz) angegeben. Leise Töne haben eine niedrigere Schwingungsauslenkung als laute Töne. Die maximale Schwingungsauslenkung heißt Amplitude.

Lärmschutz

Um Schall einzudämmen, verwendet man harte, glatte Materialien, die den Schall zurückwerfen.
Um ihn zu dämpfen, verwendet man weiche, poröse Stoffe, die Schallwellen schlecht weiterleiten.

Lautstärke

Je lauter ein Ton ist, desto größer ist der Schalldruck, den er erzeugt.
Die Lautstärke wird in Dezibel [dB(A)] gemessen.

1 Sender und Empfänger

Schallausbreitung funktioniert nach dem Prinzip von Sender und Empfänger.

a □ Nenne jeweils drei Schallquellen und drei Schallempfänger.

b □ Beschreibe, was man unter dem Prinzip von Sender und Empfänger versteht.

c ◪ Fertige eine Skizze an, die das Sender-Empfänger-Prinzip veranschaulicht, und erläutere sie.

d ■ Simone hat eine Zeichnung angefertigt und behauptet, dass diese Zeichnung alle wichtigen Eigenschaften des Sender-Empfänger-Prinzips enthält. Überprüfe Simones Zeichnung und bestätige oder korrigiere ihre Annahme.

2 Das menschliche Ohr

Das menschliche Ohr ist ein empfindliches Schallverarbeitungsorgan.

a □ Nenne die wichtigsten Bauteile des menschlichen Ohrs.

b ◪ Erkläre, wie das Hören mit dem menschlichen Ohr funktioniert.

c ■ Die Grafik zeigt den Aufbau des Gehörs eines Hundes. Vergleiche den Aufbau mit dem menschlichen Gehör und stelle Rückschlüsse auf die Funktion des Hundeohrs an.

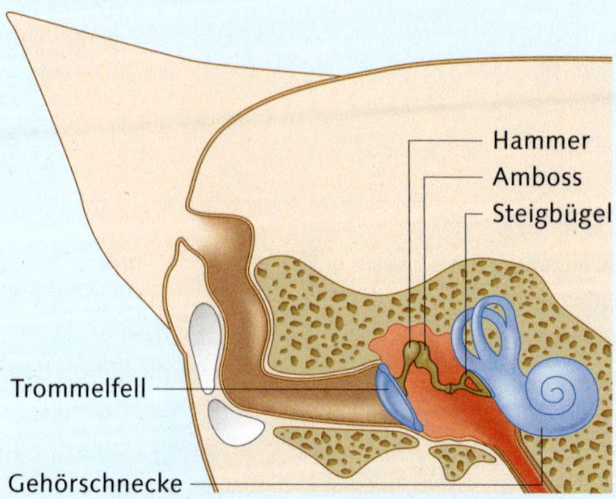

3 Schallarten: Ton, Knall, Geräusch

Verschiedene Comiczeichner haben versucht, Schall sichtbar zu machen.

a □ Ordne den Comics die drei Schallarten zu.

b ◪ Vergleiche die Comiczeichnungen mit den physikalischen Schwingungsbildern der Schallarten. Welche Eigenschaften hat der Zeichner berücksichtigt?

4 Eigenschaften des Schalls

a □ Beschreibe, was im Bild unten dargestellt ist. Vergleiche die Töne von Querflöte und Susaphon miteinander.

b ◪ Zeichne die Schwingungsbilder eines hohen und eines tiefen Tons und erkläre, was gleich gezeichnet werden muss, wenn beide Töne gleich laut sein sollen.

c ◪ Zeichne die Schwingungsbilder eines lauten und eines leisen Tons, die beide die gleiche Tonhöhe haben sollen.

d ■ Auch Geräusch und Knall können unterschiedlich hoch oder laut sein. Beschreibe die Schwingungsbilder eines lauten und eines leisen Knalls sowie die Schwingungsbilder eines hohen und eines tiefen Geräuschs.

5 Laute Musik

Anna sitzt in ihrem Zimmer und macht bei lauter Musik Hausaufgaben. Ihre Mutter schimpft: „Mach doch mal den Lärm aus!“

a □ Nenne Gründe, warum Mutter und Tochter die Musik unterschiedlich einstufen.

b ◪ Erkläre den Begriff „Dezibel“ [dB (A)].

c ◪ Beschreibe die obige Situation mit physikalischen Begriffen: Ab welcher Lautstärke hätte die Mutter recht?

6 Lärm

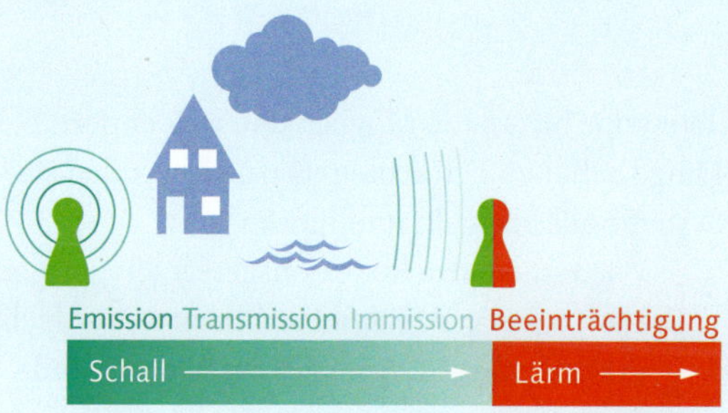

a ◪ Übertrage die Grafik in dein Heft und beschreibe, was dargestellt ist. Das geht auch, wenn du einzelne Wörter nicht kennst.

b ◪ Erkläre, ab wann man von Lärm spricht und wie es zu dieser Einordnung kommt.

c ◪ Nenne die körperlichen Beeinträchtigungen durch Lärm abhängig von seiner Lautstärke.

d ◪ Recherchiere weitere körperliche Folgen, die Lärm auf Menschen haben kann. Beachte und unterscheide zwischen kurzfristiger und langfristiger Lärmeinwirkung.

7 Lärmschutz

Es gibt verschiedene Möglichkeiten, Menschen vor dem schädlichen Einfluss des Lärms zu schützen.

a □ Nenne Möglichkeiten der Schallbeschränkung.

b ◪ Erkläre die Funktion einer Lärmschutzwand.

c ■ Es gibt verschiedene Richtlinien zum Gehörschutz. Sammle und vergleiche die Vorgaben und Maßnahmen zum Gehörschutz aus dem Baugewerbe sowie für das Wohnen und Arbeiten in lärmbelasteten Gebieten, z. B. am und in der Nähe von Flughäfen.

8 Gehör der Fledermaus

Fledermäuse finden sich auch im Dunkeln zurecht. Sie navigieren mit dem Gehör. Dazu senden sie Schallwellen aus, die von Gegenständen reflektiert werden. Durch das Echo weiß die Fledermaus, wo das Hindernis steht.

a □ Beschreibe das Bild.

b ◪ Erkläre, wie die Fledermaus es schafft, dem Turm auszuweichen.

c ◪ Recherchiere Informationen über das Gehör der Fledermaus und wie sie damit arbeitet.

9 Ultraschall

Die Fledermaus ortet mit Ultraschall. Als Ultraschall bezeichnet man Schall, dessen Frequenz oberhalb der menschliche Hörgrenze liegt.

a ◪ Informiere dich über den Ultraschall.

b ◪ Recherchiere, welche technischen Geräte ebenfalls Ultraschall nutzen, und beschreibe für mindestens eins davon das Funktionsprinzip.

10 Hörbereich

Der Mensch hört nur in einem bestimmten Frequenzbereich. Wüstenfüchse hören viel mehr.

a ◪ Erkläre den Begriff „Frequenz“.

b ◪ Vergleiche den Hörbereich des Menschen mit dem Hörbereich eines Wüstenfuchses.

c ■ Recherchiere weitere tierische Hörbereiche und vergleiche sie mit dem menschlichen.

1 Ein Regensensor kann die Scheibenwischer regeln.

3 Ein junger Seemann sucht den Horizont ab.

1 Regensensor

Moderne Autos verfügen häufig über einen Regensensor, der die Scheibenwischer automatisch schneller oder langsamer schaltet. Entscheidend für die Funktion eines Regensensors ist die unterschiedliche Lichtbrechung beim Übergang in Luft und in Wasser.

a ◪ Informiere dich über das Brechungsgesetz für Licht und übertrage es auf die Situation im Auto bei trockener und bei nasser Frontscheibe. Berücksichtige, dass unter Umständen Totalreflexion auftritt.

b ◪ Erstelle ein Plakat über die physikalische Funktion des Regensensors.

c ◪ Zum Thema Lichtbrechung gibt es einige einfache Versuche (Suchwort „Freihandversuche“), die man leicht nachmachen kann. Finde solche Versuche, führe sie durch und erkläre ihre Ergebnisse.

d ■ Informiere dich über weitere Einsatzmöglichkeiten der Regensensortechnik.

2 Fernrohre

Teleskope bieten die Möglichkeit, weit entfernte Dinge näher zu betrachten. Dazu verwenden sie Systeme aus Spiegeln und Linsen.

a □ Wiederhole das Reflexionsgesetz am Spiegel. Erkläre dabei genau den Strahlengang des Lichts.

b ◪ Erkläre, wie es Linsen gelingt, Gegenstände größer erscheinen zu lassen. Argumentiere auch hier mit dem Strahlengang des Lichts.

c ◪ Recherchiere den Strahlengang des Lichts in einem Kepler-Fernrohr und erkläre, warum die betrachteten Gegenstände näher erscheinen. Welche Rolle spielen Spiegel und Linsen dabei?

d ◪ Baue mit Linsen und Spiegel ein Teleskop.

e ■ Das Hubble-Weltraumteleskop ermöglicht beeindruckende Bilder weit entfernter Galaxien. Erstelle einen Bericht über dieses Teleskop und seine wichtigsten Entdeckungen. Das Hubble-Weltraumteleskop hat 1993 eine „Brille“ erhalten. Erläutere, was damals geschehen ist und warum das nötig war.

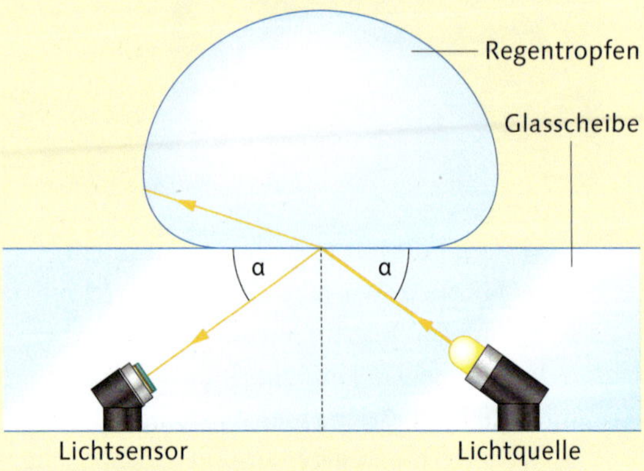

2 Funktionsweise eines Regensensors

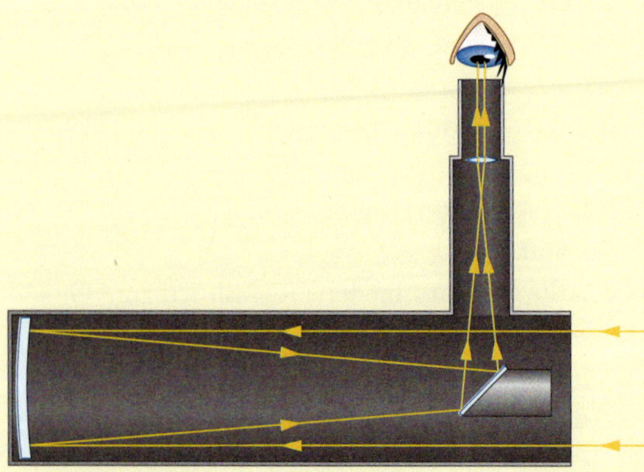

4 Lichtweg in einem Newton-Teleskop

5 Eine Lasershow

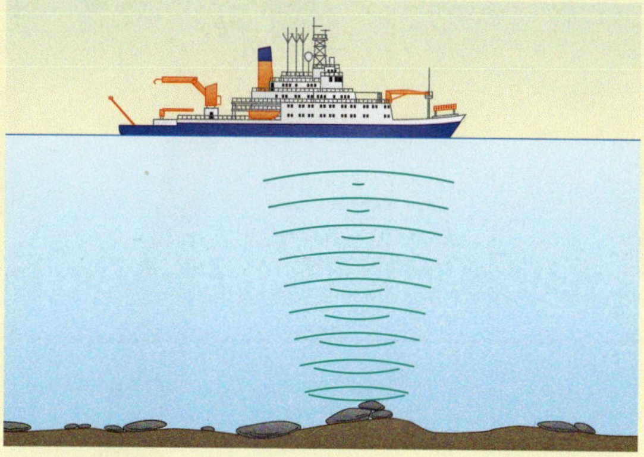

6 Tiefenmessung mit Echolot

3 Laser

Ob Lasershow, Laserscanner, Leserpointer oder Laserdrucker – der Begriff Laser begegnet uns häufig. Er steht sowohl für einen physikalischen Effekt als auch für das technische Gerät, das diesen Effekt nutzt.

a ◪ Vergleiche das Licht einer normalen Lichtquelle mit dem einer Laserlichtquelle. Welche Unterschiede und Gemeinsamkeiten findest du?

b ◪ Für die Lasershow oben wurde der Raum mit künstlichem Nebel gefüllt. Stelle diese Situation mit einem Laserpointer nach. Achte darauf, dass du nicht in die Richtung anderer Menschen oder spiegelnder Flächen leuchtest!
Beschreibe die Aufgabe des Nebels oder Staubs im Raum.

c ◪ Ein Helium-Neon-Laser sendet rotes Licht aus. Er besteht aus einer mit Helium- und Neongas gefüllten Röhre. Informiere dich darüber, wie mithilfe dieses Gasgemischs Laserlicht erzeugt wird.

d ■ Das Laserlicht ist sehr stark gebündeltes Licht. Seine Energie trifft also auf einem sehr kleinen Punkt auf. Das Licht der meisten Laser reicht aber nicht aus, um Dinge zu zerschneiden oder in Brand zu stecken. Dazu nutzt man spezielle Festkörperlaser, die anders als der Helium-Neon-Laser funktionieren.
Recherchiere die Funktionsweise eines Festkörperlasers zum Stahlschneiden.

e ◪ Informiere dich über verschiedene Anwendungen und Einsatzmöglichkeiten des Lasers. Beschreibe drei dieser Einsatzmöglichkeiten ausführlich.

4 Schalleffekte

Vom Licht wissen wir, dass es reflektiert und absorbiert werden kann. Auch beim Schall gibt es Reflexion und Absorption.

Ein bekanntes Reflexionsphänomen beim Schall ist das Echo.

a ◪ Erkläre das physikalische Phänomen des Echos. Nenne Bedingungen, die erfüllt sein müssen, damit ein Echo entstehen kann. Beschreibe den Weg, den der Schall beim Echo zurücklegt.

b ◪ Überlege dir, wie man ein Echo erzeugen kann. Beschreibe genau, was zu beachten ist.

c ◪ Ein Echolot nutzt das physikalische Phänomen der Schallreflexion z. B. zur Bestimmung von Wassertiefen (Bild 6).
Beschreibe seine Funktionsweise.

Eine wichtige Anwendung der Schallabsorption sind lärmdämpfende Wandbeläge, z. B. in Klassenzimmern.

d ◪ Informiere dich über den Aufbau und Einsatz von Materialien und technischen Vorkehrungen für schalldämpfende Maßnahmen in Klassenzimmern. Erkläre ihre Funktion physikalisch.

e ◪ Entwirf ein Experiment, das die Funktion einer schalldämpfenden Wand nachstellt.

Reflexion und Absorption gibt es auch bei Licht.

f ■ Vergleiche Reflexion und Absorption bei Schall und Licht. Beschreibe die Parallelen. Welche Unterschiede gibt es?
Fertige eine Übersicht an.

2

Energie

Was meint ein Physiker, wenn er von „Energie“ spricht?

„Pushen“ in der Halfpipe – wie funktioniert das?

Aus welchen Quellen beziehen wir Energie und wie wird Energie transportiert?

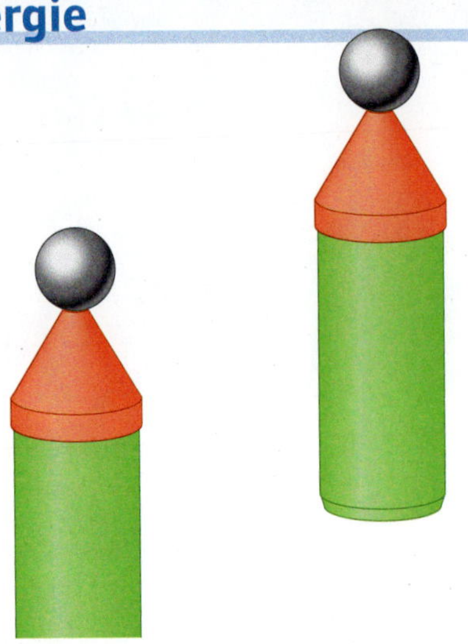

1 Beginn der Ereigniskette: Raketenstart

2 Die Rakete bringt die Kugel ins Rollen.

Energie

Für alle Vorgänge im Universum ist Energie nötig. Weder der Mensch noch sonst eine Lebensform kann ohne Energie leben. Energie ist für alle Tätigkeiten erforderlich: zum Laufen, zum Anheben von Gegenständen, zum Kneten eines Teigs, aber auch zum Aufrechterhalten der Körpertemperatur und zum Denken.
Energiemengen kann man genau angeben. So wie man Geld z. B. in Euro angibt und Entfernungen in Metern misst, gibt man Energiemengen in der Einheit Joule, abgekürzt J, an. Die Energie selbst kürzt man mit E ab, wenn man damit rechnet.

> Energie ermöglicht das Anheben, Beschleunigen, Verformen und Erwärmen von Gegenständen.
> Abkürzung: E Einheit: J (Joule)

Ereigniskette: Raketenstart

Im Treibstoff einer Rakete steckt chemische Energie. Beim Start der Rakete wird diese chemische Energie durch kontrollierte Explosionen in Wärme und Bewegungsenergie umgewandelt.
Im abgebildeten Beispiel trägt die Rakete eine Metallkugel nach oben. Ihre Bewegungsenergie wird nach und nach in Lageenergie umgewandelt. Am höchsten Punkt der Bahn ist die Lageenergie von Rakete und Kugel maximal.

> Energie kann umgewandelt werden.

Ereigniskette: Rollende Kugel

Die Rakete legt die Kugel auf einer Rampe ab. Von dort rollt die Kugel nach unten. Sie würde auch auf einer ebenen Fläche weiterrollen. Dabei transportiert sie Bewegungsenergie.

> Energie kann transportiert werden.

Beispiel Arten des Energietransports

Der Transport von Energie ist auf verschiedene Weisen möglich:

Mitführen: Ein geschmetterter Volleyball besitzt Bewegungsenergie. Er führt diese Energie entlang seiner Flugbahn mit.
Eine warme Wasserströmung oder der Luftstrom eines Haartrockners führen ebenfalls Wärme mit.

Leiten: Eine heiße Herdplatte leitet Wärme an den Kochtopf weiter.
Ein Abschleppseil, das zwei Autos verbindet, leitet die Bewegungsenergie des vorderen Autos an das hintere Auto weiter.

Strahlen: Die Sonne schickt Energie auf die Erde. Sie transportiert ihre Energie in Form von Licht und Wärmestrahlung.
Die Sonne ist die wichtigste Energiequelle für die Erde. Fast alle Energie auf der Erde stammt von der Sonne.

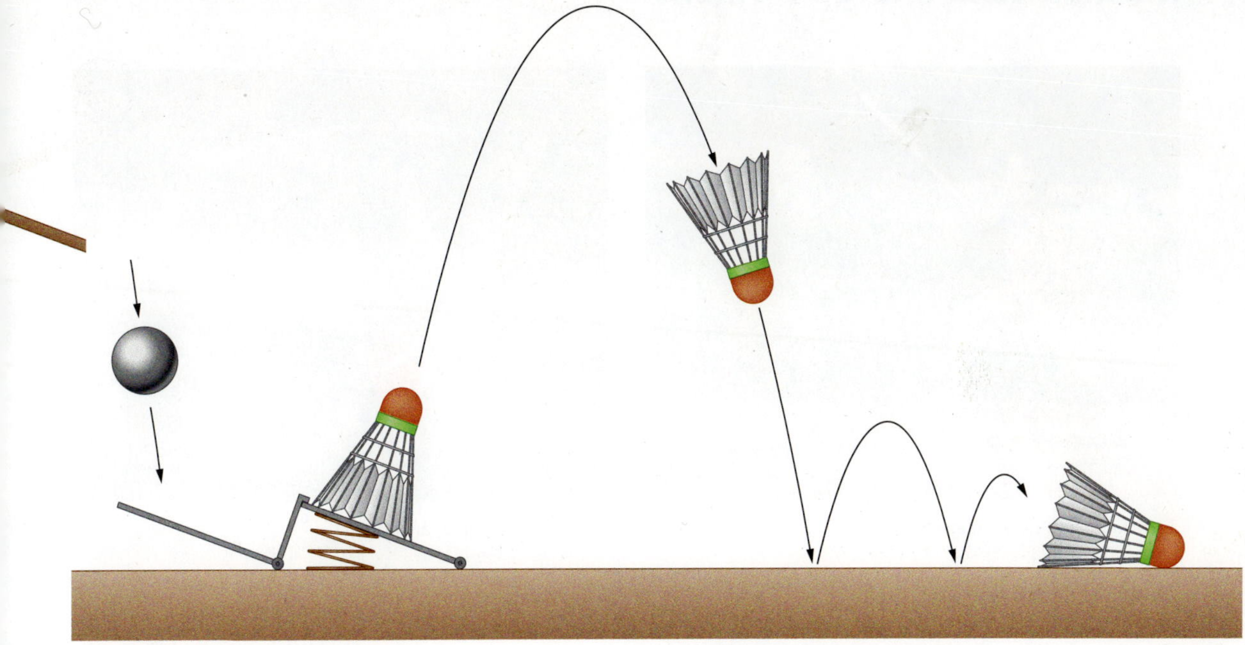

3 Die Kugel löst die gespannte Feder aus.

4 Der Federball kommt zum Liegen.

Ereigniskette: Gespannte Feder

Die gespannte Feder im Bild speichert Energie. Löst die Kugel den Hebel aus, wird diese Spannenergie frei und in Bewegungsenergie des Federballs umgewandelt.

> Energie kann gespeichert werden.

Ereigniskette: Energieentwertung

Durch die Reibung bleibt der Federball irgendwann liegen. Dabei entsteht Wärmeenergie, die sich in der Umgebung verteilt und nicht mehr nutzbar ist. Man sagt, die Energie wurde entwertet.

> Energie kann entwertet werden.

Aufgaben

1 Einheit der Energie: Joule

Ein Joule elektrische Energie entspricht der Energiemenge, die man benötigt, um eine 100-g-Tafel Schokolade um 1 cm anzuheben.
Ein Mensch hat am Tag einen Energieumsatz von etwa 10 000 kJ (1 kJ = 1000 J).

a □ Vergleiche die beiden Energieangaben: Schätze die Größenordnungen ab.

b ◪ Erstelle mit den vorgegebenen Angaben Größenbeispiele. Wie viel sind 10 J, 100 J …?

2 Ereigniskette

Die Ereigniskette zieht sich über die ganze Seite.

a □ Beschreibe die Stationen der Ereigniskette mit eigenen Worten.

b ◪ Nenne zu jeder Station die vorkommenden Energieformen und Energieumwandlungen.

3 Energiespeicher

Im Alltag spielen Energiespeicher eine wichtige Rolle. Ein sehr wichtiger Energiespeicher ist die Batterie. Sie speichert chemische Energie und stellt elektrische Energie zur Verfügung.

a □ Nenne drei Gründe, warum Batterien im Alltag wichtige Energiespeicher sind.

b ◪ Gib fünf Geräte an, die elektrische Energie umwandeln, und nenne die Zielenergieform.

4 Energiequadriga

Energie kann vielfältig genutzt und verändert werden. Im Text werden vier grundlegende Eigenschaften der Energie beschrieben.

a □ Nenne die vier Eigenschaften der Energie.

b ■ Finde für jede der vier Eigenschaften Beispiele aus dem Alltag.

Mechanische Energieformen

1 Beim Anlauf: Bewegungsenergie

2 Beim Aufgang: Spannenergie

Bewegungsenergie

Der Stabhochspringer muss schnell sein, wenn ihm sein Sprung gelingen soll: Er benötigt eine große Bewegungsenergie. Bewegungsenergie nennt man die Energieform, die ein Körper aufgrund seiner Bewegung hat.

Ein Springer, der schneller rennen kann, erreicht eine größere Bewegungsenergie. Je größer seine Bewegungsenergie ist, desto größer ist die Sprunghöhe, die er erreichen kann.
Die Bewegungsenergie hängt auch davon ab, wie schwer ein Körper ist. Je schwerer ein bewegter Körper ist, desto größer ist seine Bewegungsenergie. Das merkt man z. B. dann, wenn man gleich schnell geworfene, aber unterschiedlich schwere Bälle fängt.

Bewegungsenergie besitzt ein Körper, der in Bewegung ist. Die Bewegungsenergie ist umso größer, je schneller und schwerer ein Körper ist.

Spannenergie

Der elastische Stab des Springers wird beim Nach-oben-Drücken verbogen. In ihm ist jetzt die Bewegungsenergie aus der Anlaufphase gespeichert. Auch eine zusammengedrückte Feder und ein gedehntes Gummiband enthalten gespeicherte Spannenergie.

Spannenergie nennt man die Energieform, die in einem elastisch verformten Körper steckt. Dass eine Verformung elastisch ist, bedeutet, dass der Körper in seinen Ursprungszustand zurückkehrt und dann keine Energie mehr gespeichert ist.
Ein schwerer Springer mit höherer Geschwindigkeit verformt den Sprungstab stärker. Je stärker ein Material elastisch verformt wird, desto größer ist die Spannenergie.

Spannenergie besitzt ein Körper, wenn er elastisch verformt ist. Die Spannenergie ist umso größer, je stärker die Verformung ist.

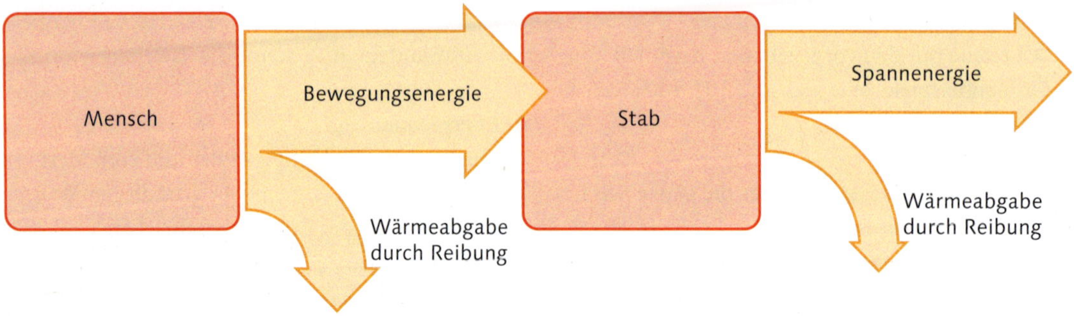

3 Energiekette beim Stabhochsprung (bis zum höchsten Punkt)

4 Am höchsten Punkt: Lageenergie

Lageenergie

Hat der Springer den höchsten Punkt erreicht, ist die Spannenergie aus der Sprungphase in Lageenergie umgewandelt. Das bedeutet, er besitzt jetzt gegenüber dem Boden zusätzliche Energie aufgrund seiner veränderten Position (seiner Lage).

Ein Springer, der eine größere Höhe erreicht, besitzt mehr Lageenergie. Je höher ein Körper angehoben wurde, desto größer ist seine Lageenergie.
Erreicht ein schwererer Springer die gleiche Höhe wie ein leichterer Springer, so ist die Lageenergie des schwereren Springers größer. Je schwerer ein Körper ist, desto größer ist auch seine Lageenergie. Bei der Landung auf der Matte hinterlässt ein schwerer Springer deshalb auch eine tiefere Delle.

> Lageenergie besitzt ein Körper aufgrund seiner Position. Die Lageenergie ist umso größer, je schwerer er ist und je höher seine Position ist.

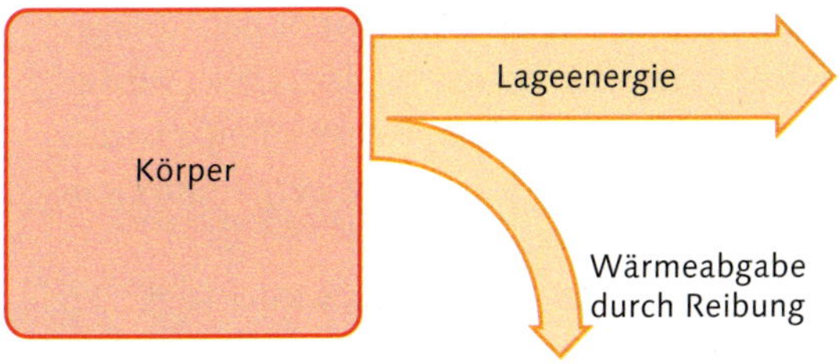

Aufgaben

1 Energieformen

a □ Nenne drei Energieformen und gib an, woran man sie jeweils erkennt.

b ◪ Gib für jede Energieform zwei Beispiele aus dem Alltag an.

2 Bewegungsenergie

a □ Ein Lkw und ein Kleinwagen fahren gleich schnell. Welches Fahrzeug hat die größere Bewegungsenergie? Begründe deine Antwort.

b ◪ Ein Skater überholt einen Radfahrer. Wer hat die größere Bewegungsenergie? Überlege genau und begründe deine Antwort.

3 Lageengergie

a □ Max und Anna sind gleich schwer. Max steht auf dem 5-m-Sprungbrett, Anna auf dem 3-m-Brett. Entscheide, wer die größere Lageenergie besitzt.

b ◪ Auf einem Schrank liegt eine blaue und eine gelbe Kiste. Die gelbe Kiste speichert mehr Lageenergie. Erkläre, wie das möglich ist.

4 Spannenergie

◪ Zwei gleiche Federn sind unterschiedlich stark zusammengedrückt. Erkläre, was das über die Energieumwandlungen beim Spannen aussagt.

Extra Lageenergie berechnen

Die Lageenergie eines Körpers lässt sich berechnen. Dazu multipliziert man die Masse des Körpers (sein Gewicht in kg) mit der erreichten Höhe. Außerdem muss mit einem besonderen Faktor $g = 10 \frac{N}{kg}$ multipliziert werden, der die Erdanziehung berücksichtigt. Setzt man die Masse in Kilogramm und die Höhe in Metern ein, erhält man die Energie in Joule:

Lageenergie (J) = Gewicht (kg) · Höhe (m) · $10 \frac{N}{kg}$

$$E_{Lage} = m \cdot g \cdot h$$

a ■ Berechne die Lageenergie eines 65 kg schweren Hochspringers im höchsten Punkt bei 4,6 m.

b ■ Ein Bergsteiger steigt auf einen 3000 m hohen Gipfel. Er wiegt mit Rucksack 100 kg. Berechne die Lageenergie, die er dabei gewinnt.

Energieumwandlung

1 Beim Blobbing wird die Lageenergie der Springer in Bewegungsenergie und Lageenergie des Fliegers umgewandelt.

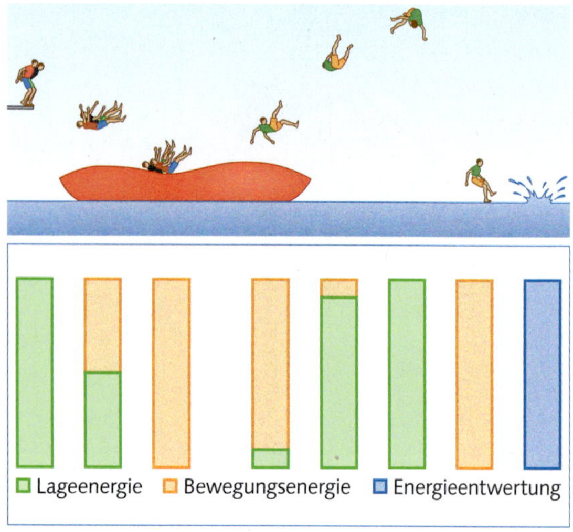

2 Beim Blobbing spielen vor allem Lageenergie und Bewegungsenergie eine Rolle.

Blobbing ist eine neue Wassersportart, bei der ein Teilnehmer des Teams, der Flieger, am Ende eines aufgeblasenen Luftsacks, des Wassertrampolins oder Blobbs, sitzt. Zwei andere Teamkollegen, die Springer, springen vom Sprungturm auf das andere Ende des Wassertramplins und katapultieren ihren Teamkollegen dadurch in hohem Bogen durch die Luft.

Energieumwandlung

Beim Blobbing werden verschiedene Energieformen ineinander umgewandelt. Dabei sind zeitweise zwei oder mehr Energieformen gleichzeitig im Spiel. So haben die Springer beispielsweise während ihres Flugs sowohl Lageenergie als auch Bewegungsenergie.

> Die verschiedenen Energieformen lassen sich ineinander umwandeln. Bei der Umwandlung kann sich die Energie auch auf mehrere Energieformen verteilen.

Energieumwandlungen kommen überall in unserem Alltag vor. Das Blobbing in Bild 1 ist ein eher außergewöhnliches Beispiel, aber hier kann man die vorliegenden Energieformen leicht erkennen. Beim Blobbing spielen für die Sportler vor allem zwei Energieformen eine Rolle: ihre Lageenergie und ihre Bewegungsenergie.

Energieumwandlungen beim Blobbing

Oben auf dem Sprungturm, wenn die Springer in Startposition stehen, besitzen sie die meiste Lageenergie. Die Lageenergie ist umso größer, je höher die Springer stehen. Außerdem hängt sie davon ab, wie viel die Springer wiegen: Je schwerer die Springer sind, desto größer ist auch ihre Lageenergie.

Lassen sich die Springer fallen, wird Energie umgewandelt. Je schneller sie werden, desto größer wird ihre Bewegungsenergie. Dabei wird die Lageenergie, die sie am Anfang haben, in Bewegungsenergie umgewandelt.
Beim Auftreffen auf den Luftsack ist die Lageenergie der Springer in Bewegungsenergie umgewandelt worden. In diesem Punkt ist die Bewegungsenergie maximal und damit auch die Geschwindigkeit der Springer am größten. Diese Energie transportiert der Luftsack zum Flieger.

Der Flieger übernimmt die Energie der Springer und wird in die Luft geschleudert. Dabei wird er immer langsamer. Bis im höchsten Punkt wieder alle Bewegungsenergie in Lageenergie umgewandelt ist.
Auf dem Weg nach unten wird wieder Lageenergie des Fliegers in Bewegungsenergie umgewandelt. Trifft er aufs Wasser auf, wird seine gesamte Energie ans Wasser abgegeben und damit entwertet.

Energieketten

Energieumwandlungsvorgänge kann man mithilfe von Energieketten anschaulich darstellen. Wie so eine Energiekette für das Blobbing aussieht, zeigt Bild 3.

Auch alle anderen Energieumwandlungen mit teils noch mehr Energieformen lassen sich auf diese Art darstellen. Ein Beispiel ist in Bild 4 abgebildet: Die Quelle eines Flusses liegt immer an seinem höchsten Punkt. Dort hat das Wasser viel Lageenergie. Diese Lageenergie wird entlang des Flusslaufs in Bewegungsenergie des Wassers umgewandelt. Dabei geht ein Teil der Energie verloren, da die Wassertropfen von den Steinen und Pflanzen im Flussbett gebremst werden. Durch diese Reibung erwärmen sich das Wasser und das Flussbett ein wenig. Es wird also Energie in Form von Wärme an die Umgebung abgegeben.
Betreibt man mit der Bewegungsenergie des Wassers einen Generator, so erhält man elektrische Energie. Allerdings entsteht dabei im Generator wieder unerwünschte Wärme.

Wärme ist sozusagen das Abfallprodukt in jedem Energieumwandlungsprozess.

> Jeder Vorgang, bei dem Energieformen ineinander umgewandelt werden, kann mit einer Energiekette dargestellt werden.

3 Ausschnitt aus der Energiekette des Fliegers beim Blobbing

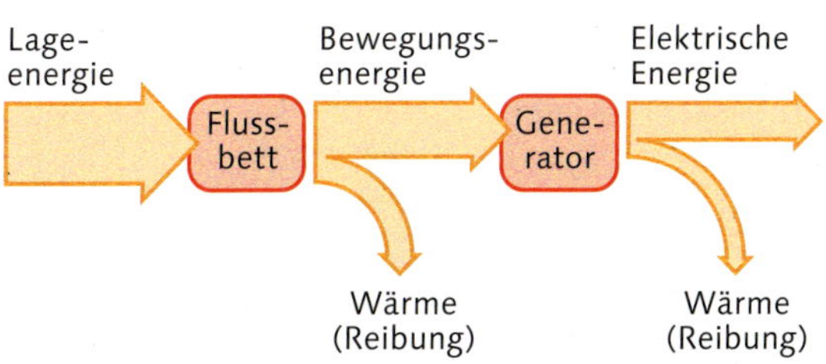

4 Energiekette im Flusslauf

Aufgaben

1 Energieumwandlung beim Schaukeln

a ◪ Beschreibe, welche Energieformen hier vorliegen und wie sie ineinander umgewandelt werden.
b ◪ Zeichne zur Schaukel ein Säulendiagramm, wie du es in Bild 2 für das Blobbing findest.
c ◪ Zeichne zur Schaukel eine Energiekette.

2 Wandertag

□ Beim Wandertag startet die Klasse 7a nach dem Frühstück zu einer Bergwanderung. Beschreibe die Energieumwandlungen, die aus Sicht eines Schülers auf dieser Tour stattfinden.

3 Energieumwandlung im Alltag

a □ Finde drei eigene Beispiele für alltägliche Energieumwandlungen aus dem Alltag und beschreibe sie.
b ◪ Zeichne die entsprechenden Energieketten.

4 Kraftwerk

Die Zeichnung unten zeigt einen Ausschnitt aus der Energiekette eines Windrads.
a ◪ Übernimm die Energiekette in dein Heft und ergänze sie.
b ◪ Beschreibe den Ablauf der Energieumwandlungen.
c ◪ Wie könnte die Energiekette weitergehen, nachdem der elektrische Strom im Kraftwerk erzeugt und an die Haushalte geliefert wurde? Gib drei Möglichkeiten an.

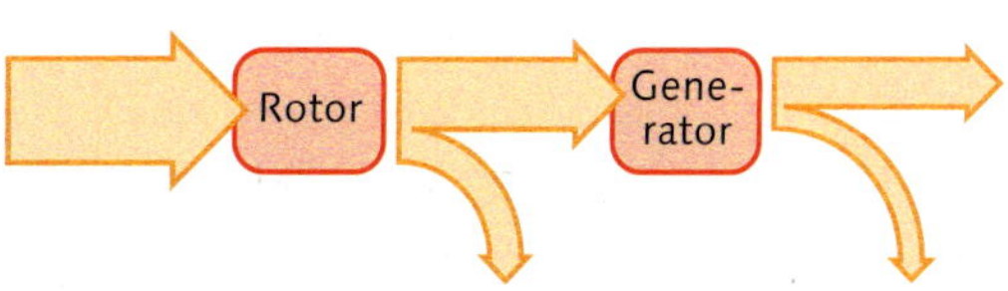

5 Ausschnitt aus der Energiekette eines Windrads

Energieerhaltungssatz

1 Skater in der Halfpipe

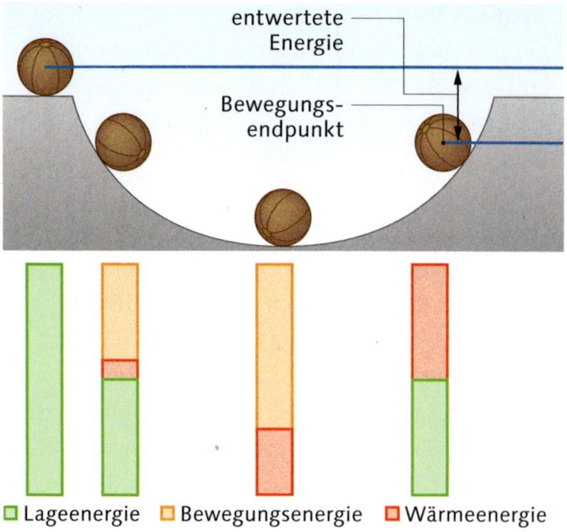

2 Medizinball in der Halfpipe

Der Skater in der Halfpipe (Bild 1) erreicht die Zielposition und steht wieder sicher oben auf dem Podest. Lässt man hingegen einen Medizinball in einer Halfpipe rollen (Bild 2), so stellt man fest, dass er die gegenüberliegende Plattform nicht erreicht.

Scheinbare Energieverluste

Im täglichen Leben stellen wir häufig fest, dass die Energie beim Verwenden weniger zu werden scheint. Bei Energieumwandlungen geht scheinbar immer ein Teil der Energie verloren.

Physiker sind sich jedoch sicher, dass Energie nie verloren gehen kann. Sie kann nur umgewandelt werden. Wenn es also so aussieht, als wäre die Energie in einem Umwandlungsprozess weniger geworden, dann muss man genauer hinschauen und suchen, wo die verloren geglaubte Energie steckt.

Reibung und Wärme

Beim Beispiel des Medizinballs steckt die verloren geglaubte Energie in der Reibungswärme. Könnte man ganz genau nachmessen, würde man sehen, dass sich sowohl der Ball als auch die Bahn durch die Reibung zwischen ihnen ein wenig erwärmt haben.
Die Energiemenge, die beim Medizinball in Wärmeenergie umgewandelt wird, entspricht genau der Energiemenge, die ihm fehlt, um wieder die Ausgangshöhe zu erreichen.

Die Energie ist also nie verloren gegangen, sie hat sich nur in Energieformen umgewandelt, die man nicht so leicht sieht.

> Die Menge der Energie in Energieumwandlungsprozessen bleibt bei genauer Betrachtung immer konstant.

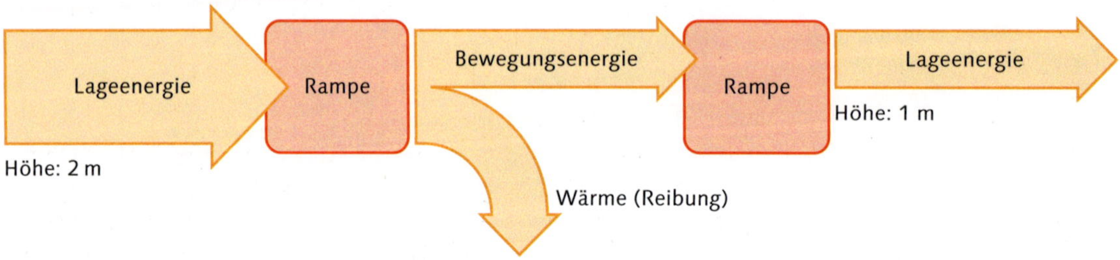

3 Energiekette des Medizinballs in der Halfpipe

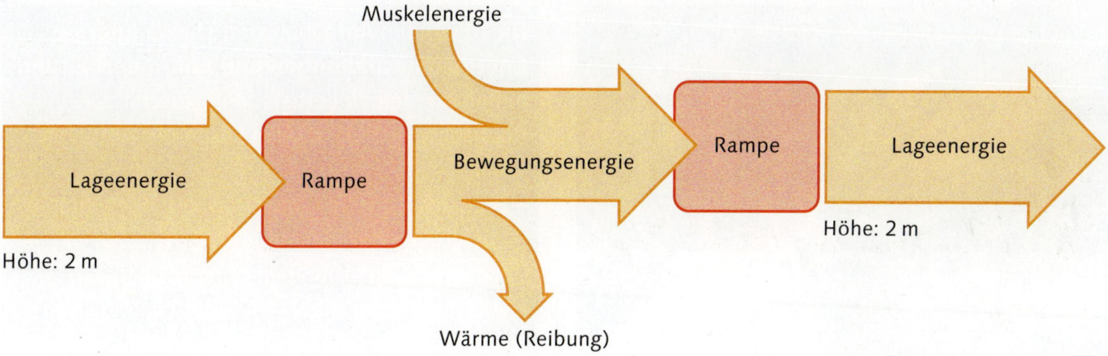

4 Energiekette beim Skaten

Der Skater erreicht trotz Wärmeabgabe die Höhe seiner Ausgangsposition, weil er mit seiner Muskelkraft Energie hinzufügt. Er gleicht damit die Energieentwertung aus. Dies ist in der Energiekette in Bild 4 dargestellt.

Die Energiemenge, die der Skater hinzufügen muss, entspricht genau der Energiemenge, die durch Energieentwertung in Form von Reibung verloren geht.

Aufgaben

1 Energieerhaltungssatz
◪ Umgangssprachlich kann man sagen: „Es geht keine Energie verloren und es kommt auch nichts hinzu."
Erkläre, warum diese Aussage richtig ist.

2 Kugelbahn

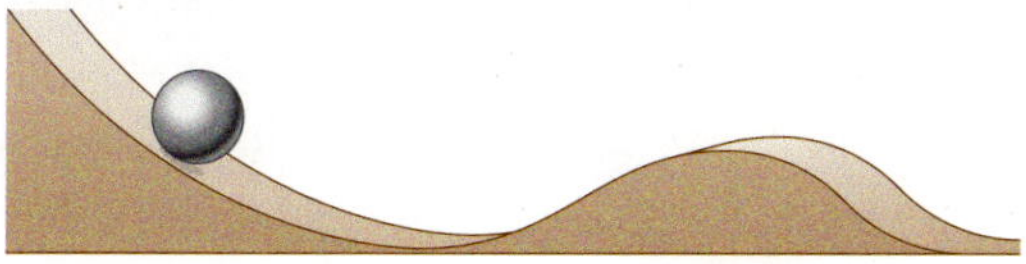

a □ Erkläre, warum die Kugel in der Kugelbahn nicht mehr die Starthöhe erreicht.
b ◪ Stelle eine Vermutung an, um wie viel man den Startpunkt auf der Rampe erhöhen muss, damit die Kugel den Hügel überwinden kann.

3 Skater
a ◪ Erkläre, warum ein Skater in der Halfpipe im Gegensatz zur Kugel in der Kugelbahn das Rampenpodest wieder erreichen kann.
b ◪ Erkläre die Rolle der Schützer, die ein Skater trägt. Argumentiere mit Reibung und Energieentwertung

4 Glühlampe gegen LED
Eine gewöhnliche Glühlampe wird so heiß, wenn sie leuchtet, dass du sie kaum anfassen kannst. Eine gleich helle LED-Lampe bleibt hingegen lauwarm.
a ◪ Zeichne die Energiekette einer Glühlampe. Beachte dabei die Energieentwertung
b ◪ Wende den Energieerhaltungssatz an, um herauszufinden, welche Lampe mehr Energie aus der Batterie bezieht.
c ■ Wende den Energieerhaltungssatz für die Energieumwandlungen in Glühlampe und LED an. Beginne mit: 100 % der elektrischen Energie kommen zur Glühlampe …

5 Schaukeln
Auch beim Schaukeln gilt der Energieerhaltungssatz.
a □ Beschreibe das Schaukeln mithilfe des Energieerhaltungssatzes.
b ◪ Zeichne eine Energiekette und ein Säulendiagramm zum Schaukeln.
c ■ Argumentiere, wie sich der Schaukelvorgang verändert, wenn ein doppelt so schwerer Erwachsener die Schaukel nutzt.

Was meint ein Physiker, wenn er von Energie spricht?

Die folgenden Aufgaben zum Thema **Energie, Energieumwandlungen und Energieerhaltung** helfen dir, deinen Lernstand einzuschätzen. Beobachte dich dazu beim Lösen der Aufgaben selbst:

– Brauchst du Hilfe? Musst du z. B. noch einmal nachlesen oder jemanden fragen?
– Kannst du die Aufgaben ohne Hilfe lösen?
– Weißt du sogar mehr, als in der Lösung steht?

Notiere dir, bei welchen Fragen du Schwierigkeiten hast. Kehre noch einmal zu den entsprechenden Seiten zurück, arbeite sie durch und löse die zugehörigen Aufgaben. Weitere Aufgaben findest du auf den folgenden Seiten.

1 Energie

a □ Nenne die vier Eigenschaften der Energie.

b ◪ Auf einem Tisch liegt eine Batterie, ein Stück Brot, eine heiße Glühlampe und ein Aufziehauto. Ordne jedem Gegenstand eine oder mehrere der vier Energieeigenschaften zu.

2 Energieformen

a □ Nenne drei mechanische Energieformen und ihre Definition.

b □ Nenne weitere Energieformen, die du kennst.

c ◪ Auf einem Ast sitzen eine Katze und ein Vogel (Bild unten). Vergleiche die Lageenergie der beiden.

d ◪ Finde alle Energieformen, die in der Situation eine Rolle spielen.

3 Energieumwandlungen

a □ Beschreibe, was bei einer Energieumwandlung geschieht.

b ◪ Ein batteriebetriebenes Auto fährt auf einen Hügel. Zeichne eine Energiekette.

c ◪ Beschreibe einen Fallschirmsprung vom Start im Flugzeug bis zur Landung auf der Erde als einen Energieumwandlungsprozess.

4 Energieerhaltungssatz

a □ Erkläre den Energieerhaltungssatz in eigenen Worten.

b ◪ Nenne drei Beispiele aus dem Alltag, bei denen der Energieerhaltungssatz scheinbar verletzt wird, und erkläre, warum er doch gilt.

c ■ Die Skizze zeigt eine Maschine, die von selbst immer weiterlaufen soll. Beschreibe den Ablauf der Maschine und bewerte die Maschine mithilfe des Energieerhaltungssatzes.

Energie, Energieumwandlung, Energieerhaltung

Energieformen

Lageenergie nennt man die Energie, die ein angehobener Körper aufgrund seiner Lage besitzt.

Bewegungsenergie nennt man die Energie, die ein bewegter Körper aufgrund seiner Bewegung besitzt.

Spannenergie nennt man die Energie, die ein elastischer Körper aufgrund seiner Verformung besitzt.

Energieumwandlungen

Bei Energieumwandlungsprozessen wird eine Energieform in eine oder mehrere andere Energieformen umgewandelt.
Energieumwandlungen können in Energieketten dargestellt werden.

Energieentwertung

Bei Energieumwandlungen wird ein Teil der Energie in nicht mehr nutzbare Energie umgewandelt. Dies geschieht durch Reibung oder allgemein, wenn Wärme an die Umgebung abgegeben wird. Dann sagt man: Die Energie wurde entwertet.

Energieerhaltungssatz

Die Menge der Energie in Energieumwandlungsprozessen ist bei genauer Betrachtung immer konstant. Um dies zu erkennen, helfen oft Säulendiagramme.

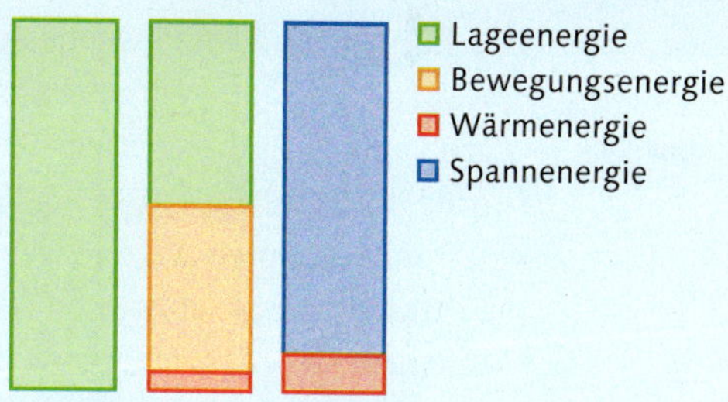

1 Energie

□ Beschreibe, was ein Physiker unter Energie versteht.

2 Mechanische Energieformen

a □ Nenne die drei mechanischen Energieformen.

b ◪ Beschreibe, welche Einflussfaktoren jeweils groß bzw. hoch sein müssen, um eine große Bewegungsenergie, eine große Spannenergie oder eine große Lageenergie zu haben.

c ■ Vergleiche die Energien der Kinder in der Skizze. Begründe, welche Energien vermutlich groß und welche vermutlich klein sind.

3 Geschwindigkeit und Bewegungsenergie

a □ Zwei gleich schwere Autos fahren im gleichen Tempo nebeneinander her. Vergleiche ihre Bewegungsenergie.

b ◪ Ein Lkw und ein Pkw fahren mit gleicher Geschwindigkeit. Welches Fahrzeug hat die größere Bewegungsenergie? Begründe deine Antwort.

c ■ Tom behauptet: „Wenn zwei gleichschwere Fahrradfahrer gleich schnell fahren, kann es trotzdem sein, dass einer eine höhere Bewegungsenergie hat.“ Stimmt diese Aussage? Begründe.

4 Schlittenfahren

◪ Ein Vater und seine beiden gleich schweren Kinder fahren auf drei Schlitten den Berg hinunter. Der Vater ist genauso schwer wie beide Kinder zusammen. Alle drei haben die gleiche Bewegungsenergie. Triff vergleichende Aussagen über die Geschwindigkeiten der drei.

5 Gespeicherte Energie

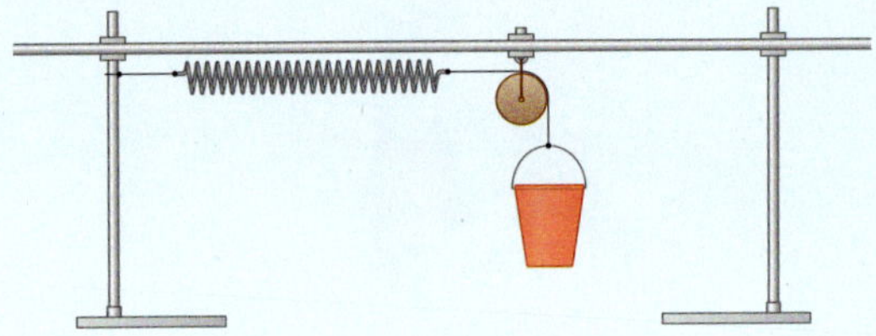

◪ Der Eimer ist mit Cola gefüllt. Wo ist überall Energie gespeichert? Begründe deine Antwort.

6 Bergsteiger

◪ Ein Bergsteiger besteigt im Urlaub den Brocken im Harz (1142 m) und das Nebelhorn in den Allgäuer Hochalpen (2224 m). Als er wieder zu Hause ist, erzählt er: „Für beide Aufstiege habe ich fünf Stunden gebraucht. Folglich hatte ich an beiden Gipfeln dieselbe Lageenergie.“ Nimm Stellung zur Aussage des Bergsteigers.

7 Im Supermarktregal

■ Zwei unterschiedlich schwere Waschmittelpackungen stehen im Ladenregal. Gib an, wann sie die gleiche Lageenergie haben.

8 Kugeln in der Kugelbahn

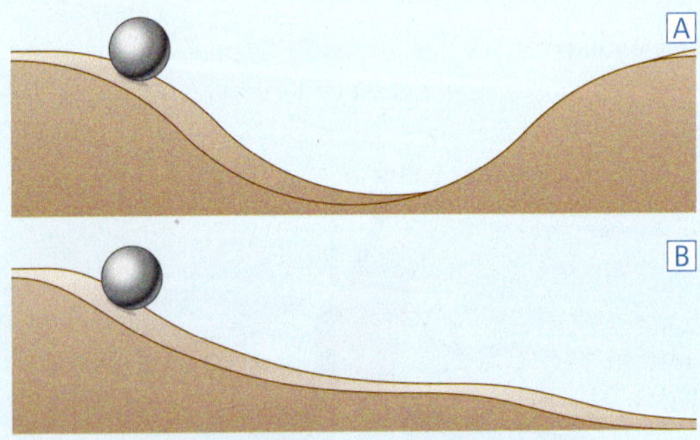

Eine Stahlkugel rollt durch beide Kugelbahnen.

a ◪ Beschreibe jeweils die Energieumwandlungen der Kugel auf der Bahn.

b ◪ Zeichne zu beiden Bahnen eine Energiekette.

c ◪ Zeichne ein Säulendiagramm zur ersten Kugelbahn.

d ◪ Vergleiche die beiden Bahnen miteinander: Wie verändern sich die Energieketten, wenn man statt der Stahlkugeln Medizinbälle verwenden würde?

9 Achterbahn

◪ Entwirf den Kurs einer Achterbahn und beschreibe die Energieumwandlungen des Wagens auf der Bahn.

10 Elektromotor

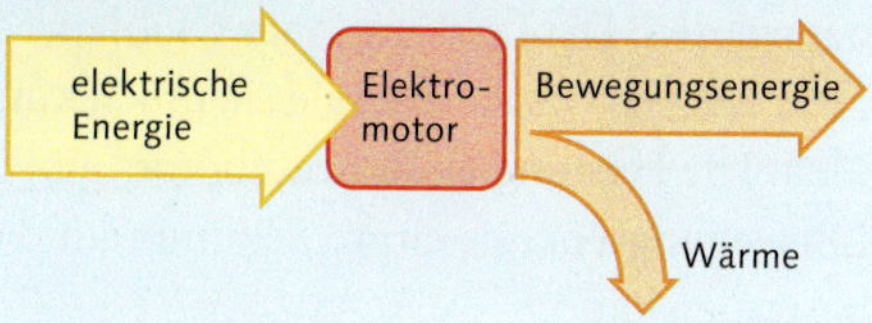

a ◪ Beschreibe die Energieumwandlungen des Elektromotors, so wie sie in der Energiekette dargestellt sind.

b ◪ Finde zwei Anwendungsbeispiele, auf die die abgebildete Energiekette ebenfalls zutreffen würde.

11 Im Wasserkraftwerk

Ein Fluss wird aufgestaut, sodass ein großer Stausee entsteht. Am Überlauf wird ein Wasserkraftwerk betrieben. Die Bewegung des fallenden Wassers treibt eine Turbine an. Die Turbine treibt einen Generator an, der elektrische Energie erzeugt.

◪ Beschreibe den obigen Sachverhalt mit Energiebegriffen und zeichne die zugehörige Energiekette.

12 Flugzeug beim Start

◪ Der Tank des Flugzeugs ist mit Kerosin gefüllt. Die Triebwerke des Flugzeugs werden in Bewegung versetzt. Das Flugzeug rollt an, wird immer schneller, hebt ab und steigt bis auf seine Flughöhe von 11 000 m.

Beschreibe den Sachverhalt mit Energiebegriffen und zeichne eine Energiekette dazu.

13 Energieerhaltungssatz

a □ Plakat in einer Waldorfschule: „Die Energie sagt: Du kannst mich nicht schaffen und auch nicht vernichten.“ Beschreibe, was mit dieser Aussage gemeint ist.

b ◪ Ein Skater in der Halfpipe scheint keine Energieverluste durch Reibung zu erleiden. Zeichne eine Energiekette und erkläre, warum auch hier der Energieerhaltungssatz erfüllt ist.

14 Perpetuum Mobile

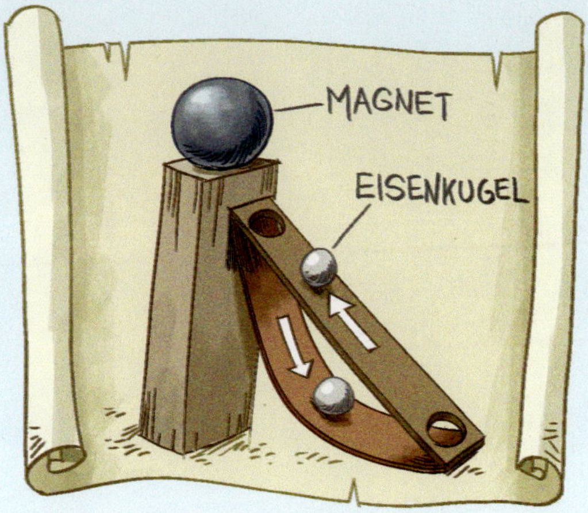

Schon lange träumt die Menschheit vom Perpetuum mobile – der nie stehen bleibenden Maschine.

a ◪ Recherchiere den Begriff „Perpetuum mobile“ und schreibe eine kurze Zusammenfassung, was sich hinter der Bezeichnung verbirgt.

b ◪ Die Zeichnung oben zeigt eine Idee für ein Perpetuum mobile. Bewerte die Maschine mithilfe des Energieerhaltungssatzes.

c ■ Formuliere ein Argument, warum es ein Perpetuum mobile niemals geben kann.

15 Energie überall

Ein kleiner Bauarbeiter und sein großer Lehrling machen Mittagspause auf dem Gerüst.

a □ Beschreibe die Situation im Bild. Nenne alle Energieformen, die du findest.

b ◪ Im Bild sind einige Energieumwandlungsprozesse versteckt. Finde und erkläre sie.

c ◪ Bewerte das Bild mithilfe des Energieerhaltungssatzes. Achte auf möglichst viele Details.

Physikalische Leistung und Wirkungsgrad

1 Bergauf um die Wette

Die beiden Radfahrer liefern sich ein Rennen zum Berggipfel. Beide sind gleich schwer. Der Radfahrer im gelben Trikot erreicht den Gipfel 8 Sekunden früher als sein Trainingspartner.

Physikalische Leistung

Am Gipfel angekommen, könnte man meinen, dass beide Fahrer die gleiche Leistung erbracht haben, denn sie haben bei gleicher Masse die gleiche Höhe erklommen.
Beide haben auf dem Gipfel gleich viel Energie in Lageenergie umgewandelt. Das Ergebnis scheint auf den ersten Blick das gleiche zu sein. Da der eine Radfahrer das Ziel aber schneller erreicht hat, hat er mehr geleistet.
Um die Ergebnisse vergleichen zu können, braucht man eine neue physikalische Größe, die neben der aufgebrachten Energie auch die Zeitspanne einbezieht, in der die Energie umgewandelt wurde. Die physikalische Leistung berücksichtigt dies: Die größere Leistung erbringt derjenige, der die gleiche Energie in kürzerer Zeit umwandelt.

Die physikalische Leistung P gibt an, wie viel Energie E pro Zeitspanne Δt umgewandelt wurde.

$$\text{Leistung} = \frac{\text{Energie}}{\text{Zeitspanne}}; \quad P = \frac{\Delta E}{\Delta t}$$

Die Leistung wird in Watt (W) angegeben. Je nach Größenordnung gibt man sie auch in Milliwatt (mW) oder Kilowatt (kW) an:
$1\,\text{W} = 1000\,\text{mW}$ und $1\,\text{kW} = 1000\,\text{W}$.

Energieumwandlungsgeschwindigkeit

Die Leistung ist also ein Maß für die Energieumwandlungsgeschwindigkeit: Je schneller eine Energieumwandlung vollzogen wird, desto größer ist die Leistung.
Für jede Energieumwandlung kann eine Leistung berechnet werden. Die Leistung einer Glühlampe gibt an, wie viel elektrische Energie sie pro Sekunde umwandelt. Die Leistung eines Automotors gibt an, wie viel Bewegungsenergie er pro Sekunde auf das Auto übertragen kann.

Extra Leistung in PS

In der Automobilbranche verwendet man oft noch immer eine veraltete Einheit, um die Leistung von Motoren anzugeben: die Pferdestärke (PS).
Diese Einheit wurde von James Watt eingeführt, nach dem die moderne Einheit Watt benannt ist. Er wollte die Leistung von Dampfmaschinen veranschaulichen: Eine Leistung von 4 PS bedeutet, dass diese Maschine vier Pferde ersetzen kann.

Moderne Pkws haben PS-Zahlen im Bereich von 100 PS bei einem Kleinwagen bis hin zu über 500 PS. Das bedeutet also, dass ein Kleinwagen 100 Pferde ersetzen kann.

Heute gibt es eine klare Umrechnungsvorschrift für die Einheiten Watt und PS: $1\,\text{PS} = 0{,}735\,\text{kW}$. Um im Kopf die Einheiten zu vergleichen, kann man sich $\frac{3}{4}$ als Umrechnungsfaktor merken:
$\frac{3}{4} \cdot 1\,\text{PS} \approx 1\,\text{kW}$.

Taschenrechner	20 mW
Handy	1,5 W
menschliches Herz	1,5 W
menschliche Ruheleistung	100 W
Spazierengehen (zusätzlich)	20 W
menschliche Dauerleistung (z. B. Radfahren)	100 W
Dauerleistung eines Pferdes	400 W
menschliche Spitzenleistung (kurzfristig)	1500 W
1 PS	735 W
Automotor (Mittelklasse)	120 kW
Antriebsleistung eines ICE	6 MW
Triebwerk eines Airbus A300	130 MW

2 Typische Leistungen im Vergleich

Wirkungsgrad

Bei Energieumwandlungen entstehen oft unerwünschte Energieformen. Glühlampen, wie sie früher überall verwendet wurden, sind ein gutes Beispiel für Energiewandler, bei denen ein großer Teil der Energie in eine unerwünschte Energieform umgewandelt wird: Nur 5 % der elektrischen Energie wird in die gewünschte Energieform Licht umgewandelt. 95 % der elektrischen Energie werden ungewollt in Wärme umgewandelt. Man sagt, die Glühlampe hat einen schlechten Wirkungsgrad.

Allgemein gilt: Je mehr von der zugeführten Energie für den vorgesehenen Zweck verwendet wird, desto höher ist der Wirkungsgrad. Anders ausgedrückt: Je höher der Wirkungsgrad ist, desto weniger Energie geht an nutzlose Energieformen verloren.

> Der Wirkungsgrad gibt an, welcher Anteil der zugeführten Energie bei Energieumwandlungen in die gewünschte Energieform umgewandelt wird.
>
> $$\text{Wirkungsgrad} = \frac{\text{nutzbare Energie}}{\text{zugeführte Energie}}$$

Beispiel Wirkungsgrad von Leuchtmitteln

Der Wirkungsgrad der Glühlampe beträgt 5 %. Das bedeutet, eine 100-W-Glühlampe nimmt pro Sekunde 100 J elektrische Energie auf und wandelt davon 5 J in Licht um. 95 J gibt sie als Wärme ab. Deshalb wird diese Art von Leuchtmittel heute nicht mehr verkauft.
Moderne LEDs haben einen viel besseren Wirkungsgrad. Sie wandeln nur etwa die Hälfte der elektrischen Energie in Wärme um, aber ebenso viel in Licht.

3 Der Wirkungsgrad einer Glühlampe beträgt 5 %.

Aufgaben

1 Radrennen

a □ Vergleiche die beiden Radrennfahrer aus Bild 1 beim Rennen, das sie fahren. Welche Größen sind gleich und in welchen Bereichen unterscheiden sie sich?

b ◪ Angenommen, der Verlierer des Rennens wiegt 20 kg mehr, als der Sieger. Welche Größen sind jetzt noch gleich und welche unterscheiden sich. Begründe deine Antwort.

2 Physikalische Leistung

◪ Erkläre den Begriff „Physikalischen Leistung" in eigenen Worten.

3 Motoren im Vergleich

Zwei Autos fahren denselben Berg hinauf.

a □ Das rote Auto ist schneller oben. Nenne drei Dinge, die man daraus ableiten kann.

b ◪ Wenn beide Autos gleichzeitig oben ankommen, aber der Motor des silbernen Autos mehr Leistung erbracht hat – was kann man dann über die Autos aussagen? Begründe deine Antwort.

4 Überholen am Berg

◪ Ein schwerer Lkw quält sich den Berg hinauf, obwohl sein Motor mit 300 kW (410 PS) eine große Leistung hat. Erkläre, warum ein Kleinwagen mit einer Motorleistung von nur 80 kW (110 PS) den Lkw mühelos überholen kann.

5 Leistungen im Vergleich

◪ Vergleiche die menschliche Dauerleistung mit den anderen Leistungen aus Tabelle 2. Formuliere fünf Aussagen.
Beispiel: Die menschliche Spitzenleistung liegt 15-mal höher als die Dauerleistung.

6 Wirkungsgrad

a ◪ Recherchiere den Wirkungsgrad einer LED.

b ◪ Vergleiche den Wirkungsgrad mit Bild 3.

7 Energiesparlampe

■ Eine Energiesparlampe wandelt von 10 W zugeführter elektrischer Leistung 8,8 W in Wärme um. Bestimme und bewerte ihren Wirkungsgrad.

Quellen elektrischer Energie

1 Ein Fahrradgenerator kann elektrische Geräte betreiben.

Energiebedarf und Energiequellen

Der Bedarf einer fünfköpfigen Familie an elektrischer Energie liegt bei etwa 20 Mrd. Joule pro Jahr. Ein Joule ist die Energie, die man benötigt, um eine 100-g-Tafel Schokolade einen Meter anzuheben.

Im Alltag gibt man den Energiebedarf meist in Kilowattstunden (kWh) an. Eine Kilowattstunde entspricht einer Energie von 3,6 Mio. Joule. Für die fünfköpfige Familie bedeutet das einen elektrischen Energiebedarf von 5500 kWh im Jahr.

Mit einem Fahrradgenerator wie dem in Bild 1 aus einem amerikanischen Werbespot kann man elektrische Energie erzeugen. Würde man Tag und Nacht ohne Unterbrechung treten, so könnte man in einem Jahr theoretisch knapp 900 kWh Energie erzeugen. Das reicht bei Weitem nicht aus, um den Bedarf an elektrischer Energie zu decken. Mit Muskelkraft betriebene Fahrradgeneratoren scheiden als Energiequelle für den Haushalt also aus. Nutzbare Energie für den Menschen wird daher aus anderen Energiequellen gewonnen. Sie wird in Kraftwerken durch Energieumwandlungen in die gewünschte Energieform – manchmal Wärme, aber meist elektrische Energie – gebracht.

> Der elektrische Energiebedarf wird durch Kraftwerke gedeckt. Sie erzeugen elektrische Energie aus anderen Energieformen bzw. Energiequellen.

Die Sonne ist die wichtigste Energiequelle der Erde. Fast alle Energie, die man auf der Erde vorfindet, stammt von der Sonne.

Windkraft, Wasserkraft, Solarenergie sind ohne die Sonne unmöglich. Sie sorgt für den Wind auf der Erde, hält den Wasserkreislauf in Gang und versorgt uns mit thermischer Energie.

Auch fossile Energiequellen, wie Kohle, Gas und Erdöl, gehen auf die Sonne zurück: Vor Millionen von Jahren haben Pflanzen und Tiere die Energie der Sonne zum Wachsen genutzt. Die auf diese Weise gebundene Energie nutzt man heute, wenn man Erdöl, Kohle oder Gas verbraucht.

Die einzigen Energieformen, die nicht auf die Sonne zurückgehen, sind die Erdwärme und die Energie aus Kernspaltungen, wie sie ein Kernkraftwerk nutzt.

> Fast alle Energie, die man auf der Erde nutzen kann, stammt von der Sonne – nur Erdwärme und Kernenergie nicht.

Zusammensetzung der Energieerzeugung

Das Diagramm in Bild 2 zeigt die Zusammensetzung der in Deutschland genutzten Energie nach ihren Quellen. Man erkennt, dass der größte Teil der Energie aus fossilen Energiequellen gewonnen wird.

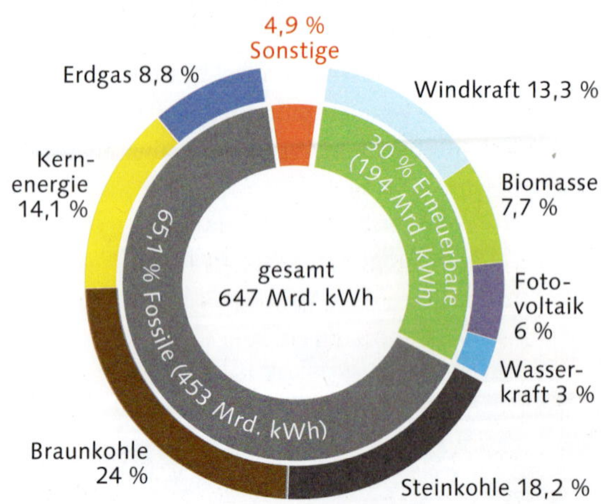

2 Energie nach Energiequellen in Deutschland 2015

Umweltverschmutzung

In Kohle, Gas und Öl ist chemische Energie gespeichert. Um an diese Energie zu gelangen, verbrennt man die Energieträger in der Regel. Die Energie wird in Form von Wärme freigesetzt und kann in elektrische Energie umgewandelt werden.

Bei der Verbrennung dieser fossilen Energieträger gelangt Kohlenstoffdioxid (CO_2) in die Umwelt. CO_2 führt zu Klimaveränderungen. Auch andere Schadstoffe, die im Energieträger gespeichert sind, werden beim Verbrennen freigesetzt und belasten dadurch die Umwelt.
Man nimmt also große Umweltbelastungen in Kauf, um für die Menschen elektrische Energie zur Verfügung zu stellen. Deshalb ist es wichtig, sparsam mit dieser Energie umzugehen!

3 Erzeugung elektrischer Energie schadet der Umwelt.

Aufgaben

1 Energiebedarf
Der Energiebedarf einer Familie ist hoch.
a □ Überlege, wie dieser Energiebedarf zustande kommt.
b □ Schreibe einen Energietagesablauf, in dem du notierst, wann und wo du überall elektrische Energie verwendest.

2 Unsere Sonne
◪ Erläutere, welche Energieformen auf der Erde von der Sonne stammen.

3 Energiequellen
a ◪ Bei welchen der folgenden Begriffe handelt es sich um Quellen elektrischer Energie, bei welchen Begriffen um andere Energiequellen und welche Begriffe beschreiben gar keine Energiequellen: Batterie, Schokokeks, Benzin, Steckdose, Flugzeug, Wasserrad, Handyakku, Bügeleisen, Pflanzerde, Wasser, Müll? Lege eine Tabelle an.
b ◪ Max sagt, sein Fahrraddynamo sei eine Energiequelle. Tim meint, der Mensch sei die Energiequelle beim Fahrrad. Nimm Stellung.

4 Energieerzeugung
◪ Wie ist die Erzeugung elektrischer Energie in Deutschland zusammengesetzt? Zeichne ein Balkendiagramm, das die Zusammensetzung anschaulich darstellt.

5 Zusammensetzung der Quellen
Die Grafik zeigt die Verteilung der zur Stromerzeugung genutzten Energiequellen von 2010.
a ◪ Vergleiche die Energieerzeugung 2010 mit der Energieerzeugung 2015.
b ◪ Zeichne ein vergleichendes Säulendiagramm, in das du beide Jahre einträgst.

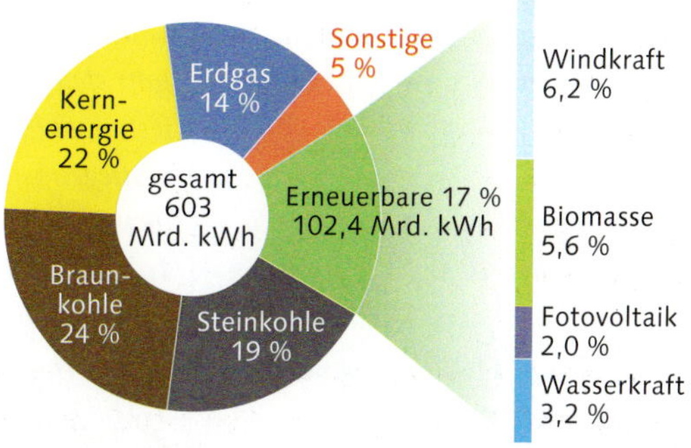

Fachtexte verfassen

1 Führt die Neuanschaffung wirklich zu einem geringeren Energieverbrauch?

Das Ziel eines Fachtextes ist die Informationsvermittlung. Um dem Leser einen Sachverhalt verständlich zu machen und ihn zu überzeugen, ist folgendes Vorgehen sinnvoll:

Schritt 1: Gliederung

Ein strukturierter Textaufbau ist erforderlich, um die Informationen bestmöglich zu transportieren. Ein Fachtext ist normalerweise untergliedert in Einleitung, Hauptteil und Schluss.

Einleitung

In der Einleitung wird dem Leser das Thema oder das Problem klargemacht: Worum geht es im Text?

Energiesparfalle

Energiesparen ist wichtig für die Umwelt. Auch den Geldbeutel kann man mit richtigem Energiesparen schonen.
Diesen Vorteil möchte Familie Sommer nutzen. Bei ihnen führt der Kauf energiesparender Geräte jedoch zu einem Mehrverbrauch an Energie. Familie Sommer ist verwundert und überprüft ihre neuen Geräte nochmals genauer.

Hauptteil

Im Hauptteil wird die Problemstellung aus der Einleitung genauer untersucht. Dabei ist es wichtig, fachwissenschaftliche Argumente zu verwenden.

Familie Sommer hat in einen neuen energiesparenden Fernseher und einen ebensolchen Kühlschrank investiert. Nach einem Jahr stellt Familie Sommer jedoch fest, dass ihr Energieverbrauch gestiegen ist. Der Grund hierfür liegt in zwei Effekten:
1. Die komfortableren Geräte führen zu einem veränderten Nutzverhalten in der Familie.
2. Die neuen Geräte sind zwar sparsamer als vergleichbare ältere Geräte, sie sind aber auch größer als die alten Geräte und bringen neue Funktionen mit. Deshalb werden sie mehr genutzt und verbrauchen dadurch mehr Energie als die alten, kleineren Geräte.

Schluss

Der Schlussteil fasst die Ergebnisse zusammen. Hier ist der Platz für noch offene Fragen und eine persönliche Stellungnahme.

In diese Energiesparfalle tappen viele Menschen. Vor dem Kauf neuer Elektrogeräte muss man deshalb genau rechnen, vergleichen und überlegen. Denn ist das neue Gerät größer oder hat es neue Funktionen, kann auch ein neues, eigentlich energiesparendes Gerät zu einem höheren Energieverbrauch führen.
Also: Augen auf beim Gerätekauf! Nicht in die Energiesparfalle tappen!

Schritt 2: Daten mit Diagrammen veranschaulichen

Um einen Sachverhalt zu verdeutlichen oder um Argumente zu unterlegen, eignen sich Diagramme. Man verwendet sie für Versuchsergebnisse, statistische Zahlen oder andere zu veranschaulichende Daten.

Das Diagramm (Bild 2) zeigt, auf welche Anwendungen sich der Stromverbrauch in einem durchschnittlichen deutschen Haushalt verteilt.

Man erkennt, dass elektronische Geräte wie PC und Fernseher zusammengenommen ein Viertel des Stromverbrauchs ausmachen. Hier liegen also große Einsparmöglichkeiten. Aber gerade diese Produkte bergen eine besonders große Gefahr, beim Neukauf in die Energiesparfalle zu tappen: Die neuen Geräte haben mehr Funktionen. Ihr Verbrauch an elektrischer Energie kann dadurch höher sein. Die Nutzung der neuen Geräte macht außerdem mehr Spaß. Dies führt oft dazu, dass die Geräte intensiver und länger genutzt werden.

Einen weiteren großen Anteil am Stromverbrauch hat die Beleuchtung mit etwa 8 %. In diesem Bereich besteht wenig Gefahr, in die Energiesparfalle zu geraten. Denn es ist unwahrscheinlich, dass sich das Nutzungsverhalten durch neue Leuchtmittel verändert, wenn man die alten Glühlampen gegen energiesparende LEDs austauscht. Durch moderne Leuchtmittel verringert sich der Stromverbrauch also eindeutig.

Schritt 3: Argumente mit Rechnungen unterstützen

Die Mathematik ist ein wissenschaftliches Werkzeug. Oft lassen sich Argumente unterstreichen, indem man sie mit Rechenbeispielen belegt.

Der alte Fernseher der Familie Sommer hatte keine Stand-by-Funktion. Er lief etwa 4 Stunden täglich und war 20 Stunden am Tag komplett ausgeschaltet. Der alte Fernseher lief also 1460 Stunden im Jahr mit 25 W. Daraus errechnet sich ein jährlicher Energieumsatz von 36 kWh.

Der neue Fernseher benötigt nur 20 W. Er wird aber pro Tag 30 Minuten länger genutzt. In den 1640 Stunden Nutzungsdauer setzt er 32,8 kWh um. Die restlichen 7120 Stunden des Jahres ist er jedoch nicht ausgeschaltet, sondern läuft im Stand-by-Modus mit 0,5 W. Während dieser Zeit setzt er 3,6 kWh Energie um. Der Jahresenergieumsatz des neuen energiesparenden Fernsehers liegt dadurch um 0,4 kWh über dem des alten Geräts.

Schritt 4: Zitate richtig verwenden

Beim Recherchieren für Texte findet man manchmal Formulierungen, die besonders treffend sind. Man kann solche Textstellen in den eigenen Text einbauen, muss sie aber als Zitate kennzeichnen.
Zitate kennzeichnet man durch Anführungszeichen am Anfang und Ende der zitierten Passage. Lässt man einzelne Worte oder Sätze weg, markiert man das mit eckigen Klammern. Außerdem muss man immer die Quelle angeben, aus der das Zitat stammt.

Im Artikel „So sparen sie nachhaltig Energie" schreibt die Zeitschrift Der Stern unter der Überschrift „Moderne Geräte können zu falschem Verhalten führen": „Es wäre falsch zu glauben, mit dem Erwerb des neuen Trockners sei die gute Tat bereits vollendet. Manchmal nämlich kann so ein modernes Gerät zum völlig falschen Verhalten führen. […] Je sparsamer ein Gerät, desto öfter oder desto laxer benutzen Menschen es." (21.09.2009)

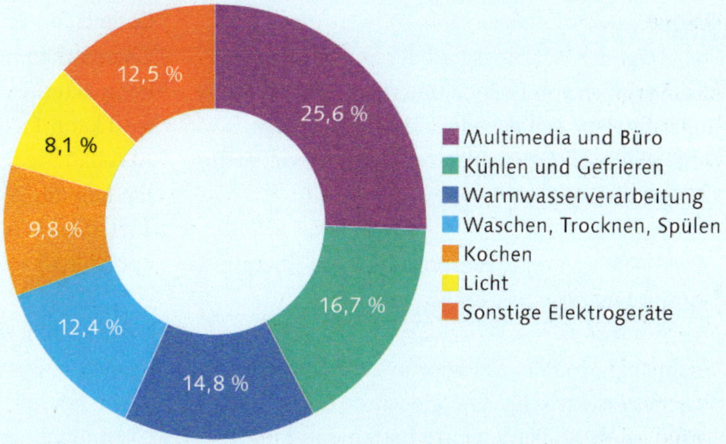

2 Verteilung des Strombedarfs in privaten Haushalten in Deutschland

Energiespeicher und Energietransport

1 Klassendiskussion über die Nutzung von Solarenergie

2 Pumpspeicherkraftwerke sind mechanische Energiespeicher.

„Man könnte den Energiebedarf der Erde leicht decken, indem man in Wüsten wie der Sahara große Solarparks baut."
Felix Einschätzung stimmt zwar, mit Solarparks in der Sahara könnte man ausreichend elektrische Energie für den weltweiten Bedarf erzeugen. Das Problem ist aber, die Energie zu speichern und zu den Verbrauchern zu transportieren.

Energie speichern und transportieren

Das Speichern und Transportieren von Energie ist mit großen Energieentwertungen verbunden. Denn beim Speichern und Transportieren wird ein großer Teil der Energie in unerwünschte, nicht mehr nutzbare Energieformen umgewandelt, vor allem in Wärme.
So beträgt der Wirkungsgrad der Stromleitungen zum Verteilen von Energie innerhalb Deutschlands ungefähr 95 %. Auf den etwa 3500 km von der Sahara bis nach Deutschland würde aber viel mehr Energie verloren gehen.

> Das Speichern und Transportieren von Energie ist mit Energieentwertungen verbunden.

Unabhängig von der Energieentwertung beim Transport elektrischer Energie würde ein solches Leitungsnetz Milliarden Euro kosten und Eingriffe in die Natur erfordern.

Mechanische Energiespeicher

Die Nachfrage nach großen und effizienten Energiespeichern ist hoch. Zu den wenigen praktisch genutzten mechanischen Energiespeichern gehören Pumpspeicherkraftwerke.
In Zeiten, in denen die vorhandenen Kraftwerke mehr elektrische Energie erzeugen als benötigt wird, nutzen Pumpspeicherkraftwerke den Überschuss, um Wasser einen Berg hinaufzupumpen. Die elektrische Energie wird dadurch in Lageenergie des Wassers umgewandelt und gespeichert.
Um die gespeicherte Energie wieder in elektrische Energie umzuwandeln, lässt man das Wasser wieder herabfließen und dabei eine Turbine antreiben.

Chemische Energiespeicher

Chemische Energiespeicher lassen sich wesentliche kompakter realisieren als mechanische. Zum Beispiel kann 1 kWh elektrische Energie in einer Autobatterie mit 27 kg Gewicht gespeichert werden. Ein Lithium-Akku in einem Notebook bringt es nur auf 0,072 kWh, aber das reicht aus, um das Notebook bis zu sechs Stunden zu betreiben.

> Zur Speicherung wird Energie in dazu geeignete Energieformen, z. B. chemische oder mechanische Energie, umgewandelt. Bei Bedarf kann sie vom Energiespeicher wieder abgegeben werden.

Experiment Federenergiespeicher

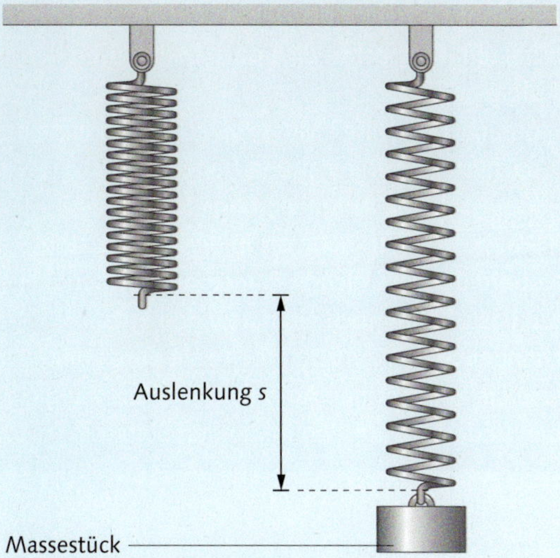

3 Federn speichern Energie.

Auch elastische Körper wie Federn oder Gummibänder können Energie speichern. In einem Aufziehauto spannt sich z. B. eine Feder, wenn man das Auto rückwärtszieht. Lässt man es los, gibt sie die Energie wieder ab und das Auto fährt los.

Um die Speicherfähigkeit von Federn genauer zu untersuchen, hängt man ein Massestück an eine Feder. Die Feder wird dadurch um die Strecke *s* gedehnt (Bild 3). In der gedehnten Feder ist jetzt Energie gespeichert.
Die Menge der gespeicherten Energie kann man verändern, indem man die Anzahl der angehängten Massestücke verändert: Je mehr Massestücke an der Feder hängen, desto stärker ist die Feder gespannt und desto größer ist die in der Feder gespeicherte Spannenergie.

Verschiedene Federn können unterschiedlich viel Energie speichern. Verwendet man dickere und dünnere Federn und hängt so viele Massestücke an, bis die Federn jeweils um die Hälfte ihrer Länge ausgedehnt wurden, stellt man fest, dass es große Unterschiede gibt. Die größte Spannenergie ist in derjenigen Feder gespeichert, die man mit den meisten Massestücken belasten kann. Alle Federn speichern jedoch nur relativ geringe Energiemengen.

Aufgaben

1 Energietransport

a □ Beschreibe mit eigenen Worten, warum es nicht effizient wäre, den weltweiten Bedarf an elektrischer Energie mit Solarzellen in der Sahara zu erzeugen.

b ◪ Beschreibe die Probleme beim Energietransport.

2 Energiespeicher

a □ Nenne drei Energiespeicher, die du kennst, und die Energieform, in der die Energie dort jeweils gespeichert ist.

b ◪ Zeichne eine Energiekette zum Pumpspeicherkraftwerk und beschreibe die Energieumwandlungen.

c ◪ Beschreibe die Funktion von Pumpspeicherkraftwerken.

3 Kugelspeicher

Mithilfe der Lageenergie von Kugeln soll Energie gespeichert werden.

a ◪ Überlege, wie ein solcher Energiespeicher aussehen könnte. Fertige eine Skizze an.

b ◪ Gib Möglichkeiten an, die Menge der gespeicherten Energie zu variieren.

c ■ Beschreibe, was man mit so einem Speicher für wie lange betreiben kann.

4 Hybridelektrokraftfahrzeug

Ein Hybridelektrokraftfahrzeug besitzt mindestens zwei Motoren: Einen Motor, der mit einem Kraftstofftank versorgt wird, und einen Elektromotor.
Erzeugt der Kraftstoffmotor mehr Energie, als zum Fahren gerade benötigt wird, wird mit dieser Energie der Akku für den Elektromotor geladen.

a ◪ Beschreibe mit eigenen Worten das Zusammenspiel der beiden Motoren in einem Hybridfahrzeug.

b ◪ Überlege, wann es sinnvoll ist, den Elektromotor zu nutzen, der auch bei kleinen Drehzahlen hohe Leistung bringt, und wann es sinnvoll ist, den Kraftstoffmotor zu nutzen, der lange braucht um seine maximale Leistung zu bringen, aber im hohen Drehzahlbereich sparsamer ist.

Aus welchen Quellen beziehen wir Energie und wie wird Energie transportiert?

1 Energiequellen

a □ Nimm Stellung zu der Aussage: Alle Energie stammt ursprünglich von der Sonne.

b □ Elektrische Energie ist die am meisten genutzte Energieform. Nenne Quellen elektrischer Energie.

c ◪ Erkläre, was man unter fossilen Energieträgern versteht.

2 Energiespeicher

a □ Nenne verschiedene Möglichkeiten, Energie zu speichern. Beschreibe, in welcher Form die Energie gespeichert wird und wie man sie später wieder nutzbar machen kann.

b ◪ Der Motor eines Aufziehautos funktioniert mit einer Feder. Auch er ist ein Energiespeicher. Zeichne eine Energiekette vom Aufziehen des Motors bis zum Stillstand des Autos.

c ■ Schwungradspeicher werden z. B. bei Windkraftanlagen genutzt, um eine gleichmäßige Stromversorgung zu gewährleisten. Beschreibe das Schwungrad als Energiespeicher.

Die folgenden Aufgaben zum Thema **Umgang mit Energie** helfen dir, deinen Lernstand einzuschätzen. Beobachte dich dazu beim Lösen der Aufgaben selbst:
- Brauchst du Hilfe? Musst du z. B. noch einmal nachlesen oder jemanden fragen?
- Kannst du die Aufgaben ohne Hilfe lösen?
- Weißt du sogar mehr, als in der Lösung steht?

Notiere dir, bei welchen Fragen du Schwierigkeiten hast. Kehre noch einmal zu den entsprechenden Seiten zurück, arbeite sie durch und löse die zugehörigen Aufgaben. Weitere Aufgaben findest du auf den folgenden Seiten.

3 Energietransport

Energie wird meist nicht dort produziert, wo sie benötigt wird. Sie muss zu ihrem Zielort transportiert werden.

a ◪ Zeichne eine Energiekette, die den Weg der Energie von einem Fahrradgenerator bis zur damit betriebenen LED-Lampe darstellt. Beschreibe jeweils, wie die Energie transportiert wird.

b ◪ Anja behauptet: „Wind transportiert Energie." Nimm Stellung zu dieser Aussage und bewerte sie physikalisch.

c ■ Energie kann in Form von Bewegungsenergie, elektrischer Energie oder Wärme transportiert werden. Auch ein Transport in gespeicherter Form ist möglich. Finde zu jeder der genannten Formen Beispiele.

4 Energieentwertung

Bei jeder Energieumwandlung, beim Energietransport und beim Speichern von Energie geht scheinbar ein Teil der Energie verloren.

a ◪ Erkläre, was mit der Energie geschieht, die scheinbar verloren geht.

b ◪ Ein Automotor wandelt die im Benzin gespeicherte chemische Energie in Bewegungsenergie um. Beschreibe, welche unerwünschten Energieformen dabei entstehen.

c ◪ Erkläre am Beispiel des Schwungrads, wo und wie die Energie entwertet wird.

Umgang mit Energie

Energiequelle
Als Energiequelle wird ein Energieträger bezeichnet, dessen Energie in nutzbare Energie umgewandelt werden kann.
Beispiel: Wind

Energieumwandlung
Eine Energieform kann in eine andere Energieform umgewandelt werden. Energieketten veranschaulichen solche Umwandlungsprozesse.
Beispiel: Windkraftanlage

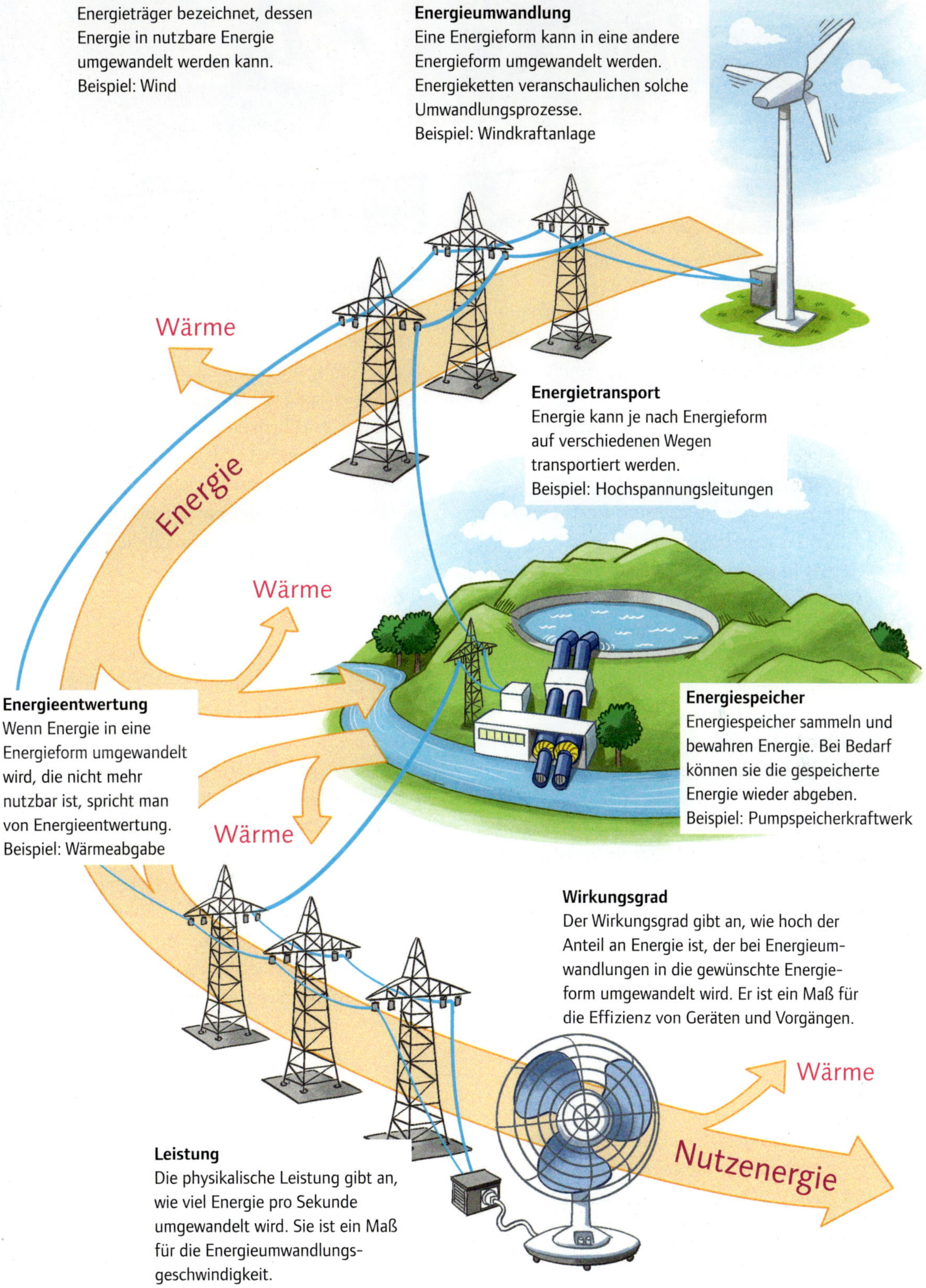

Energietransport
Energie kann je nach Energieform auf verschiedenen Wegen transportiert werden.
Beispiel: Hochspannungsleitungen

Energieentwertung
Wenn Energie in eine Energieform umgewandelt wird, die nicht mehr nutzbar ist, spricht man von Energieentwertung.
Beispiel: Wärmeabgabe

Energiespeicher
Energiespeicher sammeln und bewahren Energie. Bei Bedarf können sie die gespeicherte Energie wieder abgeben.
Beispiel: Pumpspeicherkraftwerk

Wirkungsgrad
Der Wirkungsgrad gibt an, wie hoch der Anteil an Energie ist, der bei Energieumwandlungen in die gewünschte Energieform umgewandelt wird. Er ist ein Maß für die Effizienz von Geräten und Vorgängen.

Leistung
Die physikalische Leistung gibt an, wie viel Energie pro Sekunde umgewandelt wird. Sie ist ein Maß für die Energieumwandlungsgeschwindigkeit.

1 Fahrradbetriebene Rennbahn

Die abgebildete Spielzeugrennbahn wird mit einer Reihe von Fahrradgeneratoren betrieben. Jedes Fahrrad liefert die Energie für eines der Rennautos.

a □ Betrachte das Bild und beschreibe, wo hier die Energiequellen zu finden sind.

b ◪ Die Spielzeugautos benötigen zum Fahren elektrische Energie. Zeichne die Energiekette zu dieser Rennbahn.

c ◪ Ein Erwachsener kann eine höhere Leistung aufbringen als ein Kind. Was kann man tun, um ein Rennen zwischen Vater und Tochter dennoch fair zu gestalten?

2 Energie durch Treten

a ◪ Ein Fahrradfahrer schafft eine Leistung von 0,1 kW. Bestimme die Energie, die er damit in einer Stunde umwandelt.

b ◪ Ein Zwei-Personen-Haushalt benötigt etwa 2700 kWh elektrische Energie im Jahr. Überlege, wie viele Fahrradfahrer ein solcher Haushalt beschäftigen müsste, um seinen Energiebedarf zu decken.

3 Oben auf dem Berg

Auf einem Berg treffen sich bei Wind und Sonnenschein ein Mountainbiker und der Fahrer eines E-Bikes.

a ◪ Beschreibe alle Energiequellen, die die Situation enthält. Stelle dir dazu die Situation genau vor und achte auf alle Details.

b ■ Ändert sich die Lösung, wenn es regnet oder wenn es sich um einen anderen, höheren oder niedrigeren Berg handelt? Begründe deine Antwort.

4 Ich bin der Schnellste!

Das Kind im Bild hat eine neue Antriebsform entdeckt.

a □ Nenne die Energiequelle, die der Junge in seiner Fantasie nutzt, und die Energiequelle, die in Wirklichkeit genutzt wird.

b ◪ Angenommen, das Jet-Pack wäre echt und würde mit Benzin betrieben werden. Beschreibe in der veränderten Situation die Energiequellen, Energieformen und die Energieumwandlungen.

c ◪ Beschreibe für beide Fälle die Energieentwertungen.

5 Energiespeicher Feder

Betrachte die Skizze unten.

a □ Beschreibe, wie bei den Federn unten Energie gespeichert wurde.

b □ Welche Aussage kann man über die Massen der Kugeln machen, wenn es sich um zwei gleiche Federn handelt? Begründe.

c ◪ Erkläre, von welchen Faktoren die Menge der gespeicherten Energie abhängt.

d ■ Die gespeicherte Energie soll wieder genutzt werden. Überlege dir dazu Möglichkeiten. Beschreibe diese und gibt an, welche Energieentwertungen dabei zu erwarten sind.

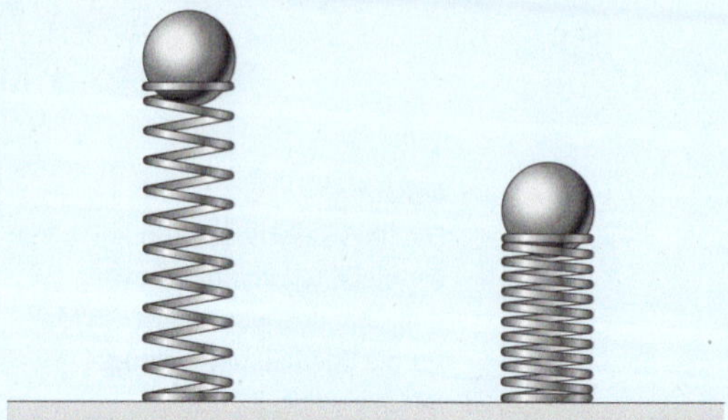

6 Die Sonne

Die Sonne ist unsere wichtigste Energiequelle.

a □ Beschreibe die Rolle der Sonne als Energiequelle für die Erde.

b ◪ Erläutere, warum auch Pflanzen Energiespeicher und Energiewandler sind.

c ◪ Immer mehr Haushalte in Deutschland werden mit einer Heizungsanlage geheizt, die kleine Holzteilchen, sogenannte Pellets, verbrennt. Zeichne eine Energiekette zu einer solchen Heizanlage. Beginne bei der Sonne.

7 Fachtexte verfassen

◪ Verfasse einen Fachtext zum Thema „Die Sonne – unsere wichtigste Energiequelle". Benutze dazu das Buch und recherchiere im Internet. Dein Text sollte zwischen einer halben und einer ganzen Seite lang sein.

8 Energieentwertung

◪ Gib drei Beispiele für Energieentwertungen im Alltag an. Erkläre an diesen Beispielen, was man unter Energieentwertung versteht.

9 Energiespeicher und Energietransport

Die Skizze unten zeigt eine Maschine zum Speichern und Transportieren von Energie.

a □ Beschreibe die Vorrichtung im Ruhezustand: Wo ist Energie gespeichert?

b ◪ Startet man die Maschine, rollt eine Kugel nach der anderen los. Beschreibe die laufende Maschine: Wie wird Energie transportiert? Wo wird Energie entwertet?

c ◪ Vergleiche die Maschine mit einem Pumpspeicherkraftwerk: Welche Gemeinsamkeiten und welche Unterschiede gibt es?

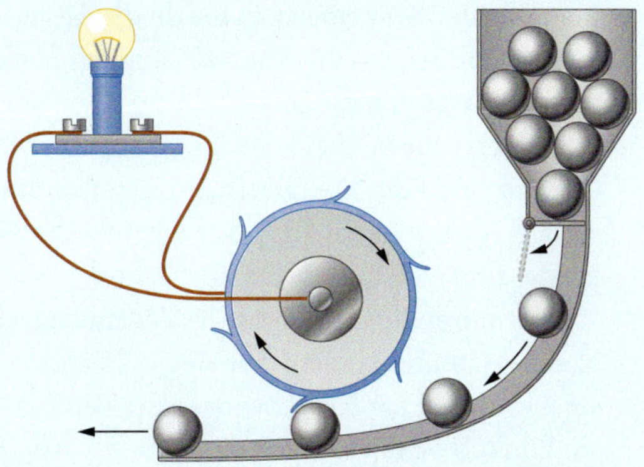

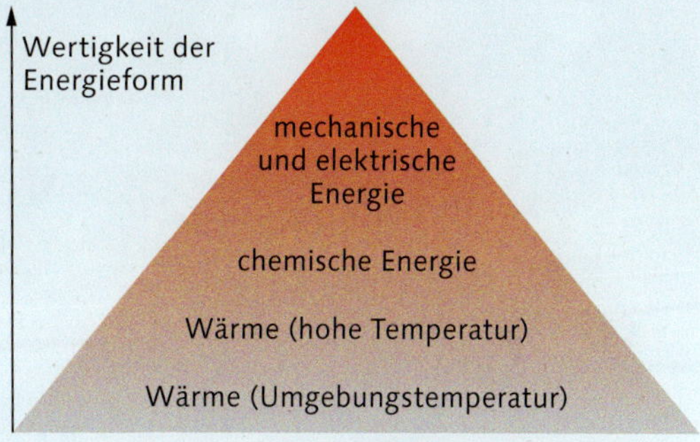

10 Wärme und nutzbare Energie

In der Natur laufen die meisten Vorgänge nur in eine Richtung ab. Man nennt solche Vorgänge irreversibel. Die Grafik zeigt die Energiepyramide. In ihr ist der Wert der Energie, also ihre Nutzbarkeit, dargestellt.

a ◪ Beschreibe die Energiepyramide. Was ist hier dargestellt? Recherchiere im Internet, wenn du nicht weiterkommst.

b ◪ Ein Jugendlicher fährt eine Sommerrodelbahn hinunter. Ordne die energetischen Vorgänge, die dabei ablaufen, der Pyramide zu.

c ■ Recherchiere und erkläre den Begriff „Entropie". Stelle einen Zusammenhang zur Energieentwertung her.

11 Energiesparfalle

Familie Winter möchte für ihre neue Wohnung den Energiebedarf senken. Beim Umzug sollen daher der alte Kühlschrank, der alte PC und die alte Waschmachine ausgetauscht werden.

a ◪ Erkläre, was Familie Winter beachten muss, um nicht in die Energiesparfalle zu tappen.

b ◪ Informiere dich über die Energieeffizienzklassen von Haushaltsgeräten. Erläutere, welche Aussagen man daraus ablesen kann und welche nicht.

c ◪ Viele Neubauten tragen heute Energiesiegel. Recherchiere, was sich hinter dem Energiesiegel für Gebäude verbirgt. Überprüfe, ob eure Schule bereits ein Energiesiegel besitzt und wie sie gegebenenfalls eingeordnet ist.

d ◪ Trage eine Liste mit zehn Energiesparideen für eure Schule zusammen. Ordne sie nach ihrer Güte. Dazu musst du jeweils die Menge der einzusparenden Energie und die Umsetzbarkeit gegeneinander abwägen.

1 Crashtest

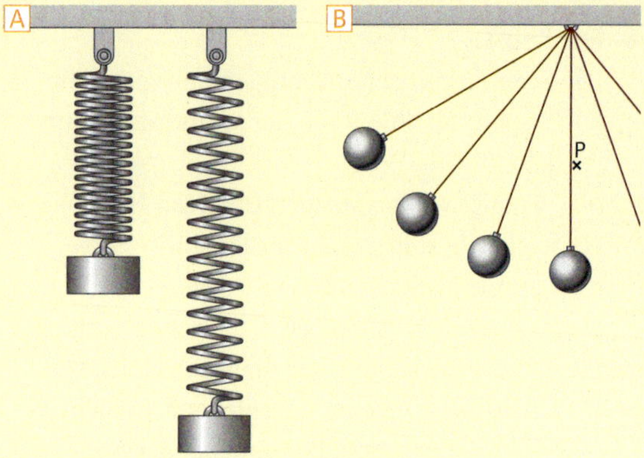

2 Federpendel (A) und Fadenpendel (B)

1 Energie im Straßenverkehr

Im Straßenverkehr begegnen uns vielfältige Energieformen und Energieumwandlungen. Auch bei der Verkehrssicherheit spielt die Betrachtung der Energien eine wichtige Rolle.

a □ Beim Fahren wandelt ein Auto chemische Energie aus dem Tank in Wärme und Bewegungsenergie um. Zeichne eine entsprechende Energiekette. Berücksichtige auch die Energieentwertung.

b ◪ Das Bild zeigt einen Crashtest. Die Bewegungsenergie der Fahrzeuge wurde beim Aufprall entwertet. Beschreibe das Bild und erkläre, wohin die Energie verschwunden ist.

c ◪ Die Bewegungsenergie eines Fahrzeugs hängt mit der Geschwindigkeit und der Masse zusammen. Dabei bedeutet eine doppelte Masse auch eine doppelte Bewegungsenergie. Doppelte Geschwindigkeit führt hingegen zur vierfachen Bewegungsenergie.
Schätze auch ab, welche Folgen das bei Unfällen hat. Vergleiche unterschiedlich schwere und unterschiedlich schnelle Fahrzeuge.

d ◪ Energiesparen spielt im Straßenverkehr eine wichtige Rolle. Benzin und Diesel sind teuer und Autoabgase verschmutzen die Umwelt. Informiere dich über Energiespartipps für den Straßenverkehr und erstelle eine Liste mit den acht wichtigsten Tipps.

e ■ Nicht nur beim Autofahren ist Energiesparen ein Thema, sondern auch beim Autobau. Recherchiere und beschreibe die Ideen der Autoindustrie, um unsere Autos energiesparender und umweltfreundlicher zu bauen.

2 Energieumwandlungen am Pendel

Ein Fadenpendel schwingt nach dem Auslenken hin und her, bis seine Bewegung aufhört. Bei einem Federpendel erfolgt die Auslenkung nach oben oder unten; anschließend schwingt auch das Federpendel bis zum Stillstand.

a □ Beschreibe die Bewegungen von Fadenpendel und Federpendel ganz genau. Fertige dazu eine Skizzenserie an, die jedes Pendel in wenigstens vier verschiedenen Positionen auf seinem Weg zeigt.

b ◪ Das Fadenpendel kannst du mit einem Skater in einer Halfpipe vergleichen. Beschreibe die Energieformen, die bei der Bewegung des Fadenpendels auftreten, und erkläre, warum die Höhe, in die das Pendel schwingt, im Gegensatz zur Höhe, die der Skater erreicht, zwangsläufig ständig abnimmt.

c ■ Auch beim Federpendel kann man die Energieformen während der Bewegung beschreiben. Erkläre die Energieumwandlungen beim Federpendel.

d ◪ Baue beide Pendel im Experiment nach. Erstelle eine Wertetabelle, in die du die Auslenkungen des Pendels und die Schwingungsdauer einträgst. Was fällt dir auf?

e ◪ Betrachte die beiden Pendel unter dem Gesichtspunkt des Energieerhaltungssatzes und erkläre, warum dieser auch hier gilt, obwohl die Pendel zum Stillstand kommen.

f ◪ Übernimm die Zeichnung des Fadenpendels in dein Heft und zeichne den Weg des Pendels ein, wenn ein Stab das Schwingen des Pendels am Punkt P behindert.

3 Unterschiedlich effiziente Lampentypen

4 Steuerung des Smart Home per Handy-App

3 Energiesparen im Haushalt

Durch elektrische Energie, die er verbraucht, trägt jeder Mensch zur Umweltverschmutzung bei. In Deutschland verbraucht jeder Einwohner so viel elektrische Energie, dass dies zu einem Ausstoß von etwa 10 Tonnen CO_2 pro Jahr führt. Energiesparen schont also nicht nur den Geldbeutel, sondern hilft zusätzlich der Umwelt.

a □ Folgende Energiespartipps finden sich in einem Internetforum. Beschreibe jeweils, was gemeint ist. Recherchiere bei Bedarf.
- *Abschalten statt Stand-by-Modus*
- *Kochen mit Topfdeckel*
- *Wasserkocher statt Herdplatte*
- *Wäsche weniger heiß waschen*
- *Spülmaschinen voll beladen*
- *Raumtemperatur anpassen*
- *Recycling*

b ◪ Suche im Internet weitere Tipps zum Thema Energiesparen. Berücksichtige die Bereiche Heizen und Dämmen sowie den Energieverbrauch von Geräten.

c ◪ LED-Lampen brauchen weniger elektrische Energie als Glühlampen, denn sie erzeugen weniger unerwünschte Wärme. Informiere dich über die Energieersparnis, die eine Familie im Jahr durch den Austausch von Lampen erreichen kann, und verfasse einen kleinen Werbetext, der zum Wechseln zu effizienteren Lampen auffordert.

d ■ Recherchiere für verschiedene Energiesparmaßnahmen im Haushalt, welche Einsparung sich jeweils jährlich erreichen lässt. Stelle deine Ergebnisse grafisch dar.

4 Energiesparen durch Smart Home

Smart Home ist ein Begriff für ein Zuhause, dessen technische Geräte miteinander vernetzt sind und dadurch zur Lebensqualität und zum Energiesparen beitragen. So können z. B. Heizung und Rollläden aus der Ferne mit dem Handy gesteuert werden.

a □ Formuliere Argumente, warum es zum Energiesparen sinnvoll sein kann, Heizung oder Rollläden aus der Ferne zu steuern.

b ◪ Informiere dich darüber, welche Systeme eines Hauses über Smart-Home-Funktionen gesteuert werden können.

c ◪ Lege eine Tabelle an, in der du Vorteile und Nachteile von Smart-Home-Systemen auflistest, und gib begründet an, welche Smart-Home-Systeme du einbauen lassen würdest.

d ◪ Im Internet findet man folgende Ergebnisse zu einer Umfrage über Smart-Home-Nutzung bei Firmen, die Gebäude vermieten und verwalten:
40 Prozent der Befragten wollen bis 2017 Smart-Home-Technologien in ihren Gebäuden einsetzen. Als wichtigstes künftiges Einsatzfeld für Smart-Home-Lösungen bewerten die Umfrageteilnehmer neben gesetzlich vorgeschriebenen Rauchmeldern den Bereich Energiemanagement. Hierzu zählen Energieverbrauchsmessung und -abrechnung sowie Heizungssteuerung. Bedeutend ist auch die Überwachung und Steuerung des Raumklimas zur Schimmelvermeidung.
Entnimm dem Text die wichtigsten Informationen und gib sie in eigenen Worten wieder.

e ◪ Wäre eine Smart-Home-Lösung für dich interessant? Begründe deine Entscheidung.

3

Grundgrößen der Elektrizität

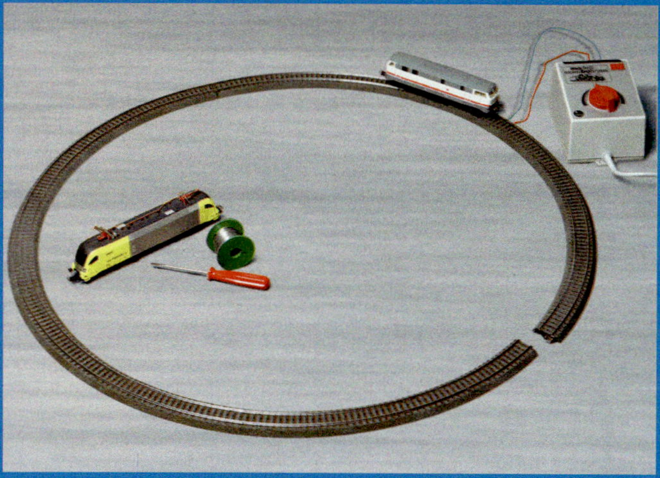

Kann die Modelleisenbahn bis zur Lücke fahren?

Wovon hängt es ab, wie hell Lampen leuchten?

Ab wann wird Elektrizität gefährlich?

Energieumwandlungen

1 Der Stecker des Fernsehers wird in die Steckdose gesteckt.

Damit der Fernseher funktioniert, ist elektrische Energie nötig. Die elektrische Energie erhält der Fernseher aus der Steckdose – aber dort wird sie nicht erzeugt.

In der Natur kommt elektrische Energie z. B. bei Blitzschlägen vor. Diese Energie können wir aber nicht ohne Weiteres nutzen. Daher werden in Kraftwerken verschiedene nicht-elektrische Energieformen in elektrische Energie umgewandelt. Man spricht dabei von Energieumwandlungen.

Verschiedene Energieumwandlungen

In Kraftwerken wird chemische Energie, z. B. aus Kohle, Erdöl oder Erdgas, mithilfe von Generatoren in elektrische Energie umgewandelt. Kernkraftwerke wandeln Energie um, die in Uranatomen steckt. Die Energieträger Kohle, Erdöl, Erdgas und Uran sind nur begrenzt auf der Erde vorhanden.

„Regenerative Energie“ stammt aus Energiequellen, die sich immer wieder erneuern und somit unerschöpflich sind. Windräder und Wasserkraftwerke nutzen die Bewegungsenergie von Wind und Wasser. Solarzellen wandeln die Energie der Sonne direkt in elektrische Energie um.

Batterien wandeln chemische Energie in elektrische Energie um. Durch chemische Reaktionen verändern sich dabei Stoffe in der Batterie.

Elektrische Energiequellen

Im Alltag beziehen wir elektrische Energie aus Steckdosen oder Batterien. Die Steckdose erzeugt jedoch keine elektrische Energie. Sie stellt nur die elektrische Energie vom Kraftwerk zur Verfügung.

> Elektrische Energie wird aus nicht-elektrischen Energiearten umgewandelt.

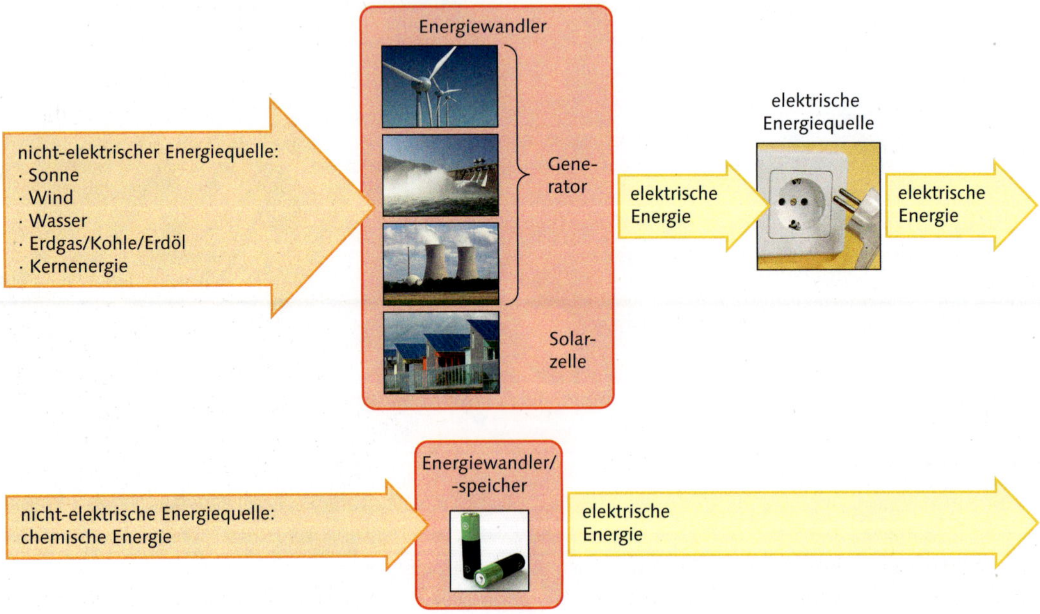

2 Energiekette bis zur nutzbaren elektrischen Energie

Leiter für elektrische Energie

Elektrische Energie wird in Leitungen transportiert. Für diesen Transport sind nur bestimmte Materialien geeignet. Für Kabel wie in Bild 3 werden zwei verschiedene Materialien verwendet:

- Das Innere besteht aus Kupfer und ist der Transportweg der elektrischen Energie.
- Der äußere Teil eines Kabels besteht aus Kunststoff und dient als Schutz, da er die elektrische Energie nicht leitet.

> Materialien, die elektrische Energie transportieren, nennt man elektrische Leiter.
> Materialien, die elektrische Energie nicht transportieren, nennt man Nichtleiter oder Isolatoren.

Elektrischer Leiter	Nichtleiter/Isolator
Metalle, salzhaltige Flüssigkeiten (auch Blut), nasses Holz ...	Kunststoffe, destilliertes Wasser, Glas, Keramik, trockenes Holz ...

Elektroinstallationen dürfen nur von Fachleuten ausgeführt werden.
Mache das niemals selbst!
Es besteht Lebensgefahr!

3 Ein Elektriker schließt eine Steckdose an.

Aufgaben

1 Solarzellen als Quelle elektrischer Energie

□ Suche Geräte in deiner Umgebung, die mit Solarzellen betrieben werden. Notiere einige Beispiele.

2 Weitere Energiequellen

◪ Auch aus Pflanzen und biologischen Abfällen kann man elektrische Energie erzeugen.
Man unterscheidet zwischen regenerativen und nicht regenerativen Energiequellen. Welcher dieser beiden Gruppen würdest du Pflanzen und biologische Abfälle zuordnen? Begründe.

3 Sonne als Energiequelle

■ „Ohne Sonne gäbe es keine elektrische Energie." Nimm zu dieser Aussage Stellung.

4 Elektrische Leitungen

□ Aus welchen Materialien besteht der Stecker eines elektrischen Geräts? Begründe, warum diese Materialien benutzt werden.

5 Bügeleisen

In der Bodenplatte eines Bügeleisens ist die Heizwendel in Keramik eingebettet.

a □ Nenne die Teile eines Bügeleisens, die elektrische Energie leiten können.

b ◪ Nenne die Teile eines Bügeleisens, die elektrische Energie nicht leiten dürfen.

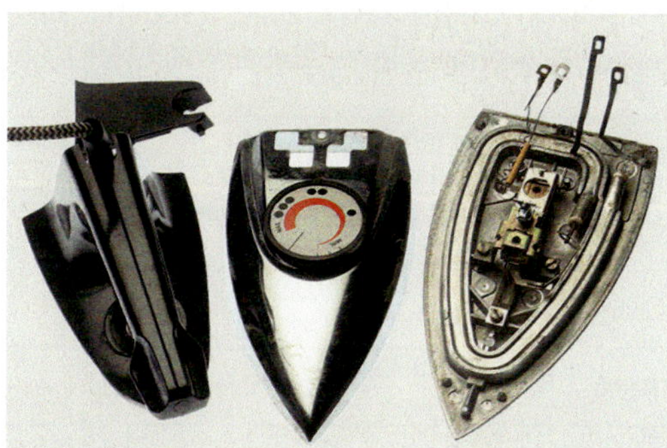

6 Energiekette

◪ Formuliere eine Energiekette für ein Beispiel aus der Darstellung in Bild 2.

Elektrische Stromkreise

1 Elektrische Geräte des Alltags

3 Ein einfacher Stromkreis

Transport elektrischer Energie

Für den Transport elektrischer Energie werden bei allen elektrischen Geräten dieselben Bestandteile benötigt (Tabelle 2).
Jedes elektrische Gerät braucht eine Energiequelle. Jedes Elektrogerät enthält einen Energiewandler. Außerdem befinden sich im oder am Gerät Kabel oder Leiter aus Metall.

Die Grundvoraussetzungen für den Transport der elektrischen Energie werden mit dem Experiment in Bild 3 genauer untersucht. Bei vielen Geräten ist der Weg der elektrischen Energie aber nicht so leicht nachvollziehbar. Die Gehäuse sind häufig fest verschlossen. Öffne sie nicht, denn das kann lebensgefährlich sein!
Sogar bei einer einfachen Glühlampe ist der Transportweg der elektrischen Energie erst durch die genaue Betrachtung ihres Aufbaus nachvollziehbar.

Gerät	Energiequelle	Energiewandler	Transportweg
Lampe	Steckdose/ Kraftwerk	Glühlampe, LED	Kabel
Smartphone	Akku	Display, Klingel …	Leiterbahn Platine
Radio	Steckdose/ Kraftwerk	Lautsprecher	Kabel
Taschenrechner	Solarzelle	Elektronik	Leiterbahn Platine
Taschenlampe	Batterien	Glühlampe, LED	Gehäuse

2 Weg der elektrischen Energie in verschiedenen Geräten

Stromkreis

Energiequelle und Energiewandler müssen wie die Batterie und die Lampe in Bild 3 mit Kabeln verbunden sein, damit die elektrische Energie transportiert wird. Man spricht von einem Stromkreis.

> Ein Stromkreis besteht aus einer Energiequelle, einem Energiewandler und elektrischen Leitern als Wege für die elektrische Energie.

Stromkreise werden mithilfe von international geltenden Schaltsymbolen dargestellt (Bild 5).

Beispiel Taschenlampe

Bei der Taschenlampe hat die Glühlampe direkten Kontakt zur Batterie. Das ersetzt eines der Kabel. Die andere Seite der Batterie hat über das Gehäuse Verbindung zur Glühlampe. Das ersetzt das andere Kabel.
Der Schalter wirkt als Unterbrechung des Stromkreises. Drückt man den Schalter an der Taschenlampe, wird der Stromkreis geschlossen: Die Lampe leuchtet.

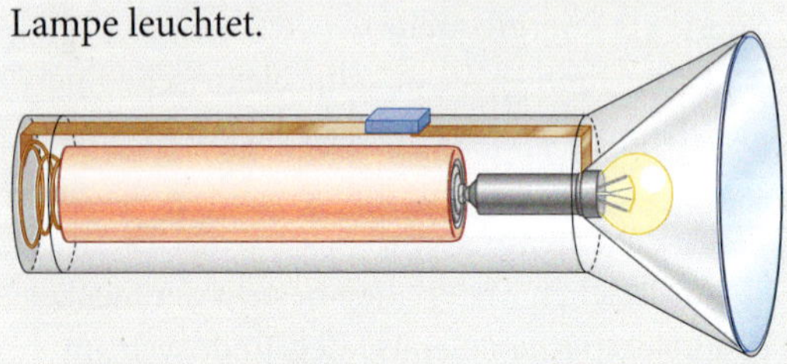

4 Stromkreis einer Taschenlampe

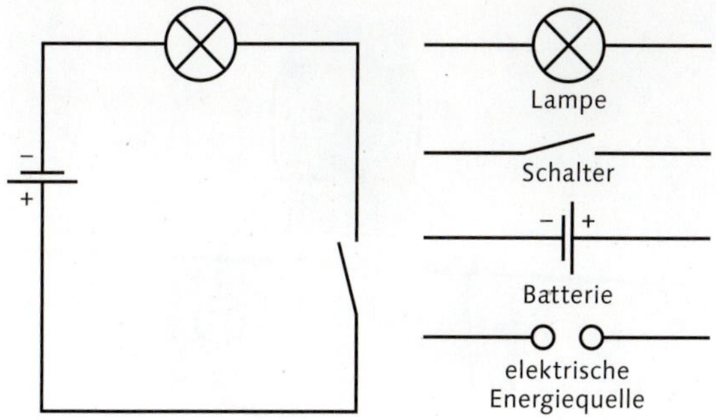

5 Schaltskizze und Schaltsymbole

Vorstellung vom Energietransport

Im Stromkreis wird elektrische Energie von der elektrischen Energiequelle, z. B. einer Batterie, zum Gerät, z. B. eine Lampe, transportiert. Die Träger elektrischer Energie in Kabeln heißen **Elektronen**.

> Im gewöhnlichen Stromkreis wird die elektrische Energie von Elektronen transportiert.

Den Energietransport kann man sich so vorstellen: Die Batterie als Energiequelle versorgt die Elektronen mit Energie. Die Elektronen bewegen sich vom Minuspol der Batterie durch eines der Kabel zur Lampe. Dort geben sie ihre Energie ab und gelangen durch das andere Kabel zurück zum Pluspol der Batterie.
Die Elektronen können nur dann Energie transportieren, wenn sie vom Minuspol zum Pluspol gelangen können. Deshalb müssen Geräte immer an beide Pole der elektrischen Energiequelle angeschlossen sein. Nur so entsteht ein Stromkreis.

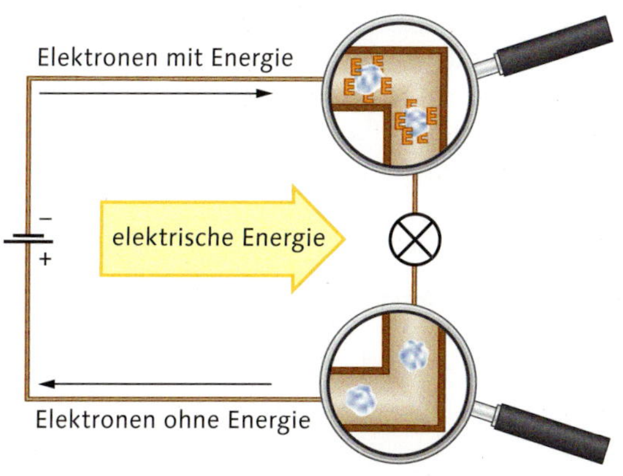

6 Vorstellung vom Energietransport

Aufgaben

1 Elektrischer Stromkreis

□ Mit Experimentiermaterial soll ein elektrischer Stromkreis aus Batterie und Lampe nachgebaut werden. Wie viele Kabel sind erforderlich? Begründe.

2 Glühlampe

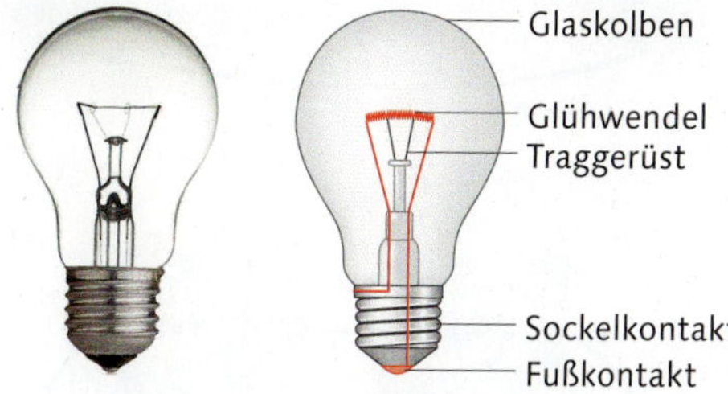

a □ Beschreibe, wo die Kabel an eine Glühlampe angeschlossen werden müssen, damit die Lampe leuchten kann.

b □ Beschreibe den Weg der Elektronen durch die Glühlampe.

c ◪ Zeichne die Glühlampe ab. Ergänze eine Fassung und vervollständige die Zeichnung zu einem geschlossenen Stromkreis.

3 Geöffneter Stromkreis

■ Erkläre mithilfe der Vorstellungen für den Energietransport, dass die Lampe bei geöffnetem Schalter nicht leuchtet.

4 Stromkreis der Modelleisenbahn

■ Auf der Einstiegsseite des Kapitels siehst du eine Modelleisenbahn auf unterbrochenen Schienen. Der Zug kann bis zur Unterbrechung fahren.
Skizziere eine Bahn auf Schienen mit Energiequelle und markiere den Stromkreis farbig.

7 Modelleisenbahn

Reihen- und Parallelschaltung von Schaltern

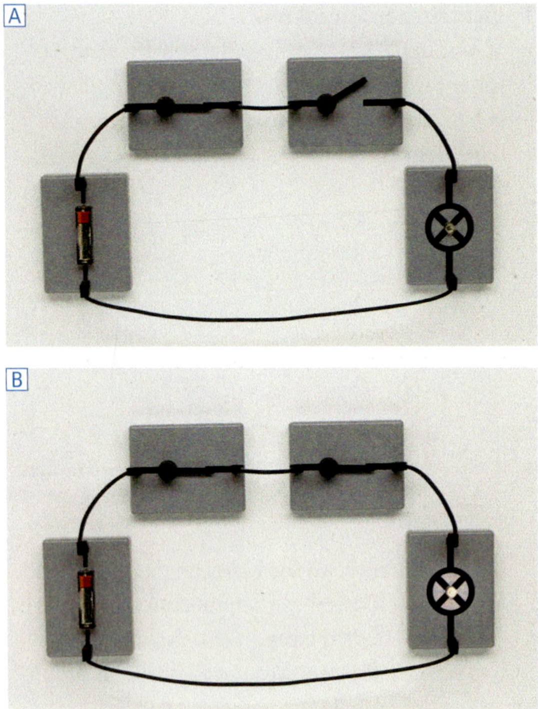

1 Reihenschaltung mit geöffnetem Schalter (A) und geschlossenen Schaltern (B)

Reihenschaltung von Schaltern

Eine Lampe und mehrere Schalter werden hintereinander mit einer Energiequelle verbunden. Die Lampe leuchtet nur dann, wenn der eine *und* der andere Schalter geschlossen sind.

> In einer Reihenschaltung von Schaltern leuchtet die Lampe nur, wenn alle Schalter geschlossen sind. Dann ist der gesamte Stromkreis geschlossen.

In einem Schaltbild wird der Aufbau übersichtlich dargestellt. Der Weg der Elektronen im Stromkreis lässt sich dadurch gut nachvollziehen:

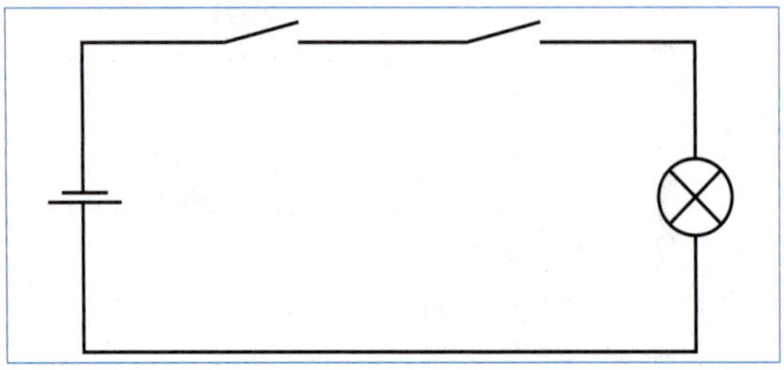

2 Reihenschaltung zweier Schalter im Schaltbild

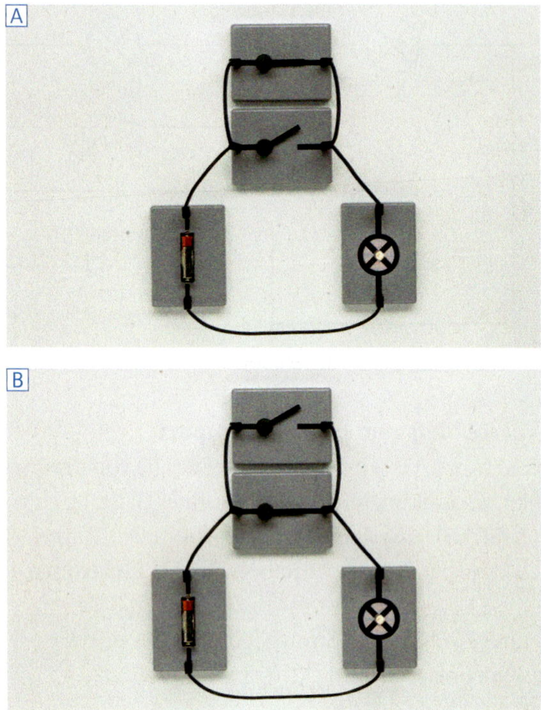

3 Parallelschaltung mit geschlossenem Schalter oben (A) bzw. unten (B)

Parallelschaltung von Schaltern

Zwei Schalter werden nebeneinander in einen Stromkreis mit Lampe und Energiequelle geschaltet. Die Lampe leuchtet, wenn der eine Schalter *oder* der andere Schalter geschlossen ist.

> In der Parallelschaltung von Schaltern leuchtet die Lampe, sobald wenigstens einer der Schalter geschlossen ist. Jeder Schalter schließt seinen Stromkreis mit der Lampe.

Im Schaltbild wird der Aufbau einer Parallelschaltung deutlich. Die beiden möglichen Stromkreise lassen sich dadurch gut erkennen.

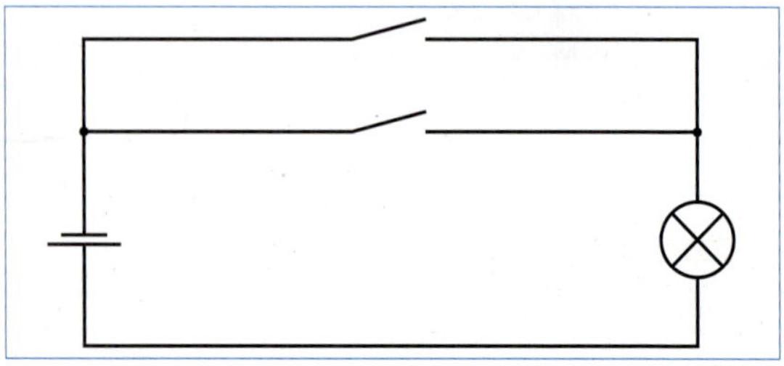

4 Parallelschaltung zweier Schalter im Schaltbild

Beispiel Mehrere Schalter im Alltag

Die Anwendungen von Schaltungen mit mehreren Schaltern sind vielfältig. So besitzt jede Waschmaschine einen Ein-/Ausschalter. Die Waschmaschine lässt sich jedoch nur in Betrieb nehmen, wenn die Ladetür der Wäschetrommel geschlossen ist. Die Tür betätigt also einen zweiten Schalter.
Solche Reihenschaltungen zweier Schalter werden im Alltag häufig als Sicherheitsschaltung verwendet, um Unfälle zu vermeiden. So wird der Benutzer einer Heckenschere vor Verletzungen an den Händen geschützt, indem mit jeder Hand ein Schalter geschlossen werden muss. Nur dann funktioniert die Heckenschere.

5 Sicherheitsschaltung bei einer Heckenschere

Eine Parallelschaltung von Schaltern kennst du von Klingelanlagen. Eine Klingel befindet sich an der Haustür und eine an der Wohnungstür. Mit jedem Klingelschalter wird dieselbe Wohnungsklingel betätigt.

6 Klingelschaltung

Aufgaben

1 Reihenschaltung im einfachen Stromkreis
In einem Stromkreis sind ein Schalter und eine Lampe in Reihe geschaltet.

a □ Beschreibe, was geschieht, wenn man die Lampe aus der Fassung schraubt.

b □ Womit kannst du das Herausdrehen der Lampe vergleichen? Begründe.

2 Mehrere Schalter
◪ In der Technik werden Reihen- und Parallelschaltung von Schaltern auch als UND- bzw. ODER-Schaltung bezeichnet.
Ordne die Namen zu und begründe deine Entscheidung, indem du die Merksätze der linken Seite entsprechend umformulierst.

3 Reihen- und Parallelschaltung

a □ Beschreibe die Auswirkungen, wenn du die Anordnung der Schalter und der Lampe in einer Reihenschaltung wie in Bild 2 veränderst.

b ◪ Bei einer Parallelschaltung mit mehreren Schaltern wie in Bild 4 werden alle Schalter gleichzeitig geschlossen. Erläutere, was geschieht.

4 Sicherheitsschaltung
□ Zeichne eine Schaltskizze zum Stromkreis in Bild 5 und erkläre den Aufbau.

5 Motorroller
◪ Bei einem Motorroller kann man den Anlasser nur betätigen, wenn die Zündung eingeschaltet und eine Bremse gezogen ist.
Gib an, wie die Schalter, die mit Zündung und Bremse verbunden sind, im Stromkreis geschaltet sein müssen. Begründe.

6 Auto
Wenn man eine beliebige Autotür öffnet, gehen im Auto die Lichter an.

a ◪ Ordne ein, zu welcher der beiden Arten von Schaltungen auf der linken Seite die Schaltung der Autotüren gehört.

b ■ Beschreibe, worin sich die „normalen" Schalter von denen unterscheiden, die in den Rahmen der Autotüren eingebaut sind.

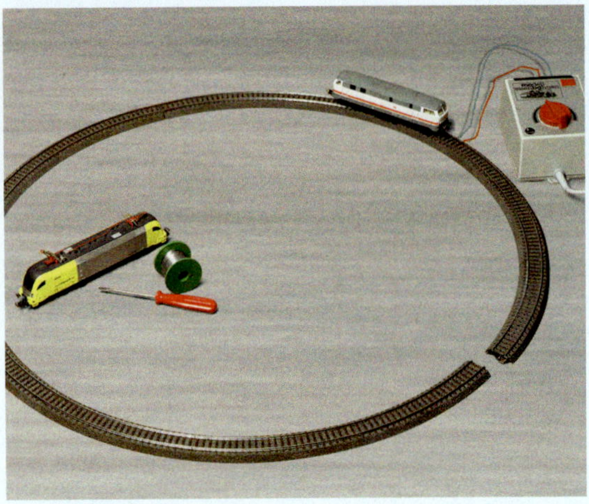

Kann die Modelleisenbahn bis zur Lücke fahren?

Die folgenden Aufgaben zum Thema **Elektrische Stromkreise** helfen dir, deinen Lernstand einzuschätzen. Beobachte dich dazu beim Lösen der Aufgaben selbst:
- Brauchst du Hilfe? Musst du z. B. noch einmal nachlesen oder jemanden fragen?
- Kannst du die Aufgaben ohne Hilfe lösen?
- Weißt du sogar mehr, als in der Lösung steht?

Notiere dir, bei welchen Fragen du Schwierigkeiten hast. Kehre noch einmal zu den entsprechenden Seiten zurück, arbeite sie durch und löse die zugehörigen Aufgaben. Weitere Aufgaben findest du auf den folgenden Seiten.

1 Energieumwandlungen

Im Zusammenhang mit der Erzeugung von elektrischer Energie sprechen Physiker und Techniker stets von Energieumwandlungen oder Energieübertragungen.

a □ Nenne verschiedene Energiequellen, aus denen elektrische Energie erzeugt werden kann.

b ◪ Erläutere den Begriff „Energieumwandlung“ mithilfe einer Energiekette.

2 Leiter und Nichtleiter

Der Zirkel auf dem Bild ist aus Metall.

a □ Nenne möglich Gründe, weshalb die Lampe nicht leuchtet.

b ◪ Beschreibe, was du machen müsstest, damit die Lampe leuchtet.

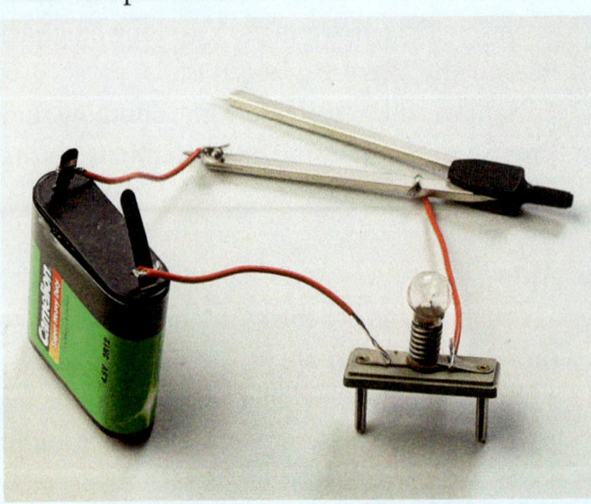

3 Einfacher Stromkreis

Stromkreise werden mithilfe von Schaltsymbolen einfach und übersichtlich dargestellt.

a □ Zeichne die Schaltskizze eines einfachen Stromkreises mit Batterie, Schalter und Lampe.

b ■ Begründe, dass die Modelleisenbahn im Bild oben bis zur Lücke fahren kann.

4 Reihen- und Parallelschaltung

Mehrere Schalter können in Reihen- oder in Parallelschaltung angeordnet sein.

a ◪ Nenne Kombinationen von zwei geschlossenen Schaltern, bei denen die Lampe leuchtet, und begründe deine Überlegungen.

b ■ Würde die Lampe in der abgebildeten Schaltung auch leuchten, wenn man alle drei Schalter schließt? Begründe.

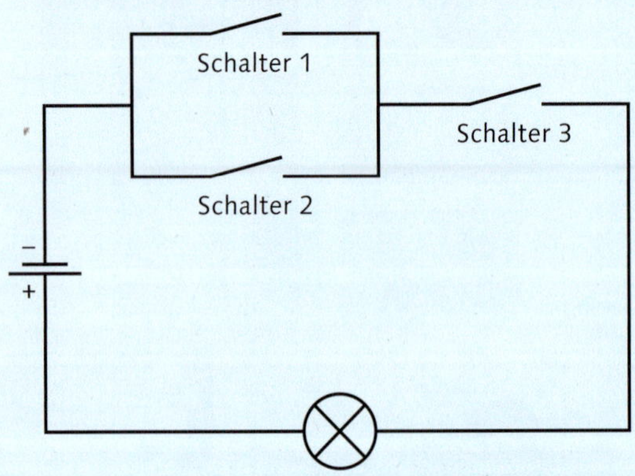

Elektrische Stromkreise

Der einfache Stromkreis

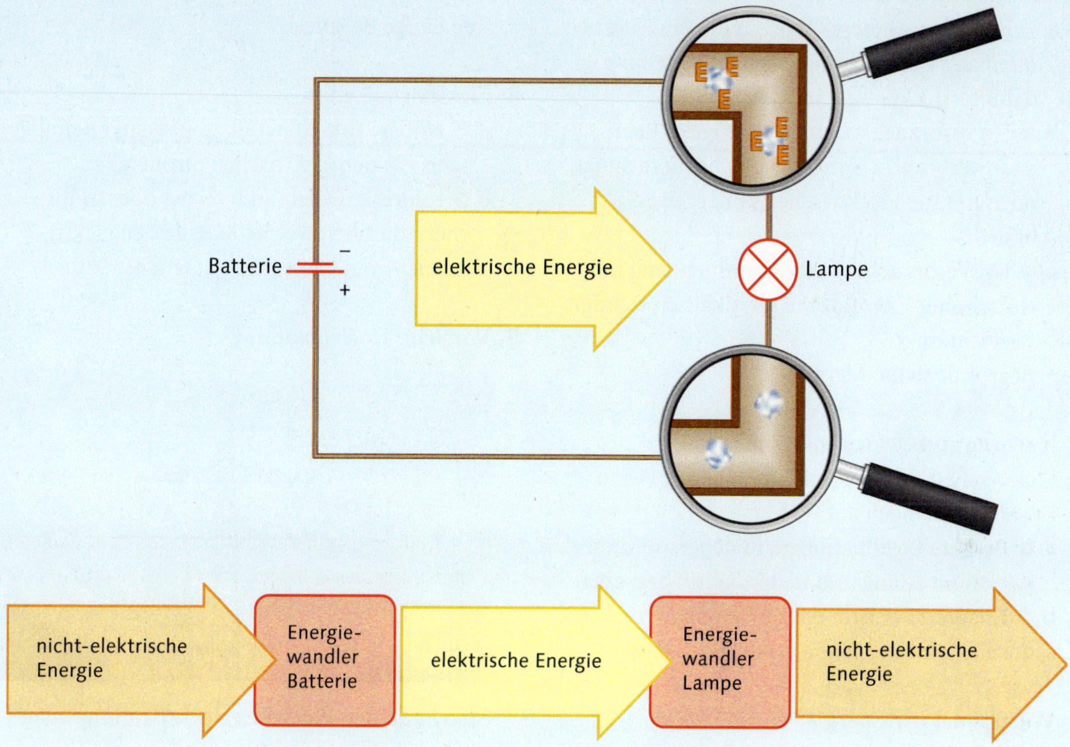

Reihenschaltung mit Schaltern

In einer Reihenschaltung von Schaltern leuchtet die Lampe nur, wenn Schalter 1 *und* Schalter 2 geschlossen sind (UND-Schaltung).

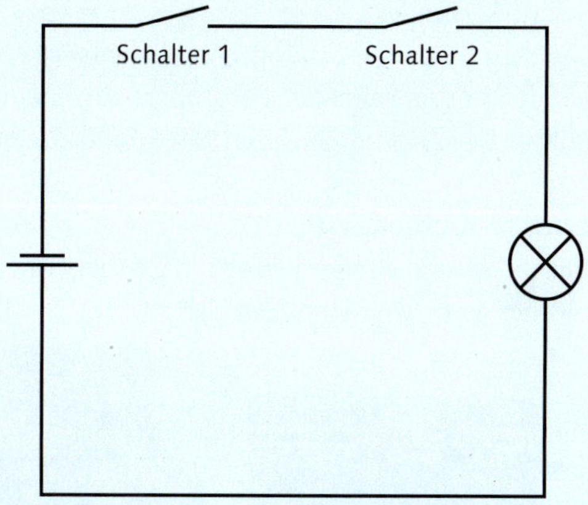

Parallelschaltung mit Schaltern

In einer Parallelschaltung von Schaltern leuchtet die Lampe, wenn Schalter 1 *oder* Schalter 2 geschlossen ist (ODER-Schaltung).

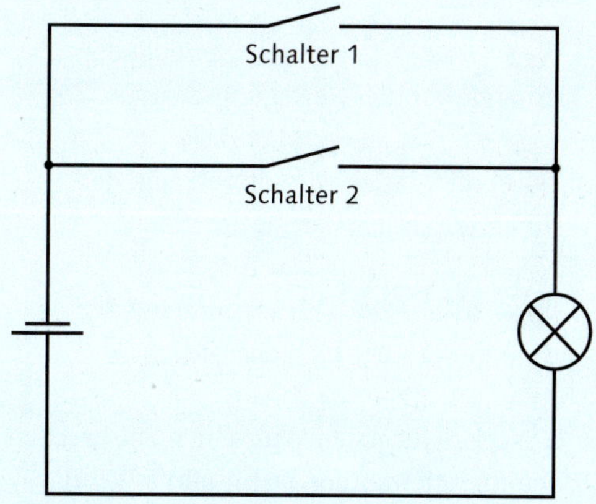

Aufgaben

1 „Verbraucher“
Lampen und andere elektrische Geräte werden im Alltag oft als „Verbraucher“ bezeichnet.

a □ Erkläre, was dieses Wort in diesem Zusammenhang bedeutet und welche Vorstellung dahintersteckt.

b ◪ Du verbrauchst dein Taschengeld. Euer Auto verbraucht Sprit. Vergleiche diese Situationen mit dem elektrischen „Energieverbrauch“.

c ◪ Ist „Verbraucher“ im Zusammenhang mit elektrischer Energie eine physikalisch richtige Bezeichnung?
Begründe deine Meinung.

2 Nutzung von elektrischer Energie
Elektrische Energie taucht im Alltag in vielen Zusammenhängen auf.

a ◪ Beschreibe Situationen, in denen dir dieser Begriff im Alltag und in der Politik begegnet.

b ◪ Erläutere, warum du die Vorgänge rund um die elektrische Energie verstehen solltest.

3 Würfelspiel zur Energie
Gehe von folgender Energieumwandlungskette aus:

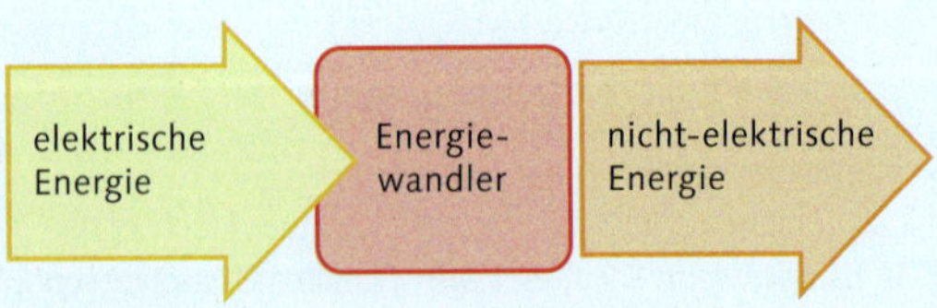

Wenn du …

–  oder  würfelst, erzeugt der Energiewandler Bewegungsenergie.

–  oder  würfelst, erzeugt der Energiewandler Wärmeenergie.

–  oder  würfelst, erzeugt der Energiewandler Lichtenergie.

a ◪ Notiere für jeden Wurf einen entsprechenden Energiewandler. Dafür gibt es jeweils einen Punkt. Versuche für jede Würfelrunde andere Energiewandler bzw. technische Anwendungen zu finden.

b ■ Häufig gibt es die Möglichkeit, die Energieübertragungsketten umzukehren. Dabei muss man meist den Energiewandler ändern. Notiere einige Beispiele.

4 Elektrische Leiter

a □ Notiere drei Materialien in deiner Schultasche, die den elektrischen Strom leiten.

b ◪ Informiere dich im Internet oder in Büchern darüber, welche Metalle den elektrischen Strom besonders gut leiten.

5 Vorsicht: Hochspannung!

Man kann den Fuß eines Hochspannungsmasts anfassen, ohne zu sterben.

a □ Wo sitzen die schützenden Isolatoren?

b ◪ Recherchiere, aus welchem Material die Isolatoren bestehen.

c ◪ Von welchen Teilen musst du dich unbedingt fernhalten, um dich nicht in Lebensgefahr zu bringen?

6 Schaltskizzen
◪ Schau dir die Zeichnungen der Schaltskizzen auf den letzten Seiten an. Formuliere allgemeingültige Regeln zum Zeichnen von Schaltskizzen.

7 Carrera-Autorennbahn
Für jedes Auto auf der Rennbahn existiert ein eigener geschlossener Stromkreis.

a ◪ Evelyn meint: „Der Stromkreis ist nur geschlossen, wenn auch die Rennbahn einen Kreis bildet." Stimmt das? Begründe.

b ◪ Skizziere Auto und Bahn in deinem Heft und markiere den geschlossenen Stromkreis.

8 Fahrradbeleuchtung

■ Bei vielen Fahrrädern werden die Lampen nicht mithilfe von Batterien betrieben. Zeichne ein solches Fahrrad und trage ein, wie die elektrische Energie transportiert wird.

9 Ungeschickte Darstellung

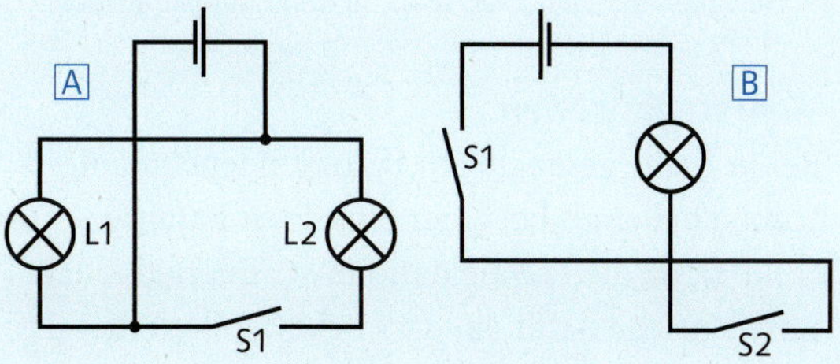

Die Schaltskizzen sind ungeschickt gezeichnet worden.

a □ Stelle fest, ob Lampen und Schalter parallel oder in Reihe geschaltet sind.
Hinweis: In der Technik werden leitende Kabelverbindungen mit einem Punkt dargestellt, ansonsten überkreuzen sich Kabel nur.

b ◪ Zeichne jeweils eine übersichtlichere Schaltskizze.

10 Kühlschrankschaltung

Im Kühlschrank schaltet ein Schalter in der Tür das Innenlicht an und aus.

a ◪ Was unterscheidet diesen Schalter von den Schaltern, die wir bis jetzt verwendet haben?

b ■ Zeichne einen entsprechenden Stromkreis als Schaltskizze auf.

11 Hauptschalter

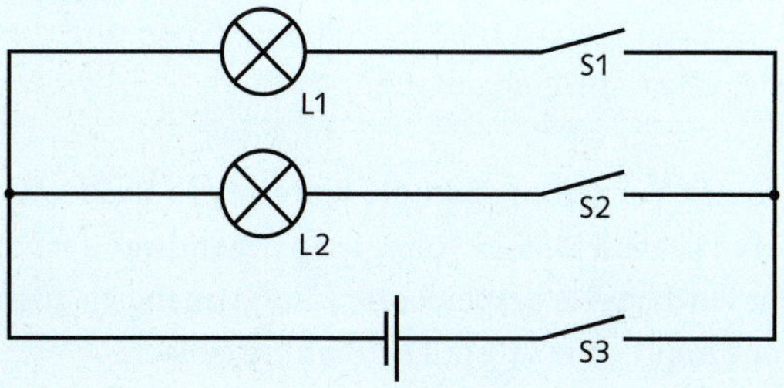

a □ Ordne zu, welcher der Schalter welche der Lampen an- bzw. ausschaltet.

b ◪ Begründe, welchen Schalter du als Hauptschalter bezeichnen würdest.

12 Wechselschaltung

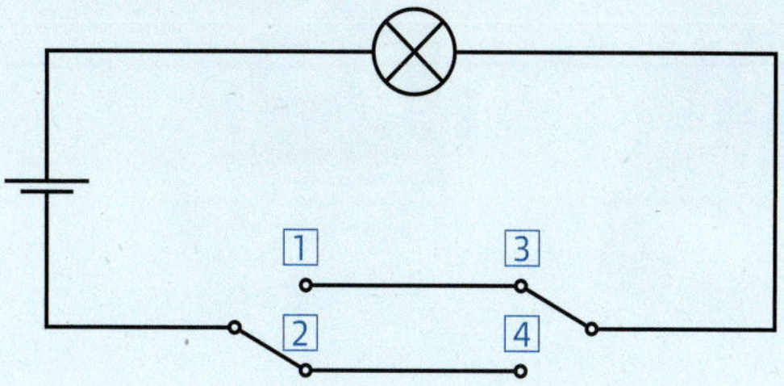

a ◪ Schau dir die Schaltskizze genau an und erkläre die Funktion des neuen Schaltsymbols.

b ◪ Gib an, bei welchen Schalterstellungen die Lampe leuchtet und bei welchen nicht.

c ■ Schaltungen mit solchen Umschaltern findest du auch im Alltag. Nenne Situationen, in denen die abgebildete Art von Schaltung eingesetzt wird.

d ■ Entwirf eine Schaltung mit einem Umschalter und zwei Lampen. Es soll immer genau eine der beiden Lampen leuchten.

13 Treppenhausschaltung

In Treppenhäusern werden oft Taster eingebaut, die das Licht für eine begrenzte Zeit einschalten. Wie müssen diese speziellen Taster im Stromkreis der Lampe(n) angeordnet sein, damit man an verschiedenen Stellen des Treppenhauses das Licht betätigen kann?

a ◪ Entwirf zunächst eine passende Schaltung auf dem Papier.

b ◪ Tausche dich mit deinem Nachbarn über eure Vorschläge aus.

14 Schaltskizzen der Reihenschaltung

a □ Zeichne Schaltskizzen für verschiedene Anordnungen von Energiequelle, Lampe und zwei Schaltern. Spiele alle möglichen Reihenschaltungen durch.

b ◪ Prüfe in einer Versuchsreihe nach, welche Auswirkung die unterschiedliche Anordnung der Schalter auf die Helligkeit der verwendeten Lampe hat.

Elektrische Spannung

1 Manche Geräte benötigen mehrere Batterien als Energiequellen.

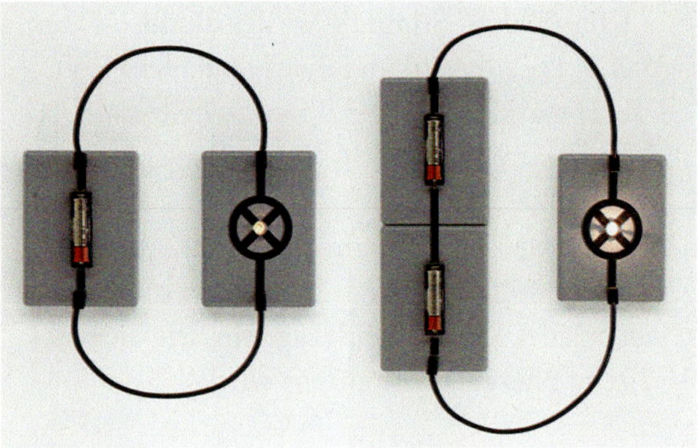

3 Helligkeit der Lampe als Maß für den Energietransport

Batterien als Energiequellen

Die Funktion einer Batterie im Stromkreis kann man sich so vorstellen, dass die Batterie mithilfe der Elektronen elektrische Energie auf die angeschlossenen Geräte überträgt. Wenn diese Energiemenge für ein Gerät nicht ausreicht, benötigt man mehrere Batterien, um die notwendige Energiemenge zu übertragen.

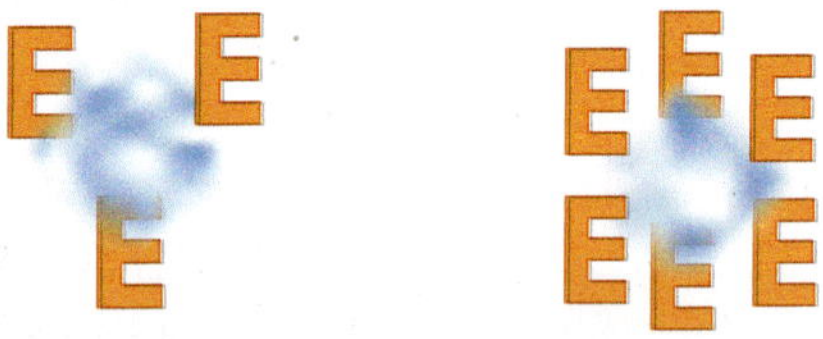

2 Vorstellung von Elektronen als Energieträger

Elektrische Spannung

Die Energiemenge, welche die Batterie pro Elektron abgibt, ist ein wichtiges Maß. Diese Energie pro Elektron bezeichnet man als elektrische Spannung. Die Spannung einer Batterie ist umso größer, je mehr Energie pro Elektron übertragen wird. Weitere Batterien erhöhen die Spannung und damit die Energiemenge pro Elektron.
Man kann auch sagen: Je größer die transportierte Energiemenge pro Elektron ist, desto stärker werden die Elektronen angetrieben.

Die elektrische Spannung ist die Energiemenge pro Elektron, die von der Energiequelle auf ein Gerät übertragen wird. Die Spannung ist der Antrieb der Elektronen im Stromkreis.

Mehrere Batterien

Bei in Reihe geschalteten Batterien leuchtet die Lampe heller als bei einer einzelnen Batterie (Bild 3), da die Lampe dann mehr Energie erhält. Eine Ursache dafür ist, dass bei zwei Batterien die Energiemenge pro Elektron, also die Spannung, größer ist als bei einer einzelnen Batterie. Voraussetzung dafür ist allerdings, dass die Batterien wie in Bild 1 in die gleiche, auf den Geräten vorgegebene Richtung, eingebaut werden. Nur so vergrößert sich die Energiemenge pro Elektron. Dazu sind die Enden einer Batterie mit einem Plus bzw. Minus gekennzeichnet. Man nennt sie auch Plus- und Minuspol.
Auf jeder Batterie ist auch die Größe der Spannung in Volt (V) angegeben. Man kann sich das so vorstellen: Bei einer Spannung von 1 V überträgt die Batterie pro Elektron eine bestimmte Energiemenge auf ein Gerät. Bei 3 V Spannung ist es die dreifache Menge.
In Formeln wird die Spannung mit *U* abgekürzt (lat. *urgere:* drängen, drücken).

In Formeln schreibt man für die elektrische Spannung *U*.
Spannungen werden in Volt angegeben und die Einheit mit V abgekürzt.

In der Vorstellung gibt die Batterie pro Elektron eine gewisse Menge Energie ab. Irgendwann ist die in der Batterie gespeicherte Energiemenge jedoch erschöpft. Wir sagen: Die Batterie ist leer.

Einfache Vorstellung vom Energietransport

Die Energiequelle übergibt jedem Elektron ein Energiepaket. Die Elektronen bewegen sich durch das Kabel und transportieren dabei die Energie zum Energiewandler. Dort geben sie die Energiepakete wieder ab. Der Energiewandler wandelt die elektrische Energie in eine andere Energieform um, z. B. Licht. Die Elektronen bewegen sich zum Pluspol der Energiequelle zurück.
Die Ursache für die Bewegung der Elektronen im Stromkreis liegt bei den Elektronen selbst. Diese kleinsten Teilchen sind negativ geladen. Positive und negative Ladungen ziehen einander an – ähnlich wie Nord- und Südpol eines Magneten. Die Elektronen werden also von der positiven Ladung des Pluspols angezogen und bewegen sich immer vom Minuspol der Batterie zum Pluspol.

> Im Stromkreis bewegen sich die Elektronen vom Minuspol zum Pluspol, da Elektronen negativ geladen sind.

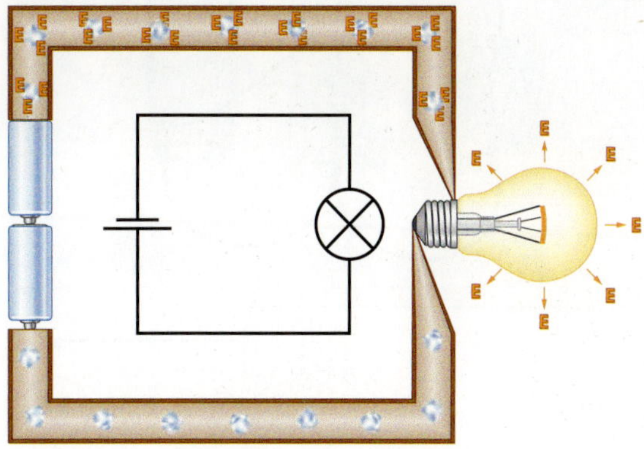

4 Vorstellung für den Energietransport im Stromkreis

Elektrische Geräte sind für bestimmte Spannungen gebaut. Diese Betriebsspannung ist auf dem Gerät angegeben. Manchmal spielt auch die Bewegungsrichtung der Elektronen eine Rolle. Man muss daher sowohl auf die richtige Spannung als auch auf die korrekte Polung der Batterien achten.

Aufgaben

1 Schaltskizzen
Mithilfe von Schaltskizzen kann man elektrische Schaltungen einfach und übersichtlich darstellen.
- **a** □ Zeichne die Schaltskizzen zu den in Bild 3 dargestellten Experimenten.
- **b** □ Trage die Bewegungsrichtung der Elektronen mit Pfeilen ein.

2 Elektrische Spannung
- **a** □ Notiere dir Schlüsselbegriffe im Zusammenhang mit der einfachen Vorstellung vom Energietransport im Stromkreis.
- **b** ◪ Verfasse in eigenen Worten eine Erklärung für den Begriff „elektrische Spannung“.
- **c** ◪ Beschreibe die Veränderungen in Bild 4, wenn man statt zwei Batterien vier Batterien verwenden würde.
- **d** ◪ Beschreibe die Veränderungen in Bild 4, wenn man die Batterien umdrehen würde.

3 Unterschiedliche Spannungen
◪ Auf einem Gerät ist 24 V aufgedruckt, auf einem anderen steht 12 V. Erkläre den Unterschied mithilfe der Vorstellung zur elektrischen Spannung.

4 Energieabgabe und Spannung
- **a** ◪ Gib an, wie groß in deiner Vorstellung die übertragene Energie pro Elektron an den Lampen A und B ist.
- **b** ■ Gib die Größe der Spannungen an den Lampen A und B an. Verwende dabei die gängigen Abkürzungen.

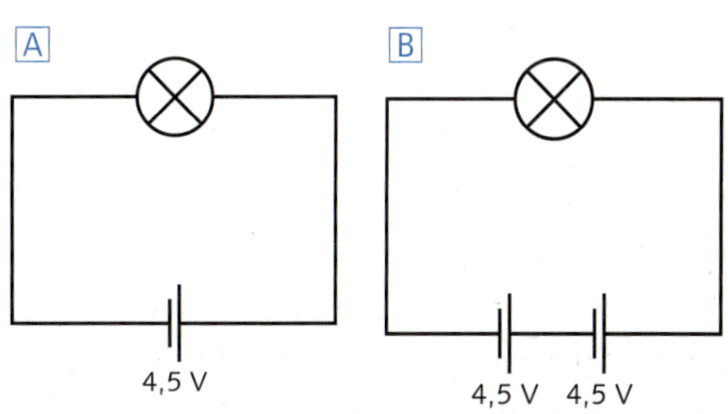

Messen der Spannung

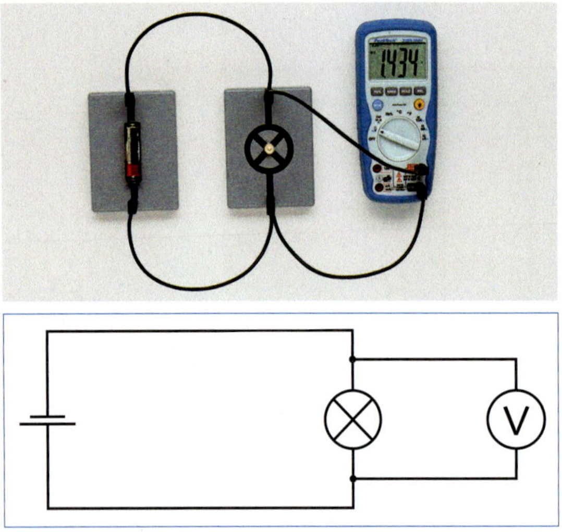

1 Messung der Spannung im einfachen Stromkreis

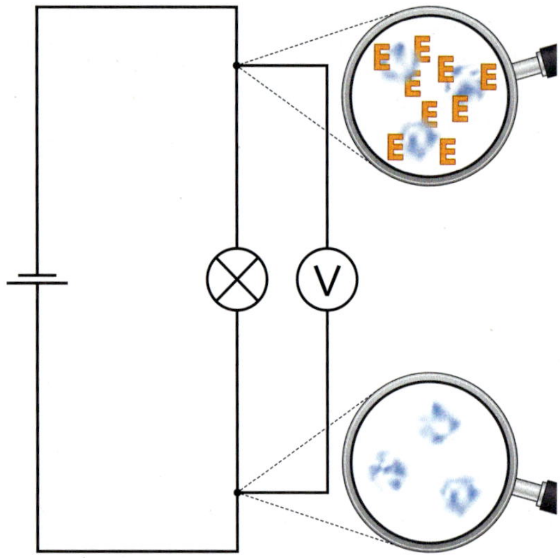

2 Vorstellung für die Messung der Spannung

Vorstellung zur Spannungsmessung

Den Vorgang der Spannungsmessung kann man sich in beiden Bildern folgendermaßen vorstellen: Die abgegebene Energiemenge pro Elektron wird ermittelt, indem auf beiden Seiten der Lampe gemessen wird.
Das Messgerät zeigt den Unterschied der Energiemenge pro Elektron an und somit die Spannung, die an der Lampe anliegt.

Messen der Spannung

Zum Messen der Spannung verwendet man ein Spannungsmessgerät. In der Technik sagt man auch Voltmeter dazu, da Volt (V) die Einheit der Spannung ist.
Als Schaltsymbol verwendet man dafür: –(V)–

Ein Spannungsmessgerät wird parallel zur Lampe geschaltet, um die an der Lampe anliegende Spannung zu messen.
Parallel bedeutet: Wie in Bild 1 wird ein Messkabel auf der einen Seite, das andere Messkabel auf der anderen Seite der Lampe angeschlossen.

> Bei der Spannungsmessung wird mithilfe eines Spannungsmessgeräts bestimmt, wie viel Energie pro Elektron von einem Gerät umgewandelt wird. Das Spannungsmessgerät wird dazu parallel zum Gerät geschaltet.

Aufgaben

1 Vorstellung der Spannungsmessung
An einer Lampe wird die Spannung gemessen.
- **a** □ Notiere dir Schlüsselbegriffe zum Vorgang der Spannungsmessung.
- **b** ◪ Beschreibe deine Vorstellung, was ein Spannungsmessgerät bei der Spannungsmessung macht.

2 Spannungsmessung an verschiedenen Punkten

- **a** □ Wie groß ist die Spannung zwischen den Punkten A und B?
- **b** ◪ Wie groß ist die Energieabgabe pro Elektron zwischen den Punkten B und C sowie zwischen den Punkten C und D? Begründe deine Entscheidung.
- **c** ■ Man kann die Spannung auch zwischen den Punkten A und D messen. Begründe, warum dies möglich ist.

Spannungsmessung

Die folgenden Schritte helfen beim Messen einer Spannung. Auch wenn ein anderes Messgerät verwendet wird, sind viele der Schritte übertragbar.

Vorbereitung

- Vor jeder Messung muss die Energiezufuhr abgeschaltet sein!
- Baue die gewünschte Schaltung zunächst ohne Messgerät auf.
- Baue anschließend das Messgerät in die Schaltung ein.

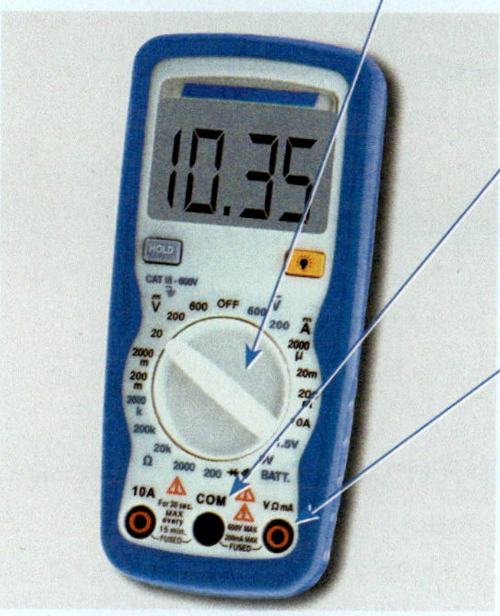

Tara will mit diesem digitalen Messgerät die Spannung an der Lampe in Bild 1 messen.

Schritt 1: Spannungsart erkennen

Liegt Gleichspannung (DC, = oder - -) oder Wechselspannung (AC oder ~) vor? Netzgeräte können oft beides erzeugen. Batterien liefern immer Gleichspannung.
Die Wechselspannung einer Steckdose darfst du nicht messen: Hier besteht Lebensgefahr!

In der Schaltung dient eine Batterie als Energiequelle. Tara stellt das Messgerät auf Gleichspannung ein.

Schritt 2: Messbereich wählen

Stelle den Drehschalter auf den **Messbereich** der größten zu erwartenden Spannung ein.

Die Batterie liefert 1,5 V. Daher kann Tara den größtmöglichen Spannungswert abschätzen und den entsprechenden Messbereich einstellen.

Schritt 3: Passende Buchsen wählen

Ein Kabel steckst du immer in **COM** (engl. *common:* gemeinsam). Misst du eine Spannung, steckst du das andere Kabel in die mit **V** markierte Buchse.

Tara steckt die Kabel in die Buchsen COM und V.

Schritt 4: Messgerät einbauen

Zum Messen der Spannung musst du das Messgerät parallel zum Gerät schalten.

Tara steckt auf jeder Seite der Lampe ein Kabel ein.

Schritt 5: Stromkreis schließen

Erst jetzt schließt du die Energiequelle an oder schließt den Stromkreis mit einem Schalter.

Schritt 6: Messbereich anpassen

Ist der Messwert sehr klein, kannst du das Messgerät mit dem Drehschalter auf einen empfindlicheren Messbereich umstellen.

Tara achtet darauf, den Messbereich nicht zu empfindlich einzustellen, da sonst das Messgerät kaputtgehen kann (z. B. Messbereich 1 mV bei 10 V Spannung).

Schritt 7: Ablesen des Messwerts

Tara schaut genau hin, um das Komma nicht zu überlesen.

Schritt 8: Ablesen der Einheit

Die Einheit gehört immer zum Messwert dazu.

Tara musste ihr Messgerät sehr empfindlich stellen. Die korrekte Einheit für ihren Messbereich ist Millivolt (mV).

Beispiele:

= 0,004 V
= 4 mV

= 17,9 V
= 0,0179 kV

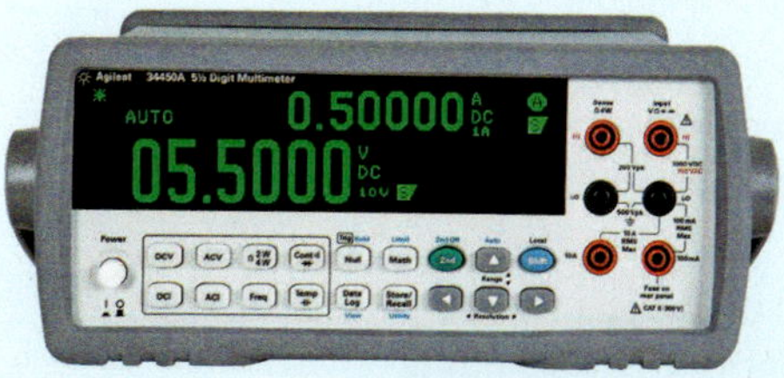

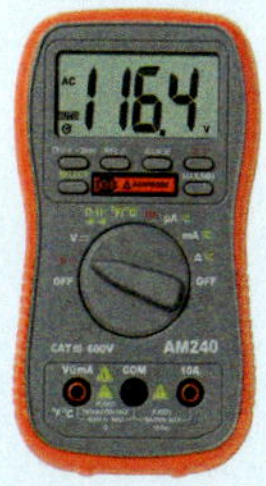

3 Verschiedene digitale Vielfachmessgeräte (Multimeter)

Elektrische Stromstärke

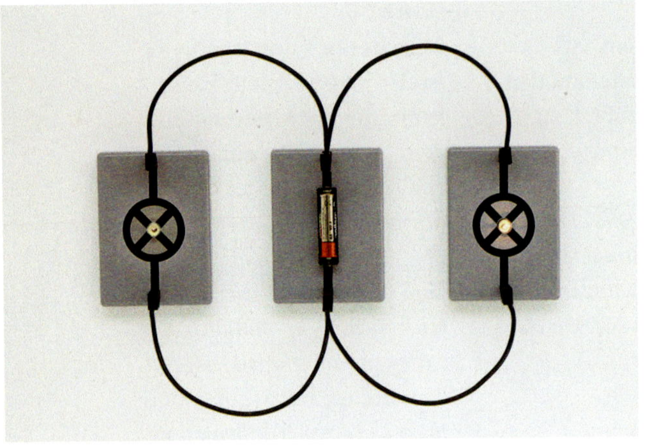

1 Parallelschaltung zwei verschiedener Lampen

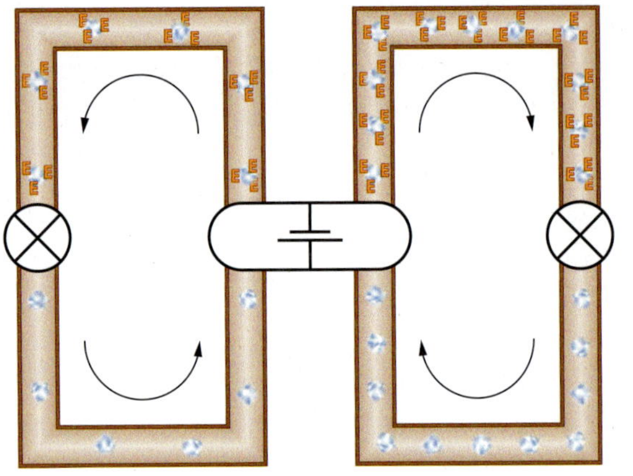

2 Energietransport zu zwei unterschiedlichen Lampen

Anzahl der Elektronen

Wie viel Energie insgesamt von einer Energiequelle zu einem Gerät transportiert wird, hängt nicht nur davon ab, wie viel Energie pro Elektron transportiert wird. Es ist auch wichtig, wie viele Elektronen durch das Gerät hindurchfließen.

Bild 1 zeigt, dass nicht allein die Energie pro Elektron entscheidend ist: Die beiden Lampen leuchten unterschiedlich hell. Die heller leuchtende Lampe muss demnach mehr Energie umwandeln als die schwächer leuchtende Lampe. Da aber beide Lampen an dieselbe Energiequelle angeschlossen sind, transportiert jedes Elektron, egal ob im rechten oder im linken Teil der Parallelschaltung, dieselbe Energiemenge.

Die größere Energiemenge für die hellere Lampe kann demnach nur dadurch zustande kommen, dass durch den rechten Teil der Parallelschaltung und die heller leuchtende Lampe in derselben Zeit eine höhere Anzahl an Elektronen strömt.

Elektronen pro Sekunde

Durch die hellere Lampe fließen also mehr Elektronen pro Sekunde als durch die schwächer leuchtende Lampe. Diese Anzahl an Elektronen pro Sekunde, die ein Gerät oder eine bestimmte Stelle eines Stromkreises durchfließt, nennt man Stromstärke.

> Die elektrische Stromstärke gibt an, wie viele Elektronen pro Sekunde durch eine bestimmte Stelle eines Stromkreises strömen.

Stromstärke angeben

Das Maß für die elektrische Stromstärke muss der Anzahl der Elektronen entsprechen, die pro Sekunde an einer Stelle im Stromkreis vorbeifließen. Diese Zahl ist extrem groß. Um sich besser verständigen zu können, hat man festgelegt, dass $6{,}24 \cdot 10^{18}$ Elektronen pro Sekunde der Stromstärke 1 Ampere (1 A) entsprechen:

$6{,}24 \cdot 10^{18} = 6\,240\,000\,000\,000\,000\,000 \approx 6$ Trillionen Elektronen pro Sekunde.

In Formeln wird die Stromstärke mit *I* abgekürzt (von *Intensität* = Stärke, Wirksamkeit).

> In Formeln schreibt man für die elektrische Stromstärke *I*.
> Die Einheit der Stromstärke wird in Ampere angegeben und mit A abgekürzt.

Bei gleicher Spannung transportiert jedes Elektron die gleiche Energiemenge. Wenn die Stromstärke bei gleicher Spannung dreimal so groß ist, wird insgesamt dreimal so viel Energie von der Energiequelle zum Gerät transportiert.

LED-Lampe	230 V	ca. 0,056 A
Energiesparlampe	230 V	ca. 0,085 A
Glühlampe	230 V	ca. 0,4 A
LCD-Fernseher	230 V	ca. 1 A
Straßenlaterne	230 V	ca. 2 A
Bügeleisen	230 V	ca. 5 A
Haartrockner	230 V	ca. 8 A
Waschmaschine	230 V	ca. 15 A

3 Typische Stromstärken von Haushaltsgeräten

Experiment Stromrichtung

An einer Stativstange hängt ein Papierstreifen. Ein Ventilator ist an eine Batterie angeschlossen und auf den Papierstreifen gerichtet.

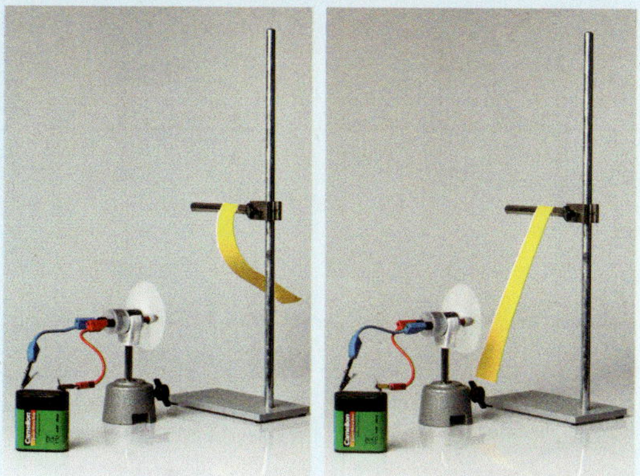

Beim linken Versuch ist das rote Kabel am Pluspol der Batterie und das blaue Kabel am Minuspol angeschlossen. In diesem Fall dreht sich der Rotor des Ventilators so, dass das Papier weggeblasen wird.
Im rechten Bild sind die Kabelanschlüsse am Ventilator vertauscht. Jetzt dreht sich der Rotor des Ventilators in die entgegengesetzte Richtung. Dadurch wird das Papier zum Ventilator hingezogen.

Die Bewegungsrichtung der Elektronen durch den Stromkreis ist also abhängig von der Polung der Energiequelle, sonst würde sich der Ventilator in beiden Versuchen in die gleiche Richtung drehen. Die unterschiedliche Drehrichtung des Ventilators ist also ein Hinweis auf die unterschiedliche Bewegungsrichtung der Elektronen durch den Stromkreis.

Stromrichtung

Es gibt Geräte, bei denen die Stromrichtung wichtig ist. Bei vielen elektronischen Geräten, die ihre Energie aus Batterien beziehen, ist daher die Position der Batterien im Batteriefach vorgegeben.

> Der elektrische Strom hat eine Richtung. Sie hängt von der Polung der elektrischen Energiequelle ab. Für manche Geräte ist die Richtung des elektrischen Stroms wichtig.

Aufgaben

1 Umrechnungen

□ 1 A = 1000 mA (Milliampere). Rechne folgende Stromstärken in die andere Einheit um.

0,3 A	300 mA
16 A	
0,04 A	
	2 mA
	0,3 mA
2,5 A	
0,125 A	
	3350 mA
	7,5 mA

2 Stromverbrauch

◪ „Strom wird verbraucht.“
Diese Aussage hört man häufig. Ist sie korrekt? Begründe deine Antwort.

3 Reihenschaltung gleicher Lampen

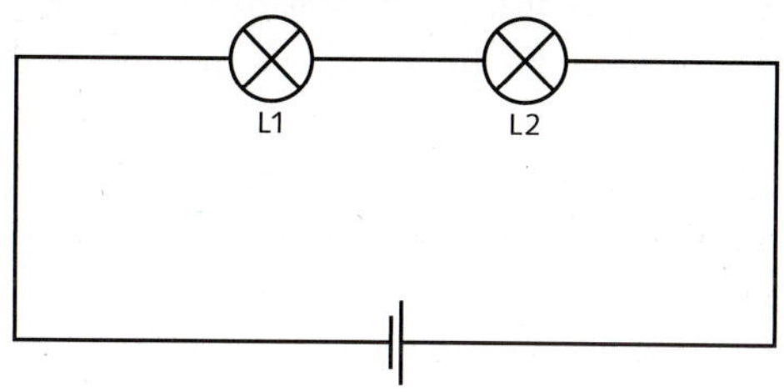

a □ Übertrage das Schaltbild in dein Heft und trage die Richtung des Elektronenstroms mit Pfeilen ein.

b ◪ Vergleiche die Stromstärke durch Lampe L1 mit der Stromstärke durch die baugleiche Lampe L2.

4 Überschuss und Mangel

◪ Manche sagen, bei einer elektrischen Energiequelle würde am Minuspol Elektronenüberschuss und am Pluspol Elektronenmangel bestehen.
Erkläre, wie es bei dieser Vorstellung zu der Bewegung der Elektronen kommt.

5 Ameisenstrom

■ Begründe, warum man bei einer Ameisenstraße durchaus von „Ameisenstrom“ sprechen kann. Es gibt aber auch Unterschiede zum elektrischen Strom. Erläutere diese.

Messung der Stromstärke

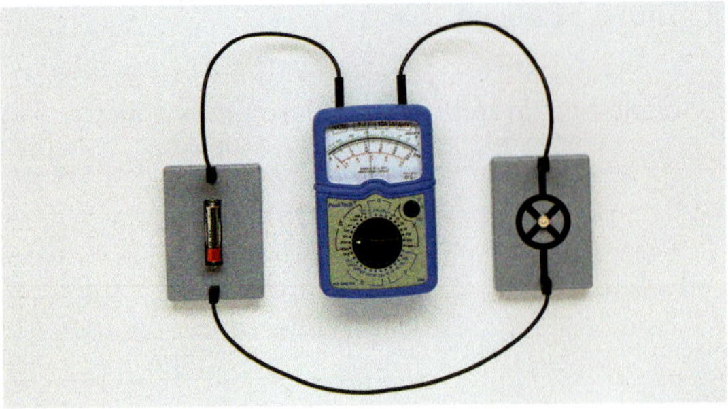

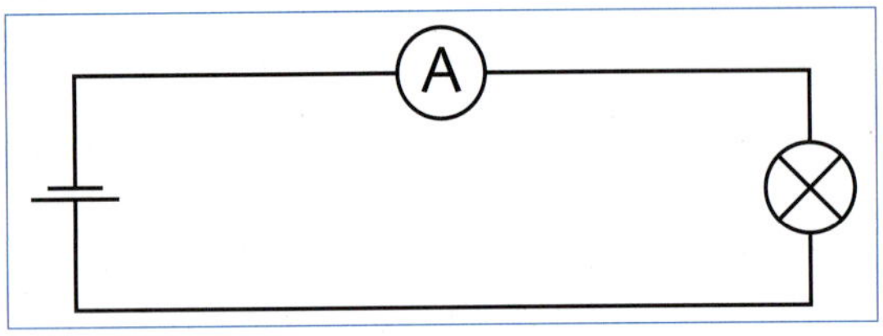

1 Messung der Stromstärke im einfachen Stromkreis

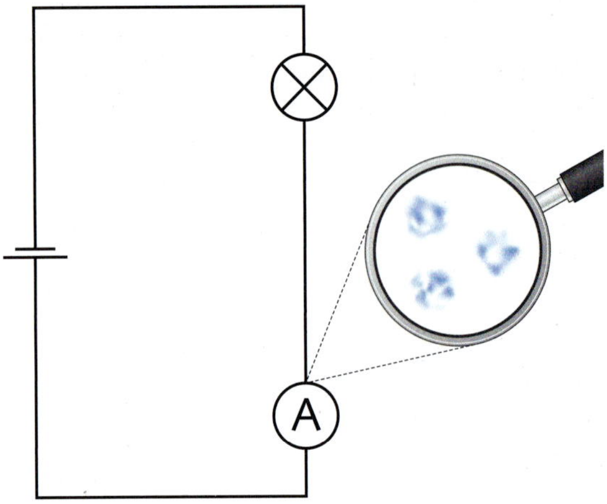

2 Messung der Stromstärke im Modell

Vorstellung zur Stromstärkemessung

Den Vorgang der Stromstärkemessung kann man sich in beiden Bildern folgendermaßen vorstellen: Das Messgerät zählt die Elektronen, die pro Sekunde durch das Messgerät fließen
Für die Stromstärkemessung spielt es keine Rolle, ob vor oder hinter der Lampe gemessen wird, da die Anzahl der Elektronen an jeder Stelle des Stromkreises gleich groß ist.

Messen der Stromstärke

Zum Messen der Stromstärke benutzt man ein Strommessgerät. In der Technik sagt man auch Amperemeter dazu, da Ampere (A) die Einheit der Stromstärke ist.
Als Schaltsymbol verwendet man dafür: –(A)–

Ein Stromstärkemessgerät wird in Reihe zur Lampe geschaltet, um die im Stromkreis fließende Stromstärke zu messen
In Reihe bedeutet: Der Stromkreis muss aufgetrennt werden, um das Messgerät wie in Bild 1 einzubauen. Dazu wird ein zusätzliches Kabel benötigt.

> Bei der Stromstärkemessung wird mithilfe des Stromstärkemessgeräts bestimmt, wie viele Elektronen pro Sekunde durch eine Stelle bzw. ein Gerät im Stromkreis fließen. Das Strommessgerät wird dazu in Reihe geschaltet.

Aufgaben

1 Vorstellung der Stromstärkenmessung

☐ In einem Stromkreis wird die Stärke des elektrischen Stroms gemessen. Beschreibe deine Vorstellung davon, was das Messgerät dafür „tun" muss.

2 Stromstärkenmessung im Stromkreis

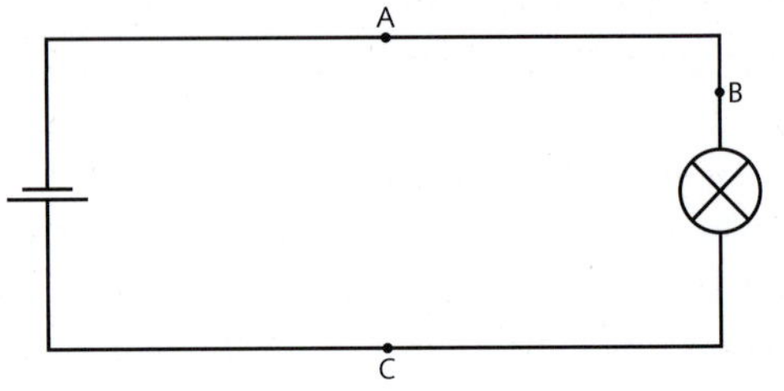

◪ Worin besteht der Unterschied, wenn man die Stromstärke an den Punkten A, B und C misst? Begründe.

3 Drehtür

Ein Stromstärkemessgerät kann man sich auch als eine Drehtür im Stromkreis vorstellen, durch die die Elektronen alle hindurchmüssen.

a ☐ Beschreibe, was die Drehtür zählt.

b ◪ Erläutere den Unterschied, wenn man die Drehtür vor bzw. hinter der Lampe einbauen würde.

Stromstärkemessung

Die folgenden Schritte helfen beim Messen einer Stromstärke. Auch wenn ein anderes Messgerät verwendet wird, sind viele der Schritte übertragbar.

Vorbereitung

- Vor jeder Messung muss die Energiezufuhr abgeschaltet sein!
- Baue die gewünschte Schaltung zunächst ohne Messgerät auf.
- Baue anschließend das Messgerät in die Schaltung ein.

Sasha will mit diesem analogen Messgerät die Stromstärke durch die Lampe in Bild 1 messen.

Schritt 1: Art der Stromstärke wählen

Liegt Gleichstrom (DC, = oder - -) oder Wechselstrom (AC oder ~) vor? Netzgeräte können oft beides erzeugen. Batterien liefern immer Gleichstrom.
Den Wechselstrom einer Steckdose darfst du nicht messen: Hier besteht Lebensgefahr!

In Sashas Schule wird ein Netzgerät verwendet. Er stellt das Messgerät nach Anweisung seiner Lehrerin ein.

Schritt 2: Messbereich wählen

Stelle den Drehschalter auf den Messbereich der größten zu erwartenden Stromstärke ein.

Sasha weiß, dass durch die Lampe in Bild 1 eine Stromstärke von höchstens 1 A fließt. Er stellt den Messbereich passend ein.

Schritt 3: Passende Buchsen wählen

Ein Kabel steckst du immer in COM. Misst du eine Stromstärke, steckst du das andere Kabel in die mit A markierte Buchse. Achte auf die richtige Polung, damit der Zeiger nach rechts ausschlägt.

Sasha steckt das Kabel vom Minuspol des Netzgeräts in die COM-Buchse, das Kabel vom Pluspol in die A-Buchse.

Schritt 4: Messgerät einbauen

Stromstärkemessgeräte schaltest du immer in Reihe zum Gerät.

Sasha öffnet den Stromkreis, indem er an der Messstelle ein Kabel herauszieht. Dieses Kabel steckt er in das Messgerät und schließt den Stromkreis mit einem zusätzlichen Kabel.

Schritt 5: Stromkreis schließen

Erst jetzt schließt du die Energiequelle an oder den Stromkreis über einen Schalter.

Schritt 6: Messbereich anpassen

Ist der Messwert sehr klein, kannst du das Messgerät mit dem Drehschalter auf einen empfindlicheren Messbereich umstellen.

Sasha achtet darauf, den Messbereich nicht zu empfindlich einzustellen, da sonst das Messgerät kaputtgehen kann (z. B. im Messbereich 1 mA bei I = 2 A).

Schritt 7: Ablesen des Messwerts

Beim Ablesen analoger Messgeräte musst du teilweise rechnen.

Beim Ablesen orientiert sich Sasha an der Tabelle unten.

Schritt 8: Ablesen der Einheit

Die Einheit gehört immer zum Messwert dazu.

Sasha musste sein Messgerät sehr empfindlich stellen. Daher gibt er den Messwert in Milliampere (mA) an.

Ablesen am Beispiel des abgebildeten Analogmessgeräts	
Welcher Messbereich wurde am Drehschalter eingestellt?	250 mA. Damit ist 250 mA der Maximalwert der Skala.
Welche Skala gilt?	Die Skala mit der 25 am Ende, weil sie dem Messbereich entspricht.
Was bedeuten dann die Zahlen an der Skala?	25 → 250 mA, 20 → 200 mA usw. Ein kleiner Strich entspricht 5 mA.
Wie lautet der ablesbare Messwert?	„20" und vier kleine Striche
Welchem Zahlenwert entspricht das?	„20" → 200 mA vier Striche → 4 · 5 mA = 20 mA Ergebnis: 200 mA + 20 mA = 220 mA

Elektrische Leistung

1 Mithilfe eines Handgenerators mit Kurbel wird elektrische Energie für das Auto erzeugt.

2 Ein Fahrrad erzeugt anstelle des Handgenerators die notwendige elektrische Energie.

Unterschiedliche Energiezufuhr

Als Energiequelle wird bei dieser besonderen Autorennbahn weder Steckdose noch Batterie benötigt. Die elektrische Energie wird durch Kurbeln am Handgenerator erzeugt (Bild 1).
Je schneller man an der Kurbel dreht, desto schneller fährt das Auto auf der Rennbahn. Würde man statt des Autos eine Lampe an den Kurbelgenerator anschließen, könnte man sehen: Je schneller man an der Kurbel dreht, desto heller leuchtet die Lampe.

Eine heller leuchtende Lampe und ein schneller fahrendes Auto zeigen beide, dass mehr elektrische Energie umgewandelt wird. Die umgewandelte Energiemenge hängt also von der Geschwindigkeit ab, mit der man an der Kurbel des Handgenerators dreht. Dreht man schneller, wird in jeder Sekunde mehr elektrische Energie erzeugt, die von einer Lampe oder einem Rennauto umgewandelt werden kann. Dreht man langsamer, wandeln Auto oder Lampe pro Sekunde weniger Energie um.

Die Geschwindigkeit, mit der ein elektrisches Gerät Energie umwandelt, nennt man elektrische Leistung. Diese Leistung muss von einer elektrischen Energiequelle zur Verfügung gestellt werden.

> Die elektrische Energie, die pro Sekunde erzeugt bzw. von einem Gerät umgewandelt wird, bezeichnet man als elektrische Leistung.

Einheit der Leistung

Ein Mensch kann mit einem Fahrradgenerator mehr elektrische Energie erzeugen als mit einem Handgenerator. Auf diese Weise können auch elektrische Geräte betrieben werden, die eine höhere elektrische Leistung, also mehr Energie pro Sekunde benötigen.
Für die elektrische Leistung, die ein CD-Player benötigt, genügt es, leicht in die Pedale zu treten. Die Leistung, die eine Brotschneidemaschine benötigt, kann der Mensch mithilfe des Fahrradgenerators gerade noch erbringen. Ein leistungsstarker Haartrockner ist mit dem Fahrradgenerator nicht mehr zu betreiben.
Die Leistung wird in Formeln mit P (engl. *power*) abgekürzt und in der Einheit Watt (W) angegeben. 1 Watt Leistung entspricht der Umwandlung von 1 Joule Energie pro Sekunde.

> Die elektrische Leistung P wird in Watt (W) angegeben: 1000 W = 1 kW (Kilowatt).

Spielzeug-Rennauto	2 W
Energiesparlampe/LED-Lampe	3–20 W
CD-Player	10 W
Tretleistung am Fahrradgenerator (dauerhaft)	100 W
Brotschneidemaschine	100 W
Fernseher	300 W
Heizlüfter	2000 W
Waschmaschine	3500 W
Lautsprecheranlage bei Rockkonzerten	bis 400 000 W

3 Typische elektrische Leistungen

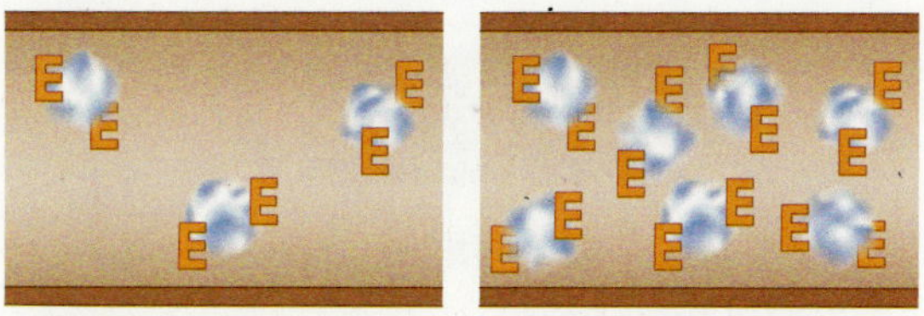

4 Modellvorstellung für den Energietransport bei unterschiedlicher Stromstärke und gleicher Spannung

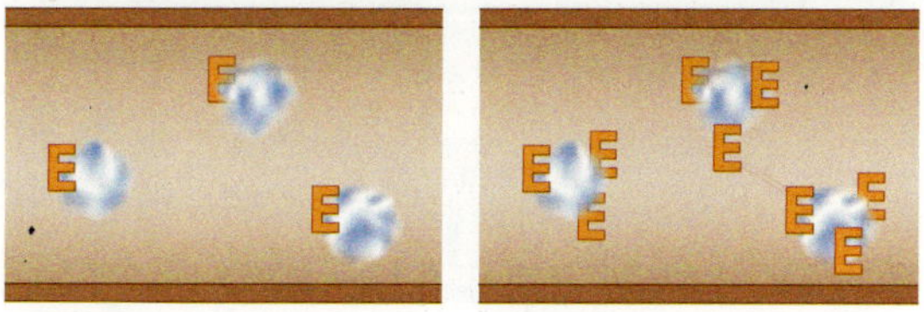

5 Modellvorstellung für den Energietransport bei unterschiedlicher Spannung und gleicher Stromstärke

Modellvorstellungen zur elektrischen Leistung

Die elektrische Stromstärke gibt an, wie viele Elektronen pro Sekunde eine bestimmte Stelle im Stromkreis durchlaufen. Die Spannung gibt an, wie viel Energie jedes Elektron transportiert.

Um zu wissen, wie viel Energie pro Sekunde von einem Gerät umgewandelt werden kann, muss beides berücksichtigt werden. Multipliziert man die Spannung (Energie pro Elektron) mit der Stromstärke (Anzahl der Elektronen pro Sekunde) so erhält man die Energie, die insgesamt pro Sekunde umgewandelt wird.

Die elektrische Leistung P berechnet sich aus Spannung U und Stromstärke I.
Elektrische Leistung = Spannung · Stromstärke

$$P = U \cdot I$$

Beispiel Autorennbahn

Bei der Autorennbahn in Bild 1 wurden die Spannung U und die Stromstärke I gemessen:
$U = 12\,\text{V}$ $\qquad I = 0{,}13\,\text{A}$

Rechnung:
$P = U \cdot I$
$P = 12\,\text{V} \cdot 0{,}13\,\text{A}$
$P = 1{,}56\,\text{W}$

Das Auto benötigt eine Leistung von 1,56 Watt.

Aufgaben

1 Mit der Formel arbeiten

◪ Berechne die fehlenden Angaben. Notiere deinen Rechenweg sauber und übersichtlich.
Beachte: 1 MW (Megawatt) = 1000 kW
1 kW (Kilowatt) = 1000 W

	Spannung U	Stromstärke I	Leistung P
Haartrockner	230 V	8,7 A	
Trockner	230 V		3500 W
Elektroherd		26,3 A	10 kW
Taschenlampe	3 V		0,5 W
CD-Player		1,7 A	10 W

2 Vergleich

◪ Eine Bohrmaschine braucht 230 V Spannung und eine Stromstärke von etwa 3 A. Der Anlasser eines Automotors hat bei einer Spannung von 12 V die doppelte Leistung wie die Bohrmaschine.
Erkläre mithilfe des Modells, wie man mit einer geringeren Spannung eine deutlich höhere Leistung erreichen kann.

3 Auf dem Rockkonzert

Die abgebildete Licht- und Lautsprecheranlage eines Großkonzerts hat 380 000 Watt Leistung. Alle technischen Anlagen für das Konzert würden die vor Ort vorhandenen Leitungen überlasten. Daher führt die Band eigene Kraftwerke mit insgesamt 2 MW Leistung auf Lkws mit.

a □ Auch bei Großkonzerten wird mit einer Spannung von 230 V gearbeitet. Berechne die Gesamtstromstärke für die oben angegebene Gesamtleistung.

b ■ Auf dem Konzert sind 120 Lautsprecher im Einsatz, die an 230 V angeschlossen sind. Eine normale Haussicherung lässt bis zu 16 A Strom zu. Könnte man die Lautsprecher theoretisch mit solchen Sicherungen absichern? Begründe.

Elektrische Energie

1 Verschiedene Geräte mit unterschiedlichem Bedarf an elektrischer Energie

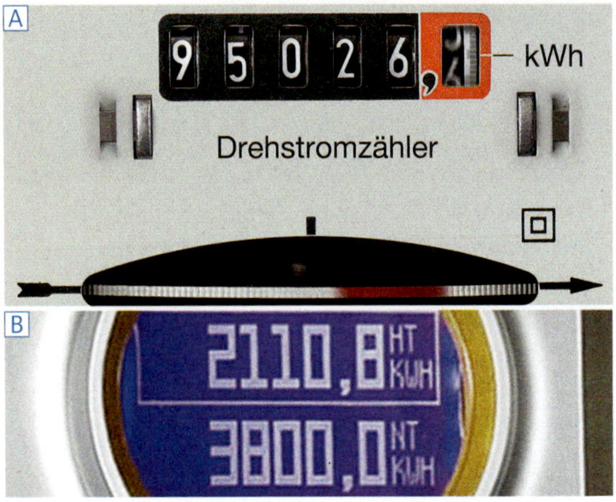

2 Energiezähler: A analog mit rotierender Scheibe und B digital mit Anzeige für Tagtarif (HT) und Nachttarif (NT)

Energiebedarf

Der Bedarf an elektrischer Energie ist bei Smartphone und Gettoblaster unterschiedlich hoch. Die elektrische Leistung des Smartphones ist gering im Vergleich zur elektrischen Leistung des Gettoblasters.

Wird das Smartphone eine Stunde lang verwendet, dann benötigt es eine bestimmte Energiemenge. Wird es doppelt so lange genutzt, braucht es die doppelte Menge Energie. Die notwendige Energiemenge hängt also von der Zeit ab, die ein Gerät in Betrieb ist.

In der gleichen Zeitspanne benötigt der Gettoblaster deutlich mehr elektrische Energie als das Smartphone, da seine Lautsprecher eine größere Leistung haben. Bei doppelter Leistung wird die doppelte Energiemenge benötigt. Die notwendige Energiemenge hängt also auch von der elektrischen Leistung eines Geräts ab.

> Die Energiemenge, die ein elektrisches Gerät benötigt, hängt ab von:
> - der Zeit, die es in Betrieb ist und
> - der elektrischen Leistung des Geräts.

Elektrische Energie gibt es nicht umsonst. In jedem Haus und in jeder Wohnung gibt es einen elektrischen Energiekostenzähler, der misst, wie viel Energie umgewandelt wird.

Einheit der elektrischen Energie

Beobachtet man die Anzeige auf dem Energiekostenzähler, so stellt man fest, dass sich die Zahlen nur sehr langsam ändern. Dies liegt an der Einheit, in der elektrische Energie angegeben wird. Auf dem Energiekostenzähler steht als Einheit kWh.

1 kWh = 1 Kilowattstunde = 1000 Wh
1 kWh = 1000 · 3600 Ws (Wattsekunden)
1 kWh = 3 600 000 Ws = 3 600 000 J (Joule)

Die Stunde (h) in der Einheit kWh ist keine direkte Angabe der Betriebsdauer. Mit einer Kilowattstunde elektrischer Energie kann man z. B.:
- einen normalen Haartrockner etwa eine halbe Stunde lang betreiben
- 3 Stunden lang fernsehen
- 50 Stunden am Laptop arbeiten
- einen Marmorkuchen backen
- 10 Minuten lang Brennholz sägen
- mit einem elektrischen Rasierer 21 Tage lang ununterbrochen rasieren

Mit dem Fahrradgenerator benötigt man etwa 10 Stunden, um dieselbe Menge elektrischer Energie zu erzeugen.
Eine Kilowattstunde elektrische Energie kann also in ganz unterschiedlichen Zeitspannen umgewandelt werden.

> Die im Alltag übliche Einheit der elektrischen Energie ist die Kilowattstunde (kWh).
> 1 kWh = 3 600 000 Ws (Wattsekunden)

Berechnung der elektrischen Energie

Wie viel elektrische Energie ein Gerät benötigt, hängt von der elektrischen Leistung des Geräts ab und davon, wie lange es in Betrieb ist.

> Die elektrische Energie E berechnet sich aus Leistung P und Zeit t
> Elektrische Energie = Leistung · Zeit
> $$E = P \cdot t$$

Wirkungsgrad

Elektrische Geräte können nicht ihre gesamte elektrische Energie umwandeln. Je mehr von der elektrischen Energie in die gewünschte Energieform umgewandelt wird, desto höher ist der Wirkungsgrad des elektrischen Geräts.

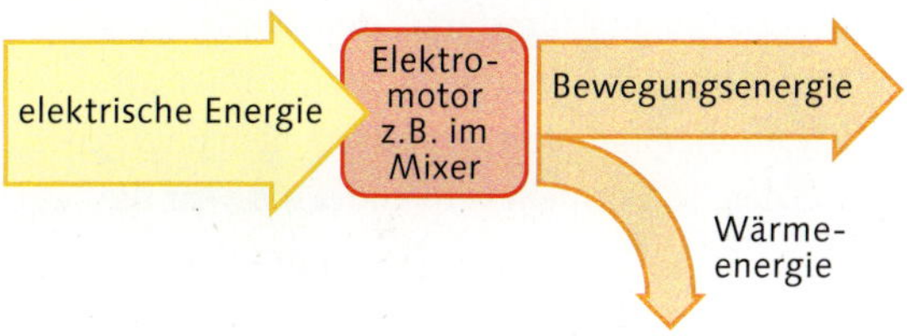

4 Energiekette mit Energieverlust

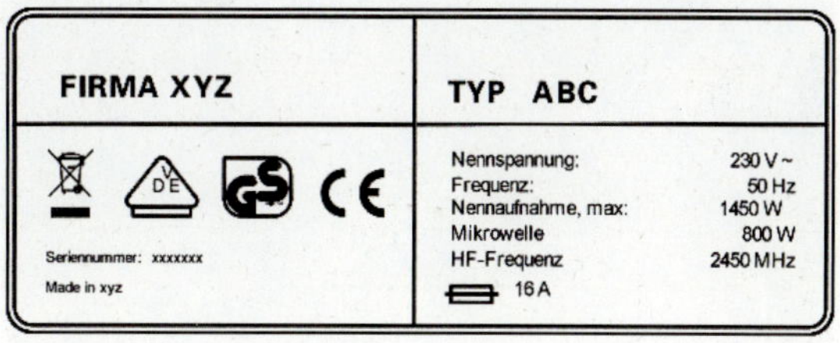

3 Typenschild eines Mikrowellengeräts

Beispielrechnung Essen aufwärmen

Ein Mittagessen wird mit einem Mikrowellenofen aufgewärmt. Dabei ist der Ofen für 6 Minuten in Betrieb.

Leistung $P = 800\,\text{W}$
Zeit $t = 6\,\text{min} = \frac{6}{60}\,\text{h} = 0{,}1\,\text{h}$

$E = P \cdot t = 800\,\text{W} \cdot 0{,}1\,\text{h}$
$E = 80\,\text{Wh} = 0{,}08\,\text{kWh}$

Der Mikrowellenofen benötigt 0,08 kWh an elektrischer Energie.

Aufgaben

1 Mit der Formel umgehen

a □ Eine 60-W-Glühlampe und eine 11-W-Energiesparlampe leuchten gleich hell. Berechne die mögliche Energieeinsparung nach 8000 Betriebsstunden.

b ◪ Berechne die fehlenden Angaben. Notiere deinen Rechenweg sauber und übersichtlich.

	Leistung P	Zeit t	Energie E
Haartrockner	2000 W	8 min	
Glühlampe	3 W	10 min	
Trockner		120 min	4,2 kWh
Elektroherd	9,78 kW		14,67 kWh
Tonanlage Rockkonzert		3 h 15 min	1 235 000 kWh

c ◪ Informiere dich, wie viel eine Kilowattstunde elektrischer Energie aktuell kostet. Berechne den möglichen eingesparten Betrag aus Aufgabenteil a und wie viel der Betrieb der einzelnen Geräte aus Aufgabenteil b kosten würde.

2 Energiekosten einer Batterie

Das Lämpchen einer Taschenlampe trägt die Aufschrift 3 V; 0,8 A. Nach 3 Stunden und 15 Minuten Betrieb sind die Batterien erschöpft.

a ◪ Berechne, wie viel elektrische Energie die Batterien abgegeben haben.

b ◪ Der Preis für die Batterien in der Taschenlampe beträgt 1,70 €. Berechne, wie teuer 1 kWh elektrische „Monozellen-Energie“ wäre.

3 Wirkungsgrad

Der Wirkungsgrad einer traditionellen 100-W-Glühlampe beträgt 5 %.

a □ Nenne die Energieformen, die beim Betrieb dieser Glühlampe beteiligt sind.

b ◪ Zeichne die Energieübertragungskette.

c ■ In der Darstellung der Energieübertragungskette müssen die Pfeile unterschiedlich dick gezeichnet werden. Erläutere die Gründe.

Teste dich

Wovon hängt es ab, wie hell Lampen leuchten?

Die folgenden Aufgaben zum Thema **Spannung, Stromstärke und ihre Messung** helfen dir, deinen Lernstand einzuschätzen. Beobachte dich dazu beim Lösen der Aufgaben selbst:
- Brauchst du Hilfe? Musst du z. B. noch einmal nachlesen oder jemanden fragen?
- Kannst du die Aufgaben ohne Hilfe lösen?
- Weißt du sogar mehr, als in der Lösung steht?

Notiere dir, bei welchen Fragen du Schwierigkeiten hast. Kehre noch einmal zu den entsprechenden Seiten zurück, arbeite sie durch und löse die zugehörigen Aufgaben. Weitere Aufgaben findest du auf den folgenden Seiten.

1 Spannung und Stromstärke

a □ Erkläre mithilfe der Schlüsselbegriffe „Energiequelle“, „Elektronen“, „Energie“, „Energiewandler“ und „Sekunde“ die Begriffe „Spannung“ und „Stromstärke“.

b ◪ Erkläre den Unterschied zwischen der elektrischen Spannung einer Energiequelle und der elektrischen Spannung an einer Lampe.

c ■ Maya: „Es gibt Spannung ohne Stromstärke.“
Max: „Es gibt Stromstärke ohne Spannung.“
Wer von beiden hat recht? Begründe.

2 Messen von Spannung und Stromstärke

In einem Stromkreis besteht an den Punkten A, B, C und D die Möglichkeit, jeweils ein Kabel anzuschließen.

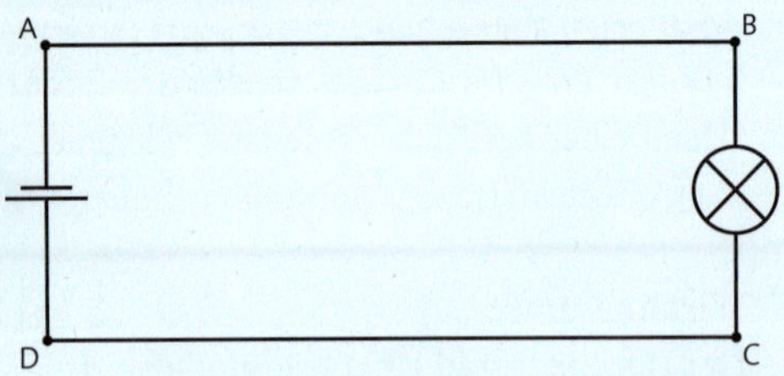

a ◪ Benenne die Punkte, an denen du die Kabel eines Spannungsmessgeräts einstecken kannst, um die Spannung zu messen.

b ◪ Beschreibe dein Vorgehen, um die Kabel eines Stromstärkemessgeräts zur Messung anzuschließen.

3 Formelschreibweise und Einheiten

◪ Spannung, Stromstärke, elektrische Leistung und elektrische Energie müssen immer im Zusammenhang mit ihren Einheiten angegeben werden. In Formeln verwendet man für die Begriffe Abkürzungen. Übernimm die Tabelle ins Heft und fülle sie aus.

	Abkürzung in Formeln	Einheit mit Abkürzung
Spannung		
Stromstärke		
elektr. Leistung		
elektr. Energie		

4 Leistung und Energie

a □ Nenne Schlüsselbegriffe, mit deren Hilfe sich die elektrische Leistung und die elektrische Energie erklären lassen.

b ◪ Erkläre den Unterschied zwischen elektrischer Leistung und elektrischer Energie.

c ■ Jeff behauptet, eine Kilowattstunde Energie wird in genau einer Stunde umgewandelt. Stimmt das? Begründe deine Meinung.

5 Leistung und Energie berechnen

a ◪ Berechne die Stromstärke, die durch einen Toaster fließt. Der Toaster hat eine Leistung von 1100 W.

b ◪ Der Toaster aus Aufgabenteil a benötigt zwei Minuten, um eine Scheibe Toast zu rösten. Berechne die benötigte elektrische Energie.

Zusammenfassung Spannung, Stromstärke und ihre Messung

Elektrische Spannung
Die Spannung ist ein Maß für die Energiemenge, die pro Elektron von der elektrischen Energiequelle auf ein Gerät übertragen wird.
Abkürzung in der Formel: *U*
Einheit: Volt (V)

Elektrische Stromstärke
Die Stromstärke gibt an, wie viele Elektronen pro Sekunde durch eine bestimmte Stelle des Stromkreises fließen.
Abkürzung in der Formel: *I*
Einheit: Ampere (A)

Elektrische Leistung
Die Leistung gibt an, wie viel Energie pro Sekunde von der Energiequelle bereitgestellt bzw. von einem Gerät im Stromkreis umgewandelt wird.
Abkürzung in der Formel: *P*
Einheit: Watt (W)

Elektrische Energie
Die Menge an Energie, die ein Gerät benötigt, hängt von der elektrischen Leistung des Geräts sowie von der Zeit ab, die das Gerät im Betrieb ist.
Abkürzung in der Formel: *E*
Einheit: Kilowattstunde (kWh)

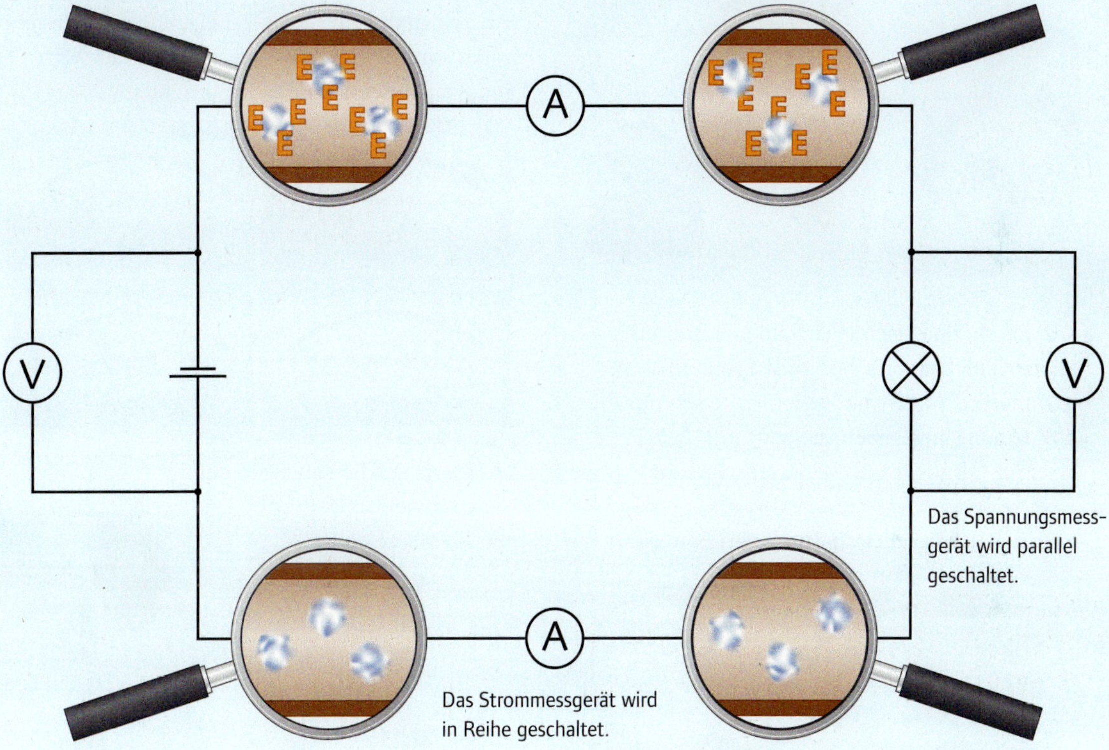

Das Spannungsmessgerät wird parallel geschaltet.

Das Strommessgerät wird in Reihe geschaltet.

Stromstärke messen

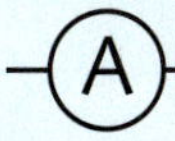

Das Strommessgerät bestimmt die Anzahl der Elektronen, die pro Sekunde durch eine Stelle im Stromkreis fließen.
Im einfachen Stromkreis messen Strommessgeräte überall denselben Wert.

Spannung messen

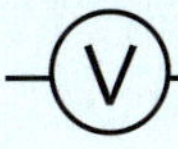

Das Spannungsmessgerät bestimmt, wie viel Energie pro Elektron von einem Gerät umgewandelt wird.
Im einfachen Stromkreis misst das Spannungsmessgerät an der Energiequelle denselben Wert wie am Gerät.

1 Umrechnungen

Beachte: 1 kV = 1000 V, 1 A = 1000 mA.

a □ Rechne in V um: 3 kV; 0,088 kV; 360 kV.

b □ Rechne in kV um: 50 V; 230 V; 4,5 V; 16 V.

c □ Rechne in A um: 50 mA; 2 mA; 12,34 mA.

d □ Rechne in mA um: 3 A; 0,5 A; 0,088 A; 20 A.

2 Blockbatterien

Eine Blockbatterie liefert eine Spannung von 9 V. Sie besteht aus mehreren 1,5-V-Batterien.

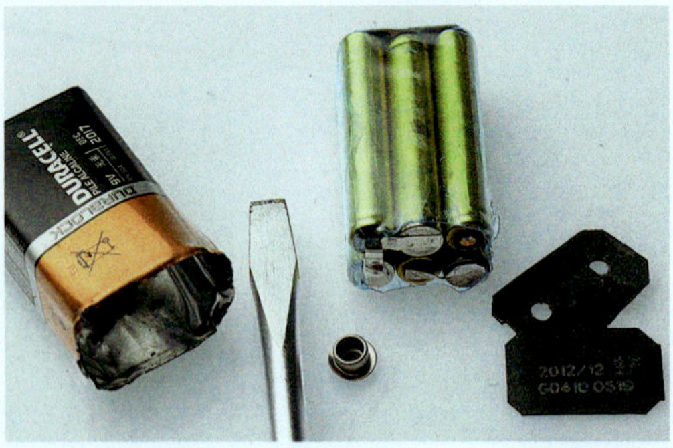

a ◪ Beschreibe, wie die einzelnen Batterien in einer Blockbatterie verbunden sein müssen.

b ◪ Erkläre, warum auf vielen Batterien nur die Spannung angegeben ist.

Wichtig: Öffne niemals selbst eine Batterie!

3 Reihen- und Parallelschaltung von Batterien

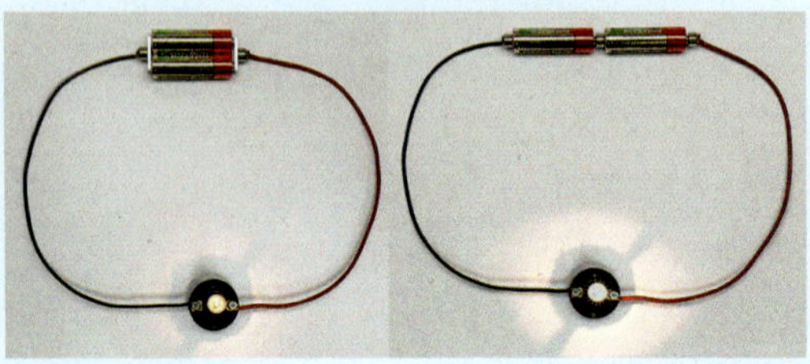

a ◪ Erkläre die Beobachtungen beim abgebildeten Versuch.

b ◪ Wie hell würde die rechte Lampe leuchten, wenn du nur eine Batterie verwenden würdest? Begründe deine Vermutung.

4 Stromstärken

a ◪ Beschreibe, wie du dir im Modell eine große elektrische Stromstärke vorstellst.

b ◪ Warum ist die Stromstärke an jeder Stelle eines einfachen Stromkreises gleich groß? Begründe deine Antwort.

5 Stromverbrauch

a ◪ Mit „Strom“ werden oft die bewegten Elektronen im Kabel bezeichnet. Darf man dann von „Stromverbrauch“ sprechen? Begründe deine Antwort.

b ◪ Man sagt manchmal „In einer Batterie ist Strom“ oder „In einer Steckdose ist Strom“, auch wenn kein Gerät angeschlossen ist. Ist das korrekt? Was meint man eigentlich damit?

6 Analoge Messgeräte ablesen

„Die Stromstärke ist umso größer, je größer der Ausschlag des Zeigers ist.“ Bei analogen Messgeräten stimmt diese Aussage nicht immer. Man muss auch den Messbereich beachten.

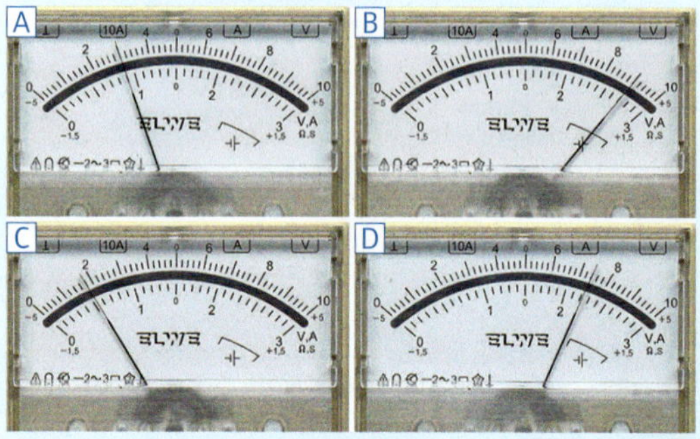

◪ Übertrage die Tabelle in dein Heft und fülle sie aus. Die Kopfzeile gibt den jeweils ausgewählten Messbereich an.

	1 V	100 V	30 V	3 mA	0,1 mA
A					
B					
C					
D					

7 Vergleichen von Schaltungen

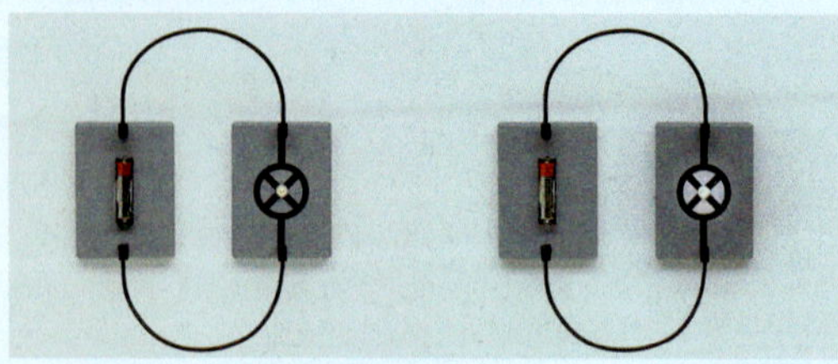

a □ Gib jeweils die elektrischen Spannungen in beiden Schaltungen an.

b ◪ Beide Lampen haben denselben Wirkungsgrad. Vergleiche die Stromstärken in beiden Stromkreisen. Begründe deine Entscheidung.

8 Modellvorstellungen zum Messen

a ◪ Beschreibe, wie du dir das Messen der Stromstärke vorstellst.

b ◪ Die Spannungsmessung kann man sich als eine Art Vergleich von Zuständen vor und hinter dem Gerät vorstellen. Erläutere, wie du dir diesen Vergleich vorstellst.

9 Eine besondere Schaltung zum Messen

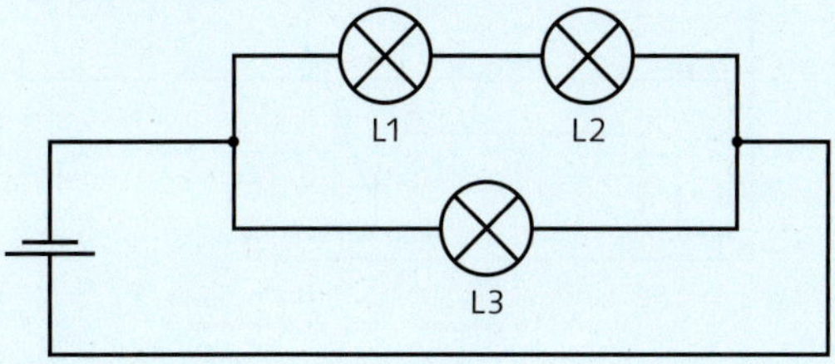

a □ Zeichne die Schaltskizze so ab, dass du noch Messgeräte ergänzen kannst.

b ◪ Zeichne ein, wo das Messgerät für die Messung der Gesamtstromstärke eingebaut werden kann.

c ◪ Zeichne das Messgerät für die Gesamtspannung ein.

d ■ Zeichne Messgeräte für die Spannungsmessung und die Stromstärkemessung von Lampe L1 ein.

10 Akkuladung

Auf dem technischen Datenblatt eines Smartphones findet man, dass man mit einer Akkuladung von 2500 mAh entweder 49 Stunden Musik hören oder 13 Stunden Videos schauen kann. Das Smartphone arbeitet mit einer Spannung von 4 V.

a □ Erkläre, wodurch es zu den unterschiedlichen Betriebszeiten kommt.

b ◪ Berechne die für Musikhören und Videoschauen benötigten Stromstärken.

c ◪ Gib für zwei weitere mögliche Anwendungen Zahlenbeispiele für Stromstärke und Betriebszeit für diesen Akku an.

d ■ Verallgemeinere die Erkenntnisse aus den Aufgabenteilen a und b in einem Je-desto-Satz.

e ■ Berechne die Energiemenge, die der Akku insgesamt abgeben kann.

11 Haartrockner auf Reisen

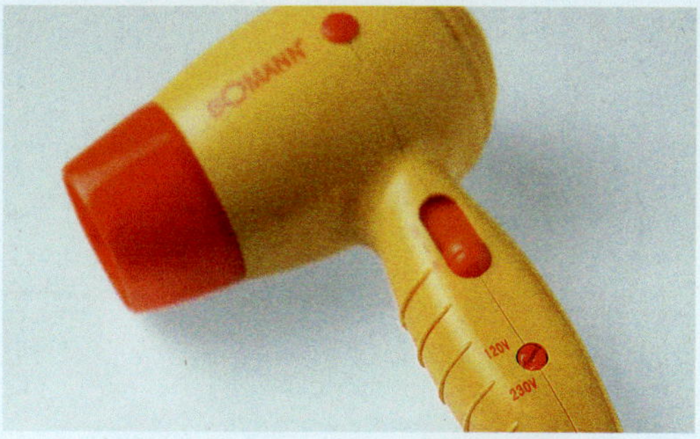

An einem Reisehaartrockner gibt es einen Schalter, mit dem man die Spannungsgröße umstellen kann.

a □ Recherchiere einige Länder, in denen mit 120 V Netzspannung gearbeitet wird.

b ◪ Berechne die Stromstärken, die durch einen Reisehaartrockner mit 1200 W Leistung fließen, für beide Schalterstellungen.

12 Server benötigen elektrische Energie

Weltweit verbrauchten im Jahr 2011 alle Server zusammen rund 350 TWh elektrische Energie.

a □ Informiere dich über die Abkürzung und rechne die Energie in kWh und in Joule um.

b ■ Pro Kopf hat die deutsche Bevölkerung einen Energiebedarf von etwa 700 J pro Sekunde. Berechne, wie lang ein 4-Personen-Haushalt mit der Energiemenge aus Aufgabenteil a auskommen könnte.

c □ Im Jahr 2010 benötigten die Google-Datenzentren 260 Millionen Watt. Berechne die Anzahl an Fahrradgeneratoren (je 100 W), die man für diese Leistung bräuchte.

13 Stromrechnung

Harry meint: „Ich würde keine Stromrechnung bezahlen. Strom wird doch gar nicht verbraucht.“

a ◪ Erkläre, was wir mit der Stromrechnung tatsächlich bezahlen.

b ◪ Ein Laptop mit angeschlossenem Drucker hat im Stand-by-Modus eine Leistung von 10 W. Recherchiere den aktuellen Preis für 1 kWh und berechne die jährlichen Kosten, wenn sich Drucker und Laptop täglich 20 Stunden im Stand-by-Modus befinden.

Widerstand

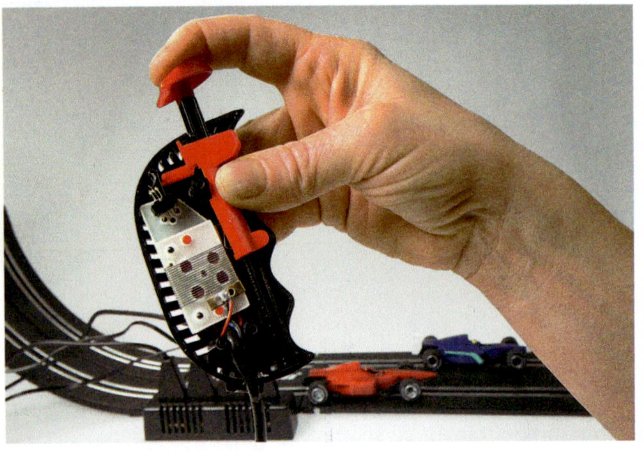

1 Geschwindigkeitsregler einer elektrischen Autorennbahn

Mit dem Regler steuert man die Geschwindigkeit, mit der die Autos über die Bahn flitzen. Je weiter man den roten Schieber hineindrückt, desto schneller fährt das Auto. Im geöffneten Geschwindigkeitsregler sieht man, dass beim Bewegen des roten Schiebers ein kleiner Metallkontakt seitlich unten am Schieber über einen aufgewickelten Draht geschoben wird. Dadurch befindet sich ein mehr oder weniger langer Teil des aufgewickelten Drahts im Stromkreis.
Je länger das Drahtstück ist, das sich im Stromkreis befindet, desto langsamer fährt das Auto. Wenn das Auto langsam fährt, bedeutet das, dass die Stromstärke im Stromkreis gering ist. Ein langes Drahtstück hemmt also das Fließen des elektrischen Stroms stärker als ein kurzes Drahtstück. Der Draht ist wie der Motor ein Energiewandler. Dadurch erhält das Auto in der gleichen Zeit weniger elektrische Energie, die in Bewegung umgewandelt werden kann.
Das Maß, in dem elektrische Energiewandler das Fließen des elektrischen Stroms behindern, nennt man elektrischen Widerstand.

> Elektrische Energiewandler haben einen elektrischen Widerstand, der den Strom hemmt.

Drähte unterscheiden sich nicht nur in ihrer Länge. Sie können auch verschiedene Durchmesser haben oder aus unterschiedlichem Material bestehen.
Die Auswirkungen dieser Größen auf die Stromstärke lassen sich experimentell bestimmen.

Experiment Drahtlänge

Der Einfluss der Drahtlänge auf den elektrischen Widerstand soll untersucht werden. Dazu werden zwei unterschiedlich lange Drähte in ansonsten gleiche Stromkreise eingebaut.
Material und Durchmesser der verglichenen Drähte müssen dabei gleich sein. Nur ihre Länge darf verändert werden.

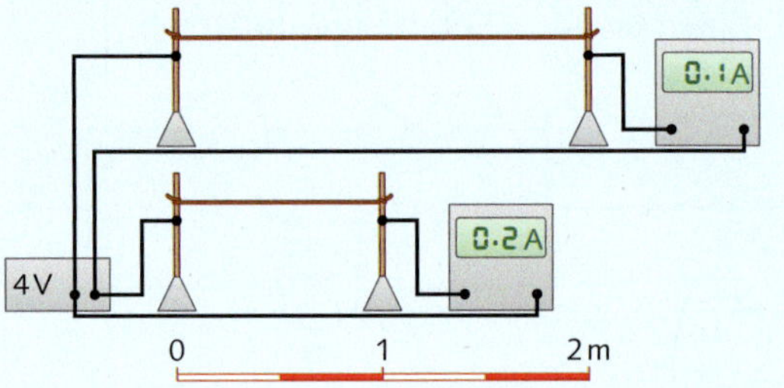

2 Messung der Stromstärke durch einen kurzen und einen langen Draht

Das Experiment zeigt: Je länger der Draht ist, desto geringer wird die Stromstärke. Der elektrische Widerstand nimmt also zu.

Experiment Dicke des Drahts

Auch die Dicke eines Drahts beeinflusst den Widerstand. Um das zu untersuchen, spannt man auf einer Teststrecken nur einen Draht ein, auf der anderen Strecke zwei Drähte parallel. Dadurch verdoppelt man quasi die Dicke des Drahts, die für den Elektronenstrom zur Verfügung steht.
Bei der Untersuchung müssen die Länge und der Durchmesser aller Drähte sowie ihr Material auf beiden Teststrecken gleich sein.

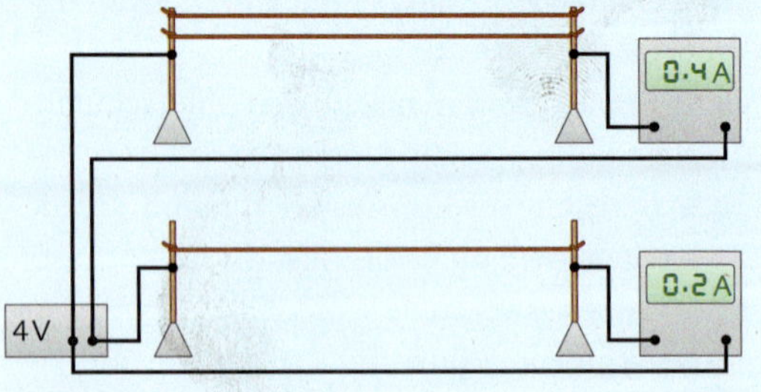

3 Messung der Stromstärke durch einen und durch zwei Drähte

Das Experiment zeigt: Je dünner der Draht ist, desto geringer wird die Stromstärke. Der elektrische Widerstand nimmt also zu.

Experiment Material des Drahts

Die Abhängigkeit des Widerstands vom Material eines Drahts untersucht man mit Drähten gleicher Länge und gleichen Durchmessers. Nur das Material ist unterschiedlich.

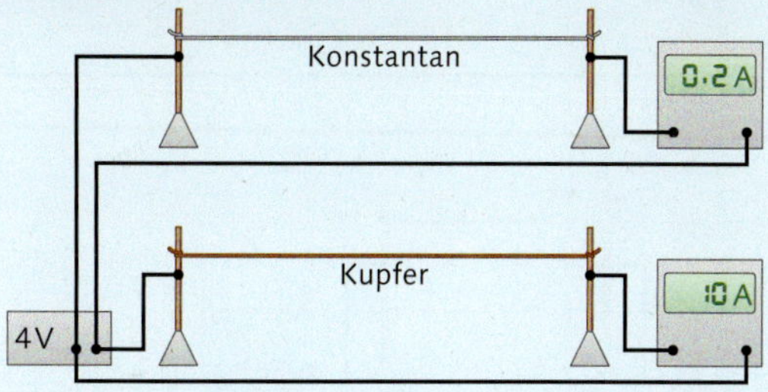

4 Messung der Stromstärke durch einen Kupferdraht und einen Konstantandraht

Das Experiment zeigt: Verschiedene Materialien hemmen den Stromfluss unterschiedlich stark. Sie haben also unterschiedliche Widerstände.

Experiment Temperatur

Auch die Temperatur kann Einfluss auf den Widerstand haben. Zur Untersuchung werden Länge und Durchmesser der Drähte gleich gehalten und nur einer der Drähte erwärmt.

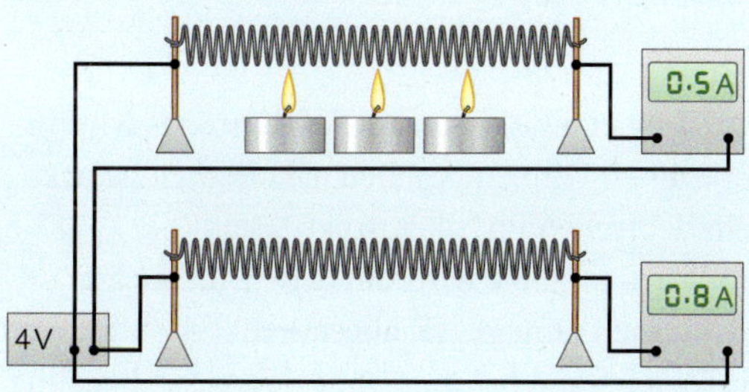

5 Messung der Stromstärke bei normaler Temperatur und bei erwärmtem Draht

Das Experiment zeigt: Die Stromstärke im erwärmten Draht ist geringer, der Widerstand also höher.

Die Experimente zeigen:

Der Widerstand eines Drahts ist umso größer:
- je länger der Draht ist
- je dünner der Draht ist
- je höher die Temperatur ist

Außerdem ist der Widerstand materialabhängig.

Aufgaben

1 Drahteigenschaften

□ Formuliere die Ergebnisse der vier Versuche um. Beginne mit:
- Je dicker der Draht ist, …
- Je kürzer der Draht ist, …
- Je besser das Material des Drahtes leitet, …
- Je kälter der Draht ist, …

2 Modellvorstellung zum Widerstand

Bisher haben wir vernachlässigt, dass die Kabel aus Metallatomen bestehen, die die Elektronen beim Fließen behindern.
Im Modell kannst du dir die Bewegung eines Elektrons in einem Draht bei angelegter Spannung so vorstellen:

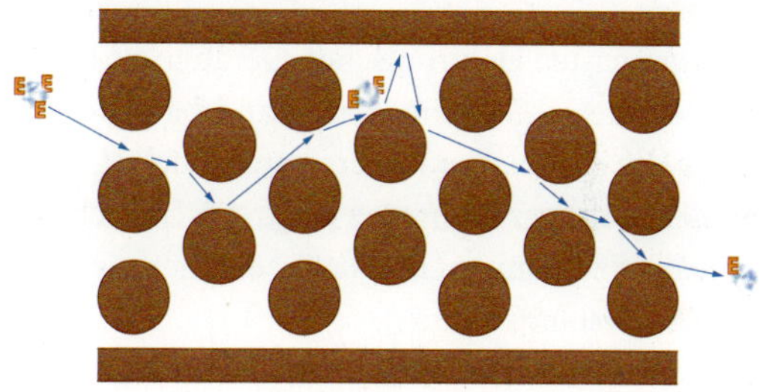

a ◪ Zeichne die Abbildung dreimal in dein Heft. Verändere sie dabei so, dass jede Zeichnung zu einem der ersten drei Versuche passt.

b ◪ Erkläre die Merksätze mithilfe der veränderten Abbildungen zu den Versuchen 1 bis 3.

c ◪ Stellt den Sachverhalt der ersten drei Versuche mithilfe von Personen und Gegenständen aus eurem Klassenzimmer dar.

3 Naturwissenschaftliches Arbeiten

Betrachte die vier Versuchsaufbauten.

a ◪ Hätte man nicht einfach nur einen einzigen Versuch machen und gleich mehrere Faktoren gleichzeitig untersuchen können? Begründe deine Entscheidung.

b ■ Verallgemeinere das Vorgehen bei den Versuchen zu einem Grundsatz für naturwissenschaftliches Arbeiten.

4 Leitungen für den Küchenherd

◪ Für den Küchenherd werden dickere Kabel verwendet als bei anderen Elektrogeräten. Begründe diesen Unterschied.

Größe des elektrischen Widerstands

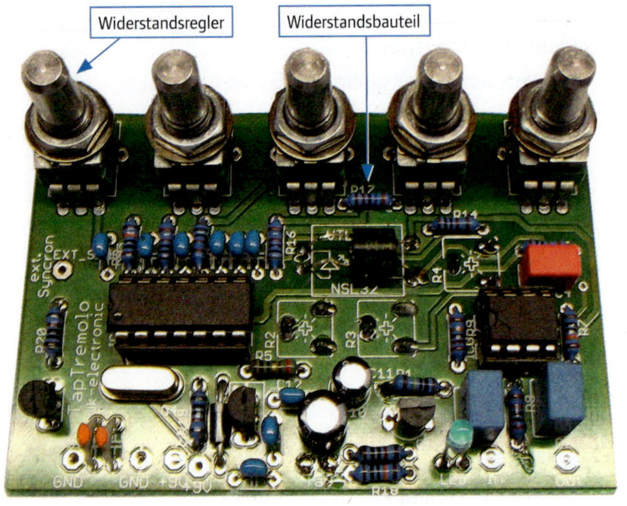

1 Platine eines Toneffektgeräts für elektrische Gitarren

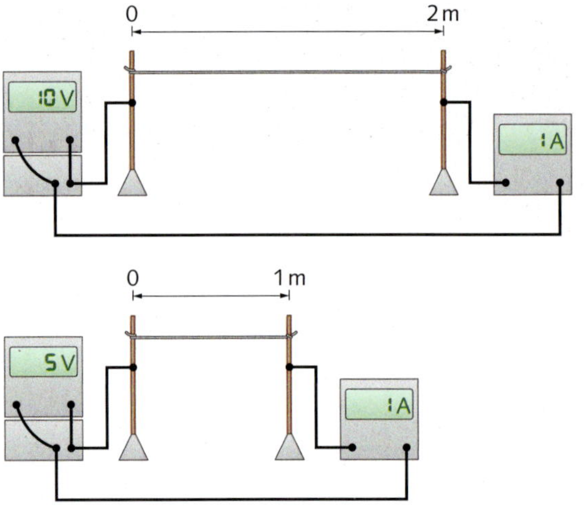

2 Unterschiedliche Spannungen für Stromstärken von 1 A

In den meisten elektronischen Geräten sind zahlreiche unterschiedliche Widerstandsbauteile eingebaut. Um ein solches Widerstandsbauteil (kurz: Widerstand) gezielt in eine elektronische Schaltung einbauen zu können, muss man den genauen Wert des Widerstands kennen.

Bestimmen des Widerstandswerts

Wenn man den Widerstandswert bestimmen möchte, untersucht man, bei welcher Spannung eine Stromstärke von 1 A durch den Widerstand fließt. Im Experiment in Bild 2 wird dies nachgestellt. Als Widerstände werden hier Konstantandrähte verwendet.
Im Experiment haben beide Konstantandrähte den gleichen Durchmesser. Beim langen Draht ist eine Spannung von 10 V nötig, um eine Stromstärke von 1 A zu bewirken. Beim kurzen Draht genügen 5 V, um einen gleich großen elektrischen Strom hervorzurufen.

Die Spannung, die für einen Strom von 1 A nötig ist, gibt also Auskunft über den Widerstand: Je größer die nötige Spannung ist, desto größer ist auch der Widerstandswert. Denn die Elektronen benötigen mehr Energie, um einen großen Widerstand zu überwinden als einen kleinen.

> Der Widerstandswert gibt an, welche Spannung oder wie viel Energie pro Elektron nötig ist, damit ein Elektronenstrom der Stärke 1 A fließt.

Berechnen des Widerstandswerts

Der Quotient aus Spannung und Stromstärke liefert den Wert des elektrischen Widerstands. In Formeln wird der Widerstandswert mit *R* abgekürzt (engl. *resistance:* Widerstand).

Für den langen Draht in Bild 2 gilt:

$$R = \frac{10\,\text{V}}{1\,\text{A}} = 10\,\Omega$$

Für den kurzen Draht gilt:

$$R = \frac{5\,\text{V}}{1\,\text{A}} = 5\,\Omega$$

Der Wert eines elektrischen Widerstands wird in der Einheit Ohm angegeben. Die Einheit ist nach dem deutschen Physiker Georg Simon Ohm (1787 bis 1854) benannt. Sie wird mit dem griechischen Buchstaben Omega (Ω) abgekürzt.
Ein Widerstand hat die Größe 1 Ω, wenn bei einer Spannung von 1 V eine Stromstärke von 1 A durch den Widerstand fließt.

Das Schaltzeichen für ein einfaches Widerstandsbauteil ist: 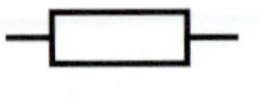

> Der Wert des elektrischen Widerstands *R* berechnet sich als:
>
> $$\textbf{Widerstand} = \frac{\textbf{Spannung}}{\textbf{Stromstärke}}$$
>
> $$R = \frac{U}{I}$$
>
> Einheit des elektrischen Widerstands ist das Ohm (Ω).

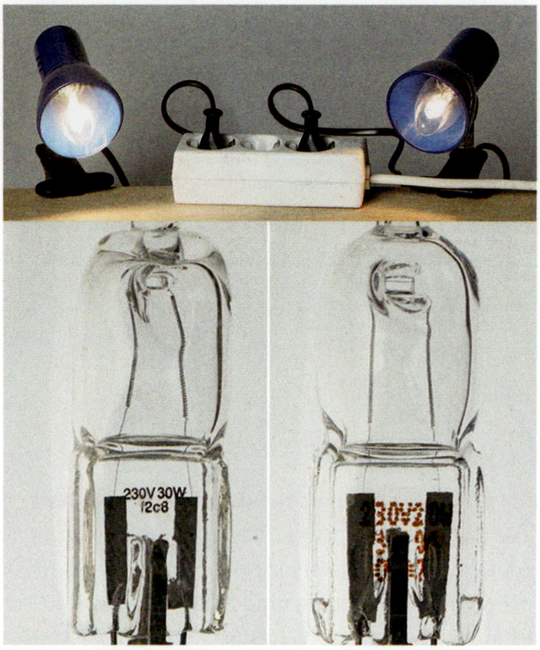

3 Zwei unterschiedlich helle Lampen

Die unterschiedliche Helligkeit der Lampen kommt durch die verschiedenen Stromstärken durch die Lampen zustande. Durch die hellere Lampe fließt eine größere Stromstärke, da sie durch einen etwas dickeren Glühdraht einen geringeren Widerstand hat. Dadurch erhält die Lampe pro Sekunde mehr Energie zur Umwandlung.

Beispiel Berechnung des Widerstandswerts

Bekannt sind:
- die Spannung der Energiequelle: 230 V
- die Stromstärke durch hellere Lampe: 0,13 A
- die Stromstärke durch dunklere Lampe: 87 mA

Hellere Lampe: $R = \frac{U}{I} = \frac{230\,\text{V}}{0{,}13\,\text{A}} \approx 1769\,\Omega$

Das heißt: Bei diesem Widerstand sind 1769 V notwendig, damit eine Stromstärke von 1A durch den Glühdraht fließt.

Dunklere Lampe: $R = \frac{U}{I} = \frac{230\,\text{V}}{0{,}087\,\text{A}} \approx 2644\,\Omega$

Das heißt: Bei diesem Widerstand sind 2644 V notwendig, damit eine Stromstärke von 1 A durch den Glühdraht fließt.

Beachte: Bei Rechnungen muss die Stromstärke in Ampere eingesetzt werden: 87 mA = 0,087 A.

Aufgaben

1 Einheiten umrechnen

1 Ω stellt einen sehr geringen Widerstand dar. Es gibt auch andere Einheiten:
1000 Ω = 1 kΩ (Kiloohm)
1000 kΩ = 1 MΩ (Megaohm)

a □ Rechne in die nächstgrößere Einheit um: 300 Ω; 575 kΩ; 2300 Ω; 78 Ω; 9 kΩ.

b □ Rechne in die nächstkleinere Einheit um: 0,24 kΩ; 0,057 MΩ; 2,3 kΩ; 0,001 MΩ.

2 Fehlende Größen

Berechne die fehlenden Größen:

U	220 V		12 V	2000 V	110 kV
I	2 A	0,5 A		30 mA	
R		300 Ω	400 Ω		10 kΩ

3 Widerstände elektrischer Geräte

◪ Als Betriebsstromstärke ergaben sich bei:
- einem Bügeleisen: 2,96 A
- einem Wasserkocher: 7,25 A

Beide Geräte sind für 230 V bestimmt. Berechne die elektrischen Widerstandswerte.

4 Körperfettwaage

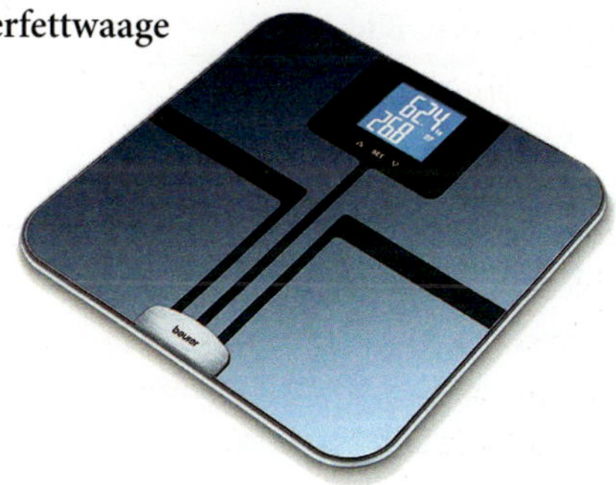

◪ Auf einer Körperfettwaage stehen die Füße auf Kontakten. Eine eingebaute Energiequelle (3 V) bewirkt einen elektrischen Strom durch den menschlichen Körper. Bei trockener Haut hat der Körper einen Widerstand von etwa 1000 Ω. Berechne die Stromstärke durch den Körper.

5 Widerstand und Stromstärke

■ Ein Festwiderstand wird an 6 V Spannung angeschlossen. Als Stromstärke werden 0,5 A gemessen. Durch den Widerstand soll die dreifache Stromstärke fließen. Erläutere, wie man das erreichen kann.

Ohm'sches Gesetz

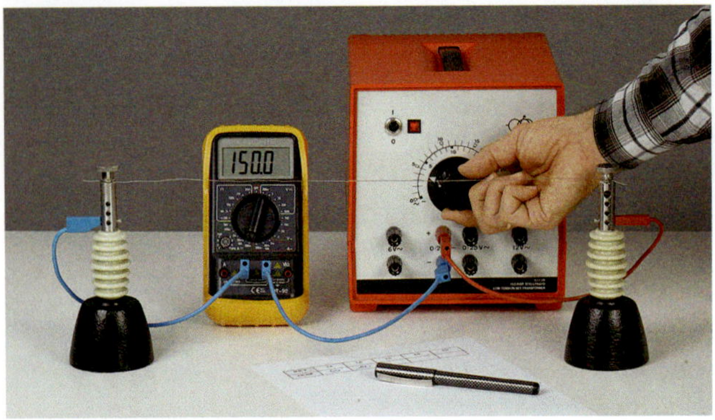

1 Messung der Stromstärken bei unterschiedlichen Spannungen

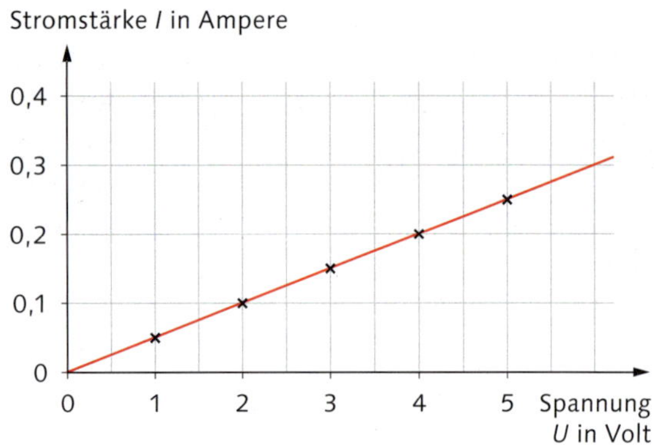

2 Grafische Darstellung der Messwerte

Von 1825 bis 1827 untersuchte Georg Simon Ohm den genauen mathematischen Zusammenhang zwischen Spannung und Stromstärke in einer Serie schwieriger Experimente. Mit modernen Mitteln zeigt sich dieser Zusammenhang im Versuch von Bild 1 auf einfachere Weise anhand eines Drahts aus Konstantan.
Im Versuch werden Werte der Spannung in immer gleich großen Schritten erhöht. Dieses Vorgehen bezeichnet man als systematische Veränderung eines Werts. Die Tabelle zeigt die Messwerte des Experiments in Bild 1:

Spannung U in Volt (V)	1,0	2,0	3,0	4,0	5,0
Stromstärke I in Ampere (A)	0,05	0,10	0,15	0,20	0,25

Auswertung der Messwerte

Es zeigt sich: Je größer die Spannung ist, desto größer ist auch die Stromstärke.
Beim Konstantandraht fällt außerdem auf: Verdoppelt sich die Spannung, verdoppelt sich auch die Stromstärke. Verdreifacht sich die Spannung, verdreifacht sich auch die Stromstärke.
Dieser Zusammenhang bewirkt, dass sich bei der Division der zusammengehörigen Werte von Spannung und Stromstärke immer derselbe Zahlenwert ergibt:

$$\frac{1\,\text{V}}{0{,}05\,\text{A}} = \frac{2\,\text{V}}{0{,}1\,\text{A}} = \frac{3\,\text{V}}{0{,}15\,\text{A}} = \frac{4\,\text{V}}{0{,}2\,\text{A}} = \frac{5\,\text{V}}{0{,}25\,\text{A}} = 20\,\Omega$$

Das bedeutet: $\frac{\text{Spannung}}{\text{Stromstärke}} = \text{konstant}$
Die Ursprungsgerade in der grafischen Darstellung (Bild 2) veranschaulicht den konstanten Wert.

Ohm'sches Gesetz

Bei gleichmäßig zunehmender Spannung nimmt also auch die Stromstärke im gleichen Verhältnis zu. Diesen Zusammenhang nennt man Proportionalität. Für Stromstärke und Spannung gilt die Proportionalität jedoch nur bei konstanter Temperatur.

> Für Widerstände gilt bei konstanter Temperatur: Die Spannung ist proportional zur Stromstärke.
> $U \sim I$

Zu Ehren seines Entdeckers nennt man diesen Zusammenhang das **Ohm'sche Gesetz**.

Aufgaben

1 Tabellen und Diagramme
In einem Versuch werden zu vorgegebenen Spannungswerten die zugehörigen Werte der Stromstärke gemessen und in einer Tabelle notiert. Anschließend wird daraus ein Diagramm gezeichnet.

a ◪ Formuliere allgemein, woran in einer Tabelle zu erkennen ist, ob das Ohm'sche Gesetz gilt.

b ◪ Beschreibe, woran man im Diagramm erkennt, dass das Ohm'sche Gesetz gilt.

2 Ohm'sches Gesetz
◪ Formuliere das Ohm'sche Gesetz mit eigenen Worten.

Methode Mathematisieren

In der Physik versucht man, Zusammenhänge zwischen Messwerten durch Formeln zu beschreiben. Die Natur wird dadurch „berechenbar".

Schritt 1:
Messwerttabellen erstellen
Die durch Versuche erhaltenen Zahlenwerte sollte man übersichtlich in Tabellen notieren.

Maya notiert in der ersten Zeile der Tabelle die Größe, die sie systematisch ändert, in der zweiten Zeile die Messwerte derjenigen Größe, die sich in Abhängigkeit davon ebenfalls ändern.

Schritt 2:
Messwerte interpretieren
Ziel ist es, einen systematischen Zusammenhang zwischen den gemessenen Werten zu erkennen.

Maya nutzt folgende Fragen:
- *Wie verändern sich die Werte der zweiten Größe, wenn die Werte der ersten Größe steigen?*
- *Sind Regelmäßigkeiten erkennbar?*

Schritt 3:
Messwerte grafisch darstellen
Ergibt sich aus den Messwerten nicht sofort eine Interpretation, schafft ein Diagramm Überblick.

Maya trägt die Messwerte der systematisch veränderten Größe an der x-Achse und die entsprechenden Werte der abhängigen Größe an der y-Achse ab.

Schritt 4:
Diagramm interpretieren
Der Verlauf des Graphen kann einen Zusammenhang erkennbar machen.

Maya nutzt folgende Fragen:
- *Lässt sich eine Gerade durch die Messpunkte legen? Kleinere Abweichungen der Messwerte dürfen dabei vorkommen.*
- *Was lässt sich über Punkte sagen, die nicht auf der Geraden liegen? Liegen Messfehler vor?*

Schritt 5:
Überprüfung durch Rechnung
Messwerte, die auf einer Geraden liegen, weisen auf die Besonderheit der Proportionalität hin.

Maya dividiert die zusammengehörigen Messwerte. Sie liefern bei einer Geraden denselben Zahlenwert. Dieser Wert stellt die Proportionalitätskonstante dar.

Verallgemeinerung
Wichtige Zusammenhänge erhalten häufig einen eigenen Namen.

Beispiel Messung am Eisendraht

In einem Versuch wie in Bild 1 wird anstelle des Konstantandrahts ein Draht aus Eisen verwendet.

Schritt 1
Bei systematischer Veränderung der Spannung wird die Stromstärke gemessen. Am Eisendraht ergeben sich z. B. folgende Messwerte:

Spannung *U* in Volt (V)	1,0	2,0	3,0	4,0	5,0
Stromstärke *I* in Ampere (A)	0,24	0,48	0,72	0,82	0,93

Schritt 2
Man erkennt: Erhöht man die Spannung *U*, steigt auch die Stromstärke *I* an. Bei genauerer Betrachtung fällt außerdem auf, dass Spannung und Stromstärke bei den ersten Messungen im gleichen Maß wachsen. Später steigt die Stromstärke weniger stark an.

Schritt 3

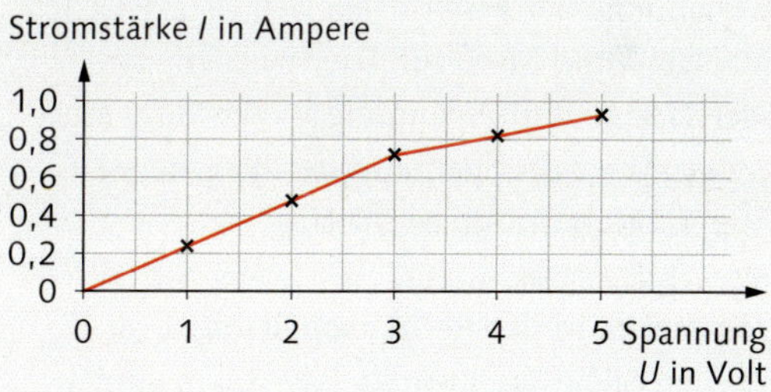

Schritt 4
Bis 3 V liegen die Werte auf einer Geraden: Spannung und Stromstärke sind proportional. Danach ändert sich die Steigung, vermutlich weil sich der Draht aufheizt und das Ohm'sche Gesetz deshalb nicht mehr gilt.

Schritt 5

$\frac{\text{Spannung}}{\text{Stromstärke}}$ in Ω	4,17	4,17	4,17	4,88	5,38

Die Rechnung bestätigt die Auswertung.

Gesetzmäßigkeiten in Reihen- und Parallelschaltung

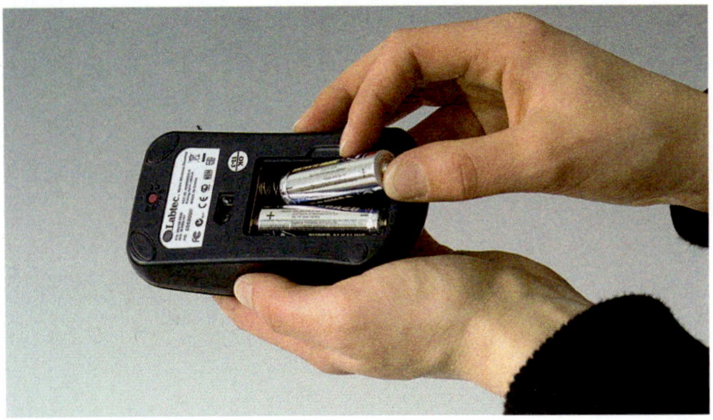

1 Könnte man eine Computermaus mit falschen Batterien betreiben?

2 Achtung, überlastete Kabeltrommel!

Als Energiequelle benötigt die abgebildete optische Computermaus zwei 1,5-V-Batterien, also insgesamt 3 V Spannung. Schließt man die Maus an eine 9-V-Batterie an, geht die Leuchtdiode der Maus kaputt.

Spannungen in der Reihenschaltung

Um die Computermaus mit einer 9-V-Batterie zu betreiben, muss man die Spannung an der Maus auf 3 V reduzieren. Um das zu erreichen, schaltet man einen passenden Widerstand in Reihe. Das bewirkt, dass die Elektronen einen Teil der transportierten Energie abgeben müssen, um den Widerstand zu überwinden. Auf diese Weise wird die Maus gegen eine zu hohe Spannung geschützt.
Die Spannung der Batterie teilt sich also zwischen Widerstand und Maus auf. Die Spannung am Widerstand und die Spannung an der Maus ergeben zusammen die Spannung der Batterie:

$$U_{\text{Batterie}} = U_{\text{Widerstand}} + U_{\text{Maus}}$$

Stromstärke in der Reihenschaltung

An keiner Stelle des Stromkreises verschwinden Elektronen oder kommen Elektronen hinzu. Auch können sich Elektronen nicht stauen. Daher ist die Stromstärke in der Reihenschaltung an jeder Stelle des Stromkreises gleich groß.

> In der Reihenschaltung gilt:
> Alle Teilspannungen addieren sich zur Gesamtspannung der Energiequelle.
> $$U_{\text{gesamt}} = U_1 + U_2 + \ldots$$
> Die Stromstärke I ist überall gleich groß.
> $$I_{\text{gesamt}} = I_1 = I_2 = \ldots$$

Wenn man mehrere Elektrogrills gleichzeitig einschaltet, kann es sein, dass die Sicherung an der Kabeltrommel „rausfliegt" und den Stromkreis unterbricht, weil die Stromstärke in der Zuleitung zu groß wird.

Spannung in der Parallelschaltung

Jeder Grill muss unabhängig von den anderen ein- und ausgeschaltet werden können. Daher ist jeder Grill direkt mit der Energiequelle des Hauses verbunden und erhält separat 230 V Spannung. Dies wird mithilfe einer Parallelschaltung erreicht. Denn in einer Parallelschaltung ist die Spannung an jedem Gerät gleich groß.

Stromstärke in der Parallelschaltung

Ein Elektrogrill benötigt eine Stromstärke von etwa 10 A. Da jeder Grill durch die Parallelschaltung separat angeschlossen ist, addieren sich die Stromstärken in der Zuleitung zur Kabeltrommel.

$$I_{\text{Kabeltrommel}} = I_{\text{Grill 1}} + I_{\text{Grill 2}} + I_{\text{Grill 3}}$$

Generell sind alle Steckdosen und Geräte in Haushalten parallel geschaltet, damit man sie unabhängig voneinander ein- und ausschalten kann. Eine Mehrfachsteckdose ist also eine fest installierte Parallelschaltung.

> In der Parallelschaltung gilt:
> Die Spannung U ist überall gleich groß.
> $$U_{\text{gesamt}} = U_1 = U_2 = \ldots$$
> Alle Teilstromstärken addieren sich zu einer Gesamtstromstärke in der Zuleitung.
> $$I_{\text{gesamt}} = I_1 + I_2 + \ldots$$

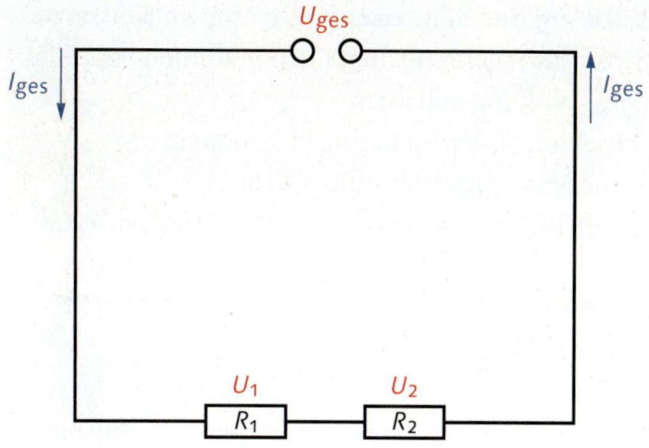

3 Schaltskizze einer Reihenschaltung

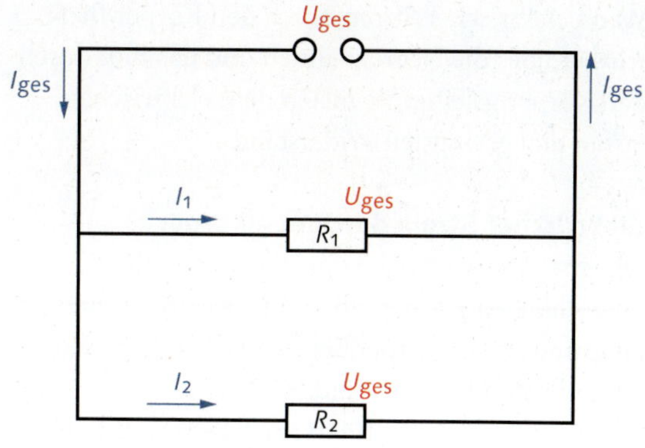

4 Schaltskizze einer Parallelschaltung

Gesamtwiderstand in der Reihenschaltung

Jedes elektrische Gerät stellt für den elektrischen Strom einen Widerstand dar. Da sich in einer Reihenschaltung die Teilspannungen an den Einzelwiderständen zur Gesamtspannung addieren und die Stromstärke überall gleich groß ist, kann man den Gesamtwiderstand berechnen über die Gleichung:

$$R_{\text{gesamt}} = \frac{U_{\text{gesamt}}}{I} = \frac{U_1+U_2+U_3+\ldots}{I} = \frac{U_1}{I} + \frac{U_2}{I} + \frac{U_3}{I} + \ldots$$

Der Gesamtwiderstand ergibt sich also als Summe der Einzelwiderstände.

> In einer Reihenschaltung gilt:
> Alle Einzelwiderstände addieren sich zum Gesamtwiderstand:
> $$R_{\text{gesamt}} = R_1 + R_2 + \ldots$$

Gesamtwiderstand in der Parallelschaltung

Mit jedem zusätzlichen Gerät wird die Gesamtstromstärke im Stromkreis größer.

$$I_{\text{gesamt}} = I_1 + I_2 + \ldots$$

Die Stromstärke ist umgekehrt proportional zum Widerstand. Mathematisch ausgedrückt: $I \sim \frac{1}{R}$
Damit ergibt sich für den Gesamtwiderstand einer Parallelschaltung:

$$\frac{1}{R_{\text{gesamt}}} = \frac{1}{R_1} + \frac{1}{R_2} + \ldots$$

Das heißt, der Widerstand der gesamten Parallelschaltung wird mit jedem Gerät kleiner.

> In der Parallelschaltung gilt:
> Der Gesamtwiderstand ist kleiner als der kleinste Einzelwiderstand und wird berechnet durch:
> $$\frac{1}{R_{\text{gesamt}}} = \frac{1}{R_1} + \frac{1}{R_2} + \ldots$$

Aufgaben

1 Reihenschaltung
Zwei Widerstände sind in Reihe an eine 4,5-V-Batterie angeschlossen.

- **a** □ Zeichne die Schaltskizze. Gib R_1 mit 5 Ω und R_2 mit 10 Ω an.
- **b** ◪ Vergleiche die Größe von Spannung und Stromstärke im gesamten Stromkreis sowie an jedem Widerstand. Verwende dazu die Begriffe größer, kleiner, gleich.
- **c** ◪ Berechne Spannung und Stromstärke im gesamten Stromkreis und an jedem Einzelwiderstand.
- **d** ■ Berechne den Gesamtwiderstand.

2 Parallelschaltung
Zwei Widerstände sind parallel an eine 4,5-V-Batterie angeschlossen.

- **a** □ Zeichne die Schaltskizze. Gib R_1 mit 5 Ω und R_2 mit 10 Ω an.
- **b** ◪ Vergleiche die Größe von Spannung und Stromstärke im gesamten Stromkreis sowie an jedem Widerstand. Verwende dazu die Begriffe größer, kleiner, gleich.
- **c** ◪ Berechne Spannung, Stromstärke und Gesamtwiderstand im gesamten Stromkreis und an jedem einzelnen Widerstand.
- **d** ■ Berechne den Gesamtwiderstand.

Umgang mit Elektrizität

Wenn elektrischer Strom durch den Körper fließt, wird er über die Nervenbahnen und das Blut durch den Körper geleitet. Sie bieten dem elektrischen Strom den geringsten Widerstand.

Elektrischer Strom durch den Körper

Die Stromstärke hängt vom Widerstand des menschlichen Körpers ab. Ein Erwachsener hat aufgrund seiner Körperlänge einen größeren Körperwiderstand als ein Kind. Bei trockener Haut geht man von 700 bis 1000 Ω aus. Bei feuchter Haut leitet der Körper den elektrischen Strom besser. Deshalb sind Elektrounfälle im Bad besonders gefährlich.
Fließt ein elektrischer Strom von 50 mA, also 0,05A, durch den menschlichen Körper, kann das zu Herzrhythmusstörungen und zum Tod führen. Schädigende Stromstärken können bereits bei Spannungen ab 25 V entstehen.

Wirkung des elektrischen Stroms im Körper

Ströme im menschlichen Körper können verschiedene Wirkungen haben:
- Es kann zu Verbrennungen kommen.
- Die Muskeln verkrampfen sich.
- Bei einer Stromstärke von 5 bis 15 mA wird die Loslassschwelle erreicht: Ab dieser Stromstärke kann man den Kontakt zum Stromkreis nicht mehr selbst lösen.
- Da auch das Herz ein Muskel ist, wird die Herztätigkeit gestört. Das kann zu Bewusstlosigkeit, Herzstillstand und damit zum Tod führen.
- Im Blut können giftige Gase entstehen.

⚠ Experimentiere nie mit Netzspannung!

⚠ Benutze keine elektrischen Geräte beim Baden!

⚠ Öffne keine elektrischen Geräte!

Beispiel Elektrotherapie als Anwendung

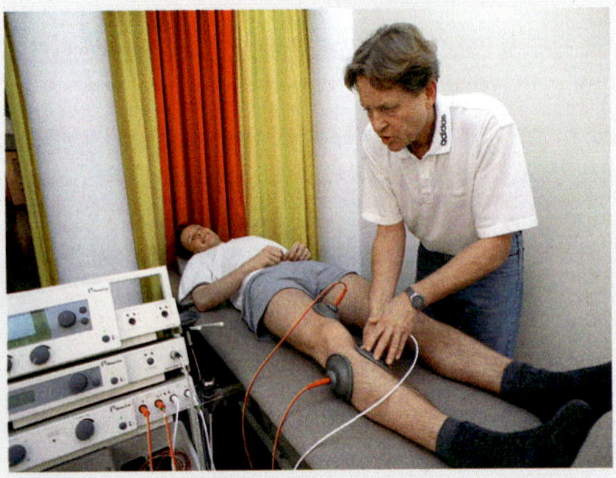

1 Elektrotherapie beim Physiotherapeuten

Als Elektrotherapie bezeichnet man die medizinische Anwendung des elektrischen Stroms zur Behandlung körperlicher Beschwerden. Dabei fließt der elektrische Strom durch den Bereich des menschlichen Körpers, der behandelt wird. Elektrotherapie wird eingesetzt, um z. B. Muskelaktivität anzuregen, Schmerzen zu lindern oder tief liegende Gewebeschichten zu erwärmen. Bei sachgemäßem Einsatz durch eine medizinische Fachkraft ist dieser elektrische Strom nicht gefährlich.

Beispiel Defibrillator als Anwendung

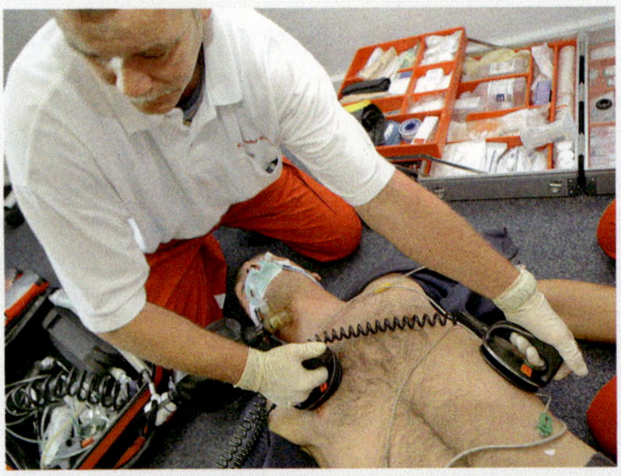

2 Einsatz eines Defibrillators

Ein Defibrillator wird eingesetzt, wenn das Herz unregelmäßig schlägt (vor allem beim sogenannten Herzflimmern) und dadurch in seiner Funktion gestört ist. Hier werden kurze, starke elektrische Spannungsstöße eingesetzt. Bei sachgemäßem Einsatz regen die Spannungsstöße das Herz an, wieder regelmäßig zu schlagen. Viele der öffentlich zur Verfügung stehenden Defibrillatoren sind in ihrer Anwendung selbsterklärend. Ein Defibrillator ist jedoch kein Ersatz für eine Herzdruckmassage.

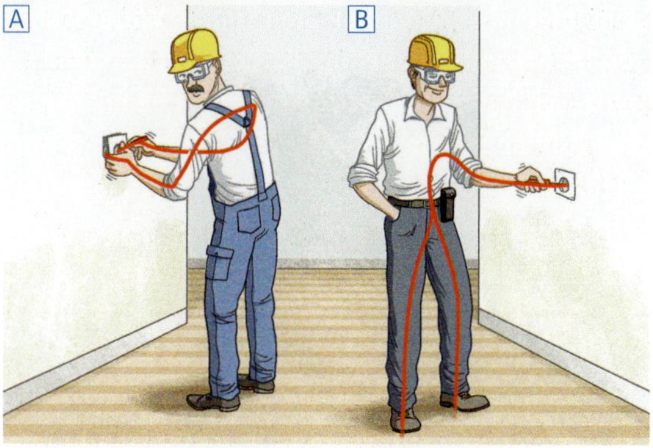

3 Der menschliche Körper schließt den Stromkreis.

Elektrounfall

Beim Elektrounfall wird ein Stromkreis durch den menschlichen Körper geschlossen. Dabei fließt der elektrische Strom wie in Bild 3 A direkt durch Arme und Herz. Der Widerstand des Körpers ist hier geringer, wodurch der elektrische Strom größer ist. In Bild 3 B fließt der elektrische Strom durch die Beine in den Boden. Lebensgefahr besteht trotzdem.

Auch die Einwirkungszeit hat Einfluss darauf, ob ein Elektrounfall tödlich endet. Bei Personen mit Vorschädigungen (z. B. Herzfehlern) kann eine gefährlich hohe Stromstärke bereits nach wenigen Millisekunden zum Tod führen.
Niedrigere Stromstärken bis 5 mA schädigen gesunde Menschen in der Regel nicht. Trotzdem sollte man auch hier niemals leichtsinnig sein.

Verhalten bei einem Elektrounfall

- Unterbrich den Stromkreis, jedoch ohne dich selbst zu gefährden (Schalter, Sicherung, Not-Aus)! Berühre den Verletzten nicht, solange der Stromkreis nicht unterbrochen ist. Achte auf eventuell herumliegende elektrische Leitungen.
- Nutze den Notruf 112 oder hole Hilfe. Orientierung bei der Schilderung des Unfalls bieten die fünf W: Wo? Was? Wie viele? Welche Verletzungen? Warten auf Rückfragen.
- Leiste Erste Hilfe: stabile Seitenlage bei Bewusstlosigkeit, Wiederbelebungsmaßnahmen bei Herzstillstand und Atemversagen.

Aufgaben

1 Lebensgefährliche Situation

a □ Begründe, warum in dieser Situation Lebensgefahr besteht.
b ◪ Besteht die Gefahr für beide Menschen?

2 Modelleisenbahn

Bei einer Modelleisenbahn kann man beide Schienenstränge mit der Hand berühren.
a ◪ Begründe, warum dies ungefährlich ist.
b ◪ Informiere dich über die maximal erlaubte Spannung bei elektrischem Spielzeug.

3 Kurzschluss

Unter einem Kurzschluss versteht man einen Stromkreis, in den kein Gerät eingebunden ist.

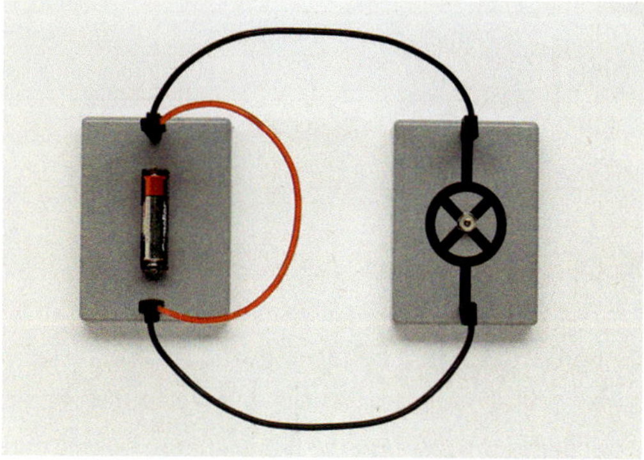

a □ Erkläre, warum die Lampe nicht leuchtet.
b ◪ Beschreibe, welche Auswirkung das auf die Stromstärke in der Parallelschaltung hat.
c ■ Hat ein Kurzschluss auch Auswirkungen auf die Batterie? Begründe deine Entscheidung.

Ab wann wird elektrischer Strom gefährlich?

Die folgenden Aufgaben zum Thema **Widerstände im Stromkreis** helfen dir, deinen Lernstand einzuschätzen. Beobachte dich dazu beim Lösen der Aufgaben selbst:
- Brauchst du Hilfe? Musst du z. B. noch einmal nachlesen oder jemanden fragen?
- Kannst du die Aufgaben ohne Hilfe lösen?
- Weißt du sogar mehr, als in der Lösung steht?

Notiere dir, bei welchen Fragen du Schwierigkeiten hast. Kehre noch einmal zu den entsprechenden Seiten zurück, arbeite sie durch und löse die zugehörigen Aufgaben. Weitere Aufgaben findest du auf den folgenden Seiten.

1 Widerstand

a □ Nenne die vier Faktoren, die den elektrischen Widerstandswert deines Drahts beeinflussen können.

b ◪ Aus Draht sollen Bauteile mit unterschiedlichem Widerstand hergestellt werden. Gib verschiedene Möglichkeiten an.

c ■ Gib an, wie ein Draht aussehen muss, dessen Widerstandswert so groß wie möglich sein soll.

2 Größe des elektrischen Widerstands

a □ Beschreibe, was es bedeutet, wenn ein Bauteil einen Widerstandswert 10 Ω besitzt.

b ◪ Berechne die fehlenden Größen:

	Spannung U	Stromstärke I	Widerstand R
A	600 V	0,2 A	
B		2,1 A	90 Ω
C	230 V		1100 Ω

3 Ohm'sches Gesetz

Das Ohm'sche Gesetz beschreibt die Proportionalität zwischen Spannung und Stromstärke.

a □ Was bedeutet das für den Verlauf des zugehörigen Graphen im Diagramm? Begründe.

b ◪ Gib an, wie man rechnerisch nachweisen kann, dass eine Proportionalität vorliegt.

4 Reihen- und Parallelschaltung

In den beiden Schaltungen werden gleiche Lampen an eine Spannung von jeweils 4 V angeschlossen.

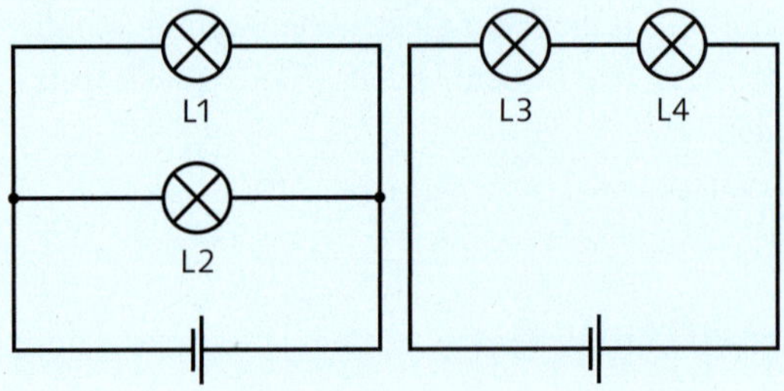

a □ Gib an, welche der beiden Schaltskizzen eine Reihen- und welche eine Parallelschaltung darstellt.

b ◪ Gib die Größe der Spannungen an den Lampen der beiden Schaltungen an.

c ◪ Die Helligkeit der Lampen beider Schaltungen ist unterschiedlich. Gib an, in welcher Schaltung die Lampen heller leuchten, und begründe deine Vermutung.

5 Umgang mit Elektrizität

□ Begründe, warum an Hochspannungsmasten ein solches Schild hängt.

Widerstände im Stromkreis

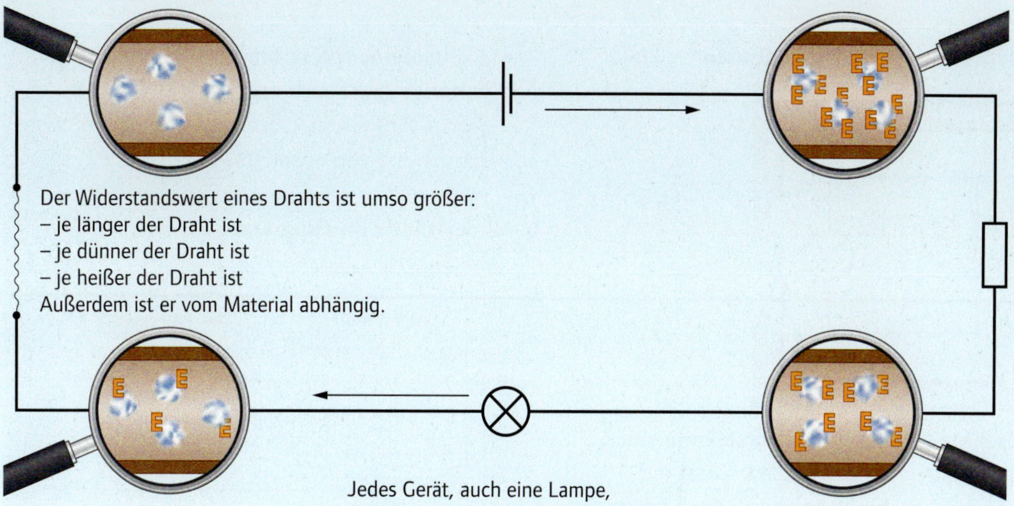

Der Widerstandswert eines Drahts ist umso größer:
- je länger der Draht ist
- je dünner der Draht ist
- je heißer der Draht ist

Außerdem ist er vom Material abhängig.

Ein Widerstand als Bauteil wird mit diesem Schaltzeichen dargestellt.

Jedes Gerät, auch eine Lampe, stellt einen elektrischen Widerstand dar.

Das Ohm'sche Gesetz	Berechnung des elektrischen Widerstands
Die Spannung ist bei konstanter Temperatur proportional zur Stromstärke: $U \sim I$	Widerstand = $\frac{\text{Spannung}}{\text{Stromstärke}}$, als Formel: $R = \frac{U}{I}$ Einheit: Ohm (Ω)

Reihenschaltung zweier Widerstände	Parallelschaltung zweier Widerstände
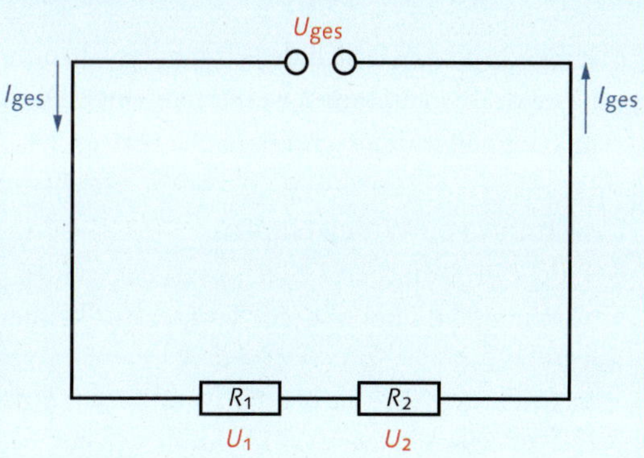	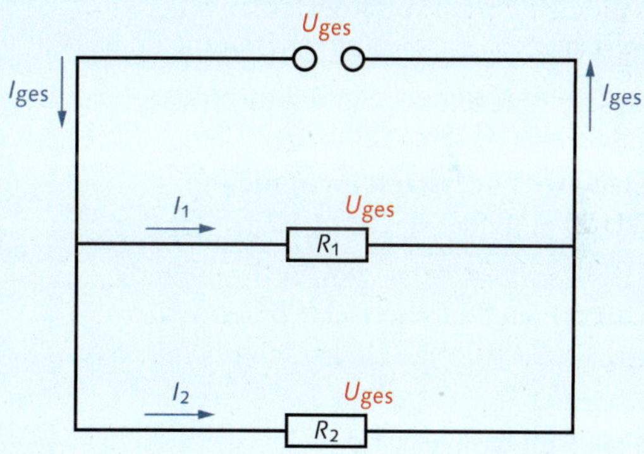
Die Stromstärke ist überall gleich groß. Die Spannungen an den einzelnen Widerständen addieren sich zur Gesamtspannung: $U_{gesamt} = U_1 + U_2 + \ldots$ Der Gesamtwiderstand berechnet sich aus: $R_{gesamt} = R_1 + R_2 + \ldots$	Die Spannung ist überall gleich groß. Die Stromstärken an den einzelnen Widerständen addieren sich zur Gesamtstromstärke: $I_{gesamt} = I_1 + I_2 + \ldots$ Der Gesamtwiderstand berechnet sich aus: $\frac{1}{R_{gesamt}} = \frac{1}{R_1} + \frac{1}{R_2} + \ldots$

Mache keine Experimente mit unbekannten Spannungen!

Mache keine Experimente mit der Steckdose!

Unterbrich bei einem Stromunfall sofort den Stromkreis – ohne dich selbst zu gefährden!

1 Modellvorstellung zu Widerständen

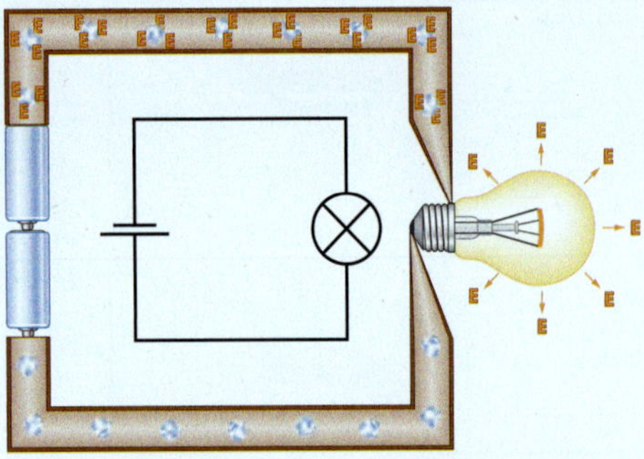

a ◪ Beschreibe, wie sich die Darstellung eines einfachen Stromkreises ändert, wenn die Lampe (bei gleicher Spannung) einen größeren Widerstand hat.

b ◪ Beschreibe, wie sich die Darstellung ändert, wenn die Spannung vergrößert wird.

2 Konstantan

Für Widerstandsbauteile wird häufig ein Material namens Konstantan eingesetzt.

a □ Informiere dich im Internet über die Zusammensetzung dieses Materials.

b ◪ Gib den Vorteil von Konstantan an.

c ◪ Erkläre, warum viele Widerstandsbauteile aus diesem Material hergestellt werden.

3 Elektrischer Widerstand im Modell

◪ Erkläre mithilfe eines Modells den Einfluss von Drahtlänge, Querschnittsfläche, Material und Temperatur auf den elektrischen Widerstand.

4 Defekte Glühlampe

◪ Begründe, warum eine normale Glühlampe vor allem beim Einschalten kaputtgeht.

5 Berechnungen

Schreibe bei allen Aufgaben den Rechenweg vollständig mit Formel und Rechnung sowie das Ergebnis mit der richtigen Einheit in dein Heft.

a □ Berechne den Widerstand einer 230-V-Glühlampe, durch die eine Stromstärke von 0,43 A fließt.

b □ Durch ein Widerstandsbauteil mit 150 Ω fließt eine Stromstärke von 0,08 A. Berechne die anliegende Spannung.

c ◪ Ein kleiner Elektromotor für Spielzeuge benötigt eine Spannung von 9 V. Gib die Stromstärke in mA an, wenn er einen Widerstandswert von etwa 70 Ω hat.

6 Widerstände im Diagramm

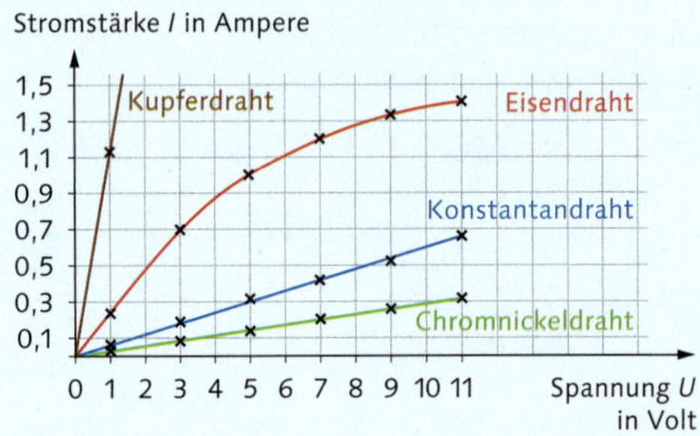

Die Messwerte verschiedener Drähte der Länge 1 m mit 0,2 mm Durchmesser wurden aufgenommen.

a ◪ Berechne mit Daten aus dem Diagramm die Widerstandswerte pro Meter der verschiedenen Drähte.

b ■ Wie verändert sich der Graph des Chromnickeldrahts, wenn man die Länge des Drahts verdoppelt?

c ■ Beschreibe, wie sich der Graph des Chromnickeldrahts verändert, wenn man einen Draht mit doppelter Querschnittsfläche verwendet.

7 Kennlinien von Widerständen

Bei nicht metallischen Leitern kann der elektrische Widerstand bei höherer Temperatur kleiner werden.

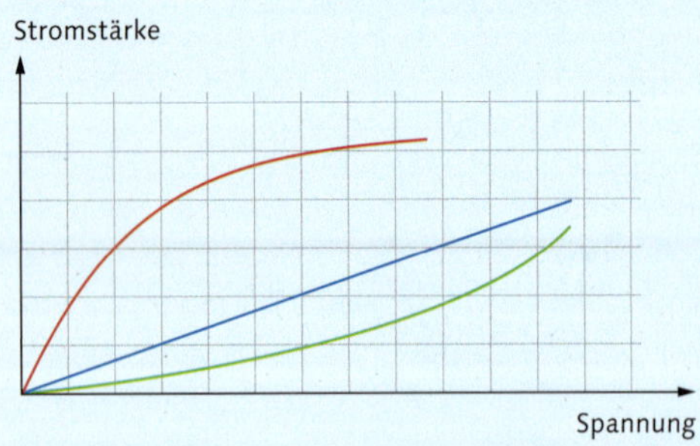

■ Im Diagramm sind die Graphen von Leitern aus verschiedenen Materialien dargestellt: Konstantandraht, Graphitmine, Eisendraht. Ordne die Materialien den entsprechenden Kurven zu und begründe deine Wahl.

8 Rechnen in der Parallelschaltung

◪ Eine Glühlampe für 230 V hat einen Widerstandswert von 660 Ω. Wie viele Lampen kann man höchstens parallel schalten, ohne dass die Stromstärke den Wert von 5 A überschreitet?

9 Elektroquiz

Zwei Schaltungen von zwei gleichen Glühlampen:

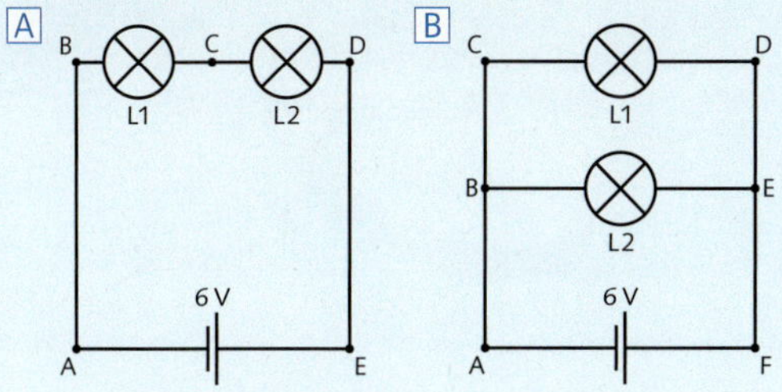

a ◪ Beschrifte Karten mit je einer Frage zu den Schaltungen wie in diesen Beispielen:
- Schaltung A: Wie groß ist die Energieabgabe pro Elektron zwischen B und C?
- Schaltung B: Wie groß ist die Spannung zwischen C und D?

b ◪ Schreibe die jeweilige Antwort auf die Rückseite der Karten. Tausche die Karten mindestens zweimal mit anderen aus. Überprüft gegenseitig die Antworten.

c ◪ Legt eure Fragen zusammen und spielt in zwei Gruppen gegeneinander ein Quiz.

10 Eine spezielle Schaltung

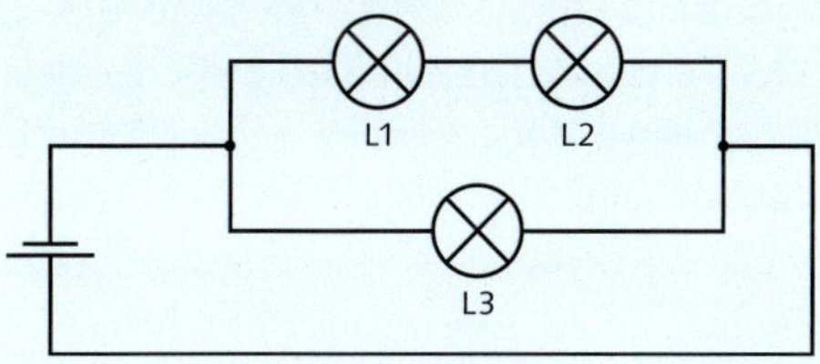

◪ Wie hell leuchten die drei gleichen Lampen in dieser Schaltung? Begründe deine Überlegung. *Hinweis:* Glühdrähte sind Widerstandsdrähte.

11 Rechnen in der Reihenschaltung

Es gibt Lichterketten, die man direkt an eine 230-V-Steckdose anschließt. Durch solch eine Lichterkette sollen 20 mA fließen.

a ◪ Gib an, wie viele 200-Ω-Lampen in einer Lichterkette verwendet werden müssen.

b ■ Es stehen Lampen mit 400 Ω Widerstand zur Verfügung. Gib, ohne zu rechnen, an, wie viele dieser Lampen du anstelle der Lampen in Aufgabenteil a verwenden kannst. Begründe.

12 Immer mehr Lampen

■ Beschreibe, was mit Lampe L1 geschieht, wenn immer mehr gleiche Lampen parallel zu L2 geschaltet werden. Begründe.

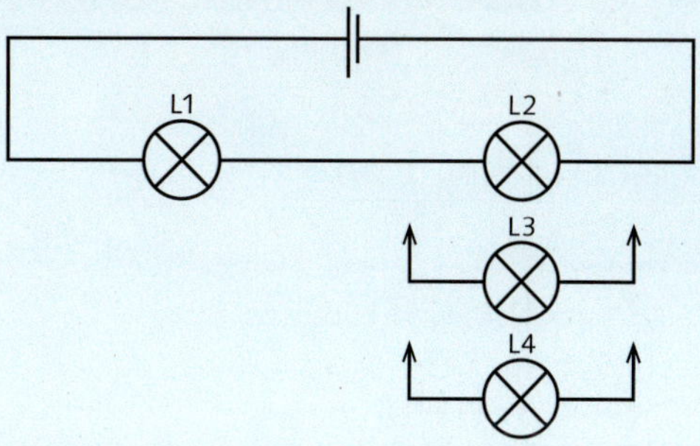

13 Defibrillator

Mit einem Defibrillator können Leben gerettet werden. Er erzeugt kurzzeitig hohe Spannungen, mit denen der Herzschlag beeinflusst wird.

a □ Zeichne den Stromkreis.

b ◪ Recherchiere, was geschieht, wenn man einen Defibrillator bei einem gesunden Menschen einsetzt.

14 Lebensgefahr

□ Warum besteht für das Mädchen Lebensgefahr?

15 Drachen steigen lassen

◪ Kleine Kinder werden ermahnt, in der Nähe von Hochspannungsleitungen keine Drachen steigen zu lassen. Begründe mithilfe der Physik.

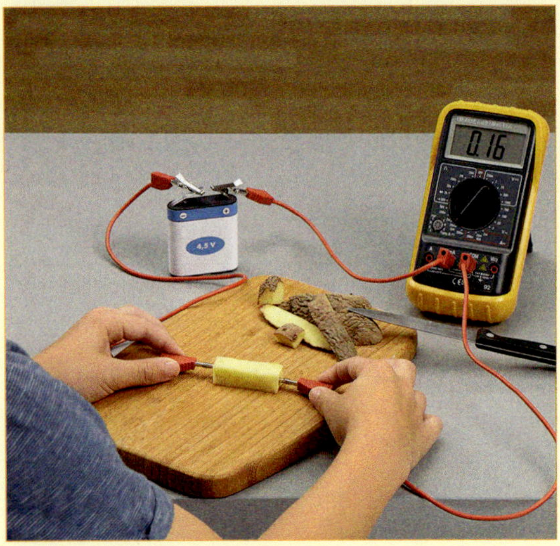

1 Ein Kartoffelquader im Stromkreis

2 Das gleiche Experiment mit einer anderen Energiequelle

1 Ein Frischetest für Gemüse

Die Frische von Gemüse lässt sich mithilfe eines Stromkreises vergleichen. Für den Grundversuch wird aus einer großen Kartoffel ein Quader herausgeschnitten und in einen Stromkreis mit einer 4,5-V-Batterie eingebaut.

a Ermittle mit einem Messgerät die Stromstärke im Stromkreis.

b Gib an, wie sich der Messwert verändert, wenn man einen der Kontakte auf dem Kartoffelquader hin- und herbewegt. Versuche eine Begründung.

c Stelle einen weiteren Kartoffelquader her. Er soll dieselbe Länge, aber eine größere Querschnittsfläche haben als der erste. Miss erneut die Stromstärke und vergleiche den Wert mit der Messung aus Aufgabenteil a.

Für einen Frischetest von Kartoffeln benötigt man frische und ältere Kartoffeln.

d Plane ein Experiment, mit dem ein Zusammenhang zwischen der Leitfähigkeit und der Frische von Kartoffeln hergestellt werden kann. Gib dabei auch an, worauf man beim Zuschneiden der Kartoffelquader achten muss.

Verwende statt der Kartoffel einen Karottenquader gleicher Größe wie in Aufgabenteil a.

e Stelle eine Vermutung über den zu erwartenden Messwert auf.

f Überprüfe die Vermutung im Experiment.

Eine höhere Spannung beim Frischetest führt zu einer höheren Stromstärke.

g Kann man anhand der Stromstärkewerte aus Bild 1 und Bild 2 die Frische der Kartoffeln vergleichen? Begründe deine Entscheidung.

Es soll kein weiteres Experiment durchgeführt werden. Trotzdem ist es möglich, mit den Messergebnissen aus den Versuchen in Bild 1 und Bild 2 eine Aussage über die Frische der Kartoffeln zu machen.

h Berechne den elektrischen Widerstand aus der angelegten Spannung und der gemessenen Stromstärke für beide Kartoffelquader.

i Gib einen Zusammenhang zwischen den berechneten Widerständen und der Frische der Kartoffeln an.

j Hat die verwendete Spannungsquelle einen Einfluss auf das Ergebnis des Frischetests? Begründe deine Entscheidung.

Im Handel werden Kartoffeln verschiedener Sorten aus unterschiedlichem Anbau angeboten.

k Untersuche den elektrischen Widerstand von verschiedenen Kartoffelsorten. Prüfe auch andere Gemüsesorten.

l Lässt sich auf diesem Weg eine Aussage über die Art des Anbaus – biologisch bzw. herkömmlich – machen?
Begründe deine Meinung.

2 Knifflige Schaltungen

Baue die Schaltungen nach, die auf den Karten beschrieben sind. Zeichne zu jeder Schaltung eine Schaltskizze.

Material:
- Energiequelle (z. B. 4,5-V-Batterie oder Netzgerät)
- 4 Lampen (3,5 V/0,2 A)
- 4 Fassungen
- 1 Schalter
- genügend Kabel

Ihr könnt die Aufgaben auch in Form eines Spiels durchführen:

1. Geht zu zweit zusammen und sucht euch ein anderes Zweierteam, das mit euch spielt. Ihr braucht eine Münze und einen Würfel.
2. Das erste Team wirft einmal die Münze und einmal den Würfel. Welche Karte dieses Team zu bearbeiten hat, erkennt ihr an den Symbolen auf den Karten.
3. Das erste Team hat 3 Minuten Zeit, die Schaltung aufzubauen. Gelingt es dem Team, bekommt es einen Punkt. Gelingt das nicht, darf das zweite Team den Aufbau der Schaltung in der gleichen Zeit versuchen. Ist das zweite Team erfolgreich, bekommt dieses den Punkt. *Hinweis:* Bei einer 6 erhält die Gruppe einen Punkt, ohne eine Schaltung bauen zu müssen.
4. Der Ablauf des Spiels beginnt wieder bei Punkt 2. Nur wirft dieses Mal das andere Team Münze und Würfel.

□ Baue eine Schaltung mit drei hell leuchtenden Lampen.

◪ Baue eine Schaltung mit zwei hell und zwei schwach leuchtenden Lampen.

□ Baue eine Reihenschaltung aus drei Lampen und einem Schalter. Mit dem Schalter werden alle Lampen gleichzeitig ein- bzw. ausgeschaltet.

◪ Schalte vier Glühlampen so, dass sie zwar schwächer als eine einzelne Lampe leuchten, aber nicht alle in Reihe geschaltet sind.

□ Baue eine Parallelschaltung mit vier Glühlampen. Setze einen Schalter so hinzu, dass alle Lampen auf einmal an- bzw. ausgeschaltet werden können.

◪ Baue eine Schaltung mit zwei parallel geschalteten Lampen. Ein Schalter schaltet eine der Lampen ein bzw. aus.

■ Baue eine Reihenschaltung mit drei Lampen. Füge einen Schalter hinzu, der nur eine Lampe ein- bzw. ausschaltet.

■ Baue eine Parallelschaltung aus einer Lampe und einem weiteren Zweig, der folgende drei Elemente in Reihenschaltung enthält: Lampe, zwei parallel geschaltete Lampen, Schalter.

◪ Baue eine Schaltung mit einer hell und drei schwach leuchtenden Lampen.

□ Baue eine Schaltung mit vier schwach leuchtenden Lampen.

4

Magnetismus und Elektromagnetismus

Warum schwebt die Büroklammer?

Wie verstärkt man die magnetische Wirkung?

Was hat ein Lautsprecher mit Magnetismus zu tun?

Magnete

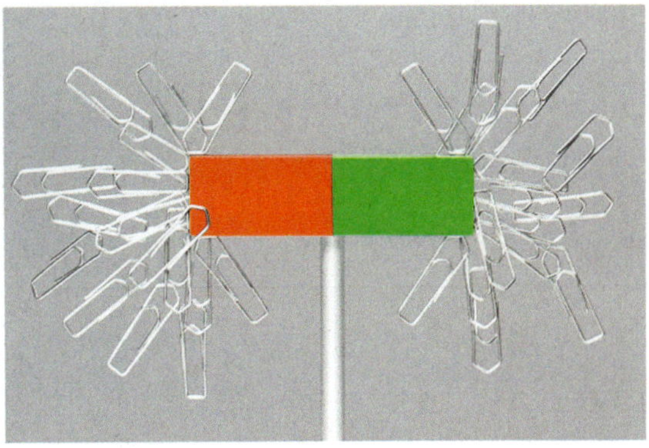

1 Büroklammern an einem Stabmagneten

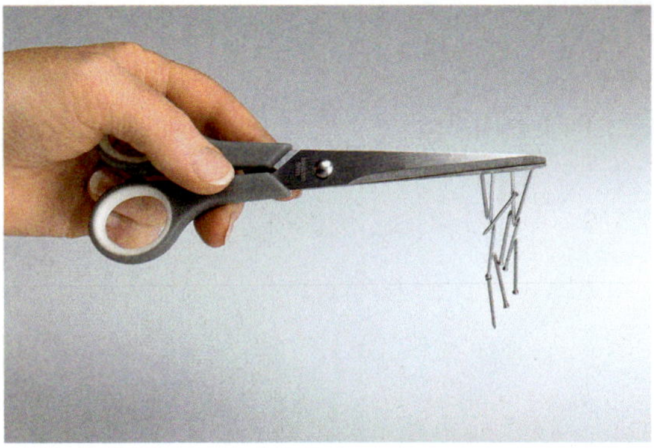

3 Eine Schere als Magnet

An seinen Enden zieht der Magnet die meisten Büroklammern an: Dort ist er am stärksten. Die Stellen mit der stärksten magnetischen Wirkung nennt man **Pole**. Man unterscheidet Nord- und Südpole. Bei vielen Magneten wird der Nordpol rot, der Südpol grün markiert.

Abstoßung und Anziehung

Nähert man den Nordpol eines Magneten dem Nordpol eines anderen Magneten an, so stoßen die Magnete einander ab. Auch beim Südpol gilt: Die gleichnamigen Pole stoßen sich gegenseitig ab. Nähert man hingegen den Nordpol eines Magneten dem Südpol eines anderen Magneten an, so bewegen sie sich aufeinander zu: Ungleichnamige Pole ziehen einander an.

Bei Magneten gibt es zwei Pole: Nordpol und Südpol. An den Polen ist die magnetische Wirkung am stärksten.
Gleichnamige Pole stoßen einander ab, ungleichnamige Pole ziehen einander an.

Magnetisieren

Eine Schere ist normalerweise kein Magnet. Man kann sie aber zu einem Magnet machen. Dazu muss man mit einem starken Magnet über den Metallteil der Schere streichen.

Elementarmagnete

Man stellt sich die Magnetisierung so vor, dass sich in einem magnetisierbaren Metall viele winzige Magnete befinden. Diese nennt man Elementarmagnete. Diese Elementarmagnete sind zunächst vollkommen ungeordnet im Metall verteilt. Durch das Überstreichen des Metalls mit dem Magnet ordnen sich die Elementarmagnete regelmäßig an. Das Metall wird dadurch selbst zum Magnet.
Um die Magnetisierung rückgängig zu machen, müssen die Elementarmagnete wieder in Unordnung gebracht werden.

Beim Magnetisieren ordnen sich die Elementarmagnete im Innern eines magnetisierbaren Metalls regelmäßig an.

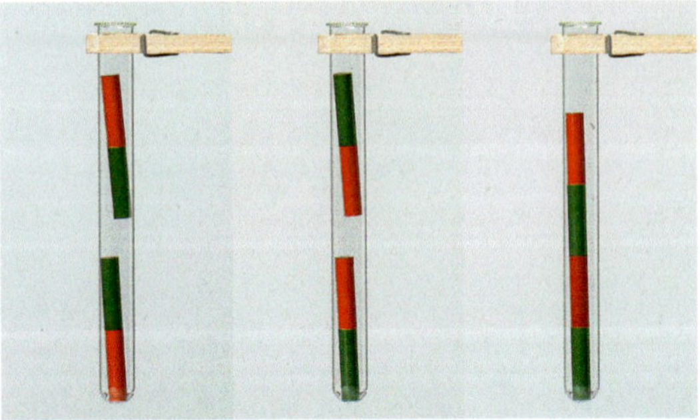

2 Anziehung und Abstoßung

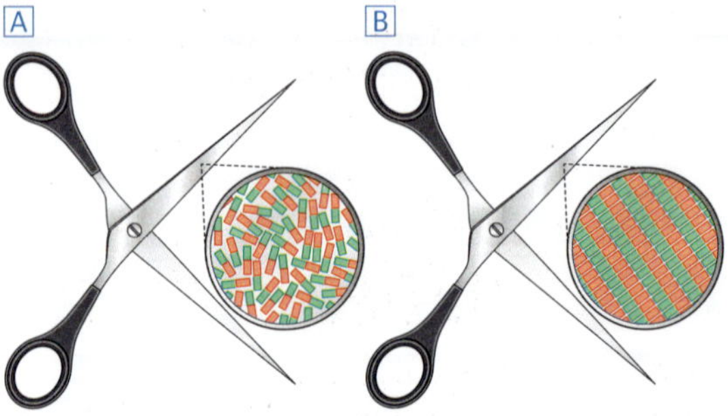

4 Unmagnetisiert (A) und magnetisiert (B)

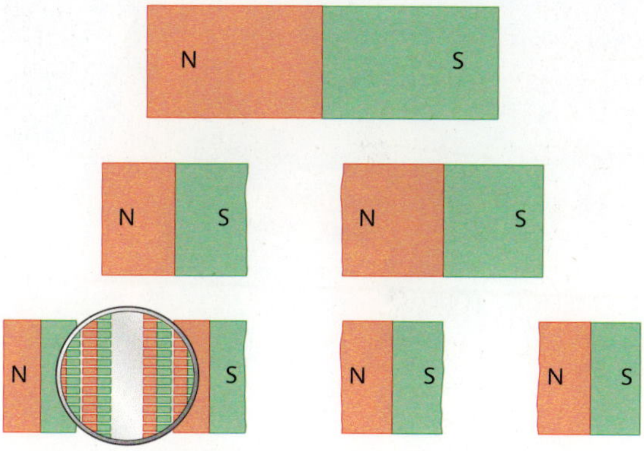

5 Teilen von Magneten

6 Nicht alle Unterlegscheiben werden angezogen.

Zerbricht ein Stabmagnet, so stellt man fest, dass sich die beiden Bruchstücke so verhalten wie einzelne Magnete: Sie haben wieder einen Nord- und einen Südpol. Diese Beobachtung trifft auf beliebig kleine Bruchstücke von Magneten zu.
Das liegt daran, dass sich Elementarmagnete nicht teilen lassen. Deshalb gibt es nie nur einen einzelnen Nordpol oder Südpol.

Magnetisierbare Stoffe

Nur Eisen, Nickel und Cobalt sowie einige Materialien, die diese Stoffe enthalten, werden von Magneten angezogen. Diese Stoffe heißen ferromagnetisch und können magnetisiert werden.

Eisen, **Nickel** und **Cobalt** werden von Magneten angezogen und lassen sich magnetisieren.

Aufgaben

1 Verstärkung

a □ Vervollständige die Sätze:
Zwei Magnete ziehen einander an, wenn …
Zwei Magnete stoßen einander ab, wenn …

b ◪ Überlege dir, wie man aus zwei einzelnen Stabmagneten einen starken Magneten bilden kann. Erläutere deine Überlegungen.

c ◪ Probiere es mit zwei Stabmagneten aus.

2 Schwebendes Auto

a ◪ Erkläre, warum das Auto schwebt.

b ■ Kannst du jedes beliebige Auto auf den Teller stellen? Begründe deine Meinung.

3 Magnetische Gegenstände

a □ Nenne fünf magnetische Gegenstände und fünf nicht-magnetische Gegenstände.

b ◪ Nenne Alltagsanwendungen für Magnete.

4 Magnetisieren eines Nagels

Ein großer Eisennagel soll magnetisiert werden.

a □ Erkläre und begründe dein Vorgehen.

b ◪ Mache Vorschläge, wie man einen Nagel entmagnetisieren könnte.

5 Magnet oder nicht? Alles sieht gleich aus

Du hast einen Magnet sowie drei graue Metallstücke. Eins besteht aus Aluminium, eins aus Eisen und eins ist ein weiterer Magnet.

a □ Wie kannst du das Aluminiumstück erkennen? Beschreibe deinen Vorschlag.

b ◪ Wie kannst du das Eisen vom Magnet unterscheiden? Begründe deinen Vorschlag.

c ■ Wie erkennst du den Magnet, wenn du nur den grauen Magnet und das Eisenstück besitzt?

Magnetisches Feld

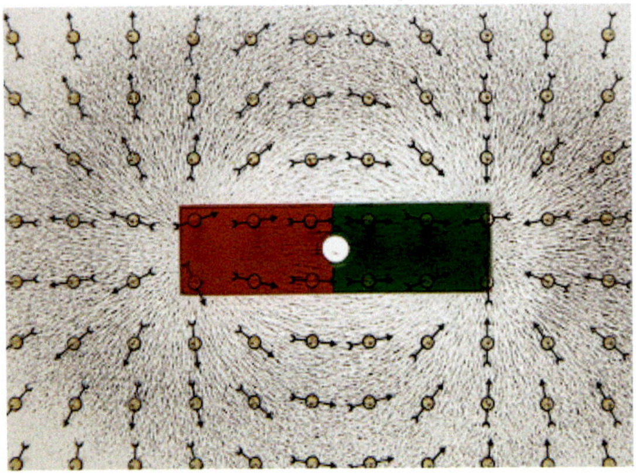

1 Eisenfeilspäne um einen Stabmagneten

3 Räumliches Feldlinienbild

Das magnetische Feld

Mit Eisenfeilspänen kann man den Wirkungsbereich eines Magnets wie in Bild 1 sichtbar machen. Man nennt diesen Wirkungsbereich eines Magnets magnetisches Feld.
Die Eisenfeilspäne ordnen sich im magnetischen Feld linienförmig an. Diese **Feldlinien** verlaufen von einem Pol des Magnets zum anderen. Die Richtung ist festgelegt: vom Nordpol zum Südpol.

Bild 2A zeigt das Feldlinienbild bei Anziehung zweier Magnetpole. In Bild 2B sieht man das Feldlinienbild für den Fall, dass zwei gleiche Magnetpole einander abstoßen.

> Den Wirkungsbereich eines Magnets nennt man magnetisches Feld. Das magnetische Feld lässt sich durch Feldlinien veranschaulichen.

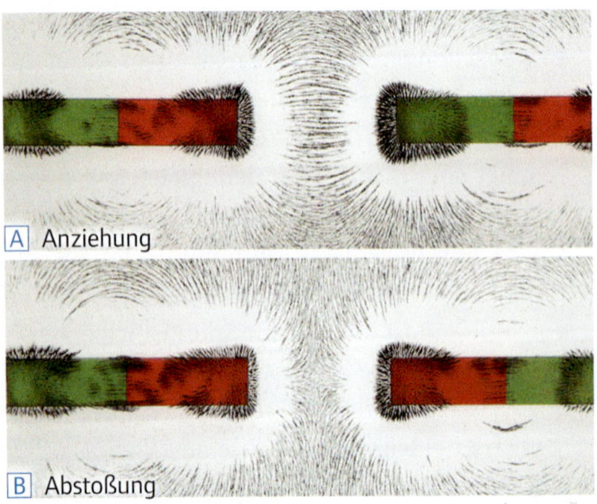

2 Eisenfeilspäne zwischen zwei Magneten

Das magnetische Feld ist dreidimensional

Das magnetische Feld umgibt einen Magnet auf allen Seiten. Mithilfe der Vorrichtung in Bild 3 kann man das magnetische Feld im Raum sichtbar machen: Ein Magnet liegt in einer Röhre und ist von einer Flüssigkeit mit Eisenfeilspänen umgeben. Die Eisenfeilspäne ordnen sich im Raum rund um den Magneten in Linienform an.

Mit einem selbst gebauten Modell wie dem in Bild 4 kann man das unsichtbare magnetische Feld veranschaulichen. Ein bemalter Styrodur-Zylinder steht im Modell für den Stabmagnet. Der Draht stellt die Feldlinien dar, entlang derer sich die Eisenfeilspäne angeordnet haben. Dazu werden Drahtstücke in den Zylinder gesteckt. Sie umgeben den Zylinder auf allen Seiten und dienen so als Modell des dreidimensionalen Magnetfelds.

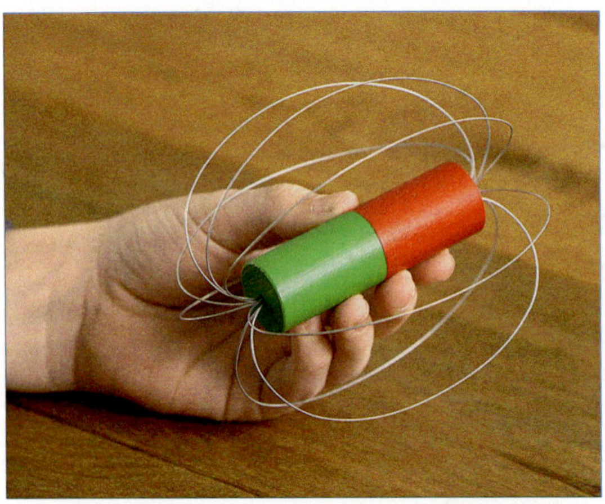

4 Räumliches Modell des Magnetfelds eines Stabmagneten

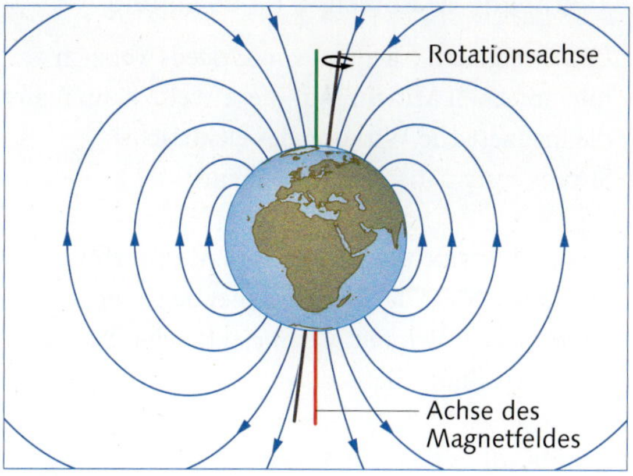

5 Die Erde als Magnet

6 Ein Kompass richtet sich am Erdmagnetfeld aus.

Das Erdmagnetfeld

Die Erde ist selbst ein riesiger kugelförmiger Magnet. Ein Pol liegt in der nordkanadischen Arktis in der Nähe des geografischen Nordpols. Der andere Magnetpol befindet sich in der Antarktis in der Nähe des geografischen Südpols.

Mit einem Kompass kann man sich auf der Erde orientieren. Die Kompassnadel ist ein kleiner Stabmagnet mit Nordpol und Südpol. Der Südpol der Kompassnadel wird vom magnetischen Nordpol der Erde angezogen. Der Nordpol der Kompassnadel wird vom magnetischen Südpol der Erde angezogen.

Aufgaben

1 Magnetisches Feld

a □ Zeichne einen Stabmagnet und sein magnetisches Feld. Orientiere dich dazu an Bild 1.

b ◪ Beschreibe, wie in der Zeichnung die besonders starke Magnetwirkung an den Polen deutlich wird.

2 Hufeisenmagnet

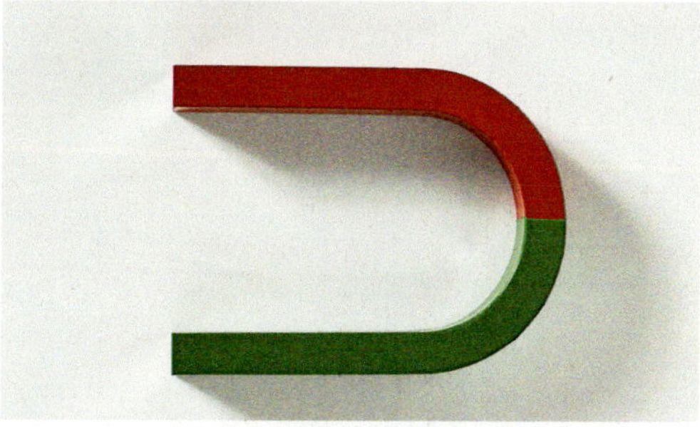

◪ Zeichne das Bild eines Hufeisenmagnets und skizziere, wie du dir das magnetische Feld zwischen den beiden Polen vorstellst. Begründe deine Vorstellung.

3 Magnetfeld unserer Erde

a □ Wo liegt der magnetische Nordpol der Erde? Wo liegt ihr magnetischer Südpol?

b ◪ Welcher Pol einer Kompassnadel zeigt Richtung Norden?
Begründe deine Antwort.

4 Das Wort „Feld“

■ Das Wort „Feld“ beschreibt im normalen Sprachgebrauch eine Fläche (Fußballfeld, Maisfeld …). Erläutere das Problem, das sich aus diesem Wortgebrauch für die Bezeichnung Magnetfeld ergibt.

5 Ringmagnet

■ Das Bild zeigt Eisenfeilspäne, die sich im Feld eines Ringmagnets angeordnet haben. Wo liegen die Polen des Magnets. Begründe.

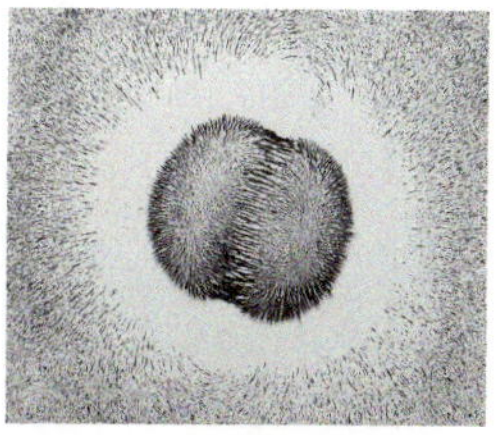

Magnetische Wirkung des elektrischen Stroms

1 Eine zufällige Entdeckung 1820 in Dänemark

Als Hans Christian Ørsted 1820 eine Lehrveranstaltungen hielt, machte er eine Entdeckung: Schloss er einen Draht an eine Batterie an, bewegte sich eine zufällig in der Nähe des Drahts stehende Kompassnadel, ohne dass ein äußerer Einfluss erkennbar gewesen wäre.

Wirkungen des elektrischen Stroms

Die Bewegung der Kompassnadel lässt sich nur durch den Einfluss eines Magnetfelds erklären. Dieses Magnetfeld wird vom stromdurchflossenen Leiter erzeugt. Der elektrische Strom hat also neben der Lichtwirkung wie bei einer Lampe und der Wärmewirkung wie bei einem Toaster auch eine magnetische Wirkung.

Experiment Magnetfeld eines Leiters

Bild 2 zeigt den Nachbau von Ørsteds Versuch mit einfachen Mitteln. Auf diese Weise kann man die magnetische Wirkung des elektrischen Stroms systematisch untersuchen.

Ohne elektrischen Strom kein Magnetfeld

Die in der Nähe des Kabels stehende Kompassnadel bewegt sich nur, wenn elektrischer Strom durch das Kabel fließt.

Erhöhung der Stromstärke

Im Versuch erhöht jede zusätzliche Batterie die elektrische Spannung und bewirkt eine höhere Stromstärke im Kabel. Je mehr Batterien man anschließt, desto stärker schlägt die Kompassnadel aus. Sie dreht sich jedoch höchstens um 90°, auch wenn die Stromstärke immer größer wird.

Veränderung der Stromrichtung

Vertauscht man die Kabel oder die Pole der Batterie, stellt man fest, dass sich die Kompassnadel andersherum ausrichtet.

Ein stromdurchflossener Leiter ist von einem Magnetfeld umgeben.
Je größer die Stromstärke im Leiter ist, desto größer ist die magnetische Wirkung.
Die Stromrichtung beeinflusst die Richtung des Magnetfelds.

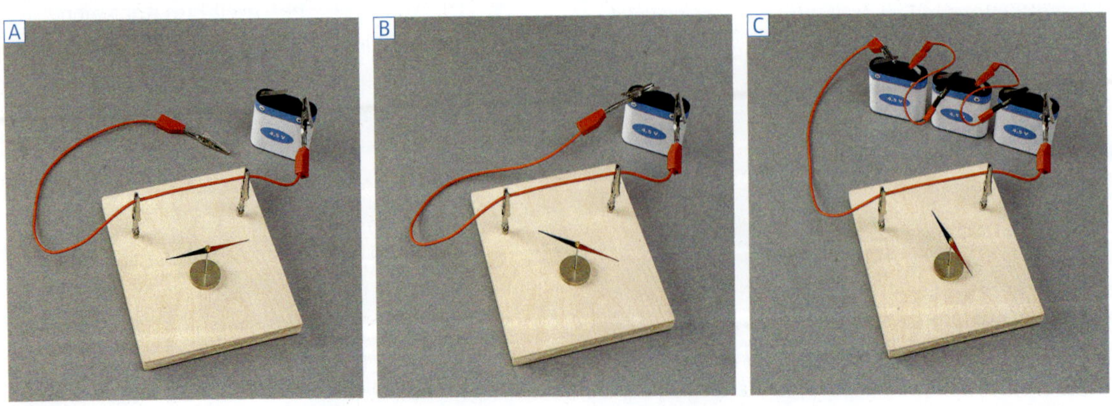

2 Nachbau des historischen Ørsted-Experiments: A ohne elektrische Energiequelle, B mit einer Batterie, C mit drei Batterien.

Magnetfeld eines stromdurchflossenen Leiters

Bei Dauermagneten haben wir magnetische Felder mit Eisenfeilspänen sichtbar gemacht. Auch das Magnetfeld eines stromdurchflossenen Leiters kann man mithilfe von Eisenfeilspänen untersuchen: Sie ordnen sich in Kreisen um den Leiter an.

Zusätzlich lässt sich die Richtung des magnetischen Felds mithilfe von Kompassnadeln überprüfen. Bringt man Kompassnadeln in die Nähe des stromdurchflossenen Leiters, richten sie sich wie in Bild 3 entlang der Feldlinien aus.
Kehrt man die Richtung des elektrischen Stroms um, drehen sich auch die Magnetnadeln um. So wird deutlich, dass sich auch die Richtung des Magnetfelds um den stromdurchflossenen Leiter ändert, sobald man die Stromrichtung umpolt.

3 Feldlinienbild eines stromdurchflossenen Leiters

Die Richtung der Feldlinien lässt sich leicht herleiten: Zeigt der Daumen der linken Hand in Bewegungsrichtung der Elektronen, so zeigen die gekrümmten Finger die Richtung des Magnetfelds an.

Aufgaben

1 Nachweis im Experiment

□ Beschreibe ein Experiment, mit dem du die magnetische Wirkung des elektrischen Stroms nachweisen kannst.

2 Magnetfeld

a ◪ Zeichne einen stromdurchflossenen Leiter (Kabel mit Batterie). Orientiere dich an den Abbildungen. Ergänze das Magnetfeld um den stromdurchflossenen Leiter.

b ■ Was verändert sich, wenn man bei der Handregel statt der physikalischen Stromrichtung die technische Stromrichtung verwendet? Begründe deine Vermutung.

3 Wirkungen des elektrischen Stroms

a □ Nenne drei Wirkungen des elektrischen Stroms.

b ◪ Gib je zwei Beispiele zu den Wirkungen an.

4 Kompass

a ◪ Ist es sinnvoll, einen Kompass unter einem Strommast zu verwenden? Begründe.

b ◪ Nenne andere Orte, an denen ein Kompass in die Irre führen kann.

5 Probleme beim Experimentieren

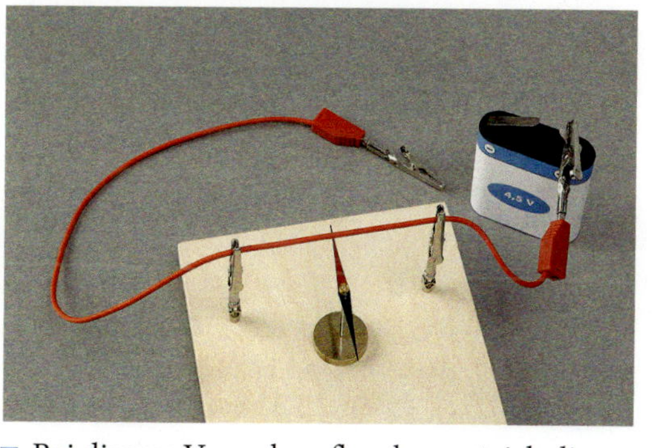

◪ Bei diesem Versuchsaufbau bewegt sich die Magnetnadel nicht, wenn man die Batterie anschließt. Erkläre, woran es liegen kann.

6 Feldlinien eines Leiters

Die Richtung der Feldlinien um einen elektrischen Leiter hängt von der Richtung des elektrischen Stroms ab.

a □ Erläutere, wie man die Richtung der Feldlinien bestimmt.

b ◪ Skizziere den Fall mit umgekehrter Stromrichtung.

Elektromagnete

1 Ein abschaltbarer Magnet auf dem Schrottplatz

Auf dem Schrottplatz werden Magnete eingesetzt, die man ein- und ausschalten kann.

Magnet durch Elektrizität

Der Schrottplatzmagnet wird durch den elektrischen Strom magnetisch. Wird der elektrische Strom abgeschaltet, verliert der Magnet seine Wirkung. Er ist dann nicht mehr magnetisch. Magnete, die durch den elektrischen Strom magnetisch werden, nennt man Elektromagnete.

Spule als Magnet

Die Spule ist der wichtigste Bestandteil eines Elektromagnets. Eine Spule erhält man, indem man ein Kabel oder einen Draht aufwickelt. Wichtig ist, dass der Draht isoliert ist, damit der elektrische Strom immer durch die einzelnen Windungen läuft.

> Ein Elektromagnet besteht aus einer stromdurchflossenen Spule.

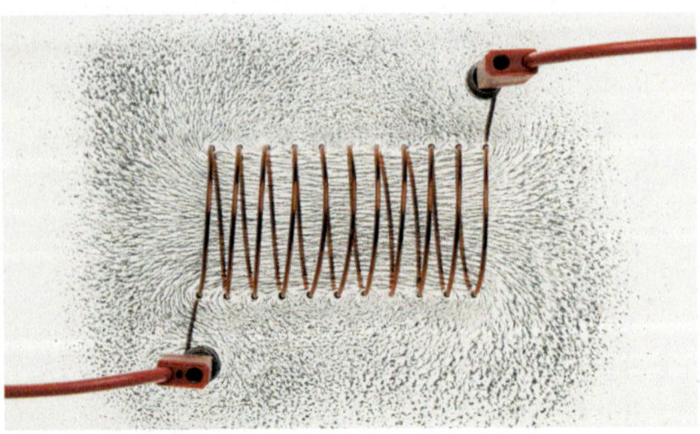

2 Magnetfeldlinien bei einer stromdurchflossenen Spule

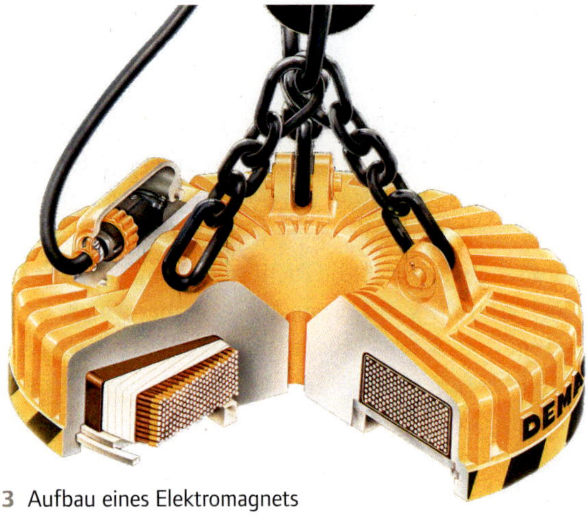

3 Aufbau eines Elektromagnets

Stärke des Elektromagneten

Die Stärke eines Elektromagnets lässt sich verändern. Dies unterscheidet einen Elektromagnet von einem Dauermagnet.

Beim Aufwickeln des Drahts zu einer Spule entstehen viele Windungen. Je mehr Windungen eine Spule hat, desto stärker ist ihre magnetische Wirkung.

Die magnetische Wirkung eines Elektromagnets kann man auch durch die Stromstärke beeinflussen: Je größer die elektrische Stromstärke durch die Spule ist, desto stärker ist ihre magnetische Wirkung.

Weiter verstärken kann man die magnetische Wirkung mithilfe eines Eisenkerns. Dazu wird der Eisenkern in den Hohlraum der Spule gesteckt. Der Eisenkern wird durch das magnetische Feld selbst zu einem Magnet. Zur Magnetwirkung der Spule kommt dadurch noch die Wirkung des magnetisierten Eisenkerns hinzu.

> Die Stärke eines Elektromagnets kann man verändern:
> - Je höher die Windungszahl der Spule ist, desto stärker ist die magnetische Wirkung.
> - Je höher die Stromstärke durch die Spule ist, desto stärker ist die magnetische Wirkung.
>
> Ein Eisenkern verstärkt die Wirkung zusätzlich.

Experiment Variabler Elektromagnet

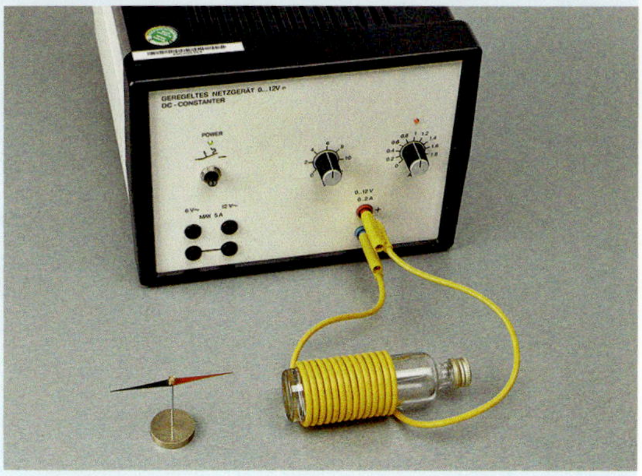

4 Versuchsaufbau

Mit einem langen Kabel, das man um einen Gegenstand wickelt, kann man eine Spule herstellen. Schließt man das Kabel an eine elektrische Energiequelle an, so wirkt die Spule wie ein Magnet. Die magnetische Wirkung kann man nachweisen, indem man eine Kompassnadel in die Nähe der Öffnung der Spule bringt.
Die Zahl der Windungen lässt sich verändern: Je größer die Anzahl der Windungen ist, desto stärker ist die magnetische Wirkung.

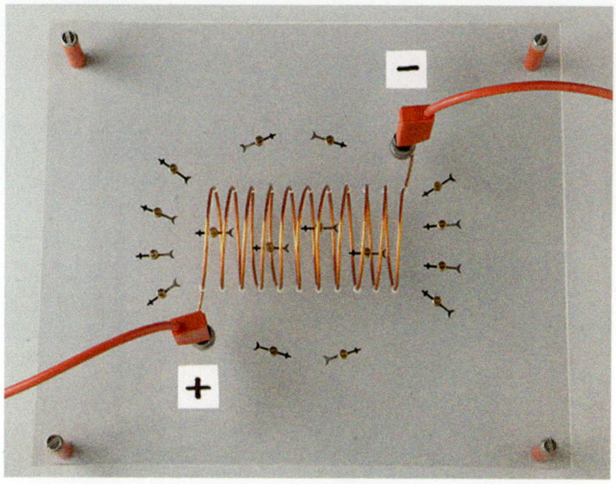

5 Magnetfeldrichtung einer stromdurchflossenen Spule

Richtung des Magnetfelds

Mithilfe kleiner Magnetnadeln kann man das Magnetfeld eines Elektromagnets näher untersuchen. Ändert man die Stromrichtung in der Spule, so drehen sich die Magnetnadeln um. Das bedeutet: Nord- und Südpol des Elektromagnets werden durch den Wechsel der Stromrichtung getauscht.

> Die Polung des Elektromagnets hängt von der Stromrichtung ab.

Aufgaben

1 Magnetische Wirkung schwächen

□ Die Stärke eines Elektromagnets soll verringert werden. Nenne mehrere verschiedene Möglichkeiten.

2 Vorteile und Nachteile

◪ Stelle die Vorteile und Nachteile von Elektromagneten und Dauermagneten in einer Tabelle gegenüber.

3 Schrottplatzmagnet

Auf Schrottplätzen werden Elektromagnete eingesetzt.

a □ Nenne weitere Einsatzmöglichkeiten von Elektromagneten und Dauermagneten.

b ◪ Erläutere, warum man den jeweiligen Magnettyp dafür verwendet.

4 James Bond in Not

You only live twice, EON, 1967

■ James Bond wird mit seinem Auto entführt. Das Auto hängt an einem Elektromagneten, der an einem Helikopter befestigt ist.
Denkst du, dass eine solche Entführung tatsächlich möglich wäre? Begründe deine Entscheidung.

Lautsprecher und Elektromotor

1 Eine Lautsprecheranlage

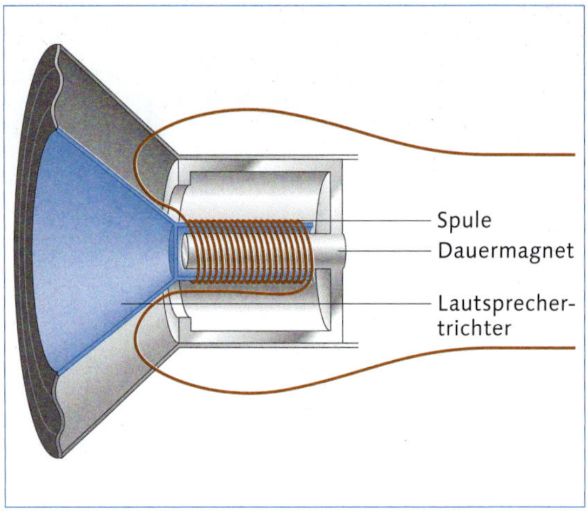

2 Schematische Darstellung eines Lautsprechers

Lautsprecher und Elektromotoren arbeiten mit Dauermagneten und Elektromagneten, die sich gegenseitig beeinflussen.

Aufbau eines Lautsprechers

In einer Lautsprecherbox sind in der Regel zwei oder mehr Lautsprecher eingebaut: ein Lautsprecher für die Bässe, einer für die Höhen und oft noch einer für die Töne dazwischen.

Ein Lautsprecher besteht aus einem Elektromagnet in Form einer Spule, einem zylinderförmigen Dauermagnet mit einer ringförmigen Vertiefung und einer großen trichterförmigen Membran, die den Schall erzeugt. In Bild 2 erkennt man, dass die Spule genau in den ringförmigen Spalt des Dauermagnet hineinpasst.

Funktionsweise eines Lautsprechers

Je nach Lautstärke und Ton fließen andere Stromstärken durch die Spule. Dadurch wird die Spule entsprechend der Musik oder Sprache mehr oder weniger stark magnetisch.
Die Spule ist im ringförmigen Spalt des Dauermagneten beweglich. Da sich der Dauermagnet und die Spule gegenseitig anziehen oder abstoßen, wird die Spule abhängig von ihrer magnetischen Wirkung in den Spalt hineingezogen oder herausgedrückt. Wie stark und wie schnell sich die Spule bewegt, hängt von der Stärke des elektrischen Stroms und damit von der Musik ab.

Die Hin- und Herbewegung der Spule wird auf die trichterförmige Membran des Lautsprechers übertragen und von ihr in Form von Schallwellen an die Luft weitergegeben.
Über die Luft gelangt der Schall an unser Ohr. Im Ohr wird das Trommelfell durch die Schallwellen in Bewegung versetzt. Sinneszellen im Ohr übertragen die Signale ans Gehirn. Dort werden sie zum Höreindruck Musik zusammengesetzt.

Ein Lautsprecher funktioniert durch die Wechselwirkung eines Dauermagnets mit einem Elektromagnet. Durch die Hin- und Herbewegung der Spule entstehen Schallwellen.

Aufgaben

1 Lautsprecher

☐ Nenne die wesentlichen Bestandteile eines Lautsprechers.

2 Elektromagnet im Lautsprecher

◪ Die Stärke des Elektromagnets im Lautsprecher variiert, wenn Musik abgespielt wird. Erläutere dies mithilfe von physikalischen Fachbegriffen.

3 Dauermagnet

◪ Zeige experimentell, dass im Lautsprecher ein Dauermagnet verbaut ist. Erkläre dein Vorgehen.

3 Spielzeug-Rennauto mit Elektromotor

Ein Spielzeug-Rennauto wird durch einen Elektromotor angetrieben. Elektromotoren gibt es in ganz unterschiedlichen Formen und Größen – sie können richtige Autos und sogar U-Boote antreiben. Elektromotoren unterscheiden sich in ihrer Bauform, aber die wesentlichen Bestandteile sind immer die gleichen.

Aufbau eines Elektromotors

Ein Elektromotor besteht aus einer drehbar gelagerten Spule mit Eisenkern und einem feststehenden Dauermagneten. Die Magnetpole von Spule und Dauermagnet ziehen sich an bzw. stoßen sich ab. Durch eine geschickte Anordnung aller Bestandteile kommt es zu einer Drehbewegung. Bild 4 zeigt das Zusammenwirken der einzelnen Bestandteile des Elektromotors.

4 A Dauermagnet zieht Elektromagnet an.
B Stromwender polt die Stromrichtung um.
C Dauermagnet stößt Elektromagnet ab.

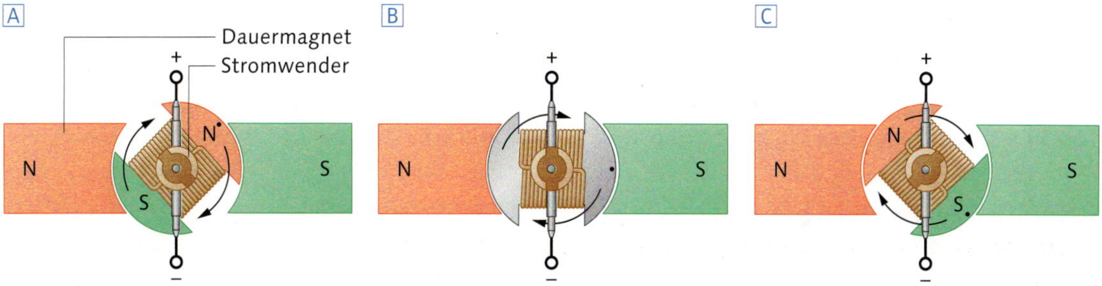

Funktionsweise eines Elektromotors

Bild 4 A: Spule und Eisenkern werden durch den elektrischen Strom zu einem Elektromagneten. Die ungleichnamigen Pole von Elektromagnet und Dauermagnet ziehen einander an. Der Elektromagnet dreht sich auf den Dauermagneten zu.

Bild 4 B: Die Drehbewegung würde aufhören, wenn sich die ungleichnamigen Pole von Elektromagnet und Dauermagnet gegenüberstehen. Deshalb unterbricht der Stromwender für einen Moment den Stromkreis. Der Elektromagnet dreht sich durch seine Trägheit weiter.

Bild 4 C: Der Stromkreis schließt sich wieder. Durch den Stromwender hat sich die Stromrichtung in der Spule umgekehrt. Aus dem Nordpol des Elektromagneten wird ein Südpol und aus dem Südpol ein Nordpol. Dadurch stoßen sich Elektromagnet und Dauermagnet ab. Die Drehbewegung geht weiter.

Ein Elektromotor funktioniert durch **Wechselwirkung** von Dauermagnet und Elektromagnet. Der Stromwender sorgt für eine dauerhafte Drehbewegung der Spule.

Aufgaben

1 Elektromotor

☐ Nenne die Bestandteile eines Elektromotors.

2 Funktionsweise

◪ Zeichne drei bis fünf Bilder, die zusammen mit Bild 4 eine vollständige Umdrehung des Elektromotors darstellen. Erkläre.

Lautsprecher und Elektromotor im Vergleich

Lautsprecher	Elektromotor
	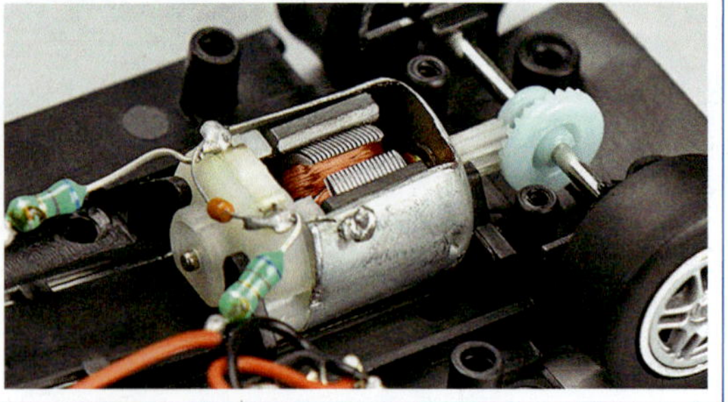
Die wesentlichen Bauteile eines Lautsprechers: – eine stromdurchflossene Spule als Elektromagnet – ein Dauermagnet	Die wesentlichen Bauteile eines Elektromotors: – eine stromdurchflossene Spule als Elektromagnet – Dauermagnete
Der Lautsprecher nutzt die magnetische Wirkung des elektrischen Stroms.	Der Elektromotor nutzt die magnetische Wirkung des elektrischen Stroms.
Die Hin- und Herbewegung im Lautsprecher entsteht durch die Wechselwirkung von Magnetfeldern.	Die Drehbewegung im Elektromotor entsteht durch die Wechselwirkung von Magnetfeldern.
Um die Hin- und Herbewegung der Lautsprechermembran zu erreichen, muss die Stärke des elektrischen Stroms durch den Elektromagnet schwanken.	Um die Drehbewegung zu ermöglichen, muss der Elektromagnet an geeigneten Stellen umgepolt werden. Dies wird mithilfe eines Stromwenders erreicht.
Energiekette für den Lautsprecher: 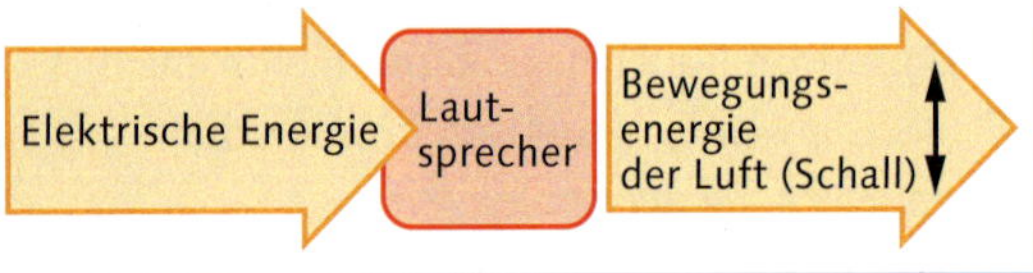	Energiekette für den Elektromotor: 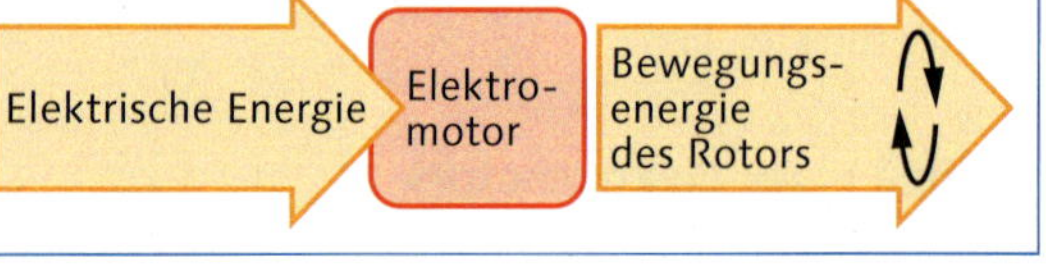

Energieumwandlungen

Aus der Tabelle kann man entnehmen, dass Lautsprecher und Elektromotor im Wesentlichen nach den gleichen physikalischen Prinzipien arbeiten. Auch der wesentliche Unterschied wird deutlich: Beim Lautsprecher entsteht eine Hin- und Herbewegung, beim Elektromotor wird mithilfe des Stromwenders eine Drehbewegung erzeugt.

In der Energiekette werden sowohl die Gemeinsamkeiten als auch die Unterschiede in der Energieumwandlung deutlich.

> Mithilfe der magnetischen Wirkung des elektrischen Stroms wird häufig elektrische Energie in Bewegungsenergie umgewandelt. Die technische Umsetzung kann jedoch sehr unterschiedlich sein.

Aufgaben

1 Nachweis

☐ Nenne Möglichkeiten, mit denen man nachweisen kann, dass im Elektromotor Dauermagnete eingebaut sind.

2 Vergleich

☐ „Lautsprecher und Elektromotor sind im Prinzip das Gleiche." Nimm Stellung dazu.

3 Dauermagnet ersetzen

Es gibt Elektromotoren ohne Dauermagnete.

◪ Erkläre die Veränderungen, die bei einem Elektromotor nötig sind, um diesen ohne Dauermagneten zu betreiben.

◪ Kann man auch bei einem Lautsprecher die Dauermagnete ersetzen? Entscheide begründet.

Bau eines Lautsprechers

Material

lackisolierter Kupferdraht (ca. 15 m, Ø = 0,2 mm), leere Teelichthülle, leerer Getränkekarton, starker Scheibenmagnet aus dem Bürofachgeschäft oder aus dem Internet, Musikgerät mit separaten Lautsprechern, Messer

Durchführung

1 Wickle den Draht eng um die Teelichthülle. Lass die Drahtenden etwa 20 cm überstehen.
2 Kratze mit dem Messer etwa 1 cm der Isolierung an beiden Drahtenden ab.
3 Suche den Lautsprecherausgang am Musikgerät. Stecke die Drahtenden in jeweils einen Lautsprecherausgang.

4 Spüle den Getränkekarton gründlich aus. Lass ihn danach geöffnet.

5 Stelle das umwickelte Teelicht auf den Getränkekarton und lege den Magnet in das Teelicht.
6 Schalte das Musikgerät ein und spiele Musik ab. Vermutlich musst du die Lautstärke voll aufdrehen.

Hinweise

– Die Klangqualität verbessert sich, wenn man den Magneten im Teelicht z. B. mit einem doppelseitigen Klebeband festklebt.
– Falls kein Musikgerät zur Verfügung steht, bei dem die Drähte des Teelichts direkt in den Lautsprecherausgang eingesteckt werden können, kann man einen Klinkenstecker wie abgebildet umbauen.

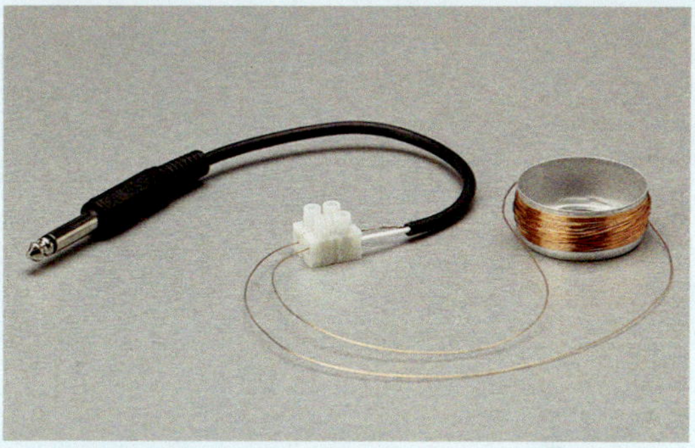

Auswertung

7 Besorge dir Scheibenmagnete in unterschiedlicher Stärke. Tausche die Magnete im Teelicht aus. Notiere deine Beobachtungen und erkläre Veränderungen, die du bemerkst.
8 Experimentiere mit Alternativen für den Getränkekarton (Beispiel: Plastikeimer). Notiere deine Beobachtungen.
9 Ein weiterer Magnet wird – wie im Bild gezeigt – unterhalb der Spule angebracht. Erkläre deine Beobachtungen.

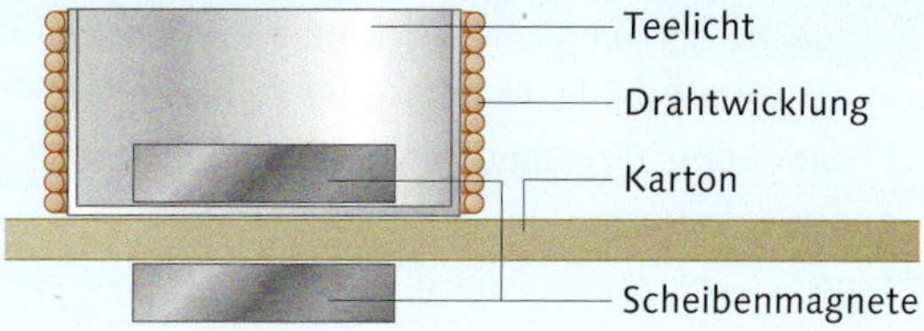

Weitere Forschung

10 Nenne die wesentlichen Bauteile, die in einem Ohrstöpselkopfhörer eingebaut sein müssen. Überprüfe deine Antwort, indem du einen billigen Ohrstöpselkopfhörer demontierst.
11 Vertausche bei der Energiekette für einen Lautsprecher Ursache und Wirkung. Erkläre, welches Gerät die neue Energiekette beschreibt.

Wie verstärkt man die magnetische Wirkung?

Die folgenden Aufgaben zum Thema **Magnetismus und Elektromagnetismus** helfen dir, deinen Lernstand einzuschätzen. Beobachte dich dazu beim Lösen der Aufgaben selbst:
- Brauchst du Hilfe? Musst du z. B. noch einmal nachlesen oder jemanden fragen?
- Kannst du die Aufgaben ohne Hilfe lösen?
- Weißt du sogar mehr, als in der Lösung steht?

Notiere dir, bei welchen Fragen du Schwierigkeiten hast. Kehre noch einmal zu den entsprechenden Seiten zurück, arbeite sie durch und löse die zugehörigen Aufgaben. Weitere Aufgaben findest du auf den folgenden Seiten.

1 Magnete

a □ Zwei Stabmagnete werden einander angenähert. Erkläre mögliche Beobachtungen und nutze dazu die passenden Fachbegriffe.

b ◪ Nenne Stoffe, die man magnetisieren kann.

c ◪ Beschreibe mithilfe des Elementarmagnete-Modells, was beim Magnetisieren im Innern von Stoffen vorgeht.

2 Magnetisches Feld

a □ Nenne Hilfsmittel, mit denen man ein magnetisches Feld nachweisen kann.

b ◪ Stelle zeichnerisch das Magnetfeld eines starken und eines schwachen Stabmagnets dar. Gib die Richtung des Magnetfelds mithilfe von Pfeilen an.

c ◪ Ein Stabmagnet wird an einem Faden so aufgehängt, dass er sich wie eine Kompassnadel ausrichten kann. In welche Richtung zeigt der Südpol des Stabmagneten? Begründe deine Antwort.

3 Magnetische Wirkung

a □ Zeichne das Magnetfeld eines stromdurchflossenen geraden Leiters.

b ◪ Beschreibe, was sich an deiner Zeichnung ändert, wenn man die Anschlüsse der Energiequelle am Leiter tauscht.

c ■ Die Stromstärke durch den Leiter wird erhöht. Beschreibe, was sich dadurch in deiner Zeichnung verändert.

4 Elektromagnete

a □ Nenne die wesentlichen Bestandteile eines Elektromagnets.

b ◪ Zeichne das Magnetfeld eines spulenförmigen Elektromagnets.

c ◪ Beschreibe, was sich in deiner Zeichnung verändert, wenn man die Polung der Energiequelle verändert.

d ◪ Beschreibe Möglichkeiten, wie man die Stärke eines Elektromagnets verändern kann.

5 Lautsprecher und Elektromotor

a ◪ Nenne das physikalische Phänomen, das sowohl beim Lautsprecher als auch beim Elektromotor genutzt wird.

b ◪ Beschreibe, wie sich die Wechselwirkung von Magnetfeldern bei Lautsprechern bzw. Elektromotoren auswirkt.

c ■ Vergleiche den Aufbau eines Lautsprechers mit dem eines Elektromotors. Nenne die grundlegenden Unterschiede.

Magnetismus und Elektromagnetismus

Den Wirkungsbereich eines Magnets kann man mit Eisenfeilspänen sichtbar machen.	
Stabmagnet	**Stromdurchflossene Spule**
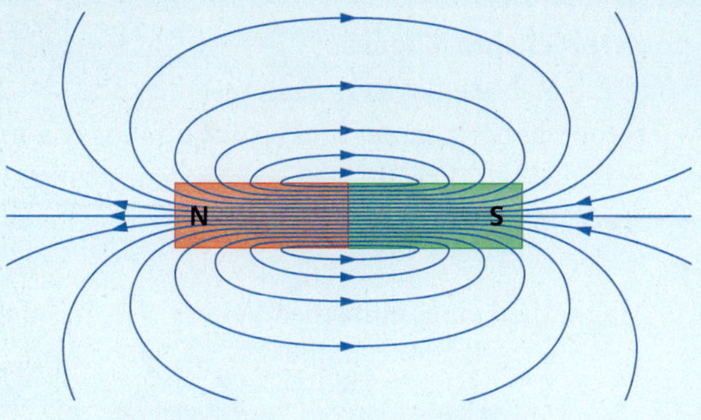	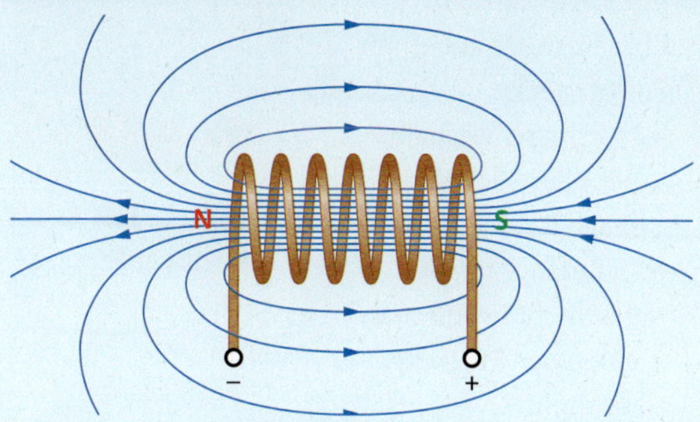
Ein Stabmagnet besitzt Nord- und Südpol.	Eine stromdurchflossene Spule besitzt Nord- und Südpol.
Gleichnamige Pole stoßen sich ab, ungleichnamige Pole ziehen sich an.	Gleichnamige Pole stoßen sich ab, ungleichnamige Pole ziehen sich an.
Eine Umpolung ist nicht möglich.	Die Stromrichtung bestimmt die Polung.
Das Magnetfeld ist an den Polen am stärksten.	Das Magnetfeld ist an den Polen am stärksten.
Die magnetische Wirkung eines Dauermagnets ist immer gleich groß.	Die magnetische Wirkung lässt sich verstärken durch: – Erhöhen der Windungszahl – Erhöhen der Stromstärke – Einführen eines Eisenkerns
Ein Abschalten des Magnets ist nicht möglich.	Der Magnet lässt sich abschalten, indem man den elektrischen Strom abschaltet.

Wechselwirkung von Magneten:
Lautsprecher und Elektromotor nutzen die Wechselwirkung der Magnetfelder von Dauer- und Elektromagneten.

Elektrische Energie

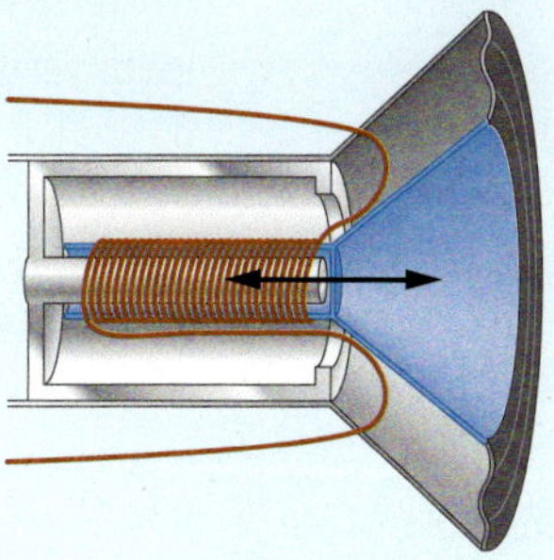

Bewegungsenergie der Luft (Schall)

Elektrische Energie

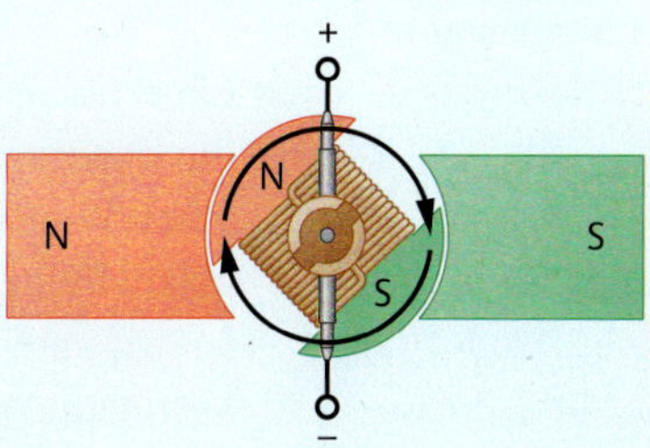

Bewegungsenergie der drehbaren Spule

1 Schwebende Magnete

Zwei Scheibenmagnete mit Loch werden übereinander auf einen Stab gesteckt.

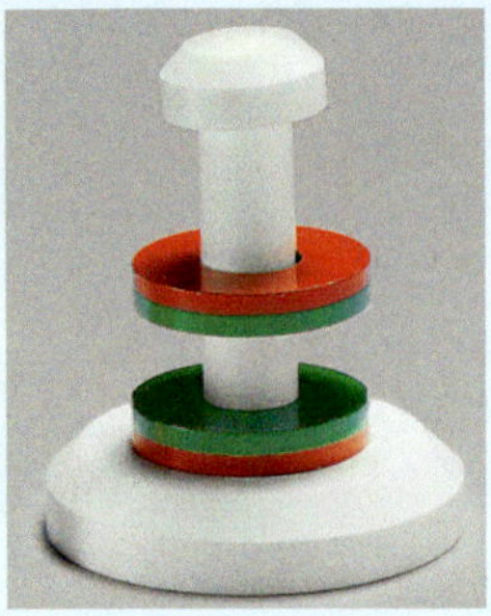

a □ Erkläre, weshalb der obere Scheibenmagnet schwebt.

b □ Beschreibe, was geschieht, wenn man einen der Magnete umdreht.

c ◪ Stelle das Magnetfeld eines der Magnete zeichnerisch dar.

2 Magnete erkennen

Zwei Eisenstäbe sehen von außen völlig gleich aus.

a ◪ Beschreibe einen Versuch, mit dem du feststellen kannst, ob keiner, einer der beiden oder beide Eisenstäbe Magnete sind.

b ■ Wenn einer der beiden Stäbe ein Magnet wäre – könntest du ohne weitere Hilfsmittel herausfinden, welcher? Begründe.

3 Magnetfeld der Erde

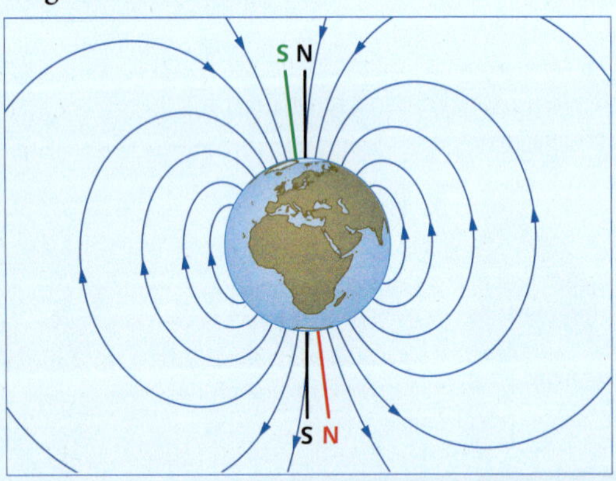

◪ Mit dem Kompass in der Hand bewegt man sich immer weiter nach Norden.
Beschreibe, was zu beachten ist, wenn man am geografischen Nordpol ankommen möchte.

4 Inklination

■ Eine in alle Richtungen frei bewegliche Magnetnadel richtet sich nicht nur in Nord-Süd-Richtung aus, sondern auch schräg zur Erdoberfläche. Dies nennt man Inklination. Wie erklärst du dir diese Ausrichtung der Magnetnadel?

5 Zerbrochener Magnet

□ Ein Stabmagnet ist heruntergefallen und zerbrochen. Kann ein Bruchstück nur aus einem Pol bestehen? Erkläre. Nutze dafür eine Modellvorstellung.

6 Magnetfeld eines einfachen Leiters

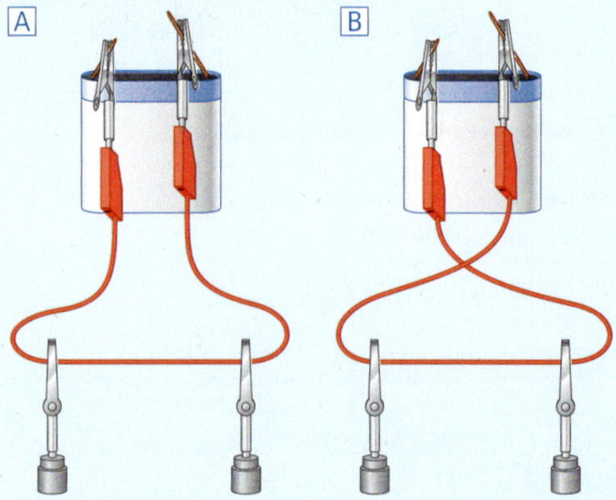

a □ Zeichne das Bild in dein Heft ab.

b ◪ Zeichne Magnetnadeln unter dem gespannten Kabel ein.

7 Hochspannungsleitungen

◪ Manche Menschen möchten nicht in der Nähe einer Hochspannungsleitung wohnen. Nenne physikalische Gründe, die Gegner oder Befürworter von Hochspannungsleitungen als Argument verwenden können. Im Internet findest du dazu viele Seiten, mit deren Hilfe du dich mit dem Thema auseinandersetzen kannst.

8 Magnetfelder

a □ Zeichne die Magnetfelder eines Stabmagnets und einer stromdurchflossenen Spule.

b ◪ Notiere Gemeinsamkeiten und Unterschiede der beiden Magnetfelder.

9 Experiment zur Windungszahl

Ein Experiment soll den Zusammenhang zwischen Windungszahl einer Spule und ihrer magnetischen Wirkung untersuchen. Es stehen Spulen unterschiedlicher Windungszahl zur Verfügung.

a ◪ Jede Spule wird in einen eigenen Stromkreis eingebaut. Erkläre, warum in beiden Stromkreisen dieselbe Stromstärke eingestellt werden muss.

b ■ Optimiere den Versuch so, dass man die Stromstärke nicht bei jeder Messung neu einstellen muss.

10 Besondere Schaltung

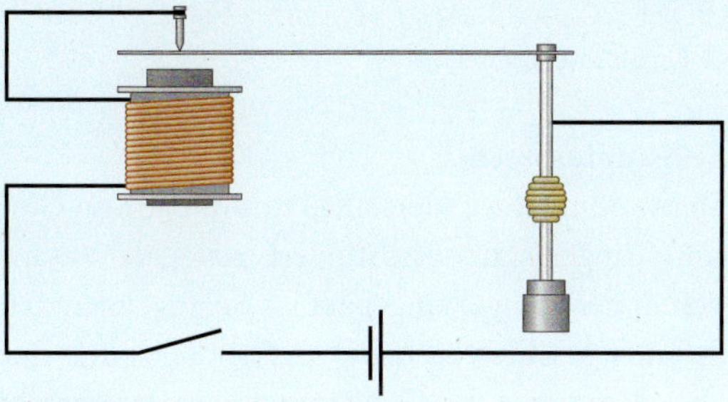

◪ Erkläre die Wirkungsweise der abgebildeten Schaltung.

11 Lautsprecher

a □ Erkläre, warum ein Lautsprecher ein Energiewandler ist.

b ◪ Zeichne und beschrifte die Kette von Energieumwandlungen vom Verstärker bis zum Höreindruck im Gehirn.

12 Modell eines Elektromotors

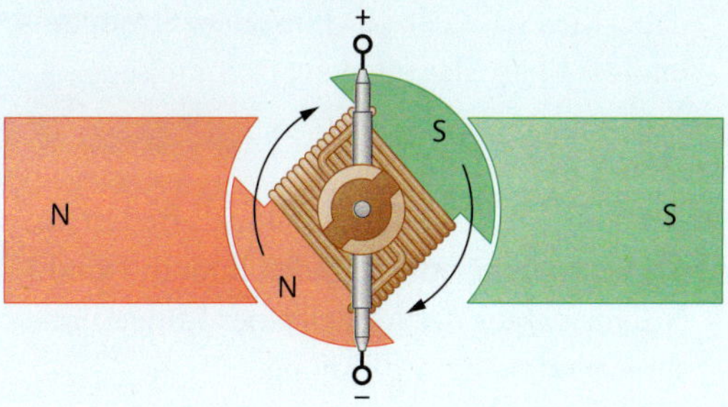

Stelle mithilfe von Papier und Overheadfolie ein Erklärungsmodell für den abgebildeten Elektromotor her.

a □ Notiere, welche Bauteile unbedingt notwendig sind.

b ◪ Ordne die verschiedenen Bauteile so an, dass sich der Elektromagnet drehen würde.

c ■ Verdeutliche die Funktion des Stromwenders.

13 Schwebender Globus

Im Sockel sind mehrere Magnete eingebaut.

a □ Erkläre, wie die Magnete im Sockel und im unteren Teil des Globus gepolt sein müssen, damit der Globus schwebt.

b ■ Begründe, warum im Sockel unter dem Globus mindestens drei Magnete eingebaut sein müssen.

14 Magnetschwebebahn

Magnetschwebebahnen funktionieren deutlich anders als normale Eisenbahnen: Sie kommen ohne Räder, Achsen und Oberleitungen aus. Dass die Bahn nicht rollt, sondern schwebt, liegt an starken magnetischen Feldern: Trägermagnete heben die Bahn an, Führungsmagnete lenken die Bahn entlang der Trasse.

a ◪ Ordne die Begriffe „Trägermagnete“ und „Führungsmagnete“ in der Zeichnung zu.

b ■ Wo müsste Anziehung und/oder Abstoßung vorliegen, damit die Bahn keinen Kontakt zur Trasse hat? Begründe.

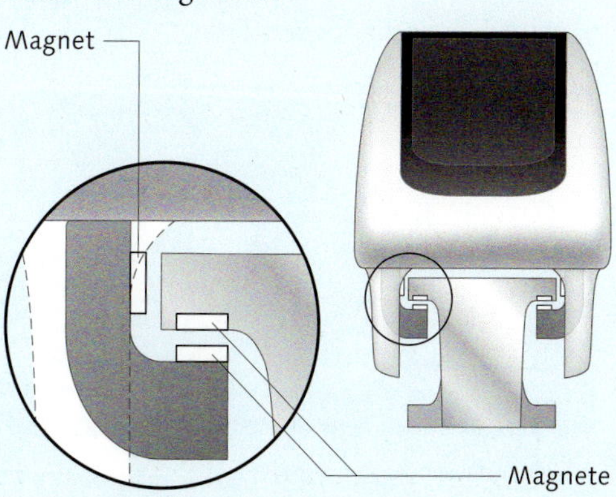

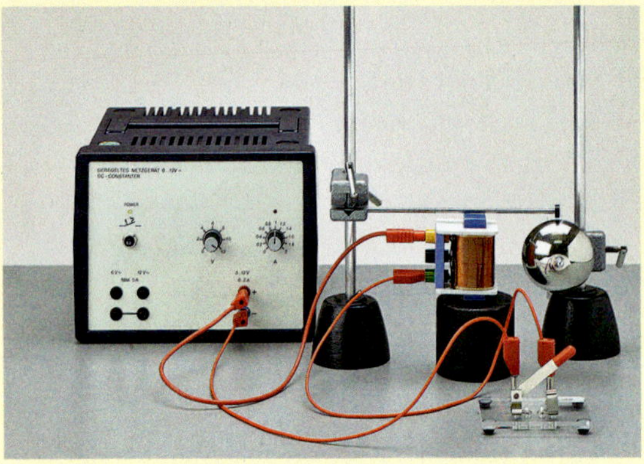

1 Ein einfacher elektrischer Gong

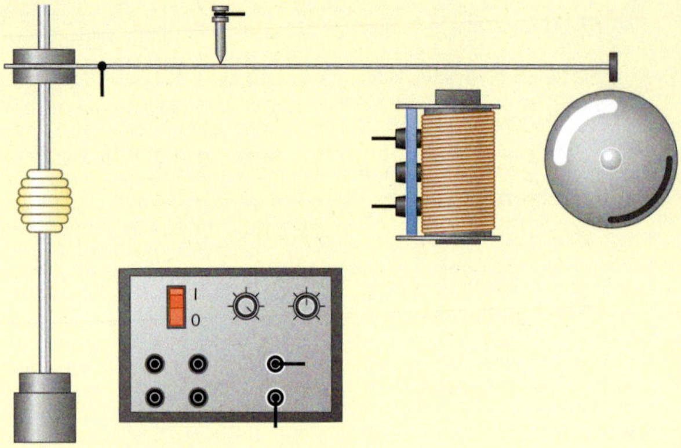

3 Ein Selbstunterbrecher

1 Gong und Klingel

Viele ältere Klingeln und Gongs nutzen die magnetische Wirkung des elektrischen Stroms. Um einen Klang zu erzeugen, wird eine Glockenschale von einem Hämmerchen angeschlagen.

Elektrischer Gong

Mithilfe von Experimentiermaterialien wurde ein einfacher elektrischer Gong aufgebaut.

a □ Zeichne den Versuchsaufbau des elektrischen Gongs in Bild 1 vereinfacht ab.

b □ Beschrifte die einzelnen Teile deiner Zeichnung mit den Begriffen „Glockenschale“, „Hammer“, „Spule“, „Schalter“ und „Energiequelle“.

c ◪ Wenn der Schalter betätigt wird, dann ist der Schlag des Gongs zu hören. Erkläre.

Elektrische Klingel

Vergleiche den elektrischen Gong mit einer früher üblichen Hausklingel wie in Bild 2.

d □ Benenne für den Vergleich zuerst die in beiden Aufbauten vorkommenden Teile.

e ◪ Beschreibe dann die in der Hausklingel zusätzlich vorhandenen Teile.

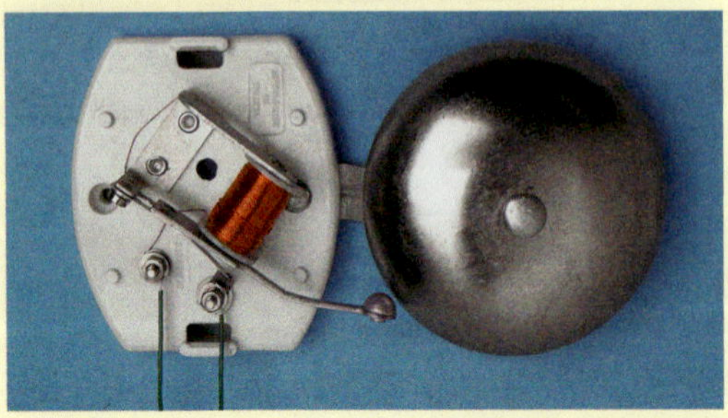

2 Eine aufgeschraubte Hausklingel

Selbstunterbrecher

Der wesentliche Unterschied im Aufbau von Gong und Klingel ist der Selbstunterbrecher, der zusätzlich in der Klingel eingebaut ist. Solange man den Schalter geschlossen hält, sorgt der Selbstunterbrecher dafür, dass der Gong immer wieder angeschlagen wird. Den Selbstunterbrecher für eine Klingel kann man so aufbauen, wie es in Bild 3 angedeutet ist.

f ■ Übernimm Bild 3 in dein Heft und ergänze die Zeichnung zu einem vollständigen Bauplan für eine Klingel.
Beachte: Beim Drücken des Schalters soll die Klingel so lange ununterbrochen klingeln, bis man den Schalter wieder loslässt.

g ■ Formuliere eine vollständige Erklärung der Funktionsweise einer Klingel. Unterscheide dabei die Phase des geschlossenen Stromkreises und die Phase des offenen Stromkreises.

Eigenbau

In der Sammlung deines Physiksaals findest du ähnliche Materialien wie in den Bildern 1 und 3.

h ◪ Baue daraus das Modell einer Klingel entsprechend deiner Zeichnung.

i ◪ Überlege dir, wie man einen Gong bauen könnte, der zwei verschiedene Töne erzeugt.

Gong oder Klingel

Gong und Klingel können an der Haustür eingebaut werden.

j □ Benenne Vor- und Nachteile eines Türgongs gegenüber einer Klingel mit durchgehendem Klingelton.

4 Ein selbst gebauter Elektromotor

2 Bau eines Elektromotors

Dieser Elektromotor wurde mit einfachen Mitteln hergestellt. Die folgenden Überlegungen helfen dir, die zum Bau notwendigen Schritte nachzuvollziehen. Wenn du möchtest, kannst du den Motor auch selbst bauen.

Eingesetzte Materialien

a □ Erstelle eine Materialliste für den Bau eines einfachen Elektromotors, indem du Bild 4 genau betrachtest.

b □ Im Baumarkt gibt es verschiedene Arten von Draht zu kaufen: blanken Kupferdraht und sogenannten lackisolierten Kupferdraht. Notiere und begründe, für welche der Bauteile des Elektromotors aus Bild 4 du welche Art von Draht verwenden würdest.

c ◪ Für den abgebildeten Elektromotor wurde ein Kupferlackdraht von 0,5 mm Durchmesser verwendet. Der Kupferlackdraht wurde zu einer Spule aufgewickelt. Musst du die genaue Windungszahl kennen?
Begründe deine Entscheidung, indem du dir überlegst, welcher Zusammenhang zwischen der Windungszahl und dem Verhalten des Motors besteht.

d ◪ Stelle dir vor, beim Elektromagnet in Bild 4 würde ein stärkerer Magnet auf der Batterie angebracht.
Erkläre, wie sich das auf das Drehen der Spule auswirkt.

Stromwender

Wenn du den Motor in Bild 4 betrachtest, fällt auf, dass er im Gegensatz zu anderen Elektromotoren keinen Stromwender besitzt. Hier hat man auf einen Trick zurückgegriffen, der die Spule auch ohne Stromwender dauerhaft weiterdrehen lässt.

e ◪ In einer Bauanleitung für einen Elektromotor ähnlicher Bauart findet sich dazu die folgende Zeichnung. Erkläre sie.

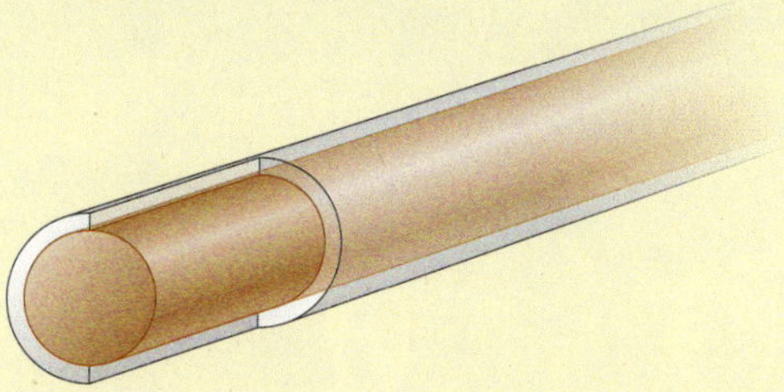

f ◪ Ein Teil des Tricks besteht darin, dass der Strom nur während einer halben Spulenumdrehung durch die Spule fließt. Das entstehende Magnetfeld versetzt die Spule in eine Drehbewegung. Erkläre, warum sich die Spule weiterdreht, wenn während der anderen halben Spulenumdrehung kein Strom durch sie fließt.

g ◪ Begründe, warum man am anderen Ende des Drahts den Lack vollständig entfernen kann.

h ◪ Beim Start des Elektromotors fängt die Spule oft nicht von selbst an, sich zu drehen. Man muss sie anstoßen. Nenne den Grund dafür.

Eine andere Bauform

i ■ Dieser Elektromotor benötigt keinen Dauermagnet. Erkläre, wodurch der Dauermagnet hier ersetzt wurde.

j ■ Dieser Motor läuft gleichmäßiger, weil immer Strom fließt. Beschreibe, wie das erreicht wurde.

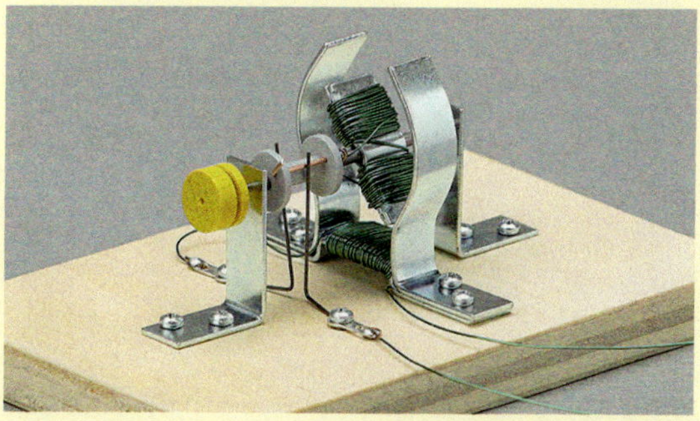

5 Zusammengesetzter Elektromotor-Bausatz

5

Einfache Bewegungen

Was ist in Ruhe und was in Bewegung?
Und was ist der Unterschied?

Wie lassen sich Bewegungen beschreiben?

Kann das gelbe Spielzeug-Rennauto auf der Zielgeraden noch gewinnen?

Ruhe und Bewegung

1 Schildkröten bewegen sich am Ufer.

Von Schildkröten geht viel Ruhe aus. Sie bewegen sich wie das fließende Wasser in Bild 1 sehr langsam. Die Begriffe „Ruhe“ und „Bewegung“ verwenden wir wie selbstverständlich. Für Physiker ist es jedoch äußerst wichtig, diese beiden unterschiedlichen Zustände eindeutig zu beschreiben.

Ruhe und Bewegung

Das Schildkrötenbaby sitzt reglos auf dem Panzer seiner Mutter. Wenn die Schildkrötenmutter losläuft, bewegen sich beide Tiere am Ufer entlang. Mutter und Kind verändern ihre Position.
Damit die kleine Schildkröte erkennen kann, wie schnell sie getragen wird, braucht sie in ihrer Umgebung einen ruhenden Punkt, relativ zu dem sie ihre Bewegung einschätzt. Dieser Punkt wird in der Physik **Bezugspunkt** genannt. Häufig verwendet man als Bezugspunkt die Erdoberfläche.
Schaut die kleine Schildkröte auf einen Bezugspunkt am Ufer, kann sie ihre Geschwindigkeit abschätzen. Sie sieht sofort, dass und wie schnell sie sich bewegt. Schaut sie auf das bewegte fließende Wasser, erhält sie einen anderen Eindruck von ihrer Geschwindigkeit. Schaut sie auf den Rücken ihrer Mutter, hat sie das Gefühl, in Ruhe zu sein, denn gegenüber der Mutter ändert das Schildkrötenbaby seine Position nicht.

Ein Körper befindet sich in Bewegung, wenn er seine Position gegenüber einem Bezugspunkt ändert. Ein Körper ist in Ruhe, wenn er seine Position gegenüber einem Bezugspunkt beibehält.

Beispiel Ein Zug fährt ab

Sicher kennst du die Situation in Bild 2: Dein Zug steht im Bahnhof und du schaust aus dem Fenster. Dann setzt sich der Zug auf dem Nachbargleis in Bewegung. Ganz kurz hast du den Eindruck, dein eigener Zug führe los. Sobald du jedoch auf den Bahnsteig (Bezugspunkt: Erde) schaust, erkennst du, welcher Zug wirklich fährt. Die Kinder am Fenster gegenüber kommen nicht auf die Idee, dass der Zug schon abfährt. Sie haben stets freie Sicht auf einen festen Bezugspunkt. Meist gibt es mehrere mögliche Bezugspunkte: Nur mit Wissen über den Bezugspunkt kann man entscheiden, welcher Zug in Bewegung ist.

2 Fährt der eigene Zug oder fährt er nicht?

Unterschiedliche Bewegungsformen

Die Punkte, die ein Körper bei seiner Bewegung durchläuft, nennt man Bahn oder Bahnkurve des Körpers. Die Form der Bahn gibt der Bewegung ihren Namen.

Geradlinige Bewegung
Hier läuft ein Jogger entlang einer fast geraden Bahn.

Kreisbewegung
Pferde hinterlassen eine Kreisbahn im Sand.

Krummlinige Bewegung
Die Schlange schlängelt sich auf krummliniger Bahn.

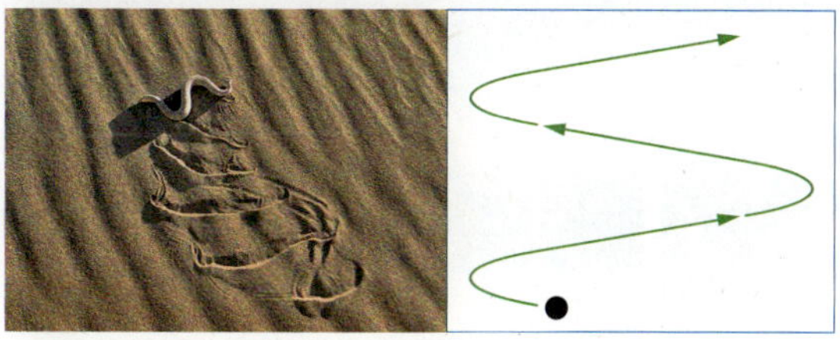

Schwingung
Die Schaukel schwingt zwischen zwei Punkten.

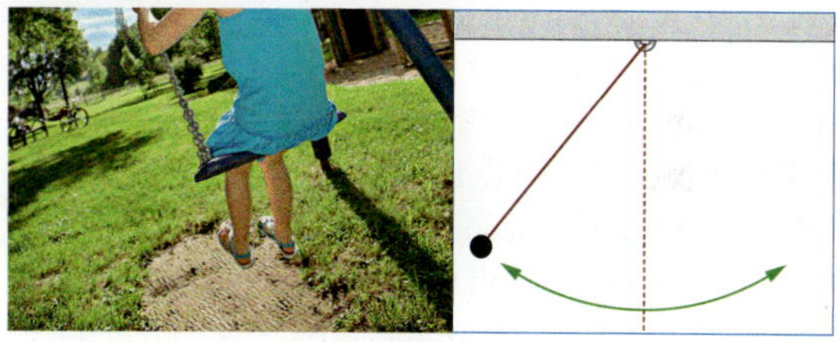

Aufgaben

1 Auf der Stelle treten

Ein Hamster rennt in einem Laufrad.

a □ Nenne Teile im Bild, die sich in Ruhe, und welche, die sich in Bewegung befinden.

b ◪ Beschreibe die Situation aus Sicht des Hamsters.

c ■ Tim behauptet, der Hamster sei in Ruhe. Nimm Stellung zu dieser Aussage.

2 Bezugspunkt

Physiker sprechen von einem Bezugspunkt.

a □ Beschreibe in eigenen Worten, was man unter einem Bezugspunkt versteht.

b ◪ Nenne einen oft verwendeten Bezugspunkt.

c ■ „Jede Bewegung ist relativ!" Erläutere, wie man diese Aussage verstehen kann.

3 Bewegungsformen

In einem Buch ist folgende Abbildung zu sehen:

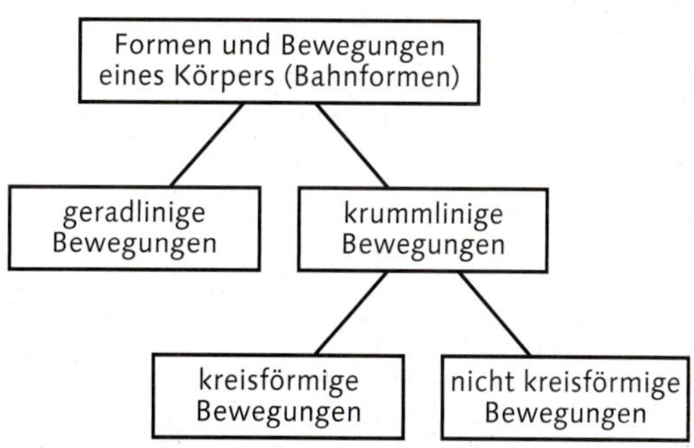

■ Erläutere die gewählte Einteilung.

Geschwindigkeit

1 Wer schneller ist, entscheidet über Leben und Tod.

Wie schnell …	Geschwindigkeit
wächst ein Haar?	$0{,}35\ \frac{\text{mm}}{\text{Tag}}$
läuft ein Gepard?	$112\ \frac{\text{km}}{\text{h}}$
kann ein Mensch laufen?	$10\ \frac{\text{m}}{\text{s}}$
fliegt ein Wanderfalke? (Sturzflug)	$320\ \frac{\text{km}}{\text{h}}$
kriecht eine Schnecke?	$0{,}08\ \frac{\text{cm}}{\text{s}}$
bewegt sich Afrika?	$2{,}15\ \frac{\text{cm}}{\text{Jahr}}$
ist Schall in Luft bei 20 °C?	$343{,}4\ \frac{\text{m}}{\text{s}}$
ist das Licht?	$300\,000\ \frac{\text{km}}{\text{s}}$

2 Interessante Geschwindigkeiten (Näherungswerte)

Geschwindigkeit

Die Geschwindigkeit ist ein Maß für die Schnelligkeit eines Körpers. Ein Löwe kann maximal 50 $\frac{\text{km}}{\text{h}}$ (Kilometer pro Stunde) schnell laufen. Das bedeutet, dass der Löwe bei gleichmäßigem Laufen in einer Stunde 50 Kilometer weit käme. Löwen sind jedoch keine ausdauernden Läufer. Sie halten ihre Höchstgeschwindigkeit nicht lange durch. Das Gnu hingegen ist ein sehr ausdauerndes Tier und erreicht zudem eine Höchstgeschwindigkeit von 80 $\frac{\text{km}}{\text{h}}$.

> Die Geschwindigkeit gibt an, welche Strecke ein Körper in einer bestimmten Zeit zurücklegen würde.

Geschwindigkeiten vergleichen

Bei einer Geschwindigkeitsangabe ist nicht nur der Zahlenwert (die Maßzahl) entscheidend, sondern auch die Einheit. Tabelle 2 gibt die Geschwindigkeit eines Gepards in der Einheit $\frac{\text{km}}{\text{h}}$ an, während das langsam wachsende Haar sinnvollerweise in der Einheit $\frac{\text{mm}}{\text{Tag}}$ angegeben ist.
Durch die unterschiedlichen Einheiten lassen sich die Geschwindigkeiten jedoch nur schwer vergleichen. Ein Vergleich ist erst möglich, wenn entweder gleiche Strecken oder gleiche Zeitintervalle betrachtet werden.

> Um Geschwindigkeiten zu vergleichen, braucht man entweder gleiche Strecken oder gleiche Zeitintervalle.

Im Alltag verwendet man als Einheit der Geschwindigkeit häufig $\frac{\text{km}}{\text{h}}$; in der Physik in der Regel $\frac{\text{m}}{\text{s}}$.

Beispiel Geschwindigkeiten vergleichen

3 Usain Bolt läuft als erster Mensch 100 m unter 9,6 s.

Würde der schnellste Mensch der Welt dem Löwen davonlaufen können? Hierzu vergleichen wir die in gleicher Zeit maximal zurückgelegten Strecken.

Löwe: etwa 50 km in 1 Stunde
Sprinter: 100 m in etwa 10 Sekunden

Wie weit käme der Sprinter in einer Stunde?
In jeder Minute (60 s) würde der Sprinter maximal
$100\ \text{m} \cdot 6 = 600\ \text{m}$ weit laufen.
Da eine Stunde 60 Minuten hat, käme er pro Stunde
$600\ \text{m} \cdot 60 = 36\,000\ \text{m}$ (36 km) weit.

In der Form 36 $\frac{\text{km}}{\text{h}}$ lässt sich die Geschwindigkeitsangabe jetzt leicht mit der des Löwen von 50 $\frac{\text{km}}{\text{h}}$ vergleichen: Selbst der schnellste Mensch der Welt könnte dem Löwen nicht entkommen.

Extra Von langsam bis extrem schnell

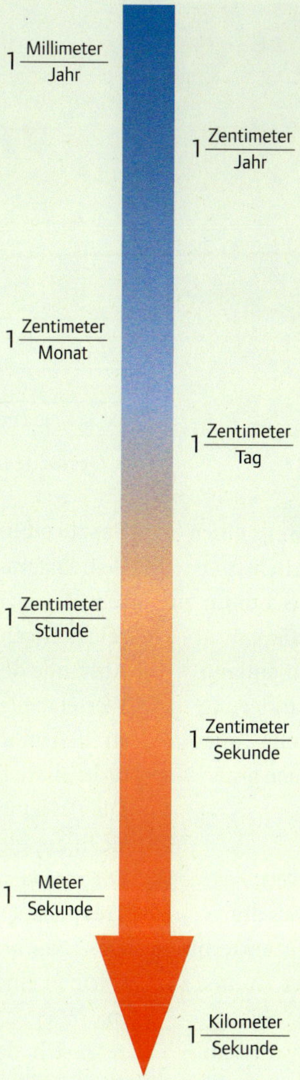

Millimeter pro Jahr
In den Zeitungen ist zu lesen, dass der Meeresspiegel der Weltmeere aufgrund der globalen Erderwärmung steigt. Zurzeit steigt der Meeresspiegel um etwa drei Millimeter pro Jahr.

Zentimeter pro Monat
Nachdem ein Vietnamese seine Haare 50 Jahre lang nicht geschnitten hatte, war er mit 6,3 m stolzer Besitzer der längsten Haare der Welt. Die Wachstumsgeschwindigkeit beträgt bei Haaren etwa ein Zentimeter pro Monat.

Zentimeter pro Stunde
Schleimpilze sind Lebewesen, die in ihrer Lebensweise Eigenschaften von Tieren und Pflanzen vereinen. Diese Pilze bewegen sich mit einer Geschwindigkeit von etwa ein Zentimeter pro Stunde fließend fort.

Meter pro Sekunde
Fußgänger bewegen sich mit etwa einem Meter pro Sekunde fort. Fahrradfahrer sind mit vier Metern pro Sekunde etwa viermal so schnell. In der Physik ist Meter pro Sekunde die gebräuchlichste Einheit der Geschwindigkeit.

Zentimeter pro Jahr
Vor 135 Millionen Jahren waren die Kontinente noch miteinander verbunden. Danach brach diese Landmasse (Pangäa) auseinander. Auch heute bewegen sich die Kontinente noch mit einer Geschwindigkeit, die in der Größenordnung von mehreren Zentimetern pro Jahr liegt.

Zentimeter pro Tag
Bananenstauden wachsen schneller als die meisten anderen Pflanzen. Wenn sie gut gepflegt werden, erreichen sie eine Wachstumsgeschwindigkeit von etwa einem Zentimeter pro Tag.

Zentimeter pro Sekunde
An Silvester passieren viele Unfälle mit Feuerwerkskörpern. Oft werden Blindgänger nochmals angezündet. Finger weg von kurzen Zündschnüren, denn die Abbrenngeschwindigkeit beträgt etwa einen Zentimeter pro Sekunde.

Kilometer pro Sekunde
Die Erde umrundet die Sonne mit einer Geschwindigkeit von 30 Kilometern pro Sekunde. Aber nichts ist schneller als Licht mit 300 000 Kilometern pro Sekunde.

Aufgaben

1 Geschwindigkeitsvergleich
☐ Vergleiche die Geschwindigkeit eines 400-m-Schwimmers (persönliche Bestzeit: 4 Minuten) mit der eines Delphins (50 $\frac{\text{km}}{\text{h}}$).

2 Kilometer pro Stunde
◪ Im Alltag werden Geschwindigkeiten oft in $\frac{\text{km}}{\text{h}}$ gemessen. Vergleiche diese Einheit mit den auf dieser Seite genannten.

3 Geschwindigkeitsrekorde
☐ Recherchiere im Internet nach Geschwindigkeitsrekorden. Lege eine nach Geschwindigkeiten sortierte Tabelle an.

2 Weltschnellster Rasenmäher

Bewegung mit konstanter Geschwindigkeit

1 Wer schafft am ehesten eine konstante Geschwindigkeit?

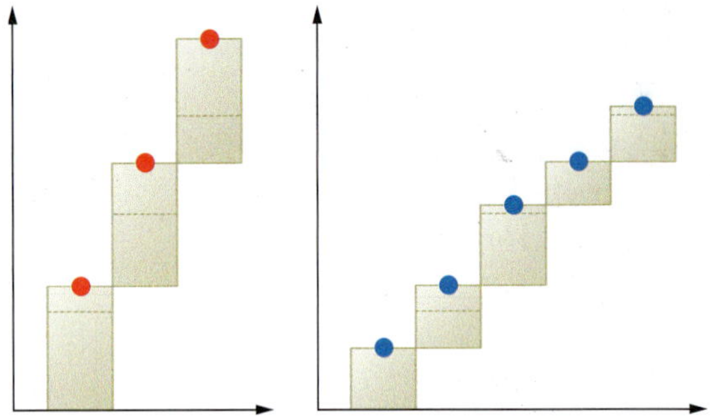

Zeit in s	0	1	2	3	4	5
Strecke in cm	0	20	40	60		
Strecke in cm	0	10	20	33	40	49

2 Messwerte und Diagramme der Gruppen

Zwei Gruppen erhalten die Aufgabe, jeweils einen Mitschüler auf einem Rollbrett mit möglichst konstanter Geschwindigkeit durch den Schulflur zu ziehen. Um die Bewegung zu dokumentieren, hinterlässt der Schüler auf dem Rollbrett entlang der Strecke nach jeder Sekunde eine Markierung seiner Position auf einer ausgerollten Rolle Toilettenpapier. Welche Gruppe hat die Aufgabe am genauesten gelöst?

Beschreiben der Bewegung mit Worten

Ganz allgemein kann man erkennen, dass die Markierungen der ersten Gruppe (rote Markierungen) weiter auseinanderliegen als die der zweiten Gruppe (blauen Markierungen): Bei der „blauen Gruppe" sind die Streckenabschnitte etwa 10 cm lang, bei der „roten Gruppe" etwa 20 cm lang. Die rote Gruppe muss das Rollbrett demnach schneller gezogen haben.

Aus dem recht regelmäßigen Abstand der roten Markierungen kann man schließen, dass die Bewegung mit annähernd konstanter Geschwindigkeit erfolgt ist. Eine Bewegung mit konstanter Geschwindigkeit wird in der Physik auch gleichförmige Bewegung genannt. Die Markierungen der roten Gruppe sind aber insgesamt etwas regelmäßiger verteilt.

> Bei einer Bewegung mit konstanter Geschwindigkeit werden in gleichen Zeitabständen jeweils gleich lange Streckenabschnitte zurückgelegt.

Beschreibung mit einem Diagramm

Weil Diagramme oft klarer sind als Worte, entscheiden sich die Gruppen zusätzlich für eine zeichnerische Auswertung. Dazu messen sie die Abstände der Markierungen und tragen sie in eine Wertetabelle ein. Dann schneiden sie die Papierstreifen an den Markierungen auseinander und ordnen die Papierstücke treppenförmig an (Bild 2). Die Papierstücke der blauen Gruppe sind kürzer, da sie in der gleichen Zeit langsamer unterwegs waren. Die rote Gruppe hat die Aufgabe besser gelöst. Ihre Treppenstücke sind nahezu gleich hoch.
Das Diagramm, das entsteht, wenn man die Messwerte in einem Koordinatensystem aufträgt, nennt man Weg-Zeit-Diagramm oder *s*-*t*-Diagramm. Es zeigt sich, dass die Markierungen der roten Gruppe eher auf einer Geraden liegen (Bild 3).

> Das Diagramm einer Bewegung mit konstanter Geschwindigkeit ist eine Ursprungsgerade.

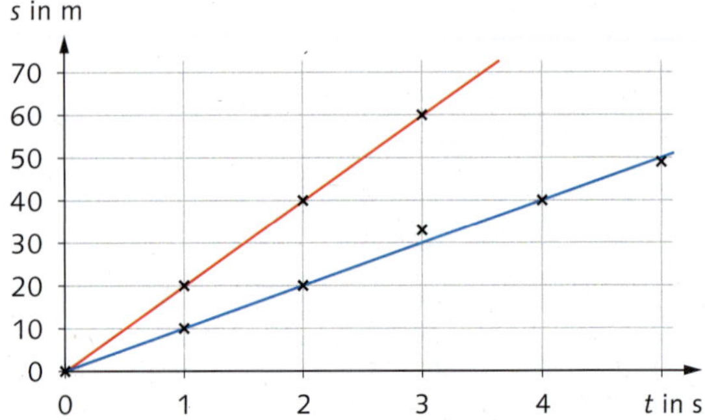

3 Geraden bei Bewegung mit konstanter Geschwindigkeit

rote Gruppe						
t in s	0	1	2	3	4	5
s in cm	0	20	40	60	80	100
$\frac{s}{t}$ in $\frac{\text{cm}}{\text{s}}$	0	20	20	20	20	20

blaue Gruppe						
t in s	0	1	2	3	4	5
s in cm	0	10	20	33	40	50
$\frac{s}{t}$ in $\frac{\text{cm}}{\text{s}}$	0	10	10	11	10	10

4 Wertetabellen mit Quotienten in der untersten Zeile

Beschreibung mit einer Gleichung

Die Gruppen wollen es noch genauer wissen und jonglieren ein wenig mit ihren Messwerten. Dabei entdeckt eine Schülerin der roten Gruppe folgenden Zusammenhang: Wenn sie die zurückgelegte Strecke durch die dafür benötigte Zeit teilt, erhält sie immer den gleichen Wert. Sie trägt das Ergebnis der Division in eine weitere Zeile der Wertetabelle ein.
Auch die blaue Gruppe ergänzt ihre Wertetabelle um diese weitere Zeile (Bild 4). Da ihre Bewegung langsamer war, sind ihre Quotienten kleiner als in der roten Gruppe.

Bei einer Bewegung mit konstanter Geschwindigkeit ist der Quotient aus zurückgelegter Strecke s und der dazu benötigten Zeit t immer gleich, also konstant. Diese Konstante ist die Geschwindigkeit und wird mit v bezeichnet. Für eine konstante Geschwindigkeit erhält man also die Gleichung:

$$v = \frac{\Delta s}{\Delta t} = \text{konstant}$$

Dabei zeigt das „Delta" (Δ) an, dass es sich um Weg- und Zeitabschnitte handelt.

> Bei einer Bewegung mit konstanter Geschwindigkeit ergibt der Quotient aus zurückgelegter Strecke und dafür benötigter Zeit immer den gleichen Wert.
>
> $$v = \frac{\Delta s}{\Delta t} = \text{konstant}$$

Aufgaben

1 Inlineskater

Ein Inlineskater fährt 30 $\frac{\text{km}}{\text{h}}$ schnell. Er fährt mit konstanter Geschwindigkeit geradeaus.

a □ Nenne Möglichkeiten, seine Bewegung zu beschreiben.

b ◪ Untersuche die Bewegung des Skaters mithilfe einer Wertetabelle. Zeichne ein s-t-Diagramm.

c ■ Erläutere, wie das Diagramm eines Skaters aussieht, der schneller ist.

2 Undichte Stelle

Ein Motorrad verliert Öl, alle 2 Sekunden einen Tropfen. In diesem Zeitabschnitt (Δt) legt es eine Strecke (Δs) von 25 Metern zurück.

a □ Beschreibe die Bewegung in Worten.

b ◪ Zeichne ein Diagramm. Mache dir Gedanken über die Achseneinteilung.

c ■ Berechne mit der Gleichung die Geschwindigkeit und bestimme den nach 7 Sekunden zurückgelegten Weg.

3 Nicht ganz genau!

Wenn du dir Bild 3 genau anschaust, siehst du, dass die Werte der blauen Gruppe nicht exakt auf der Geraden liegen.

a □ Stelle Vermutungen an, wo die Gruppe ungenau gearbeitet haben könnte.

b ◪ Gib an, wo und wie die Werte von einer Geraden abweichen.

c ■ In der Mathematik und in der Physik gibt es die Methode, eine „Ausgleichsgerade" zu zeichnen. Interpretiere, was man in diesem Zusammenhang unter einer Ausgleichsgeraden verstehen könnte.

4 „Diagramme sagen mehr als Worte!"

■ Bewerte diese Aussage.

Ein Diagramm erstellen

1 Geschwindigkeitsdiagramme in der Formel 1

Um Messwerte zu veranschaulichen, erstellt man Diagramme. Es gibt unterschiedliche Formen von Diagrammen. Die häufigsten sind Säulendiagramme, Kreisdiagramme und Liniendiagramme.
Vor dem Erstellen eines Diagramms muss man sich die Datengrundlage genau anschauen, um zu entscheiden, welche Art von Diagramm sich zur Darstellung des Sachverhalts am besten eignet. Bewegungen werden fast immer mit Liniendiagrammen, auch Kurvendiagramme genannt, dargestellt.

Schritt 1: Arbeitsmaterial bereitlegen

Zum Erstellen eines Diagramms benötigst du neben den Werten, die dargestellt werden sollen, Schreibgerät und Papier. Lege alles bereit, was du brauchst.

Nina hat die Wege gemessen, die zwei Inlineskater mit Geschwindigkeiten von 18 $\frac{km}{h}$ und 36 $\frac{km}{h}$ zurückgelegt haben. Die Werte hat sie in einer Wertetabelle notiert. Jetzt sucht sie sich einen gespitzten Bleistift, Farbstifte und ein Lineal. Weil sie sehr präzise zeichnen will, wählt sie ein Blatt Millimeterpapier als Grundlage für ihr Diagramm.

Schritt 2: Planen und Zeichnen des Diagramms

Um ein gut lesbares Diagramm zu erhalten, musst du seine Größe passend planen. Nimm dir hierfür mindestens 10 cm Platz. Zeichne deine Koordinatenachsen immer rechtwinklig und unterteile sie in regelmäßige Abschnitte. Die Achsenbeschriftung richtet sich nach den größten Werten, die dargestellt werden sollen. Die Enden der Achsen erhalten Pfeilspitzen.

Nina zeichnet rechtwinklige Koordinatenachsen und schaut nach den größten Werten ihrer Wertetabelle: Der schnellere Skater legt innerhalb von 6 Sekunden 60 Meter zurück. Nina entscheidet sich daher für eine Einteilung in 1-Sekunden-Schritte entlang der nach rechts zeigenden x-Achse und für eine Einteilung in 10-Meter-Schritte entlang der nach oben zeigenden y-Achse. Beginnend beim Schnittpunkt der Achsen setzt sie dafür in Abständen von je 1 Zentimeter Markierungen an die Achsen.

Schritt 3: Wertepaare ins Diagramm eintragen

Übertrage jedes Wertepaar mit einem kleinen Kreuz in das Diagramm. Am Schluss zeichnest du entlang der Kreuze eine Kurve oder Gerade, die den Verlauf der Werte möglichst gut wiedergibt.

Nina trägt die Wertepaare in das Diagramm ein. Sie arbeitet die Werte systematisch entlang der Zeitachse ab. Da sich die Werte entlang zweier Geraden anordnen, ergänzt Nina für jeden Skater eine möglichst passende Gerade (Bild 2).

Schritt 4: Beschriftungen zum Diagramm ergänzen

Gib dem Diagramm eine passende Überschrift. An die Achsen schreibst du, welche Größe dargestellt wird und in welcher Einheit sie angegeben wird.

Nina beschriftet die x-Achse mit „t in s“ für „Zeit in Sekunden“, die y-Achse mit „s in cm“ für „Strecke in Zentimetern“. Dann ergänzt sie den Titel.

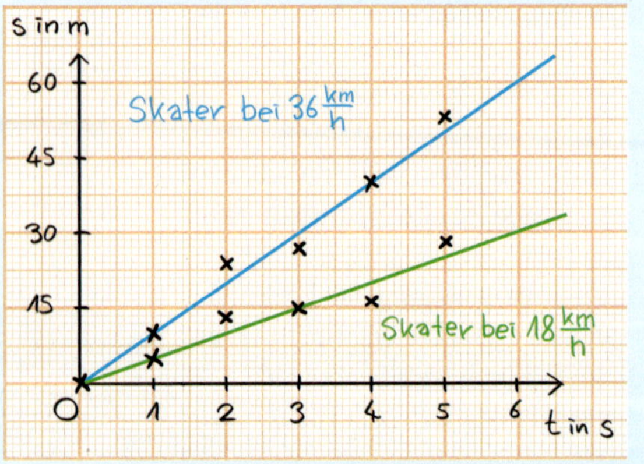

2 Ninas Weg-Zeit Diagramm auf Millimeterpapier

Idealisieren

Idealisierungen sind Vereinfachungen, die einen komplizierten Sachverhalt in der Physik leichter erklärbar machen. Durch das Vereinfachen entsteht ein Modell der Wirklichkeit. Modelle lassen manche Tatsachen unberücksichtigt. Daher muss bei einer Idealisierung immer geprüft werden, ob die erhaltenen Ergebnisse trotz der Vereinfachung noch brauchbar sind. Beispiele für häufige Idealisierungen bei der Betrachtung von Bewegungen sind:

Idealisierung 1: Idealisieren durch Ausgleichsgerade

Messungen laufen auch bei häufigen Wiederholungen selten ohne Fehler ab, besonders bei schnell ablaufenden Bewegungen. Außerdem ist die Messgenauigkeit begrenzt. Deshalb zeichnet man eine Ausgleichsgerade zwischen die Messwerte. Diese Gerade wird so gezeichnet, dass sie möglichst nahe an den eingetragenen Werten im Diagramm liegt. Die Ausgleichsgerade ist eine Idealisierung der Wirklichkeit.

Nachdem Tim die Messwerte im Diagramm eingetragen hat, zieht er den Schluss, dass er es mit einer Bewegung mit konstanter Geschwindigkeit zu tun hat. Er weiß, dass die Kurve dieser Bewegung im Weg-Zeit-Diagramm eine Gerade ist. Nach Augenmaß zeichnet er deshalb eine Gerade so in das Diagramm ein, dass die Abstände zwischen Gerade und Werten insgesamt minimal sind (Bild 3).
Die ersten drei Messwerte liegen recht genau auf der Geraden, die letzten beiden Werte weichen links und rechts ein wenig von der Ausgleichsgeraden ab.

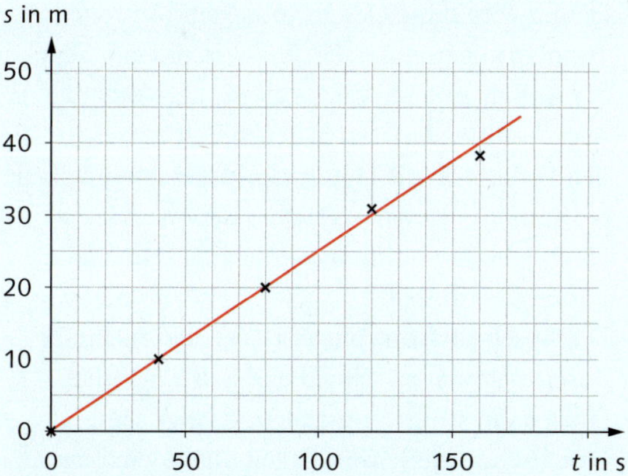

3 Tims Ausgleichsgerade im s-t-Diagramm

Idealisierung 2: Massepunkt

Oft stellt man sich die Masse eines Körpers in einem Punkt, dem Schwerpunkt, vereinigt vor. Kräfte werden so gezeichnet, dass sie genau an diesem Punkt angreifen.

Um die Bewegungen im Sonnensystem näherungsweise beschreiben zu können, fasst man die Erde als Massepunkt auf, die sich in einer Ellipse um den Massepunkt der Sonne bewegt.

Idealisierung 3: Reibung

Bewegungen mit Reibung zu beschreiben ist kompliziert. Daher wird bei der Betrachtung von Bewegungen die Reibung häufig vernachlässigt.

In Experimenten minimiert man die Reibung mithilfe von glatten Oberflächen, Rollen, Schmiermitteln oder Luftkissen möglichst stark, damit die Vernachlässigung der Reibung nicht so sehr ins Gewicht fällt.

Aufgaben

1 Bewegungsgeschichte

◪ Zeichne ein Weg-Zeit-Diagramm zu folgender Bewegungsgeschichte: Ein ICE fährt 20 Minuten lang konstant 60 $\frac{\text{km}}{\text{h}}$. Im Bahnhof steht er 5 Minuten still. Auf seiner abschließenden Strecke zum Zielbahnhof fährt er 20 Minuten lang doppelt so schnell wie zu Beginn.

2 Idealisieren

Eine Experimentiergruppe erhält bei der Messung einer Bewegung mit konstanter Geschwindigkeit folgende Messergebnisse:

t in s	0	1	2	3	4	5	6	7	8
s in cm	0	5	10	14	21	25	31	31	40

a ◪ Trage die Werte in ein geeignetes Diagramm ein und zeichne eine Ausgleichsgerade.

b □ Nenne das Wertepaar, bei dem sich vermutlich ein Messfehler eingeschlichen hat.

c ■ Gib an, wie du bei zwei unterschiedlich gezeichneten Ausgleichsgeraden entscheidest, welche die bessere ist.

Momentan- und Durchschnittsgeschwindigkeit

1 Fluginformationen auf einem Langstreckenflug

Im Flugzeug werden während der Reise allerlei Fluginformationen auf einem Monitor angezeigt. Neben Informationen zu Außentemperatur und Flughöhe werden auch Daten zu Geschwindigkeit und Ankunftszeit des Flugzeugs eingeblendet. Die „Geschwindigkeit über Grund" beschreibt hierbei die Geschwindigkeit bezogen auf die Erdoberfläche.

Momentangeschwindigkeit

Tom schaut sich den Monitor genauer an. Er kommt zu dem Schluss, dass das Flugzeug bei der angegebenen Geschwindigkeit von 1000 $\frac{\text{km}}{\text{h}}$ in den verbleibenden zwei Stunden Flugzeit insgesamt 2000 km weit fliegen würde. Die Entfernung zum Ziel beträgt jedoch laut Bildschirm nur 1600 km. Ein Flugbegleiter an Bord des Flugzeugs erklärt Tom, dass es sich bei der angegebenen Geschwindigkeit um die in diesem Augenblick geflogene Geschwindigkeit handelt. Diese Momentangeschwindigkeit muss beispielsweise beim Landeanflug stark reduziert werden. Auch beim Start ist die Momentangeschwindigkeit noch wesentlich kleiner als die Reisegeschwindigkeit.

> Die Momentangeschwindigkeit gibt an, wie groß die Geschwindigkeit in einem bestimmten Augenblick ist.

Durchschnittsgeschwindigkeit

Tom schaut sich die Flugdaten im Bordheft an. Von Frankfurt nach New York sind es etwa 7000 Kilometer. Der Flug dauert 8 Stunden. Tom vergleicht die Daten mit der auf dem Monitor angezeigten Reisegeschwindigkeit von 1000 $\frac{\text{km}}{\text{h}}$ und kommt zu dem Schluss, dass das Flugzeug in 8 Stunden eigentlich 8000 Kilometer weit fliegen müsste. Es muss demnach im Durchschnitt langsamer sein als die angegebene Reisegeschwindigkeit.
Und richtig: Das Bordheft gibt die Durchschnittsgeschwindigkeit des Flugs nach New York mit 875 $\frac{km}{h}$ an. Eine Flugbegleiterin erklärt, dass es etwa 30 Minuten dauert, bis das Flugzeug seine Reisegeschwindigkeit erreicht. Zudem muss das Flugzeug vor der Landung frühzeitig auf 200 $\frac{km}{h}$ abgebremst werden. Es würde sonst über die Landebahn hinausschlittern.

> Die Durchschnittsgeschwindigkeit ist ein theoretischer Wert, der angibt, welche gleichbleibende Geschwindigkeit nötig wäre, um eine bestimmte Strecke in einer bestimmten Zeit zurückzulegen.

Die Durchschnittsgeschwindigkeit ist immer kleiner als die maximale Geschwindigkeit.

Beispiel Abschnittskontrolle

Die Abschnittskontrolle dient der Überwachung von Tempolimits im Straßenverkehr. Hier wird nicht die Momentangeschwindigkeit gemessen, sondern die Durchschnittsgeschwindigkeit zwischen zwei Messpunkten bestimmt.
Häufig wird diese Geschwindigkeitskontrolle in Tunneln angewendet. Hierzu wird das Fahrzeug am Anfang und am Ende des Tunnels fotografiert. Mithilfe der verstrichenen Zeit zwischen den Fotos wird die Durchschnittsgeschwindigkeit bestimmt. Liegt der Wert über der erlaubten Höchstgeschwindigkeit, werden die Daten an die Polizei übermittelt.
Die Abschnittskontrolle erwischt aber nicht alle Raser. Wer mal zu schnell und mal langsamer fährt, kann straffrei ausgehen, solange seine Durchschnittsgeschwindigkeit unter dem Tempolimit liegt.

Geschwindigkeitsbestimmung

Geschwindigkeiten können nicht direkt gemessen werden. Um eine Geschwindigkeit zu bestimmen, muss die während eines bestimmten Zeitabschnitts Δt zurückgelegte Strecke Δs gemessen werden. Während das Messen der Zeit meist wenig Mühe bereitet, ist das Messen des Streckenabschnitts vor allem während der Fahrt aufwendig.

Bei einem Fahrrad, Mofa oder Auto wird der Streckenabschnitt über den Umfang der Räder und die Drehzahl bestimmt: Die Strecke, die das Fahrzeug bei einer vollständigen Umdrehung des Rads zurücklegt, wird mit der Anzahl der Umdrehungen multipliziert. Ein Tachometer zeigt dann die aus der ermittelten Strecke und der dafür benötigten Zeitspanne errechnete Geschwindigkeit $v = \frac{\Delta s}{\Delta t}$ an.

Flugzeuge nutzen zur Geschwindigkeitsmessung das Global Positioning System (GPS). Mithilfe von Satelliten wird immer wieder die aktuelle Position des Flugzeugs bestimmt. Die daraus abgeleiteten Streckenabschnitte werden mit den entsprechenden Zeitspannen im Bordcomputer zur Geschwindigkeit verrechnet und auf den Bordmonitoren angezeigt. Smartphones und Navigationsgeräte bestimmen Geschwindigkeiten auf dieselbe Weise.

> Geschwindigkeiten können nur indirekt über Strecken- und Zeitmessung bestimmt werden.

2 Geschwindigkeit mit einem Smartphone messen

Aufgaben

1 Tachometer und Momentangeschwindigkeit

a □ Wie misst ein Tachometer die Momentangeschwindigkeit?

b ◪ Was bedeutet die Tachoangabe „mph"?

2 Durchschnittsgeschwindigkeit

a □ Erkläre den Begriff „Durchschnittsgeschwindigkeit", indem du ihn von der „Momentangeschwindigkeit" abgrenzt.

b ◪ Welche Geschwindigkeit ist auf einem Flugzeugmonitor zu sehen?

3 Hilf James Bond

Roger Moore in Octopussy, EON, 1983

Der Zug rast auf einen Abgrund zu. Wie viel Zeit bleibt James Bond noch?

a □ Erkläre, wie James Bond die Geschwindigkeit des Zugs mit seiner Armbanduhr bestimmen kann, wenn er weiß, dass der Abstand der Eisenbahnschwellen immer 0,6 m beträgt.

b ◪ Bis zum Abgrund sind es noch 500 m. Bestimme die Zeit, die Bond bei einer Geschwindigkeit von 80 $\frac{\text{km}}{\text{h}}$ noch bleibt, um sich aus seiner misslichen Lage zu befreien.

4 Fahrtenschreiber

□ Lkws und Busse haben häufig Fahrtenschreiber. Beschreibe, was sich auf dem Fahrtenschreiber ablesen lässt.

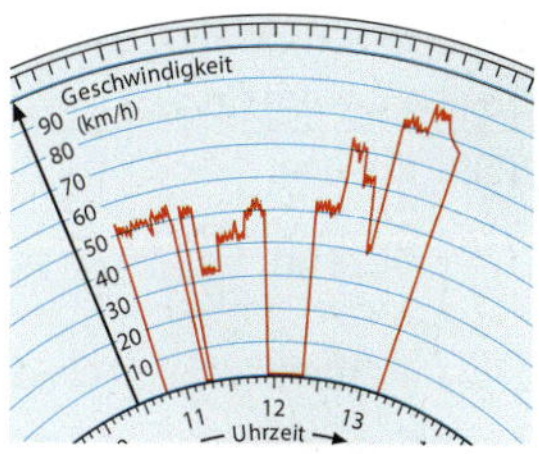

5 Geschwindigkeitsmessung mit Smartphone

■ Bewerte folgende Zeitungsüberschrift:

> Radarwarner
> **Blitzwarnung per Handy-App bleibt verboten**

Beschleunigung und Geschwindigkeit

1 Karten aus zwei unterschiedlichen Auto-Quartetten

Für mehr Abwechslung mischen Tim und Steffen deutsche und amerikanische Autos aus verschiedenen Quartetten. Jetzt haben sie jedoch das Problem, dass sie nicht mehr alle Werte direkt miteinander vergleichen können (Bild 1).

Beschleunigen ist Geschwindigkeitsänderung

Die Werte der vorletzten Zeile geben Aufschluss darüber, wie stark sich die Geschwindigkeiten der beiden Fahrzeuge aus dem Stand verändern.

Der amerikanische Wagen steigert in einer Zeitspanne Δt von 8 s seine Geschwindigkeit v von $0\,\frac{\text{km}}{\text{h}}$ auf $120\,\frac{\text{km}}{\text{h}}$. Er erhöht demnach seine Geschwindigkeit pro Sekunde um:

$$120\,\frac{\text{km}}{\text{h}} : 8\,\text{s} = 15{,}0\,\frac{\text{km/h}}{\text{s}}$$

Das deutsche Auto steigert in der Zeitspanne Δt von 7 s seine Geschwindigkeit von $0\,\frac{\text{km}}{\text{h}}$ auf $100\,\frac{\text{km}}{\text{h}}$. Es erhöht seine Geschwindigkeit demnach pro Sekunde um:

$$100\,\frac{\text{km}}{\text{h}} : 7\,\text{s} = 14{,}3\,\frac{\text{km/h}}{\text{s}}$$

Die Geschwindigkeitsänderung pro Sekunde ist beim amerikanischen Sportwagen somit höher als beim deutschen. Die Geschwindigkeitsänderung pro Sekunde nennt man Beschleunigung. Als Abkürzung nutzt man das a (engl. *acceleration*).

> Die Beschleunigung a gibt an, wie schnell sich die Geschwindigkeit eines Körpers ändert.

Experiment Seifenkistenrennen

2 Seifenkiste am Start

Eine Seifenkiste startet von einer Rampe. Sie ist mit einer Kamera mit Zeitstempelfunktion ausgestattet, die direkt auf den Tacho gerichtet ist. Die gefilmten Geschwindigkeiten beim Start werden mit der entsprechenden Zeit in einer Wertetabelle eingetragen:

t in s	0	2,0	4,0	6,0
v in $\frac{\text{km}}{\text{h}}$	0	4,0	7,9	12,0
$\frac{v}{t}$ in $\frac{\text{km/h}}{\text{s}}$		2,0	2,0	2,0

3 Geschwindigkeitszunahme der Seifenkiste beim Start

Die Geschwindigkeit nimmt im Rahmen der Messgenauigkeit alle zwei Sekunden um $4\,\frac{\text{km}}{\text{h}}$ zu. Die Beschleunigung ist also konstant.
Der entsprechend ebenfalls konstante Quotient aus Geschwindigkeitsänderung Δv und Zeitspanne Δt beträgt:

$$a = \frac{\Delta v}{\Delta t} = 4\,\frac{\text{km/h}}{2\,\text{s}} = 2\,\frac{\text{km/h}}{\text{s}}$$

Das ist also der Wert, mit dem die Seifenkiste am Start beschleunigt.

Bei einer Bewegung mit konstanter Beschleunigung nimmt die Geschwindigkeit gleichmäßig zu. Man spricht auch von einer „gleichmäßig beschleunigten Bewegung".

> Bei einer Bewegung mit konstanter Beschleunigung ist die Geschwindigkeitszunahme Δv in gleichen Zeitabschnitten Δt gleich groß.
> $$a = \frac{\Delta v}{\Delta t} = \text{konstant}$$

Einheit der Beschleunigung

Ein Spielzeug-Rennauto beschleunigt in einer Sekunde auf 8 $\frac{m}{s}$. Seine Beschleunigung beträgt also

$$a = \frac{\Delta v}{\Delta t} = 8\,\frac{m/s}{s} = 8\,\frac{m}{s^2}$$

Vom Sportwagen aus dem amerikanischen Quartett wissen wir, dass es mit $15\,\frac{km/h}{s}$ beschleunigt. Welcher Wagen beschleunigt stärker?

Um die Beschleunigungsangaben vergleichen zu können, müssen die Einheiten angeglichen werden. Die übliche Einheit der Beschleunigung in der Physik ist $\frac{m}{s^2}$.

$$a = 15\,\frac{km/h}{s} = 15 \cdot \frac{1000\,m\,/\,3600\,s}{s} = \frac{15}{3{,}6}\,\frac{m/s}{s} = 4{,}2\,\frac{m}{s^2}$$

Der amerikanische Sportwagen beschleunigt demnach mit $4{,}2\,\frac{m}{s^2}$. Das Spielzeug-Rennauto beschleunigt fast doppelt so schnell.

Beispiele **Aus Natur und Technik**

Aus dem Stand beschleunigt ein:

– **Gepard beim Jagen**
von $0\,\frac{km}{h}$ auf $60\,\frac{km}{h}$ in 2,0 s:

$30\,\frac{km/h}{s} \approx 8{,}3\,\frac{m}{s^2}$

– **Formel-1-Auto**
von $0\,\frac{km}{h}$ auf $100\,\frac{km}{h}$ in 2,0 s:

$50\,\frac{km/h}{s} \approx 13{,}9\,\frac{m}{s^2}$

– **Jet beim Start**
von $0\,\frac{km}{h}$ auf $260\,\frac{km}{h}$ in 2,0 s:

$130\,\frac{km/h}{s} \approx 36{,}1\,\frac{m}{s^2}$

Aufgaben

1 Stadtflitzer oder Sportwagen?
„Ein Auto beschleunigt mit $20\,\frac{km}{h}$ pro Sekunde."

a □ Handelt es sich bei diesem Auto um ein Auto mit guter Beschleunigung? Begründe deine Aussage.

b ◪ Erkläre, ob ein Auto, das in 6 Sekunden von $0\,\frac{km}{h}$ auf $100\,\frac{km}{h}$ beschleunigt, eine höhere Beschleunigung hat als der Wagen der ersten Teilaufgabe.

c ■ Wie viele Sekunden braucht ein Rennauto, das beim Start mit $10\,\frac{m}{s^2}$ von 0 auf $180\,\frac{km}{h}$ beschleunigt?

2 Ein kleines bisschen Mathematik
Beim Start der Seifenkisten konnte man einen proportionalen Zusammenhang zwischen zwei Größen erkennen.

a □ Erläutere, was man unter „Proportionalität" versteht und was beim Seifenkistenstart zueinander proportional war.

b ◪ Nenne ein weiteres Beispiel einer Proportionalität in der Physik.

3 Einheit der Beschleunigung
Wie jede Grundgröße der Physik hat auch die Beschleunigung eine Abkürzung und eine Einheit.

a □ Nenne die übliche Einheit der Beschleunigung in der Physik.

b ◪ Nenne die Abkürzung der Beschleunigung und erkläre, wie man sich diese Bezeichnung merken kann.

c ■ Erkläre, wann man von einer gleichmäßig beschleunigten Bewegung spricht.

4 Beschleunigungen aus Natur und Technik
□ Ordne die Fahrzeuge nach der Größe der durchschnittlichen Beschleunigung. Beginne mit der geringsten Beschleunigung.

– Magnetschwebebahn: 120 s von 0 auf $400\,\frac{km}{h}$
– Rennauto (Benzin): 5 s von 0 auf $200\,\frac{km}{h}$
– Rennauto (E-Motor): 2,8 s von 0 auf $100\,\frac{km}{h}$
– ICE 3: 324 s von 0 auf $300\,\frac{km}{h}$
– TGV POS: 13 min von 0 auf $575\,\frac{km}{h}$

Extra Bremsen und Anhalten

1 War der Rollerunfall vermeidbar?

Viele Verkehrsteilnehmer fahren im Straßenverkehr zu nah auf, weil sie die Strecke unterschätzen, die sie zum Abbremsen und Anhalten benötigen. In der theoretischen Führerscheinprüfung werden deshalb auch Fragen zum Bremsen und Anhalten gestellt.

Anhalteweg

In der Alltagssprache unterscheidet man kaum zwischen den Begriffen Bremsen und Anhalten. In der Führerscheinprüfung werden diese Begriffe jedoch aus physikalischen Gründen sauber getrennt.

Der *Reaktionsweg* bezeichnet die Strecke, die das Fahrzeug innerhalb der Reaktionszeit zurücklegt. Bis der Fuß das Bremspedal berührt, fährt das Fahrzeug ungebremst weiter.

Der *Bremsweg* bezeichnet die Strecke, die das Fahrzeug ab dem Betätigen der Bremse bis zum Stand zurücklegt.

Der *Anhalteweg* setzt sich aus dem Reaktionsweg und dem Bremsweg zusammen. Der Begriff Anhalteweg bezeichnet also die Strecke, die ein Fahrzeug vom Zeitpunkt, zu dem der Fahrer ein Hindernis oder eine Gefahrensituation erblickt, bis zum Stillstand zurücklegt.

Der Anhalteweg ist die Summe von Reaktionsweg und Bremsweg.

Experiment Reaktionszeit

2 Demonstration der Reaktionszeit

Fällt ein Lineal ohne Vorwarnung zwischen die Finger eines Mitschülers, so bekommt er das Lineal erst zu fassen, nachdem es ein Stück gefallen ist. Das liegt daran, dass zwischen dem Loslassen und Zugreifen eine Zeit vergeht, die Reaktionszeit.

Jede Sekunde zählt

Wie lang der Anhalteweg ist, hängt vor allem von der Reaktionszeit und der Bremswirkung ab. Die Reaktionszeit kann durch verschiedene Einflüsse zusätzlich verschlechtert werden: Schlechte Augen, Müdigkeit und Drogeneinfluss verlängern die Reaktionszeit erheblich.
Auch äußere Faktoren verzögern die Reaktion: Beispiele dafür sind Ablenkungen durch Mitfahrer, Handy oder laute Musik sowie schlechte Sicht wegen Dämmerung oder ungeputzter Scheiben.

Die Zeit, bis das Fahrzeug beim Bremsen zum Stillstand kommt, ist von Straßenbelag und Fahrzeugtyp abhängig. Zudem lässt die Bremswirkung irgendwann nach. Auch bei gut gewarteten Bremsen wird eine optimale Bremswirkung nur mit gutem Reifenprofil auf trockener Straße erreicht. Deshalb prüft der TÜV regelmäßig Bremsen und Reifenprofil.

Die Zeit bis zum Stillstand hängt von der persönlichen Reaktionszeit sowie vom Zustand von Straße und Fahrzeug ab.

Extra Faustformeln aus der Führerscheinprüfung

Faustformeln helfen dabei, die eigene Geschwindigkeit mit einfachen Rechnungen zu überprüfen. Wenn man die Formeln kennt, müssen nur noch die Werte der Aufgabe in die Formel eingesetzt werden.

Faustformel	Mögliche Frage der Führerscheinprüfung
Reaktionsweg [in m] $= \frac{v\left[\text{in } \frac{km}{h}\right]}{10} \cdot 3$	Sie fahren 50 $\frac{km}{h}$ und haben eine Reaktionszeit von einer Sekunde. Welchen Reaktionsweg legen Sie in dieser Zeit zurück? Lösung: Einsetzen in die Faustformel für den Reaktionsweg ergibt: $\frac{50}{10} \cdot 3 = 15$ (m). Das sind drei Lkw-Längen, ohne zu bremsen!
Bremsweg bei normaler Bremsung [in m] $= \frac{v\left[\text{in } \frac{km}{h}\right]}{10} \cdot \frac{v\left[\text{in } \frac{km}{h}\right]}{10}$	Sie fahren 100 $\frac{km}{h}$ und führen eine normale Bremsung durch. Wie lang ist der Bremsweg nach der Faustformel? Lösung: Einsetzen in die Faustformel für den Bremsweg ergibt: $\frac{100}{10} \cdot \frac{100}{10} = 100$ (m). Das entsprich der Länge eines Fußballfelds!
Bremsweg einer Gefahrenbremsung [in m] $= \left(\frac{v\left[\text{in } \frac{km}{h}\right]}{10} \cdot \frac{v\left[\text{in } \frac{km}{h}\right]}{10}\right) : 2$	Sie fahren 100 $\frac{km}{h}$ und führen eine Gefahrenbremsung durch. Wie lang ist der Bremsweg nach der Faustformel? Lösung: Einsetzen in die Faustformel für den Bremsweg einer Gefahrenbremsung ergibt: $\left(\frac{100}{10} \cdot \frac{100}{10}\right) : 2 = 50$ (m).
Anhalteweg bei normaler Bremsung $= \frac{v\left[\text{in } \frac{km}{h}\right]}{10} \cdot 3 + \frac{v\left[\text{in } \frac{km}{h}\right]}{10} \cdot \frac{v\left[\text{in } \frac{km}{h}\right]}{10}$	Sie fahren 30 $\frac{km}{h}$ und haben eine Reaktionszeit von einer Sekunde. Wie groß ist der Anhalteweg bei einer normalen Bremsung nach der Faustformel? Lösung: Addieren der Werte für Reaktions- und Bremsweg: $\frac{30}{10} \cdot 3 + \frac{30}{10} \cdot \frac{30}{10} = 9 + 9 = 18$ (m)

Aufgaben

1 Man muss nicht alle Formeln lernen

□ Erkläre in Worten, wie sich die Faustformel für den Anhalteweg einer normalen Bremsung aus den anderen Faustformeln zusammensetzt.

2 Faustformeln anwenden

a ◪ Berechne den Anhalteweg für eine Geschwindigkeit von $v = 30\ \frac{km}{h}$ mithilfe der Faustformeln.

b ◪ Stelle eine Vermutung zur Länge des Anhaltewegs bei doppelter Geschwindigkeit an und rechne nach.

3 Bremsen und Anhalten grafisch dargestellt

◪ Erkläre folgende Grafik. Benutze die Begriffe „Reaktionsweg", „Bremsweg" und „Anhalteweg".

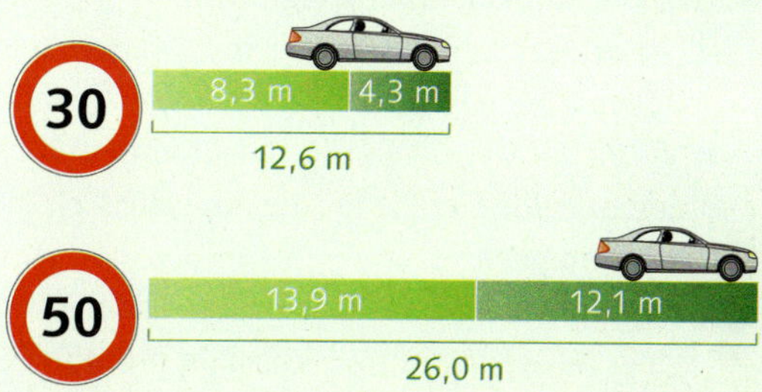

Kann das gelbe Spielzeug-Rennauto auf der Zielgeraden noch gewinnen?

Die folgenden Aufgaben zum Thema **Einfache Bewegungen** helfen dir, deinen Lernstand einzuschätzen. Beobachte dich dazu beim Lösen der Aufgaben selbst:
- Brauchst du Hilfe? Musst du z. B. noch einmal nachlesen oder jemanden fragen?
- Kannst du die Aufgaben ohne Hilfe lösen?
- Weißt du sogar mehr, als in der Lösung steht?

Notiere dir, bei welchen Fragen du Schwierigkeiten hast. Kehre noch einmal zu den entsprechenden Seiten zurück, arbeite sie durch und löse die zugehörigen Aufgaben. Weitere Aufgaben findest du auf den folgenden Seiten.

1 Einheit der Geschwindigkeit
Die Geschwindigkeit ist ein Maß für die Schnelligkeit eines Körpers.
a □ Wie schnell kann ein Mensch rennen?
b ◪ Nenne eine Definition für die Geschwindigkeit.
c ■ Geschwindigkeit wird im Englischen *velocity* genannt. Erkläre, was das mit dem Formelzeichen für die Geschwindigkeit zu tun hat.

2 Geschwindigkeiten vergleichen
Geschwindigkeiten lassen sich nicht immer ohne Weiteres vergleichen.
a □ Welche Möglichkeiten hat man, Geschwindigkeiten direkt miteinander zu vergleichen?
b ◪ Vergleiche das Haarwachstum (1 cm pro Monat) mit dem eines Fingernagels (0,5 mm pro Woche). Erkläre deine Vorgehensweise.
c ■ Erkläre, warum man bei der Umrechnung von $\frac{\text{m}}{\text{s}}$ auf $\frac{\text{km}}{\text{h}}$ mit 3,6 multiplizieren muss.

3 Geschwindigkeiten im Diagramm
a □ Erstelle eine Wertetabelle mit Strecken und Zeiten für einen Spielzeugzug, der $10\,\frac{\text{cm}}{\text{s}}$ fährt.
b ◪ Zeichne das zugehörige Diagramm und ergänze eine Gerade für die doppelte Geschwindigkeit.
c ■ Begründe, warum man das *s*-*t*-Diagramm einer Bewegung mit v = konstant mithilfe eines einzigen Wertepaars zeichnen kann.

4 Geschwindigkeiten
Man unterscheidet Momentan- und Durchschnittsgeschwindigkeit.
a □ Beschreibe eine Möglichkeit, wie man die Momentangeschwindigkeit bestimmen kann, und erkläre den Begriff.
b ◪ Finde jeweils ein Beispiel für eine Momentan- und eine Durchschnittsgeschwindigkeit.
c ■ Erkläre, wie man die Durchschnittsgeschwindigkeit berechnet. Bestimme die Durchschnittsgeschwindigkeit deines morgendlichen Schulwegs.

5 Bewegungen beschreiben
Bewegungen können durch Diagramme beschrieben werden.
a □ Nenne neben der Darstellung im Diagramm weitere Methoden, eine Bewegung zu beschreiben.
b ◪ In manchen Formeln taucht das Δ-Zeichen auf. Erkläre die Bedeutung des Zeichens mithilfe einer dir bekannten Formel.
c ■ Was versteht man unter dem Begriff „Idealisieren“? Erläutere zwei Beispiele aus der Mechanik.

Einfache Bewegungen

Geschwindigkeit

Die Geschwindigkeit v gibt an, welche Strecke Δs ein Körper innerhalb einer bestimmten Zeitspanne Δt zurücklegt. Um die Geschwindigkeit zu bestimmen, müssen Δs und Δt gemessen werden. Es gilt:

$$v = \frac{\Delta s}{\Delta t}$$

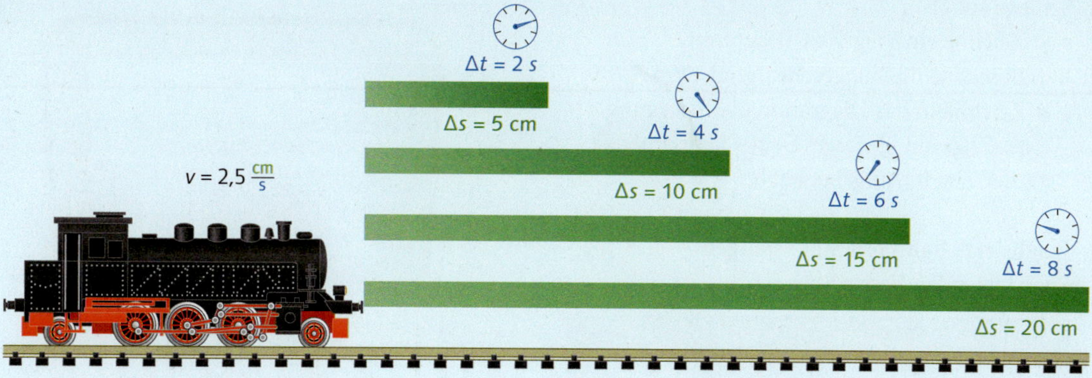

Wertetabelle und *s*-*t*-Diagramm

Die Werte für Streckenabschnitte und Zeitspannen können in eine Wertetabelle eingetragen und in einem Diagramm dargestellt werden.

Δt in s	0	2	4	6	8
Δs in cm	0	5	10	15	20

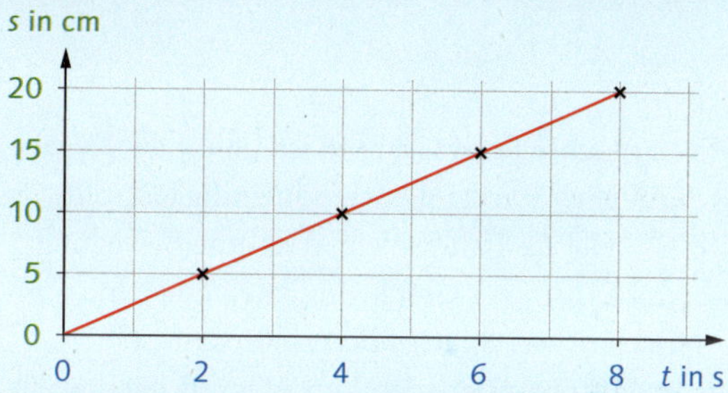

Bewegung mit konstanter Geschwindigkeit

Bei einer Bewegung mit v = konstant erkennt man:

in der Wertetabelle:

In gleichen Zeitabschnitten Δt werden gleiche Streckenabschnitte Δs zurückgelegt.

im Diagramm:

Im *s*-*t*-Diagramm ergibt sich eine Gerade.

Momentan- und Durchschnittsgeschwindigkeit

Ein Tachometer zeigt die Momentangeschwindigkeit an. Unter Momentangeschwindigkeit versteht man die Geschwindigkeit, die in einem bestimmten Augenblick erreicht wird.

Die Durchschnittsgeschwindigkeit ist die mittlere Geschwindigkeit und wird berechnet, indem man die insgesamt zurückgelegte Strecke durch die dafür insgesamt benötigte Zeitspanne teilt.

1 Auf Klassenfahrt
Ein Schüler zählt bei einer Zugfahrt die Schienenstöße. Jede Sekunde vernimmt er einen Schlag. Im Bahnhof schätzt er die Länge einer Schiene auf 18 m.
- **a** □ Zeichne ein Weg-Zeit-Diagramm.
- **b** ◪ Berechne die Zuggeschwindigkeit in $\frac{\text{km}}{\text{h}}$.
- **c** ■ Zeichne in das Diagramm die Bewegung eines Zugs ein, der zwei Drittel langsamer ist als der Zug in Aufgabenteil b.

2 Idealisierte Bahn mit Stativstangen
Baue folgenden Versuch nach.

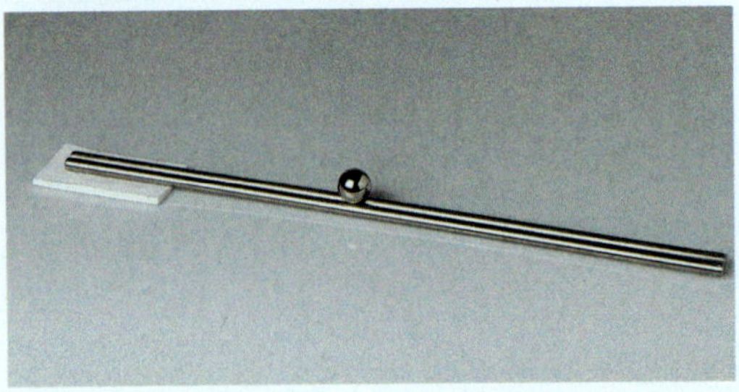

- **a** □ Beschreibe, was zu tun ist, damit die Kugel mit einer konstanten Geschwindigkeit rollt.
- **b** ◪ Stelle die Bahn so ein, dass eine Bewegung mit konstanter Geschwindigkeit entsteht. Erkläre, wie du das überprüfen kannst.
- **c** ■ Dokumentiere den Versuch und zeichne ein Weg-Zeit-Diagramm. Bestimme aus dem Diagramm die Geschwindigkeit der Kugel.

3 Versuch mit Experimentierwagen
Führe selbstständig einen Versuch mit Experimentierwagen (oder Aufziehauto) zur Bewegung mit konstanter Geschwindigkeit durch.
- **a** □ Bestimme die Geschwindigkeit.
- **b** ◪ Erstelle ein Versuchsprotokoll und werte das Experiment aus, indem du ein s-t-Diagramm zeichnest.

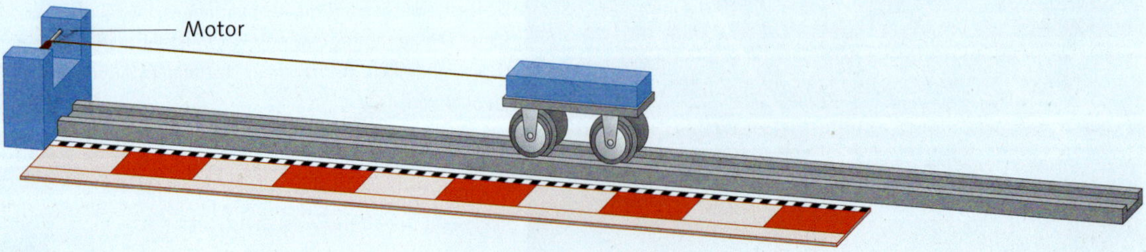

4 Stimmt hier etwas nicht?
Während eines Flugs werden Ankunftszeit und Entfernung zum Ziel eingeblendet. Tom glaubt, einen Fehler entdeckt zu haben.

- **a** □ Berechne mit der Entfernung bis zum Ziel und der Flugzeit die Geschwindigkeit des Flugzeugs. Handelt es sich um die Momentan- oder die Durchschnittsgeschwindigkeit?
- **b** ◪ Welchen Fehler meint Tom vermutlich gefunden zu haben?

5 Rundfahrt im Diagramm

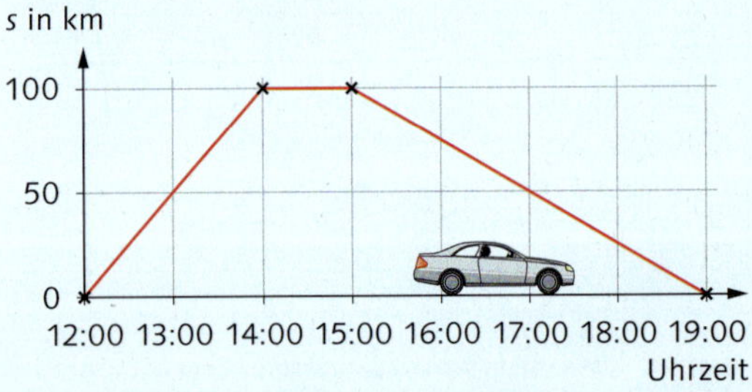

Das Diagramm stellt die Bewegung eines Pkw dar.
- **a** □ Erkläre deinem Nachbarn das Diagramm. Gehe auf die Bewegung des Pkw ein.
- **b** ◪ Wie schnell fährt der Pkw um 17:05 Uhr?
- **c** ■ Berechne die Durchschnittsgeschwindigkeit, mit der der Pkw unterwegs war.

6 **Geschwindigkeiten bei der Luftbetankung**

Die Flugzeuge haben eine Geschwindigkeit von $500\ \frac{km}{h}$ und die Betankung dauert 3 Minuten.

a □ Berechne, welche Streckenlänge die Piloten für das Tanken einkalkulieren müssen.

b ■ Kerosin wird mit einer konstanten Geschwindigkeit von 1500 Litern pro Minute nachgetankt. Berechne, wie groß der Treibstofftank ist.

7 **Ausgleichsgerade**

Ein Schülerversuch liefert folgende Ergebnisse:

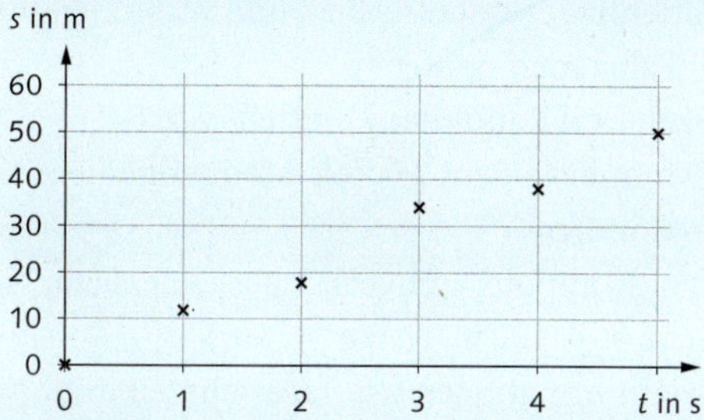

a □ Übertrage das Diagramm in dein Heft und zeichne eine geeignete Ausgleichsgerade.

b ◪ Entnimm der Ausgleichsgeraden die nach drei Sekunden zurückgelegte Strecke. Bestimme die Differenz zum Messwert.

8 **Spiel zu Geschwindigkeitsrekorden**

□ Recherchiert Geschwindigkeitsrekorde. Lasst euren Spielpartner schätzen und berechnet die Abweichung. Wechselt euch ab. Beispiel:

Rekord	geschätzt	tatsächlich	Abweichung
Motorrad	$400\ \frac{km}{h}$	$605\ \frac{km}{h}$	$205\ \frac{km}{h}$
Zug	$300\ \frac{km}{h}$	$581\ \frac{km}{h}$	$281\ \frac{km}{h}$
…..	……	……	…..
Summe			$486\ \frac{km}{h}$

Die geringste Gesamtabweichung gewinnt.

9 **Internetrecherche: Geschwindigkeitsangaben**

Geschwindigkeiten von Jets werden auch in Mach angegeben, die von Schiffen in Knoten.

a □ Was bedeutet Mach 1?

b ◪ Wie schnell fährt ein Schiff bei 1 Knoten? Rechne 20 Knoten in $\frac{km}{h}$ um.

10 **Bringen Mathekenntnisse Vorteile?**

◪ Ein aufmerksamer Schüler macht folgende Aussage: „Um eine Geschwindigkeit von $\frac{km}{h}$ in $\frac{m}{s}$ umzurechnen muss ich die Geschwindigkeit in $\frac{km}{h}$ nur durch 3,6 teilen."
Begründe oder widerlege diese Aussage.

11 **Autotacho**

Wie funktionieren ein moderner und ein älterer Autotachometer zur Bestimmung der Momentangeschwindigkeit?

a □ Sammle die Informationen aus dem Internet oder aus Büchern.

b ◪ Erstelle eine Folie, auf der beide Funktionsprinzipien verglichen werden.

c ■ Bereite dich so vor, dass du die Präsentation mithilfe einer Karteikarte jederzeit halten kannst. Übe dabei das freie Sprechen.

12 **Schlecht lesbare Diagramme**

Aus dem folgenden Diagramm lassen sich die Geschwindigkeiten kaum ablesen.

a □ Erkläre, warum das Diagramm kaum zu lesen ist.

b ◪ Ändere das Diagramm im Heft so ab, dass es besser lesbar wird.

c ■ Erläutere, wie man allgemein vorgehen muss, um solche Fehler zu vermeiden.

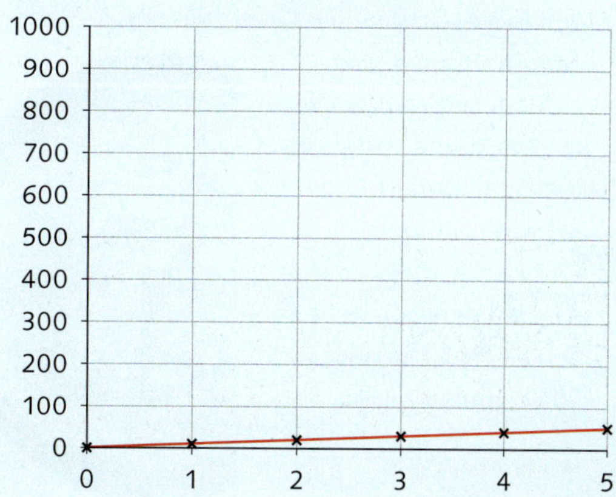

Weitergedacht

1 Was bedeuten die kleinen Zahlen auf dem Rand?

3 Fahrradcomputer montieren

1 Was ist eine Tachymeterskala?

Am Rand des Ziffernblatts mancher Uhren ist eine separate Skala angebracht, die Tachymeter genannt wird. Mithilfe dieser Skala lässt sich die Geschwindigkeit von Vorgängen abschätzen.

a ◪ Die abgebildete Tachymeterskala gibt den Kehrwert des Bruchteils einer Stunde an, der verstrichen ist, seit der Sekundenzeiger auf 12 stand: Nach 30 Sekunden steht der Zeiger z. B. auf 120, weil $30\,\text{s} = \frac{1}{120}\,\text{h}$ ist. Mit diesem Wert bestimmt man die Geschwindigkeit einer Bewegung, indem man den Skalenwert mit der zurückgelegten Strecke multipliziert. Legt z. B. ein Auto in 30 Sekunden einen Kilometer zurück, beträgt seine Geschwindigkeit $120\,\frac{\text{km}}{\text{h}}$. Hans stoppt beim Rollerfahren die Zeit, die er für 0,5 km braucht. Er erreicht das Ziel nach 45 Sekunden (Tachymeterwert: 80). Mit welcher Geschwindigkeit war er unterwegs?

b ■ Es gilt: $v = \frac{\Delta s}{\Delta t}$. In Aufgabenteil a wurde aber nicht geteilt, sondern multipliziert. Das liegt an den Eigenschaften der Tachymeterskala. Erkläre den Zusammenhang.

c ◪ Manche Krankenschwestern messen den Puls ihrer Patienten mithilfe einer Schwesternuhr.
Lies an der Uhr den Puls des Patienten ab, wenn die Schwester 20 Schläge in 20 Sekunden misst.

2 Schwesternuhr

2 Fahrradcomputer einstellen

Der folgende Auszug aus einer Bedienungsanleitung listet die einzelnen Arbeitsschritte auf, die nötig sind, um einen Fahrradcomputer in Betrieb zu nehmen:

1. Montieren des Impulsgebers und verbinden mit dem Fahrradcomputer
2. Uhrzeit und Radumfang einstellen, z. B. 2155 mm bei einem 27-Zoll-Mountainbike mit Offroadreifen
3. Fahrradcomputer mit vorher ausgemessener Strecke, z. B. 100 m, testen
4. Zusatzinformationen wie Tagesfahrzeit und Durchschnittsgeschwindigkeit über die Bedientasten des Fahrradcomputers aufrufen

a □ Recherchiere im Internet, wie ein Fahrradcomputer die Geschwindigkeit misst.

b □ In der Bedienungsanleitung ist von der Durchschnittsgeschwindigkeit die Rede. Erkläre an einem selbst gewählten Beispiel, was man unter Durchschnitts- und Momentangeschwindigkeit versteht und insbesondere was sie unterscheidet.

c ◪ Erkläre, warum man vor der Benutzung des Computers Voreinstellungen (z. B. 2155 mm Radumfang) vornehmen muss.

d ■ In einem Internetforum wird die genaue Funktion eines Fahrradcomputers folgendermaßen erklärt: „Der Computer erfasst einfach, wie viele Radumdrehungen das Fahrrad in fünf Sekunden geschafft hat, und nimmt das mal 0,0072."
Überprüfe und erläutere diese Aussage.

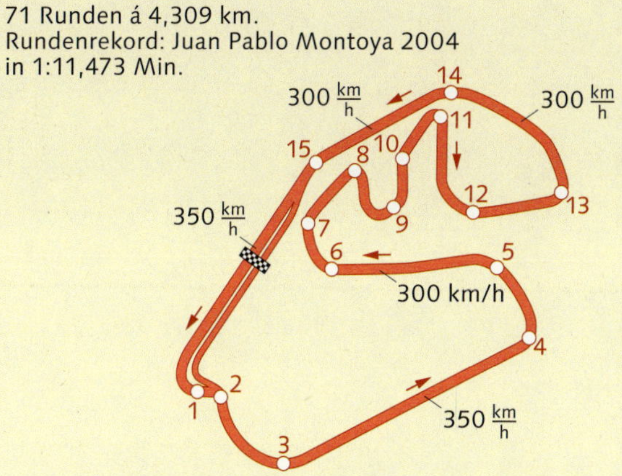

4 Streckeninformationen vom Großen Preis in Brasilien

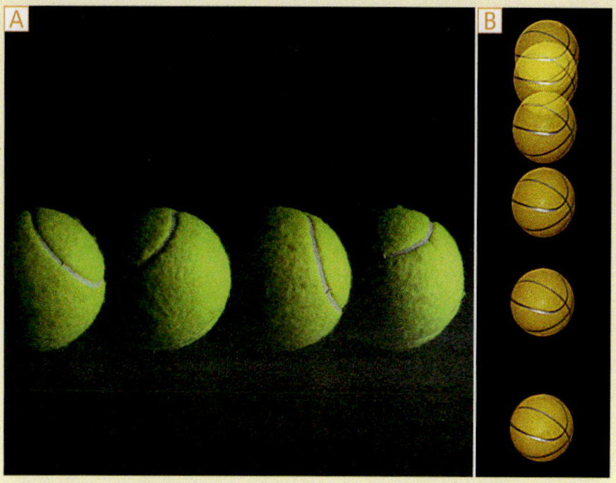

5 Stroboskopbilder: rollender Ball (A) und fallender Ball (B)

3 Am Leitstand in der Formel 1

In einem Automagazin sind die wichtigsten Informationen zur Strecke in Brasilien abgedruckt.

a ◪ Bestimme die Durchschnittsgeschwindigkeit des Rundenrekords (Angabe aus Bild 4).

b ◪ Schätze die Beschleunigung des Rennwagens beim Start in $\frac{m}{s^2}$, wenn er vor dem Anbremsen zur ersten Kurve 180 $\frac{km}{h}$ erreicht.

c ◪ Auf der 900 Meter langen Gegengeraden fährt das Auto im Schnitt 300 $\frac{km}{h}$. Berechne, wie lange das Auto auf der Geraden unterwegs ist.

d ◪ Ein Techniker erhält ein *s*-*t*-Diagramm. Er kommt zu dem Schluss, dass Kurve 11 sehr eng sein muss. Erkläre, wie er darauf kommt.

e ■ Der Techniker vergleicht die *v*-*t*-Diagramme zweier Fahrer und erklärt: „Fahrer 1 kommt besser durch die Kurven, Fahrer 2 beschleunigt schneller." Erläutere die Aussage.

f ■ Der Leitstand gibt dem Fahrer die Maximalgeschwindigkeiten für die Kurven durch:

leicht	250 $\frac{km}{h}$	5, 6, 7, 10, 12, 14, 15
scharf	150 $\frac{km}{h}$	2, 3, 4, 9, 13
extrem	100 $\frac{km}{h}$	1, 8, 11

Erstelle mit einem Tabellenkalkulationsprogramm ein *v*-*t*-Diagramm für den Rundenrekord. Verwende folgende Idealisierungen: Bremsen erfolgt gleichmäßig und dauert 1 s. Kurvenfahrten geschehen bei konstanter Geschwindigkeit und dauern 2 s. Die Beschleunigung nach der Kurve ist konstant. Erkläre, wie du die Zeitabschnitte abschätzt.

4 Bewegungen am Computer analysieren

Stroboskopaufnahmen dienen dazu, sehr schnell ablaufende Bewegungen zu veranschaulichen. In kurzen, immer gleichen Zeitabschnitten werden mehrere Aufnahmen gemacht und übereinander gelegt.

Bild 5 A zeigt einen rollenden Tennisball. Jede Zehntelsekunde wurde eine Aufnahme gemacht. Ein Tennisball hat einen Durchmesser von etwa 6,65 cm.

a □ Begründe, dass eine gleichförmige Bewegung vorliegt.

b ◪ Erstelle eine Wertetabelle und bestimme daraus die Geschwindigkeit. Zeichne ein *s*-*t*-Diagramm für die Bewegung des Tennisballs.

c ■ Erkläre, wie man aus dem Diagramm die Geschwindigkeit ablesen kann.

In Bild 5 B wurde ein Basketball fallen gelassen. Dabei wurden in gleichen Zeitabständen (je 0,25 s) Fotos gemacht. Im ersten Zeitabschnitt ist der Basketball 4 cm gefallen. Im zweiten Zeitabschnitt fällt er 16 cm, im dritten Abschnitt 36 cm und im vierten 64 cm. Im letzten Zeitabschnitt fällt er 1 m weit.

d ◪ Erstelle eine weitere Wertetabelle und zeichne damit ein *s*-*t*-Diagramm. Vergleiche das Diagramm mit dem aus Aufgabenteil b.

e ■ „Alle Körper fallen gleich schnell."
Plane einen Versuch mit zwei unterschiedlichen Bällen. Überlege dir, wie man dabei Fehler vermeidet, und führe den Versuch durch.

VOLKSWAGEN CC
INSURANCE INSTITUTE
HIGHWAY SAFETY

6

Wirkung von Kräften

Warum solltest du beim Kauf von Inlineskates auf hochwertige Lager achten?

Was lässt sich aus den Verformungen bei einem Crash schließen?

Wie kann ein Kran so große Lasten heben?

Kraft

1 Kraft kann man auch im Comic nicht sehen.

Kraft kommt in der Umgangssprache in unterschiedlichen Bedeutungen vor. Man spricht z. B. von Waschkraft oder Sehkraft. In der Physik hat der Kraftbegriff jedoch eine andere Bedeutung.

Wirkungen der Kraft

Eine physikalische Kraft kann man nicht sehen, man erkennt sie lediglich an ihren Wirkungen. Wenn sich die Bewegung eines Körpers ändert oder dieser verformt wird, wirkt eine physikalische Kraft. In der Physik wird die Kraft mit dem Buchstaben F abgekürzt (engl. *force*).

Bewegungsänderungen

Wenn ein Körper schneller wird, dann wirkt eine Kraft in Bewegungsrichtung. Beim Motorrad ist die Motorkraft so stark, dass das Vorderrad in die Höhe gehen kann. Man spricht von **Beschleunigung**.

Wenn ein Körper langsamer wird, dann wirkt eine Kraft entgegen seiner Bewegungsrichtung. Dafür gibt es beim Auto Bremsen. Aber auch ohne zu bremsen, kommt ein rollendes Auto irgendwann zum Stillstand. Ursache dafür ist die Reibung, die das **Bremsen** bewirkt.

Ändert sein Körper seine Bewegungsrichtung, muss eine Kraft seitlich einwirken. Beim Schmetterball kommt es zu einer plötzlichen **Richtungsänderung** des Balls im Moment des Schlags.

Plastische und elastische Verformung

Wirkt eine Kraft auf einen Körper, kann es zu Verformungen kommen:
Elastische Verformungen gehen wieder zurück, wie bei einem geknautschten Schaumstoffball.
Plastische Verformungen bleiben erhalten, wie bei Knetmasse oder beim Töpfern.

> Kräfte erkennt man nur an ihren Wirkungen auf Körper. Sie können einen Körper verformen, ihn beschleunigen, seine Bewegung abbremsen oder seine Bewegungsrichtung verändern.
> Abkürzung: F

2 Wirkungen von Kräften

3 Kraft beim Speerwurf

Darstellung von Kräften

Kraftpfeile stellen die entscheidenden Eigenschaften einer Kraft dar. Beim Speerwurf ist gut erkennbar, dass Angriffspunkt, Richtung und Größe der Kraft eine wichtige Rolle spielen:

- Der Punkt, an dem der Pfeil beginnt, ist der Angriffspunkt der Kraft. Speerwerfer wählen den Angriffspunkt etwa in der Mitte des Speers.
- Die Richtung, in die der Pfeil zeigt, gibt die Richtung an, in die die Kraft wirkt. In diese Richtung wird der Speer geworfen. Bei Wurfdisziplinen können Werfer bei einem Winkel von knapp unter 45° die größte Weite erzielen.
- Die Länge des Pfeils gibt den Betrag, also die Größe der Kraft, an. Je länger der Pfeil ist, desto größer ist auch die wirkende Kraft.

Kräfte gibt man in Newton (N) an. 1 N entspricht der Gewichtskraft einer 100-g-Tafel Schokolade.

> Die Wirkung einer Kraft auf einen Körper hängt von ihrem Angriffspunkt, ihrer Richtung und ihrer Größe, dem Betrag, ab. Die Kraft kann durch einen Kraftpfeil dargestellt werden.
> Einheit: Newton (N)

Das bedeutet: Kräfte mit gleichem Angriffspunkt, gleichem Betrag und gleicher Richtung verformen oder bewegen einen Körper in gleicher Weise.

Aufgaben

1 Kraftbegriffe
Umgangssprache und physikalische Sprechweise unterscheiden sich.

a □ Nenne Wörter, in denen „Kraft" vorkommt.

b ◪ Erkläre, warum die „Sehkraft" keine physikalische Kraft ist, obwohl das Sehen einen physikalischen Vorgang der Optik darstellt.

2 „Kräfte erkennt man an den Wirkungen."

a □ Nenne das physikalische Formelzeichen der Kraft. Erkläre, woher es kommt.

b ◪ Benenne Wirkungen von Kräften. Worin unterscheiden sie sich?

3 Plastisch oder elastisch
Man unterscheidet plastische und elastische Verformung.

a □ Nenne einen Vorgang, bei dem man von einer plastischen Verformung spricht.

b ◪ Kaugummikauen im Unterricht ist verboten. Mache einen Vorschlag, wie du versuchen könntest, dich beim Thema „Kräfte" im Physikunterricht herauszureden, wenn du beim Kauen erwischt wirst.

c ■ Windflüchter sind Bäume, deren Wuchsform vom Wind bestimmt wird.
Stelle eine Vermutung an, wie es zu dieser Erscheinung kommt.

4 Kraftpfeil

a □ Erläutere, was man an einem Kraftpfeil ablesen kann.

b ◪ Notiere das Wichtigste zu folgenden Begriffen. Notiere, wenn möglich, einen Je-desto-Satz:
- Angriffspunkt der Kraft
- Pfeilrichtung
- Länge des Kraftpfeils

Kraftmessung

1 Hannes ist viel stärker als seine Mitschüler.

An der Tafel soll der stärkste Schüler der Klasse ermittelt werden. Der Schüler, der die Feder am weitesten dehnen kann, übt die größte Kraft aus.

Hooke'sches Gesetz

Kräfte kann man mit elastisch verformbaren Gegenständen, z. B. Federn, messen. Je größer die Kraft ist, desto größer ist die Ausdehnung der Feder. Um Kräfte mit einem elastischen Gegenstand zu messen, ist es wichtig, dass er sich bei gleicher Krafteinwirkung immer gleich verformt. In der Praxis verwendet man Federn, die sich bei doppelter (dreifacher) Krafteinwirkung doppelt (dreifach) so weit ausdehnen. Die Ausdehnung s ist dann proportional zur einwirkenden Kraft F. Bei einem Gummiband liegt so eine Proportionalität zwischen Kraft und Ausdehnung nicht vor (Bild 3).

Wie weit sich eine Feder bei einer bestimmten Krafteinwirkung ausdehnt, hängt von ihrem Härtegrad D ab. Dieser Härtegrad ist der Quotient aus Krafteinwirkung und Auslenkung und bestimmt die Steigung der Geraden im F-s-Diagramm: Es gilt das Hooke'sche Gesetz: $F = D \cdot s$.
Eine weiche Feder lässt sich leichter ausdehnen als eine harte Feder. Weiche Federn werden deshalb zum Messen kleiner Kräfte verwendet.

> Bei der Kraftmessung mit Federn nutzt man das Hooke'sche Gesetz: $F = D \cdot s$.

Experiment Gummiband oder Feder?

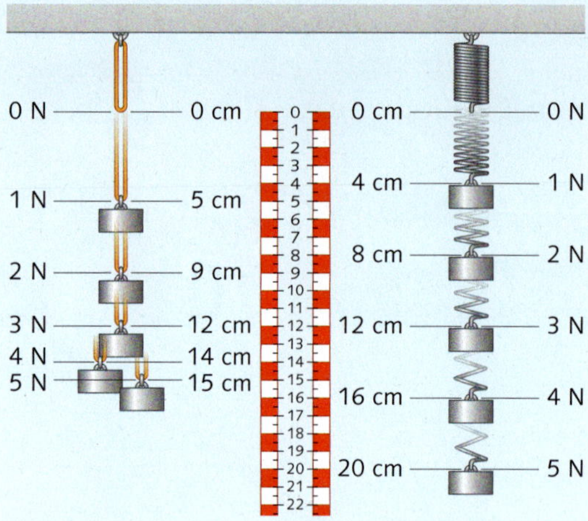

2 Ausdehnung von Gummiband und Feder

Warum misst man Kräfte nicht mit einem Gummiband?
Ein Gummiband und eine Feder werden parallel aufgehängt. Dann werden schrittweise Massen von jeweils 100 g (≈ 1 N) angehängt. Man erhält folgende Werte:

Kraft F in N	0	1	2	3	4	5
Ausdehnung des Gummibands in cm	0	5	9	12	14	15
Ausdehnung der Feder in cm	0	4	8	12	16	20

Die Feder dehnt sich im Unterschied zum Gummiband gleichmäßig aus und eignet sich daher besser zur Kraftmessung.

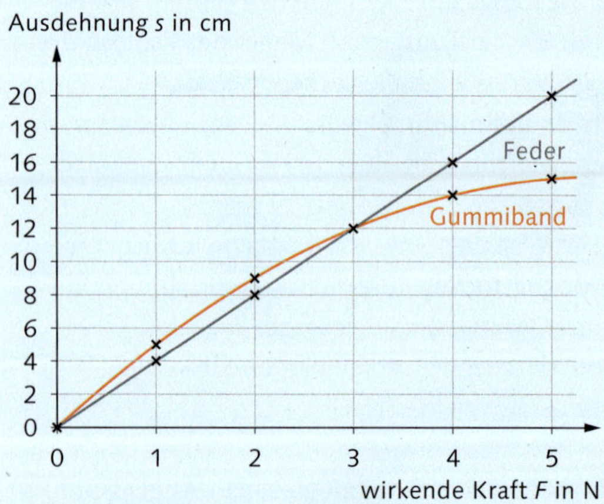

3 Ausdehnung von Feder und Gummiband im F-s-Diagramm

Methode Umgang mit dem Kraftmesser

Schritt 1: Die zu messende Kraft abschätzen

Vor der Messung musst du die zu messende Kraft abschätzen. Denn wenn du einen Kraftmesser mit einem zu kleinen Messbereich wählst, kann die Feder beschädigt werden.

Jonson möchte die Gewichtskraft einer Tafel Schokolade messen. Ihm stehen Kraftmesser mit einem Messbereich von 1 N, 2 N und 10 N zur Verfügung. Jonson weiß, dass er ungefähr ein Newton messen wird. Der Kraftmesser mit dem Messbereich bis 1 N würde bis zum Anschlag ausgelenkt werden. Der Kraftmesser mit dem Messbereich bis 10 N wäre zu ungenau. Deshalb wählt Jonson den 2-N-Kraftmesser.

Schritt 2: Nullpunkt einstellen

Um richtige Messergebnisse zu erhalten, muss der Kraftmesser vor jeder Messung, solange die Feder nicht ausgelenkt ist, 0 N anzeigen. Diese Nullpunkteinstellung wird mit einer Stellschraube oder einem Schieber vor jeder Messung vorgenommen.

Bevor Jonson mit der Messung beginnt, stellt er den Schieber so ein, dass Nullpunkt und Schieber auf gleicher Höhe liegen.

Schritt 3: Messen und Ablesen

Um die Kraft korrekt zu messen, muss der Kraftmesser immer parallel zur Kraftrichtung gehalten werden.
Um Ablesefehler zu vermeiden, müssen sich die Augen immer auf Höhe der Anzeige befinden.

Jonson will präzise Ergebnisse. Er achtet darauf, den Kraftmesser gerade zu halten und senkrecht auf die Anzeige zu schauen. Die abgelesenen Ergebnisse notiert er.

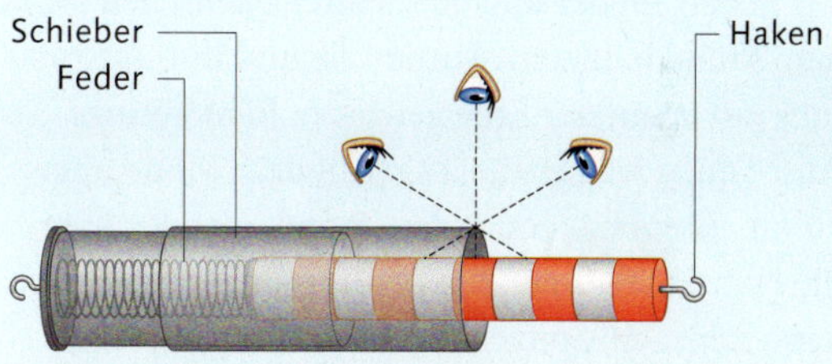

4 Ablesefehler beim schrägen Blick auf die Skala

Aufgaben

1 Wichtige Proportionalität
Beim Federkraftmesser wird die Proportionalität von Ausdehnung und Kraft genutzt.
- **a** □ Erkläre, warum diese Proportionalität vorteilhaft ist.
- **b** ◪ Federn leiern mit der Zeit aus. Glaubst du, dass man einen Kraftmesser dann immer noch benutzen kann? Begründe deine Vermutung.

2 Hooke'sches Gesetz
Das Hooke'sche Gesetz wird bei der Kraftmessung mit dem Federkraftmesser genutzt.
- **a** □ Erkläre das Hooke'sche Gesetz.
- **b** ◪ Erläutere die Federhärte D.
- **c** ■ Franz stellt im Unterricht folgende Behauptung auf: „In einem F-s-Diagramm mit zwei unterschiedlich harten Federn kann ich sofort erkennen, welches die härtere Feder ist!"
  Hat er recht? Begründe mit einem Diagramm.

3 Ein Federkraftmesser und ein Spickzettel
Was man auf einen Spickzettel schreibt, bleibt im Gedächtnis!
- **a** □ Erstelle einen Spickzettel zum korrekten Umgang mit einem Kraftmesser. Prüfe anschließend, wie viele Arbeitsschritte du dir detailliert gemerkt hast.
- **b** ◪ Zeichne einen Federkraftmesser ins Heft und benenne alle Teile ohne Blick ins Buch.
- **c** ■ Lies die folgenden Federkraftmesser ab:

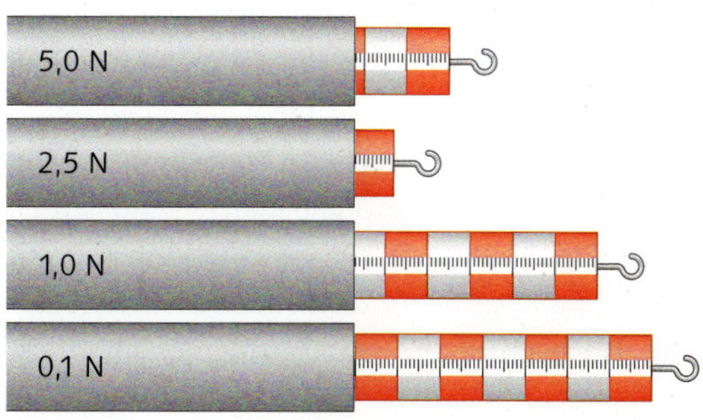

Masse und Gewichtskraft

1 John Young springt mit voller Ausrüstung auf dem Mond in die Höhe.

2 Ein Sport- und Physiklehrer springt mit 82 kg Gepäck.

Als in den 1960er und 70er Jahren Menschen auf dem Mond landeten, wurden sie und ihre Ausrüstung zuvor auf der Erde gewogen. John Youngs Ausrüstung wog etwa 82 kg. Auf dem Mond angekommen, sprang er aus dem Stand über 40 cm in die Höhe. Stellt man den Sprung auf der Erde nach, kann selbst ein Spitzenathlet diese Höhe kaum erreichen.

Die Masse ist überall gleich

Jeder Körper besitzt eine Masse m. Daran ändert sich auch auf dem Mond nichts: Die Masse ist überall gleich groß. Die Masse von Youngs Ausrüstung betrug auf dem Mond also unverändert 82 kg. Eine Tafel Schokolade macht deshalb überall gleich satt, denn man nimmt immer die gleiche Masse zu sich.

> Die Masse ist eine vom Ort unabhängige Eigenschaft von Materie. Abkürzung: m

Massenanziehung

Lord Henry Cavendish konnte 1798 mit einer Drehwaage (Bild 4) zeigen, dass Massen einander anziehen. In seinem Experiment bewegten sich zwei kleine, drehbar gelagerte Massen ohne äußere Einwirkung auf zwei große Bleikugeln zu. Nur eine anziehende Kraft zwischen den Kugelmassen konnte die Ursache für die beobachtete Bewegung sein. Die beobachtete Kraft war mit 0,000 0001 N jedoch winzig klein.

Gewichtskraft und Masse

Im Versuch von Cavendish waren die verwendeten Massen verhältnismäßig klein. Ersetzt man in Gedanken die kleine Kugelmasse durch einen Astronauten mit seiner Ausrüstung und die große Bleikugel durch die Erde, wird schnell klar, dass die Massenanziehung wesentlich größer sein muss.
Die Erde zieht den Astronauten durch die Massenanziehung zu ihrem Mittelpunkt hin.
Diese vom Ort abhängige Anziehung wird Gewichtskraft F_g genannt. Die Gewichtskraft entspricht dem in der Alltagssprache verwendeten Begriff „Gewicht".

> Die Gewichtskraft ist die Anziehungskraft der Erde auf andere Massen. Abkürzung: F_g

Auf dem Mond

Da die Masse des Mondes sehr viel kleiner ist als die Masse der Erde, wird ein Astronaut auf dem Mond weniger stark angezogen als auf der Erde. Genaue Messungen zeigen, dass die Anziehung auf dem Mond nur ein Sechstel der Anziehung auf der Erde beträgt.
Mit seiner Ausrüstung hatte John Young eine Masse von über 160 kg. Aufgrund der geringeren Anziehung auf dem Mond wirkte dort auf seine Ausrüstung und ihn nur eine Gewichtskraft wie auf eine Masse von etwas mehr als 26 kg auf der Erde. Deshalb konnte er auf dem Mond so hoch springen.

Ortsfaktor

Das Verhältnis aus Gewichtskraft F_g und der Masse m nennt man Ortsfaktor g. Er hat die Einheit $\frac{\text{N}}{\text{kg}}$. Entsprechend berechnet sich die Gewichtskraft als:

$$F_g = m \cdot g.$$

An einem bestimmten Ort ist der Ortsfaktor immer gleich groß. In Mitteleuropa beträgt er rund $9{,}81\,\frac{\text{N}}{\text{kg}}$.

> Der Ortsfaktor g gibt an, welche Gewichtskraft an einem bestimmten Ort auf 1 kg Masse wirkt. Es gilt: $F_g = m \cdot g$.

Da der Ortsfaktor auf der Erde etwa $10\,\frac{\text{N}}{\text{kg}}$ beträgt, wirkt hier auf eine 100-g-Tafel Schokolade eine Gewichtskraft von etwa 1 N.

Massenanziehung und Abstand

Die Massenanziehung hängt auch vom Abstand der Massen voneinander ab. Je weiter die Massenmittelpunkte voneinander entfernt sind, desto kleiner ist die Anziehung zwischen den Körpern.

Da die Pole der Erde etwas abgeflacht sind, ist man am Äquator 21 km weiter vom Erdmittelpunkt entfernt als am Pol. Am Äquator ist der Ortsfaktor daher kleiner.

Die Abhängigkeit der Gewichtskraft vom Abstand zum Erdmittelpunkt lässt sich sogar in Deutschland nachweisen. Misst man beispielsweise die Gewichtskraft einer Tafel Schokolade an der höchsten Stelle Deutschlands, der Zugspitze, und der tiefsten Stelle, in Neuendorf, stellt man mit einem genauen Messgerät Unterschiede fest: Der Kraftmesser zeigt auf der Zugspitze einen kleineren Wert an als in Neuendorf.

m = 100 g	F in N	g in $\frac{\text{N}}{\text{kg}}$
Neuendorf (–3,54 m)	0,981	9,81
Zugspitze (2962 m)	0,979	9,79
Äquator (durchschnittlich)	0,978	9,78
Pole	0,983	9,83
Mond	0,162	1,62
Mars	0,371	3,71
Jupiter	2,479	24,79

3 100-g-Tafel Schokolade an verschiedenen Orten

Aufgaben

1 „Ich würde lieber auf dem Mond einkaufen!"
Nadine schaut der Süßwarenverkäuferin beim Abwiegen von 1 kg Schokolade zu.

- **a** □ Erkläre, was Nadine mit dem Satz meint.
- **b** ◪ Erkläre die Werte in Tabelle 3 fachgerecht.
- **c** ■ Auch durch die unterschiedliche Beschaffenheit des Untergrunds haben wir auf der Erde unterschiedliche Ortsfaktoren. Wie kommen diese Unterschiede zustande?

2 Masse und Gewichtskraft unterscheiden sich
Erkläre den Unterschied zwischen Masse und Gewichtskraft so, dass …

- **a** □ es ein Mitschüler versteht,
- **b** ◪ es deine Eltern verstehen.
- **c** ■ Ein Astronaut (m = 80 kg) landet auf einem unbekannten Planeten. Ein Apfel mit der Masse 50 g hat dort die Gewichtskraft 3,5 N. Wie groß sind Gewichtskraft und Masse des Astronauten auf der Oberfläche des unbekannten Planeten?

3 Cavendish und die Massenanziehung
Massen ziehen sich gegenseitig an.

- **a** □ Erkläre für dich und deinen Nachbarn, ob ihr euch gegenseitig anzieht.
- **b** ◪ Gib an, wovon die gegenseitige Massenanziehung abhängt.
- **c** ◪ Erkläre den unten abgebildeten Versuch.
- **d** ■ Erläutere, warum Cavendish zum Ablesen des Messergebnisses ein Fernrohr benutzte.

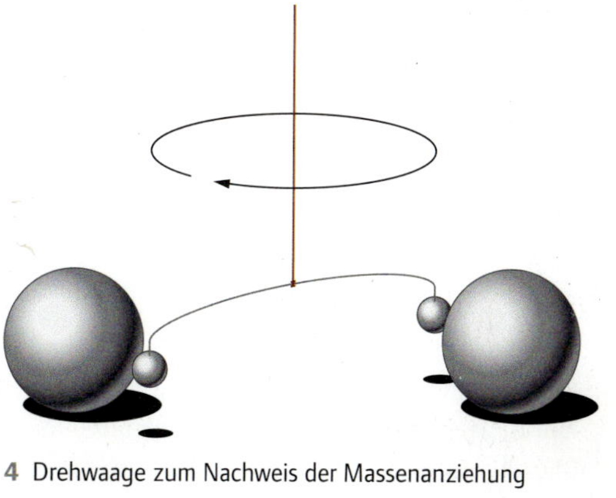

4 Drehwaage zum Nachweis der Massenanziehung

Masse und Trägheit

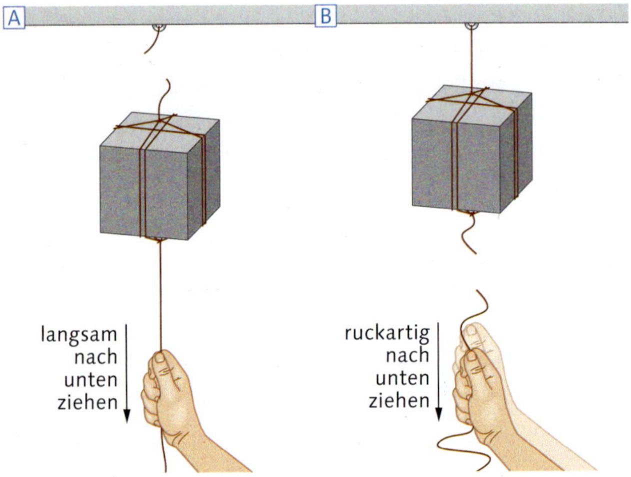

1 Eine Wette, die du immer gewinnst!

Ein schwerer Gegenstand ist in einen Faden geknotet und aufgehängt worden. Ein Schüler wettet, dass er vorhersagen kann, an welcher Stelle der Faden reißt, wenn er fest genug daran zieht.
Um den Trick zu verstehen, muss man wissen, dass Masse nicht nur schwer, sondern auch träge ist.

Masse ist schwer

Zieht man langsam am Faden, reißt der Faden oberhalb des Gegenstands: Auf das obere Fadenstück wirkt sowohl die Zugkraft der Hand als auch die Gewichtskraft des Gegenstands. Auf den unteren Teil des Fadens wirkt nur die Zugkraft der Hand. Deshalb reißt der Faden oberhalb des Gegenstands.

Masse ist träge

Zieht man ruckartig am Faden, reißt der Faden unterhalb des Gegenstands – der Gegenstand bleibt hängen: Körper widersetzen sich der Änderung ihres Bewegungszustands. Sie sind träge. Der schwere Gegenstand bewegt sich daher im ersten Moment nicht. Deshalb wirkt auf das obere Fadenstück weiterhin nur die Gewichtskraft des Gegenstands. Auf das untere Fadenstück wirkt die wesentlich größere Zugkraft der Hand. Deshalb reißt der Faden unterhalb des Gegenstands.

> Körper widersetzen sich Bewegungsänderungen. Diese Eigenschaft der Masse nennt man in der Physik Trägheit.

Gedankenexperiment Masse und Trägheit

2 Zwei Bälle mit unterschiedlicher Wirkung

Tim und Tom schießen und fangen zwei Bälle unterschiedlicher Masse.

Den Wasserball wegzuschießen fällt Tim leicht. Der Ball leistet seinem Fuß kaum Widerstand. Der Medizinball bewegt sich hingegen kaum, als Tom dagegentritt.

Den schnell auf ihn zu fliegenden Wasserball zu fangen bereitet Tim keine Mühe.
Den gleich schnellen Medizinball kann Tom kaum festhalten. Der Ball fegt ihn beinahe von den Füßen.

Um einen ruhenden Ball in Bewegung zu versetzen oder einen bewegten Ball abzubremsen, muss Kraft aufgewendet werden. Diese Kraft ist notwendig, weil sich Körper mit ihrer Trägheit der Änderung ihres Bewegungszustands widersetzen. Je schwerer ein Körper ist, desto größer ist seine Trägheit.

Massen sind sowohl schwer als auch träge. Genaue Experimente zeigen, dass ein doppelt (dreifach) so schwerer Körper auch doppelt (dreifach) so träge ist.

> Je größer die Masse eines Körpers ist, desto größer ist seine Trägheit.

3 Die Kugel behält ihren Bewegungszustand bei.

Bewegungsänderungen

Beim **Beschleunigen** einer Spielzeugeisenbahn entfernen sich die Lok und eine auf dem Anhänger liegende Kugel voneinander. Von der Lok aus gesehen rollt die Kugel nach hinten. Denn wegen der Trägheit ihrer Masse widersetzt sie sich dem Beschleunigungsvorgang. Steht man in einem Zug, muss man sich deshalb beim Beschleunigen festhalten, um nicht auf die hinter einem stehenden Menschen zu prallen.

Beim **Bremsen** rollt die Kugel auf die Lok zu. Wegen ihrer Trägheit setzt die Kugel ihre Bewegung fort und widersetzt sich dem Bremsvorgang. Bei einer unerwarteten Bremsung prallt man deshalb gegen die vor einem stehenden Menschen im Zug.

Beim **Kurvenfahren** fällt die Kugel seitlich vom Anhänger. Auch hier behält die Kugel ihren Bewegungszustand inklusive der Bewegungsrichtung bei und bewegt sich geradlinig weiter, während der Zug abbiegt (Bild 3). Im Auto wird man deshalb in der Kurve gegen die Autotür gedrückt.

In allen drei Fällen gilt der **Trägheitssatz**:

> Solange keine Kraft auf einen Körper wirkt, behält er seinen Bewegungszustand bei: Geschwindigkeit und Bewegungsrichtung ändern sich nicht. War der Körper z. B. in Ruhe, bleibt er in Ruhe.

Aufgaben

1 Physik auf der Toilette

□ Beim Abreißen von Toilettenpapier können dir Physikkenntnisse helfen.
Erkläre, wie du am Toilettenpapier mit einer Hand nach unten ziehen musst, um nur ein einzelnes Blatt abzureißen.

2 Abschleppen

Beim Abschleppen eines defekten Fahrzeugs besteht die Gefahr, dass das Zugseil beim Anfahren reißt.

- **a** □ Begründe, dass man langsam anfahren muss, damit das Seil nicht reißt.
- **b** ◪ Erläutere, was sich ändert, wenn die Masse des abgeschleppten Autos doppelt so groß ist.
- **c** ◪ Beschreibe eine technische Lösung für den Fall, dass das abschleppende Auto überraschend bremst.

3 Faul und träge

Der Begriff „Trägheit" wird auch im allgemeinen Sprachgebrauch verwendet.

- **a** □ Erläutere, was umgangssprachlich mit Trägheit gemeint ist.
- **b** □ Vergleiche die alltägliche Bedeutung mit dem physikalischen Sprachgebrauch.

4 Trägheit in öffentlichen Verkehrsmitteln

Immer häufiger findet man in öffentlichen Transportmitteln Hinweisschilder wie das unten abgebildete.

- **a** □ Erkläre den Zusammenhang zwischen dem unten stehenden Bild und dem Trägheitssatz.
- **b** ◪ Erkläre einem Schüler einer 5. Klasse möglichst physikalisch den Trägheitssatz. Wähle ein eigenes Beispiel.
- **c** ■ Bewerte eine Gurtpflicht in öffentlichen Nahverkehrsbussen. Stelle Pro und Kontra einander gegenüber.

Was lässt sich aus den Verformungen bei einem Crash schließen?

Die folgenden Aufgaben zum Thema **Kraft und Masse** helfen dir deinen Lernstand einzuschätzen. Beobachte dich dazu beim Lösen der Aufgaben selbst:
- Brauchst du Hilfe? Musst du z. B. noch einmal nachlesen oder jemanden fragen?
- Kannst du die Aufgaben ohne Hilfe lösen?
- Weißt du sogar mehr als in der Lösung steht?

Notiere dir, bei welchen Fragen du Schwierigkeiten hast. Kehre noch einmal zu den entsprechenden Seiten zurück, arbeite sie durch und löse die zugehörigen Aufgaben. Weitere Aufgaben findest du auf den folgenden Seiten.

1 Kraft
Kräfte kann man nicht sehen.
a □ Erläutere, woran man eine Kraft erkennt.
b ◪ Beschrifte einen Kraftpfeil mit Angriffspunkt, Richtung und Betrag der Kraft. Erkläre die Begriffe.

2 Federkraftmesser
Kräfte misst man mit einem Federkraftmesser.
a □ Gib an, welche Arbeitsschritte man vor einer Messung mit einem Federkraftmesser durchführen muss.
b ◪ Erkläre, welche Auswirkungen verschiedene Federhärten auf die Kraftmessung haben.
c ■ Erkläre, warum es von Vorteil ist, wenn für den elastischen Gegenstand im Federkraftmesser das Hooke'sche Gesetz gilt.

3 Masse
Jeder Körper hat eine Masse.
a □ Erkläre den Satz: „Masse ist eine vom Ort unabhängige Größe."
b ◪ Beschreibe, wie man experimentell nachweisen kann, dass sich Massen gegenseitig anziehen.
c ■ Beschreibe, wie sich die Anziehung verändert, wenn man zwei Massestücke voneinander entfernt.

4 Gewichtskraft und Ortsfaktor
Gewichtskraft ist eine ortsabhängige Größe.
a □ Nenne ein Beispiel, das zeigt, dass es sich bei der Gewichtskraft um eine ortsabhängige Größe handelt.
b ◪ „Die Gewichtskraft ist die Folge einer wechselseitigen Anziehung."
Beurteile, ob dieser Satz korrekt ist. Begründe deine Meinung.
c ■ Begründe, warum man auf der Sonne nicht in die Höhe springen könnte, selbst wenn sie erkaltet wäre und eine feste Oberfläche hätte.

5 Trägheit
Alle Körper sind träge.
a □ Belege die Aussage mit einem alltäglichen Beispiel einer Bewegung.
b ◪ Erläutere, wie man die Trägheit nutzen kann, um einen losen Hammerkopf wieder zu befestigen.

c ■ Die Nackenstütze eines Autos schützt vor einem Schleudertrauma. Erkläre.

Kräfte

Kräfte kann man nicht sehen. Man erkennt sie nur an ihren Wirkungen.

	Der Bewegungszustand …	Eine Verformung …
Eine Kraft wirkt.	*ändert sich:* Der Körper … – beschleunigt, – bremst ab oder – ändert die Bewegungsrichtung.	*tritt auf:* Der Körper wird … – plastisch und/oder – elastisch verformt.
Keine Kraft wirkt.	*ändert sich nicht:* Ein … – ruhender Körper bleibt in Ruhe, – bewegter Körper behält Geschwindigkeit und Bewegungsrichtung bei.	*tritt nicht auf.*

Kräfte haben einen Angriffspunkt, einen Betrag und eine Richtung.

Kräfte werden mit einem Federkraftmesser gemessen und in Newton (N) angegeben.

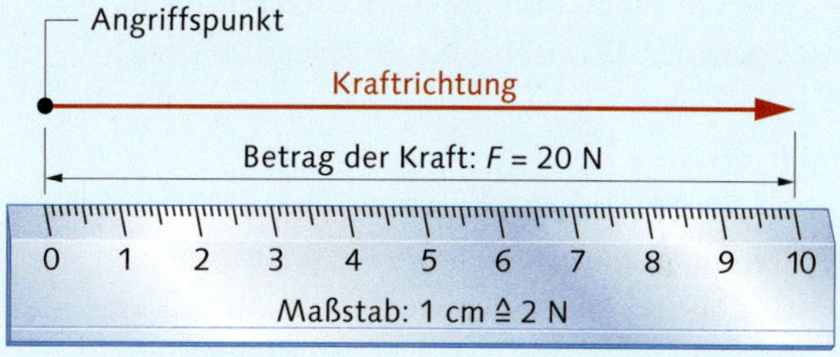

Masse

Jeder Körper hat eine Masse. Sie ist vom Ort unabhängig und deshalb überall gleich groß.

Die Masse einer Tafel Schokolade beträgt auf dem Mond wie auf der Erde 100 g.

Massen sind schwer.

Auf jeden Körper wirkt die Gewichtskraft.
Je größer die Masse eines Körpers ist, desto größer ist die Gewichtskraft.
Die Gewichtskraft ist eine ortsabhängige Größe.

Misst man die Gewichtskraft an unterschiedlichen Orten, kann man verschiedene Werte messen.
Der Ortsfaktor g gibt an, welche Gewichtskraft auf 1 kg einer Masse wirkt.

Massen sind träge.

Jeder Körper widersetzt sich Bewegungsänderungen.
Je größer die Masse eines Körpers ist, desto größer ist diese Trägheit.
Die Trägheit ist vom Ort unabhängig.

Solange keine Kraft auf einen Körper wirkt, behält er seinen Bewegungszustand bei. Ein ruhender Körper bleibt in Ruhe.
Es gilt der Trägheitssatz.

Aufgaben

1 Umgang mit dem Federkraftmesser
Beim Umgang mit einem Federkraftmesser sind einige Dinge zu beachten.

a □ Erkundige dich, wofür das Wort Parallaxenfehler steht, und erläutere das Problem. Nenne weitere Fehler, die man im Umgang mit einem Federkraftmesser machen kann.

b ◪ Erkläre, was die Angabe „mN“ auf einem Federkraftmesser bedeutet. Nenne die Grundeinheit und gib ein Umrechnungsbeispiel.

c ◪ Ein Federkraftmesser hat die Genauigkeitsklasse 2,0. Recherchiere im Internet, was diese Angabe bedeutet.

d ■ Ein Federkraftmesser wird auch Federwaage genannt. Was ist bei dieser Waage im Gleichgewicht?

2 Schülerversuch mit Kraftmesser
Die Bilder zeigen einen Schülerversuch mit Kraftmesser und einem biegsamen Metallstab.

a □ Nenne die Art der Verformung des Stabs.

b □ Erkläre die Durchführung und das Ergebnis des Versuchs. Verwende hierzu die Begriffe „Angriffspunkt“, „Richtung“ und „Betrag der Kraft“.

c ■ In einem weiteren Teilversuch soll der Einfluss eines veränderten Angriffspunkts untersucht werden. Hierzu wird mit einem Klebestreifen der Angriffspunkt entlang des Metallstabs verschoben.
Erkläre, was du bei der Durchführung beachten musst, um den Einfluss des Angriffspunkts systematisch zu untersuchen. Erstelle ein Versuchsprotokoll mit Versuchsskizze.

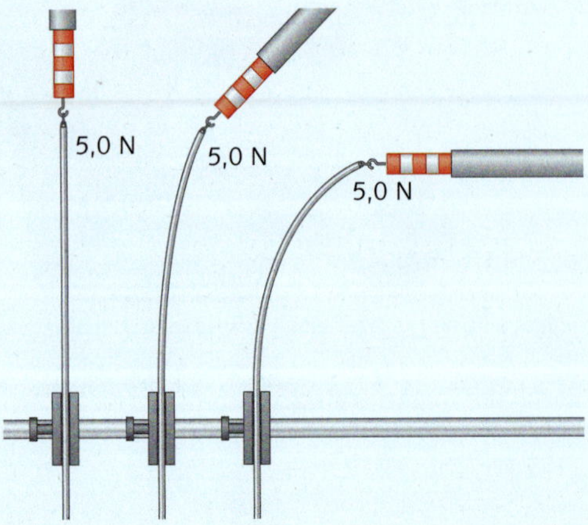

3 Justieren eines Kraftmessers
Vor der Messung muss man einen Federkraftmesser justieren.

a ◪ Erkläre, warum die Nullpunkteinstellung eines Federkraftmessers vor jeder Messung zwingend notwendig ist.

b ■ Die Begriffe „eichen“ und „kalibrieren“ werden im Alltag oft gleichbedeutend verwendet. Es gibt aber einen Unterschied. Recherchiere und erläutere, worin der Unterschied besteht.

4 Angriffspunkt auf der Schwimmbadterrasse
Julian möchte einen schweren Sonnenschirm auf der Terrasse verschieben. Der Schirm hat eine spezielle Zugstange, die man an seinem Fuß einhaken kann.

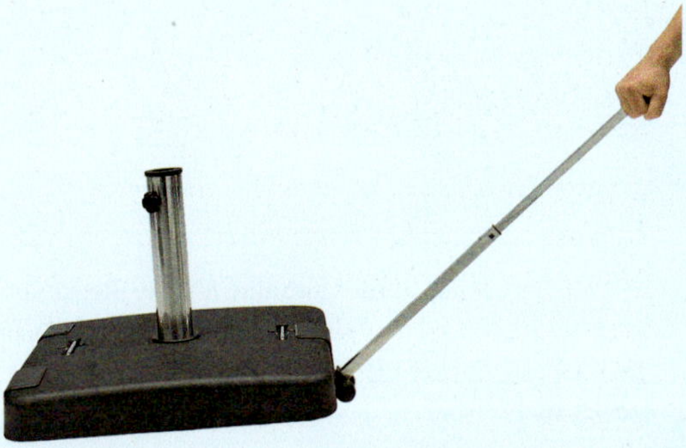

a □ Erkläre die Funktion der Zugstange. Begründe, warum sie am Fuß des Schirms festgemacht ist.

b ◪ Lässt sich der Schirm noch aufrecht ziehen, wenn die Stange weiter oben am Schirm eingehakt wird? Erkläre, was geschieht, wenn die Stange direkt unter dem Dach des Schirms eingehakt wird.

5 Physik und Kampfsport
Im Judo wählt man den Angriffspunkt der Kraft gezielt aus und nutzt die Trägheit des Gegners.

a □ Erkläre, welchen Einfluss der Angriffspunkt einer Kraft bei Angriffen hat, wenn man den Gegner aus dem Gleichgewicht bringen will.

b ◪ Beschreibe, wie man die Trägheit des Gegners geschickt ausnutzen kann.

6 Geschichten aus dem Weltall
Ein Autor erklärt Supermans Riesenkräfte: „Superman wurde auf dem Planeten Krypton geboren, wo die Anziehungskraft anders als auf der Erde war. Seine Muskeln haben sich den Bedingungen seines Heimatplaneten angepasst."

a □ Erkläre, wie die Anziehungskraft auf dem Planet Krypton gewesen sein muss.

b ◪ Erläutere, welche Probleme Astronauten bekommen, wenn sie sich längere Zeit in der Schwerelosigkeit aufhalten. Mache Vorschläge, wie sie die Probleme bekämpfen können.

7 Kleine Kriminalgeschichte

„In der Nacht zum Dienstag wurde an der Kreuzung Südstraße Ecke Wackerdamm ein Mann verletzt. Zeugen beobachteten, wie der gelbe Wagen eines Malerbetriebs davonbrauste." Die Polizei kann sich den Unfallhergang nicht erklären.

◪ Erläutere, wie du der Polizei mithilfe der Überwachungsbilder helfen kannst.

8 Aus einem Fachartikel
„Auf der Erde ist die Fallbeschleunigung g vom Ort abhängig. Das liegt nicht nur an der Abplattung der Erde und damit an den unterschiedlichen Abständen vom Erdmittelpunkt, sondern auch daran, dass die Erde keine perfekt homogene kugelförmige Massenverteilung hat, die sich darüber hinaus verändert. Die Fallbeschleunigung an den Polen ist $9{,}832\,19\,\frac{m}{s^2}$ und am Äquator $9{,}780\,33\,\frac{m}{s^2}$."

a ◪ Welche Fakten aus dem Fachtext kennst du schon und welche sind neu? Ordne die Informationen nach Bekannt und Unbekannt in einer Tabelle.

b ■ Gib den Inhalt des Texts in eigenen Worten wieder.

9 Zaubertricks mit träger Masse
◪ Im Internet und in Physikbüchern findet man einige Zaubertricks, die die Trägheit ausnutzen. Untersuche neben dem bekannten Tischtuchtrick noch andere Trägheitstricks. Übe einige Tricks ein, führe sie vor und erkläre sie anschließend deinen Mitschülern.

10 Ein toller Apparat

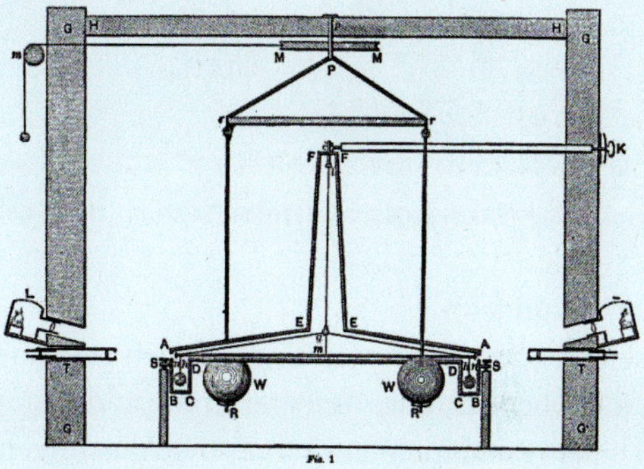

a ◪ Erläutere die Funktion des abgebildeten Apparats.

b ■ Recherchiere, wie und warum dieses Gerät die Naturwissenschaft nachhaltig geprägt hat.

11 Maßeinheiten
◪ Ordne folgende Maßeinheiten den Kategorien Gewichtskraft, Masse und Ortsfaktor zu: t, kg, N, s, kN, $\frac{N}{kg}$.

12 Finde die richtigen Aussagen
◪ Welche der folgenden Aussagen ist richtig? Korrigiere falsche Aussagen.
1. Die Gewichtskraft eines Körpers ist vom Ort, an dem er sich befindet, unabhängig.
2. Die Masse eines Körpers ist vom Ort, an dem er sich befindet, unabhängig.
3. Der Ortsfaktor ist eine Naturkonstante und überall auf der Erde gleich groß.

13 Archimedes auf dem Mond
■ Das Gesetz von Archimedes sagt aus, dass ein Boot so tief ins Wasser eintaucht, bis seine Gewichtskraft gleich der Gewichtskraft des vom Boot verdrängten Wassers ist.
Erläutere, was sich ändert wenn ein Boot in ein Wasserbecken auf dem Mond eintauchen würde.

Zusammenwirken von Kräften

1 Obwohl ein gesamtes Hockeyteam in dieselbe Richtung zieht, gelingt es kaum, den Elefanten zu stoppen.

Kräfteaddition

Die drei Sportlerinnen in Bild 2 ziehen gemeinsam in dieselbe Richtung. Ihre drei Kräfte addieren sich zu einer resultierenden Kraft F_R. Die resultierende Kraft ist die Summe der Teilkräfte: $F_1 + F_2 + F_3 + \ldots$

> Wenn Kräfte in die gleiche Richtung wirken, dürfen sie addiert werden. Es gilt:
> $F_R = F_1 + F_2 + F_3 + \ldots$ (Kräfteaddition).

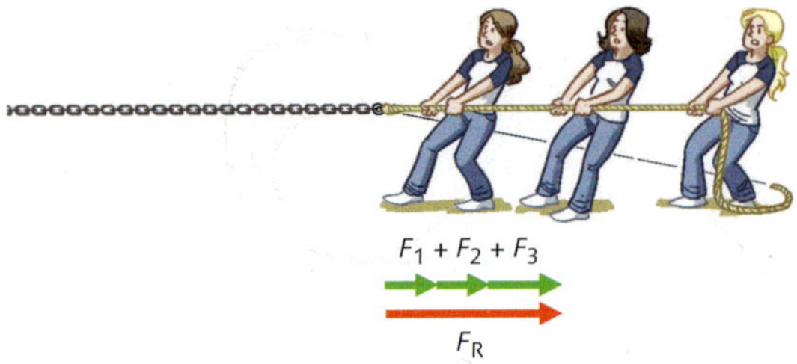

2 Kräfteaddition

Kräftesubtraktion

Der Elefant in Bild 3 zieht in die genau entgegengesetzte Richtung wie die Sportlerinnen. Die resultierende Kraft ergibt sich aus der Differenz der beiden Kräfte: $F_1 - F_2$.

> Wenn Kräfte in entgegengesetzte Richtungen wirken, müssen sie subtrahiert werden. Es gilt:
> $F_R = F_1 - F_2$ (Kräftesubtraktion).

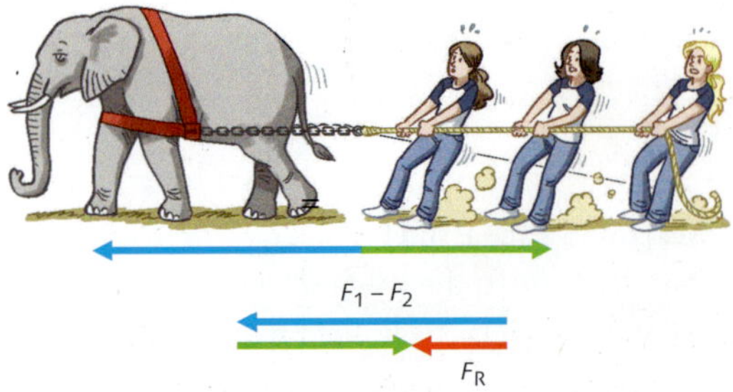

3 Kräftesubtraktion

Kräftegleichgewicht

In Bild 4 gleichen sich die Kräfte von Elefant und Sportlerinnen aus. Es herrscht ein Kräftegleichgewicht. Die resultierende Kraft ist null: $F_1 - F_2 = 0$.

> Im Kräftegleichgewicht gleichen sich die Kräfte aus: $F_1 = F_2$.
> Die resultierende Kraft ist null: $F_R = F_1 - F_2 = 0$.

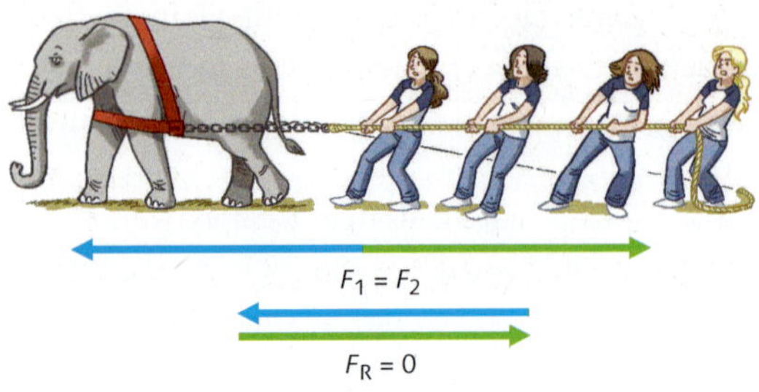

4 Kräftegleichgewicht

Im Kräftegleichgewicht ändert sich der Bewegungszustand nicht.

Extra Kräftezerlegung

Wirken zwei Kräfte auf denselben Körper, aber nicht entlang derselben Linie, lässt sich die resultierende Kraft zeichnerisch bestimmen.
Zwei Schlepper ziehen einen Frachter. Sie ziehen in verschiedene Richtungen. Tim will herausfinden, wohin und wie stark sie den Frachter ziehen.

1. Kraftpfeile zeichnen
Die Kraftpfeile werden winkeltreu und maßstabsgerecht am selben Angriffspunkt gezeichnet.
Tim zeichnet die Situation auf. Als typische Zugkraft eines Schleppers recherchiert er 500 kN. Für die Kraftpfeile wählt er einen Maßstab von 100 kN pro cm. Den Winkel zwischen den Pfeilen entnimmt er dem Foto.

2. Kräfteparallelogramm zeichnen
Ausgehend von der Pfeilspitze des ersten Kraftpfeils wird eine Parallele zum anderen Kraftpfeil gezeichnet – und umgekehrt.
Tim strichelt die beiden Parallelen.

3. Resultierende Kraft bestimmen
Die resultierende Kraft wird vom Angriffspunkt zum Schnittpunkt der Parallelen eingezeichnet. Richtung und Betrag lassen sich nun ablesen.
Tim zeichnet den Pfeil der resultierenden Kraft ein. Aus der Länge des Pfeils bestimmt er den Betrag der Kraft: 9 cm · 100 kN = 900 kN.
Die Richtung des Pfeils zeigt ihm, in welche Richtung der Frachter gezogen wird.

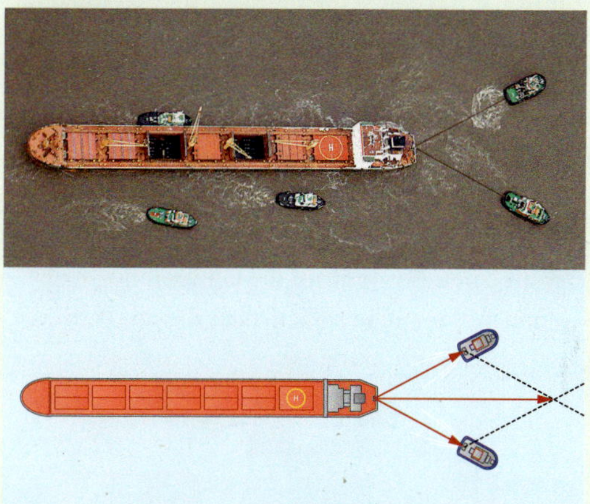

5 Tims Kräftezerlegung in verkleinerter Darstellung

Aufgaben

1 Kräfte

◪ Bestimme, wie groß die Kraft ist, die ein Arm des Jungen aufbringen muss, wenn seine Gewichtskraft 400 N beträgt?

2 Kräfte in eine Richtung
■ Erkläre, warum nur in dieselbe Richtung wirkende Kräfte direkt addiert werden dürfen.

3 Kräfte im Gleichgewicht
a ◪ Erläutere, woran man beim Armdrücken ein Kräftegleichgewicht erkennt.
b ◪ Erläutere, was für die verschiedenen Kräfte im Kräftegleichgewicht gilt. Betrachte jeweils:
- die Kraftrichtung
- den Betrag der Kraft
- den Angriffspunkt

4 Der schwebende Weihnachtsmann
■ Erkläre den Trick. Beschreibe das Kräftegleichgewicht.

Reibung

1 Ein Tennisspieler rutscht über den Platz.

Tennis wird auf unterschiedlichen Bodenbelägen gespielt. Auf Sand ist die Verletzungsgefahr geringer als auf einem Hartplatz mit Kunststoffbelag. Denn auf Sand können die Tennisschuhe rutschen bzw. gleiten, auf Kunststoffboden haften sie und bremsen die Bewegung des Spielers abrupt ab.

Haftreibung – Reibung ohne Bewegung

Haftreibung liegt vor, wenn eine Kraft auf einen Körper wirkt, der Körper aber unbewegt auf der Unterlage haftet. Da sich der Körper nicht bewegt, muss ein Kräftegleichgewicht herrschen: Die Haftreibungskraft ist gleich groß wie die ausgeübte Kraft, wirkt aber in entgegengesetzter Richtung. Wird wie im Experiment unten rechts ein Kraftmesser an einem Schuh befestigt, dann kann man die Haftreibungskraft messen. Der Wert am Kraftmesser steigt stetig bis zu einem Maximalwert an, bei dem die Haftreibung abreißt.
Führt man den Versuch mit unterschiedlichen Sohlen und Untergründen durch, erkennt man, dass die maximale Haftreibung von der Materialkombination abhängt. Zudem ist die Haftreibung eines schweren Schuhs größer. Sie hängt davon ab, mit welcher Kraft der Schuh auf den Untergrund drückt.

Haftreibung tritt auf, wenn eine Kraft auf einen haftenden Körper ausgeübt wird. Sie wirkt dieser Kraft entgegen. Die Haftreibungskraft hängt von der Oberflächenkombination und der Kraft ab, mit der die Oberflächen aufeinanderdrücken.

Gleitreibung - hemmt Bewegungen

Beginnt der Schuh zu gleiten, geht die am Kraftmesser angezeigte Kraft zurück. Aber noch immer wirkt eine Kraft, die der ausgeübten Zugkraft entgegenwirkt. Diese Kraft, die den Tennisschuh bremst, wird Gleitreibungskraft genannt. Wie bei der Haftreibung ist sie abhängig von den sich berührenden Oberflächen und der Kraft, mit der der Schuh auf den Boden gedrückt wird.

Die Gleitreibungskraft behindert das Gleiten und wirkt der Bewegung entgegen. Wie die Haftreibungskraft hängt sie von der Oberflächenkombination und der Kraft ab, mit der die Oberflächen aufeinanderdrücken. Die Gleitreibungskraft ist geringer als die maximale Haftreibungskraft.

Rollreibung – hemmt Bewegungen weniger

Die geringste Reibungskraft wirkt, wenn ein Körper nicht rutscht, sondern rollt. Diese Rollreibung wirkt wie die Gleitreibung einer Bewegung entgegen. Sie hängt auch von den Oberflächen und der Masse ab.

Rollreibung wirkt einer Bewegung am wenigsten entgegen. Sie hängt ebenfalls von den sich berührenden Oberflächen und der Kraft ab, mit der die Oberflächen aufeinanderdrücken.

Experiment Oberflächenbeschaffenheit

Wie hängt die Reibung von den Oberflächen ab? Zunächst werden verschiedene Turnschuhe über den gleichen Untergrund gezogen und die dazu nötige Kraft gemessen. Die Schuhe werden so präpariert, dass sie alle gleich stark auf den Untergrund drücken. Danach wird derselbe Turnschuh auf unterschiedlichen Untergründen getestet.
Die Versuche zeigen, dass die Oberflächenkombination einen Einfluss auf die Gleitreibung hat. Genauere Versuche zeigen, dass dies auch für die Haft- und Rollreibung gilt.

Extra Reibung im Bürstenmodell

Mit Bürsten kann man die unterschiedlichen Reibungsarten nachstellen. So kann man sich besser vorstellen, wie die Reibung zustande kommt.

Haftreibung: Drückt man die Borsten zweier Bürsten ineinander, verhaken sie sich so stark, dass sie sich ohne großen Aufwand nicht mehr gegeneinander verschieben lassen, sondern haften.

Gleitreibung: Ist die Kraft ausreichend groß, reißt die Haftreibung ab. Die Bürsten gleiten nun übereinander hinweg. Beim Gleiten verhaken sich die Bürsten weniger stark. Die Gleitreibungskraft ist daher geringer als die maximale Haftreibungskraft.

Rollreibung: Rollt man die beiden Bürsten aufeinander ab oder zieht man eine Bürste über eine rollbare Rundbürste, verhaken sich die Borsten kaum noch. Die Rollreibung ist sehr gering.

Oberflächenbeschaffenheit: Wie stark die Reibung zwischen den Bürsten ist, hängt von der Form der Borsten ab. Sie steht im Modell für die Beschaffenheit verschiedener Oberflächen.

Anpresskraft: Die Kraft, mit der ein Körper auf die Unterlage drückt, wird im Modell dadurch veranschaulicht, dass man die Bürsten unterschiedlich fest aufeinanderdrückt. Je stärker man drückt, desto stärker ist die Reibung.

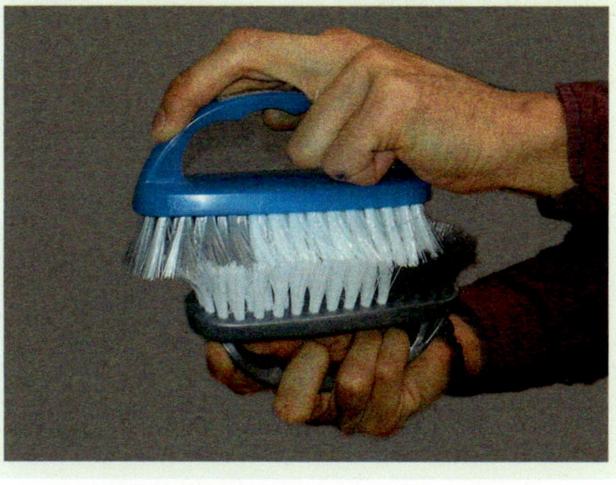

Aufgaben

1 Vermutungen an der Tafel

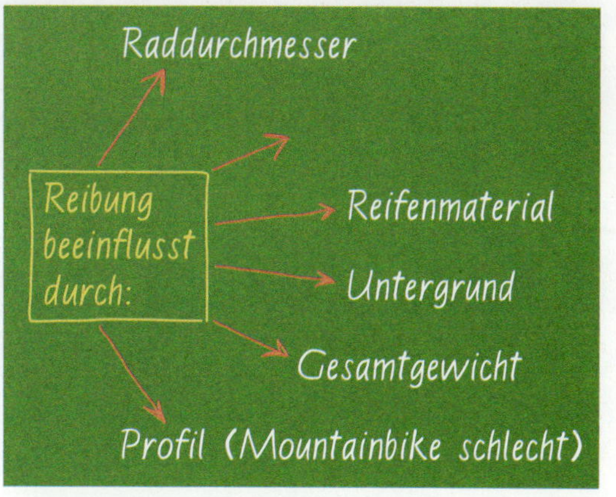

a □ Erkläre das Tafelbild.
b ◪ Erkläre, warum die Gleitreibung von der Kombination der Oberflächen abhängt.
c ■ Ein Pfeil ist unbeschriftet. Nenne wenigstens einen weiteren Faktor, der die Rollreibung beeinflussen könnte. Begründe deine Vermutung.

2 Gewollte und ungewollte Reibung

◪ Nenne jeweils Beispiele, bei denen Reibung gewollt beziehungsweise ungewollt ist.

3 Haften, gleiten und rollen

Man unterscheidet zwischen Gleitreibung, Rollreibung und Haftreibung.
a □ Ordne die Reibungsarten ihrer Größe nach.
b ◪ Nenne die Reibungsart, die ohne Bewegung auftritt.

4 „Meine Mutter fährt ja SUV!"

Bei einem Pausengespräch nach den Weihnachtsferien erzählt Jessica ihrer Freundin, dass ihre Mutter selbst bei glatten Straßen mit ihrem allradbetriebenen Fahrzeug schnell fahren kann.
a ◪ Diskutiere diese Aussage mit deinem Nachbarn.
b ◪ Gib an, wie sich die Reibung zwischen Reifen und Straße erhöhen lässt.

5 Das ist ja wie Rollreibung

■ Nadja behauptet: „Wenn man Sand unter den Schuhen hat, ist das wie Rollreibung."
Nimm Stellung zu dieser Aussage.

1 „Truck Pull" ist eine Teildisziplin beim Strongman Sport.

3 Ein Mattenwagen wird von Schülern geschoben.

Beim Truck-Pull-Wettbewerb versuchen die stärksten Männer der Welt einen Lkw allein mit Körperkraft möglichst schnell ins Ziel zu ziehen.

Wechselwirkungsprinzip

Der Sportler zieht mit voller Kraft am Lkw. Der Lkw hält ihn mit gleicher Kraft zurück. Kräfte treten – wie hier – immer paarweise auf. Man spricht vom Wechselwirkungsprinzip.
Deutlicher sieht man das beim Tauziehen auf Inlineskates (Bild 2). Die Schüler bewegen sich auch dann aufeinander zu, wenn nur einer der beiden Schüler am Seil zieht. Auf jeden der beiden Körper wirkt demnach eine Kraft. Die Kräfte sind entgegengesetzt gerichtet und gleich groß. Wenn beide Schüler die gleiche Masse haben, treffen sie sich in der Mitte.

> Zu jeder Kraft gibt es eine Gegenkraft.
> Beide Kräfte sind gleich groß und entgegengesetzt gerichtet.

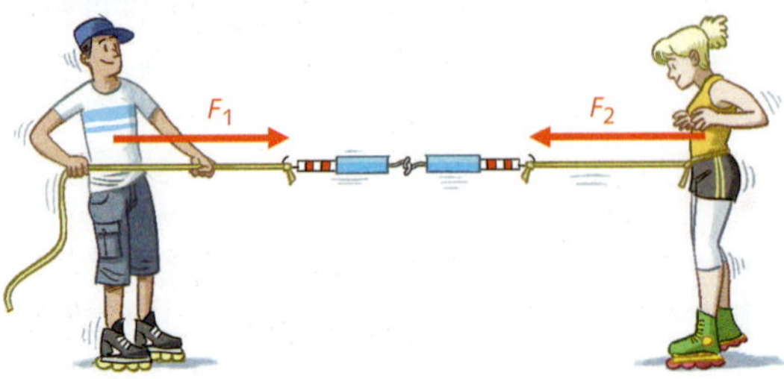

2 Tauziehen auf Inlineskates

Grundgleichung der Mechanik

Beim Truck Pull ist für die Sportler entscheidend, den Lkw möglichst stark zu beschleunigen. In einem Modellexperiment soll überprüft werden, von welchen Faktoren die Beschleunigung abhängt. Das Ziehen des Lkw wird dazu durch das Schieben eines Mattenwagens ersetzt. Die Wettkampfbedingungen werden systematisch variiert:

Zuerst wird die Kraft erhöht: Statt eines, schieben nun zwei Schüler gemeinsam. Dies führt zu einer Zunahme der Beschleunigung. Eine größere Kraft beschleunigt den Mattenwagen also stärker.
Eine doppelte (dreifache) Kraft führt zu einer doppelten (dreifachen) Beschleunigung: $F \sim a$.

Als Zweites wird die Masse des Mattenwagens verringert, indem einige Matten heruntergenommen werden. Dies führt ebenfalls zu einer Zunahme der Beschleunigung. Ein leichterer Körper lässt sich leichter beschleunigen.
Verringerung der Masse auf die Hälfte (ein Drittel) führt zu einer doppelten (dreifachen) Beschleunigung: $\frac{1}{m} \sim a$.

> Ein Körper wird umso stärker beschleunigt,
> – je größer die Kraft ist, die auf ihn wirkt, und
> – je kleiner seine Masse ist.
> Die Beschleunigung eines Körpers hängt also davon ab, wie viel Kraft pro Masse wirkt.

Isaac Newton untersuchte die Krafteinwirkung auf Körper. Er setzte die beiden Erkenntnisse $F \sim a$ und $\frac{1}{m} \sim a$ zusammen und erhielt $F = m \cdot a$, die Grundgleichung der Mechanik.

Für Kraft, Masse und Beschleunigung gilt:

$$F = m \cdot a$$

Extra Newton'sche Prinzipien

Im 17. Jahrhundert ordnete Isaac Newton zentrale Erkenntnisse der Mechanik. Man spricht deshalb heute von den Newton'schen Prinzipien.

1. Newton'sches Prinzip: Trägheitssatz
„Ein Körper bleibt im Zustand der Ruhe oder der gleichförmigen Bewegung, sofern er nicht durch einwirkende Kräfte zur Änderung seines Zustands gebracht wird."

Der Bob in Bild 4 bleibt ohne Anschieben auf der Startrampe stehen. Einmal in Fahrt würde der Bob auf einer vollständig reibungsfreien Bahn und ohne Luftwiderstand ewig weiterfahren.

2. Newton'sches Prinzip: Grundgleichung
„Die Änderung der Bewegung ist proportional zur bewegenden Kraft und geschieht in die Richtung, in welche die Kraft wirkt."

Die Bobfahrer beschleunigen den Bob durch ihre Muskelkraft. Mit jedem zusätzlichen Anschieber nimmt die Beschleunigung zu. (Da die Masse des Bobs groß ist, ist die Beschleunigung gering.)

3. Newton'sches Prinzip: Wechselwirkung
„Kräfte treten immer paarweise auf. Übt ein Körper A auf einen anderen Körper B eine Kraft aus (*actio*), so wirkt eine gleich große, aber entgegengesetzt gerichtete Gegenkraft von Körper B auf Körper A (*reactio*)."

Beim Start steht der Bob auf dem Boden. Er übt eine Gewichtskraft auf den Boden aus (actio). Der Boden drückt jedoch von unten mit einer gleich großen (jedoch entgegengesetzte) Kraft gegen den Bob (reactio).

Aufgaben

1 Wechselwirkung mit dem Spielzeugauto

□ Erkläre das Wechselwirkungsgesetz anhand des ferngesteuerten Spielzeugautos.

2 Geschichte des Mercedes „Silberpfeil"

Im Rennsport ist die maximale Masse der Autos meist fest vorgeschrieben. 1934 wog ein Mercedes-Rennwagen 751 kg statt der erlaubten 750 kg. Die Mechaniker entfernten daraufhin den Lack und das Aluminium der Karosserie kam zum Vorschein: Der „Silberpfeil" war geboren.

a □ Begründe, warum man die Masse im Rennsport vorschreibt.

b □ Der Wagen beschleunigt in 9 Sekunden von 0 auf $100\,\frac{\text{km}}{\text{h}}$. Berechne die benötigte Kraft.

3 Zweier- und Viererbob

Im Bobsport werden Zweierbob- und Viererbob-Wettbewerbe ausgetragen. Die Strecke zum Anschieben beim Start ist vorgeschrieben.

a ◪ Erkläre, warum Bobfahrer gute Sprinter sein müssen.

b ■ Beim Bobsport ist die minimale und maximale Masse (Bob und Mannschaft zusammen) vorgeschrieben. Erkläre, wann eine geringe und wann eine große Masse günstig ist. Wie sollte sich die Masse aus strategischen Gründen zwischen Bob und Mannschaft verteilen?

4 Ein Viererbob beim Start

Teste dich

Warum solltest du beim Kauf von Inlineskates auf hochwertige Lager achten?

Die folgenden Aufgaben zum Thema **Zusammenwirken von Kräften** helfen dir, deinen Lernstand einzuschätzen. Beobachte dich dazu beim Lösen der Aufgaben selbst:
- Brauchst du Hilfe? Musst du z. B. noch einmal nachlesen oder jemanden fragen?
- Kannst du die Aufgaben ohne Hilfe lösen?
- Weißt du sogar mehr, als in der Lösung steht?

Notiere dir, bei welchen Fragen du Schwierigkeiten hast. Kehre noch einmal zu den entsprechenden Seiten zurück, arbeite sie durch und löse die zugehörigen Aufgaben. Weitere Aufgaben findest du auf den folgenden Seiten.

1 Kräfte im Gleichgewicht

□ Liegt in den folgenden Fällen ein Kräftegleichgewicht vor? Begründe deine Entscheidungen.
- Bettina lehnt an einem Schrank.
- Du fährst mit dem Fahrrad an der Ampel los.
- Tina macht im Sport einen Handstand.
- Die Klasse veranstaltet ein Tauziehen.
- Ein Auto fährt mit gleichmäßig $100 \frac{km}{h}$ auf der Autobahn.

2 Kräfte im Ungleichgewicht

Wirkt auf einen Körper eine resultierende Kraft, dann ändert er seinen Bewegungszustand.

a □ Erkläre den Begriff „resultierende Kraft“.

b ◪ Nenne jeweils ein Beispiel für Kräfteaddition und Kräftesubtraktion, bei dem die Kräfte im Ungleichgewicht sind. Stelle beide Situationen mit Kraftpfeilen dar.

3 Reibung

a □ „Reibung sollte man minimieren.“ Nimm zu dieser Aussage Stellung.

b ◪ Beschreibe einen Versuch, der zeigt, dass die Rollreibung die kleinste der drei Reibungsarten ist.

c ◪ Nenne die Faktoren, von denen die Haftreibung abhängt.

4 Gleit-, Haft- und Rollreibung

Körper in Bewegung werden durch Reibung gehemmt.

a □ Nenne die Reibungsart, die Bewegungen am stärksten abbremst.

b ◪ Beurteile, welche Rolle die Reibung in folgenden Situationen spielt. Nenne Gemeinsamkeiten und Unterschiede.
- Ein Auto fliegt aus der Kurve.
- Du läufst über einen zugefrorenen See.
- Auf der Landstraße befindet sich eine Ölspur.

c ■ Beschreibe die verschiedenen Reibungsarten mithilfe des Bürstenmodells.

5 Grundgleichung der Mechanik

a □ Nenne die drei Größen der Grundgleichung.

b ◪ Wie hängen die drei Größen zusammen? Formuliere zwei Sätze, mit folgendem Beginn: „Je größer die Kraft, desto …“

c ◪ Beim Wechselwirkungsgesetz haben die Kräfte den gleichen Betrag. Sind sie gleich?

d ■ Erläutere das Wechselwirkungsgesetz.

e ■ Stelle die in Aufgabe 4 b genannten Situationen zeichnerisch dar. Beachte beim Einzeichnen der Kraftpfeile das Wechselwirkungsgesetz.

Zusammenwirken von Kräften

Kräftegleichgewicht
Heben sich alle Kräfte auf einen Körper auf, sind sie im Gleichgewicht. Die resultierende Kraft auf den Körper ist null:

$$F_1 = F_2 \text{ und } F_R = 0$$

Der Bewegungszustand des Körpers bleibt unverändert.

Kräfteaddition
Wirken Kräfte in die gleiche Richtung, ist die resultierende Kraft die Summe der beiden Einzelkräfte:

$$F_R = F_1 + F_2.$$

Reibung
Jeder Bewegung wirkt Reibung entgegen. Haftreibung wirkt auf haftende Körper, Gleitreibung auf rutschende Körper und Rollreibung auf rollende Körper.
Haftreibung > Gleitreibung > Rollreibung
Die Stärke der Reibung hängt von den berührenden Oberflächen ab und von der Kraft, mit der sie aufeinanderdrücken.

Newton'sches Grundgesetz
Beschleunigt ein Körper, dann wirkt auf ihn eine Kraft. Die Kraft F ist proportional zur Beschleunigung a und zur Masse m des Körpers:

$$F = m \cdot a.$$

Kräftesubtraktion
Wirken zwei Kräfte in entgegengesetzter Richtung, ist die resultierende Kraft die Differenz der beiden Kräfte:

$$F_R = F_1 - F_2.$$

Wechselwirkungsgesetz
Kräfte treten immer paarweise auf. Die Kräfte sind gleich groß und entgegengesetzt gerichtet:

$$F_1 = F_2.$$

1 Kräfte wirken zusammen

Mias Klasse hat im Zoo einen Orang-Utan beobachtet. Im Physikunterricht sollen sie nun herausfinden, wie sich zwei parallele Kräfte verhalten, indem sie die beobachtete Situation in einem Modellversuch nachstellen.

a ◪ Entwickle ein passendes Modellexperiment.

b ■ Zeichne Kraftpfeile für diese Situation und vergleiche das Ergebnis mit einem Mitschüler.

c ◪ Erkläre, welche Kräfte sich im Gleichgewicht halten.

2 Kräfte subtrahieren

a ◪ Bewerte folgende Aussagen zur Kräftesubtraktion:

1. „Wenn ich zwei entgegengesetzt wirkende Kräfte voneinander abziehe, erhalte ich eine resultierende Kraft."
2. „Bei der Aufgabe zum Tauziehen ist eine negative Kraft als Ergebnis herausgekommen!"

b ■ Erkläre, welche Bedeutung das negative Vorzeichen im Ergebnis der Aufgabe zum Tauziehen hat. Zeichne die Situation.

3 Tischtuchtrick genauer betrachtet

Beim Tischtuchtrick versucht man die Trägheit durch geschicktes Wegziehen des Tischtuchs so zu nutzen, dass das Geschirr stehen bleibt.

a □ Erkläre, wie der Tischtuchtrick funktioniert.

b ◪ Erläutere, welche Reibungsarten hier eine Rolle spielen. Formuliere „Je-desto-Sätze".

c ■ Plane mit den Erkenntnissen einen Tischtuchtrick, der garantiert funktioniert.

4 Mülltonnen-Rennen

Bei der Mülltonnen-Weltmeisterschaft fahren die Sportler auf speziell präparierten Mülltonnen tollkühn einen Berghang hinunter. Dabei treten verschiedene Arten von Reibung auf.

a □ Nenne zu jeder Reibungsart eine Rennsituation, in der sie auftritt.

b ◪ Was muss man als Fahrer tun, um die Reibung zu minimieren? Nenne mindestens zwei Punkte.

5 Haftzahlen für Gummireifen

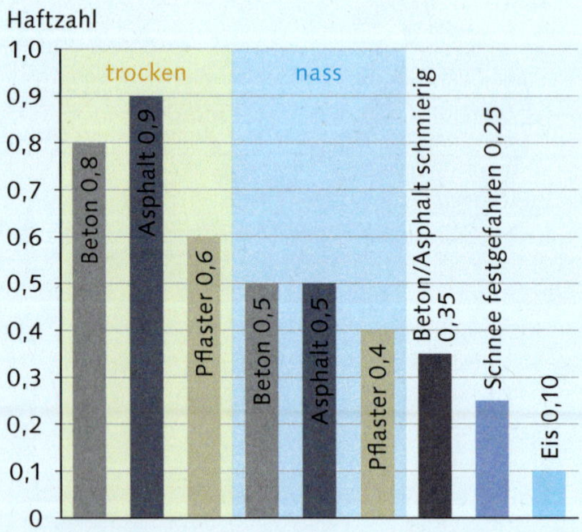

a □ Ermittle aus der Grafik den Untergrund, auf dem ein Gummireifen nur halb so stark haftet wie auf trockenem Beton.

b □ Erkläre anhand der Grafik den bisher für dich unbekannten Begriff „Haftzahl".

c ■ Bewerte folgende Aussage: Auf nasser Bahn halbiert sich die Haftreibung von Gummi.

6 Luftkissenboot zum Selbstbasteln

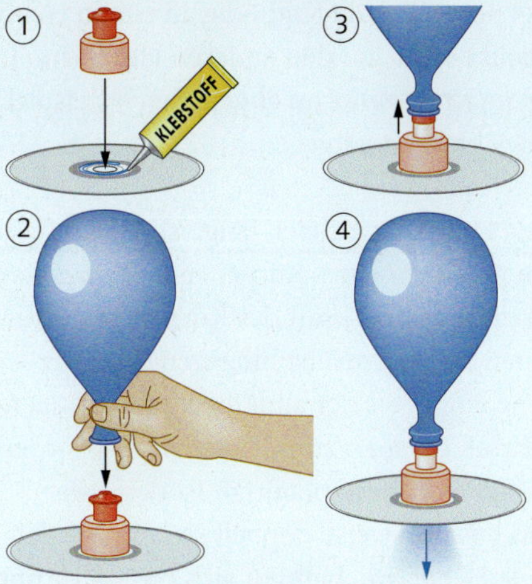

a □ Baue das Luftkissenboot nach.

b ■ Stelle Vermutungen auf, welche Voraussetzungen ein Untergrund erfüllen muss, damit sich das Boot darauf fortbewegen kann. Kann es auch auf Wasser fahren? Begründe.

c ◪ Überprüfe die Vermutungen experimentell.

d ◪ Nenne Vor- und Nachteile eines Hovercrafts gegenüber anderen Fahrzeugen.

7 Newton-Experiment

Isaac Newton soll folgenden Versuch zum Wechselwirkungsgesetz durchgeführt haben:

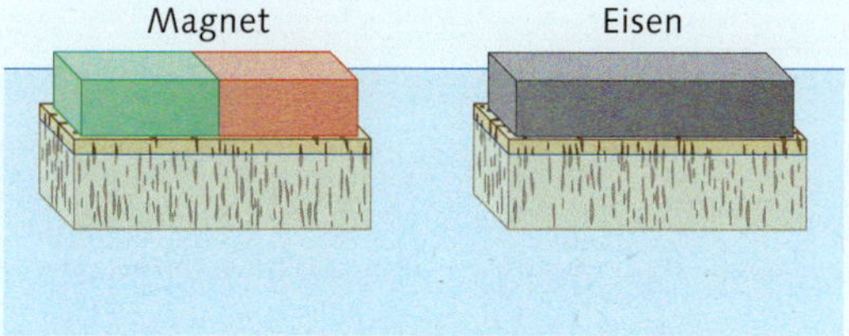

a □ Erläutere, was passiert, wenn man den Magnet festhält. Wenn du nicht sicher bist, stelle den Versuch nach.

b □ Nun wird das Eisenstück festgehalten. Erläutere, was nun geschieht.

c ◪ Stelle auf Grundlage der beiden Teilversuche möglichst ohne weiteren Versuch eine Vermutung an, was passiert, wenn man weder Eisenstück noch Magnet festhält.

d ■ Überlege dir, was sich ändert, wenn man zwei unterschiedlich starke Magnete auf die Schwimmer legt.

8 Baron Münchhausen

Der bekannte Lügenbaron soll folgende Geschichte erzählt haben: „Im Moor hätte ich auf meinem Pferde sitzend unfehlbar umkommen müssen, wenn nicht die Stärke meines Armes mich an meinem eigenen Haarzopf, samt dem Pferd, welches ich fest zwischen meine Knie schloss, wieder herausgezogen hätte."

◪ Begründe physikalisch, warum der Baron hier eine Lügengeschichte erzählte.

9 Rückstoßprinzip am Beispiel des Flyboards

Das Rückstoßprinzip ist eine Folge des dritten Newton'schen Prinzips. Mit einem Flyboard gelingt es einem Menschen, über dem Wasser in der Luft zu stehen.

a □ Skizziere die Situation in deinem Heft und zeichne Kraftpfeile für das Kräftegleichgewicht ein.

b ■ Recherchiere den Begriff „Rückstoßprinzip" im Internet und bringe ihn mit dem Wechselwirkungsprinzip in Verbindung.

c ◪ Erkläre, welche Kräfte sich im Gleichgewicht halten, wenn der Sportler in der Luft steht.

d ■ Nenne Tiere, die das Rückstoßprinzip nutzen.

Zweiseitige Hebel

1 „Gib mir einen Punkt, wo ich sicher stehen kann, und ich bewege die Erde.“

Das Zitat unter Bild 1 stammt vom Mathematiker und Physiker ARCHIMEDES, der um 287 v. Chr. im antiken Griechenland geboren wurde. Heute würde man sagen: „Gebt mir einen festen Punkt im All (und eine lange stabile Stange) und ich kann die Welt aus ihrer Bahn hebeln!“ In dieser etwas abgewandelten Form des Zitats lässt sich leichter verstehen, was Archimedes gemeint hat.

Prinzip des Hebels

Ein Hebel, wie Archimedes ihn verwenden möchte, folgt dem Prinzip einer Wippe: Man braucht eine lange, stabile Stange und einen festen Auflagepunkt, um den die Stange gedreht wird, den Drehpunkt.

Auf der linken Seite der Wippe sitzt in Bild 1 die Erde. Ihre Gewichtskraft ist nach unten gerichtet. Der Abstand zwischen dem Angriffspunkt der Gewichtskraft und dem Drehpunkt nennt man Hebelarm s_1.
Auf der rechten Seite drückt Archimedes mit seiner Kraft am Ende des anderen Hebelarms s_2 nach unten. Der Hebel dreht sich am Drehpunkt und die Erde wird nach oben bewegt.

> Ein Hebel besteht aus einer Stange, die um einen festen Drehpunkt bewegt wird. Die Stangenabschnitte rechts und links des Drehpunkts heißen Hebelarme s_1 und s_2.

Hebelgesetz

Ein Hebel überträgt die Kraft, die an einem Hebelarm ausgeübt wird, auf den anderen Hebelarm. Die übertragene Kraft wirkt im abgebildeten Beispiel einer Gewichtskraft entgegen.

Sind beide Hebelarme gleich lang, ist die Kraft, die man zum Anheben eines Körpers benötigt, genauso groß wie die Gewichtskraft des Körpers am Ende des anderen Hebelarms. Ist hingegen einer der Hebelarme länger als der andere, dann verringert sich die Kraft, die man zum Anheben des Körpers am kürzeren Hebelarm benötigt. Ist der erste Hebelarm beispielsweise doppelt so lang wie der anhebende Hebelarm, halbiert sich die zum Anheben des Körpers auszuübende Kraft.
Umgekehrt gilt: Ist der Hebelarm, auf den die Kraft zum Anheben ausgeübt wird, kürzer als der Hebelarm, auf dem der Körper lastet, dann vergrößert sich die aufzuwendende Kraft.

Diese Zusammenhänge nennt man das Hebelgesetz. Mathematisch kann man es so formulieren: Multipliziert man die Länge des Hebelarms s_2 mit der bewegenden Kraft F_2 ist das Ergebnis genauso groß wie die Länge des Hebelarms s_1 mal der Gewichtskraft des Körpers F_1. Da ein Hebel in beide Richtungen funktioniert, gilt allgemein:

> Hebel übertragen Kräfte. Dabei kann die übertragene Kraft verringert oder vergrößert werden. Es gilt:
> Hebelarm 1 · Kraft 1 = Hebelarm 2 · Kraft 2.
> $$s_1 \cdot F_1 = s_2 \cdot F_2$$

Systeme, die wie der Hebel die Richtung oder Größe einer Kraft verändern können, nennt man **Kraftwandler**.

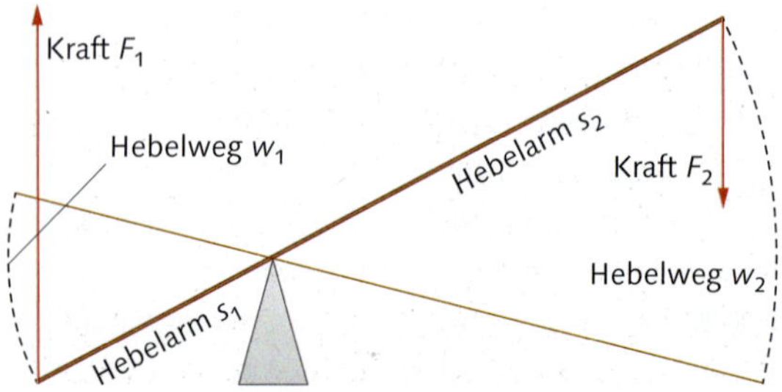

2 Hebelarme, Kräfte und Weglängen hängen zusammen.

Wege am Hebel

Die Kraftverstärkung erhält man nicht umsonst: Möchte man beispielsweise einen Körper um einen Meter anheben und dafür nur die halbe Kraft aufwenden, so braucht man dazu einen doppelt so langen Hebelarm. Dadurch verdoppelt sich aber automatisch der Weg, über den die halbierte Kraft aufgebracht werden muss.
Im gleichen Maß, in dem eine Kraft verstärkt wird, verlängert sich also auch der Weg, über den hinweg man diese Kraft ausüben muss.

> Im gleichen Maß, in dem man mit einem Hebel Kraft einspart, verlängert sich der Weg. Es gilt:
> Kraft 1 · Weg 1 = Kraft 2 · Weg 2
> $F_1 \cdot w_1 = F_2 \cdot w_2$

Aufgaben des Hebels

Kräfte vergrößern/verkleinern: Nutzt man einen Hebel, um Kräfte zu vergrößern, spart man dabei Kraft ein, jedoch auf Kosten eines längeren Wegs, wie bei einer Kneifzange.
Wege verlängern/verkürzen: Nutzt man einen Hebel, um eine Bewegung zu vergrößern, ist hierfür eine entsprechend größere Kraft nötig. Eine Libelle nutzt dies, um mit einer kleinen Bewegung starker Muskeln einen größere Flügelschlag zu erzeugen.
Kräftegleichgewicht: Ein Hebel kann zum Messen verwendet werden, indem man die Kräfte an beiden Seiten ins Gleichgewicht bringt. So arbeitet eine Balkenwaage.

Beispiel Wippe

Eine Wippe ist ein zweiseitiger Hebel. Die Kinder bestimmen die Länge der Hebelarme, indem sie nach vorne oder hinten rutschen. So bringen sie die Wippe in etwa ins Gleichgewicht.

3 Die Wippe funktioniert als zweiseitiger Hebel.

Aufgaben

1 Zweiseitiger Hebel im Experiment

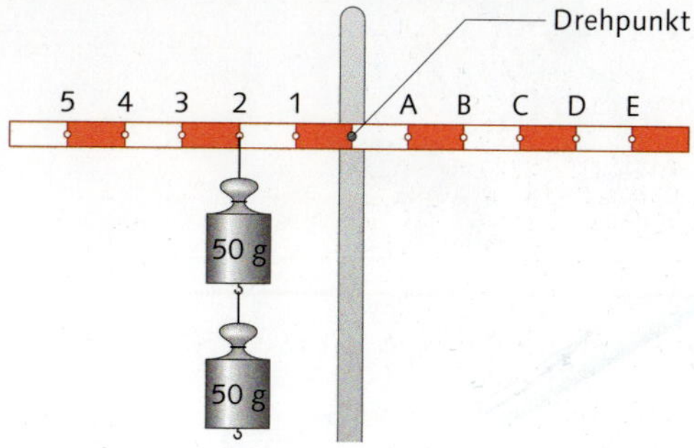

An den Balken werden 50-g-Massestücke angehängt. Jedes Massestück hat eine Gewichtskraft von etwa 0,5 N.

a □ Gib fünf Möglichkeiten an, ein Gleichgewicht herzustellen.

b ◪ Die zwei linken Massestücke werden auf Position 1 verschoben. Finde die Position, auf der man ein einzelnes Massestück auf der rechten Seite anhängen muss.

c ■ Begründe die Lösung aus Aufgabenteil b mit dem Hebelgesetz.

d ◪ Übertrage und vervollständige die Tabelle. Stelle immer ein Gleichgewicht her. (M = Anzahl der angehängten Massestücke.)

Linke Seite					Rechte Seite				
5	4	3	2	1	1	2	3	4	5
			3 M				?		
				10 M					?
			?			7 M			
12 M						?			
	?						12 M		

2 Aufgaben des zweiseitigen Hebels

a □ Nenne die drei Aufgaben, die ein Hebel erfüllen kann.

b ◪ Mit einem Hebel kann man auch Kräfte verringern. Beschreibe und erkläre dies.

c ◪ Nenne drei Beispiele für Hebel aus dem Alltag und erkläre an ihnen die Begriffe „Hebelarme“, „Drehpunkt“ und „Kräfte“.

3 Mathematiker-Ecke

■ Mit einem Hebel soll ein Körper mit einer Masse von 15 kg um 0,25 m angehoben werden. Zeichne einen möglichen Hebel für diese Aufgabe. Suche eine realistische Lösung.

Einseitige Hebel

1 Eine Schubkarre ist ein einseitiger Hebel.

Einseitige Hebel

Hebel bestehen aus zwei Hebelarmen und einem Drehpunkt. Anders als beim zweiseitigen Hebel greifen beim einseitigen Hebel beide Hebelarme an derselben Seite des Drehpunkts an. Das Hebelgesetz gilt aber unverändert.

> Auch beim einseitigen Hebel gilt das Hebelgesetz:
>
> $$F_1 \cdot s_1 = F_2 \cdot s_2.$$
>
> Beide Hebelarme befinden sich auf der gleichen Seite des Drehpunkts.

Beispiele für einseitige Hebel im Alltag sind Schubkarren, Locher, Schraubenschlüssel oder der Zug einer Handbremse. Ein besonderer Fall des einseitigen Hebels ist der Nussknacker: Hier werden zwei einseitige Hebel zu einem effektiven Werkzeug kombiniert.

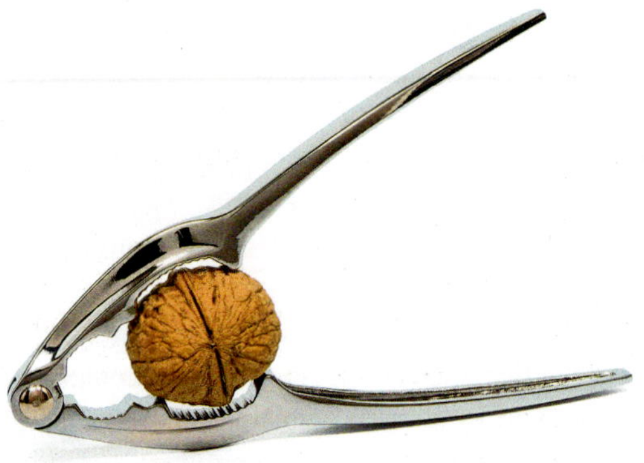

2 Der Nussknacker kombiniert zwei einseitige Hebel.

Aufgaben

1 Einseitiger Hebel im Gleichgewicht

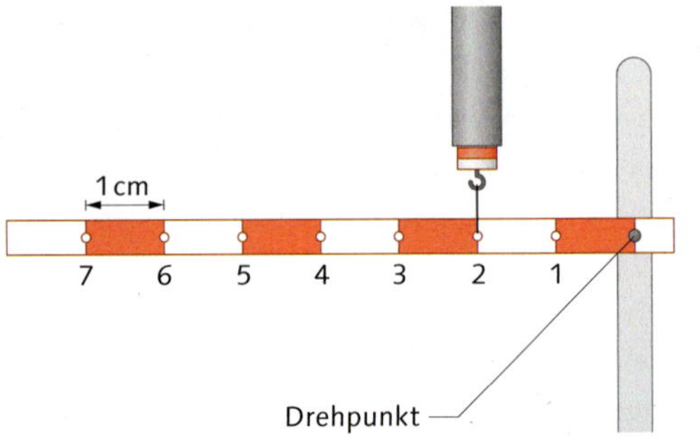

a □ Wie viele 50-g-Massestücke (Gewichtskraft 0,5 N) muss man in Position 2 anhängen, damit der Federkraftmesser 1 N zeigt?

b ◪ Bestimme die Kraft, die der Kraftmesser anzeigt, wenn man vier 50-g-Massestücke an Position 2 anhängt.

c ◪ Der Kraftmesser soll 10 N anzeigen. Gib drei Möglichkeiten an, eins oder mehrere 50-g-Massestücke anzuhängen.

d ◪ Teste fünf verschiedene Positionen von Massestücken am Hebel. Notiere die jeweilige Anzeige des Kraftmessers.

2 Schubkarre

◪ Die Schubkarre ist ein einseitiger Hebel. Beschreibe seine Funktion mithilfe des Hebelgesetzes und Bild 1.

3 Auto anheben

■ Jaden will mit einer 2,0 m langen Eisenstange ein Auto anheben. Auf das Rad wirkt die Gewichtskraft des Autos mit 5000 N. Die Gewichtskraft greift an der Stange in 40 cm Abstand vom Drehpunkt an. Welche Kraft muss Jaden am Ende der Stange aufwenden, um das Rad anzuheben? Fertige eine Skizze an und berechne.

3 Hebel helfen beim Heben schwerer Lasten.

Extra Balkenwaage

1 Altägyptische Darstellung einer Balkenwaage

3 Balkenwaage mit zwei ungleich langen Armen

Ägypten

Schon die alten Ägypter kannten Balkenwaagen. Dies geht aus antiken Steintafeln und Schriftrollen hervor. Damals wog man mithilfe bekannter Gewichte: Der abzuwiegende Gegenstand wurde in eine Waagschale gelegt, in die andere Waagschale gab man zum Vergleich z. B. Steine mit bekannter Masse.
Bild 2 zeigt einen solchen Gewichtsstein. Er wiegt 50 Deben – der Deben ist eine alte ägyptische Maßeinheit.

Wiegen ist Vergleichen

Das Prinzip der Balkenwaage hat sich bis heute nicht verändert. Die Balkenwaage ist ein zweiseitiger Hebel. Der Drehpunkt befindet sich in der Regel in der Mitte zwischen den beiden Hebelarmen. Links und rechts hängt je eine Waagschale an dem Balken, der als Hebel dient. Befinden sich in beiden Waagschalen Körper gleicher Masse, sind die Gewichtskräfte auf beiden Seiten gleich groß. Die Waage befindet sich im Gleichgewicht.
Besitzt ein Körper eine größere Masse als der andere, ist die Gewichtskraft auf seiner Seite des Hebels größer und die Balkenwaage neigt sich auf seiner Seite nach unten.

Auch heute werden noch traditionelle Balkenwaagen verwendet. Man findet sie in Apotheken, an Gemüseständen auf dem Markt, in Kaffeeröstereien oder auf dem Schrottplatz.

Besondere Balkenwaagen

Bevor es moderne Waagen gab, nutzten Händler oft Balkenwaagen mit zwei ungleich langen Balken. Diese Balkenwaagen waren nützlich, wenn sehr schwere Körper abgewogen werden mussten. Bild 3 zeigt eine solche Waage.
Durch die verschieden langen Hebelarme kann man auch große Lasten mit kleinen Massestücken bestimmen. Das Massestück wird dabei so lange auf dem langen Hebelarm nach außen verschoben, bis die Waage im Gleichgewicht ist. Mithilfe der Markierungen auf dem Hebelarm kann man die Länge des Hebelarms ablesen. Aus der Länge des Hebelarms und der Gewichtskraft des angehängten Massestücks lässt sich über das Hebelgesetz die Gewichtskraft der Ware berechnen.
Der Vorteil der ungleich langen Hebelarme ist, dass man nicht viele und schwere Massestücke bereithalten muss.

2 Ein 50-Deben-Stein. Ein Deben entspricht 13,6 g.

4 Eine Balkenwaage für Gewürze

Extra Hebel in der Natur

Das physikalische Prinzip des Hebels kommt auch in der Natur vielfach zum Einsatz. Tiere und Pflanzen verwenden Hebel z. B. beim Beutefang und bei der Fortpflanzung. Auch der menschliche Körper arbeitet mit Hebeln.

1 Eine Libelle ist ein schweres Insekt.

Flug der Libelle

Eine Libelle ist ein relativ schweres Insekt. Damit sie fliegen kann, muss sie sehr schnell mit den Flügeln schlagen. Dazu ist der Brustkasten der Libelle so gebaut, dass ein raffiniertes Hebelsystem in Aktion tritt: Es nutzt die wegverlängernde Wirkung des Hebels.

Der Brustmuskel der Libelle kann nur winzige Bewegungen durchführen: Wenn er sich zusammenzieht oder entspannt, bewegt er sich nur wenige Millimeter.

Der Hebelarm, an dem der Brustmuskel ansetzt, ist im Verhältnis zum Flügel ebenfalls sehr kurz. Bewegt der Brustmuskel der Libelle den kurzen Hebelarm, so legt die Flügelspitze einen großen Weg zurück. Außerdem bewegt sich die Flügelspitze durch den größeren Weg schneller. Die Libelle kann fliegen.

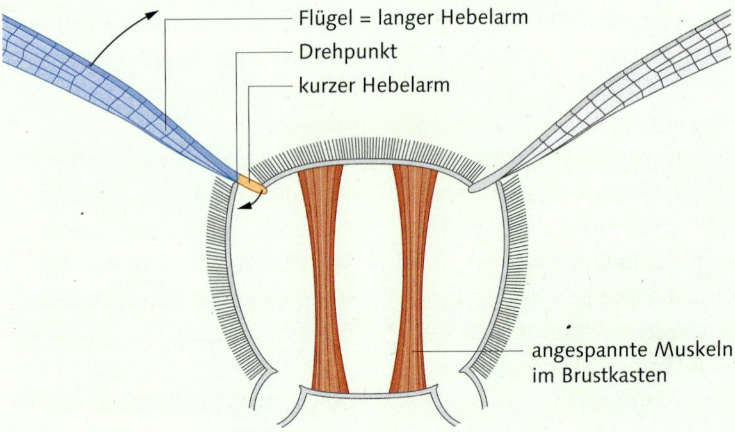

2 Querschnitt durch den Brustkorb einer Libelle

3 Die Taubnessel nutzt einen Hebel.

Trick der Taubnessel

Viele Blüten verwenden ein ausgeklügeltes Hebelsystem, um ihren Blütenstaub auf Insekten zu übertragen. Kriecht z. B. eine Biene in die Blüte einer Taubnessel, um dort Nektar zu finden, schiebt sie dabei eine Platte nach vorne. Diese Platte bildet das Ende des kurzen Hebelarms. Durch die Hebelwirkung senkt sich nun der lange Hebelarm im Innern der Blüte. Am Ende des langen Hebelarms sitzt der Blütenstaub, der Pollen. Beim Absenken wird der Pollen am Hinterleib der Biene abgestreift. Beim Flug zur nächsten Blüte nimmt die Biene den Pollen mit und sichert so die Fortpflanzung der Taubnessel.

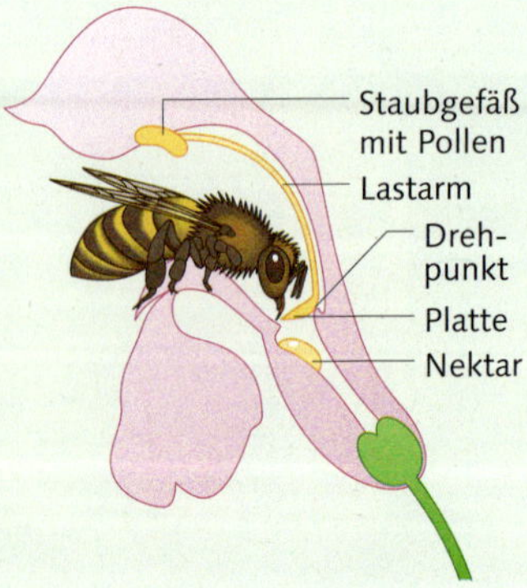

4 Taubnesselblüte im Querschnitt

Hebel im menschlichen Körper

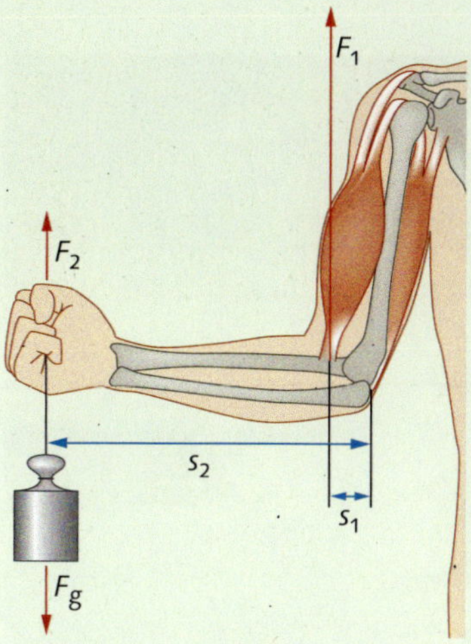

1 Der Unterarm – ein einseitiger Hebel

Hebelwirkung im Unterarm

Wie bei allen Muskeln ist auch beim Bizeps die Bewegungsmöglichkeit winzig. Denn Muskeln können sich beim Anspannen nur um wenige Millimeter verkürzen. Große Bewegungen der Arme sind daher nur dank des geschickten Einsatzes von Hebeln möglich. Der Unterarm nutzt dazu das Prinzip des einseitigen Hebels:

Beim Unterarm ist die Länge der Hebelarme extrem unterschiedlich. Dadurch wird auf der einen Seite der Weg, um den man den Arm bewegen kann, vervielfacht. Der Hebel dient der Verlängerung des Wegs.
Auf der anderen Seite müssen die Muskeln dafür ein Vielfaches der Kraft aufbringen, die der Arm ausübt, um z. B. einen Gegenstand anzuheben.

Belastung der Wirbelsäule

Die Wirbelsäule leidet, wenn man einseitig schwere Taschen trägt oder schwere Gegenstände anhebt, ohne auf die Rückenhaltung zu achten. Dies ist eine Folge der Hebelgesetze.

Häufig sieht man Schüler, die eine schwere Tasche nur über einer Schulter tragen. Dabei übt die Tasche eine Kraft auf den Schultergürtel aus, die die Rückenmuskultur ausgleichen muss.

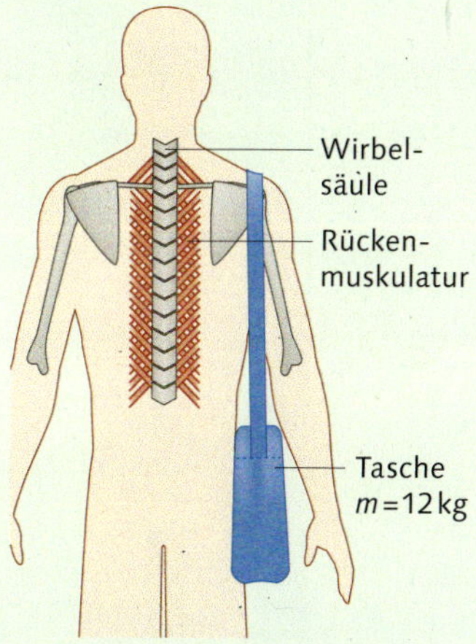

2 Einseitiges Tragen einer Tasche

Für die Berechnung der Kräfte betrachtet man die Schultern als zweiseitigen Hebel, der auf der Wirbelsäule ruht (Bild 2). Der Hebelarm s_1, an dem rechts die Gewichtskraft der Tasche ansetzt, ist 20 cm lang (Bild 3). Auf der linken Seite greift die Rückenmuskulatur etwa 5 cm neben der Wirbelsäule an. Der zweite Hebelarm s_2 ist also nur 5 cm lang.

Um die Schultern waagerecht zu halten, muss die Rückenmuskulatur die Kraft F_2 ausüben. Der Hebelarm s_1 ist viermal länger als der Hebelarm s_2. Daher muss die Rückenmuskulatur das Vierfache der Kraft aufwenden, mit der die Tasche an der Schulter zieht.

Die Wirbelsäule muss die Last beider Kräfte tragen. Die einzelnen Wirbel werden also mit der Summe der beiden Kräfte, insgesamt also mit dem Fünffachen der Gewichtskraft der Tasche, zusammengedrückt.

Die Hebelwirkung verstärkt die Belastung der Wirbelsäule also auf ein Vielfaches, wenn man Gegenstände einseitig trägt. Dies kann zu Schmerzen oder Schädigungen der Wirbelsäule führen.

Daher: Achte beim Heben schwerer Lasten immer auf die Haltung. Mache dir außerdem Gedanken darüber, welche Lasten du oft oder sogar dauerhaft mit dir herumträgst und ob sie sich reduzieren lassen.

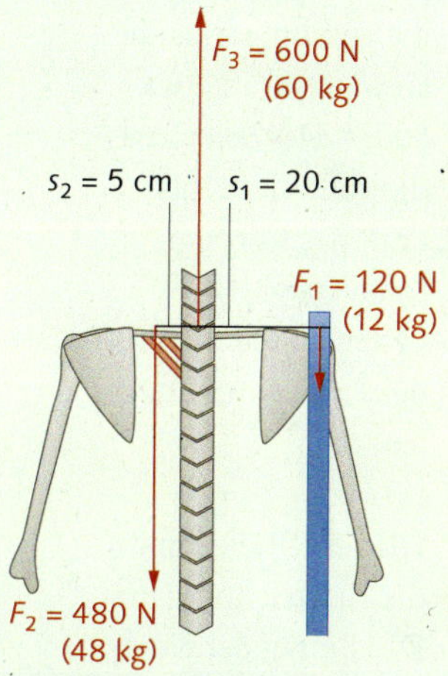

3 Schultergürtel und Wirbelsäule

Seile und Rollen

1 Sicherung beim Klettern mit einer festen Rolle

2 Bergrettung mithilfe einer losen Rolle

Feste Rolle

Das Kind in Bild 1 wird beim Klettern über eine feste Rolle gesichert. Am Boden hält ein Partner das Seil gespannt. Die feste Rolle, die oben angebracht ist, lenkt die Gewichtskraft des Kletterers in Zugrichtung des Seils um. Sie dient somit als Kraftwandler, denn zusammen mit dem biegsamen Seil, das die Kraft überträgt, kann eine feste Rolle die Richtung ändern, in die eine Kraft wirkt.

Feste Rollen lenken die Zugrichtung um. Sie sparen keine Kraft ein.

Lose Rolle

Bei der Rettung abgestürzter Kletterer kommt oft eine lose Rolle zum Einsatz. Die lose Rolle teilt die Gewichtskraft des zu Rettenden gleichmäßig auf zwei Seilstücke auf. Sie dient somit als Kraftwandler, denn sie verändert die Größe der am Seilende wirkenden Kraft. Der Retter muss somit nur die halbe Gewichtskraft aufbringen, um den verunglückten Kletterer nach oben zu ziehen.

Lose Rollen teilen die wirkende Kraft auf zwei tragende Seile auf.

Beispiel Feste Rolle

Die Masse des Körpers beträgt 80 kg – die auf ihn wirkende Gewichtskraft etwa 800 N. Das Seil muss die volle Gewichtskraft des Körpers tragen, also 800 N. Lediglich die Richtung der Kraft wird umgelenkt.

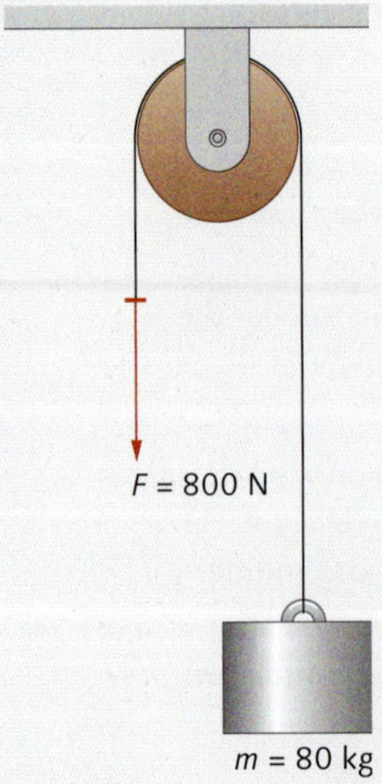

Die feste Rolle lenkt die Kraftrichtung um. Der Betrag der Kraft bleibt unverändert.

Beispiel Lose Rolle

Die Masse des Körpers beträgt 80 kg – seine Gewichtskraft etwa 800 N. Die Gewichtskraft des Körpers teilt sich gleichmäßig auf beide Seilstücke auf. Die Kraft, die jedes Seilstück tragen muss, beträgt daher 400 N.

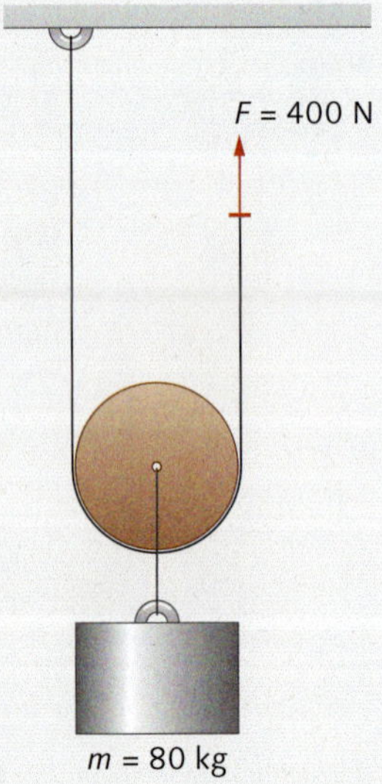

Die lose Rolle teilt die Gewichtskraft auf zwei Seilstücke auf – sie halbiert die Kraft.

Rollen im Alltag

Eine grandiose Bühnenshow zeigte die Sängerin Pink auf ihrer Konzerttour 2008. Auf dem Höhepunkt der Show stürzt sie sich aus 12 Metern Höhe in die Tiefe.
Möglicherweise sicherte einer der Bodyguards den Stunt ab. Über eine Kombination aus fester und loser Rolle hätte er Pink ohne Risiko abfangen und sie sanft auf der Bühne landen lassen können.
Die lose Rolle teilt dabei die Gewichtskraft der Sängerin auf zwei Seile auf. So muss der Bodyguard nur die halbe Gewichtskraft von Pink – etwa 300 N – aufbringen. Die feste Rolle lenkt außerdem die Richtung der Kraft um, sodass der Bodygard in die für ihn optimale Richtung, nämlich nach unten, ziehen kann.

3 Riskante Showeinlage oder wohlüberlegter Stunt?

Aufgaben

1 Anwendungen von Seilen und Rollen

a □ Betrachte die drei Bilder und beschreibe sie. Achte besonders auf die Verwendung von Rollen.

b □ Erkläre, in welchen Fällen die handelnden Personen Kraft eingespart haben.

A

B

C

2 An die Decke!

Max zieht seinen Vater an die Decke.

a ◪ Beschreibe die Aufgaben der beiden verwendeten Rollen.

b ◪ Max benötigt eine Kraft von 385 N. Berechne die Masse des Vaters.

Flaschenzüge

1 Auf Segelschiffen verwendet man Flaschenzüge zum Spannen der Segel.

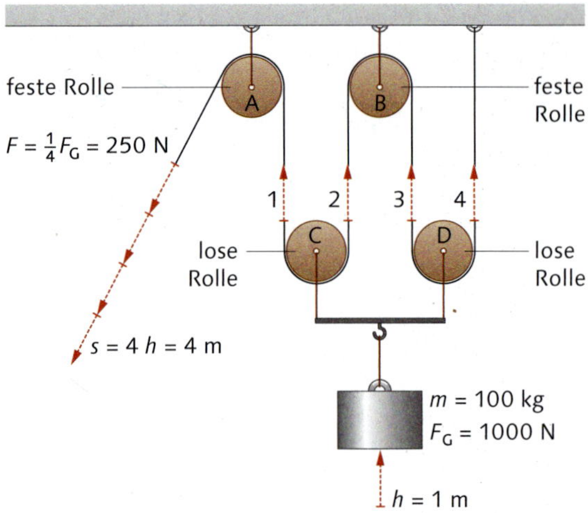

2 Die Seilstücke 1 bis 4 sind die tragenden Seile. Die Last verteilt sich gleichmäßig auf diese Seile.

Die menschliche Kraft reicht nicht aus, um die Segel eines Segelschiffs im Wind zu spannen. Daher verwendet man auf Segelschiffen Kombinationen aus Seilen und Rollen, genannt Flaschenzüge, um die fehlende Körperkraft auszugleichen.

Prinzip des Flaschenzugs

Um zu verstehen, wie ein Flaschenzug Kräfte wandeln kann, muss man sich mit dem Prinzip des Flaschenzugs vertraut machen:
Flaschenzüge zählen zu den Kraftwandlern und besteht aus festen Rollen, losen Rollen und einem Seil. Die Kraft wird beim Flaschenzug mithilfe der Rollen auf viele Seilstücke verteilt. Die Kräfte an den Seilstücken links und rechts einer Rolle sind immer gleich groß. Dabei sorgen die losen Rollen dafür, dass die auf die Seile wirkenden Kräfte aufgeteilt, also jeweils halbiert werden.

Bild 2 zeigt die schematische Darstellung eines Flaschenzugs. Im Gegensatz zu Bild 1 wurden die Rollen hier zum besseren Verständnis nebeneinander angeordnet.
Im Bild 2 sorgt die Rolle C dafür, dass die Kräfte an Seilstück 1 und Seilstück 2 gleich groß sind. Rolle D bewirkt, dass die Kräfte an Seilstück 3 und 4 gleich groß sind. Die Rollen B, C und D zusammen verteilen also die Gewichtskraft der angehängten Last, $F_g = 1000$ N, gleichmäßig auf die vier tragenden Seilstücke 1 bis 4.

Jedes dieser Seilstücke trägt also nur ein Viertel der Last: 250 N. Auch am Zugseil, das nicht zu den tragenden Seilen gehört, spürt man nur ein Viertel der Gewichtskraft. Zum Anheben der Last wird also nur ein Viertel ihrer Gewichtskraft benötigt. Generell gilt: Die losen Rollen im Flaschenzug verteilen die Gewichtskraft auf die tragenden Seilabschnitte, kurz tragende Seile. Je mehr tragende Seile ein Flaschenzug hat, desto kleiner ist die Kraft zum Anheben der Last durch Ziehen am Zugseil.

Lose Rollen verteilen die Last auf die tragenden Seile. Je mehr tragende Seile ein Flaschenzug hat, desto geringer ist die benötigte Kraft am Zugseil.

Wege beim Flaschenzug

Die Kraftersparnis beim Flaschenzug hat ihren Preis: Zwar verringert sich die zum Anheben der Last benötigte Kraft, dafür muss aber am Zugseil weiter gezogen werden: Denn jedes der Seilstücke 1 bis 4 muss um die Strecke verkürzt werden, um die die Last angehoben werden soll: Um die Last in Bild 2 einen Meter anzuheben, muss am Seilende vier Meter weit gezogen werden.
Generell verlängert sich die Zugstrecke am Seil um den gleichen Faktor, um den sich die nötige Zugkraft verringert.

Je geringer die nötige Zugkraft am Seilende ist, desto mehr Zugseil muss eingeholt werden.

Beispiel Kran

Auch auf Baustellen finden Flaschenzüge ihren Einsatz: Baukräne nutzen die kraftsparende Wirkung, um schwere Lasten anzuheben. So müssen die Motoren weniger Kraft aufbringen und können viel kleiner sein.

Bei technischen Geräten sind die Rollen der Flaschenzüge oft nebeneinander angeordnet. So spart man Platz. Die Funktion ändert sich dadurch nicht.

Beispiel Schnürsenkel

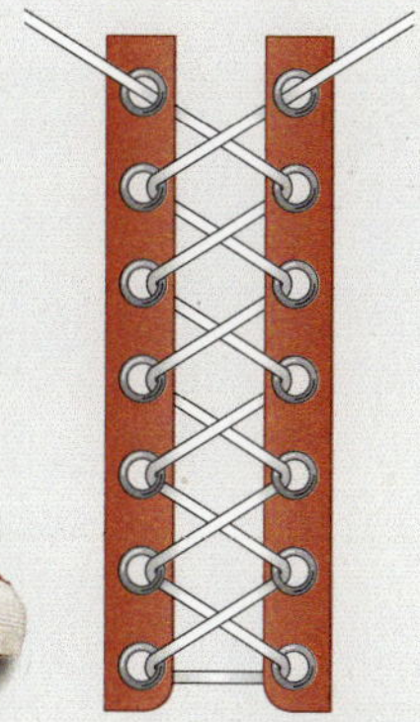

Beim Schuhebinden muss man die Schnürsenkel weit herausziehen, um die Schuhe nur ein wenig weiter zu schließen. Ein Schnürverschluss ist ein Flaschenzug! Die Ösen dienen als Rollen.

Den abgebildeten Schnürverschluss kann man als Flaschenzug mit sieben losen und sieben festen Rollen verstehen. Möchte man den Schuh um 1 cm weiterschließen, muss man 7 cm an einem Ende des Schnürsenkels ziehen.

Aufgaben

1 Flaschenzüge

Es gibt Flaschenzüge, die die Kraft einer Last auf drei oder fünf oder mehr Seile aufteilen.

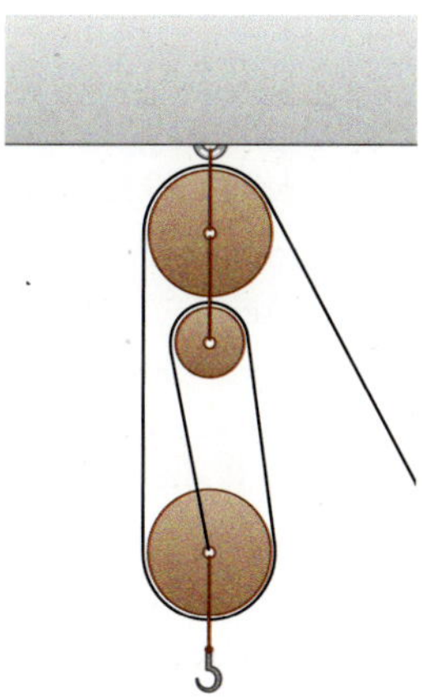

a □ Zeichne den Flaschenzug mit drei tragenden Seilen ab. Beschrifte ihn wie in Bild 2.

b ◪ Bestimme die benötigte Kraft, wenn man damit eine Last von 300 kg um einen Meter anheben möchte.

c ◪ Am Seilende werden 12 m Seil eingeholt. Wie weit hebt sich die Last?

d ◪ Zeichne einen Flaschenzug mit fünf tragenden Seilen. Welche Kraft ist nötig, um 100 kg anzuheben?

2 Lastkran

◪ Ein Kran soll eine Last von 2000 kg anheben. Sein Motor kann eine Kraft von 4000 N aufbringen. Wie muss ein Flaschenzug gebaut sein, damit der Kran die Last anheben kann?

3 Flaschenzug mathematisch

■ Berechne die fehlenden Größen. Rechne mit $g = 10\,\frac{N}{kg}$.

Tragende Seile	Last	Hubhöhe	Zuglänge Seil	Nötige Zugkraft
4	200 kg	2 m		
4			40 m	2500 N
3	60 kg		120 cm	
5		150 cm		100 N

4 Lose Rolle, tragende Seile

◪ Wie hängen beim Flaschenzug die Anzahl der tragenden Seile und die Anzahl der losen Rollen zusammen? Gib verschiedene Möglichkeiten an und fertige passende Skizzen an.

Goldene Regel der Mechanik

1 Münchner Frauenkirche und ein Stuntman auf seinem Motorrad

2 Die Goldene Regel der Mechanik stammt von GALILEO GALILEI.

Der Stuntman Johann Traber fährt mit seinem Motorrad gewagte Stunts. Bild 1 zeigt eines seiner Kunststücke: Im Bild fährt er mit einem Motorrad über ein Drahtseil auf das Dach eines Gebäudes.

Zusammenhang von Kraft und Weg

Traber, sein Kollege und das Motorrad haben zusammen eine Masse von etwa 400 kg. Während die Stuntleute auf dem Seil nach oben fahren, fährt im Aufzug der Frauenkirche vielleicht ein TV-Team mit der gleichen Masse nach oben. In beiden Fällen hebt ein Motor eine Masse von 400 kg um 37 m in die Höhe.

Die Kraft des Motors zieht den Aufzug senkrecht nach oben. Der Motor muss die Gewichtskraft des Aufzugs direkt anheben.
Das Motorrad fährt schräg das Seil hinauf. Es braucht dafür viel weniger Kraft, muss aber einen viel längeren Weg bewältigen. Hilft eine dieser Möglichkeiten, Energie einzusparen?

Vergleicht man Aufzug und Motorrad, so stellt man fest, dass das Motorrad einen viermal so langen Weg nach oben zurücklegt. Sein Motor muss dafür aber auch nur ein Viertel der Kraft aufbieten, die der Motor des Aufzugs aufbringen muss.
Beide Motoren erzielen das gleiche Ergebnis: einmal mit hohem Kraftaufwand über einen kurzen Weg und einmal mit geringerer Kraft auf einem längeren Weg.

Die Goldene Regel der Mechanik

Den Zusammenhang zwischen Kraft und Weg kann man verallgemeinern. Er gilt für alle Kraftwandler, wie Flaschenzüge und Hebel:
Man kann Kraft einsparen, muss dann aber einen weiteren Weg zurücklegen. Oder umgekehrt: Spart man Weg ein, muss man mehr Kraft aufbringen.

Die Goldene Regel der Mechanik lautet: Wenn die Kraft verringert wird, dann verlängert sich der Weg, auf dem man die Kraft ausüben muss.

Extra Goldene Regel und physikalische Arbeit

Man kann die Goldene Regel auch mathematisch ausdrücken:

$$F \cdot s = \text{konstant}$$

Das Produkt $F \cdot s$ wird in diesem Zusammenhang auch physikalische Arbeit W (engl. *work*) genannt. Die physikalische Arbeit entspricht der Energie, die mithilfe einer Kraft entlang eines Wegs übertragen wird. Es gilt:

$$W = F \cdot s$$

Die Formel zeigt, dass man die gleiche Energieumwandlung mit einer kleinen Kraft auf einem langen Weg oder mit großer Kraft auf einem kurzen Weg erreicht.
Die Goldene Regel besagt also: Kraft oder Weg kann man einsparen, die nötige physikalische Arbeit, also die notwendige umgewandelte Energiemenge, bleibt jedoch dieselbe.

Beispiel Treppenhaus

3 Einmal Laufen mit schwerer Last oder zweimal Laufen mit leichter Last: Das Ergebnis ist das gleiche.

Um zwei Getränkekisten in den ersten Stock zu bringen, kann man einmal gehen und zwei Kisten tragen. Dazu benötigt man viel Kraft. Alternativ kann man zweimal nur je eine Kiste tragen: Die benötigte Kraft ist dann nur halb so groß, der Weg, den man zurücklegen muss, verdoppelt sich dafür. Das Ergebnis ist in beiden Fällen das gleiche: Beide Kisten sind oben angekommen.

Beispiel Schiefe Ebene

4 Kurzer, steiler Klettersteig oder langer, gewundener Aufstieg. Das Ergebnis ist das gleiche.

In den Bergen findet man oft zwei Wege zum Gipfel: einen kurzen, steilen Klettersteig und einen gemütlichen Weg mit geringer Steigung, der über viele Kilometer zum Gipfel führt. Einen solchen kraftsparenden Umweg betrachtet der Physiker als schiefe Ebene. Wie bei allen anderen Kraftwandlern gilt die Goldene Regel: Was man an Kraft einspart, muss man an Weg zulegen.

Aufgaben

1 Getränkekisten

□ Erkläre das oben genannte Beispiel (Bild 3) mit eigenen Worten. Nimm die Goldene Regel der Mechanik zu Hilfe.

2 Rollstuhlrampe

◪ Eine Rollstuhlrampe verlängert den Weg. Erkläre den Vorteil.

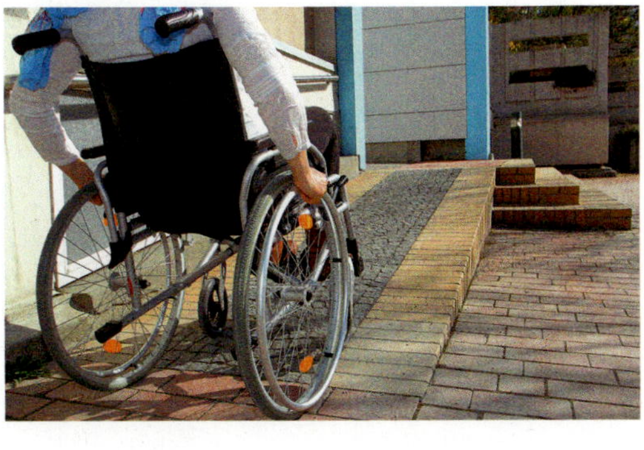

3 Schlauer Kranfahrer?

◪ Mit einem Flaschenzug lassen sich Kräfte verkleinern. Entscheidend ist die Anzahl der tragenden Seile. Ein Kranfahrer schlägt seinem Chef vor, einen Kran zu bauen, mit dem man nur noch ein Tausendstel der Gewichtskraft der Last benötigt.
Was hältst du von der Idee? Begründe deine Antwort mithilfe der Goldenen Regel.

4 Mit dem Fahrrad bergauf

Eine Gangschaltung ermöglicht leichteres Treten auf Kosten einer höheren Trittfrequenz.

a ◪ Beim Bergauffahren möchtest du die Geschwindigkeit beibehalten und schaltest in den kleineren Gang. Erläutere, was geschieht.

b ■ Erkläre den Zusammenhang zwischen gewähltem Gang und zurückgelegtem Weg.

Warum kann ein Kran so große Lasten heben?

Die folgenden Aufgaben zum Thema **Kraftwandler** helfen dir, deinen Lernstand einzuschätzen. Beobachte dich dazu beim Lösen der Aufgaben selbst:
- Brauchst du Hilfe? Musst du z. B. noch einmal nachlesen oder jemanden fragen?
- Kannst du die Aufgaben ohne Hilfe lösen?
- Weißt du sogar mehr, als in der Lösung steht?

Notiere dir, bei welchen Fragen du Schwierigkeiten hast. Kehre noch einmal zu den entsprechenden Seiten zurück, arbeite sie durch und löse die zugehörigen Aufgaben. Weitere Aufgaben findest du auf den folgenden Seiten.

1 Hebel

Viele alltägliche Gegenstände sind Hebel.

a □ Eine Wippe ist ein zweiseitiger Hebel. Fertige eine Skizze an und beschrifte sie mit den Begriffen, „Kraft F_1“, „Kraft F_2“, „Hebelarm s_1“ und „Hebelarm s_2“.

b ◪ Erkläre das Hebelgesetz anhand der Wippe aus Aufgabenteil a.

c ■ Ronja behauptet, dass auch ein richtig schwerer Erwachsener (150 kg) und ein kleines Mädchen (15 kg) zusammen wippen können. Nimm Stellung zu dieser Aussage und belege oder widerlege sie physikalisch.

2 Einseitiger und zweiseitiger Hebel

a □ Nenne je zwei Beispiele für einen einseitigen und einen zweiseitigen Hebel.

b ◪ Vergleiche den einseitigen mit dem zweiseitiger Hebel und benenne Gemeinsamkeiten und Unterschiede.

c ◪ Erkläre, wie an der Schranke das Hebelgesetz genutzt wird.

3 Seile, Rollen, Flaschenzug

a □ Nenne die Funktionen von festen und losen Rollen.

b ◪ Ein Flaschenzug ist eine Kombination aus festen und losen Rollen. Erkläre das Funktionsprinzip eines Flaschenzugs.

c ■ Zeichne einen Flaschenzug mit fünf tragenden Seilen und erkläre, was geschieht, wenn man damit eine Masse von 100 kg anheben möchte.

4 Goldene Regel der Mechanik

a ◪ Erkläre die Goldene Regel der Mechanik am Beispiel der schiefen Ebene.

b ◪ Nenne und erkläre wenigstens zwei weitere Beispiele, bei denen die Goldene Regel der Mechanik gilt.

c ■ Erkläre, welches physikalische Prinzip sich ein Ruderer zunutze macht.

d ■ Beschreibe den Zusammenhang zwischen Kraftwandlern und Goldener Regel der Mechanik.

Überblick Kraftwandler

Kraftwandler
Kraftwandler wie Seile, Rollen, Hebel oder schiefe Ebenen verändern die Größe, die Richtung oder den Angriffspunkt einer Kraft.

Hebel
Mechanische Hebel können die benötigte Kraft verringern oder vergrößern: Entsprechend verlängert oder verkürzt sich der Weg.
Es gilt das Hebelgesetz:
$F_1 \cdot s_1 = F_2 \cdot s_2$.

Schiefe Ebene
Mit einer schiefen Ebene spart man Kraft auf Kosten eines längeren Wegs.

Flaschenzug
Ein Flaschenzug ist eine Kombination aus festen und losen Rollen. Die Gewichtskraft wird auf die Anzahl der tragenden Seile verteilt. Je mehr tragende Seile es gibt, desto geringer ist die benötigte Zugkraft.

Seile und Rollen
Feste Rollen lenken die Richtung einer Kraft um. Lose Rollen teilen die auf sie wirkende Kraft auf jeweils zwei Seile auf.

Goldene Regel der Mechanik
Was man an Kraft spart, muss man an Weg zugeben.

1 Grundwissen Hebel

Schreibe die Sätze ab und vervollständige sie:

a □ Das Hebelgesetzt lautet: …

b □ Je länger der Hebelarm s_1 ist, desto …

c ◪ Verdoppelt man die Masse, die angehoben werden soll, und die Länge des Hebelarms, an dem sie hängt, benötigt man auf der anderen Seite des Hebels …

2 Apfelkiste anheben

◪ Mit einer 1,5 m langen Stange soll eine 50 kg schwere Apfelkiste angehoben werden. Die Gewichtskraft der Kiste greift an der Stange in 25 cm Abstand vom Drehpunkt an. Fertige eine Skizze an und bestimme die Kraft, die man am Ende der Stange aufwenden muss, um sie anzuheben. Es gibt nicht nur eine Lösung.

3 Im Gleichgewicht?

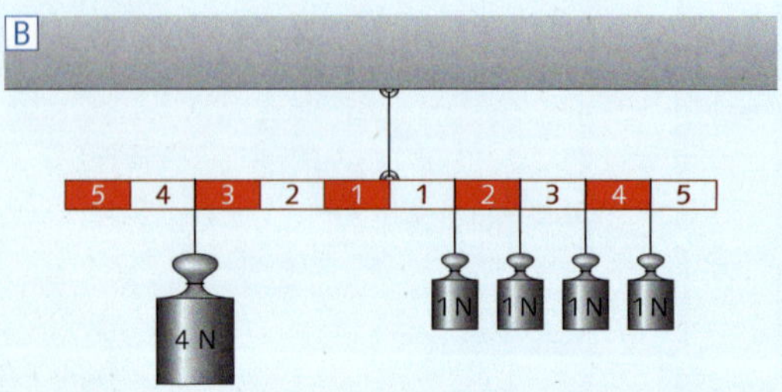

a ◪ Sind diese Waagen im Gleichgewicht? Begründe deine Antwort jeweils rechnerisch.

b ■ Gib drei mögliche Veränderungen an, um die Waagen, die nicht im Gleichgewicht sind, ins Gleichgewicht zu bringen.

4 Spielplatz-Wippe

◪ Zeichne eine Wippe mit zwei gleich schweren Kindern. Beschreibe mithilfe des Hebelgesetzes die Kraftsituation. Trage dazu Kraftpfeile in die Zeichnung ein.

5 Zieh mich hoch, Schwester!

Anna wiegt 60 kg. Ihre Schwester Lisa möchte sie mit dem Flaschenzug 1 m hochziehen.

a □ Bestimme, wie weit Lisa am Seil ziehen muss.

b □ Anna und Lisa tauschen die Plätze. Lisa wiegt 50 kg. Bestimme, wie weit Anna ziehen muss, um Lisa 1 m anzuheben.

c ◪ Bestimme, welche Kraft Lisa und Anna jeweils aufbringen müssen.

6 Rollen, Seile, Flaschenzug

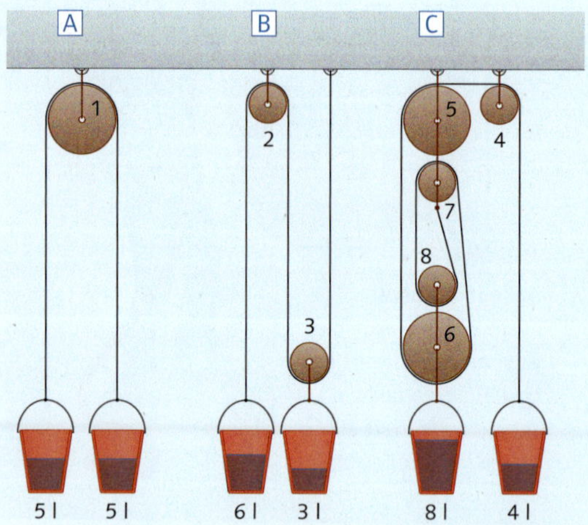

a □ Die Rollen 1 bis 8 sind nummeriert. Benenne feste und lose Rollen.

b ◪ Welche der Eimerkonstruktionen ist im Gleichgewicht? Begründe deine Antworten.

c ■ Wie muss man die Wassermengen verändern, damit alle Eimer im Gleichgewicht sind? Begründe deine Lösung.

7 Bergrettung

Bei der Rettung verletzter Wanderer aus unzugänglichen Gebieten verwendet die Bergrettung solche Minikrankonstruktionen.

a □ Beschreibe, was im Bild zu sehen ist.

b ◪ Erkläre die Funktion der Seile und Rollen im Bild.

c ■ Fertige eine Skizze an, die zeigt, wie ein Verletzter (80 kg) mit der Trage (10 kg) an einem Steilhang 25 m in die Höhe gezogen wird. Beschrifte die Zeichnung mit den entsprechenden Kräften und Weglängen.

8 Bergauf

◪ Marlies möchte einen Berg erklimmen. Sie hat die Wahl zwischen einem kurzen, steilen und einem langen, gewundenen Weg nach oben. Sie weiß nicht, für welchen Weg sie sich entscheiden soll. Formuliere Tipps für Marlies.

9 Fahrradfahren

◪ Argumentiere physikalisch, warum der Fahrradfahrer sein Rad schiebt.

10 Goldene Regel überall?

a □ Suche Beispiele aus dem Alltag, bei denen die Goldene Regel der Mechanik gilt, und beschreibe sie.

b ◪ Überprüfe die Alltagsbeispiele aus Aufgabenteil a experimentell.

c ◪ Überlege, ob die Goldene Regel der Mechanik beim Eindrehen einer Schraube gilt. Schreibe deine Argumente auf.

11 Physikalische Arbeit

Die Goldene Regel der Mechanik und die physikalische Arbeit hängen eng zusammen.

a ◪ Beschreibe den physikalischen Zusammenhang, den die physikalische Arbeit beschreibt.

b ■ Berechne die physikalische Arbeit W, die an einer 80 kg schweren Betonplatte verrichtet wird, wenn ein Kran sie um zwei Meter anhebt.

12 Nur das Ergebnis zählt

Nadja behauptet: „Egal, ob ich fünfmal mit je einer Einkaufstasche die Treppe in den 2. Stock nehme oder auf einmal mit fünf Taschen in der Hand mit dem Aufzug in den 2. Stock fahre – physikalisch ist das Ergebnis das gleiche.

a ◪ Erkläre, welche Teile der Aussage im physikalischen Sinn stimmen und welche nicht.

b ◪ Formuliere zwei Versionen der Aussage, die physikalisch gesehen komplett richtig sind.

c ■ Überprüfe die Aussage mithilfe der Formel zur physikalischen Arbeit rechnerisch. Nimm realistische Werte für die Größen an, die du benötigst.

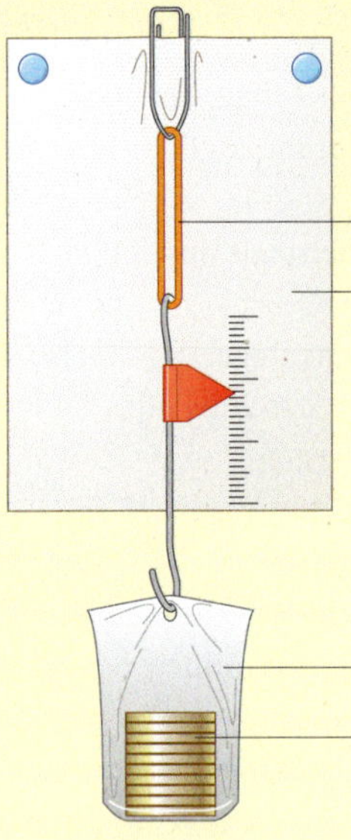

1 Selbst gebauter und kalibrierter Kraftmesser

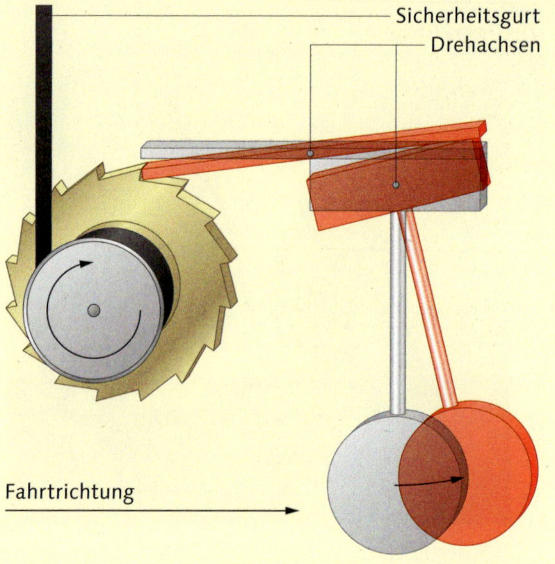

2 Blockiersystem eines Sicherheitsgurts im Fall eines Unfalls

1 Kraftmesser bauen und kalibrieren

Mit wenigen Mitteln lässt sich ein einfacher Kraftmesser bauen. Du benötigst eine Büroklammer, etwas Draht, ein Tütchen und Papier. Statt einer Feder verwendest du ein Haushaltsgummiband. Als Massestücke dienen 24 Zehn-Cent-Stücke, die zusammen 1 N Gewichtskraft erfahren.

a Notiere Kriterien, die ein Gummiband erfüllen muss, um sich gut für einen Kraftmesser zu eignen.

b Teste verschiedene Haushaltsgummis und wähle das geeignetste aus.

c Baue den abgebildeten Kraftmesser nach und kalibriere die Skala in $\frac{1}{4}$-N-Schritten oder feiner. Erläutere dein Vorgehen.

d Entscheide, ob man das Gummiband nach der Kalibrierung austauschen darf. Begründe.

e Finde mithilfe deines Kraftmessers heraus, wie viele Zwanzig-Cent-Münzen nahezu dieselbe Gewichtskraft erfahren wie die 10 Zehn-Cent-Münzen.

f Trage die Ausdehnung des Gummibands und die wirkende Kraft in ein *F*-*s*-Diagramm ein.

g Erkläre, warum dein Kraftmesser nur für kleine Kräfte geeignet ist.

h Vergleiche dein *F*-*s*-Diagramm mit dem Diagramm eines Federkraftmessers.

i Begründe, warum man für Kraftmesser Federn und keine Gummibänder verwendet.

2 Sicherheitsvorkehrungen retten Leben

Im Bild ist die Funktionsweise eines Sicherheitsgurts dargestellt. Steht das Auto oder fährt es mit konstanter Geschwindigkeit, befindet sich das Pendel in senkrechter Stellung.

a Erkläre, wie das Abrollen des Gurts bei einem Unfall verhindert wird, und nenne das dafür genutzte physikalische Grundprinzip.

b Gib an, ob man den Sicherheitsgurt nach einem Unfall auswechseln sollte. Begründe.

Ein weiteres Sicherheitssystem ist der Airbag.

c Recherchiere, wie ein Airbag funktioniert.

d Finde das Video „Omas Handtasche löst Airbag aus“. Beurteile, ob ein Schlag auf die Stoßstange einen Airbag auslösen kann.

e Bewerte die Erfindung „Airbag fürs Rad“.

f Recherchiere und erläutere weitere Sicherheitssysteme.

3 Segler nutzen die Hebelwirkung.

4 Hydraulischer Bagger

3 Segeln

Beim Segeln verhindert die Mannschaft des Segelboots, dass das Boot im Wind umkippt. Die zwei Crewmitglieder sitzen ganz außen im Ausleger, um dadurch eine Hebelkraft zu erzeugen, die das Boot wiederaufrichtet. Nur der Steuermann sitzt weiter innen.

a □ Beschreibe die Situation, die im Bild dargestellt ist, und die Hebelwirkung, die das Boot wieder aufrichtet.

b ■ Fertige eine Skizze an, die den Hebel mit seinen Hebelarmen, der Drehachse und den Kräften zeigt, und schätze passende Zahlen für ein Rechenbeispiel.

c ◪ Aus der Tabelle kannst du ablesen, welche Windstärke mit welcher Kraft auf das Segel drückt. Als Angriffspunkt der Windkraft nimmt man den Schwerpunkt des Segels an, der sich beim abgebildeten Boot in 3,5 m Höhe befindet. Rechne für verschiedene Windstärken.

Windgeschwindigkeit in km/h	Kraft auf 1 m² Segelfläche in N
30	43
35	59
45	95
55	145
65	205
80	310
95	435
110	575
120	690

d ◪ Nicht nur Hebelkräfte spielen beim Segeln eine Rolle. Auch Seile, Rollen und Flaschenzüge gibt es auf Booten. Finde Beispiele und erkläre jeweils den Einsatz und die Funktion.

4 Hydraulische Maschinen

Ist der Mensch zu schwach, um eine Last anzuheben, baut er sich Maschinen, die seine Muskelkraft ersetzen. Wird die Kraft dabei von Flüssigkeiten übertragen, spricht man von hydraulischen Maschinen.

a ◪ Informiere dich über das Bauprinzip von hydraulischen Maschinen und erkläre die Kraft- und die Energieübertragung.

b ◪ Gib an, wo man hydraulische Bauteile verwendet, und erkläre zwei Beispiele genauer.

c ◪ Die Skizze zeigt, wie man ein hydraulisches System nachbauen kann. Man muss nur zwei unterschiedlich große Spritzen mithilfe eines Schlauchs miteinander verbinden.
Untersuche, was geschieht, wenn man eine der Spritzen um 1 cm eindrückt. Variiere die Größen der Spritzen und die Eindrücktiefe. Erstelle ein Ergebnisprotokoll.

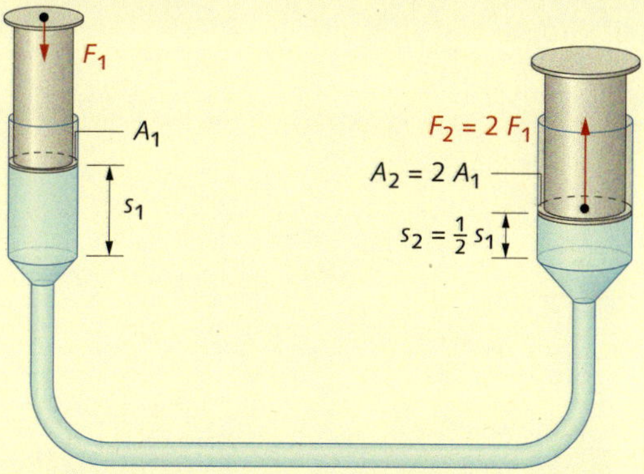

d ■ Für hydraulische Maschinen gilt die Goldene Regel der Mechanik. Überprüfe diese Aussage mithilfe deiner Ergebnisse und erstelle ein Zusammenfassungsplakat.

7 Elektromagnetische Induktion

Wie wird unsere elektrische Energie erzeugt?

Wie kommt die elektrische Energie vom Kraftwerk zu uns?

Können wir selbst elektrische Energie erzeugen?

Elektromagnetische Induktion

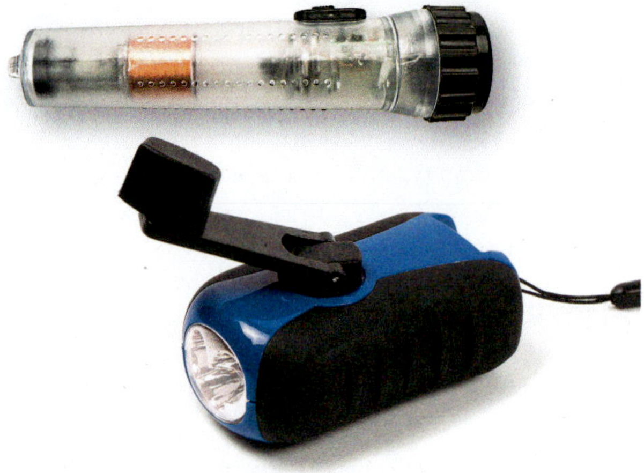

1 Schütteltaschenlampe und Kurbeltaschenlampe

Es gibt Taschenlampen, bei denen die elektrische Energie durch Bewegung erzeugt wird. Wesentliche Bestandteile dieser Art von Taschenlampen sind: eine Spule und ein Magnet.

Magnet, Spule und Bewegung

Spule und Magnetismus gibt es auch beim Elektromagnet. Dort erzeugt der elektrische Strom, also die Bewegung von Elektronen durch den Spulendraht, ein Magnetfeld.
Bei den abgebildeten Taschenlampen entsteht umgekehrt durch die Bewegung des Magnets in der Spule ein elektrischer Strom. Im Vergleich zum Elektromagnet sind bei den Taschenlampen demnach Ursache und Wirkung getauscht.

Die Schütteltaschenlampe zeigt besonders einfach, wie sich mithilfe eines bewegten Magnets in einer Spule elektrische Energie erzeugen lässt.

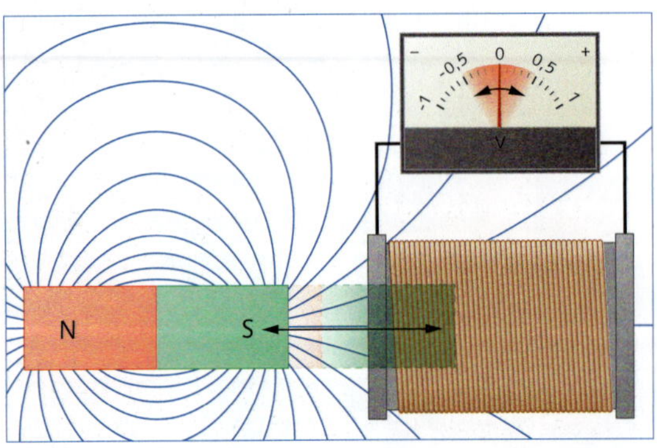

2 Magnetfeld und Spule

Experiment Erzeugung elektrischer Energie

3 Energieerzeugung mit Spule und Stabmagnet

Mithilfe einer Spule und eines Stabmagnets lässt sich das Grundprinzip der Erzeugung von elektrischer Energie erforschen.
Experimentiert man mit verschiedenen Möglichkeiten, Spule und Magnet zu bewegen, lässt sich mit einem Spannungsmessgerät sichtbar machen, dass bei manchen Bewegungen elektrische Energie erzeugt wird, bei anderen nicht. Vor allem wenn der Stabmagnet in die Spule hinein- bzw. herausbewegt wird, erzeugt das elektrische Energie. Man braucht demnach eine geeignete Bewegung, um elektrische Energie zu erzeugen.

Bild 2 veranschaulicht das Zusammenwirken von Magnet und Spule in einer Schütteltaschenlampe: Das Magnetfeld durchdringt die Spule. Wird nun der Magnet in die Spule hinein- oder herausbewegt, verändert sich dadurch die Anzahl der Magnetfeldlinien, die jede einzelne Spulenwindung durchdringen.
Nur wenn sich durch die Bewegung das Magnetfeld in der Spule verändert, entsteht elektrische Energie. Diesen Vorgang nennt man in der Physik elektromagnetische Induktion.

Voraussetzung für das Erzeugen elektrischer Energie ist die Veränderung des Magnetfelds, das eine Spule durchdringt. Die Veränderung entsteht z. B. durch geeignete Bewegung des Magnets. Man spricht von elektromagnetischer Induktion.

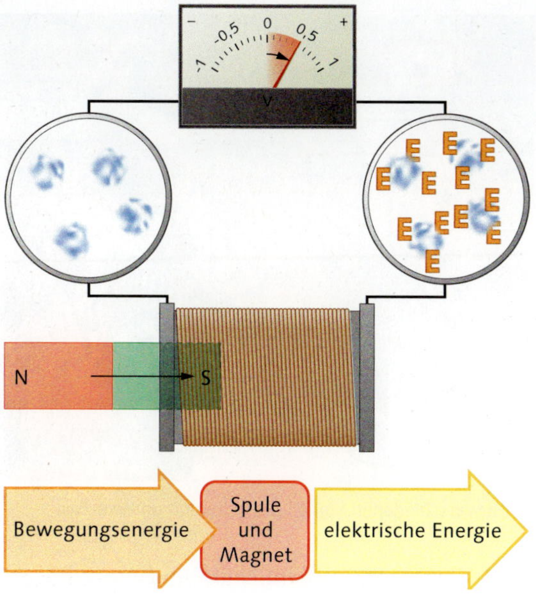

4 Modellvorstellung für die Induktion

Modellvorstellung für die Induktion

Bewegt man einen Stabmagnet innerhalb einer Spule oder in eine Spule hinein, so verändert sich das Magnetfeld, das jede Spulenwindung durchdringt. In der Modellvorstellung übernehmen die Elektronen dabei einen Teil der Bewegungsenergie des Stabmagnets.
Je mehr Energie die Elektronen übernehmen, desto größer ist die elektrische Spannung. Diese an den Enden der Spule entstehende Spannung bezeichnet man in der Physik als Induktionsspannung.

> Wird mithilfe von Spule, Magnetfeld und einer geeigneten Bewegung elektrische Energie erzeugt, so entsteht an den Enden der Spule eine Induktionsspannung.

Aufgaben

1 Grundbedingung
☐ Formuliere die Grundbedingung für die elektromagnetische Induktion in eigenen Worten.

2 Experiment
◪ Mit einem Experiment wie in Bild 3 kann man feststellen, dass in der Spule keine elektrische Energie erzeugt wird, wenn man einen Stabmagnet um seine Längsachse dreht. Begründe mit Hilfe der Vorstellung vom Magnetfeld, warum hier keine elektrische Energie erzeugt wird.

3 Verstärkung
a ◪ Überlege dir Möglichkeiten, wie man eine größere Induktionsspannung erzeugen kann.
b ■ Beschreibe Versuche, mit deren Hilfe du deine Überlegungen überprüfen könntest.

4 Induktion statt Batterie?
☐ Eine Spule soll die Batterie in einem Stromkreis ersetzen. Was benötigst du außer der Spule? Begründe deine Auswahl.

5 Induktionsstrom
◪ Nenne die Voraussetzungen, unter denen ein Induktionsstrom fließen kann.

6 Drahtmodell
Mithilfe eines bemalten Styrodurzylinders und Blumendraht kannst du dir das Modell eines Stabmagnets mit Magnetfeldlinien bauen.
a ◪ Beschreibe mithilfe des abgebildeten Modells die Vorgänge bei der Induktion.
b ■ Das abgebildete Modell ist ein 3-D-Modell. In Bild 2 siehst du ein 2-D-Modell. Diskutiere Vor- und Nachteile der beiden Modelle.

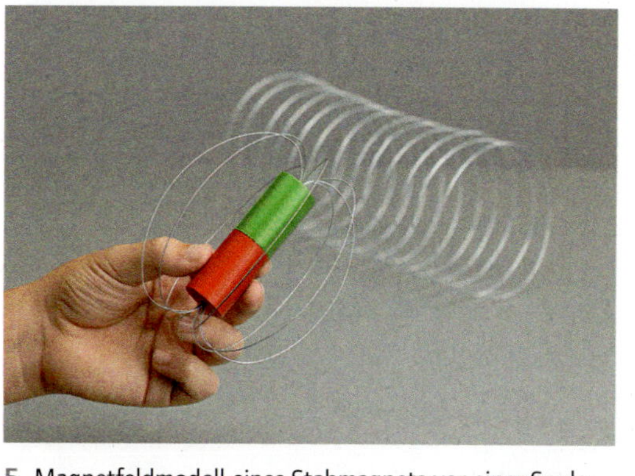

5 Magnetfeldmodell eines Stabmagnets vor einer Spule

Induktion untersuchen

1 Mit verschiedenen Magneten die Induktion untersuchen

2 Mit verschiedenen Spulen die Induktion untersuchen

In den Bildern 1 und 2 versucht ein Schüler, eine möglichst hohe Induktionsspannung zu erzeugen. Er kann die induzierte Spannung auf drei Arten verändern: Er kann den Magnet schneller oder langsamer bewegen, andere Magnete verwenden oder unterschiedliche Spulen einsetzen. Untersucht man einen der drei Faktoren, muss man die anderen beiden unverändert lassen.

Unterschiedliche Geschwindigkeit

Die Geschwindigkeit der Bewegung beeinflusst die Größe der induzierten Spannung. Bewegt man den Magnet sehr schnell in die Spule hinein oder aus ihr heraus, misst man eine höhere Spannung, als wenn man den Magnet nur langsam bewegt.

> Je schneller die Änderung des Magnetfelds in der Spule ist, desto größer ist die Induktionsspannung.

Magnete unterschiedlicher Stärke

Untersucht man die Auswirkung unterschiedlicher Magnete auf die Induktionsspannung, so müssen die Magnete in der Spule mit derselben Geschwindigkeit bewegt werden.
Auf dem Messgerät beobachtet man: Je stärker die magnetische Wirkung des verwendeten Magnets ist, desto größer ist auch die induzierte Spannung.

> Je stärker der Magnet ist, desto größer ist die Induktionsspannung.

Spulen mit unterschiedlicher Windungszahl

Wie unterschiedliche Windungszahlen von Spulen die Größe der induzierten Spannung beeinflussen, kann man nur untersuchen, indem man bei den folgenden Experimenten immer denselben Magnet verwendet und diesen mit immer gleicher Geschwindigkeit in verschiedene Spulen hinein- und herausbewegt. Die Spulen werden dazu hintereinander an das Messgerät angeschlossen.
Wird der Magnet in einer Spule mit niedriger Windungszahl bewegt, zeigt das Messgerät eine niedrige Induktionsspannung. Wird der Magnet in einer Spule mit höherer Windungszahl bewegt, misst man eine höhere Induktionsspannung.
In der Spule mit höherer Windungszahl durchdringt das Magnetfeld mehr Spulenwindungen. Die Veränderung des Magnetfelds erfolgt dadurch in mehr Windungen gleichzeitig. Somit ist die Induktionsspannung an den Enden einer Spule mit vielen Windungen größer als bei einer Spule mit wenigen Windungen.

> Je mehr Windungen eine Spule hat, desto größer ist die Induktionsspannung.

Die Voraussetzung für das Entstehen einer Induktionsspannung ist letztlich immer die Veränderung eines Magnetfelds in einer Spule. Dabei ist es unerheblich, ob man den Magnet oder die Spule bewegt. Je stärker sich das Magnetfeld ändert, desto höher ist die Induktionsspannung.

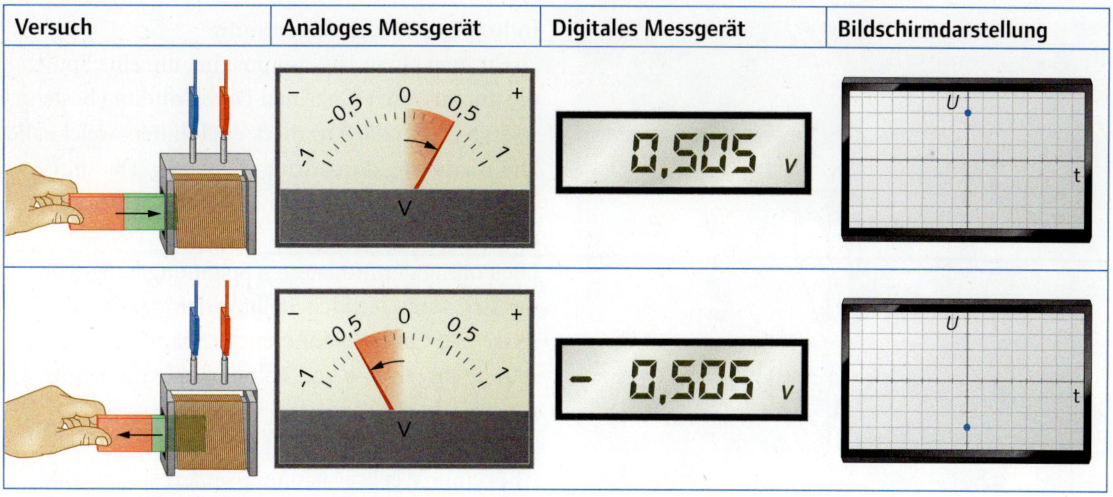

3 Messwertanzeigen auf verschiedenen Geräten

Anzeigen verschiedener Messgeräte

Die abgebildeten Messgeräte zeigen Messwerte gleicher Größe an, jedoch mit unterschiedlicher Polung. Dies erkennt man beim analogen Messgerät am Ausschlag nach rechts bzw. links, beim digitalen Messgerät am Vorzeichen und bei der Bildschirmdarstellung am Verschieben des Punkts nach oben bzw. unten.

Die unterschiedliche Polung kann verschiedene Ursachen haben. Die Polung der induzierten Spannung an den Spulenenden hängt ab:
- von der Bewegungsrichtung des Magnets,
- davon, ob zuerst der Nord- oder der Südpol in die Spule bewegt wird
- davon, wie die Spule an das Messgerät angeschlossen wird

Aufgaben

1 Induktionsspannung erhöhen

□ Beschreibe Möglichkeiten, eine Induktionsspannung zu vergrößern.

2 Beobachtungen

◪ Bei keinem der hier beschriebenen Versuche ist es möglich, eine Spannung zu erzeugen, die über einen längeren Zeitraum denselben Wert hat. Erkläre diese Beobachtung.

3 Geschlossener Spulenstromkreis

Der Versuch zur Erzeugung einer Induktionsspannung wird mithilfe von Spule, Magnet und Messgerät durchgeführt.

a □ Beschreibe, woran du erkennst, dass der Strom in zwei unterschiedlichen Richtungen durch das Messgerät fließen kann.

b ◪ Nenne Möglichkeiten, die Bewegungsrichtung der Elektronen zu verändern.

4 Eisenkern

■ Ein Eisenkern in der Spule erhöht die Induktionsspannung. Ordne den Eisenkern einer der drei links beschriebenen Möglichkeiten zu, die Induktionsspannung zu erhöhen. Begründe deine Entscheidung.

5 Elektromagnet beim Induktionsversuch

Eine Spule ist an ein Messgerät angeschlossen. Vor der Öffnung dieser Spule liegt ein Elektromagnet, der an eine Energiequelle angeschlossen ist. Beim Einschalten des Elektromagnets zeigt das Messgerät kurz eine Induktionsspannung an. Dieselbe Beobachtung macht man beim Ausschalten.

a ■ Erkläre diese Beobachtung.

b ■ Beschreibe die Anzeige des Messgeräts, während der Elektromagnet eingeschaltet ist. Begründe deine Vermutung.

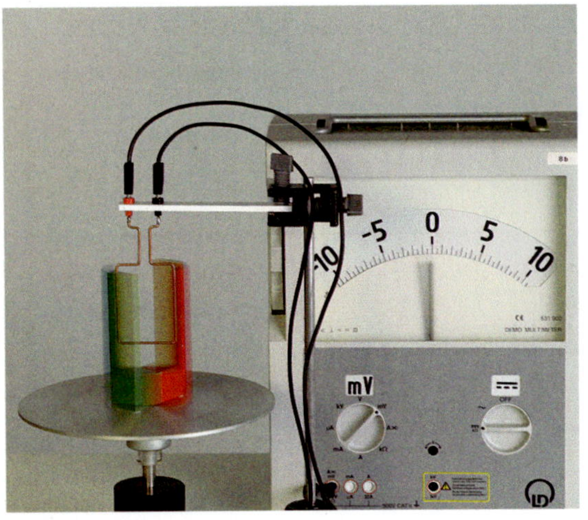

1 Ein Magnet bewegt sich um eine feststehende Spule.

Position der Magnetpole relativ zur Spule	Anzeige eines Messgeräts

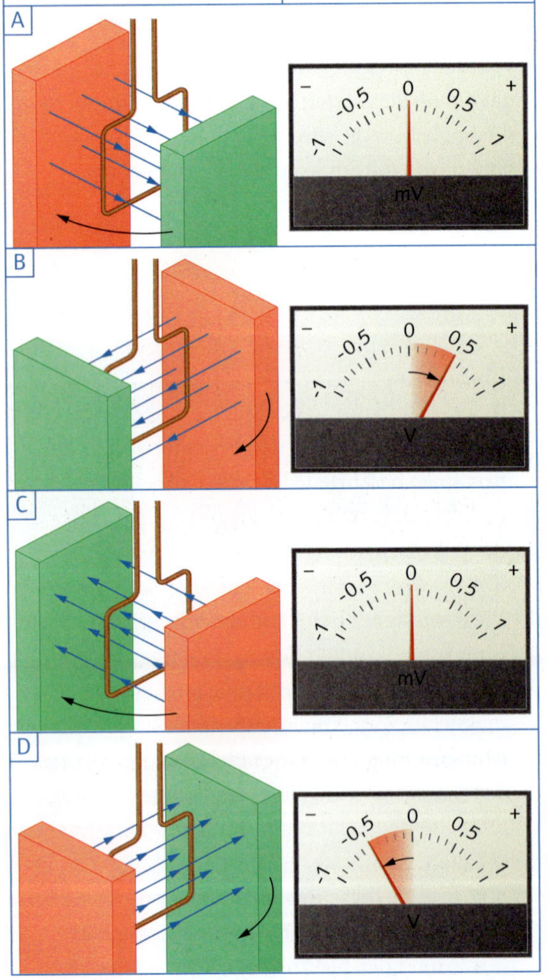

2 Veranschaulichung der Entstehung von Wechselspannung

Induzierte Wechselspannung

Dreht man einen Hufeisenmagnet um eine Spule, die nur aus einer einzelnen Drahtwindung besteht, so ändert sich die Anzahl der Feldlinien, welche die Drahtwindung durchdringen, ständig. Dadurch ändert sich auch immerzu die Größe der induzierten Spannung.

Die Polung der induzierten Spannung hängt von der sich verändernden Stellung der Magnetpole relativ zur Spule ab. Eine solche Spannung, die ständig ihre Größe und Polung wechselt, nennt man Wechselspannung.

> Bei einer Wechselspannung ändert sich sowohl die Größe als auch die Polung der Spannung.

Modell: Zu- und Abnahme der Anzahl von Magnetfeldlinien durch die Drahtwindung
Die Anzahl der Magnetfeldlinien durch die Drahtwindung ändert sich bei einer geringfügigen Drehung des Magnets fast gar nicht. In der Zeichnung sieht man das daran, dass sich bei einer geringen Drehung des Magnets die Anzahl der blauen Linien durch die Drahtwindung nicht ändert.
Die Anzahl der Magnetfeldlinien durch die Drahtwindung ändert sich bei einer geringfügigen Drehung des Magnets sehr stark. In der Zeichnung sieht man, dass vor der Drehung keine blaue Linie durch die Drahtschleife verläuft. Nach einer geringen Drehung des Magnets durchdringen mehrere blaue Linien die Drahtschleife.
Die Anzahl der Magnetfeldlinien durch die Drahtwindung ändert sich bei einer kleinen Drehung des Magnets wiederum kaum. In der Zeichnung sieht man das an der unveränderten Anzahl der blauen Linien, welche die Drahtwindung nach einer geringfügigen Drehung des Magnets durchdringen.
Für die Größe der Spannung gilt dieselbe Erklärung wie bei B: Da die Magnetpole allerdings im Vergleich zu B die Position relativ zur Drahtwindung getauscht haben, ist auch die Polung der Spannung an den Drahtenden vertauscht.

Wechselspannung und Bildschirmdarstellung

Die Drahtwindung wird an ein geeignetes Messgerät mit Bildschirm angeschlossen. Es zeigt sich folgender Verlauf der induzierten Wechselspannung:

Die Größe der Spannung steigt und fällt je nach Position des Magnets relativ zur Drahtwindung. Die Zeitachse auf dem Bildschirm unterteilt den Verlauf der Wechselspannung in zwei Bereiche, die sich nur durch ihre Polung unterscheiden.

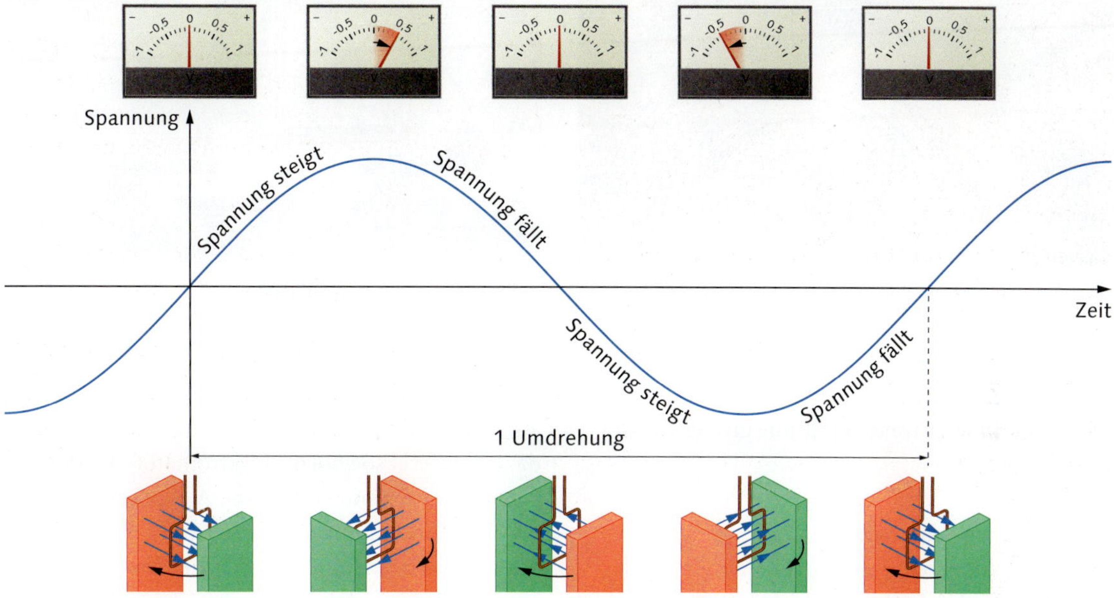

Aufgaben

1 Polung der Wechselspannung

a □ Nenne die Stellen, an denen sich die Polung der Wechselspannung bei der Bildschirmdarstellung ändert.

b ◪ Erkläre, warum sich die Polung bei der Wechselspannung ändert.

2 Stärke der Wechselspannung

◪ Begründe, weshalb sich bei der Wechselspannung nicht nur die Polung ändert. Argumentiere mit den Feldlinien.

3 Batterie und Generator

Eine Batterie liefert Gleichspannung. In einem Generator sind Spule und Magnet eingebaut – er liefert also Wechselspannung.

a □ Beschreibe die Unterschiede zwischen den beiden Spannungsarten.

b ◪ Zeichne zu jeder Spannungsart eine Bildschirmdarstellung.

4 Bildschirmdarstellung auf dem Papier

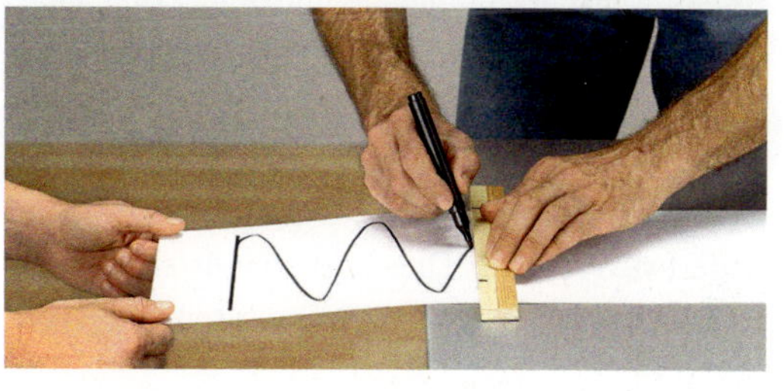

a ◪ Beschreibe die Bewegungen genau, die durchgeführt werden müssen, damit die Linie auf dem Blatt Papier entsteht.

b ■ Übertrage das Beispiel auf die Bildschirmdarstellung oben.

5 Wechselspannung und Zeit

◪ Eine Umdrehung der Spule im Magnetfeld benötigt $\frac{1}{50}$ Sekunde Zeit. Gib an, wie oft die Spannung ihren Maximalwert pro Sekunde erreicht.

Generator

1 Blick in einen Kraftwerksgenerator

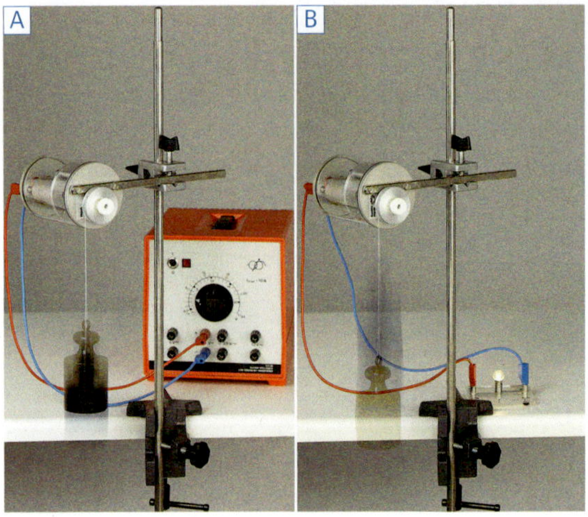

2 Ein Gerät – zwei Anwendungen

Im Alltag benötigen wir sehr viel elektrische Energie. Die elektrische Energie für ein Haus oder eine Stadt wird in Kraftwerken mithilfe großer Generatoren erzeugt.

Aufbau eines Generators

Ein Generator erzeugt elektrische Energie durch Induktion. Daher besteht auch ein Generator aus einer Spule und einem sich ständig ändernden Magnetfeld. Bei Generatoren in Kraftwerken sind diese Bestandteile allerdings sehr groß.

Es gibt zwei verschiedene Bauformen von Generatoren. Entweder dreht sich der Magnet in einer Spule oder die Spule dreht sich in einem Magnetfeld. Unabhängig von der Bauform bleibt das Grundprinzip gleich: Das Magnetfeld in der Spule ändert sich ständig. Die dadurch entstehende Induktion erzeugt in den Generatoren eine Wechselspannung.

> Wesentliche Bestandteile eines Generators sind Spule und Magnet.
> In einem Generator wird mithilfe eines sich ständig ändernden Magnetfelds in einer Spule eine Wechselspannung induziert.

Das notwendige Magnetfeld wird in vielen Generatoren mithilfe von Elektromagneten erzeugt. Auf diese Weise können sehr viel stärkere Magnetfelder genutzt werden.

Zwei Anwendungen desselben Geräts

Im Prinzip sind Elektromotor und Generator gleich aufgebaut. Wie in Bild 2 zu erkennen ist, kann man dasselbe Gerät sowohl als Elektromotor als auch als Generator verwenden: In Bild 2A arbeitet das Gerät als Elektromotor und hebt eine Last hoch. Hier ist die elektrische Energie die Ursache; ihre Wirkung ist Bewegungsenergie.

In Bild 2B arbeitet dasselbe Gerät als Generator. Die Last bewegt sich nach unten und treibt dadurch den Generator an. Die Bewegungsenergie wird zur elektrischen Energie: Die Lampe leuchtet. Nun ist die Bewegungsenergie die Ursache; die elektrische Energie ist die Wirkung.

> Generator und Elektromotor sind im Prinzip gleich aufgebaut. Bei ihrer Anwendung werden Ursache und Wirkung getauscht.

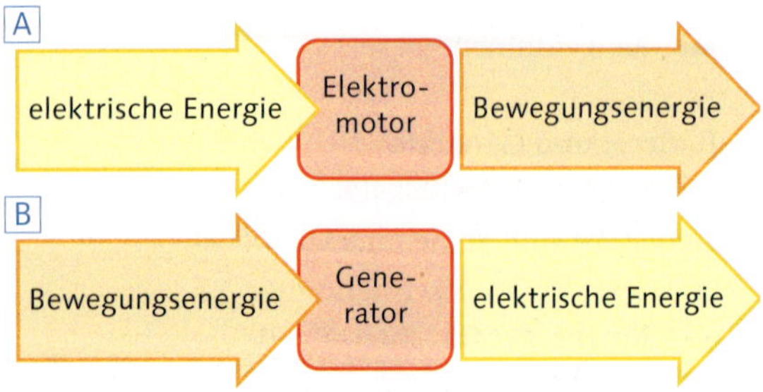

3 Elektromotor und Generator: Vertauschen von Ursache und Wirkung

Anwendungen von Kleingeneratoren

Ein Handgenerator kann die elektrische Energie erzeugen, um einen Handyakku aufzuladen.
Im Handgenerator wie in der Kurbeltaschenlampe sind kleine Generatoren im Einsatz. Das Besondere bei diesen Generatoren ist, dass man die erzeugte elektrische Energie als Gleichspannung abgreifen kann. Die so gewonnene elektrische Energie kann daher in Akkus gespeichert werden.
Es gibt Fahrräder mit Elektromotor, bei denen diese Möglichkeit ebenfalls genutzt wird: Beim Bergabfahren wird der Elektromotor zum Generator. Er wandelt die Bewegungsenergie des Fahrrads in elektrische Energie um. Die elektrische Energie wird im Akku zwischengespeichert.
Benötigt man dann beim Bergauffahren Unterstützung, wird der Generator wieder als Elektromotor genutzt: Die im Akku gespeicherte elektrische Energie wird im Elektromotor wieder in Bewegungsenergie umgewandelt.

4 Ein Handgenerator zum Aufladen des Handys

Aufgaben

1 Richtig oder falsch?
Entscheide, welche der Aussagen richtig oder falsch sind. Begründe deine Entscheidung.
- **a** □ Ein Elektromotor erzeugt elektrische Energie.
- **b** □ Ein Generator erzeugt elektrische Energie.
- **c** □ Mit einer geringeren Anzahl an Spulenwindungen erzeugt man eine höhere Spannung.
- **d** ◪ In Generatoren sind immer Dauermagnete eingebaut.
- **e** ◪ Die Umdrehungsgeschwindigkeit beeinflusst die Größe der Induktionsspannung.

2 Energieketten beim E-Bike
◪ Das E-Bike nutzt in unterschiedlichen Situationen verschiedene Energieumwandlungen. Überlege dir verschiedene Situationen und skizziere dazu die passenden Energieketten.

3 Elektrische Energie generieren
- **a** □ Das Wort „generare" ist lateinisch und bedeutet „erzeugen". Begründe die Wortwahl für „Generator".
- **b** ◪ Manche Taschenlampen nutzen „Schüttelgeneratoren". Beschreibe, wie man sich einen Schüttelgenerator vorstellen muss.

4 Verschiedene Bauformen
Man unterscheidet zwei grundsätzlich verschiedene Bauformen von Generatoren.

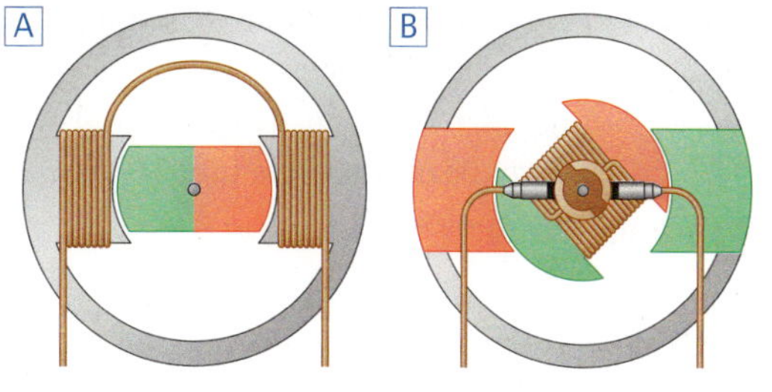

- **a** ◪ Beschreibe die Unterschiede.
- **b** ◪ Eine Bauform wird „Außenpolgenerator" genannt, die andere „Innenpolgenerator". Ordne die Begriffe jeweils einem der Bilder zu. Begründe deine Zuordnung.
- **c** ■ Überlege, welche der Bauformen sich eher für die Verwendung in Kraftwerken eignet. Begründe deine Vermutung.

Wie wird unsere elektrische Energie erzeugt?

Die folgenden Aufgaben zum Thema **Elektromagnetische Induktion** helfen dir, deinen Lernstand einzuschätzen. Beobachte dich dazu beim Lösen der Aufgaben selbst:
- Brauchst du Hilfe? Musst du z. B. noch einmal nachlesen oder jemanden fragen?
- Kannst du die Aufgaben ohne Hilfe lösen?
- Weißt du sogar mehr, als in der Lösung steht?

Notiere dir, bei welchen Fragen du Schwierigkeiten hast. Kehre noch einmal zu den entsprechenden Seiten zurück, arbeite sie durch und löse die zugehörigen Aufgaben. Weitere Aufgaben findest du auf den folgenden Seiten.

1 Induktion

a □ Nenne wesentliche Bauteile, um mithilfe elektromagnetischer Induktion elektrische Energie zu erzeugen.

b ◪ Beschreibe einen Versuchsaufbau, mit dem durch Induktion elektrische Energie erzeugt werden kann.

c □ Zeichne die Energiekette zu einem einfachen Induktionsexperiment.

d ■ Beschreibe mithilfe einer Modellvorstellung die Vorgänge in der Spule bei der Induktion.

2 Abhängigkeit der Induktionsspannung

a □ Nenne drei Faktoren, mit denen du die Induktionsspannung vergrößern kannst.

b ◪ Formuliere Je-desto-Sätze zu den drei Faktoren, mit denen man die erzeugte Induktionsspannung vergrößern kann.

c ◪ Nenne Möglichkeiten, bei einem Induktionsversuch die entstehende Induktionsspannung umzupolen.

3 Wechselspannung

a □ Nenne die Eigenschaften der Spannung, die sich bei Wechselspannung ändern.

b ◪ Bei einem Induktionsversuch mit Spule und Stabmagnet wird ein Messgerät mit Bildschirmdarstellung verwendet. Beschreibe, woran du die Stärke der induzierten Spannung erkennst und woran ihre Polung.

4 Generatoren in E-Bikes

Es gibt Fahrräder mit Elektromotor, deren Motor auch als Generator eingesetzt werden kann.

a □ Nenne die wesentlichen Bestandteile eines Generators.

b □ Benenne Situationen, in denen der Elektromotor eines E-Bikes als Generator eingesetzt werden kann.

c ■ Begründe, warum ein Elektromotor auch als Generator eingesetzt werden kann.

Bestandteile
Wesentliche Bestandteile für die elektromagnetische Induktion sind Spule und Magnet.

Experiment zur elektromagnetischen Induktion

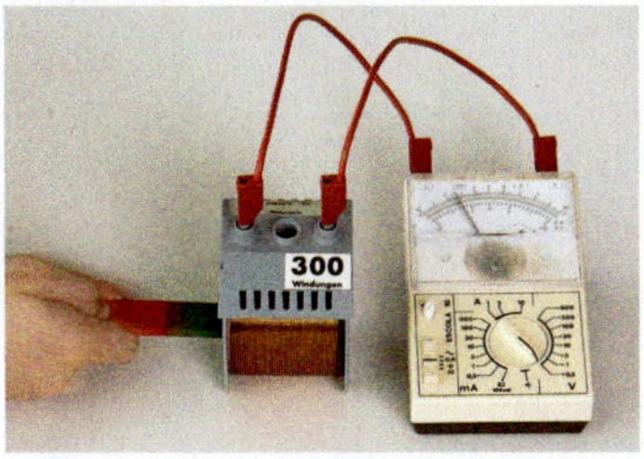

Grundbedingung
Bei der elektromagnetischen Induktion muss sich das Magnetfeld in einer Spule ändern.

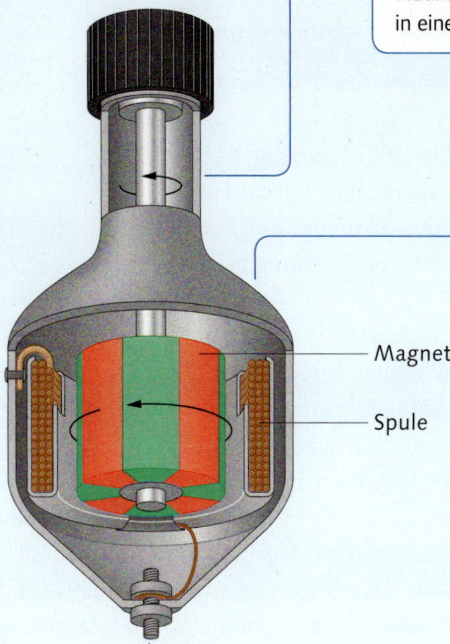

Verstärkung der Induktionsspannung durch:
- größere Magnetfeldänderung bei stärkeren Magneten
- größere Magnetfeldänderung bei schnellerer Bewegung des Magnets
- stärkere Wirkung der Magnetfeldänderung bei höherer Windungszahl der Spule

Bewegungsenergie → Generator → elektrische Energie

Wechselspannung
Generatoren erzeugen meist eine Wechselspannung. Bei einer Wechselspannung ändert sich sowohl die Polung als auch die Größe der Spannung ständig.

Wechselspannung am Zeigermessgerät

Wechselspannung am digitalen Messgerät

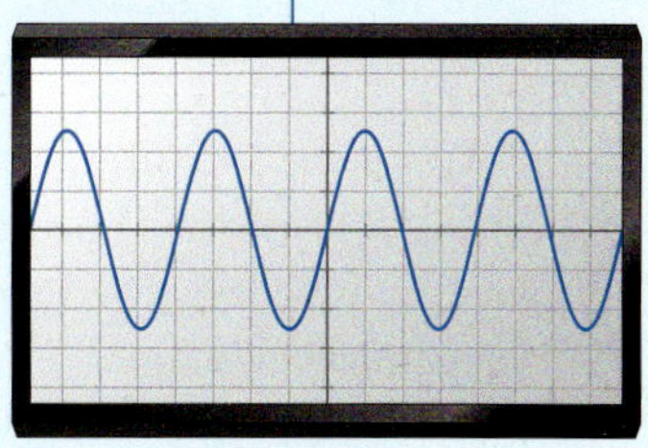

Wechselspannung in der Bildschirmdarstellung

1 Induktion ja oder nein?

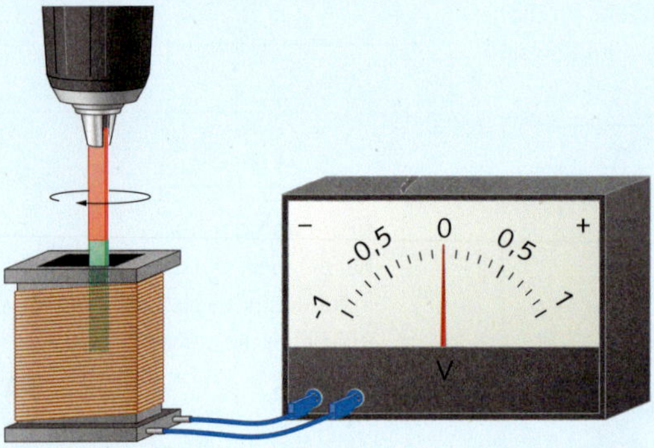

□ Ein Stabmagnet wird mithilfe eines Akkuschraubers innerhalb einer Spule in schnelle Drehung versetzt. Erkläre, warum der Zeiger des Spannungsmessgeräts in der Nullstellung bleibt.

2 *About Electromagnetic Induction*

In einem englischen Physikbuch findet man folgende Erklärung für die Induktion:
"Faraday found that if a wire is moved to cut across lines of [magnetic] flux, then a current is induced in the wire."

a ◪ Notiere die englischen Schlüsselbegriffe zur Erklärung der Induktion.

b ■ Beschreibe Gemeinsamkeiten und Unterschiede zu unserer deutschen Erklärung.

3 Induktion und Windungszahl

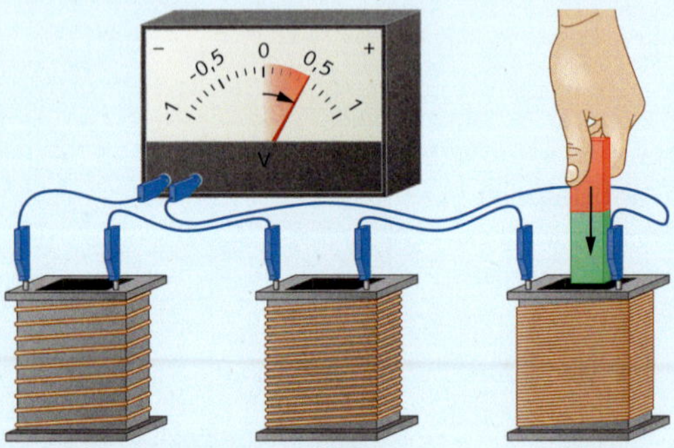

a □ Für welche Spule erwartest du beim Einführen des Magnets den höchsten Spannungswert, für welche den geringsten? Begründe deine Entscheidung.

b ■ Erkläre, was sich an den in Aufgabenteil a erhaltenen Werten ändert, wenn du die Spulen einzeln an das Messgerät anschließt.

c ■ Begründe, weshalb die Versuchsdurchführung aus Aufgabenteil a zu besser vergleichbaren Werten führt als die aus Aufgabenteil b.

4 Gleich- und Wechselspannung

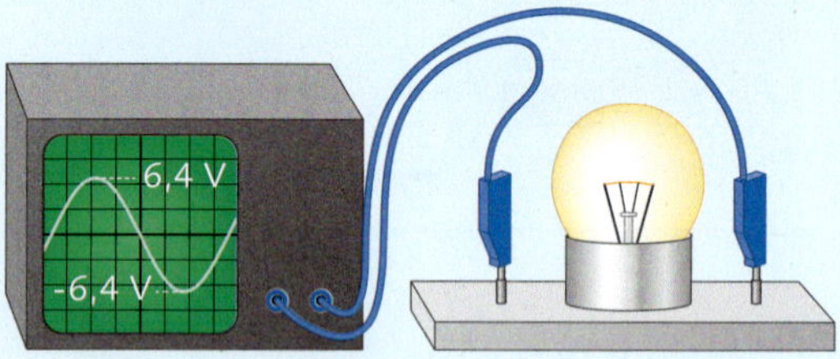

■ Zwei gleiche Lampen werden wie im Bild einmal an eine Batterie und einmal an eine Wechselspannungsquelle angeschlossen. Beide Lampen leuchten gleich hell.
Erkläre, wieso die Lampen gleich hell leuchten, obwohl die Bildschirmanzeige bei der Wechselspannung einen Maximalwert von 6,4 V zeigt, die Batteriespannung aber nur 4,5 V beträgt.

5 Spule und Magnet

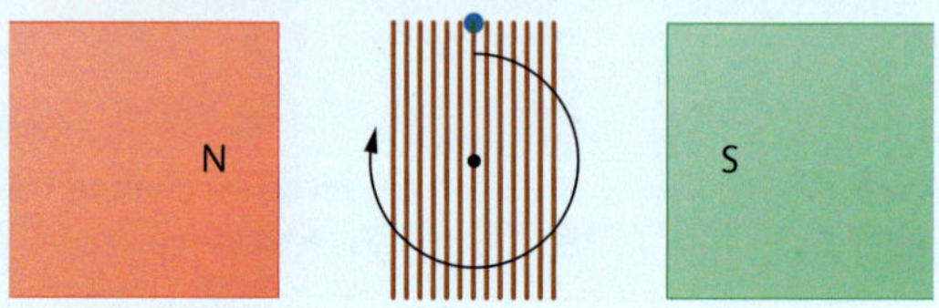

Die Darstellung zeigt eine Spule, die sich zwischen zwei Magnetpolen dreht. Man schaut von oben auf die Spule.

a □ Zeichne eine vollständige Umdrehung der Spule in vier Phasen. Der blaue Punkt zeigt, wie weit sich die Spule gedreht hat.

b ◪ Wenn sich die Spule dreht, wird die Induktionsspannung abwechselnd immer wieder maximal und immer wieder null. Ergänze bei deiner Zeichnung aus Aufgabenteil a die entsprechenden Spannungsgrößen.

6 Messgeräte einstellen

Möchte man Wechselspannung messen, muss man das Gerät richtig einstellen. Dazu gibt es unterschiedliche Symbole.

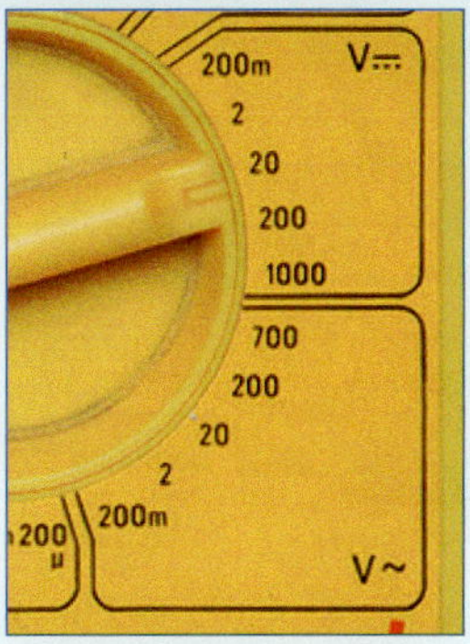

a □ Bei vielen Messgeräten gibt es verschiedene Einstellungen, um Spannung und Stromstärke zu messen. Mit welcher Einstellung kannst du Wechselspannung messen? Erläutere deine Vermutung.

b ◪ Im englischsprachigen Raum heißen die beiden Einstellungen *alternating current* und *direct current*, abgekürzt AC und DC. Ordne die englischen Wörter den Begriffen „Gleichspannung“ und „Wechselspannung“ zu und begründe deine Entscheidung.

7 Generator für Gleich- oder Wechselspannung

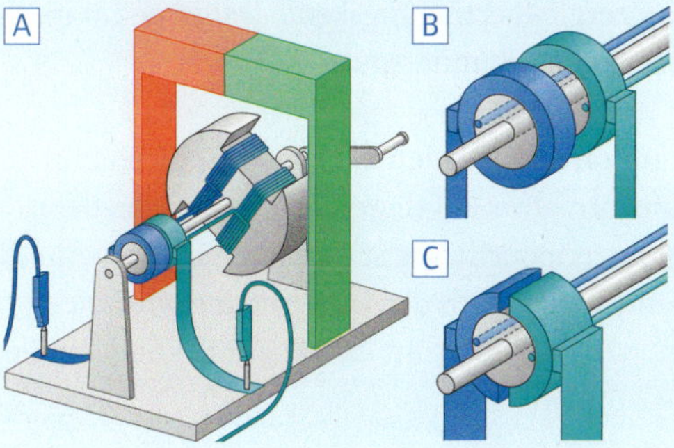

Beim abgebildeten, handgetriebenen Generator wird eine Spule im Magnetfeld gedreht. Dies entspricht der direkten Umkehrung eines Elektromotors. Durch die technischen Vorrichtungen in Bild B und C kann einmal Gleichspannung und einmal Wechselspannung abgegriffen werden.

a ◪ Ordne zu, mit welcher Vorrichtung man welche Spannungsart abgreifen kann. Begründe deine Entscheidung.

b ■ Mithilfe eines Messgeräts mit Bildschirm wird der Verlauf der Gleichspannung sichtbar gemacht. Skizziere den Verlauf.

c ■ Obwohl hier Gleichspannung entsteht, gibt es auch eine Veränderung. Erkläre.

8 Generator-Experiment

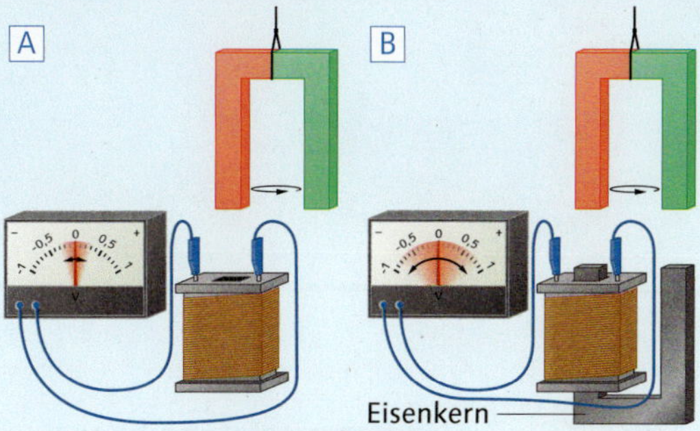

Für das Modell eines Generators wird ein Hufeisenmagnet über einer Spule gedreht.

a □ Begründe, warum das Messgerät im rechten Versuch die größere Spannung anzeigt.

b ◪ Beschreibe, wie sich die Polung des Eisenkerns verändert, wenn sich der Magnet darüber dreht.

9 CD-Player im Handbetrieb

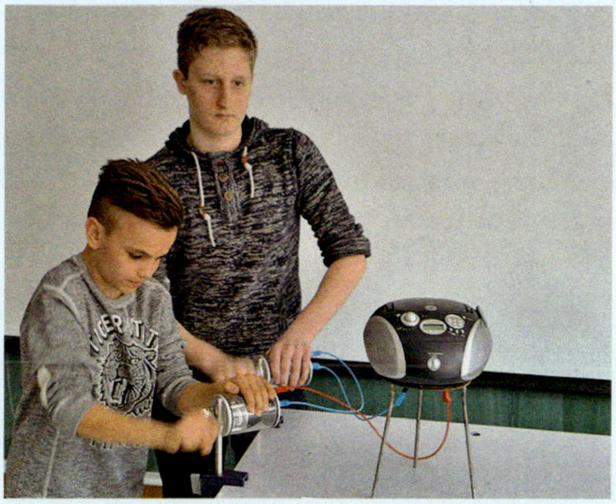

■ Ein Handgenerator kann eine Leistung von 40 W bei etwa 5 V Spannung liefern. Ein CD-Player benötigt eine Leistung von 15 W bei 9 V Spannung. Begründe mit einem Modell, weshalb man den CD-Player nur mit zwei in Reihe geschalteten Handgeneratoren betreiben kann.

10 Verschiedene Magnete

◪ Auf einem Tisch liegen zwei gleich aussehende Magnete. Einer ist ein starker Magnet, der andere ein schwacher.
Beschreibe zwei verschiedene Versuche, mit denen man herausfinden kann, welcher der Magnete der stärkere ist.

Kabellose Energieübertragung mit Transformator

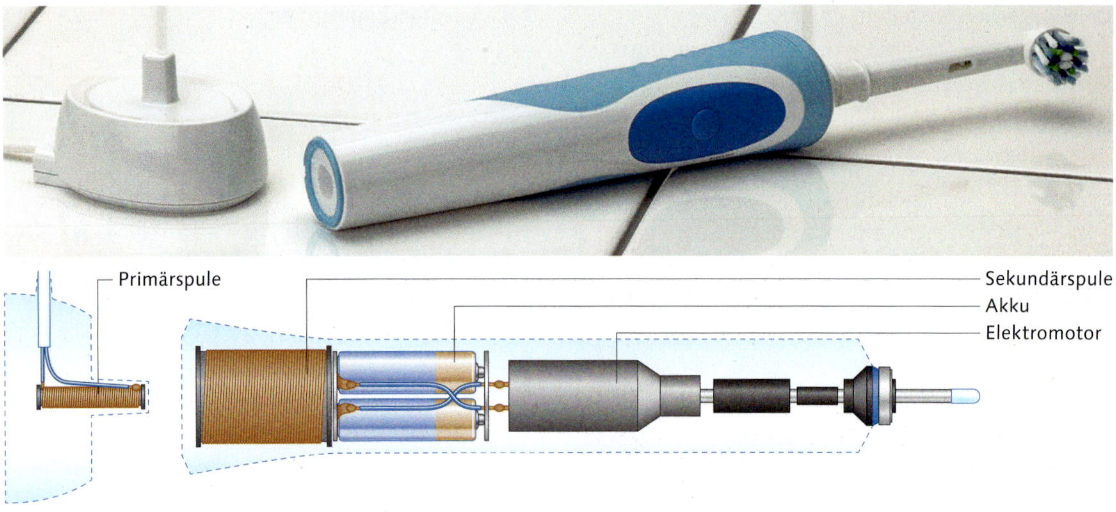

1 Ladestation und elektrische Zahnbürste

Energieübertragung ohne leitende Verbindung

Bei einer elektrischen Zahnbürste fällt auf, dass es keine metallischen Kontakte gibt, die zur Energieübertragung mithilfe des elektrischen Stroms genutzt werden könnten. Die elektrische Energie muss also ohne elektrisch leitende Verbindung von der Ladestation zur Zahnbürste übertragen werden. Wie Bild 1 zeigt, sind in der Ladestation und in der Zahnbürste je eine Spule eingebaut. Diese sind so angeordnet, dass die Spule der Zahnbürste und die Spule der Ladestation ineinandergesteckt werden. Durch den Kunststoffüberzug gibt es zwischen den Spulen aber keine leitende Verbindung.

Bestandteile eines Transformators

Durch die beiden Spulen wird also kabellos elektrische Energie von der Spule der Ladestation zur Spule der Zahnbürste übertragen. Nutzt man Spulen auf diese Weise zur Energieübertragung, nennt man diese Anordnung Transformator.
Berührt man während des Aufladens die Zahnbürste, stellt man fest, dass sie ein wenig warm wird. Bei der Energieübertragung durch einen Transformator wird immer ein wenig Wärme frei.

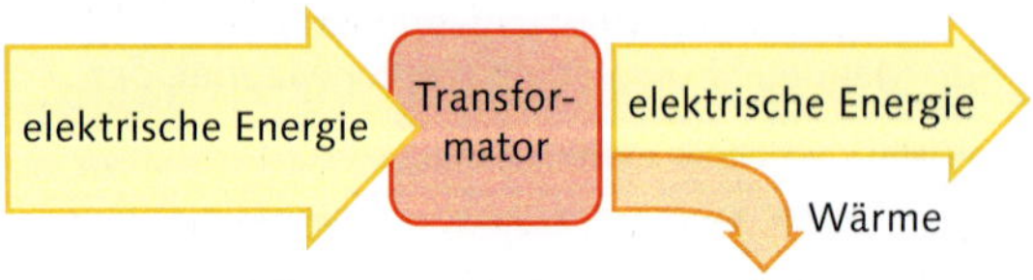

2 Energiekette des Transformators

Primärspule und Sekundärspule

Die Spule der Ladestation wird an die Steckdose angeschlossen. Sie erhält also die elektrische Energie aus der Steckdose zuerst. Daher nennt man die Spule im Ladegerät Primärspule.
Die Spule in der Zahnbürste ist die zweite Spule in der Energieübertragungskette. Daher nennt man diese Spule Sekundärspule.

Grundsätzlich werden die beiden Spulen eines Transformators auf diese Weise unterschieden: Die Energiequelle speist ihre Energie immer in die Primärspule. Nach der Übertragung wird die genutzte Energie dann immer der Sekundärspule entnommen.

Bei der Energieübertragung von der Primärspule zur Sekundärspule des Transformators geht immer ein gewisser Teil der Energie in Form von Wärme verloren. Bei manchen Ladegeräten spürt man das, wenn man sie anfasst. Daher ist der Wirkungsgrad bei Transformatoren immer geringer als 100 %.

Ein Transformator überträgt elektrische Energie mithilfe zweier Spulen, aber ohne elektrisch leitende Verbindung zwischen diesen Spulen. Die elektrische Energie wird immer zuerst in die Primärspule gespeist und nach der Übertragung an der Sekundärspule entnommen.

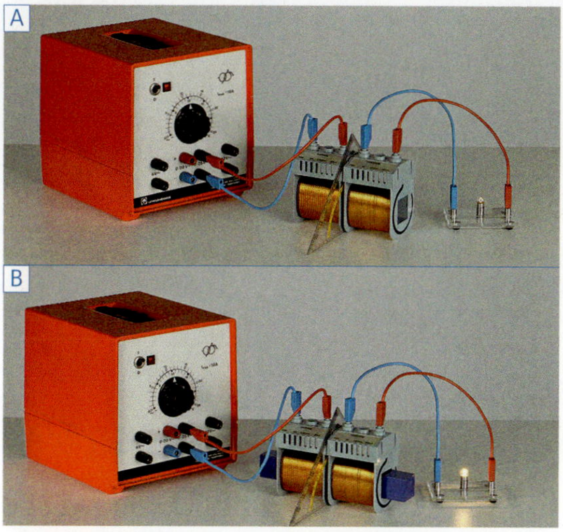

3 Transformator (A) ohne und (B) mit Eisenkern

Eisenkern

Um die Energieübertragung von der Primärspule zur Sekundärspule zu verbessern, kann man das Magnetfeld mit einem Eisenkern verstärken. Bild 3 zeigt, dass die Eisenkerne keine elektrisch leitende Verbindung zwischen den beiden Spulen herstellen.

Wirkungsweise eines Transformators

Die Primärspule wird an eine Energiequelle angeschlossen, die Energie in Form von Wechselspannung liefert. Durch die Wechselspannung wird in der Primärspule ein Magnetfeld erzeugt, das ständig seine Stärke und Polung verändert. Der Eisenkern in dieser Spule verstärkt dieses Magnetfeld, indem er selbst zu einem Magnet wird.

Das Magnetfeld der Primärspule magnetisiert den Eisenkern in der Sekundärspule. Dieser wird ebenfalls zu einem Magnet mit sich ständig änderndem Magnetfeld, das in der Sekundärspule eine Induktionsspannung erzeugt. An den Anschlüssen der Sekundärspule entsteht dadurch eine Wechselspannung. Über diese sekundäre Wechselspannung kann die übertragene Energie entnommen werden.

> In der Primärspule wird durch die Wechselspannung ein sich ständig veränderndes Magnetfeld erzeugt. Dieses Magnetfeld induziert eine Wechselspannung in der Sekundärspule.

Aufgaben

1 Transformator

a □ Nenne wesentliche Bestandteile eines Transformators.

b □ Zeichne die Energieübertragungskette bei einem Transformator.

2 Kabellose Energieübertragung

◪ Die Besonderheit beim Transformator ist, dass die Energieübertragung kabellos abläuft. Erkläre, weshalb man beim Transformator keine leitende Verbindung zwischen den beiden Spulen braucht.

3 Transformator-Umbau

Bei einem Transformator bleibt die Primärspule unverändert. Ergänze die Sätze:

a □ Verdoppelt man die Windungszahl der Sekundärspule, dann …

b □ Halbiert man die Windungszahl der Sekundärspule, dann …

4 Handyladestation

◪ Der im Bild sichtbare Stromanschluss ist nur die Verbindung zwischen Steckdose und Ladestation. Zwischen Ladestation und Handy gibt es kein Kabel und keine andere leitende Verbindung. Trotzdem wird das Handy aufgeladen. Erkläre, wie die Energieübertragung zustande kommt.

5 Gleichspannung am Transformator

■ Bei einem Transformator muss die elektrische Energie über Wechselspannung zur Verfügung gestellt werden.
Erkläre, warum ein Transformator nicht mit Gleichspannung funktionieren kann.

Spannungswandlung mit Transformator

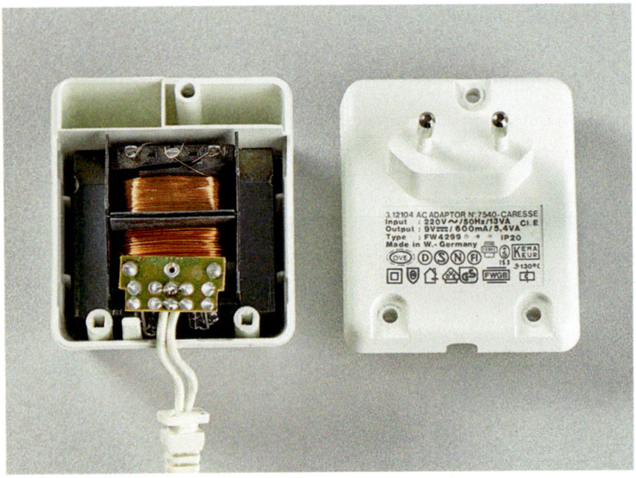

1 Ein Ladegerät/Netzteil

An normalen Steckdosen liegt eine Wechselspannung von 230 V an. Im Haushalt gibt es aber auch Geräte, die eine geringere Spannung benötigen. Diese Geräte besitzen sogenannte Netzteile. Die Netzteile sind dem Gerät entweder vorgeschaltet oder ins Gerät eingebaut.
Das abgebildete Netzteil wandelt mithilfe des darin enthaltenen Transformators die 230 V Wechselspannung auf der Primärseite in 9 V Wechselspannung auf der Sekundärseite um.

Wie Transformatoren Spannung wandeln

In Bild 1 sieht man, dass sich die beiden Spulen des Transformators unterscheiden: Sie haben unterschiedliche Windungszahlen.
Die Stärke des Magnetfelds, das die Primärspule erzeugt, hängt von der angelegten Spannung und von der Anzahl der Spulenwindungen ab. Dieses Magnetfeld wird vom Eisenkern verstärkt und in die Sekundärspule übertragen. Dort erzeugt es eine Induktionsspannung. Die Größe der induzierten Spannung hängt von der Stärke des Magnetfelds sowie von der Windungszahl der Sekundärspule ab.

Die an die Primärspule angelegte Spannung sowie die Windungszahlen beider Spulen beeinflussen also die Größe der Induktionsspannung in der Sekundärspule. So können Transformatoren Spannungen verkleinern oder vergrößern. Dementsprechend unterteilt man sie in *Niederspannungstransformatoren* und *Hochspannungstransformatoren*.

Experiment Spannungen am Transformator

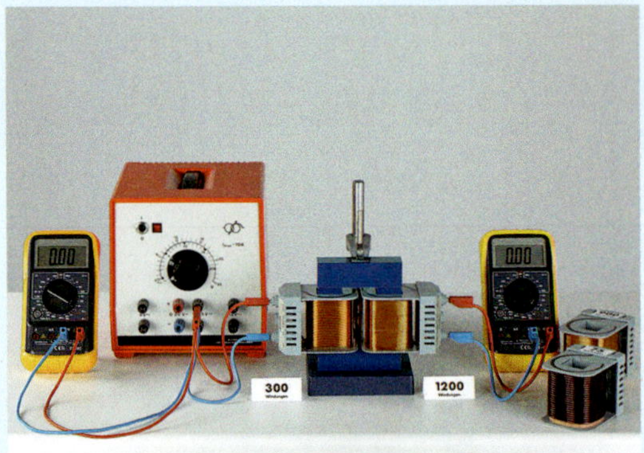

2 Versuchsaufbau zur Untersuchung der Spannungen

Die Primärspule und die Sekundärspule werden systematisch ausgetauscht. Die Primärspannung und die Sekundärspannung werden gemessen.

Spannung primär U_p	Windungen primär n_p	Windungen sekundär n_s	Spannung sekundär U_s
4 V	300	300	4 V
4 V	300	600	8 V
4 V	600	300	2 V
4 V	600	600	4 V

Lässt man die Primärspule unverändert und verdoppelt die Windungszahl der Sekundärspule, so verdoppelt sich auch die Spannung an der Sekundärspule. Verdoppelt man hingegen die Windungszahl der Primärspule, so halbiert sich die Spannung an der Sekundärspule.

Bleibt die Primärspannung unverändert, so gilt: Vergrößert man die Windungszahl der Sekundärspule im Verhältnis zur Primärspule, vergrößert sich auch die induzierte Sekundärspannung. Vergrößert man hingegen die Windungszahl der Primärspule im Verhältnis zur Sekundärspule, verringert sich die induzierte Sekundärspannung.

Ändert man die Windungszahl einer der Spulen, verändert sich immer auch die induzierte Spannung an der Sekundärspule:
Bei einem Transformator gilt für das Verhältnis von Spannungen U und Windungszahlen n:

$$\frac{n_p}{n_s} = \frac{U_p}{U_s}$$

3 Kochversuch mit einem Induktionsherd

Wie Transformatoren Stromstärken wandeln

Der Induktionsherd stellt eine besondere Form eines Transformators dar. Die Primärspule dieses Transformators befindet sich unter der Herdplatte. Der Topfboden dient als Sekundärspule und besteht nur aus einer Windung. Fließt eine hohe Stromstärke durch diese Windung, erhitzt sich der Topfboden. Aber warum fließt eine hohe Stromstärke?
Die Energiequelle ist an die Primärspule unter der Herdplatte angeschlossen. Die Primärspule hat eine hohe Windungszahl. Der Topfboden als Sekundärspule hat nur eine einzige Windung. Eine geringe Windungszahl auf der Sekundärseite bedeutet, dass die Spannung hier sehr gering ist. Der Induktionsherd ist ein Niederspannungstransformator.
Auf beiden Seiten des Transformators ist die Energiemenge jedoch gleich groß. Da die Spannung an der Sekundärseite gering ist, muss diese Energiemenge mithilfe einer hohen Stromstärke transportiert werden.
Durch die hohe Stromstärke im Topfboden wird die elektrische Energie in Wärmeenergie umgewandelt. Der Topfboden wird warm.

> Ändert man die Windungszahl einer der Spulen, verändert sich immer auch die Stromstärke in der Sekundärspule. Weil die Energie erhalten bleibt, gilt: Je geringer die Spannung auf der Sekundärseite ist, desto höher ist dort die Stromstärke.

Aufgaben

1 Eigenschaften des Transformators

a □ Nenne die Eigenschaft eines Transformators, die das Netzteil eines Laptop nutzt.

b □ Nenne die Eigenschaft eines Transformators, die der Induktionsherd nutzt.

2 Windungszahlen am Transformator

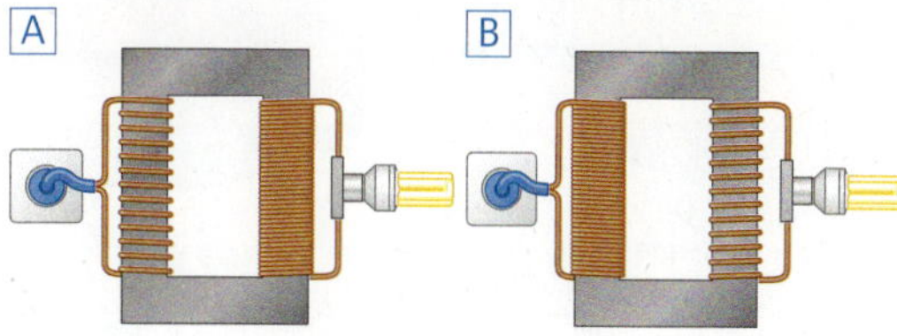

a ◪ Jeweils 230 V Wechselspannung werden an die Primärspulen angelegt. Beschreibe die Veränderung der Spannung durch die beiden Transformatoren. Begründe deine Meinung.

b ◪ Auch die Stromstärke verändert sich. Beschreibe auch diese Veränderung.

c ■ Zeichne für beide Transformatoren die Energieübertragungskette.

3 Netzteil

◪ Im Netzteil von Bild 1 wird die Spannung der Steckdose auf 9 V reduziert. Gib Windungszahlen von Primär- und Sekundärspule an, die dieses Spannungsverhältnis ermöglichen.

4 Berechnungen am Transformator

◪ Ein Netzteil hat an der Primärspule 600 Windungen und an der Sekundärspule 30 Windungen. Berechne die Sekundärspannung U_s.

5 Formel für die Stromstärke

In einem Fachbuch findet man für die Stromstärke am Transformator folgende Formel:

$$\frac{n_p}{n_s} = \frac{I_s}{I_p}$$

a □ Vergleiche diese Formel mit der Formel für die Spannungen.

b ◪ Das Experiment links soll wiederholt werden, um die Gleichung für die Stromstärken zu überprüfen. Zeichne eine Tabelle mit möglichen Messergebnissen.

c ■ Formuliere Je-desto-Sätze für Windungszahlen und entsprechende Stromstärken.

Kraftwerke

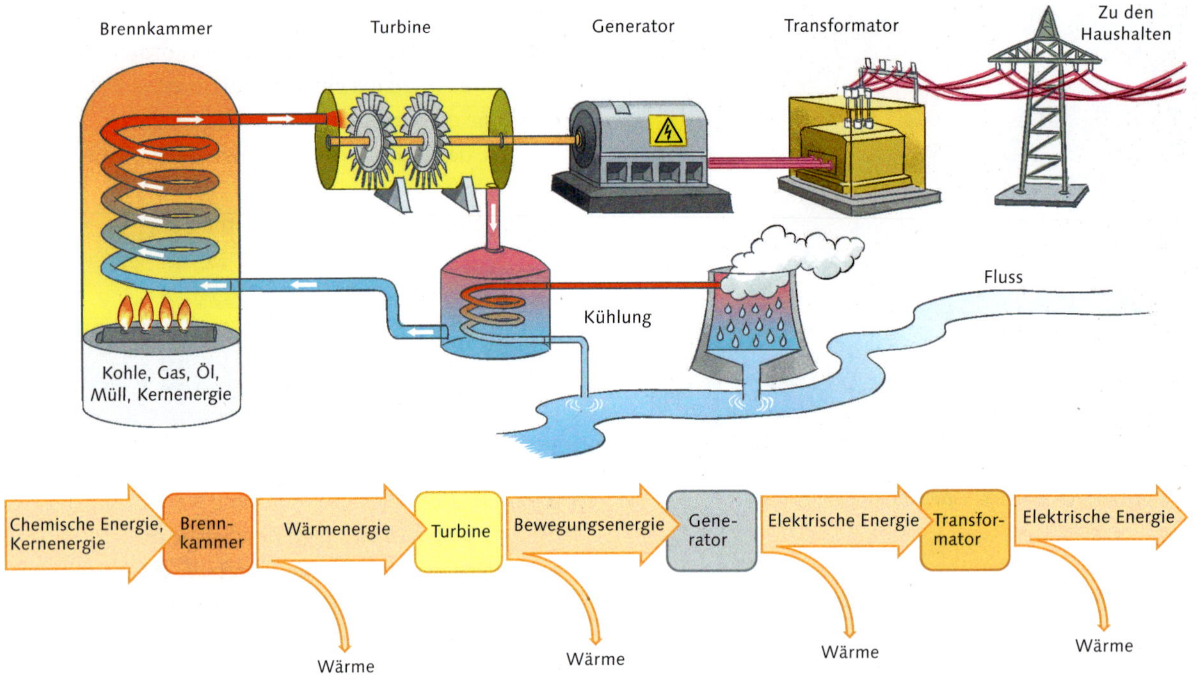

1 Wärmekraftwerk (Schema)

Ein großer Teil unserer elektrischen Energie wird in Wärmekraftwerken erzeugt. Dort wird die elektrische Energie über verschiedene Umwandlungen aus Wärmeenergie gewonnen.

Brennkammer

In der Brennkammer wird durch Verbrennung Wärme freigesetzt. Übliche Brennstoffe sind Erdöl, Gas oder Kohle. In Kernkraftwerken wird die Wärmeenergie durch Kernspaltung erzeugt.
Durch die Wärme wird Wasser, das durch Rohre in der Brennkammer geleitet wird, zu Wasserdampf.

Turbine

Der heiße Wasserdampf steht unter großem Druck. Er wird in die Turbine geleitet und trifft dort auf die Turbinenschaufeln. Diese werden vom Wasserdampf in Bewegung versetzt: Aus Wärmeenergie wird Bewegungsenergie.

Kühlung

Der Wasserdampf wird hinter der Turbine so weit abgekühlt, dass er wieder zu flüssigem Wasser wird. Wird das Wasser dann in die Brennkammer zurückgeleitet, nimmt es dort wieder Wärme auf.

Generator

Die Turbine ist fest mit einem Generator verbunden. Dadurch wird die Drehbewegung der Turbine auf den Generator übertragen. Im Generator wird die Bewegungsenergie mithilfe der elektromagnetischen Induktion in elektrische Energie umgewandelt.

Transformator

Die elektrische Energie des Generators wird über Transformatoren an das Hochspannungsnetz weitergegeben.

Wärmekraftwerke wandeln die Energie aus Kohle, Gas oder Öl in Wärmeenergie und dann in elektrische Energie um.
Kernkraftwerke zählen ebenfalls zu den Wärmekraftwerken.

Wärmekraftwerke können nur einen Teil der eingesetzten Energie in elektrische Energie umwandeln. Der größere Teil geht durch Wärmeverluste verloren. Der Wirkungsgrad beträgt nur etwa 35 %. Der Wirkungsgrad kann gesteigert werden, wenn die abgegebene Wärme sinnvoll genutzt wird.

2 Ein Wasserspeicherkraftwerk

Andere Kraftwerkstypen

Fossile Brennstoffe wie Öl, Gas oder Kohle, die in den Brennkammern verbrannt werden, stehen nur begrenzt zur Verfügung. Daher wird vermehrt nach anderen Wegen zur Erzeugung elektrischer Energie gesucht.
Bewegungsenergie steht z. B. über Wind und Wasser zur Verfügung. Sie kann mithilfe von Turbinen und Generatoren in elektrische Energie umgewandelt werden. Der Wirkungsgrad von Wind- und Wasserkraftwerken ist deutlich höher als der von Wärmekraftwerken.
Die Bewegungsenergie von Wind und Wasser steht durch natürliche Kreisläufe dauerhaft zur Verfügung. Daher zählt man Wind und Wasser zu den **regenerativen Energiequellen**.

> Wind- und Wasserkraftwerke wandeln die Bewegungsenergie von Wind und Wasser in elektrische Energie um.

Die Lichtenergie der Sonne kann mithilfe von Fotovoltaikanlagen direkt in elektrische Energie umgewandelt werden. Der Wirkungsgrad solcher Anlagen ist jedoch relativ gering.
Die Energie der Sonne steht uns unbegrenzt zur Verfügung. Daher wird auch die Sonne zu den regenerativen Energiequellen gezählt.

> Fotovoltaikanlagen wandeln die Lichtenergie der Sonne direkt in elektrische Energie um.

Aufgaben

1 Wärmekraftwerk
□ Notiere wesentliche Schlüsselbegriffe, die zur Funktionsbeschreibung eines Wärmekraftwerks notwendig sind.

2 Kraftwerkstransformator
◪ In allen Kraftwerken gibt es Transformatoren. Formuliere Vermutungen über den Aufbau eines solchen Transformators und begründe sie.

3 Energieumwandlungsketten
Auch die Energieumwandlungen in Wind- und Wasserkraftwerken sowie bei Fotovoltaikanlagen kann man grafisch darstellen.
a □ Die Fotovoltaikanlage hat die kürzeste Energieumwandlungskette. Zeichne sie auf.
b ◪ Aus der Energieumwandlungskette des Wärmekraftwerks kannst du mit geringen Veränderungen die Energieumwandlung bei Wind- und Wasserkraftwerken darstellen. Erkläre die entsprechenden Veränderungen.
c ■ Bei der Energieumwandlungskette zum Wärmekraftwerk wurde zur besseren Verständlichkeit eine Umwandlung weggelassen. Erkläre, welche Umwandlung fehlt.

4 Wasserkraftwerke
Bei Wasserkraftwerken unterscheidet man Speicherkraftwerke wie in Bild 2 und Laufwasserkraftwerke wie dieses hier.

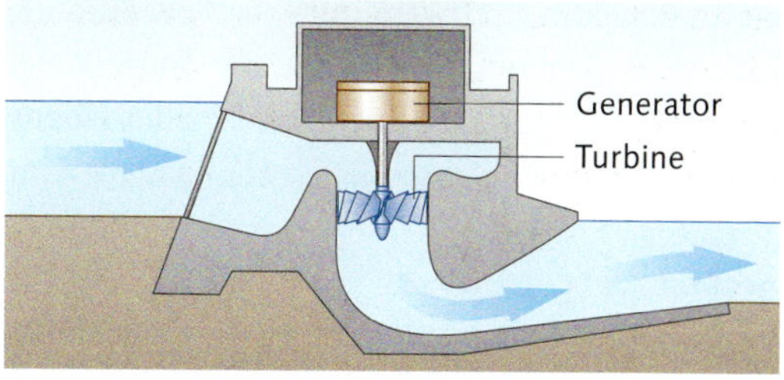

a □ Beschreibe den baulichen Unterschied zwischen den beiden Kraftwerkstypen.
b ◪ Beschreibe die Vor- und Nachteile beider Kraftwerkstypen.

5 Sonnenenergie
■ Lea behauptet: „Alle Energie kommt von der Sonne." Hat sie recht?
Begründe deine Meinung.

Elektrische Energieversorgung in Deutschland

1 Verbundnetz in Deutschland

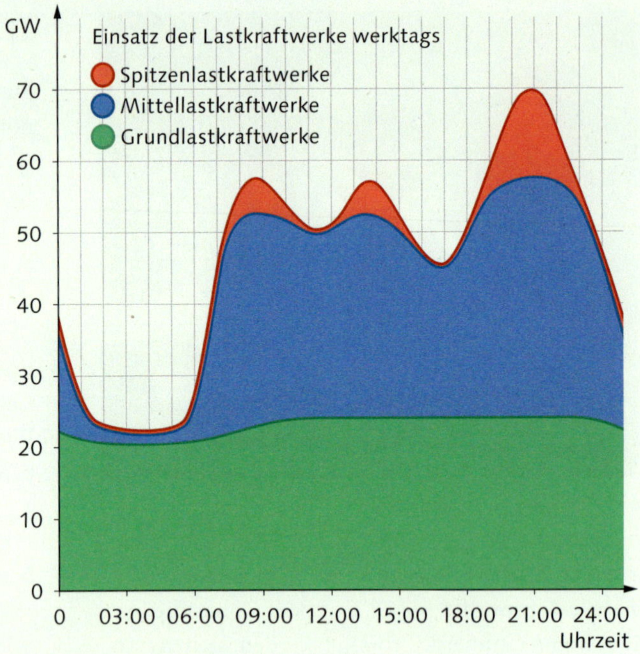

2 Energiebedarf an einem Frühjahrstag

Energiebedarf in Deutschland

Es gibt keine Möglichkeit, elektrische Energie in der Größenordnung zu speichern, wie man sie benötigt.

Deshalb muss immer dann, wenn irgendwo ein elektrisches Gerät eingeschaltet wird, zeitgleich in einem Kraftwerk mithilfe eines Generators die dafür notwendige elektrische Energie erzeugt werden.

Verbundnetz

Eine störungsfreie Versorgung von Industrie und Haushalten kann nur durch das Zusammenschalten vieler Kraftwerke gewährleistet werden. Um die elektrische Energie vom Kraftwerk zum Nutzer zu transportieren, werden unterschiedliche Stromleitungen eingesetzt, die sich wie ein Netz über ganz Deutschland ziehen.

Bild 1 zeigt das deutsche Verbundnetz mit seinen Anschlüssen an benachbarte Länder. Zur besseren Übersicht sind nur die größten Kraftwerke sowie die Hochspannungsleitungen eingezeichnet.

Durch das Verbundnetz können bei erhöhtem Verbrauch oder bei Ausfällen einzelner Kraftwerke oder Hochspannungsleitungen andere Kraftwerke die Energieversorgung übernehmen.

Verteilung der Kraftwerke

Es fällt auf, dass sich Kernkraftwerke in der Regel in der Nähe von industriellen Ballungsgebieten befinden. Kohlekraftwerke hingegen befinden sich meist in unmittelbarer Nähe der Kohlevorkommen, da der Transport von Kohle teurer wäre als der Transport der erzeugten elektrischen Energie.

Energiebedarf decken

Der Bedarf an elektrischer Energie ist über den Tag verteilt nicht immer gleich hoch. Bild 2 zeigt, wie sich dieser Bedarf verhält und wie er gedeckt wird.

Die Grundlast ist der Energiebedarf, der durchgängig vorhanden ist. Die Mittellast besteht aus dem typischen, abhängig von der Tageszeit zusätzlich auftretenden Energiebedarf. Größere Energieschwankungen z. B. zur Mittagszeit oder bei plötzlichen Kälteeinbrüchen, zählen zur Spitzenlast.
Die Energie für die Grundlast wird von Kraftwerken bereitgestellt, die sich nur langsam regeln lassen, z. B. von Kernkraftwerken. Die Mittellast decken vor allem Steinkohlekraftwerke. Gut und schnell regelbare Kraftwerke können sofort auf Spitzenlasten reagieren.

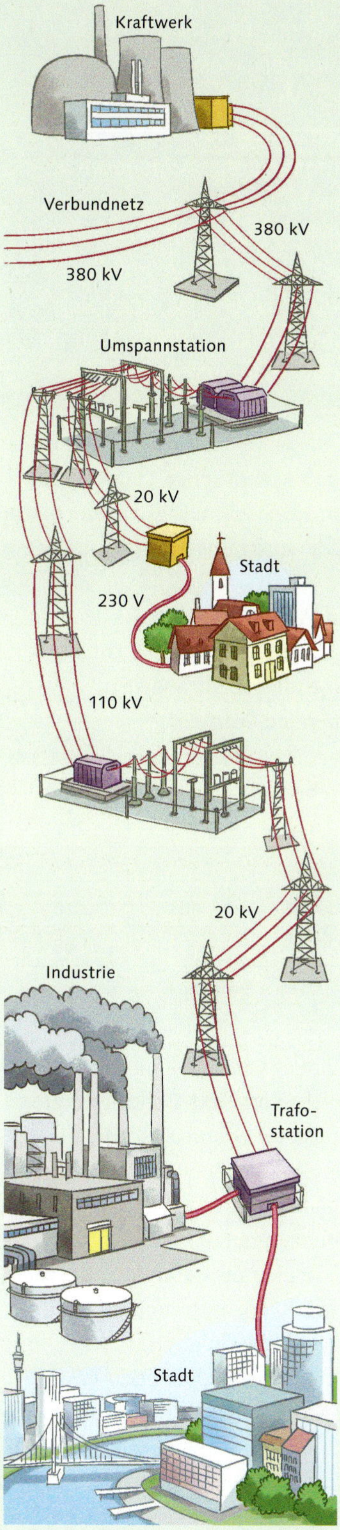

3 Vom Kraftwerk zu den Haushalten

Energietransport

Die elektrische Energie muss vom Kraftwerk zu Industrie und Haushalten transportiert werden. Dazu wird die erzeugte Spannung am Kraftwerk mithilfe eines Transformators erhöht. Der Energietransport mithilfe einer hohen Spannung ermöglicht eine relativ geringe Stromstärke. Durch die geringe Stromstärke heizen sich die Leitungen weniger auf und die Energieverluste durch Wärmeabgabe bleiben trotz der langen Hochspannungsleitungen relativ gering.

Je größer die Entfernung ist, desto höher wird die Spannung gewählt. Übliche Spannungen sind 20 kV, 110 kV, 220 kV und 380 kV.

So hohe Spannungen können von Industrie und Haushalten nicht genutzt werden. Aus diesem Grund muss die Hochspannung wieder verringert werden. Dies geschieht in verteilten Umspannstationen. Um die Energieverluste gering zu halten, wird die Spannung stufenweise heruntertransformiert.

Erst direkt bevor die Leitungen zu Industrie und Haushalten abzweigen, wird die Spannung auf die nutzbaren 380 V bzw. 230 V reduziert. Dies geschieht in kleineren Umspannstationen.

Der Energietransport gelingt also nur mithilfe von Hochspannung. Transformatoren sorgen am Anfang und am Ende des Transportwegs für die passenden Spannungen.

Energieverluste

4 Modellexperiment

Das Experiment in Bild 4 verdeutlicht das Problem von langen Leitungen beim Energietransport:
Beide Lampen sind an dieselbe Energiequelle angeschlossen. Die langen Leitungen haben einen hohen Widerstand. Dadurch kommt an der zweiten Lampe nur noch wenig Energie an: Sie leuchtet kaum noch. Ähnliches würde passieren, wenn man im Verbundnetz Energie ohne Transformation transportieren wollte.

Aufgabe

1 Stromversorgung

a ☐ Beschreibe, wie die elektrische Energie vom Kraftwerk in dein Zimmer gelangt.

b ◪ Über den Tag verteilt wird in Deutschland nicht immer gleich viel Energie benötigt. Erkläre die Zusammenhänge und nutze dabei die passenden Fachbegriffe.

Wie kommt die elektrische Energie vom Kraftwerk zu uns?

Die folgenden Aufgaben zum Thema **Übertragung elektrischer Energie** helfen dir, deinen Lernstand einzuschätzen. Beobachte dich dazu beim Lösen der Aufgaben selbst:
- Brauchst du Hilfe? Musst du z. B. noch einmal nachlesen oder jemanden fragen?
- Kannst du die Aufgaben ohne Hilfe lösen?
- Weißt du sogar mehr, als in der Lösung steht?

Notiere dir, bei welchen Fragen du Schwierigkeiten hast. Kehre noch einmal zu den entsprechenden Seiten zurück, arbeite sie durch und löse die zugehörigen Aufgaben. Weitere Aufgaben findest du auf den folgenden Seiten.

1 Energieübertragung im Transformator

a □ Beschreibe den Aufbau eines Transformators.

b □ Beim Transformator unterscheidet man Primärspule und Sekundärspule. Erkläre, wie du die Spulen auseinanderhalten kannst.

c ◪ Nenne die Besonderheit der Energieübertragung beim Transformator.

d ■ Erkläre die Wirkungsweise eines Transformators.

2 Spannungswandlung mit Transformator

Transformatoren findet man in vielen elektrischen Geräten – manchmal sichtbar als separates Teil, manchmal unsichtbar im Gerät eingebaut.

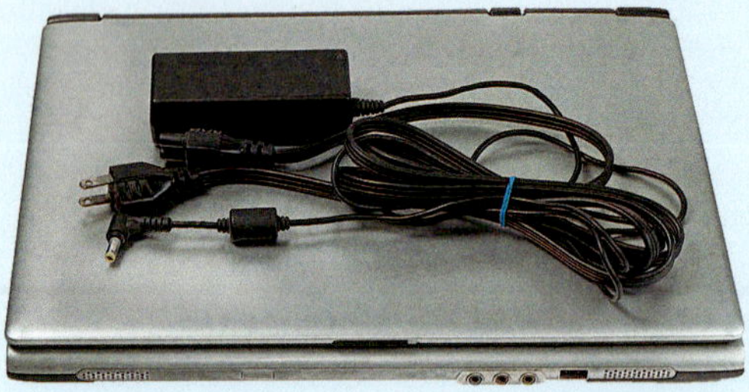

a □ Nenne Geräte, bei denen ein Transformator als Spannungswandler eingesetzt wird.

b □ Erkläre, warum du davon ausgehen kannst, dass Geräte mit Stromanschluss, die auch mit Batterie betrieben werden können, meist einen Transformator enthalten.

c ◪ Beschreibe den wesentlichen Unterschied zwischen einem Hochspannungstransformator und einem Niederspannungstransformator.

3 Spannungen und Windungszahlen

◪ Bei einem Experiment mit Transformatorspulen wurde folgende Tabelle angelegt. Berechne die fehlenden Werte:

n_p	n_s	U_p	U_s
50		110 V	230 V
6	300	230 V	
	300	40 V	6 V
50	200		48 V

4 Kraftwerke

In Deutschland gibt es verschiedene Kraftwerkstypen zur Erzeugung von elektrischer Energie.

a □ Nenne Beispiele für Brennstoffe, die in Wärmekraftwerken eingesetzt werden.

b □ Nenne Beispiele für Kraftwerke, die regenerative Energiequellen nutzen.

c ◪ Nenne die Energieumwandlungen, die in einem Wärmekraftwerk auftreten, und bringe sie in die richtige Reihenfolge.

d ■ Beschreibe die Vorgänge in einem Wärmekraftwerk in eigenen Worten.

Übertragung elektrischer Energie

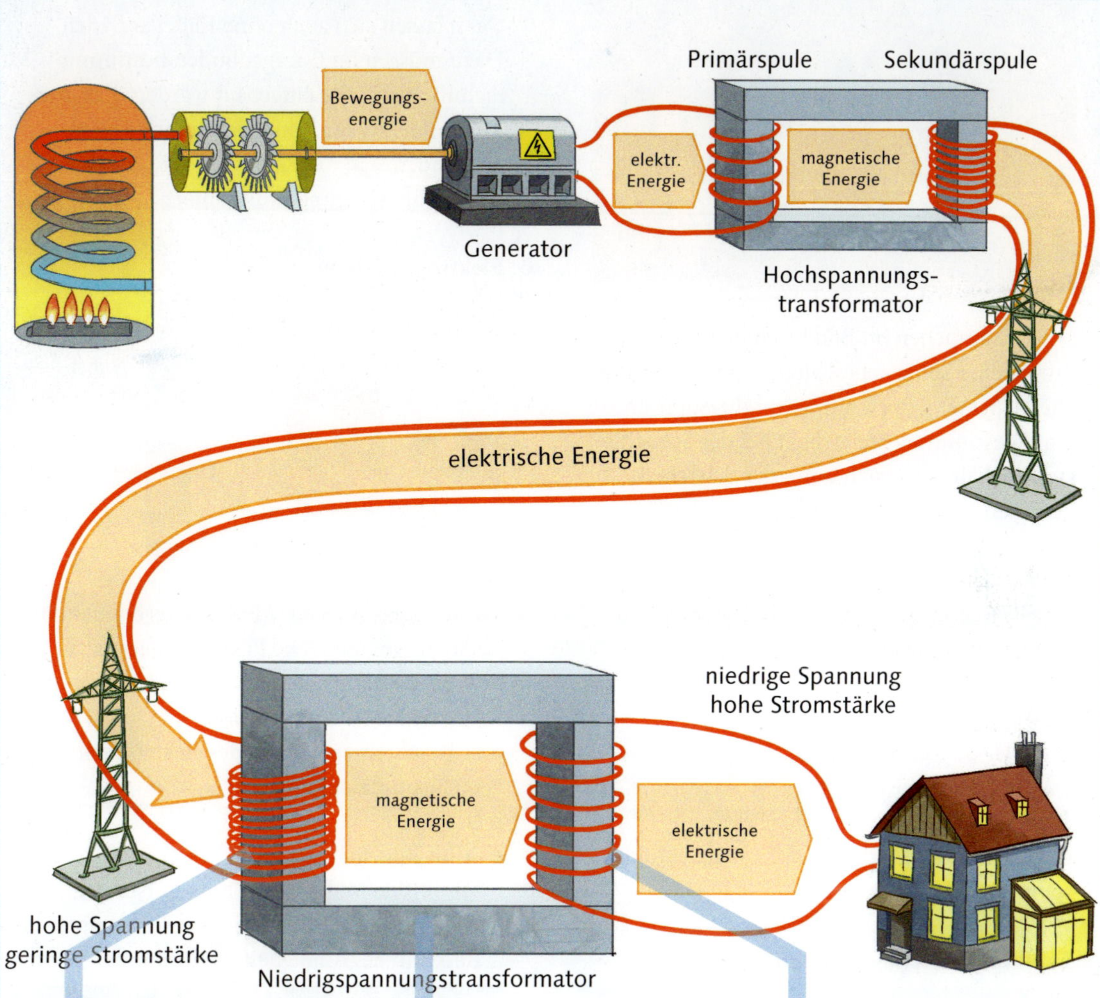

Ein **Transformator** besteht aus zwei Spulen und einem gemeinsamen Eisenkern.
Es besteht keine elektrisch leitende Verbindung zwischen Primärseite und Sekundärseite.

Primärseite	Eisenkern	Sekundärseite
Die angelegte Wechselspannung U_p ändert ständig ihre Stärke und Polung. Dadurch wird der Eisenkern in der Primärspule magnetisiert.	Der Eisenkern verstärkt und überträgt das veränderliche Magnetfeld.	Durch das sich ständig ändernde Magnetfeld wird in der Sekundärspule eine Spannung induziert. Diese Spannung ändert ständig ihre Stärke und Polung. U_s ist also ebenfalls eine Wechselspannung.

Transformatoren funktionieren nur mit Wechselspannung, da nur so ein sich ständig veränderndes Magnetfeld entsteht.

1 Zaubertrick

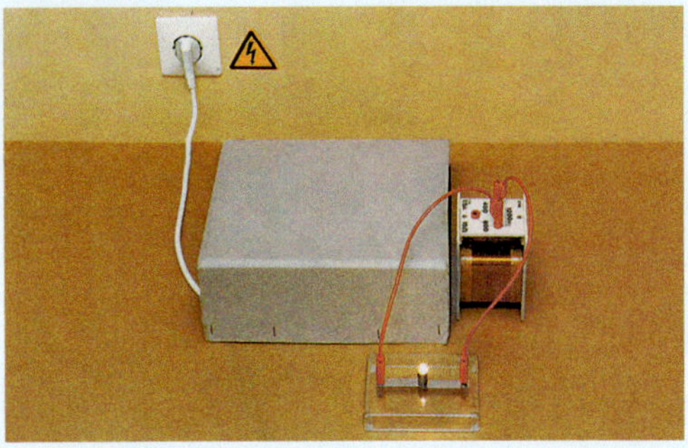

◪ Das Lämpchen im Bild leuchtet, obwohl es nur an eine Spule angeschlossen ist. Das Lämpchen leuchtet jedoch nur, wenn die Spule an einer bestimmten Stelle dicht bei der Schachtel steht. Erkläre, was sich unter der Schachtel befinden muss, damit dieser Trick funktioniert.

2 Verwendungszweck und Aufbau

a □ Nenne Zwecke, für die Transformatoren eingesetzt werden.

b ◪ Erkläre, wie die Aufgabe eines Transformators seinen Aufbau beeinflusst.

3 Zusammenhänge klären

◪ Erläutere, wie die Begriffe „Feldspule", „Induktionsspule", „Primärspule" und „Sekundärspule" zusammenhängen.

4 Experimentiertransformator

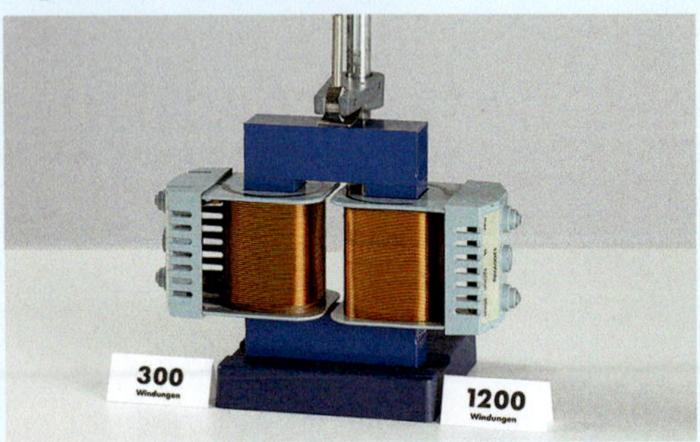

Beim Experimentieren in der Schule sind Wechselspannungen über 24 V verboten.

a ◪ Berechne die höchste zulässige Spannung, die an der Primärseite angelegt werden darf.

b ◪ Die beiden Spulen im Versuchsaufbau werden getauscht. Darf man das? Begründe deine Meinung.

5 Neue Technik

■ Nahverkehrsbusse oder Pkws mit Elektromotoren lassen sich auch ohne Kabel aufladen. Dazu müssen im Garagenboden bestimmte technische Geräte eingebaut werden. Erläutere, welche Geräte im Fahrzeug und im Boden vorhanden sein müssen, damit die kabellose Energieübertragung funktioniert.

6 Elektroschweißen

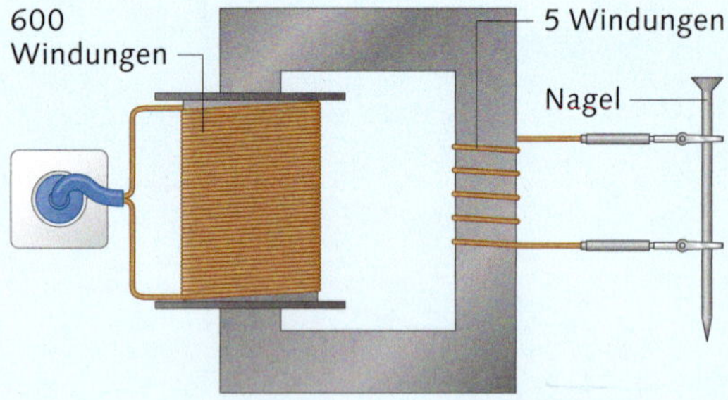

Im Bild sieht man ein Modellexperiment zum Elektroschweißen. Die Primärspule wird an die Energiequelle angeschlossen. Nach kurzer Zeit fängt der Nagel an zu glühen.

a □ Beschreibe den Weg des elektrischen Stroms im Sekundärstromkreis.

b ◪ Erkläre, warum der Nagel glüht.

c ◪ Im Bild sieht man ein Gerät zum Elektroschweißen im Einsatz. Finde Entsprechungen für die Bauteile aus dem Modellexperiment im Bild und begründe deine Zuordnung.

7 Transformatoren als Energieumladestationen

a ◪ Erkläre, weshalb ein Transformator keine Energiequelle darstellt, obwohl er in bestimmten Fällen die Spannung erhöht.

b ■ Begründe, warum man sich einen Transformator als Energieumladestation vorstellen kann.

8 Berechnungen beim Transformator

a ◪ Ein Transformator besitzt eine Primärspule mit 400 Windungen und eine Sekundärspule mit 20 000 Windungen. Man nennt solch einen Transformator Hochspannungstransformator. Erkläre den Namen.

b ◪ Die Netzspannung von 230 V soll auf etwa 12 V heruntertransformiert werden. Die Primärspule hat 600 Windungen. Berechne die erforderliche Windungszahl für die Sekundärspule.

9 Formeln beim Transformator

■ Wenn man die Formel $\frac{n_p}{n_s} = \frac{U_p}{U_s}$ mit der Formel $\frac{n_p}{n_s} = \frac{I_s}{I_p}$ gleichsetzt, erhält man die Formel $U_p \cdot I_p = U_s \cdot I_s$.
Diese Formel beschreibt sehr knapp und auf international verständliche Weise einen wichtigen physikalischen Sachverhalt beim Transformator. Erläutere diesen Sachverhalt mit eigenen Worten.

10 Besondere Hochspannungsmasten

In der Nähe von einsamen Bauernhöfen sieht man an Hochspannungsmasten immer wieder solche Konstruktionen.

◪ Erkläre mögliche Funktionen.

11 Wind und Wasser

a ◪ Sammle Pro- und Kontra-Argumente zum Bau von Windkraftanlagen.

b ◪ Informiere dich im Internet über die Besonderheiten beim Einsatz von Pumpspeicherkraftwerken im „Energiemix".

12 Gedankenexperiment

In einem Wasserspeicherkraftwerk ist Energie in Form von Lageenergie des Wassers gespeichert. Wird die Lageenergie des Wassers in elektrische Energie umgewandelt, so kann man die maximal zu erwartende elektrische Energiemenge berechnen: $E_{(\text{Lage, Wasser})} = E_{\text{elektrisch}}$.

■ Angenommen, man wollte die gesamte elektrische Energie, die in Deutschland in einem Jahr benötigt wird, mithilfe des Bodensees erzeugen: Berechne dazu die Höhe, aus der das Bodenseewasser auf eine Turbine fallen müsste.
Der Bodensee enthält 48 km^3 Wasser, der Jahresbedarf an elektrischer Energie für Deutschland betrug 2012 etwa $21 \cdot 10^{17}$ Joule.

13 Länderspiel

◪ Während wichtiger Fußball-Länderspiele verändert sich der Energiebedarf in Deutschland. Zeichne eine Kurve, die den Energiebedarf während eines Länderspiels mit Verlängerung darstellt. Begründe den Verlauf deiner Kurve.

14 Wirkungsgrad

a □ Das Verbundnetz hat einen Wirkungsgrad von 80 %. Erkläre mögliche Ursachen für die Verluste.

b □ Wärmekraftwerke haben einen Wirkungsgrad von ca. 35 %. Berechne und diskutiere den gesamten Wirkungsgrad von der Energiequelle im Kraftwerk bis zum Haushalt.

1 Tonerzeugung bei der E-Gitarre

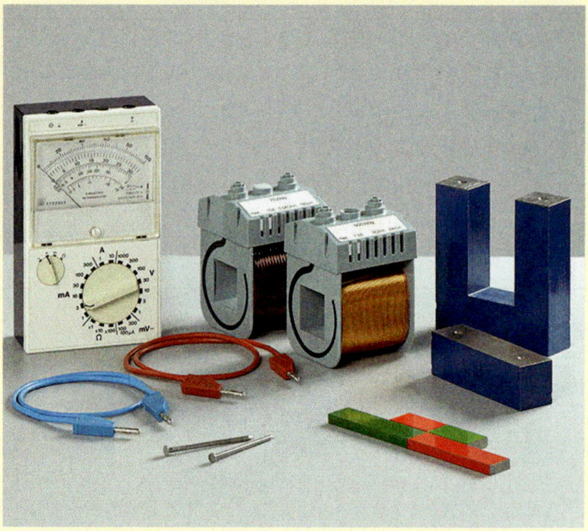

3 Materialien für Versuchsaufbauten

1 Elektrische Gitarre

Eine elektrische Gitarre braucht einen Verstärker, um gut hörbare Töne zu erzeugen. Deshalb sind unterhalb der Gitarrensaiten sogenannte Tonabnehmer angebracht. Das Zupfen der Metallsaite erzeugt im Tonabnehmer unter der Saite ein elektrisches Signal. Dieses elektrische Signal wird dann vom Verstärker verarbeitet und hörbar gemacht.

Grundprinzip eines Tonabnehmers

Ein einfacher Tonabnehmer besteht aus einer Spule und einem Magnet (Bild 2). Im Tonabnehmer erzeugt der Magnet ein magnetisches Feld um die jeweilige Metallsaite der Gitarre und die Spule. Allein die Schwingung der Metallsaite reicht aus, um das Magnetfeld in der Spule zu verändern. Diese Magnetfeldänderung induziert eine elektrische Spannung in der Spule, die vom Verstärker zu einem hörbaren Ton weiterverarbeitet wird.

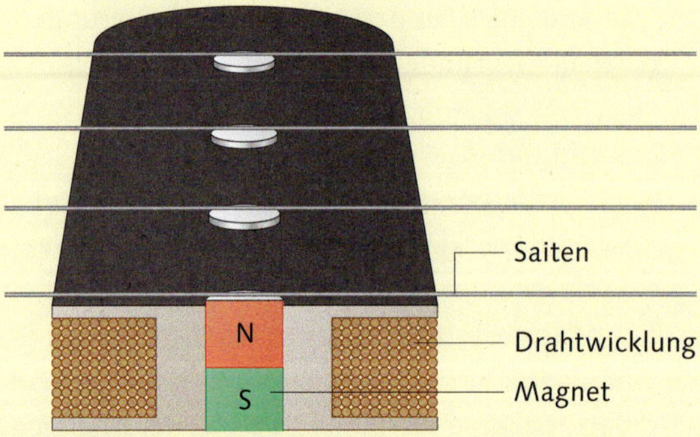

2 Ein einfacher Tonabnehmer

Mit den Materialien in Bild 3 kann man das Prinzip eines solchen Tonabnehmers demonstrieren. Anstelle des Verstärkers nutzt man dazu ein empfindliches Spannungsmessgerät als Nachweis für die Stärke des elektrischen Signals.

- a ◪ Erstelle eine Liste mit Bestandteilen eines Tonabnehmers. Ordne ihnen für den Modellversuch die jeweiligen Experimentiermaterialien aus Bild 3 zu.
- b ◪ Skizziere einen Versuchsaufbau, der dem Tonabnehmer einer Gitarre entspricht.
- c □ Überprüfe deine Planung, indem du das Experiment durchführst.
- d ◪ Optimiere deinen Versuchsaufbau, sodass du ein möglichst starkes Signal erhältst.
- e □ Bei der E-Gitarre werden nur Metallsaiten, keine Kunststoffsaiten verwendet. Begründe, warum das notwendig ist.
- f ■ Der Spulendraht im Tonabnehmer ist sehr dünn. Stelle Vermutungen an, warum das so sein muss.

Ein Tonabnehmer wandelt die Hin- und Herbewegung einer Saite in entsprechende elektrische Spannungen um. Ein Mikrofon wandelt Schallwellen in elektrische Spannungen um. Die wesentlichen Bestandteile von Tonabnehmer und Mikrofon sind die gleichen.

- g ■ Recherchiere im Internet und erkläre mithilfe der zusammengetragenen Informationen die Funktionsweise eines Mikrofons.

4 Transformatorstation

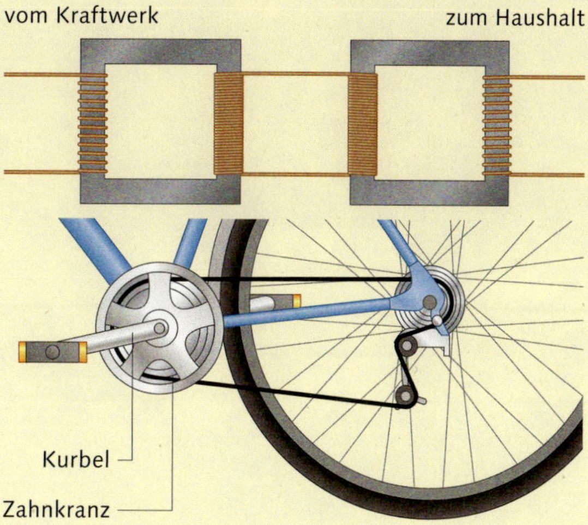

5 Transformator und Kettenschaltung im Vergleich

2 Transformator als besonderes Getriebe

Elektrische Energie wird häufig mithilfe von Transformatoren (Trafos) übertragen.

a □ Beschreibe den Aufbau eines Transformators, der die Spannung vergrößert.

b ◪ „Ein Transformator lädt Energie um." Erkläre die Formulierung mithilfe eines Modells.

c ◪ Begründe anhand der Vorstellung aus Aufgabenteil b, weshalb Transformatoren keine Energiequellen sind.

Wird elektrische Energie durch Überlandleitungen über größere Entfernungen transportiert, werden dafür mindestens zwei Transformatoren eingesetzt.

d □ Erkläre die Aufgabe des ersten und des zweiten Transformators.

e ◪ Erkläre die Nachteile, die ein Transport elektrischer Energie ohne Trafos hätte.

Vergleicht man ein Getriebe, z. B. die Kettenschaltung eines Fahrrads, mit einem Transformator, stellt man Entsprechungen fest (Bild 5):
Bei der Energieübertragung vom Kraftwerk zum Haushalt wird die elektrische Energie in die Primärspule des ersten Transformators eingespeist. Bei einem Fahrrad wird die mechanische Energie vom „Kraftwerk Mensch" auf die Kurbel übertragen. Die Fahrradkette stellt die Überlandleitung dar: Sie überträgt die Energie von der Kurbel und dem vorderen Zahnkranz auf den hinteren Zahnkranz und den Reifen.

Trafo 1 Primär	Trafo 1 Sekundär	Überlandleitung	Trafo 2 Primär	Trafo 2 Sekundär
Kurbel				

f ◪ Vervollständige die Tabelle. Nutze Bild 5.

Bei der Energieübertragung am Fahrrad und der Energieübertragung zwischen zwei Transformatoren gibt es Gemeinsamkeiten und Unterschiede.

g ■ Nenne einige Gemeinsamkeiten und Unterschiede, die sich auf die Energieübertragung beziehen.

Beim Fahrradfahren macht man die Erfahrung: Schaltet man herunter, muss man weniger Kraft auf das Pedal ausüben, dafür aber häufiger treten. In einem höheren Gang muss man mehr Kraft einsetzen und weniger oft treten.

h ■ Übertrage diese Erfahrung auf den Zusammenhang von Spannung und Stromstärke in einer Spule.

i ■ Diskutiere den Satz aus Bild 6.

6 Analogiebetrachtung

8

Wärme

Wird es dem Sänger auf der Bühne heiß?

Welche Kleidung ist beim Eisklettern sinnvoll?

Wie hoch ist der Eiffelturm im Winter?

Aggregatzustände und Teilchenmodell

1 Wasser in drei verschiedenen Zustandsformen

2 Teilchenmodell für den Aggregatzustand „fest"

Aggregatzustände

Wasser kommt auf der Erde in drei Zustandsformen, genannt Aggregatzustände, vor: flüssig, fest und gasförmig. Gleichgültig, welcher Zustand vorliegt, handelt es sich immer um Wasser.

Auch andere Stoffe können in unterschiedlichen Zuständen vorliegen. Wachs beispielsweise kennst du fest und flüssig. In der Physik nennt man fest, flüssig und gasförmig Aggregatzustände.

Stoffe können in den drei Aggregatzuständen fest, flüssig und gasförmig vorliegen.

Teilchenmodell

Um die einzelnen Aggregatzustände besser verstehen zu können, hilft es, sich den Aufbau der Stoffe im Modell vorzustellen: Stoffe bestehen aus einer sehr großen Anzahl kleiner Teilchen. Für das Verhalten der Teilchen ist deren Aussehen unwichtig. Deshalb stellen wir die Teilchen im Modell als Kreise dar.

Abhängig vom Aggregatzustand verhalten sich die Teilchen eines Stoffs unterschiedlich.

Alle Stoffe bestehen aus kleinsten Teilchen. Das Verhalten der Teilchen hängt vom Aggregatzustand des Stoffs ab.

Fest

Im festen Aggregatzustand liegen die kleinsten Teilchen, aus denen ein Stoff besteht, sehr eng beieinander. Der starke Zusammenhalt zwischen den Teilchen sorgt dafür, dass sie sich regelmäßig anordnen und sich nicht gegeneinander verschieben lassen. Im festen Aggregatzustand kann man einen Stoff deshalb kaum zusammendrücken oder verformen.

Im festen Aggregatzustand liegen die kleinsten Teilchen eng und regelmäßig beieinander, da zwischen den Teilchen ein starker Zusammenhalt besteht.

Besonderheiten

Wasser hat im festen Zustand einen eigenen Namen: Wir sprechen von Eis. Bei anderen Stoffen wird der Aggregatzustand meist nur dem Namen vorangestellt. Man spricht z. B. von festem oder flüssigem Eisen.

Ein Stoff in festem Aggregatzustand bleibt fest, auch wenn man ihn bearbeitet. Sägt man Holz, sind Sägespäne oder Schleifstaub immer noch Feststoffe. Ein anderer Aggregatzustand entsteht erst dann, wenn sich die kleinsten Teilchen, aus denen der Stoff aufgebaut ist und die noch viel kleiner sind als Staub, in ihrem Verhalten ändern.

3 Teilchenmodell für den Aggregatzustand „flüssig"

4 Teilchenmodell für den Aggregatzustand „gasförmig"

Flüssig

In Flüssigkeiten gibt es zwischen den kleinsten Teilchen einen geringeren Zusammenhalt. Dadurch können sich die Teilchen freier bewegen und ihren Ort wechseln. Das ist auch der Grund, warum Flüssigkeiten keine feste Form besitzen.

> Im flüssigen Aggregatzustand können die kleinsten Teilchen ihren Ort wechseln, da zwischen ihnen nur ein geringer Zusammenhalt besteht.

Gasförmig

In gasförmigen Stoffen gibt es zwischen den kleinsten Teilchen fast keinen Zusammenhalt mehr. Dadurch können sich die Teilchen frei im Raum verteilen. Zwischen den Teilchen eines Gases befindet sich leerer Raum, sonst nichts.

> Im gasförmigen Aggregatzustand gibt es zwischen den kleinsten Teilchen große Abstände. Es gibt fast keinen Zusammenhalt mehr.

Aufgaben

1 Aggregatzustände anders dargestellt

□ Ordne die Bilder den Aggregatzuständen fest, flüssig und gasförmig zu. Begründe deine Wahl.

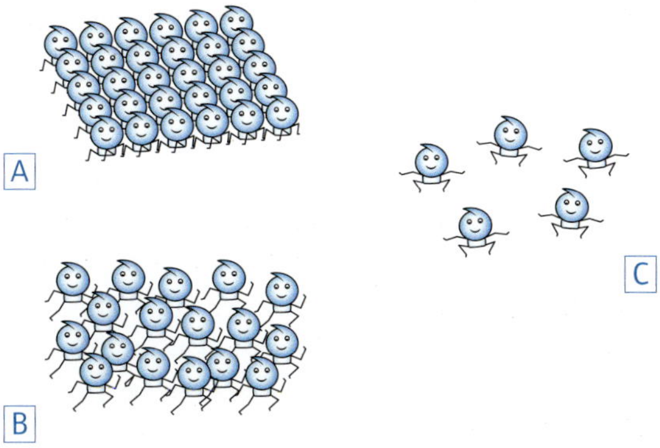

2 Sand

□ Warum kann man mit der Hand in Sand eintauchen? Argumentiere.

3 Tanzen

◪ Überlege dir, für welchen Aggregatzustand Cheerleading als Modell gesehen werden kann. Überlege dir Tänze, die für die anderen Aggregatzustände als Modell genommen werden können. Begründe deine Entscheidung.

4 Stoffe und ihre Aggregatzustände

■ Wähle einen Stoff aus, den du in mindestens zwei verschiedenen Aggregatzuständen kennst. Beschreibe die jeweilige Situation.

Temperatur

1 Der Junge kann nicht sehen, welches Wasser wärmer ist.

Temperatur feststellen

Temperaturen können wir nur über das Fühlen abschätzen. Jeder Mensch empfindet Temperatur anders. Eine Messung hingegen ist unabhängig von der Person. Sie führt bei derselben „Wärme“ oder „Kälte“ überall auf der Welt zum gleichen Ergebnis. In Formeln wird die Temperatur mit T abgekürzt.

> Die Temperatur T wird mit einem Thermometer gemessen.
> Die Einheit der Temperatur ist °C (Grad Celsius).

2 Die Temperaturskala nach Celsius ist festgelegt durch den Gefrierpunkt und den Siedepunkt des Wassers.

Experiment Teebeutel

	sofort	nach 2 min
kaltes Wasser		
warmes Wasser		

3 Zusammenhang von Temperatur und Teilchenbewegung

Man kann beobachten, dass sich die im Teebeutel enthaltenen Stoffe im warmen Wasser schneller verteilen als im kalten Wasser.

Teilchenbewegung

Die Wasserteilchen sind in ständiger Bewegung. Je wärmer das Wasser ist, desto schneller bewegen sie sich. Dadurch werden die Teeteilchen im warmen Wasser schneller verteilt als in kaltem Wasser. Je schneller ein Teilchen ist, desto mehr Bewegungsenergie hat es.

> Je höher die Temperatur des Körpers ist, desto größer ist die durchschnittliche Bewegungsenergie der Teilchen.

So wie sich beim Verlassen eines Fußballstadions nicht alle Besucher mit der gleichen Geschwindigkeit bewegen, so haben auch die Wasserteilchen nicht alle exakt die gleiche Bewegungsenergie.

Die Bewegungsenergie der Teilchen eines Körpers bezeichnet man in der Physik als thermische Energie oder **Wärmeenergie**, kurz: Wärme.
Die Wärmeenergie eines Körpers ist umso größer, je größer die Bewegungsenergie seiner Teilchen, also seine Temperatur ist. Sie nimmt aber auch mit der Stoffmenge, also der Anzahl der im Körper enthaltenen Teilchen, zu.

Extra Sieden und Luftdruck

4 Wasser siedet im Gebirge bei niedrigerer Temperatur.

In Bild 2 siedet das Wasser bei 100 °C. Dies gilt nur bei einem bestimmten Luftdruck, denn die Siedetemperatur ist vom Luftdruck abhängig. Im Gebirge macht man die Erfahrung: Je höher man auf einen Berg steigt, desto mehr nimmt die Siedetemperatur von Wasser ab. Gleichzeitig nimmt auch der Luftdruck mit zunehmender Höhe ab.

Den **Luftdruck** kann man sich im Teilchenmodell so erklären: Auch Luftteilchen haben Masse. Der Luftdruck hängt davon ab, wie viele Luftteilchen sich über einem bestimmten Ort befinden und mit ihrer Masse auf ihm lasten.
Je höher man auf einen Berg steigt, desto weniger Luftteilchen befinden sich darüber und drücken auf ihn hinab. Somit wirkt ein geringerer Luftdruck.

Die **Siedetemperatur** hängt vom Luftdruck ab, denn die auf das Wasser drückende Luft hindert die Wasserteilchen weitgehend daran, Dampfblasen zu bilden und zu entweichen. Bei geringerem Luftdruck können die Wasserteilchen aber schon bei kleinerer Geschwindigkeit, also geringerer Temperatur, die Flüssigkeit verlassen. Das Wasser siedet dann bei niedrigerer Temperatur.

Aufgaben

1 Temperaturen vergleichen
□ Die beiden Frauen in Bild 1 fühlen nur die Temperatur des Wassers in ihrem Glas. Wie können sie sich darüber verständigen, welches wärmer ist?

2 Verrückter Physiker?
Ein Physiker formuliert schmunzelnd: „Die Teilchen sind heute wieder ganz schön langsam unterwegs.“
a □ Erläutere, was er damit meint.
b ◪ Überlege dir eigene „verrückte“ Formulierungen für Temperaturangaben.

3 Vokabeltest
Im täglichen Leben sagen wir: „Es wird wärmer.“
a □ Übersetze die Aussage in physikalische Fachsprache.
b ◪ Erkläre mithilfe des Teilchenmodells.
c □ „Es wird kalt.“ Formuliere entsprechend.

4 Teebeutelversuch
Führe den Teebeutelversuch durch. Verwende Wasser unterschiedlicher Temperatur aus dem Wasserhahn. Notiere deine Beobachtungen.
a ◪ Schätze die Temperaturen ab, bei denen die Aufnahmen in Bild 3 gemacht wurden.
b ◪ Stelle eine Vermutung an, wie man eine Brausetablette möglichst schnell auflösen kann. Überprüfe deine Aussage im Experiment.

5 Wärmeenergie

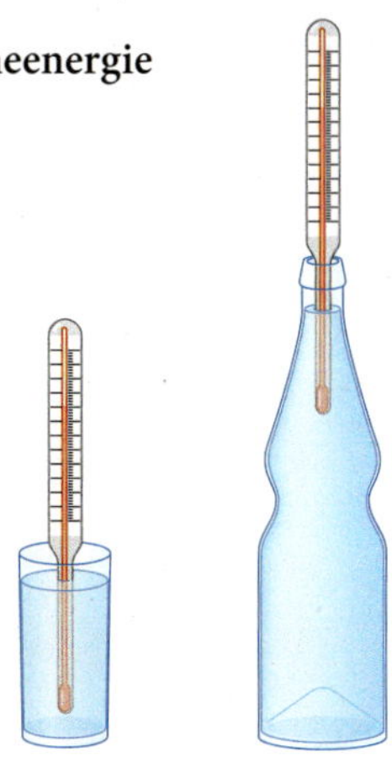

■ Vergleiche die Wärmeenergie in den beiden Gefäßen. Begründe deine Überlegungen.

Temperaturskalen

1 Fiebermessung

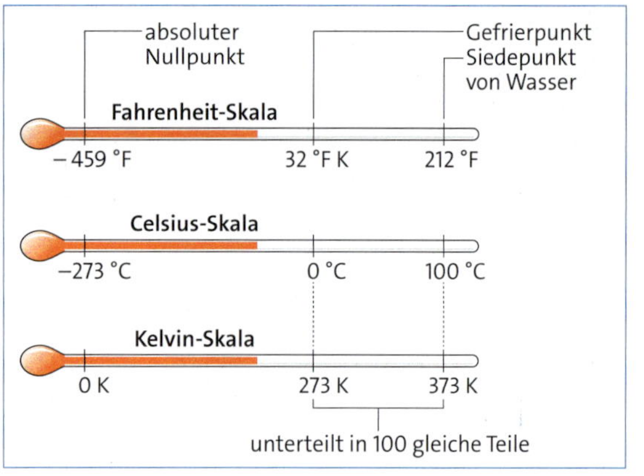

2 Vergleich von Temperaturskalen

Celsius-Skala

Der Schwede Anders Celsius wusste, dass Wasser bei gleichem Luftdruck bei immer gleichen Temperaturen friert und siedet. Das nutzte er 1742, um seine Temperaturskala einzuteilen. Er legte den Siedepunkt und den Gefrierpunkt von Wasser als Fixpunkte seiner Skala (0 °C und 100 °C) fest.

Fahrenheit-Skala

Daniel Fahrenheit legte die tiefste Temperatur des Winters 1708/09 in Danzig als 0 °F und die Körpertemperatur eines gesunden Menschen als 96 °F fest. Der Gefrierpunkt von Wasser liegt dann bei 32 °F. Beide Temperaturskalen lassen sich mithilfe einer Formel ineinander umrechnen:

$T_{Celsius} = (T_{Fahrenheit} - 32) \cdot \frac{5}{9}$

Kelvin-Skala

Es kann auch kälter als 0 °C oder 0 °F werden. Je kälter es wird, desto weniger bewegen sich die Teilchen. Der kälteste Punkt ist erreicht, wenn sich die Teilchen gar nicht mehr bewegen. Diesen nennt man in der Physik den absoluten Nullpunkt. Er ist für alle Stoffe gleich und beträgt –273 °C.

William Thomson, Baron Kelvin, legte mithilfe des absoluten Nullpunks 1848 eine Skala fest, die nur positive Temperaturwerte hat. Dies entspricht der Bewegungsenergie der Teilchen, die vom absoluten Nullpunkt aus nur zunehmen kann. Die Kelvin-Skala gibt die Gefriertemperatur von Wasser mit 273 K (Kelvin) an. Die Schrittweite der Kelvin-Skala entspricht der Celsius-Skala.

Es gibt drei gängige Temperaturskalen. In Europa gibt man Temperaturen meist in Grad Celsius an.

Aufgabe

1 Amerikanischer Backofen

Der Temperaturregler eines amerikanischen Backofens reicht von 200 bis 500 °F.

a ☐ Rechne die Angaben in Grad Celsius um.

b ◪ Ein Rührkuchen wird bei 180 °C, Pommes frites werden bei 220 °C gebacken. Welche Temperaturen müsste man an einem amerikanischen Backofen einstellen?

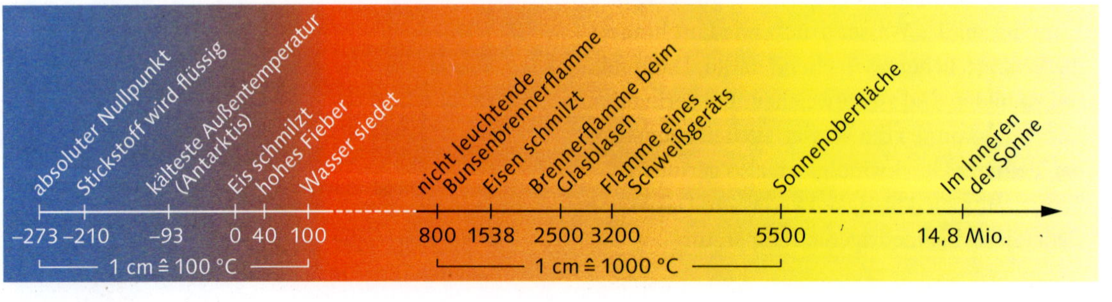

Praxis Ein Thermometer bauen

Wir bauen uns mit einfachen Mitteln unser eigenes Flüssigkeitsthermometer. Es besteht aus einem Glasröhrchen mit einer farbigen Flüssigkeit vor einer Skala. Beim Erwärmen dehnt sich die Flüssigkeit aus und steigt im Glasrohr nach oben.

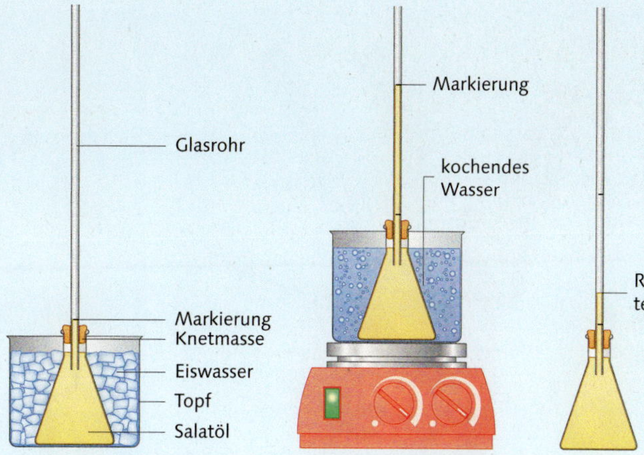

1 Die Temperaturskala wird festgelegt.

Material

Erlenmeyerkolben oder leere Flasche aus Glas (ca. 100 ml Inhalt), Glasröhrchen, Salatöl, Knetmasse, Topf, Heizplatte, wasserfester Stift, Papiertücher

Durchführung

- Die Glasflasche muss sauber und trocken sein. Fülle sie mit dem Salatöl fast voll.
- Forme aus der Knetmasse einen Stopfen um das Glasrohr. Das Rohr sollte unten etwa 1 cm aus dem Stopfen herausschauen.
- Befestige das Glasrohr nun mit der Knetmasse so in der Flasche, dass es fest im Flaschenhals steckt. Die Knetmasse muss die Flasche luftdicht verschließen. Dabei wird ein bisschen Salatöl im Glasrohr nach oben steigen.

Lege die Temperaturskala fest:

1. Fülle den Topf mit Wasser und Eiswürfeln. Es sollte so viel Eiswasser sein, dass die Flasche fast bis zum Hals darin stehen kann.
   Jetzt musst du warten. Wenn sich der Stand des Öls im Glasrohr nicht mehr verändert: Markiere den Ölstand auf dem Glasrohr mit dem wasserfesten Stift. Dies ist die Markierung für 0 °C.
2. Fülle den Topf mit Wasser und bringe es auf der Heizplatte zum Sieden. Auch jetzt sollte die Flasche fast bis zum Hals im Wasser stehen.
   Wenn sich der Stand des Öls im Glasrohr nicht mehr verändert: Markiere den Ölstand wieder mit dem wasserfesten Stift. Das ist die Markierung für 100 °C.
3. Unterteile den Zwischenraum zwischen deinen Markierungen in gleichmäßigen Schritten wie in Bild 2.

Auswertung

1. Warte, bis das Wasser und dein Thermometer wieder auf Raumtemperatur abgekühlt sind, und lies den Temperaturwert ab.
2. Vergleiche die gemessene Temperatur mit der, die ein gekauftes Thermometer anzeigt. Stelle Vermutungen an, woher Abweichungen stammen könnten.
3. Ist es sinnvoll, Wasser als Thermometerflüssigkeit zu verwenden?
   Was passiert, wenn Temperaturen unter 0 °C oder über 100 °C gemessen werden sollen?
   Begründe deine Meinung.
4. Erläutere, was Luftblasen in der Thermometerflüssigkeit bewirken können.

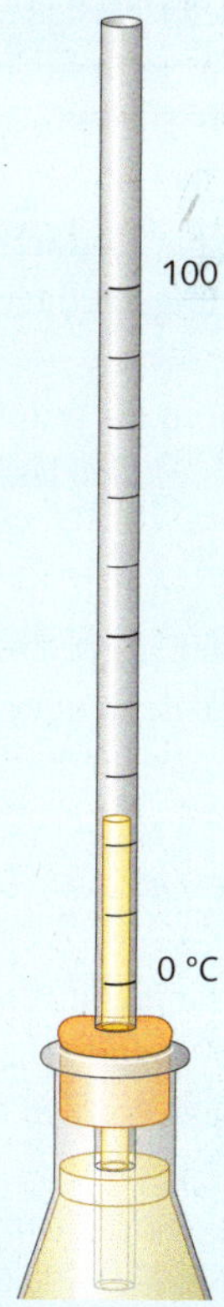

2 Skala des Selbstbauthermometers

Flüssigkeiten und Gase dehnen sich aus

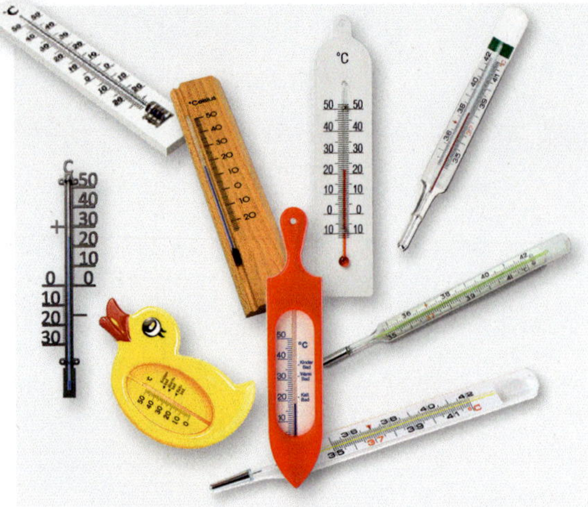

1 Bei vielen Thermometern wird zur Temperaturmessung die Ausdehnung einer Flüssigkeit genutzt.

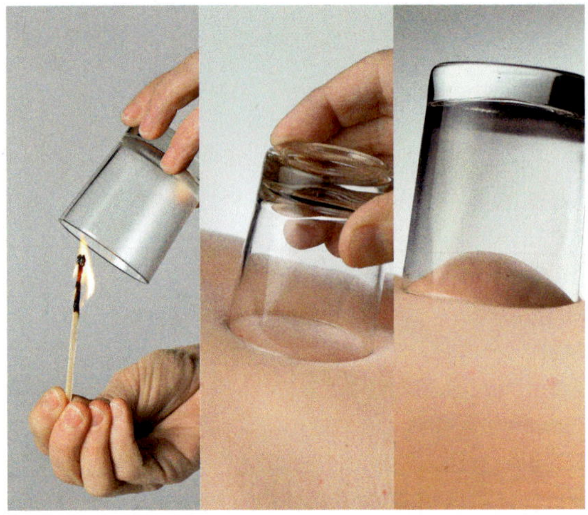

2 Beim Schröpfen wird die Volumenänderung der Luft beim Erwärmen und Abkühlen genutzt.

Flüssigkeiten

Beim Erwärmen verändern Flüssigkeiten ihr Volumen. Davon merkst du im Alltag in der Regel nichts.

Bei Thermometern ändert sich das Volumen der Thermometerflüssigkeit ebenfalls. Um daraus die Temperatur bestimmen zu können, nutzt man einen Trick: Die Flüssigkeit im Gefäß am unteren Ende des Thermometers dehnt sich in ein enges Röhrchen aus. Dadurch wird die geringe Volumenänderung deutlich sichtbar.

Ausdehnung im Teilchenmodell

Im Teilchenmodell lässt sich gut verstehen, dass sich Flüssigkeiten ausdehnen. Bei niedriger Temperatur bewegen sich die Teilchen nur langsam. Sie stoßen selten gegeneinander und können sich daher eng beieinander aufhalten. Bei Temperaturerhöhung werden die Teilchen schneller. Sie benötigen mehr Platz. Der Abstand zwischen ihnen wird dadurch größer. Das Volumen der Flüssigkeit nimmt zu.
Sinkt die Temperatur, werden die Teilchen langsamer. Der Abstand zwischen den Teilchen wird kleiner. Das Volumen nimmt ab.

> Flüssigkeiten dehnen sich bei Erwärmung aus.
> Ihr Volumen wird größer.
> Bei Abkühlung wird ihr Volumen kleiner.

Gase

Beim Schröpfen, einem traditionellen Heilverfahren, wird die Luft im Glasgefäß durch eine Flamme erwärmt. Das Volumen der Luft vergrößert sich. Dadurch entweicht ein Teil der Luft aus dem Gefäß. Das Gefäß wird jetzt schnell auf die Haut aufgesetzt. Beim Abkühlen nimmt das Volumen der im Glas verbliebenen Luft wieder ab. Da keine Luft nachströmen kann, nimmt die Haut das fehlende Luftvolumen im Gefäß ein.

Ausdehnung im Teilchenmodell

Auch Gase kann man sich im Teilchenmodell vorstellen. Die Erwärmung führt dazu, dass sich die Gasteilchen schneller bewegen. Der Abstand wird größer, das Volumen des Gases nimmt zu. Kühlt das Gas wieder ab, nimmt es wieder weniger Raum ein, weil die Teilchen langsamer werden.

> Gase dehnen sich bei Erwärmung aus.
> Ihr Volumen wird größer.
> Bei Abkühlung wird ihr Volumen kleiner.

Gase dehnen sich beim Erwärmen stärker aus als Flüssigkeiten. Das kann gefährlich werden. Deshalb tragen Spraydosen und andere Druckbehälter Warnungen wie diese:
„Behälter steht unter Druck. Vor direkter Sonneneinstrahlung und Temperaturen über 50 °C schützen.“

3 Ein Sprinkler wird ausgelöst.

Funktionsweise einer Sprinkleranlage

Sprinkleranlagen findet man in vielen Bürogebäuden und Tiefgaragen. Sie dienen dem Brandschutz. In einer Sprinkleranlage verschließen Glasröhrchen die Düsen für das Löschwasser. In den Glasröhrchen befindet sich eine Flüssigkeit, die sich bei Erwärmung sehr stark ausdehnt.
Bei einem Brand wird die Flüssigkeit in den Glasröhrchen stark erwärmt. Sie dehnt sich aus und sprengt die Glasröhrchen. Deshalb nennt man diese Flüssigkeit auch Sprengflüssigkeit.
Nun sind die Düsen des Löschwassers nicht mehr verschlossen und das Löschwasser kann fließen.

Damit eine Sprinkleranlage nach einem Brand wieder einsatzbereit ist, müssen die Glasröhrchen neu eingesetzt werden.

Aufgaben

1 Münze auf der Flasche

□ Eine leere Glasflasche wird aus dem Kühlschrank genommen. Auf die Öffnung wird statt des Deckels eine Münze gelegt. Umfasse die Flasche mit beiden Händen. Was beobachtest du? Erkläre deine Beobachtung.

2 Mofatank

□ Warum sollte man den Benzintank eines Mofas oder Motorrads im Sommer nicht randvoll auffüllen? Erkläre.

3 Volumenänderung im Teilchenmodell

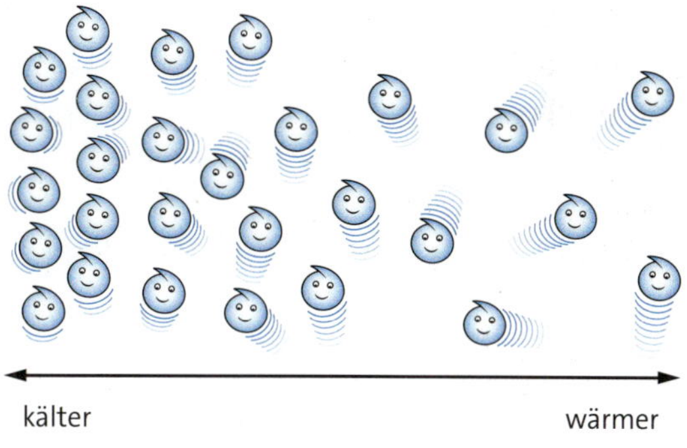

◪ Erkläre mithilfe des Bildes den Zusammenhang zwischen Temperaturänderung, Teilchenbewegung und Volumenänderung bei Flüssigkeiten und Gasen.

4 Reifendruck

■ In der Betriebsanleitung eines Autos steht: „Messen Sie den Reifendruck immer bei kalten Reifen." Erkläre, weshalb man diese Empfehlung gibt.

Wasser verhält sich ungewöhnlich

1 Eisbären benötigen für ihre Jagd eine geschlossene Eisdecke. Ohne die großen Eisflächen in der Polarregion sind die Eisbären vom Aussterben bedroht.

2 Dass Eiswürfel in Getränken nicht untergehen, ist ungewöhnlich.

Eis ist leichter

Eisschollen schwimmen auf dem Wasser. Sie können sogar Eisbären tragen, ohne unterzugehen. Darin unterscheidet sich Wasser von anderen Stoffen. Normalerweise geht ein fester Körper in der Flüssigkeit aus dem gleichen Stoff unter: Ein Wachsklumpen versinkt im flüssigen Wachs, ein Stück Stahl versinkt in der Stahlschmelze.
Wenn Wasser jedoch auf unter 0 °C abkühlt und zu Eis wird, nimmt dieselbe Anzahl Wasserteilchen einen größeren Raum ein als im flüssigen Zustand. Deshalb hat Eis eine geringere Dichte als Wasser. Aus diesem Grund schwimmt Eis im Wasser.

Anomalie des Wassers

Bild 3 zeigt das Verhalten von Wasser, wenn man es von seinem Gefrierpunkt aus erwärmt:
Wenn Wasser von 0 °C erwärmt wird, nimmt sein Volumen zunächst ab, d. h., die Dichte des Wassers nimmt zu. Erst ab 4 °C wird das Volumen wieder größer und die Dichte geringer. Bei anderen Flüssigkeiten, die man vom Gefrierpunkt aus erwärmt, nimmt das Volumen hingegen sofort zu und die Dichte ab.

Dieses ungewöhnliche Verhalten von Wasser bezeichnet man als Anomalie des Wassers. Denn erst ab 4 °C verhält sich Wasser wie andere Flüssigkeiten: Das Volumen nimmt zu, die Dichte ab.

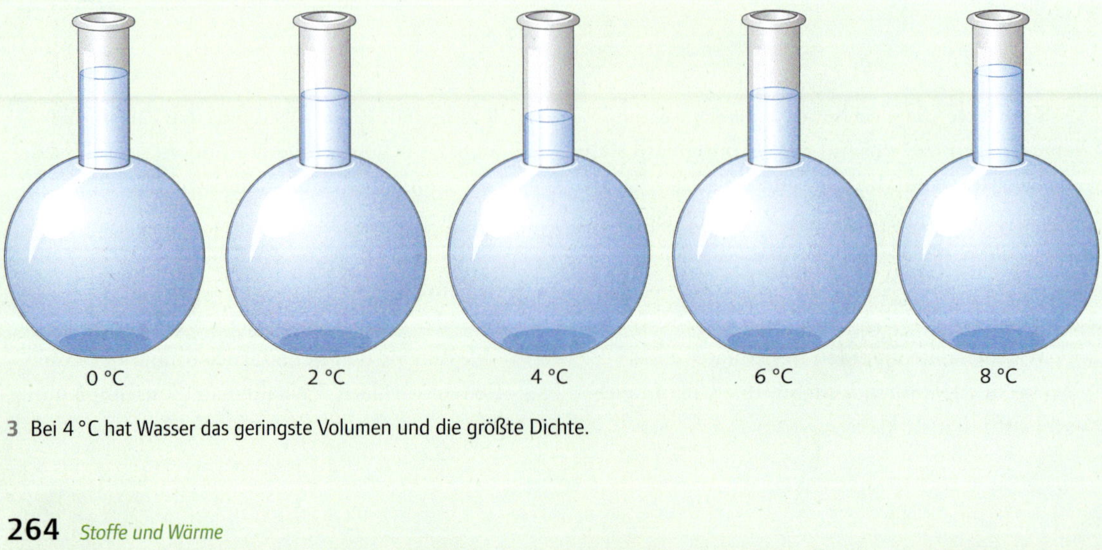

3 Bei 4 °C hat Wasser das geringste Volumen und die größte Dichte.

Überleben im Winter

In zugefrorenen Seen können Fische überwintern, ohne im Eis einzufrieren.

Kühlt das Wasser in einem See bis auf 4 °C ab, sinkt es auf den Grund, weil es eine größere Dichte hat als das übrige Wasser. Wenn die Temperatur dann noch weiter fällt, schwebt das noch weiter abgekühlte, aber wieder weniger dichte Wasser auf dem Wasser von 4 °C.
Schließlich gefriert das kühlere Wasser. Die Eisschicht wirkt isolierend. Das Wasser darunter kühlt weniger schnell ab. Dadurch wird ein vollständiges Durchfrieren des Sees in vielen Fällen verhindert. So können Fische in den tieferen Wasserschichten überleben.

Frostschäden

Im Frühjahr müssen viele Straßen repariert werden, denn Frost verursacht Straßenschäden.

Wenn die Teerdecke einer Straße Risse hat, dann kann Wasser eindringen. Das Wasser sickert dann durch diese Öffnungen in den Straßenuntergrund und sammelt sich dort.

Beim Gefrieren des Wassers zu Eis dehnt es sich aus. Das Eis beansprucht einen größeren Raum als flüssiges Wasser. Dadurch weitet es die Risse und hebt Teile der Teerdecke an. Bei Tauwetter senken sich diese Stellen wieder. Der Belag wird brüchig und die losen Teerschichten werden durch den Autoverkehr herausgeschleudert.

Platzende Flaschen

Getränke im Gefrierfach zu kühlen ist oft keine gute Idee: Glasflaschen können platzen.

Im Gefrierfach werden Getränke unter den Gefrierpunkt abgekühlt. Da die Getränke im Wesentlichen aus Wasser bestehen, nimmt das Volumen der Getränke beim Abkühlen unterhalb von 4 °C zu.

Glasflaschen sind nicht elastisch und können die Volumenzunahme des Inhalts im Gegensatz zu Plastikflaschen kaum ausgleichen. Nimmt das Volumen eines Getränks beim Gefrieren zu, so besteht die Gefahr, dass die Flasche platzt. Getränke in Glasflaschen darf man daher nicht ins Gefrierfach stellen.

4 Temperaturschichtung im zugefrorenen See

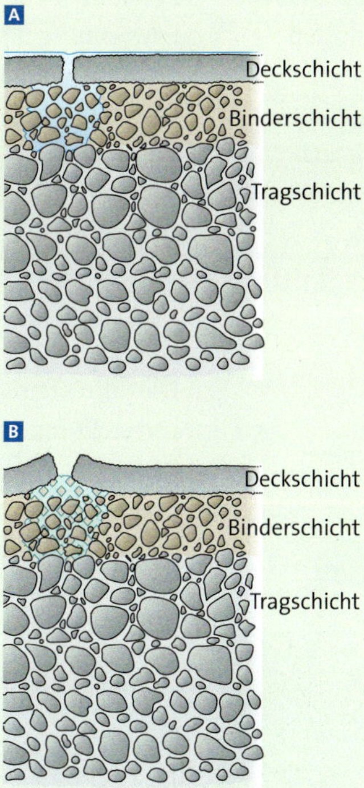

5 Ein Schlagloch entsteht, wenn eingedrungenes Wasser gefriert.

6 Die Flasche ist im Gefrierfach zerplatzt.

Festkörper dehnen sich aus

1 Die Forth Railway Bridge in Schottland ist 2,5 km lang.

Experiment Längenänderung einer Nadel

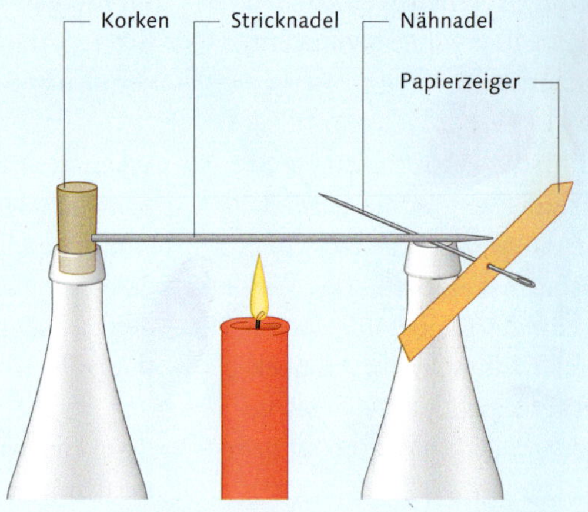

2 Untersuchung der Längenänderung einer Stricknadel

Wird die Stricknadel erwärmt, dehnt sie sich ein wenig aus. Die Ausdehnung führt dazu, dass die Nähnadel ein kleines Stück weiterrollt. Das kann man an der Drehung des Papierzeigers erkennen.

Festkörper

Die Länge großer Bauten hängt von der jahreszeitlichen Temperatur ab. Die abgebildete Forth Railway Bridge ist z. B. im Sommer einen Meter länger als im Winter. Denn der Stahl der Brücke dehnt sich bei Erwärmung aus.

Feststoffe verhalten sich bei Erwärmung wie Flüssigkeiten und Gase: Ihr Volumen nimmt zu. Allerdings ist die Volumenänderung bei Feststoffen wesentlich geringer.

Festkörper dehnen sich bei Erwärmung aus.
Ihr Volumen wird größer.
Bei Abkühlung wird ihr Volumen kleiner.

Ausdehnung im Teilchenmodell

Im Teilchenmodell stellen wir uns die Teilchen von Feststoffen eng und regelmäßig angeordnet vor. Bei Erwärmung bewegen sie sich schneller und benötigen mehr Raum.
Durch die enge Anordnung der Teilchen wird die Volumenänderung in der Regel kaum sichtbar. Nur bei langen Gegenständen kann man sie als Längenänderung wahrnehmen.

Beispiel Längenänderung von Bauwerken

3 Im Winter ist der Eiffelturm 30 cm kürzer.

Die jahreszeitliche Längenänderung von Bauwerken stellt Ingenieure vor Herausforderungen: Die Länge des Eiffelturms kann im Sommer problemlos deutlich zunehmen, ohne Schaden anzurichten. Bei der Eisenbahnbrücke in Bild 1 hingegen ist eine bewegliche Lagerung auf Rollen nötig. Brückenoberseite und Lager sind so verbunden, dass sich die Brücke gefahrlos ausdehnen kann.

Das Experiment oben (Bild 2) lässt sich auf die Eisenbahnbrücke übertragen: Die Stricknadel stellt einen Eisenträger dar, die Nähnadel übernimmt die Rolle des Lagers.

Abhängigkeiten der Längenänderung

Verdoppelt man die Länge der Stricknadel in Bild 2, so verdoppelt sich auch die Ausdehnung. Verdreifacht man die Länge der Stricknadel, so verdreifacht sich auch die Ausdehnung.

> Die Längenzunahme bei Erwärmung ist proportional zur Ausgangslänge l_0:
> $\Delta l \sim l_0$

Der Zusammenhang zwischen Längenänderung und Temperaturänderung ist schwieriger zu untersuchen. Man stellt aber auch hier fest:

> Die Längenzunahme bei Erwärmung ist proportional zur Temperaturerhöhung ΔT:
> $\Delta l \sim \Delta T$

Die Ausdehnung ist auch vom Material abhängig. Dies wird durch den **Längenausdehnungskoeffizienten** α angegeben (Bild 4).

0,009 mm bei Normalglas
0,012 mm bei Beton
0,012 mm bei Eisen/Stahl
0,017 mm bei Kupfer
0,024 mm bei Aluminium
1 m

4 Längenausdehnung eines 1 m langen Stabs bei Erwärmung um 1 °C

Diese drei Zusammenhänge lassen sich in einer Formel zusammenfassen.

> Für die Längenänderung eines festen Körpers bei Erwärmung gilt:
> $$\Delta l = l_0 \cdot \alpha \cdot \Delta T$$
> α = materialabhängiger Längenausdehnungskoeffizient

Aufgaben

1 Leitung mit Umweg

□ Rohrleitungen, durch die heiße Flüssigkeiten fließen, haben oft große Schleifen. Gib dafür eine physikalische Begründung an.

2 Moderne Bauweise

◪ Für viele Gebäude wird heute eine Kombination aus Stahl und Beton zum Bauen genutzt. Warum kann man diese beiden Materialien problemlos kombinieren?

3 Drähte gespannt

◪ Stelle eine Vermutung an, warum Oberleitungen durch Gewichte gespannt werden.

4 Bimetallstreifen

■ Werden zwei Blechstreifen fest miteinander verbunden, erhält man einen **Bimetallstreifen**, der sich beim Erwärmen biegt. In welche Richtung biegt sich der abgebildete Bimetallstreifen?

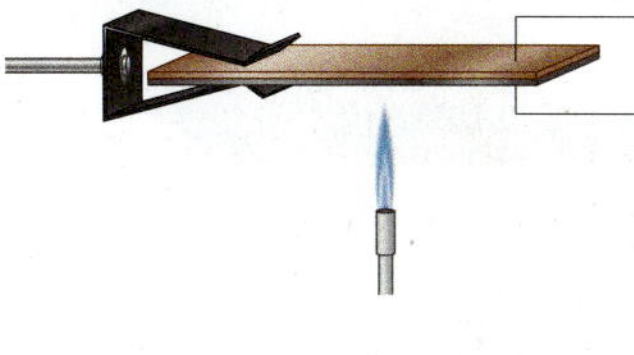

Grundgleichung der Wärmelehre

1 Erhitzen von Öl und Wasser

Stoff (1 kg)	Energiemenge ΔQ für die Erwärmung um 1 °C bzw. 1 K
Wasser	4200 Joule
Speiseöl	1670 Joule
Frostschutzmittel	2400 Joule
Normalglas	840 Joule
Eisen	450 Joule
Kupfer	380 Joule
Aluminium	896 Joule
Luft	101 Joule
Granit	790 Joule

2 Beispiele einiger spezifischer Wärmekapazitäten

Erhitzen verschiedener Flüssigkeiten

In Bild 1 wurden gleiche Mengen Öl und Wasser erhitzt. Die Regler der Heizplatten waren auf dieselbe Stufe eingestellt. Beiden Flüssigkeiten wurde also gleich viel Wärme zugeführt. Trotzdem hat das Öl eine höhere Temperatur erreicht.

Um die gleiche Temperaturerhöhung zu erreichen, braucht man bei Wasser also eine größere Menge Wärmeenergie. Wärme kürzt man mit ΔQ ab.

> Gleiche Mengen unterschiedlicher Stoffe benötigen für die gleiche Temperaturerhöhung unterschiedlich viel Wärmeenergie.

Spezifische Wärmekapazität

Die Eigenschaft eines Stoffs, die beschreibt, wie viel Wärme für eine bestimmte Temperaturänderung nötig ist, nennt man spezifische Wärmekapazität. Sie wird mit dem Buchstaben *c* abgekürzt.

> Die spezifische Wärmekapazität *c* gibt an, welche Wärmemenge ΔQ notwendig ist, um 1 kg eines Stoffs um 1 °C zu erwärmen.

Um 1 kg Wasser um 1 °C zu erwärmen, benötigt man rund 4200 J Wärmeenergie. Dieselbe Energiemenge wird frei, wenn sich Wasser um 1 °C abkühlt.

Beispiel Wärmespeicher im Sonnenhaus

3 Schnittmodell eines Sonnenhauses

Will man die Wärme der Sonne für die Heizung eines Hauses nutzen, muss man sich Gedanken um die Wärmespeicherung machen. Wasser hat sich als Speichermedium für Wärmeenergie sehr gut bewährt. Dies nutzen sogenannte „Sonnenhäuser". Die Wärme der Sonne wird über Sonnenkollektoren auf dem Dach in einen sehr großen Wärmespeicher (hier: orange) geführt. Dieser ist mit Wasser gefüllt. Er speichert so viel Wärmeenergie, dass das Sonnenhaus drei Viertel des Jahres seinen Bedarf an Heizung und Warmwasser ohne zusätzliche Energiezufuhr decken kann.

Abhängigkeiten des Energiebedarfs

4200 J Energiezufuhr führen bei 1 kg Wasser zu einer Temperaturerhöhung von 1 °C. Mit der doppelten Energiemenge (8400 J) kann man damit die doppelte Menge Wasser um 1 °C erwärmen. Bei dreifacher Energiemenge kann man die dreifache Menge Wasser um 1 °C erwärmen.

> Die für eine Erwärmung eines Stoffs um 1 °C benötigte Energiemenge ΔQ ist proportional zu seiner Masse m: $\Delta Q \sim m$

Führt man die doppelte Energiemenge (8400 J) der ursprünglichen Wassermenge (1 kg) zu, dann führt dies zu einer doppelt so großen Temperaturänderung (2 °C). Mit der dreifachen Energiemenge kann man 1 kg Wasser um das Dreifache erwärmen.

> Die für eine Erwärmung von 1 kg eines Stoffs benötigte Energiemenge ist proportional zu seiner Temperaturänderung ΔT: $\Delta Q \sim \Delta T$

Grundgleichung der Wärmelehre

Mit der spezifischen Wärmekapazität als Proportionalitätskonstante lassen sich die beiden Proportionalitäten zu einer Gleichung zusammenfassen:

> Die Energie, die ein Stoff für eine bestimmte Erwärmung benötigt, beträgt:
> $\Delta Q = c \cdot m \cdot \Delta T$
> Dieselbe Energiemenge wird frei, wenn sich der Stoff um die gleiche Temperaturdifferenz abkühlt.

Die Grundgleichung gilt nur innerhalb eines Aggregatzustands.

Rechenbeispiel Badewasser

Wie viel Energie ist erforderlich, um 150 l Wasser für ein Bad von 10 °C auf 40 °C zu erwärmen?

$\Delta Q = m \cdot c \cdot \Delta T$

$\Delta Q = (150 \cdot 4200 \cdot 30)\,\text{J} = 18\,900\,000\,\text{J}$

Aufgaben

1 Flasche in der Sonne

□ In einem Auto, das schon lange in der Sonne steht, liegen eine 0,5-Liter-Flasche und eine 1-Liter-Flasche Wasser. Felix meint: „Die große Flasche Wasser ist doppelt so heiß wie die kleine Flasche Wasser.“
Nimm Stellung zu der Aussage.

2 Bettstein

Früher nahm man abends einen Bettstein oder eine wassergefüllte Wärmflasche mit ins Bett.

a ◪ Vergleiche die Wärmemenge in Bettstein und Wärmflasche.

b ◪ Was würdest du verwenden? Begründe.

3 Kieselstein

◪ Ein 10-g-Granitkiesel wird mit Wucht gegen eine Wand geworfen. Seine Bewegungsenergie beträgt 1,4 J und wird beim Aufprall in Wärmeenergie umgewandelt. Berechne die maximale Temperaturerhöhung des Steins.

4 Frostschutzmittel

■ In das Kühlwasser für den Motor im Auto wird im Winter ein Frostschutzmittel gegeben. Man soll keine höhere Konzentration verwenden als nötig. Gib Gründe für diese Vorgabe des Herstellers an.

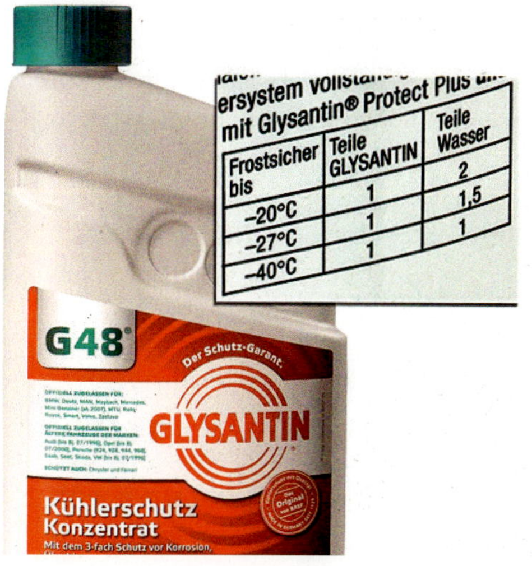

Wie hoch ist der Eiffelturm im Winter?

Die folgenden Aufgaben zum Thema **Stoffe und Wärme** helfen dir, deinen Lernstand einzuschätzen. Beobachte dich dazu beim Lösen der Aufgaben selbst:
- Brauchst du Hilfe? Musst du z. B. noch einmal nachlesen oder jemanden fragen?
- Kannst du die Aufgaben ohne Hilfe lösen?
- Weißt du sogar mehr, als in der Lösung steht?

Notiere dir, bei welchen Fragen du Schwierigkeiten hast. Kehre noch einmal zu den entsprechenden Seiten zurück, arbeite sie durch und löse die zugehörigen Aufgaben. Weitere Aufgaben findest du auf den folgenden Seiten.

1 Aggregatzustände

a □ Nenne die drei Aggregatzustände.

b ◪ Beschreibe, worin sich das Verhalten der Teilchen eines Stoffs in den drei Aggregatzuständen voneinander unterscheidet.

2 Temperatur

a □ Erläutere den Zusammenhang zwischen Temperatur und Teilchenbewegung.

b ■ Erkläre, warum sich ein Stück Würfelzucker in heißem Wasser schneller auflöst als in kaltem Wasser.

3 Temperaturskalen

a □ Rechne die Schmelztemperatur von Aluminium (660,3 °C) in Kelvin um.
Rechne die Siedetemperatur von Stickstoff (77 K) in Grad Celsius um.

b ◪ Auf einer Kelvin-Skala gibt es keine Minusgrade. Gib an, welche Außentemperaturen man in Kelvin an einem kalten Wintertag misst.

4 Flüssigkeiten und Gase dehnen sich aus

a □ Nenne die Stoffeigenschaft, die bei Flüssigkeitsthermometern ausgenutzt wird.

b ◪ Verbeulte Tischtennisbälle lassen sich oft „reparieren", indem sie in heißes Wasser gelegt werden. Erkläre, wie das funktioniert.

5 Festkörper dehnen sich aus

a □ Bei einem hartnäckig festsitzenden Metalldeckel auf einem Glas kann es helfen, den Deckel vorsichtig in heißes Wasser zu tauchen. Oft lässt der Deckel sich danach leicht lösen. Warum ist das so? Erkläre.

b ■ Die Höhe des Eiffelturms wird mit 324 m bei 20 °C angegeben. Berechne seine Höhe im Hochsommer bei 35 °C.

6 Grundgleichung der Wärmelehre

a □ Worin steckt mehr Wärmeenergie: in einer Tasse Tee oder in einer Kanne Tee gleicher Temperatur? Begründe.

b ◪ Ein Topf mit 1 Liter Speiseöl und ein Topf mit 1 Liter Wasser gleicher Temperatur werden auf je eine Herdplatte gestellt und erwärmt. Beschreibe, was geschieht, und begründe deine Meinung.

Stoffe und Wärme

Aggregatzustand	Abstand der Teilchen	Zusammenhalt der Teilchen	Bewegung der Teilchen
gasförmig	groß	gering	frei
flüssig	klein	mittel	verschiebbar
fest	klein	groß	fest

Am absoluten Nullpunkt, bei −273 °C, bewegen sich die Teilchen nicht mehr.

Zugeführte Wärmeenergie ΔQ
Wärmeenergie kann aus elektrischer Energie, Bewegungsenergie oder anderen Energieformen umgewandelt werden.

Temperaturänderung ΔT
Die Zufuhr von Wärmeenergie erhöht die durchschnittliche Geschwindigkeit der Teilchen: Die Temperatur nimmt zu.

Volumenänderung ΔV
Wird Wärmeenergie zugeführt, bewegen sich die Teilchen schneller, dadurch brauchen sie mehr Platz und das Volumen des Stoffs nimmt zu. Da die Masse gleich bleibt, nimmt die Dichte gleichzeitig ab.

Längenänderung Δl
Bei „langen Körpern" wird die Volumenänderung vor allem als Längenänderung deutlich.
Es gilt: $\Delta l = l_0 \cdot \alpha \cdot \Delta T$.

Spezifischer Längenausdehnungskoeffizient α
Er gibt an, um wie viele Millimeter sich ein Stab von einem Meter Länge ausdehnt, wenn er um ein Grad Celsius erwärmt wird.
α ist bei jedem Stoff anders (spezifisch).

Grundgleichung der Wärmelehre
Sie beschreibt den Zusammenhang zwischen zugeführter oder abgegebener Wärmemenge und Temperaturänderung.
Die Masse und der Stoff, aus dem ein Gegenstand besteht, beeinflussen die Wärmemenge für eine bestimmte Temperaturänderung.
Es gilt: $\Delta Q = m \cdot c \cdot \Delta T$.

Spezifische Wärmekapazität *c*
Sie gibt an, welche Energiemenge notwendig ist, um ein Kilogramm eines Stoffs um ein Grad Celsius zu erwärmen. Dieselbe Energiemenge wird wieder frei, wenn der Stoff abkühlt.
c ist bei jedem Stoff anders (spezifisch) und nicht von seiner Masse abhängig.

Anomalie des Wassers
Anders als andere Stoffe dehnt sich Wasser beim Gefrieren aus. Dabei nimmt die Dichte ab. Deshalb schwimmt Eis auf Wasser.
Das geringste Volumen und die größte Dichte hat Wasser bei 4 °C.

1 Aggregatzustände

a □ Beschreibe die beiden Aggregatzustände „fest“ und „flüssig“ am Beispiel einer Kerze.

b ◪ Bei einer Kerze entstehen auch gasförmige Stoffe. Erläutere diese Aussage.

2 Eine englische Aufgabe

In einem englischen Physikbuch von Keith Johnson findet man folgendes Gedicht:

A rather small student called Brown
Was asked why he danced up and down
He said "Look, you fools,
It's the air molecules.
They constantly knock me around."

a ■ Beschreibe den im Gedicht genannten Vorgang.

b ■ Begründe, warum du den Vorgang normalerweise nicht sehen kannst.
Hinweis: Recherchiere, was man unter „Brown'scher Bewegung“ versteht.

3 Thermometer

a ◪ Erkläre mithilfe des Teilchenmodells, wie ein Flüssigkeitsthermometer im Detail funktioniert.

b ◪ Begründe, warum man kein Wasser als Thermometerflüssigkeit verwendet.

4 Andere Temperaturskalen

Rechne um:

a □ 96 °F in Celsius

b □ 20 °C in Fahrenheit

c □ –210 °C in Kelvin

d □ 105 K in Celsius

5 PET-Flaschen

An einem Sommertag wird eine leere, verschlossene PET-Flasche in den Keller gebracht. Am nächsten Tag stellt man fest, dass die Flasche eingedrückt ist.

a □ Erkläre, woran das liegt.

b ◪ Was verändert sich, wenn man dasselbe im Winter macht?

6 Warmwasserheizung

In vielen Heizungen zirkuliert warmes Wasser. Es wird im Brenner im Heizungskeller erhitzt. Dort gibt es auch ein sogenanntes Ausgleichsgefäß. Welche Funktion hat dieses Gefäß und warum ist notwendig? Erkläre.

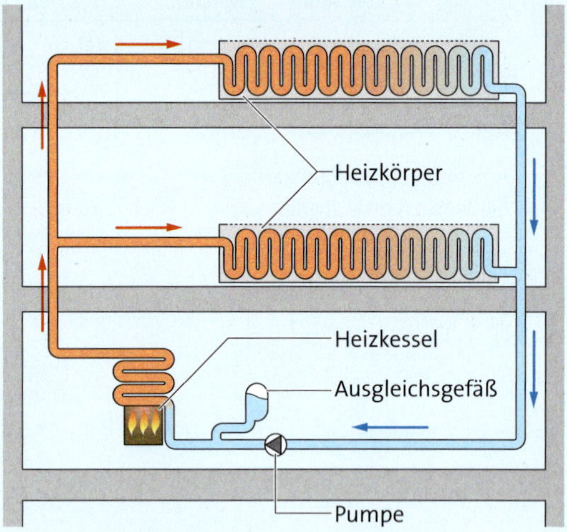

7 U-Boot-Tauchfahrt

Am 3. August 1958 passierte die USS Nautilus, das erste nukleargetriebene Tauchboot, bei einer Tauchfahrt den geografischen Nordpol.

◪ Erkläre, warum ein U-Boot unter dem Nordpol hindurchtauchen kann. Informiere dich gegebenenfalls im Internet oder in einem Lexikon.

8 Ein besonders zugefrorener See

Nur sehr selten kommt es zu einem auf diese Weise zugefrorenen See. Dann ist es lebensgefährlich, den See zu betreten, da man die Tragfähigkeit des Eises sehr schlecht einschätzen kann.

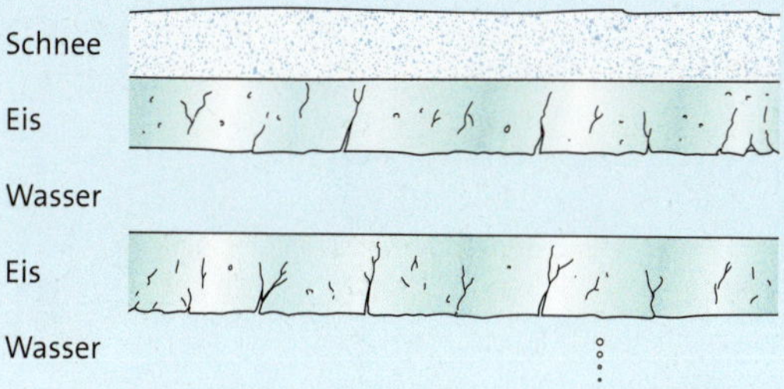

a ◪ Notiere eine Vermutung, wie das Wetter in den letzten Tagen gewesen sein muss, damit der See auf diese Weise zufrieren konnte.

b ■ Erkläre, warum es eine Wasserschicht zwischen zwei Eisschichten geben kann.

9 Bimetalle

Bimetalle bestehen aus zwei verschiedenen Metallen, z. B. Kupfer und Eisen, die fest miteinander verbunden sind.

A

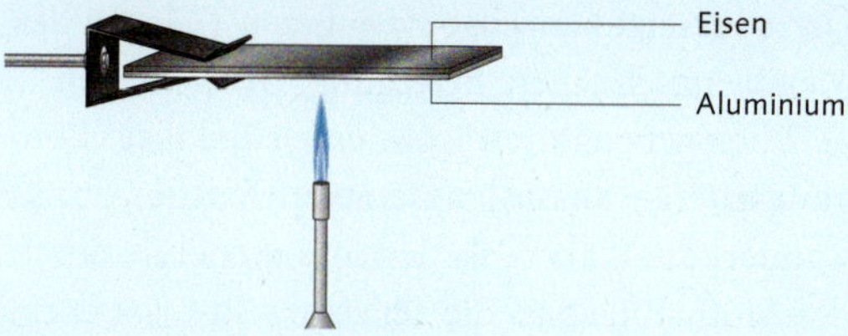

B

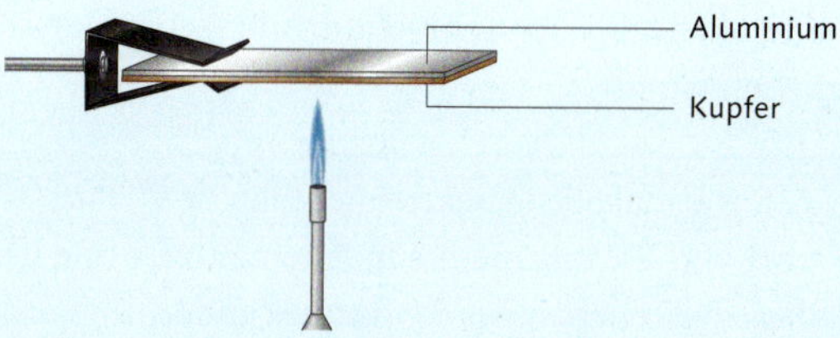

a □ Begründe, warum sich die Bimetallstreifen verbiegen, wenn sie erwärmt werden.

b ◪ Gib die Richtung an, in die sich die abgebildeten Bimetallstreifen verbiegen, wenn sie über die Flamme gehalten werden.

c ■ Die Bimetallstreifen werden stark abgekühlt. Erkläre die Beobachtung, die man in diesem Fall machen kann.

10 Bewegliche Brücke

◪ Um wie viel Millimeter muss sich das freie Ende einer eisernen Brücke verschieben können, die 150 m lang ist und deren Temperatur sich zwischen –30 °C und 45 °C ändert?

11 Grundgleichung der Wärmelehre

◪ Vervollständige die Tabelle.

Masse des Wassers	Temperaturerhöhung	Zugeführte Wärmeenergie
1 kg	?	4200 J
0,5 kg	?	4200 J
1,5 kg	?	25 200 J
1,5 kg	5°	?
2 kg	10°	?
?	2°	16 200 J
?	2°	16,8 J

12 Sprinkleranlage

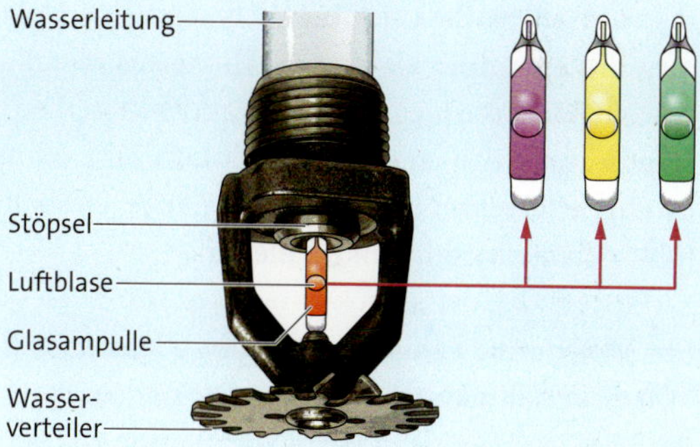

◪ Erkläre, warum es die Glasampulle mit verschiedenen Flüssigkeiten gibt.

13 Wärme und Temperatur

Unterscheide die Begriffe „Wärme" und „Temperatur".

a □ Nenne notwendige Schlüsselbegriffe.

b ◪ Formuliere mit den Schlüsselbegriffen eine schlüssige Erklärung

14 Vorsicht bei Glas

a ◪ Dicke Gläser aus einfachem Glas können beim Einfüllen heißer Flüssigkeiten zerspringen.
Erkläre dieses Phänomen.

b ■ Beim Einmachen von Marmelade stellt man häufig zum Einfüllen der heißen Marmelade einen Silberlöffel ins Glas. Formuliere eine Vermutung, wozu dieses Vorgehen dient.

Wärmeleitung

1 Dabei verbrennt man sich leicht die Finger: Die Münze leitet die Wärme der heißen Flamme an die Finger weiter.

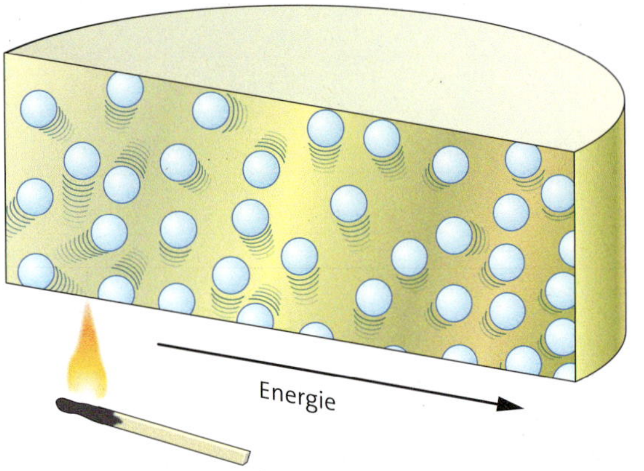

2 Die Wärme der Flamme wird im Modell als Bewegungsenergie der Teilchen von links nach rechts weitergegeben.

Wärmeleitung in verschiedenen Materialien

Beim Berühren unterschiedlicher Materialien kann man feststellen, dass sich beispielsweise eine Holztür wärmer anfühlt als eine Türklinke aus Metall, obwohl beide die gleiche Temperatur haben. Die Handwärme wird an einer Metalloberfläche schneller abgeleitet als an einer Holzoberfläche. Deshalb fühlt sich die Metallklinke kälter an.

Ein Maß für die Fähigkeit, Wärme zu leiten, ist die **Wärmeleitfähigkeit**. Sie gibt an, wie gut ein Stoff in der Lage ist, Energie in Form von Wärme zu transportieren bzw. zu leiten, ohne dass dabei gleichzeitig Material transportiert wird.

Verschiedene Materialien leiten die Wärme unterschiedlich gut. Wie der Versuch in Bild 1 spürbar macht, ist die Wärmeleitfähigkeit der Münze sehr gut. Sie leitet die Wärme der Flamme schnell an die Finger weiter. Führt man das gleiche Experiment mit einem Stein anstelle der Münze durch, kann man den Stein länger zwischen den Fingern halten als die Münze. Der Stein leitet die Wärme nicht so schnell weiter wie die Münze.
Die Wärmeleitfähigkeit hängt also stark vom Material ab. Beispielsweise ist die Wärmeleitfähigkeit von Metallen ungefähr 100- bis 5000-mal besser als die von Holz. Gegenüber Luft hat Silber sogar eine über 16 000-fach bessere Wärmeleitfähigkeit. Generell ist die Wärmeleitung bei Metallen im Gegensatz zu Stein, Glas, Kunststoff, Holz oder Gasen sehr gut.

Wärmeleitung im Modell

Im Teilchenmodell kann man sich den Vorgang der Wärmeleitung wie in Bild 2 vorstellen: Die Flamme führt der Münze von außen Wärmeenergie zu. Diese versetzt zunächst die äußeren Teilchen des Metalls in schnellere Bewegung. Die schnellen Teilchen geben durch Stöße einen Teil ihrer Bewegungsenergie an die langsameren Teilchen ab. So wandert die Wärme als Bewegungsenergie durch den Stoff, ohne dass die Teilchen selbst wandern. Die Wärme wandert so lange von der heißen zur kalten Seite, bis der Temperaturunterschied ausgeglichen ist.

Als Wärmeleitung bezeichnet man den Transport von Wärmeenergie in einem Stoff, ohne dass die Teilchen des Stoffs mitwandern.

In Metallen ist die Wärmeleitfähigkeit besonders gut, weil die vielen freien Elektronen des Metalls besonders beweglich sind.

Material	Wärmeleitfähigkeit in $\frac{W}{m \cdot K}$
Silber	420
Kupfer	384
Aluminium	230
Stahl	40
Wärmeleitpaste	10
Holz	0,15
Styropor	0,037
Luft	0,0026

3 Wärmeleitfähigkeit verschiedener Materialien

Beispiel Kochtöpfe

Zwischen Herdplatte und dem Inhalt eines herkömmlichen Kochtopfs muss eine gute Wärmeleitung bestehen. Deshalb befindet sich im Topfboden häufig eine Platte aus Kupfer oder Aluminium. Der restliche Topf wird oft aus Chromnickelstahl hergestellt. Diese Legierung ist ein schlechter Wärmeleiter. Aber sie ist leicht zu reinigen und rostet nicht. Töpfe aus dieser Legierung haben außerdem den Vorteil, dass ihre Griffe aus dem gleichen Material wie die Töpfe selbst hergestellt werden können, ohne dass man sich beim Kochen die Finger an den Griffen verbrennt.

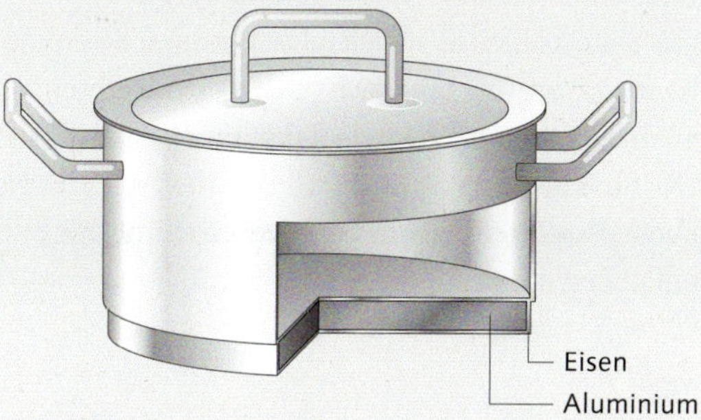

Beispiel Lötkolben und Wärmeleitpaste

Die gute Leitfähigkeit von Metallen wird gezielt zur Übertragung von Wärme genutzt. So wird bei einem Lötkolben zwischen Heizelement und Spitze ein Material mit besonders großer Wärmeleitfähigkeit eingesetzt, z. B. Kupfer.

In Computern ist die starke Wärmeentwicklung der Prozessoren ein Problem. Die Wärme kann aber mithilfe von Wärmeleitpaste vom Prozessor abgeleitet werden. Die Paste enthält metallische Anteile und verbessert dadurch die Wärmeleitung zwischen Prozessor und Kühlkörper.

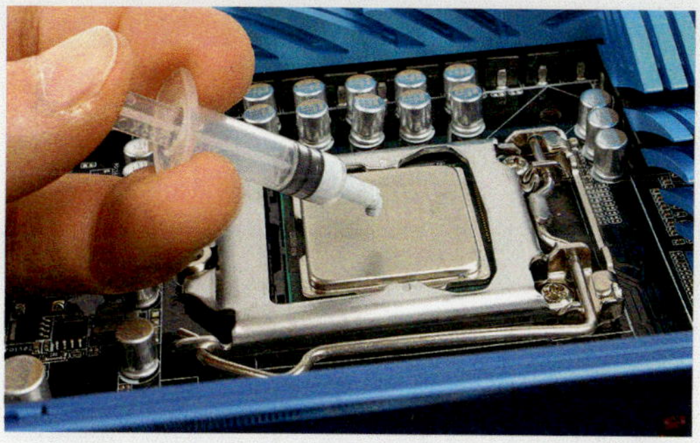

Aufgaben

1 Löffel leiten Wärme

□ Stelle einen Silber-, einen Aluminium-, einen Holz-, einen Plastik- und einen Stahllöffel in einen Becher mit heißem Wasser. Beobachte und protokolliere: Welcher Löffel transportiert die Wärme am schnellsten ans obere Ende? Welcher Löffel hat die geringste Wärmeleitfähigkeit?

2 Campinggeschirr

□ Kochtöpfe, die speziell für das Campen hergestellt werden, bestehen meist aus Aluminium. Diskutiere Vor- und Nachteile der Verwendung dieses Materials.

3 Kochtopf auf der heißen Herdplatte

a ◪ Ein Kochtopf wird auf einer Herdplatte erwärmt. Gib an, in welche Richtung Energie übertragen wird, und erläutere, warum die Energieübertragung nie aufhört.

b ◪ Anschließend wird der heiße Topf auf eine kalte Herdplatte gestellt. Gib an, in welche Richtung jetzt Energie übertragen wird. Wann wird keine Energie mehr übertragen?

4 Gase

■ Gase sind schlechte Wärmeleiter. Erkläre dies mithilfe des Teilchenmodells.

Wärmeströmung und Wärmestrahlung

1 Eine Teebeutelrakete

Die Papierrolle ist aus einem aufgeschnittenen Teebeutel entstanden und steht auf einer feuerfesten Unterlage. Wenn sie am oberen Rand angezündet wird, steigt sie in die Höhe.

Wärmeströmung

Die Luft im brennenden Teebeutel wird durch das Feuer erwärmt. Die wärmer werdende Luft dehnt sich aus und ist deshalb weniger dicht als die umgebende Luft. Deshalb steigt sie auf und transportiert dabei Wärme mit nach oben.
Die Bewegung der Luft können wir sehen: Der Teebeutel wird von der aufsteigenden Luft mit in die Höhe genommen.

Wärmeströmungen gibt es nicht nur in Luft, sondern auch in Wasser. Warmes Wasser steigt auf und kaltes Wasser sinkt ab. So kommt es zu einer Strömung, die Wärmeenergie transportiert.
Vor allem Gase und Flüssigkeiten transportieren Wärmeenergie, indem sie sich bewegen.

> Als Wärmeströmung bezeichnet man den Transport von Wärmeenergie in einem Stoff, wenn der Stoff sich bewegt und dabei Wärmeenergie mitführt.

Wärmeströmungen führen wie Wärmeleitung und Wärmestrahlung zu einem Temperaturausgleich zwischen den beteiligten Körpern.

Experiment Modell für eine Meeresströmung

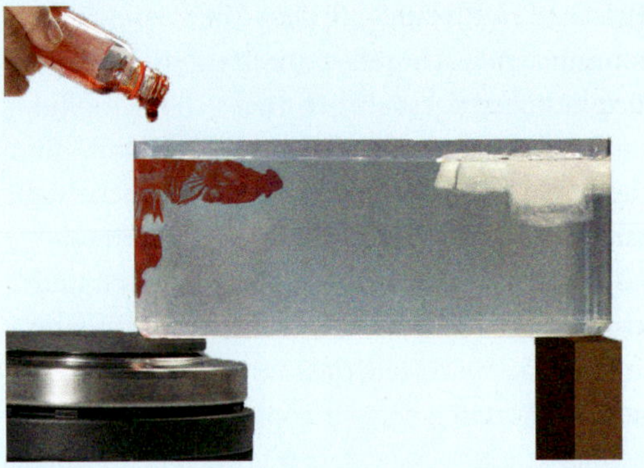

Eine Wanne mit kaltem Wasser steht mit einer Ecke auf einer heißen Kochplatte. Auf der anderen Seite kühlen Eiswürfel das Wasser. Die entstehende Strömung lässt sich leichter beobachten, wenn man einige Tropfen Tinte ins Wasser gibt. Die Strömung entsteht durch die unterschiedlichen Wassertemperaturen. Meeresströmungen entstehen auf ähnliche Weise.

Beispiel Heizungsanlage

In einer Heizungsanlage sind Heizkessel, Rohre und Heizkörper mit Wasser gefüllt. Das Wasser wird durch den Heizkessel erwärmt. Das warme Wasser steigt durch die Rohre nach oben in die Heizkörper. Die Wärmeenergie wird dabei im Wasser mit transportiert. An den Heizkörpern wird die Wärmeenergie an die Raumluft abgegeben. Das kalte Wasser sinkt ab und strömt zurück zum Heizkessel.

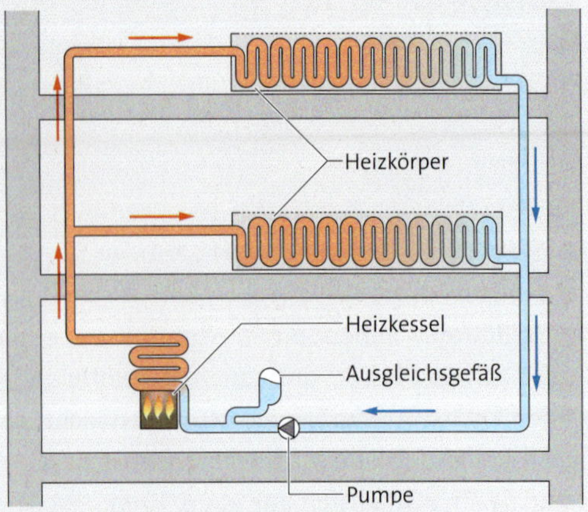

2 Schematische Darstellung einer Zentralheizung.

Wärmestrahlung

Es gibt neben Wärmeleitung und Wärmeströmung noch eine dritte Art des Wärmetransports: die Wärmestrahlung.

Je heißer ein Körper ist, desto mehr Wärmeenergie strahlt er ab. Die wichtigste Quelle der Wärmestrahlung ist die Sonne. Sie schickt uns nicht nur Licht, sondern auch Wärmeenergie. Aber auch eine Infrarotlampe, ein Lagerfeuer oder ein Mensch strahlen Wärmeenergie an die Umgebung ab.

> Als Wärmestrahlung bezeichnet man den Transport von Wärmeenergie, wenn die Wärmeenergie ohne die Mitwirkung eines Stoffs transportiert wird.

Wenn Wärmestrahlung auf einen Körper trifft, wird sie teils von diesem Körper aufgenommen (absorbiert) und zum Teil zurückgeworfen (reflektiert).
Wärmestrahlung kann an glatten Oberflächen genauso wie Licht reflektiert werden. Dies kann man mit einem Spiegel am Lagerfeuer ausprobieren.

3 In der Sonne wird ein weißes T-Shirt weniger durch Wärmestrahlung aufgeheizt als ein schwarzes.

Dunkle Körper absorbieren viel Wärmestrahlung, helle Körper dagegen reflektieren sie. Deshalb erwärmen sich dunkle Flächen schneller und stärker als helle Flächen.

Sonnenkollektoren nutzen die Wärmeenergie der Sonne aus. Sie werden zur Warmwasserbereitung auf Hausdächer montiert. Damit sie möglichst viel Wärmeenergie absorbieren, wird die Flüssigkeit, die die Wärmeenergie weiterleiten soll, durch schwarze Rohre geleitet. Die Rohre sind schwarz, damit sie möglichst stark von der Sonne erwärmt werden.

Aufgaben

1 Clevere Kleidungswahl

a □ Gib an, welches der beiden T-Shirts in Bild 3 du an einem heißen Sommertag wählen würdest und warum.

b □ Welche Farbe würde ein Physiker vermutlich an einem sonnigen, aber kühlen Tag auswählen? Begründe deine Entscheidung.

2 Golfstrom

◪ Recherchiere, was der Golfstrom ist. Begründe, warum der Golfstrom die „Warmwasserheizung Europas" genannt wird.

3 Verrückter Gärtner?

■ Die Stämme der Apfelbäume des Gärtners sind im Frühjahr alle ganz weiß. Er hat sie gekalkt. Erkläre, wieso er das gemacht hat.

4 Weihnachtspyramide

□ Warum drehen sich die Flügel der Weihnachtspyramide?

5 Thermik

■ Drachenflieger können nach dem Start beachtliche Höhen erreichen. Erläutere, wie das geht, und gib an, welche Voraussetzungen dafür ideal sind.

Wärmedämmung

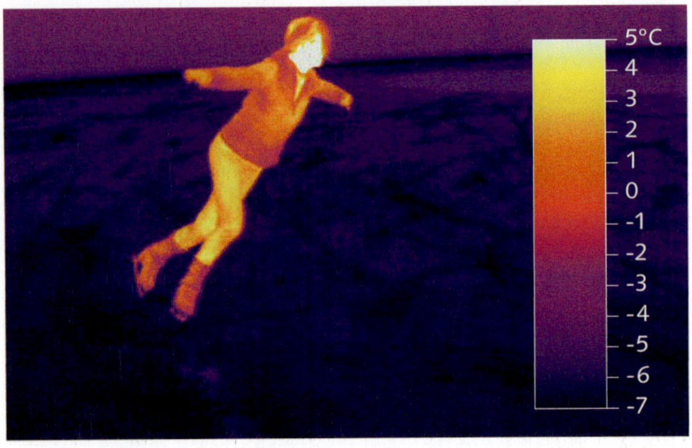

1 Ein Wärmebild zeigt Oberflächentemperaturen verschiedenfarbig an.

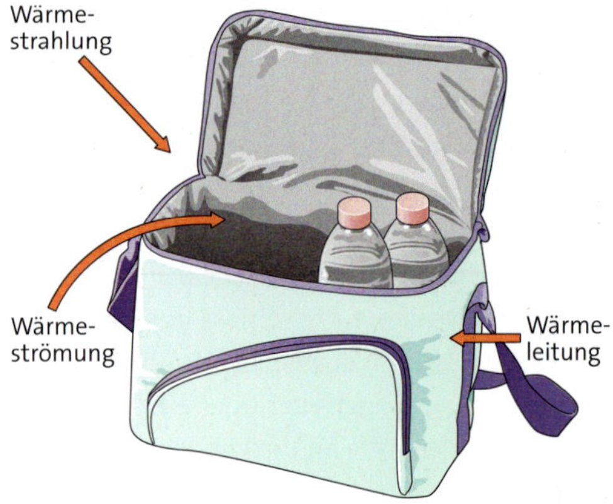

2 Eine geschlossene Kühltasche sperrt die Wärme aus.

Temperaturausgleich

Bild 1 zeigt ein Mädchen beim Eislaufen. Es wurde mit einer Wärmebildkamera aufgenommen. Auf dem Bild kann man erkennen, wo die Oberflächentemperatur am höchsten ist. Die Temperatur wird farbig dargestellt.

Der Verlust an Wärmeenergie ist ebenfalls aus dem Wärmebild abzulesen. Denn je höher die Oberflächentemperatur an einer Stelle ist, desto größer ist dort auch der Energieverlust.

Wärmeenergie wird so lange von warmen Körpern an kältere Körper abgegeben, bis beide die gleiche Temperatur haben. Man spricht vom Temperaturausgleich.

Die Körpertemperatur der Eisläuferin beträgt 37 °C, die Lufttemperatur im Freien an diesem Wintertag 0 °C. Ohne Winterjacke würde die Eisläuferin ihre Körperwärme sehr schnell an die kalte Umgebung abgeben und erfrieren. Der Anorak verhindert den Temperaturausgleich so gut es geht.

Wärmedämmung

Jede Form von selbstständig ablaufendem Wärmetransport, sei es als Wärmeleitung, Wärmeströmung oder Wärmestrahlung, führt immer in Richtung eines Temperaturausgleichs. Sollen Temperaturunterschiede bestehen bleiben, ist Wärmedämmung nötig. Wärmedämmung wird nicht nur eingesetzt, um die *Abgabe* von Wärmeenergie zu verhindern. Häufig soll auch die *Aufnahme* von Wärmeenergie verhindert bzw. verlangsamt werden.

> Wärmedämmung nennt man Maßnahmen, die den Transport von Wärmeenergie zwischen zwei Körpern verringern.

Wärmetransport dreifach unterbinden

Eine Kühltasche hält im Sommer Lebensmittel kühl. Sie verhindert, dass Wärmeenergie von außen auf die Lebensmittel übergeht. Lebensmittel, die in einer Kühltasche aufbewahrt werden, sind gegen die drei Arten des Wärmetransports geschützt:

- Wärmeleitung wird durch die dicke Dämmschicht mit niedriger Wärmeleitfähigkeit verringert.
- Wärmeströmung wird durch die geschlossene Hülle verhindert, die einen Luftaustausch unterbindet.
- Wärmestrahlung wird durch die reflektierende Beschichtung abgehalten.

Ebenso kann eine Kühltasche im Winter Lebensmittel warm halten, indem sie den Wärmetransport nach außen reduziert.

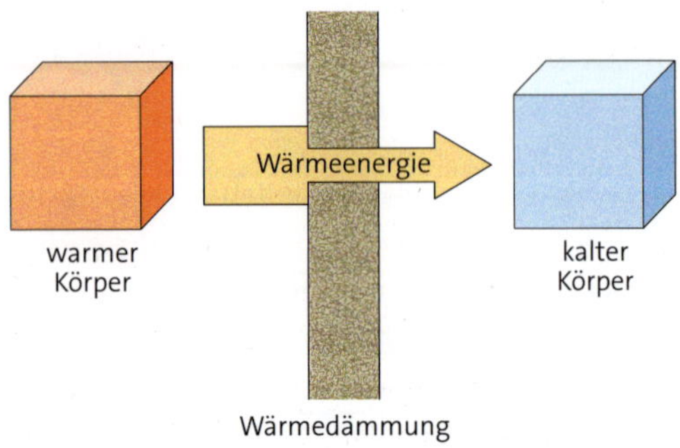

3 Wärmedämmung verhindert den Übergang von Wärmeenergie von einem wärmeren Körper auf einen kälteren.

Beispiel Wärmedämmung am Haus

4 Wärmedämmung mit Schaumstoffplatten

Im Winter ist es im Haus angenehm warm, während es draußen beißend kalt sein kann. Die Wände des Hauses müssen gut gedämmt sein, um den Austausch von Wärmeenergie zu verringern. Beton und Ziegelsteine sind aber recht gute Wärmeleiter. Deshalb müssen die Wände zusätzlich mit speziellem Dämmmaterial ausgestattet werden, um den Durchgang der Wärmeenergie zu verringern. Glaswolle, Styropor, Schaumstoffplatten und andere Materialien erfüllen diese Aufgabe, denn sie sind sehr schlechte Wärmeleiter.

Beispiel Luft als Wärmedämmstoff

5 Aufgeplusterte Wacholderdrossel

Wenn es kalt ist, plustern Vögel ihr Gefieder auf, um eine zusätzliche Luftschicht unter den Federn einzuschließen. Da Luft ein sehr schlechter Wärmeleiter ist, wirkt die Luftschicht als gute Wärmedämmung. Gleichzeitig verringern die Federn die Wärmeströmung. Nach dem gleichen Prinzip hält auch ein Winteranorak oder die Daunendecke warm.

Besonders wärmeisolierend ist ein luftleerer Raum, ein Vakuum. Ein Vakuum wird z. B. bei Thermoskannen genutzt.

Aufgaben

1 In der Steinzeit

□ Erkläre, warum die Menschen Felle erlegter Tiere nutzten, um sich im Winter zu bekleiden.

2 Gut gebettet

□ Erkläre die Aufgabe deiner Bettdecke.

3 Frierendes Haus

■ Was hat der Zeichner versucht im Bild darzustellen? Vergleiche mit der Funktion eines Schals beim Menschen. Beschreibe genau.

4 Erste Hilfe

◪ Ein Erste-Hilfe-Set enthält auch eine Rettungsdecke. Sie besteht aus einer Kunststofffolie, die mit einer dünnen Aluminiumschicht überzogen ist. Beschreibe, in welchen Situationen die Rettungsdecke eingesetzt wird und gegen welche Arten von Wärmeverlust sie schützt.

5 Wärmeschutzglas

■ Erkläre die Funktion von Wärmeschutzglas mithilfe der Zeichnung.

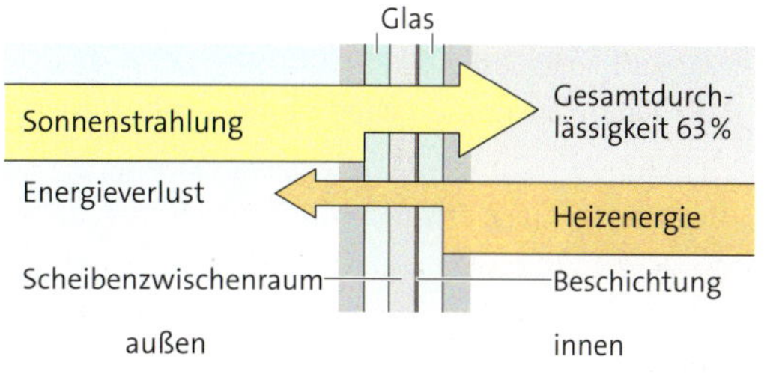

Treibhauseffekt und Klimaschutz

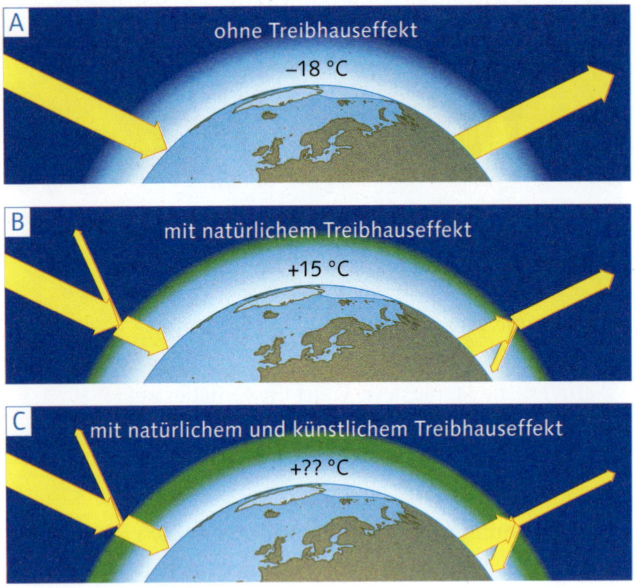

1 Folgen des Treibhauseffekts

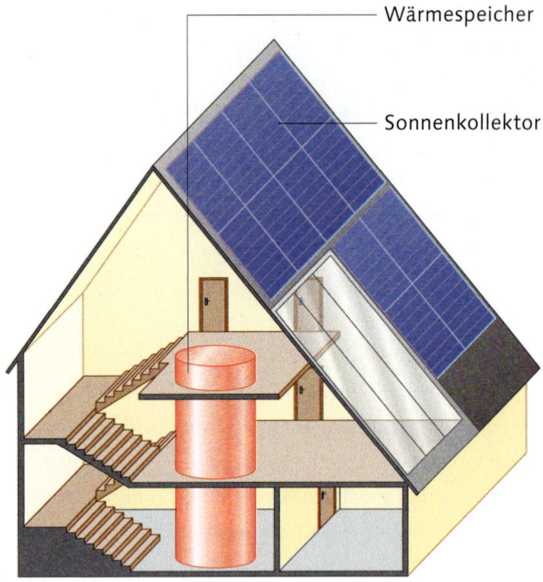

2 Blick in ein „Sonnenhaus" mit thermischer Solaranlage

Treibhauseffekt

Ohne Treibhauseffekt würde die Erde zu viel Wärmeenergie in das Weltall abstrahlen: Auf der Erde wäre es sehr kalt.

Dem natürlichen Treibhauseffekt verdanken wir, dass es auf der Erde warm genug zum Leben ist. Dafür sorgen Treibhausgase wie Kohlenstoffdioxid (CO_2), Methan und Wasserdampf. Sie haben eine ähnliche Wirkung wie das Glasdach eines Gewächshauses (Treibhaus): Die Treibhausgase reflektieren einen Teil der Wärmeenergie, welche die Erde abstrahlt, zu ihr zurück. So konnte sich auf der Erde Leben entwickeln.

Der zusätzliche, künstliche Treibhauseffekt wird durch eine von den Menschen verursachte erhöhte Konzentration an Treibhausgasen in der Atmosphäre erzeugt. Dadurch wird mehr Wärmeenergie auf die Erde zurückreflektiert und es wird immer wärmer.
Erzeugen wir weniger Treibhausgase, hilft das, den natürlichen Zuständen wieder näherzukommen.

> Bestimmte Gase erhöhen die Temperatur auf der Erde, indem sie von der Erde abgestrahlte Wärme auf die Erde zurückreflektieren.
> Man spricht vom Treibhauseffekt.

Konzept des „Sonnenhauses"

Das Sonnenhaus leistet einen Beitrag zur Energieeinsparung. Es trägt dazu bei, den CO_2-Ausstoß und damit den künstlichen Treibhauseffekt zu verringern.

Beim Sonnenhaus versucht man, das ganze Jahr weitgehend mit der Energie der Sonne auszukommen. Dies erreicht man mit einer großzügig ausgelegten thermischen Solaranlage, einem guten und großen Energiespeicher, Heizflächen in Böden und Wänden und einer effektiven Wärmedämmung. Für den Notfall gibt es einen Holzofen. Die einzelnen Komponenten müssen sehr genau aufeinander abgestimmt sein.

Zusammenwirken der Komponenten

Der Sonnenkollektor fängt Sonnenenergie ein und wandelt diese in Wärme um. Im Energiespeicher wird diese Wärme für sonnenarme Tage zwischengespeichert. Die Heizflächen verteilen die Wärme in den Räumen. Der Holzofen dient als Zusatzheizung für die kältesten und sonnenärmsten Wochen im Winter.
Auf diese Weise ermöglicht das Sonnenhauskonzept, die Wärme für Heizung und Warmwasser zu 100 % aus regenerativen Energiequellen zu erzeugen.

Methode Projektarbeit

Bei der Projektarbeit in der Schule erarbeitet ihr ein Thema selbstständig in Gruppen. Das heißt, dass ihr die Unterthemen, den zeitlichen Ablauf und die Aufteilung eurer Aufgaben weitgehend selbst plant. Ein naturwissenschaftliches Projekt sollte, wenn das sinnvoll ist, auch ein Experiment enthalten. Meist ist es günstig, Projekte in den folgenden drei Schritten umzusetzen:

Schritt 1: Planen der Arbeiten

Wenn das Thema feststeht, plant ihr die Arbeit in eurer Gruppe. Legt schriftlich Ziele fest und notiert die Aufgabenverteilung. Entwickelt einen Zeitplan, damit ihr rechtzeitig fertig werdet und bis dahin immer wieder euren Fortschritt überprüfen könnt.

Bettina, Herbert, Johanna und Markus sollen in Projektarbeit den Zusammenhang von Wärmedämmung und Energiebedarf klären. Sie verteilen die Aufgaben und legen den Zeitplan fest (Bild 3).

Schritt 2: Durchführung

Zur praktischen Umsetzung des Projekts gehört: Ideen sammeln, Informationen beschaffen, Versuche durchführen und protokollieren usw. Haltet die Arbeitsschritte in einer Projektmappe fest.

Bettina und Herbert untersuchen verschiedene Materialien auf ihre wärmedämmenden Eigenschaften. Johanna recherchiert bei einer Baufirma und

3 Schema eines möglichen Projektablaufs

Markus fasst die Ergebnisse in einer Computerpräsentation und einem Plakat zusammen.

Schritt 3: Ergebnisse präsentieren

Alle Mitglieder der Gruppe sind an der Präsentation beteiligt. Überlegt euch, welche Methode dafür am besten geeignet ist.

Johanna und Markus erklären der Klasse die Energieeinsparung durch Wärmedämmung anhand der Computerpräsentation und des Plakats. Bettina und Herbert zeigen ihren Versuchsaufbau und erläutern ihre Ergebnisse.

Aufgaben

1 Solarspeicher

◪ Beim Sonnenhaus muss viel Wärmeenergie zwischengespeichert werden. Erklärt, weshalb sich Wasser als Speichermedium besonders gut eignet. Plant dazu ein Experiment und stellt es vor.

2 Flächenheizungen

☐ Informiert euch über die Vor- und Nachteile von Flächenheizungen. Erläutert ihre Bedeutung im Sonnenhaus.

3 Sonnenkollektoren

◪ Informiert euch über Aufbau und Bauarttypen von Sonnenkollektoren. Erklärt das physikalische Grundprinzip mithilfe eines Experiments.

4 Sonnenstand

◪ Erklärt die Ursachen für den unterschiedlichen Sonnenstand. Erläutert mithilfe eines Modells, wie der unterschiedliche Sonnenstand beim Sonnenhaus berücksichtigt wird.

Methode Recherchieren im Internet

Für Projekte, Referate, aber auch für private Diskussionen und persönliche Entscheidungen wirst du immer wieder Informationen zu einem bestimmten Thema sammeln müssen. Das nennt man Recherchieren. Suchmaschinen im Internet sind gute Werkzeuge für eine Recherche.

Für ein Projekt zum Thema „Sonnenhaus“ soll Jan recherchieren. Seine Fragestellung lautet: Wie hängen Wärmedämmung und Energiebedarf eines Hauses zusammen?

Schritt 1: Suchwörter finden

Wähle Suchwörter aus der Frage aus und gib sie in eine Suchmaschine im Internet ein. Klicke Suchergebnisse an, die dir passend erscheinen (keine Werbung, kein Onlinehandel). Überfliege die Texte und notiere Schlüsselbegriffe. Verwende für diesen Schritt am besten nicht mehr als 10 Minuten. Wenn du einzelne Schlüsselbegriffe nicht verstehst, z. B. bei Fremdwörtern, musst du diese Begriffe eventuell neu recherchieren.

Für Experten: Bei vielen Internetseiten sind Schlüsselbegriffe hinterlegt, die du dir anzeigen lassen kannst, um weitere Suchwörter für deine Recherche zu finden. (Gut funktioniert das bei Seiten mit langen Erklärungstexten.)
Rufe dazu eine Seite zu deinem Thema im Internet auf. Klicke mit der rechten Maustaste irgendwo auf den Text. Wähle im Kontextmenü „Seitenquelltext/Quellcode anzeigen“. Dann öffnet sich die Seite im Programm-Code.
Im oberen Bereich dieser Seite gibt es oft eine Zeile, die mit *<meta name="keyword"* beginnt. Hier findest du Schlüsselbegriffe, die der Programmierer der Seite hinterlegt hat. Die kannst du in deine Suche miteinbeziehen.

Jan sucht mit dem Begriff „Wärmedämmung“. Unter den ersten Suchergebnissen findet er die Schlüsselbegriffe: Modernisieren, Energiesparhaus, Heizkosten, Dachdämmung, Energieeffizienzklasse und Passivhaus.

Zu einer Internetseite liefert der html-Quelltext:
<meta name="keyword" content="wärmedämmung, altbau, k-wert, dämmstoffe"/>
Jan nimmt die Begriffe „Dämmstoffe“ und „k-Wert“ zu seinen Suchwörtern.

Schritt 2: Suchen und Eingrenzen

Mit den Schlüsselbegriffen kannst du nun die eigentliche Recherche starten. Wenn die Schlüsselbegriffe zu zahlreich sind oder vom Thema wegführen, strukturiere deine Begriffe z. B. mithilfe eines Begriffsnetzes oder einer Mindmap. Entscheide, welche der Schlüsselbegriffe für deine Fragestellung besonders wichtig sind.
Du kannst bei den meisten Internet-Suchmaschinen auch mehrere Schlüsselwörter gleichzeitig eingeben. Dann passen die Suchergebnisse oft genauer zur Fragestellung.

Jan entwickelt aus den gefundenen Schlüsselbegriffen das Begriffsnetz in Bild 1. Im Hinblick auf das Projektthema „Sonnenhaus“ konzentriert er seine weitere Recherche auf die Bereiche „Energiesparhaus“ und „Wärmedämmung“.

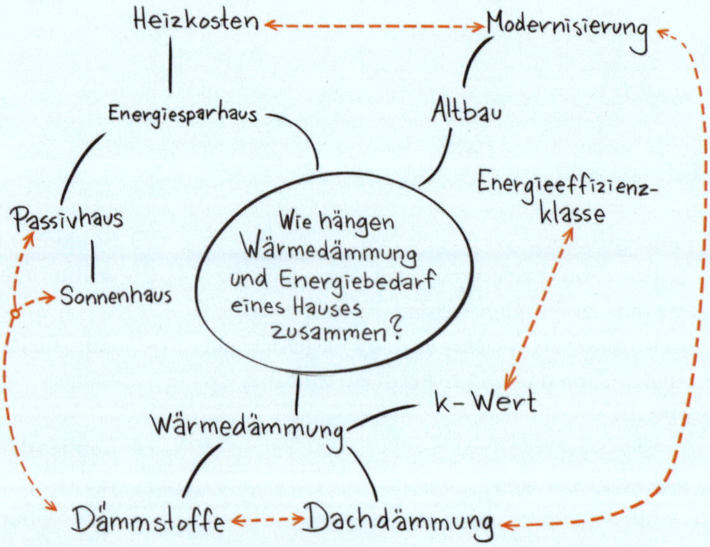

1 Mögliches Begriffsnetz zur Fragestellung

2 Zusammenstellung der Recherche für Jans Wandzeitung

Schritt 3: Dokumentieren der Ergebnisse

Findest du eine passende Internetseite, speichere die Internetadresse ab und notiere dir den Inhalt in Stichworten.
Bedenke, dass jeder Betreiber einer Internetseite seine eigene Sichtweise der Dinge darstellt. Um dir eine eigene Meinung bilden zu können, musst du die verschiedenen Sichtweisen abwägen.
Beachte, dass du bei deiner Dokumentation immer die Quellen von Bildern und Texten angeben musst. Zitate müssen gekennzeichnet werden.

Jan verwendet ein Textverarbeitungsprogramm, um seine Suchergebnisse übersichtlich zu dokumentieren: Wenn er eine passende Internetseite gefunden hat, notiert er die wichtigsten Aussagen in eigenen Worten. Textpassagen, die er später vielleicht zitieren will, kopiert er sich. Bei nützlichen Bildern verfährt er ebenso. Damit er später die Quelle seiner Informationen nennen kann und die Internetseite wiederfindet, kopiert er sich die Internetadresse aus der Adresszeile des Browsers.

Schritt 4: Ordnen der Ergebnisse

Überlege, nach welchen Kriterien du die dokumentierten Ergebnisse sinnvoll gliedern kannst. Dies kann z. B. eine Pro/Kontra-Liste oder die Schrittfolge eines Funktionsablaufs sein.

Jan hat sich bei der Recherche im Rahmen des Sonnenhausprojekts auf den Bereich „Wärmedämmung“ konzentriert. Er stellt fest, dass sich die meisten Suchergebnisse unter den Überschriften „Materialien“ und „Zahlenwerte zur Energieeinsparung“ zusammenfassen lassen. Andere wichtige Informationen notiert er sich unter „Sonstiges“. Den Rest verwirft er.

Schritt 5: Recherche abschließen

Prüfe, ob du alle Aspekte der ursprünglichen Fragestellung mit den recherchierten Ergebnissen beantworten kannst.
Überlege dir, was du nun mit den Rechercheergebnissen machst.

Die ursprüngliche Fragestellung „Wie hängen Wärmedämmung und Energiebedarf zusammen?“ kann Jan jetzt beantworten. Er beschließt, den anderen Gruppenmitgliedern seine Ergebnisse anahnd einer Wandzeitung vorzustellen.

Aufgabe

1 Energiesparschule

□ Recherchiere, wie sich in der Schule Energie sparen lässt. Präsentiere deine Vorschläge.

Welche Kleidung ist beim Eisklettern sinnvoll?

Die folgenden Aufgaben zum Thema **Übertragung von Wärme** helfen dir, deinen Lernstand einzuschätzen. Beobachte dich dazu beim Lösen der Aufgaben selbst:
- Brauchst du Hilfe? Musst du z. B. noch einmal nachlesen oder jemanden fragen?
- Kannst du die Aufgaben ohne Hilfe lösen?
- Weißt du sogar mehr, als in der Lösung steht?

Notiere dir, bei welchen Fragen du Schwierigkeiten hast. Kehre noch einmal zu den entsprechenden Seiten zurück, arbeite sie durch und löse die zugehörigen Aufgaben. Weitere Aufgaben findest du auf den folgenden Seiten.

1 Wärmeleitung

a □ Beschreibe den Vorgang der Wärmeleitung im Teilchenmodell.

b ◪ Beschreibe wie du vorgehst, um herauszufinden, ob ein Silberlöffel oder ein Stahllöffel die Wärme besser leitet.

2 Wärmeströmung

a □ Beschreibe den Vorgang der Wärmeströmung im Teilchenmodell.

b ◪ Warum ist eine Kerzenflamme stets nach oben gerichtet?

c ■ Zum Kühlen einer Bowle kann man die Eiswürfel in einem kleinen Gefäß oben in die Bowle hängen. Erkläre, wie es bei diesem Verfahren zur Kühlung kommt.

3 Wärmstrahlung

a ◪ Erläutere, warum sich der Vorgang der Wärmestrahlung im Teilchenmodell nicht erklären lässt.

b ◪ Hält man die Hand in eine blanke Blechdose, ohne die Wand der Dose zu berühren, so hat man ein deutliches Wärmegefühl. Erkläre, woher dies kommt.

c ■ Beschreibe einen Versuch, mit dem man untersuchen kann, wie die Farbe von Oberflächen die Wärmeaufnahme beeinflusst.

4 Wärmedämmung

a □ Beschreibe den Aufbau eines Anoraks und erkläre, wie er dich warm hält.

b ◪ Erkläre, woran es liegt, dass Anoraks unterschiedlich gut warm halten.

5 Treibhauseffekt

a □ Beschreibe die Ursachen für den natürlichen und den künstlichen Treibhauseffekt.

b ◪ Erläutere die Wirkung von Treibhausgasen.

c ◪ Der Mond hat keine Atmosphäre. Auf dem Mond sind die Temperaturschwankungen wesentlich stärker als auf der Erde. Auf der Tagseite des Mondes beträgt die Temperatur der Oberfläche im Mittel 130 °C, auf der Nachtseite –150 °C. Erkläre, wie es dazu kommt.

Übertragung von Wärme

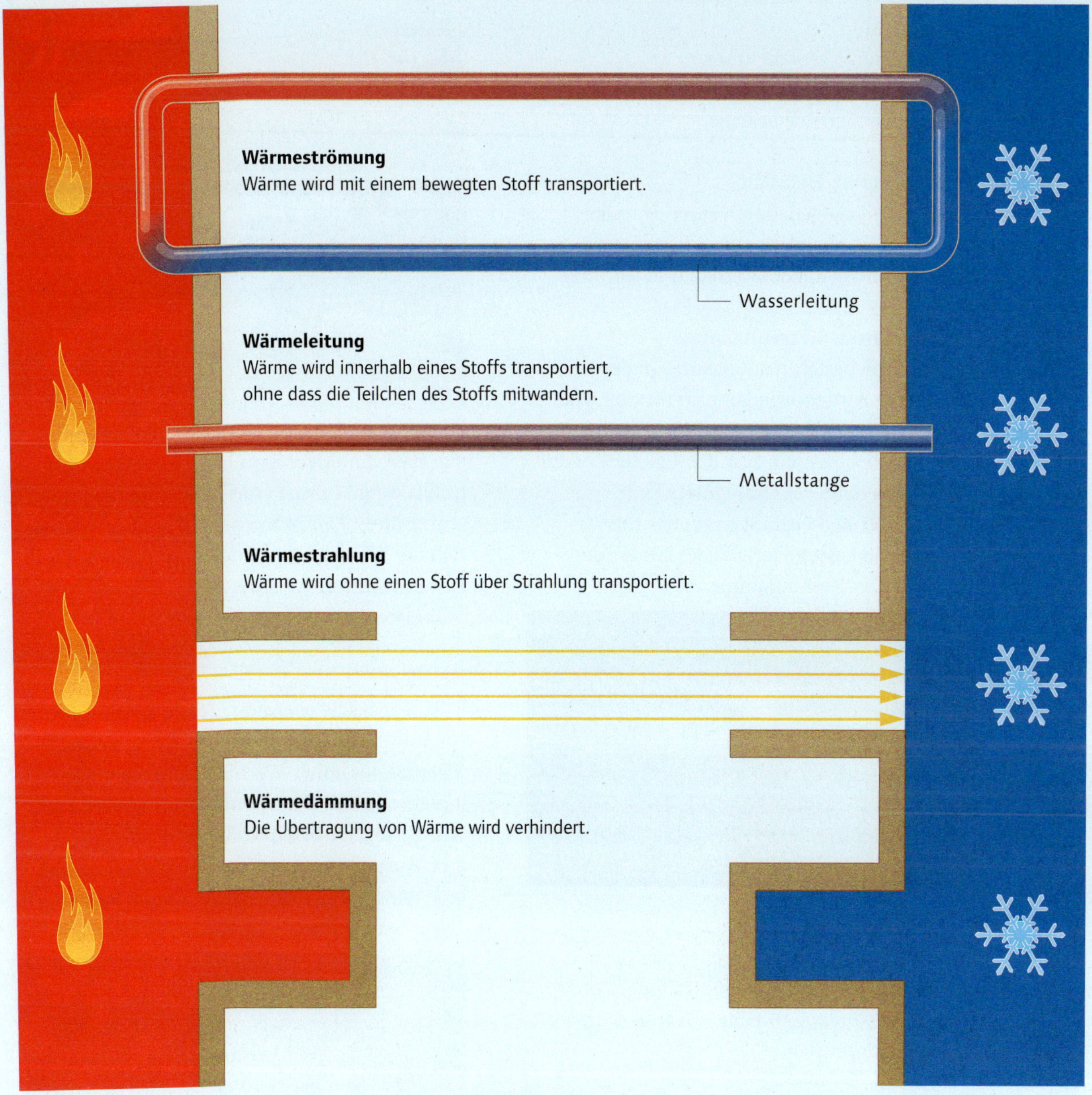

Wärmeströmung
Wärme wird mit einem bewegten Stoff transportiert.

Wärmeleitung
Wärme wird innerhalb eines Stoffs transportiert, ohne dass die Teilchen des Stoffs mitwandern.

Wärmestrahlung
Wärme wird ohne einen Stoff über Strahlung transportiert.

Wärmedämmung
Die Übertragung von Wärme wird verhindert.

Unter **Treibhauseffekt** versteht man, wenn abgestrahlte Wärme zurück auf die Erde reflektiert wird.
Man unterscheidet zwischen
- natürlichem Treibhauseffekt und
- künstlichem Treibhauseffekt.

Aufgaben

1 Eisenplatte anfassen
Lege eine Handfläche flach auf eine Metallplatte und die andere auf ein Styroporstück gleicher Temperatur.
a □ Beschreibe, was du fühlst.
b ◪ Erkläre deine Wahrnehmung mithilfe physikalischer Fachbegriffe.

2 Wärmeleiter im Haushalt
◪ Gehe in Gedanken durch euren Haushalt. Beschreibe, wo bei euch gute oder schlechte Wärmeleiter verwendet werden und warum.

3 Geheimnisvolle Kerzenflamme
Viele Kerzen bestehen aus Stearin. In der Kerzenflamme wird Stearindampf verbrannt. Hält man ein Drahtgitter über eine Kerzenflamme, kann man beobachten, dass der Teil der Kerzenflamme oberhalb des Drahtgitters fehlt.
Nach einiger Zeit beginnt das Gitter rot zu glühen. Jetzt taucht oberhalb des Gitters der obere Teil der Kerzenflamme auf.

a ◪ Erkläre das beschriebene Phänomen.
b ■ Erkläre, was passiert, wenn man nicht abwartet, bis das Gitter glüht, sondern oberhalb des Gitters sofort ein Streichholz über die Kerzenflamme hält.

4 Kühlungsprobleme
a ◪ Erkläre, welchen Zweck Kühlrippen an Motoren von Autos oder Motorrädern haben.
b ■ In herkömmlichen PCs werden an den größten Wärmequellen Kühler (Ventilatoren) angebracht. Leistungsstarke Rechner nutzen teilweise auch Wasserkühlungen. Erkläre die physikalischen Vorteile gegenüber der Luftkühlung.

5 Winde am Meer

Bei schönem Sommerwetter weht der Wind tagsüber vom Meer zum Land hin (Seewind), nachts weht er meist vom Land zum Meer hin (Landwind). Nur morgens und abends, während sich die Windrichtung ändert, ist es für kurze Zeit fast windstill.
◪ Erkläre diese Phänomene.

6 Heizkörper
Es gibt spezielle energiesparende Heizkörper. Nach vorn, zum Raum hin, bestehen sie aus Material mit hoher Wärmeleitfähigkeit, nach hinten, zur Wand hin, sind sie aus Material mit sehr geringer Wärmeleitfähigkeit gefertigt.
a □ Warum ist so eine Konstruktion sinnvoll?
b ◪ Wie konnte man sich bei älteren Heizungen früher behelfen?

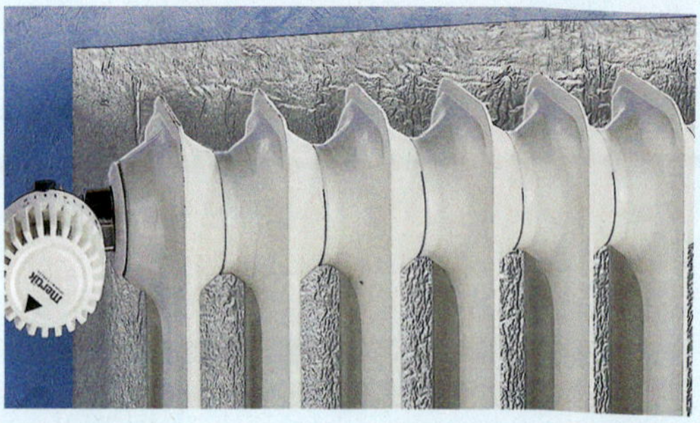

7 Tiere im Winter
◪ Viele Tiere bekommen im Winter ein dichtes Unterfell, das sie im Frühjahr wieder verlieren. Erkläre die physikalischen Zusammenhänge.

8 Wärmeübertragung

◪ Ordne die folgenden Beispiele den verschiedenen Arten des Wärmetransports zu. Lege dazu eine Tabelle an:

Wärmeleitung	Wärmeströmung	Wärmestrahlung

a) Eine Herdplatte erhitzt Wasser in einem Topf.
b) Die Sonne erwärmt die Atmosphäre.
c) Getränke werden in einem Bach gekühlt.
d) Ein Junge föhnt seine Haare.
e) Küken werden mit Wärmelampen bestrahlt.
f) Warmer Wind trocknet Wäsche auf der Leine.
g) Ein Ventilator verschafft im Sommer Kühlung.
h) Nasse Kleidung lässt uns frieren.

9 Thermosflasche

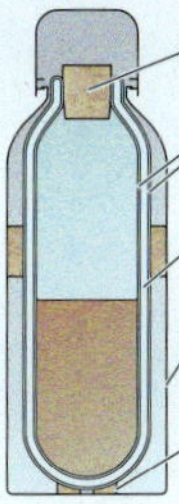

■ Eine Thermosflasche hält warme Getränke warm und kalte Getränke kalt. Dazu werden alle drei Arten des Wärmetransports unterbunden. Erkläre mithilfe der Zeichnung.

10 Raumanzug

◪ Astronauten tragen im Weltall Raumanzüge. Sie schützen vor der Kälte des Weltalls und vor der Hitze der Sonneneinstrahlung. Beschreibe die Funktion eines Raumanzugs. Verwende die Begriffe „Wärmeenergie“ und „Wärmetransport“.

11 Inuit

a □ Erkläre, warum sich die Inuit bei ihrer traditionellen Kleidung mit Fellen vor dem Wärmeverlust schützen.

b ◪ Es hilft, das Fell vor allem am Nacken, den Handgelenken und in Höhe der Hüfte zu haben. Auch Mützen oder Kapuzen sind wichtig. Erläutere die Zusammenhänge.

12 Wärmedämmung am Haus

◪ Viele Altbauten werden heute nachträglich mit einer Wärmedämmung versehen. Informiere dich im Internet über Aufbau und Funktionsweise solcher Wärmedämmungen und beschreibe die Vor- und Nachteile.

13 Treibhauseffekt

a □ Erläutere, woher der Treibhauseffekt seinen Namen hat. Vergleiche dazu die Vorgänge auf der Erde mit denen in einem Gewächshaus.

b ◪ Informiere dich darüber, welche Treibhausgase es gibt. Bei welchen davon können wir die Freisetzung verringern, indem wir unser Verhalten ändern?

c ■ Informiere dich, welche Auswirkungen ein Temperaturanstieg für die Erde haben kann.

1 Flaschengeist

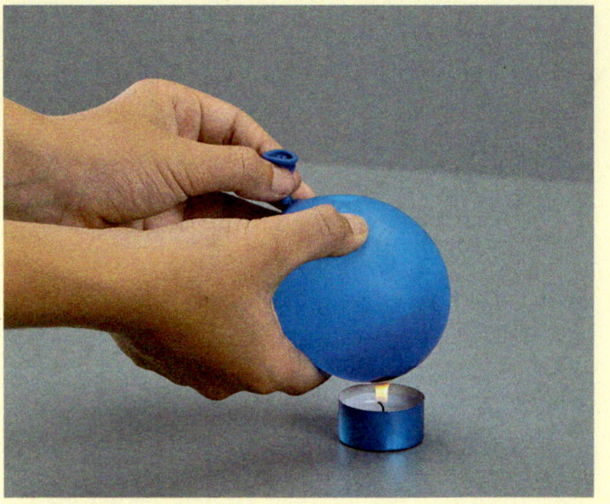

2 Der Ballon bleibt – eine Zeit lang – heil.

1 Ungewöhnliche Experimente mit Wärme

Marita prahlt: „Ich habe einen Geist in der Flasche. Soll ich ihn herauskommen lassen?"
Sie taucht die Öffnung ihrer Flasche in eine Seifenblasenlösung. Dann umfasst sie die Flasche mit ihren Händen. Tatsächlich erscheint kurz darauf der „Geist".

- **a** □ Schreibe eine Versuchsanleitung zum Experiment.
- **b** □ Beschreibe die Beobachtungen, die man bei dem Experiment macht.
- **c** ◪ Erkläre das Verhalten der Seifenblasenhaut mit physikalischen Gesetzen.
- **d** ◪ Schätze ab, wie lange es dauert, bis der „Flaschengeist" sich zeigt. Was kann man verändern, damit er schneller hervorkommt?

Maritas Experiment bringt Gert auf eine Idee: „Im Fernsehen habe ich gesehen, wie ein Luftballon in eine Flasche hineingekrochen ist. Ob das tatsächlich funktioniert?"
Gert erwärmt eine Flasche in heißem Wasser. Dann zieht er einen Luftballon über die Flaschenöffnung und stellt die Flasche in eine Schüssel mit Eiswasser.

- **e** □ Beschreibe die Beobachtungen.
- **f** ◪ Erkläre das Verhalten des Ballons.
- **g** ◪ Gib an, von welchen Größen das Volumen des in die Flasche gesogenen Ballons abhängt.
- **h** ◪ Beschreibe Veränderungen im Versuchsaufbau, durch die der Ballon möglichst weit in die Flasche gesogen wird.
- **i** ■ Jupp schaut von oben in den in der Flasche steckenden Ballon und staunt: „Wie viel Platz da jetzt wohl drin ist?" Gib eine Methode an, mit der man das Volumen des Ballons in der Flasche bestimmen kann.

„Wetten, dass ich einen Ballon über eine Kerzenflamme halten kann, ohne er kaputtgeht?", fragt Dirk. Er füllt den Ballon mit Wasser und es klappt! Ist der Ballon jedoch mit Luft gefüllt, platzt er, sobald er der Flamme zu nahe kommt.
Seine Mitschüler diskutieren, warum der wassergefüllte Ballon nicht platzt.

- **j** ◪ Welche Prozesse laufen bei diesem Experiment ab? Beginne die Beschreibung bei der Wärme, die von der Kerzenflamme ausgeht.

- **k** ■ Dirks Mitschüler machen vier Aussagen. Gib für jede Aussage begründet an, ob sie richtig ist.
- **l** ■ Die Kerzenflamme erwärmt allmählich das Wasser im Ballon. Was würde passieren, wenn die Temperatur des Wassers 100 °C erreicht?

3 Kochen mithilfe der Sonne

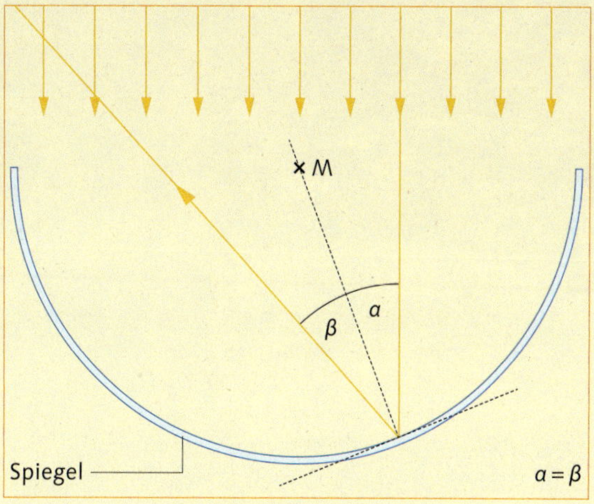

4 Konstruktion der reflektierten Strahlen

2 Nutzung der Sonnenenergie

Mithilfe von sogenannten Solarkochern kann man die Wärme der Sonne zum Kochen nutzen. Dazu muss die Wärmestrahlung der Sonne durch einen gewölbten Spiegel in einem möglichst kleinen Bereich konzentriert werden. Genau dort muss sich der Topf befinden.

Wärmestrahlen verhalten sich hinsichtlich der Reflexion wie Lichtstrahlen. Das heißt, für die weiteren Überlegungen darf man das Reflexionsgesetz von Lichtstrahlen auf die Wärmestrahlung übertragen.

Betrachtet man Bild 3 erkennt man, dass der gewölbte Spiegel in etwa die Form einer Halbkugel hat. Einen solchen Halbkugelspiegel schauen wir uns im Querschnitt an (Bild 4).

a □ Übertrage die Zeichnung in Bild 4 in dein Heft und setze die Wärmestrahlen mithilfe des Reflexionsgesetzes fort. Verlängere dazu jeden Strahl bis zum Spiegel. Konstruiere jeweils das Lot, indem du vom Schnittpunkt des Strahls mit dem Spiegel eine Verbindungsgerade zum Mittelpunkt M des Spiegelhalbkreises ziehst. Ergänze die reflektierten Strahlen.

b ◪ Nicht alle reflektierten Strahlen schneiden sich in einem Punkt. Beschreibe, welche Strahlen sich im zentralen Bereich treffen und welche nicht.

c ■ In Bild 4 wurde eine Gerade außen an den Spiegelhalbkreis gezeichnet. Erkläre die Bedeutung dieser Geraden.

Solarkocher funktionieren umso besser, je mehr Strahlen sich im Kochgefäß konzentrieren. Den Punkt, an dem sich die reflektierten Strahlen bündeln, nennt man Brennpunkt.

d ◪ Überlege anhand deiner Zeichnung aus Aufgabenteil b, wie die äußeren Teile des Spiegels verändert werden müssten, um mehr Strahlen in den Brennpunkt zu lenken. Trage die notwendigen Veränderungen mit einer anderen Farbe in deine Zeichnung ein.

Das Prinzip des Solarkochers nutzen auch Anlagen wie die in Bild 5.

e ■ Beschreibe die wesentlichen Unterschiede zwischen den Spiegelformen in den Bildern 3 und 5.

f ◪ Recherchiere im Internet, wo und zu welchem Zweck solche solarthermischen Kraftwerke eingesetzt werden.

5 Nutzung der Sonnenwärme in großem Maßstab

9
Struktur der Materie

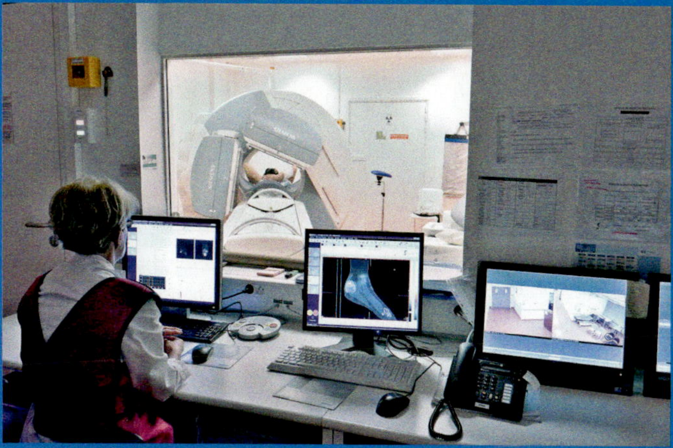

Wie kann man mithilfe von Radioaktivität medizinische Untersuchungen durchführen?

Woher kommt die Energie im Kernkraftwerk?

Wie kann ein Auto selbstständig fahren?

Atome

1 Im Forschungszentrum CERN werden kleinste Teilchen erforscht.

2 Größenverhältnis Atomkern zu Atomhülle

CERN (Conseil Européen pour la Recherche Nucléaire) ist die Europäische Organisation für Kernforschung in Genf. Hier werden die Teilchen erforscht, aus denen unsere Materie aufgebaut ist.

Aufbau von Atomen

Jeder Stoff ist aus winzig kleinen Teilchen, den Atomen, aufgebaut. Ein Atom besteht aus Atomkern und Atomhülle. Der **Atomkern** ist aus positiv geladenen Protonen und ungeladenen Neutronen zusammengesetzt. Die Anzahl dieser Teilchen hängt vom chemischen Element ab, zu dem das Atom gehört. Aufgrund der unterschiedlichen Teilchenzahlen haben die Atomkerne auch verschiedene Massen. Der Raum um den Kern, in dem sich die negativ geladenen Elektronen bewegen, ist größtenteils leer. Man nennt ihn die **Atomhülle**.

Im Vergleich zur Atomhülle ist der Atomkern sehr klein. Stellt man sich die Atomhülle so groß wie ein Fußballstadion vor, dann ist der Atomkern etwa so groß wie eine Kirsche (Bild 2).

> Atome sind winzig kleine Teilchen, aus denen alle Stoffe aufgebaut sind. Sie bestehen aus einer fast leeren Atomhülle mit Elektronen und einem Atomkern, der aus Protonen und Neutronen aufgebaut ist.

Verbinden sich mehrere Atome, so spricht man von einem **Molekül**.

Elemente

Ein gewöhnliches Atom ist insgesamt elektrisch neutral. In der Atomhülle gibt es also genauso viele negativ geladene Elektronen, wie es positiv geladene Protonen im Atomkern gibt. Die Anzahl der Protonen heißt Protonenzahl oder Kernladungszahl.

Wasserstoff ist das am einfachsten aufgebaute Atom. Es hat ein Proton im Atomkern und ein Elektron in der Atomhülle. Neutronen hat es in den meisten Fällen nicht.

Andere Atome haben mehr Protonen und mehr Neutronen. Bei Atomen mit gleich vielen Protonen spricht man von einem Element. Die Anzahl der Protonen bestimmt also, um welches Element es sich handelt.

> Die Anzahl der Protonen bestimmt, zu welchem Element ein Atom gehört.

3 Heliumkern: Modelldarstellung und Elementarschreibweise

Isotope

Die Atome eines Elements haben gleich viele Protonen, können sich aber in der Anzahl ihrer Neutronen unterscheiden. Man nennt diese unterschiedlichen Atome eines Elements Isotope. Sie unterscheiden sich in ihrer Masse und anderen physikalischen Eigenschaften. Chemisch unterscheiden sie sich jedoch kaum.

> Atomkerne eines Elements können bei gleicher Protonenzahl unterschiedlich viele Neutronen besitzen. Die unterschiedlich schweren Atome eines Elements nennt man Isotope.

Um Isotope zu unterscheiden, nennt man oft das Element zusammen mit der Anzahl der Kernbausteine. Bild 3 z. B. zeigt Helium-4 oder He-4.

Beispiel Sauerstoffisotope

Sauerstoff ist ein Element, das unter anderem in der Luft vorkommt. Am häufigsten ist das Sauerstoffisotop O-16 mit 8 Protonen und 8 Neutronen im Atomkern. Neben den beiden anderen nicht radioaktiven Isotopen O-17 und O-18, die auch in der Natur vorkommen, gibt es noch 14 weitere radioaktive Sauerstoffisotope.

Periodensystem der Elemente (PSE)

Im Periodensystem sind alle Elemente nach der Anzahl ihrer Protonen sortiert. Auf Platz 1 sitzt Wasserstoff mit einem Proton, auf Platz 2 Helium mit zwei Protonen und zwei Neutronen usw. Jeder Platz im PSE ist besetzt. Zwischen den Elementen, die dort vorkommen, gibt es keine weiteren.

Dem PSE kann man alle wichtigen Informationen zum Atombau eines Elements entnehmen. Die Kommazahlen bei der Anzahl der Kernbauteile geben die durchschnittliche Teilchenzahl im Kern der verschiedenen Isotope eines Elements wieder.

Aufgaben

1 Atombau

a □ Beschreibe, wie ein Atom aufgebaut ist.

b □ Erkläre, welche Gemeinsamkeiten alle Atome eines Elements haben.

c ◪ In Bild 4 findest du Informationen über das Element Blei. Erkläre, welche Informationen du dem PSE entnehmen kannst.

d ◪ Sauerstoff hat die Elementarschreibweise $^{16}_{8}O$. Zeichne den Atomkern und notiere, wie viele Elektronen das Atom haben muss.

2 Isotope

Es gibt Kohlenstoff in normaler und in radioaktiver Form. Das radioaktive C-14 unterscheidet sich vom normalen C-12 durch zwei zusätzliche Neutronen im Atomkern.

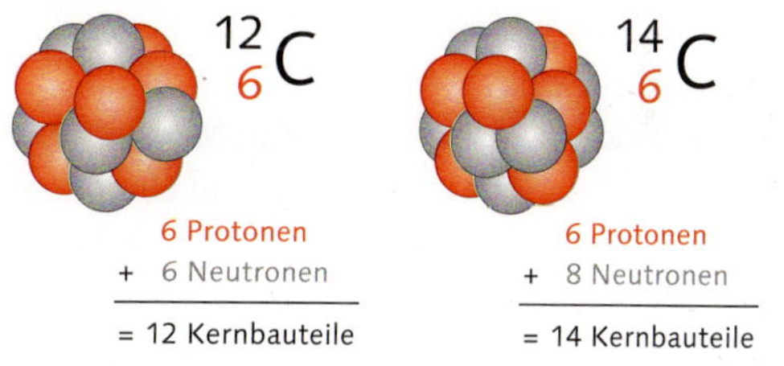

a □ Übertrage die Zeichnungen in dein Heft. Benenne den Unterschied zwischen den Atomen.

b ◪ Erkläre den Begriff „Isotop“ anhand des Beispiels von Kohlenstoff.

3 Größenverhältnisse

◪ Mike behauptet: „Im Vergleich zum Atomkern ist die Atomhülle riesig und die Elektronen darin sind winzig klein. Atome bestehen also überwiegend aus nichts.“ Nimm Stellung dazu.

4 Periodensystem

a ◪ Erkläre, wie jedes Element im Periodensystem seinen Platz erhält.

b ■ Argumentiere, ob es einen Zusammenhang zwischen dem Aufbau des Atomkerns und der Atommasse von Isotopen gibt.

80 200,6	81 204,4	82 207,2	83 209	84 209	85 210	86 222
Hg	Tl	Pb	Bi	Po	At	Rn
Quecksilber	Thallium	Blei	Bismut	Polonium	Astat	Radon

4 Auszug aus dem Periodensystem der Elemente (PSE)

Entdeckung der Radioaktivität

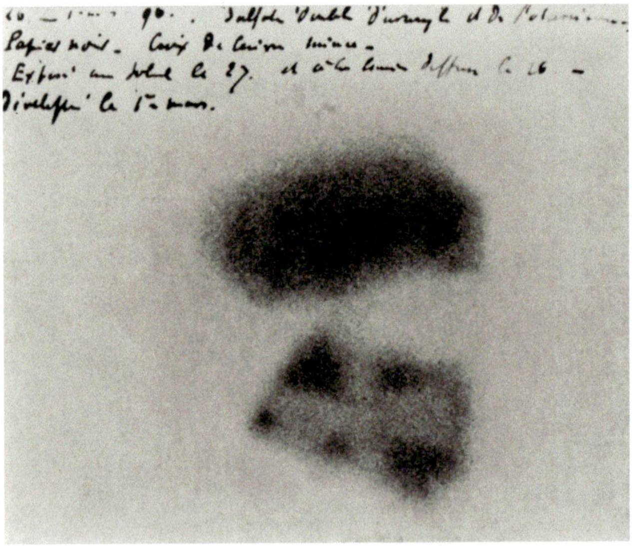

1 Eine unbekannte Strahlung erzeugte dieses Abbild.

2 Pierre und Marie Curie

1896 entdeckte Henri Becquerel zufällig, dass ein Stein aus Uransalz eine Art Bild auf einer noch verpackten Fotoplatte hinterließ. Der Stein musste also etwas aussenden, das die Verpackung durchdringen und – wie Licht einen Film – die Fotoplatte verändern konnte.

Radioaktivität

Becquerel hatte eine noch unbekannte, unsichtbare Strahlungsart entdeckt. Kurze Zeit später entdeckten Marie und Pierre Curie, dass es noch weitere Elemente gibt, die solche Strahlen aussenden. Sie fanden ein Element, das sehr stark strahlt, und nannten es Radium nach dem lateinischen Wort für Strahl. Die Strahlung, die Radium und andere strahlende Elemente aussenden, nannten die Curies Radioaktivität. Für ihre Entdeckungen erhielten Henri Becquerel und die Curies 1903 den Physik-Nobelpreis.

> Radioaktive Stoffe senden eine unsichtbare Strahlung aus. Diese Strahlung wurde 1897 von Henri Becquerel entdeckt.

Da die gesundheitlichen Risiken noch unbekannt waren, setzten sich Pierre und Marie Curie beim Experimentieren ständig ungeschützt der Radioaktivität aus. Beide starben an den Folgen dieser Verstrahlung.

Aufgaben

1 Henri Becquerel

◪ Fotofilme werden von Licht so verändert, dass man ein Abbild der Lichtstrahlen und somit der Umgebung sehen kann. Erkläre, wie Becquerel das „Foto" in Bild 1 deutete.

2 Marie und Pierre Curie

a □ Erkläre, woher der Name Radioaktivität kommt.

b ◪ Beschreibe die Forschungsarbeit der Curies mit eigenen Worten.

3 Radioaktivität

◪ Erkläre mithilfe der Zeichnung die Wirkung der Radioaktivität.

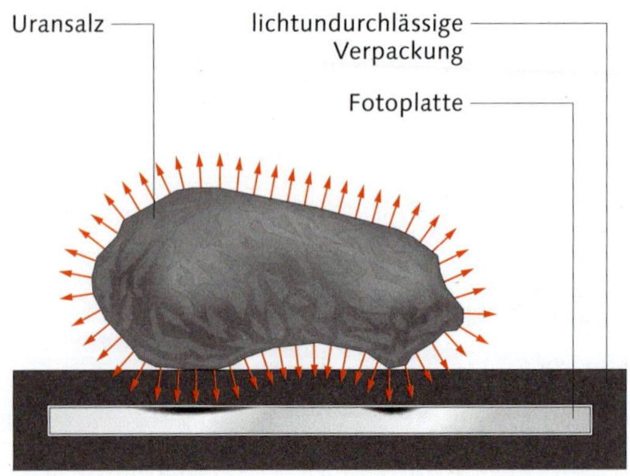

Extra Atommodelle im Laufe der Geschichte

Im Laufe der Zeit hat sich die Vorstellung vom Atom verändert.

Antikes Atommodell

Einige Philosophen entwickelten die Vorstellung, dass man, wenn man einen Gegenstand immer weiter teilt, irgendwann auf ein kleinstes, unteilbares Teilchen stößt. Sie vermuteten, dass jeder Gegenstand aus winzig kleinen Teilchen besteht: den Atomen (griech. *átomos:* unteilbar).

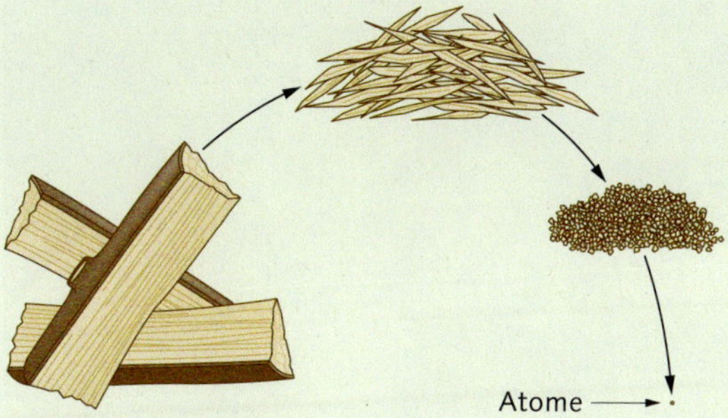

Modell nach John Dalton (1803)

Bei der chemischen Zerlegung verschiedener Reinstoffe entstehen immer wieder die gleichen Grundstoffe. Daraus schloss DALTON, dass es von den Atomen, die er sich als kleine, massive Kugeln vorstellte, unterschiedliche Sorten geben muss, die sich in Radius und Masse unterscheiden. So ist z. B. ein Goldatom größer und schwerer als ein Wasserstoffatom.

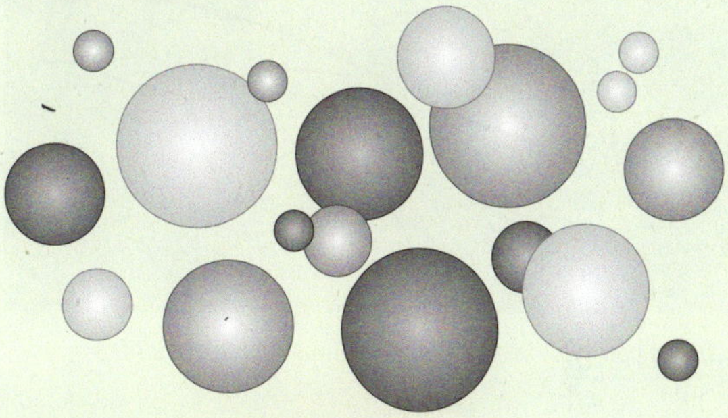

Modell nach Joseph John Thomson (1903)

Die Entdeckung des noch kleineren Elektrons veranlasste THOMSON zu der Annahme, dass jedes Atom aus einer positiv geladenen, kugelförmigen Grundmasse besteht, in welche die negativen Elektronen wie Rosinen in einem Kuchen eingebettet sind.

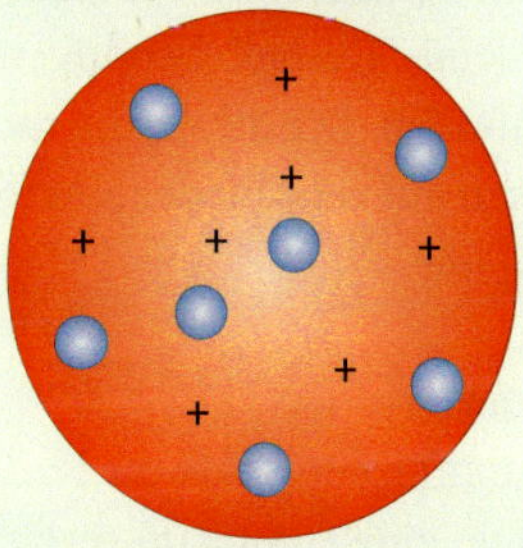

Modell nach Ernest Rutherford (1911)

RUTHERFORD entdeckte beim Experimentieren, dass sich der positiv geladene Anteil des Atoms auf einen ganz kleinen Kern konzentriert. Der größte Teil des Atoms ist leerer Raum.
Im winzig kleinen, positiv geladenen Atomkern sitzt fast die gesamte Masse des Atoms. Außen herum befindet sich die Atomhülle, die aus leerem Raum besteht, mit den negativ geladenen Elektronen.

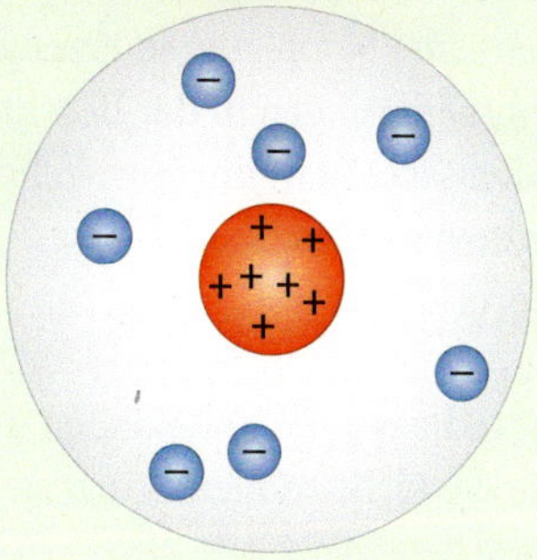

Orbitale (seit 1924)

Die Erkenntnis, dass sich ein Elektron im Atom nicht genau lokalisieren lässt, führt zu der Modellvorstellung, dass die Verteilung der Elektronen von ihrer Energie abhängt. Die Bereiche, in denen sich die Elektronen mit größter Wahrscheinlichkeit aufhalten, nennt man Orbitale. Dieses Atommodell ist bis heute das genaueste.

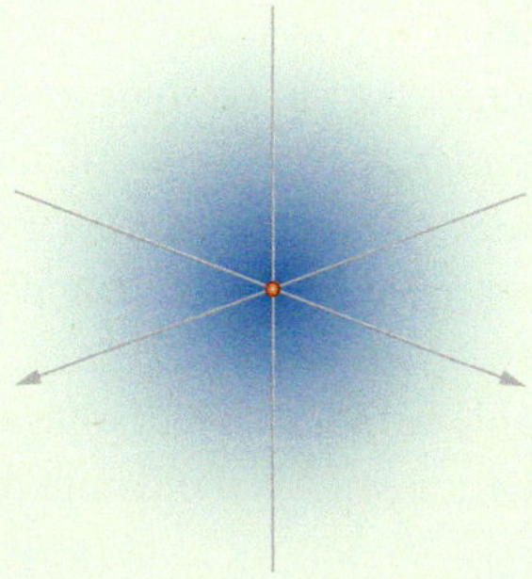

Nachweis und Messung der Radioaktivität

1 Zum Nachweis von Radioaktivität braucht man ein Messgerät.

2 Strahlungsspuren in einer Nebelkammer

Wir haben kein Sinnesorgan, das Radioaktivität wahrnehmen kann. Deshalb benötigen wir technische Messmethoden. Die Strahlung radioaktiver Stoffe kann man auf verschiedene Arten nachweisen.

Filmbelichtung

Henri Becquerel entdeckte die Radioaktivität, als ein Uranstein eine Fotoplatte verfärbte. Fotoplatten bestehen aus lichtempfindlichen Kristallen. Trifft Licht auf eine Fotoplatte, so erzeugt das Licht chemische Veränderungen in der Beschichtung der Platte. Man sagt: Der Film wird belichtet. Beim Entwickeln des Films sieht man diese Stelle als hellen Fleck.

Die Strahlen radioaktiver Stoffe haben die gleiche Wirkung wie die Lichtstrahlen: Auch sie können eine Fotoplatte belichten.

Nebelkammer

Eine Nebelkammer ist ein geschlossener Raum mit einem Sichtfenster, der meist mit Alkoholdampf gefüllt ist. Die Strahlung radioaktiver Stoffe hinterlässt Kondensstreifen im Alkoholdampf.

Trifft die Strahlung radioaktiver Stoffe auf Atome oder Moleküle, z. B. im Alkoholdampf der Nebelkammer, kann sie aus ihnen Elektronen herausschlagen. Atome oder Moleküle, denen eines oder mehrere Elektronen verloren gegangen sind, nennt man **Ionen**. Auf diese Weise ionisierte Teilchen sind positiv geladen. An den durch die Strahlung entstehenden positiv geladenen Ionen in der Nebelkammer kondensiert der Alkoholdampf und die Spur der Strahlung wird sichtbar.

> Die Strahlung radioaktiver Stoffe kann Fotoplatten chemisch verändern und Gasatome ionisieren. Diese Eigenschaften nutzt man zum Nachweis von Radioaktivität.

Nulleffekt

Schaltet man ein Messgerät für Radioaktivität ein, so zeigt es sofort an, dass Strahlung vorhanden ist. In unserer Umgebung gibt es immer eine gewisse Menge von Radioaktivität. Diese Umgebungsstrahlung ist für den Menschen ungefährlich. Messgeräte registrieren diese Strahlung aber. Man spricht vom Nulleffekt. Der Nulleffekt muss bei Messungen berücksichtigt werden.

> Wir sind ständig von Radioaktivität umgeben. Die Wirkung, die diese Umgebungsstrahlung auf ein Messgerät hat, nennt man Nulleffekt.

Experiment Messung von Radioaktivität

Mit einem Geiger-Müller-Zählrohr kann man die radioaktive Strahlung verschiedener Gegenstände messen. Es zeigt die Radioaktivität in der Einheit Becquerel (Bq) an. Ein Becquerel bedeutet eine Kernumwandlung pro Sekunde.

Schaltet man das Zählrohr ein, beginnt es sofort zu ticken: Das ist der Nulleffekt, der gemessen wird.

Jetzt kann man verschiedene Gegenstände vor das Zählrohr legen und messen, wie stark sie strahlen. Dazu eignen sich Schmucksteine, Backpulver, Uhren usw. Auf diese Weise lässt sich eine Rangliste radioaktiver Alltagsgegenstände erstellen.

Hinweis: Die an Alltagsgegenständen gemessene Strahlung ist ungefährlich.

Extra Funktion des Geiger-Müller-Zählrohrs

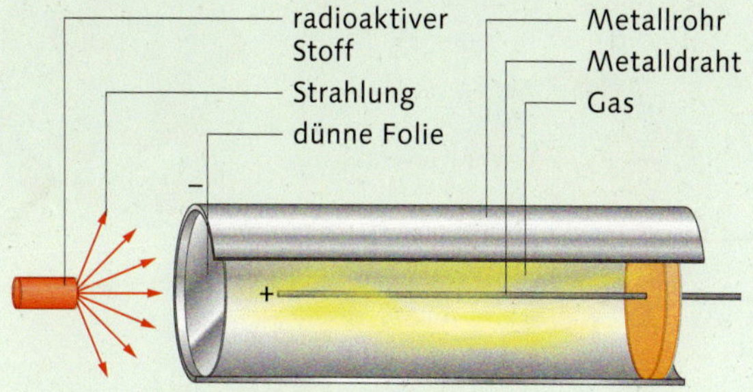

3 Aufbau eines Geiger-Müller-Zählrohrs

Schaltet man ein Geiger-Müller-Zählrohr ein, liegt zwischen Metallrohr und Metalldraht eine Spannung an. Dringt nun Strahlung radioaktiver Stoffe in das Zählrohr ein, so schlägt die Strahlung Elektronen aus den Gasatomen: Sie ionisiert das Gas. Dadurch wird das Gas leitfähig: Es fließt kurzzeitig ein elektrischer Strom. Diese Stromimpulse werden von einem Zähler registriert und von einem Lautsprecher als kurzes Knacken wiedergegeben.

Aufgaben

1 Nachweis von Radioaktivität

Die Strahlung radioaktiver Stoffe ist für uns nicht wahrnehmbar.

a □ Nenne drei Möglichkeiten, das Vorhandensein von Radioaktivität nachzuweisen.

b ◪ Erkläre den Begriff „ionisieren".

c ■ Vergleiche die Funktionsweise von Geiger-Müller-Zählrohr und Nebelkammer.

2 Radioaktivität im Experiment

a □ Erkläre, was man unter dem Nulleffekt versteht.

b ◪ Im Physiksaal wird am Montag bei einer kurzen Messung ein Nulleffekt von 21 Impulsen pro Sekunde gemessen. Am Dienstag beträgt der Nulleffekt 25 Impulse pro Sekunde. Erkläre diese Messergebnisse.

c ■ Daniel behauptet: „Beim Messen der Radioaktivität muss man zuerst den Nulleffekt bestimmen und diesen dann vom Messergebnis abziehen."
Nimm Stellung zu dieser Aussage.

3 Einheit der Radioaktivität

Radioaktivität wird in Becquerel (Bq) gemessen.

a ◪ Erkläre, was man unter einer Strahlung von 10 Bq versteht.

b ◪ Viele Gegenstände senden eine gewisse Strahlung aus. Ein Kilogramm Kaffee strahlt mit 1000 Bq. Ein Kilogramm Uran hat eine Strahlung von 10 MBq. Vergleiche die beiden Strahlungen.

4 Strahlend schön

Natürliches Kalium enthält eine kleine Menge des radioaktiven Isotops Kalium-40. Da Kalium in unserem Körper vorkommt, strahlen wir alle mit 40 bis 60 Bq pro Kilogramm Körpermasse.

a ◪ Berechne, welche durchschnittliche Strahlung ein erwachsener Mann mit 100 kg Körpermasse abstrahlt.

b ◪ Tina sagt: „Physikalisch gesehen besitzt Supermodel Heidi Klum mit etwa 50 kg weniger Ausstrahlung als unsere Lehrerin mit 72 kg." Erkläre, was Tina damit meint.

Strahlungsarten

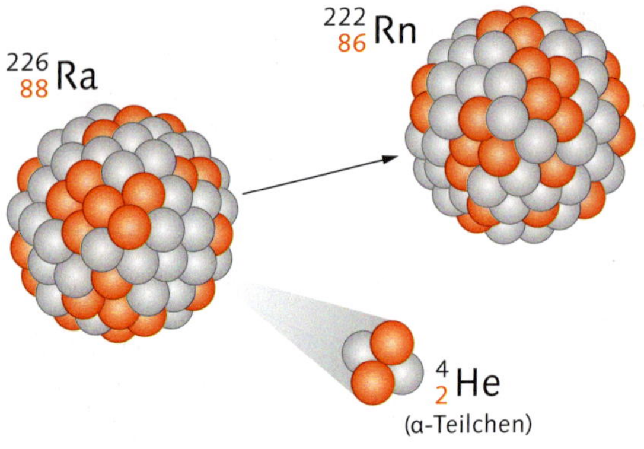

1 Kernumwandlung bei α-Strahlung

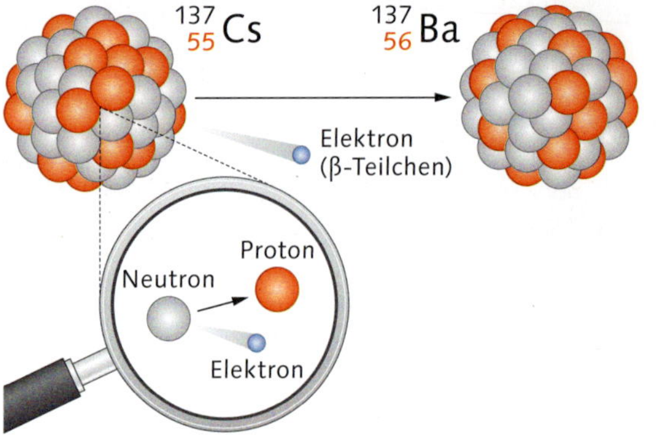

2 Kernumwandlung bei β-Strahlung

Radioaktive Stoffe können drei verschiedene Arten von Strahlung aussenden:

Alphastrahlung

Bei der Alphastrahlung (α-Strahlung) stößt ein Atomkern einen Heliumkern aus: ein α-Teilchen. Dieses besteht aus zwei Protonen und zwei Neutronen. Dadurch verändert sich der Atomkern und es entsteht ein neues Element mit zwei Protonen und zwei Neutronen weniger im Kern.

Eigenschaften der Alphastrahlung

Ladung des α-Teilchens: positiv
Reichweite in Luft: einige Zentimeter
Abschirmung: ein Blatt Papier

Beim Aussenden von Alphastrahlung wandelt sich der Atomkern in den Kern eines anderen Elements um: Die Massenzahl verringert sich um 4, die Protonen- bzw. Kernladungszahl um 2.

Beispiel (Bild 1): Ein Radiumkern besitzt 88 Protonen und 138 Neutronen. Bei der Umwandlung stößt der Kern ein α-Teilchen mit 2 Protonen und 2 Neutronen (einen Heliumkern) aus. Übrig bleibt ein Atomkern mit 86 Protonen: ein Radonkern. Es hat also eine Elementumwandlung stattgefunden.

Betastrahlung

Bei der Betastrahlung (β-Strahlung) zerfällt in der Regel ein Neutron im Kern in ein Proton und ein Elektron. Das Elektron verlässt als β-Teilchen den Atomkern, das Proton bleibt zurück. Dadurch wandelt sich der Atomkern in ein neues Element um. Es hat ein Proton mehr im Kern.

Eigenschaften der Betastrahlung

Ladung des β-Teilchens: negativ
Reichweite in Luft: einige Meter
Abschirmung: 5 mm dickes Aluminiumblech

Beim Aussenden von Betastrahlung wandelt sich der Atomkern in den Kern eines anderen Elements um: Die Massenzahl verringert sich nicht, die Protonen- bzw. Kernladungszahl steigt um 1.

Beispiel (Bild 2): Ein Caesiumkern besitzt 55 Protonen und 82 Neutronen. Beim der Umwandlung wird eins der Neutronen zu einem Proton und einem Elektron. Das Elektron wird als β-Teilchen ausgestoßen. Das Proton bleibt im Kern, der dadurch zu einem Bariumkern mit 56 Protonen wird.

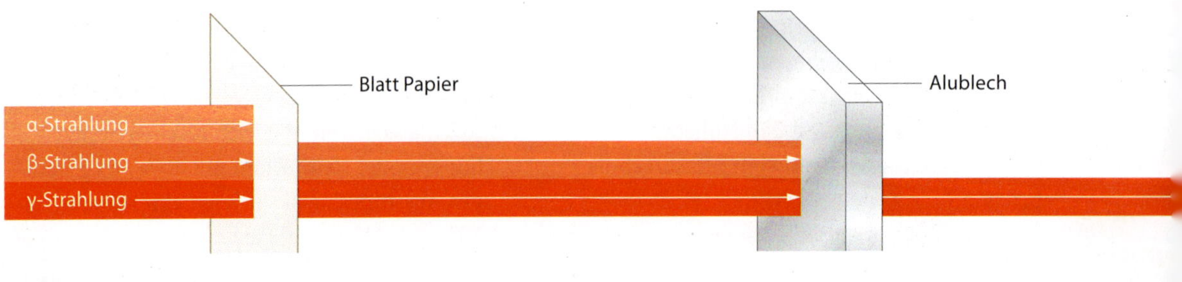

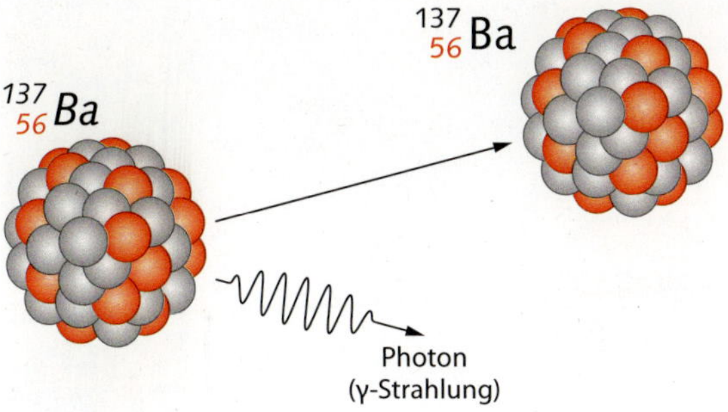

3 Aussenden von γ-Strahlung

Gammastrahlung

Bei der Gammastrahlung (γ-Strahlung) sendet der Atomkern eine Portion Energie aus. So eine Energieportion nennt man Photon. Dadurch verändert sich der Atomkern nicht. Das Element bleibt unverändert. Nur der Energieinhalt des Atomkerns sinkt durch das Aussenden des Photons.

Eigenschaften der Gammastrahlung

Ladung des Photons: ungeladen (wie Licht)
Reichweite in Luft: unendlich (wie Licht)
Abschirmung (> 99 %): 10 cm dicke Bleiplatte

Beim Aussenden von Gammastrahlung bleibt der Atomkern unverändert. Er gibt lediglich Energie ab. Gammastrahlung ist – anders als Alpha- und Betastrahlung – eine reine Energiestrahlung.

Beispiel (Bild 3): Ein Bariumkern besitzt 56 Protonen und 91 Neutronen. Sendet ein Bariumkern Gammastrahlung aus, verliert der Kern Energie. Zurück bleibt ein etwas weniger energiereicher Bariumkern. Es findet aber keine Kernumwandlung statt.

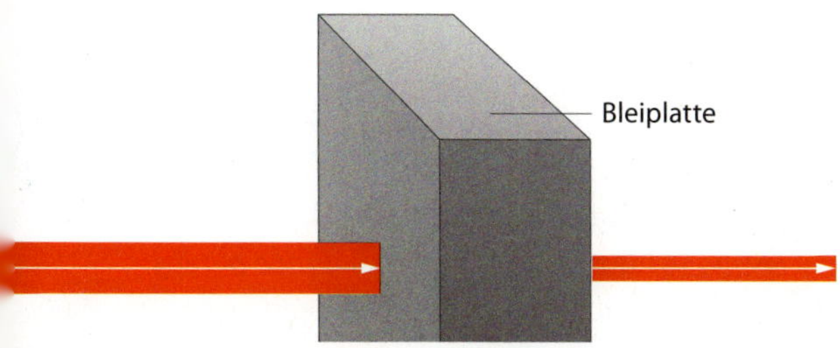

Aufgaben

1 Strahlungsarten

a □ Beschreibe die Unterschiede zwischen den drei Strahlungsarten.

b ◪ Finde Gemeinsamkeiten zwischen den Strahlungsarten.

2 Eigenschaften der Strahlungen

a □ Ein Strahler sendet alle drei Strahlungsarten aus. Erkläre, was geschieht, wenn man ihn hinter eine 5 cm dicke Aluminiumplatte stellt.

b ◪ Der Radiumstrahler wird in 1,5 m Abstand zum Zählrohr aufgestellt. Beschreibe, was das Zählrohr misst.

3 Kernumwandlungen

a ◪ Kohlenstoff-14 (C-14) hat 6 Protonen und 8 Neutronen im Kern. Zeichne den Atomkern.

b ■ Bei der Umwandlung von C-14 entsteht Stickstoff. Um welche Strahlung muss es sich also handeln? Begründe deine Antwort.

c ■ Blei $^{214}_{82}Pb$ kann sowohl α-Teilchen als auch β-Teilchen aussenden. Beschreibe, was jeweils geschieht und welches Element entsteht.

4 Umwandlungsbeispiele

◪ Erläutere die folgende Darstellung:

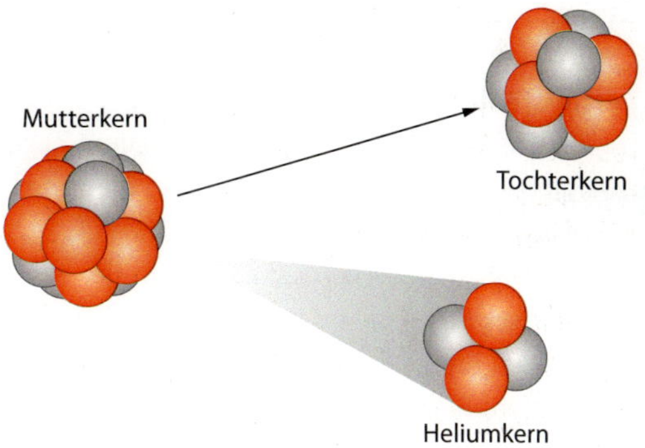

5 Strahlungsvergleich

In einer Aluminiumkiste befindet sich ein radioaktiver Stoff. Entscheide jeweils, um welche Strahlungsart es sich handelt, und begründe deine Antwort.

a □ Außerhalb der Kiste wird keine Strahlung gemessen.

b ◪ Die Strahlung innerhalb der Kiste ist deutlich geringer als außerhalb der Kiste.

Zerfallsreihen

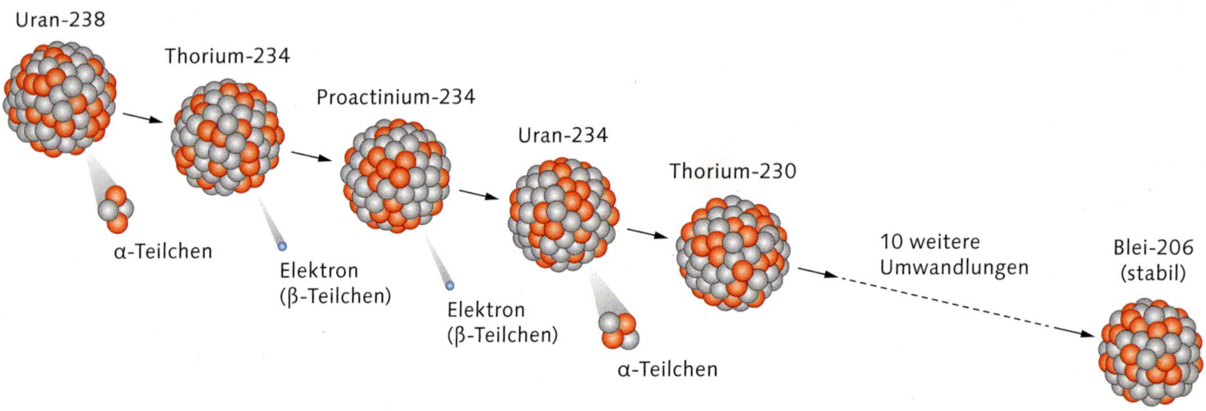

1 Zerfallsreihe von einem radioaktiven Uranisotop zu stabilem Blei

Radioaktive Stoffe kommen auch in der Natur vor. Wandeln sich radioaktive Kerne unter Aussendung von Strahlung um, sagt man: Sie zerfallen. Dabei entstehen teils neue radioaktive Stoffe, die auch wieder zerfallen.

Am Anfang einer Zerfallsreihe steht immer ein Element mit einem instabilen Atomkern. Instabil bedeutet: Dieser Atomkern ist radioaktiv und sendet Teilchen aus. Durch das Aussenden der Teilchen verändert sich der Atomkern. Er gehört nun zu einem anderen Element. Diese Veränderungen geschehen so lange, bis ein stabiler Atomkern erreicht ist.

Zerfallsreihen

Es gibt drei natürliche Zerfallsreihen. Diese Zerfallsreihen existieren schon, solange es die Erde und ihre Elemente gibt.

Am Anfang einer Zerfallsreihe steht immer ein radioaktives Element, am Ende steht bei den drei natürlichen Reihen immer stabiles, also nicht radioaktives Blei. Die Umwandlungen in einer solchen Kette können α- oder β-Zerfälle sein.

Eine Zerfallsreihe ist eine Abfolge von Zerfällen von einem radioaktiven Ausgangsisotop zu einem stabilen Isotop, meist Blei.

Es dauert sehr lange, bis ein Kern eine Zerfallsreihe, z. B. von radioaktivem Uran-238 bis zu stabilem Blei, durchlaufen hat – meist viele Millionen Jahre. Nur auf diesem Weg verschwindet Radioaktivität von der Erde.

Beispiel Uran-Radium-Zerfallsreihe

Am Anfang der Uran-Radium-Zerfallsreihe steht Uran-238 mit 92 Protonen und 146 Neutronen im Kern. Der erste Zerfall ist ein α-Zerfall. Durch Ausstoß eines Heliumkerns entsteht Thorium mit 90 Protonen und 144 Neutronen. Nach weiteren Kernumwandlungen steht am Ende der Reihe Blei mit 82 Protonen und 124 Neutronen im Kern. Dieses Blei ist nicht mehr radioaktiv.

Aufgabe

1 Zerfallsreihe

a □ Beschreibe mit eigenen Worten, was in einer Zerfallsreihe geschieht und was an ihrem Anfang und an ihrem Ende steht.

b ◪ Ergänze die Zerfallsreihe in Bild 1 um zwei Umwandlungen. Die beiden nächsten Schritte sind Alphazerfälle.

c ■ Die folgende Skizze zeigt Ausschnitte aus der Thorium-Zerfallsreihe. Beschreibe die ersten 4 Schritte wie im Beispiel.

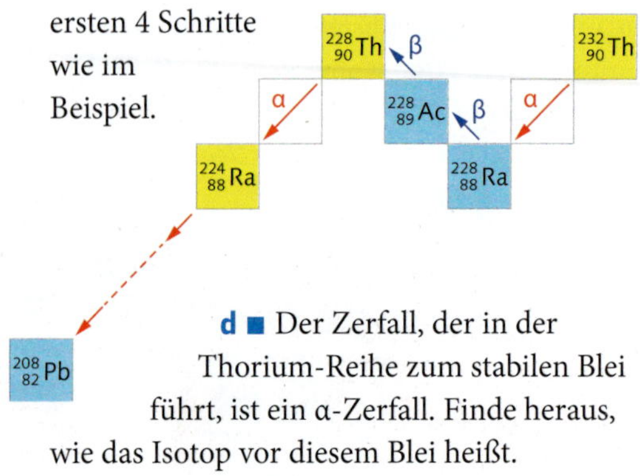

d ■ Der Zerfall, der in der Thorium-Reihe zum stabilen Blei führt, ist ein α-Zerfall. Finde heraus, wie das Isotop vor diesem Blei heißt.

Extra Nuklidkarten

Eine Nuklidkarte zeigt die Isotope der bekannten Elemente, geordnet nach der Anzahl ihrer Protonen und der Anzahl ihrer Neutronen. In einer Nuklidkarte werden Zerfallsarten farblich unterschieden:

Beim Alphazerfall, der in der Nuklidkarte durch gelbe Felder dargestellt wird, sinken die Protonenzahl und die Neutronenzahl jeweils um 2. In der Nuklidkarte findet man das neu entstandene Element also zwei Felder tiefer und zwei Felder weiter links.

Beim Betazerfall, durch blaue Felder dargestellt, steigt die Protonenzahl um 1 und die Neutronenzahl sinkt um 1. Das entstandene Element findet man ein Feld höher und ein Feld weiter links.

Auf diese Weise vereinfacht die Nuklidkarte das Verfolgen von Zerfallsreihen. Man kann die Zerfallsreihen einfach auszählen.

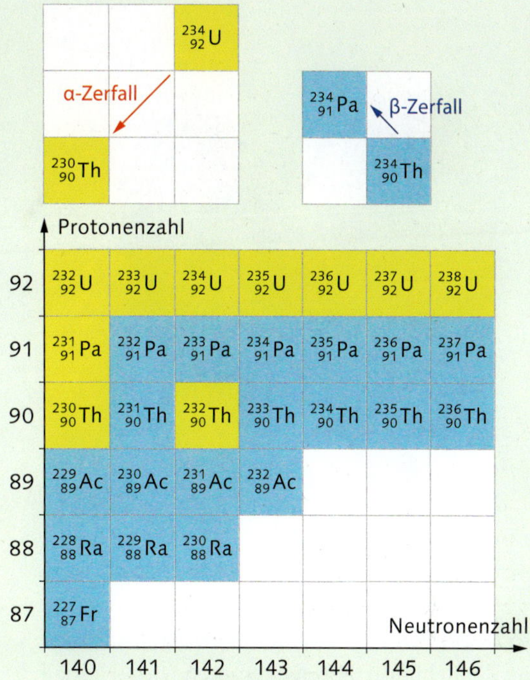

2 Ausschnitt aus einer Nuklidkarte

Aufgaben

1 Nuklidkarte lesen

a □ Erläutere den Aufbau einer Nuklidkarte.

b ◪ Die Grafik unten stellt die Zerfallsreihe von Uran-238 dar. Deute die Grafik: Welche Informationen lassen sich entnehmen?

c ■ Übertrage die Grafik in dein Heft und fülle die offenen Felder mithilfe einer Nuklidkarte. *Hinweis:* Der abgedruckte Ausschnitt der Nuklidkarte reicht dafür nicht aus.

2 Detailliertere Nuklidkarten

In Nuklidkarten gibt es üblicherweise noch weitere Informationen.

a ■ In den Nuklidkarten begegnet dir eine neue Zerfallsart: der Beta-Plus-Zerfall. Recherchiere und erkläre diese Kernumwandlung.

b ■ Recherchiere, welche weiteren Informationen detaillierte Nuklidkarten zu den Zerfällen enthalten. Gib konkrete Beispiele an.

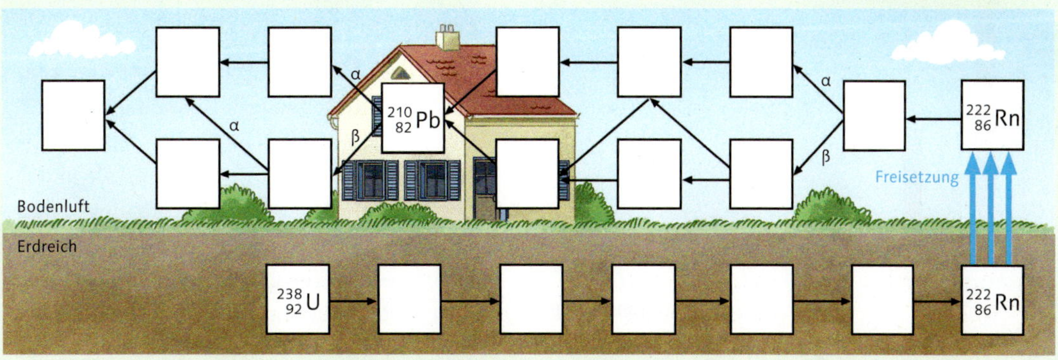

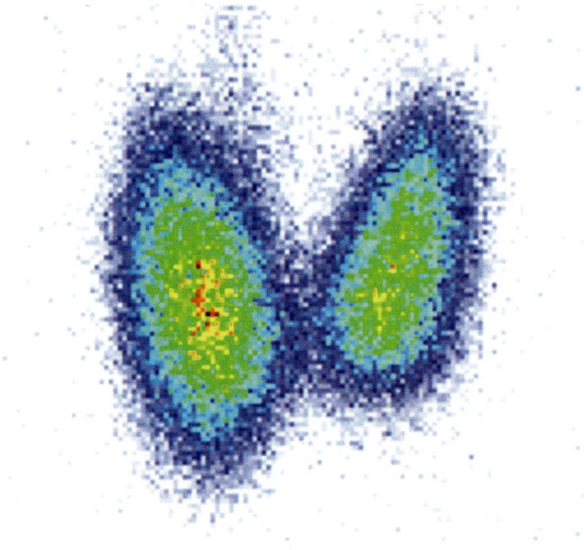

1 Einseitige Schilddrüsenüberfunktion: Diagnose mit radioaktivem Iod.

Element	Formel-zeichen	Halbwertzeit
Tellur	^{128}Te	$2{,}20 \cdot 10^{24}$ Jahre (2,2 Quadrillionen Jahre)
Uran	^{238}U	4,47 Mrd. Jahre
Kalium	^{40}K	1,25 Mrd. Jahre
Iod	^{129}I	15,7 Mio. Jahre
Plutonium	^{239}Pu	24 100 Jahre
Kohlenstoff	^{14}C	5 730 Jahre
Iod	^{131}I	8,02 Tage
Radon	^{222}Rn	3,82 Tage
Iod	^{130}I	12,3 Stunden
Francium	^{223}Fr	21,8 Minuten
Thorium	^{223}Th	0,60 Sekunden
Sauerstoff	^{13}O	8,58 Millisekunden

3 Beispiele für Halbwertszeiten verschiedener Stoffe

Iod ist ein Element, das im Körper hauptsächlich von der Schilddrüse aufgenommen wird. Deshalb ist es möglich, die Schilddrüse mit dem radioaktiven Isotop Iod-131 genau zu untersuchen und im Krankheitsfall zu behandeln.

Die Radioiodtherapie

Bei der Radoiodtherapie wird radioaktives Iod-131 geschluckt. Das Iod reichert sich in der Schilddrüse an und zerstört dort kranke Körperzellen.
Nach 8 Tagen hat sich die Hälfte der Iod-Atomkerne in stabile Xenonatome umgewandelt. Nach weiteren 8 Tagen ist nur noch ein Viertel der Ursprungskerne vorhanden. Durch diese kurze Zerfallszeit belastet das radioaktive Iod den Körper nur kurz.

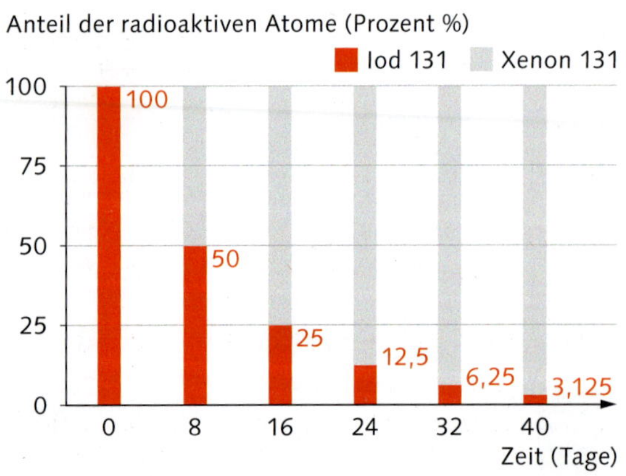

2 Idealisierter Umwandlungsverlauf am Beispiel von Iod-131

Halbwertszeit

Ist ein Isotop radioaktiv, wandeln sich seine Atomkerne nach und nach um. Dadurch verringert sich die Menge des radioaktiven Stoffs immer weiter. Die Radioaktivität nimmt mit der Zeit ab.
Man kann nicht vorhersagen, wann ein einzelner Kern zerfällt, aber es gibt für jedes radioaktive Isotop eine typische Zeitspanne, nach der sich die Hälfte seiner ursprünglich vorhandenen Atomkerne umgewandelt hat. Diese Zeitspanne, nach der sich die Hälfte der Ausgangsatomkerne umgewandelt hat, ist seine Halbwertszeit.

Die Zeitspanne, nach der sich die Hälfte der anfänglich vorhandenen Atomkerne eines radioaktiven Isotops umgewandelt hat, nennt man Halbwertszeit.

Beispiel Die vierte Zerfallsreihe

Früher gab es auf der Erde nicht nur drei, sondern vier natürliche Zerfallsreihen. Die vierte Zerfallsreihe war die Neptunium-Zerfallsreihe. Diese Zerfallsreihe kommt auf der Erde in der Natur nicht mehr vor. Denn wegen ihrer relativ kurzen Halbwertszeiten haben sich alle natürlich vorkommenden Ausgangsatomkerne bereits vor langer Zeit umgewandelt. Sie können nur noch künstlich im Labor erzeugt werden.

Experiment Halbwertszeit von Würfeln

Mit 100 Würfeln kannst du in einem Modellexperiment das Entstehen der Halbwertszeit nachvollziehen. Die Würfel stehen für die Kerne eines radioaktiven Isotops.

Würfle mit allen 100 Würfeln. Lege diejenigen Würfel zur Seite, die eine Sechs zeigen. Das müsste etwa ein Sechstel aller Würfel sein.
Eine Sechs steht für die Umwandlung eines Kerns innerhalb einer bestimmten Zeit. Würfel mit den Zahlen 1 bis 5 stehen für Kerne, die innerhalb dieser Zeit nicht zerfallen sind.

Würfle mit allen Würfeln, die keine Sechs gezeigt haben, noch einmal. Lege wieder alle Würfel zur Seite, die eine Sechs zeigen. Fahre genauso fort, bis nur noch 50 Würfel übrig sind, die nie eine Sechs gezeigt haben.

Vermutlich wirst du dieses Ziel nach 4 Würfen erreicht haben. Die Halbwertszeit von 6er-Würfeln beträgt also 4 Würfe.
Überlege und überprüfe nun, wie lange es dauert, bis nur noch 25 Würfel ohne Sechs übrig sind.

Stelle eine Vermutung an und prüfe nach, ob sich die Halbwertszeit verändert, wenn du mit mehr oder weniger Würfeln startest.

Aufgaben

1 Radioiodtherapie

a □ Beschreibe, wie die Radoiodtherapie funktioniert und wann sie eingesetzt wird.

b ◪ Erkläre den Zerfall von Iod-131 zu stabilem Xenon. Um welche Zerfallsart muss es sich handeln? Begründe.

2 Halbwertszeit

a □ Erkläre den Begriff „Halbwertszeit“.

b ◪ Erstelle eine Zerfallstabelle für Iod-131. Beginne mit einer Ausgangsmasse von 1 kg Iod-131.

3 Würfelexperiment

a □ Erkläre das Vorgehen und die Bedeutung des Würfelexperiments.

b ◪ Übertrage die Ergebnisse aus dem Experiment in eine Grafik wie in Bild 2.

c ◪ Tina behauptet, dass sich das Ergebnis des Experiments nicht ändert, wenn man statt bei 6 bei 2 den Zerfall des Atomkerns annimmt. Bestätige oder widerlege ihre Aussage.

d ◪ Stelle eine Vermutung an, wie sich die Halbwertszeit ändert, wenn eine Umwandlung nicht nur bei 6, sondern bei 5 und 6 stattfindet.

e ■ Mache eine Voraussage darüber, wie sich bei einem 12-seitigen Würfel die Halbwertszeit verändert. Begründe deine Antwort.

4 Zerfallstabelle

Zeit in Jahren (a)	Zahl der radioaktiven Atome	Zahl der nicht mehr radioaktiven Atome
	12 000 000	?
nach 5 730 a	6 000 000	6 000 000
nach 11 460 a	?	?
nach 17 190 a	?	?
nach 22 920 a	?	?

a ◪ Übertrage die Tabelle in dein Heft und vervollständige sie.

b ◪ Fertige mithilfe der Tabelle ein Diagramm an.

c □ Gib an, um welches Isotop es sich handelt.

Radioaktivität im Alltag

1 Radioaktivität umgibt uns jeden Tag.

Im Alltag sind wir ständig der Strahlung radioaktiver Stoffe ausgesetzt. Über Atmung und Nahrung nehmen wir sogar radioaktive Stoffe in unseren Körper auf.

Zusammensetzung der Umgebungsstrahlung

Viele Dinge sind von Natur aus radioaktiv. Aus dem Weltall kommt ständig Radioaktivität, die **kosmische Strahlung**, zur Erde. Und auch die Erdkruste enthält radioaktive Elemente, die sich nach und nach unter Aussenden von Strahlung umwandeln.

> Die Umgebungsstrahlung setzt sich aus der kosmischen Strahlung und der Bodenstrahlung zusammen.

Viele Nahrungsmittel enthalten radioaktive Stoffe, die beim Essen und Trinken in den Körper gelangen. Zusätzlich nehmen wir beim Atmen radioaktives Radongas auf.
Neben der natürlichen Strahlung gibt es auch Strahlung aus künstlichen Quellen. Dazu gehört z. B. die Strahlung von Kohlekraftwerken oder Atomkraftwerken.

Die normale Umgebungsstrahlung ist für uns ungefährlich. Der menschliche Körper ist an diese Strahlung angepasst.

Einheit der Strahlendosis

Jede Strahlung hat eine Wirkung auf den menschlichen Körper. Dabei ist die Menge der Strahlung entscheidend, der ein Körper ausgesetzt ist. Diese Strahlenmenge nennt man Strahlendosis.
Die effektive Strahlendosis berücksichtigt, um welche Strahlenart es sich handelt, welche Masse der betroffene Körper hat und welches Organ getroffen wird. Die Einheit der Strahlendosis heißt Sievert (Sv).

> Die effektive Strahlendosis ist ein Maß für die Strahlenbelastung eines Körpers. Sie berücksichtigt Strahlenart, Masse des Körpers und betroffenen Körperteil.

Jahresdosis in Deutschland

Die Strahlendosis, der ein Mensch im Verlauf eines Jahres ausgesetzt ist, hat mehrere Anteile:
Neben kosmischer Strahlung und Bodenstrahlung machen medizinische Untersuchungen einen großen Teil der jährlichen Strahlendosis aus. Röntgenstrahlung hat eine ähnliche Wirkung auf den Körper wie Radioaktivität. Deshalb muss Röntgenstrahlung bei der jährlichen Strahlungsbelastung des Körpers mit betrachtet werden. Um einen Überblick über diese Strahlendosis zu haben, gibt es den Röntgenpass.
Die durchschnittliche Jahresdosis in Deutschland beträgt für die Bevölkerung derzeit etwa 4 Millisievert (mSv).

> Die Jahresdosis ist die Strahlenmenge, der ein Körper im Laufe eines Jahres ausgesetzt ist. Sie wird in Sievert (Sv) angegeben.

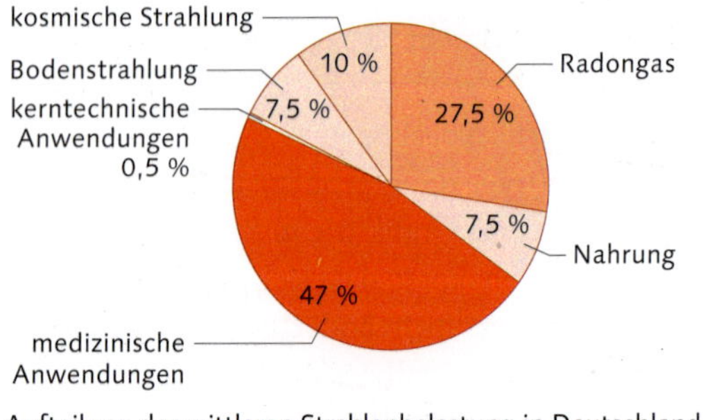

2 Aufteilung der mittleren Strahlenbelastung in Deutschland

Beispiele Beiträge zur Strahlenbelastung

Flugreisen erhöhen die Jahresdosis stark, da in großer Höhe die Menge an kosmischer Strahlung deutlich steigt. Für Flugpersonal gibt es deshalb Bestimmungen, wie viele Stunden sie pro Jahr maximal fliegen dürfen.

Zigarettenrauch enthält das radioaktive Isotop Polonium-210, das ein Alphastrahler ist und krebserregend wirkt. 20 Zigaretten am Tag erhöhen die Jahresdosis um 8,8 mSv.

Ein *Röntgenbild* der Lunge bedeutet eine zusätzliche Strahlenbelastung von 3 mSv, eine einzige *Computertomografie* der Lunge sogar 10 mSv zusätzlich.

Für Menschen, die beruflich mit radioaktiven Stoffen arbeiten, gelten zusätzlich besondere Bestimmungen. So dürfen sie maximal einer zusätzlichen Strahlung von 20 mSv pro Jahr und 400 mSv im gesamten Leben ausgesetzt sein.

Mediziner gehen davon aus, dass eine Jahresdosis von 100 mSv das Risiko, an Krebs zu erkranken, um etwa 3 % erhöht. Beim Reaktorunfall von Fukushima in Japan wurden viele Menschen teils noch höheren Strahlendosen ausgesetzt und leben bis heute in Bereichen, die eine Jahresdosis von über 100 mSv erreichen.

3 Beiträge zur persönlichen Strahlenbelastung

Aufgaben

1 Natürliche und künstliche Strahlung

a □ Nenne die Anteile, aus denen sich die Umgebungsstrahlung zusammensetzt.

b ◪ Nenne alle Strahlenquellen, deren Strahlung wir ausgesetzt sind.

2 Urlaub in den Bergen

a ◪ Bild 1 zeigt ein Picknick in den Bergen. Nenne alle Strahlungsquellen, deren Radioaktivität die abgebildete Familie ausgesetzt ist.

b ◪ Der Granit der Berge enthält besonders viele radioaktive Elemente. Außerdem ist die kosmische Strahlung in 3 km Höhe stärker als auf Meereshöhe.
Schätze mithilfe der Grafik ab, wie stark sich die Jahresdosis der Familie durch das Picknick in den Bergen erhöht.

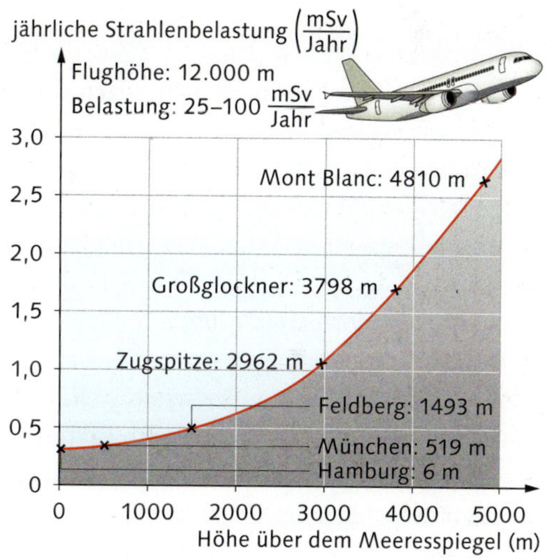

3 Jahresdosis

a □ Nenne die Anteile, aus denen sich die mittlere Jahresdosis in Deutschland zusammensetzt.

b ◪ Zeichne mithilfe der Grafik im Beispielkasten ein Säulendiagramm, das die Zusammensetzung deiner persönlichen Jahresdosis zeigt. Berechne dazu die einzelnen Anteile in Millisievert.

c ■ Ina überlegt sich, dass ein großer Körper mehr Strahlung abbekommt als ein kleiner Körper. Sie wundert sich, warum Kinder auch eine durchschnittliche Jahresdosis von 4 mSv haben. Erläutere diesen Sachverhalt.

Biologische Wirkung der Strahlung

1 Missgebildete Tomate

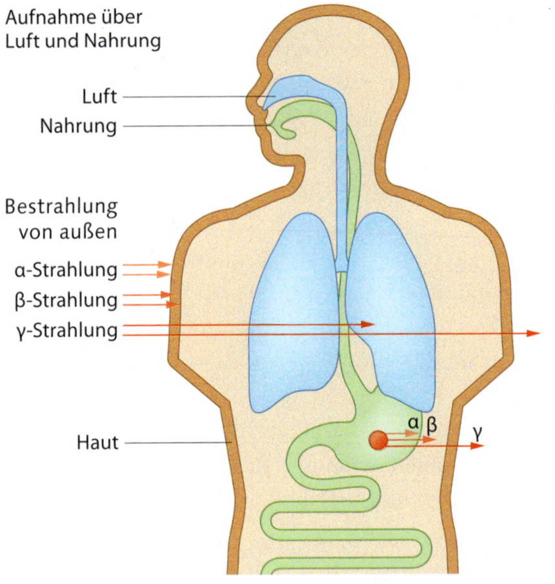

2 Schädigung des Körpers durch Strahlung

Ein knappes halbes Jahr nach dem Reaktorunfall von Fukushima tauchten in den Medien Bilder missgebildeten Gemüses auf. Einige Blogger und andere Medien führten die Fehlbildungen auf die beim Unfall ausgetretene Radioaktivität zurück.

Abhängigkeit der Schädigung

Ob und wie stark ein Organismus, z. B. Gemüse oder ein Mensch, durch auftreffende Strahlung geschädigt wird, hängt von mehreren Faktoren ab: von der Strahlenart, der Dauer der Bestrahlung und der Empfindlichkeit des Organismus.
Generell ist Radioaktivität für den menschlichen Körper besonders dann gefährlich, wenn radioaktive Stoffe durch Einatmen oder Schlucken ins Innere des Körpers gelangen. Trifft die Strahlung von außen auf die Haut, ist sie weniger gefährlich: α-Teilchen können gar nicht in die Haut eindringen. Auch β-Strahlung dringt nur wenige Millimeter in die Hautoberfläche ein. γ-Strahlen hingegen können den Körper komplett durchdringen und auf ihrem Weg die Zellen schädigen.

> Die Schädigung eines Körpers durch Radioaktivität hängt von der Strahlenart und Dauer der Bestrahlung ab. Besonders gefährlich ist es, wenn Strahlungsquellen ins Innere des Körpers gelangen.

Wirkung auf die Zellen

Radioaktivität kann im Körper unterschiedliche Arten von Schäden verursachen: Trifft Strahlung auf Gewebemoleküle, können Molekülbindungen aufgebrochen werden. Bei starker Strahlung können Moleküle komplett zerstört werden.
Außerdem erhitzt die Energiezufuhr den Körper. Das Gewebe erwärmt sich und es kommt zu Verbrennungen.

Treffen die radioaktiven Strahlen auf einen Zellkern, dann kann die DNS und damit die Erbinformation beschädigt werden. Teilt sich die Zelle daraufhin fehlerhaft, kann ein Tumor entstehen.

> Radioaktive Strahlung kann Zellen schädigen oder zerstören.

Körperliche Folgen

Man unterscheidet zwischen Frühschäden und Spätschäden.
Zu den Frühschäden gehört die Strahlenkrankheit mit Symptomen wie Übelkeit, Erbrechen, Müdigkeit, Hautrötungen, Verbrennungen und Haarausfall bei geringerer Verstrahlung sowie der Strahlentod bei starker Verstrahlung.
Spätschäden sind neben den erblichen Folgen verschiedene Formen von Krebserkrankungen.

Erbliche Folgen

Trifft radioaktive Strahlung den Zellkern einer Keimzelle und beschädigt dort die Erbinformation, dann kann das Auswirkungen auf die Nachkommen haben. Sie können mit Missbildungen zur Welt kommen.

> Radioaktivität kann das Erbgut von Zellen schädigen. Einige Folgen treten sofort auf, andere später – oder sogar erst in der folgenden Generation.

Beispiel Astronauten

Astronauten im All sind einer höheren Strahlung ausgesetzt. Denn im All gibt es keine Atmosphäre, die die Strahlung absorbiert. Es fehlt auch das Erdmagnetfeld, das einen Teil der Strahlung ablenkt. So erfahren die Bewohner der Internationalen Raumstation ISS das 100-Fache der jährlichen Strahlendosis auf der Erde.
Bei starker Sonnenaktivität kann die Strahlenbelastung sogar bis auf mehrere Sievert pro Tag ansteigen. Diese Strahlenwerte stellen eine große Herausforderung für die Raumfahrtbehörden dar und machen Langzeitaufenthalte im All problematisch.

Langfristige Strahlenbelastung	
1 Sv	Um 5 % erhöhtes Krebsrisiko, Veränderungen im Erbgut
Kurzfristige Strahlenbelastung	
0,5 – 1 Sv	Strahlenkater: Kopfschmerzen, verändertes Blutbild, Immunschwäche, erhöhtes Infektionsrisiko
1–2 Sv	Leichte Strahlenkrankheit: zusätzlich Übelkeit, Erbrechen, Appetitlosigkeit, Ermüdung, zeitweise Sterilität, 10 % Sterblichkeit in einem Monat
2–6 Sv	Schwere Strahlenkrankheit: zusätzlich Haarausfall, dauernde Sterilität, Durchfall, innere Blutungen, schwere Infektionen, 35 % Sterblichkeit in einem Monat
> 6 Sv	Strahlentod spätestens nach 14 Tagen: Je höher die Dosis, desto schneller tritt der Tod ein, bei > 50 Sv innerhalb weniger Stunden.

3 Strahlenbelastung und ihre Folgen

Aufgaben

1 Strahlenschäden

a □ Nenne die Faktoren, die die Schädigung eines Körpers durch radioaktive Strahlung beeinflussen.

b ◪ Erkläre, was in Bild 2 dargestellt ist.

c ◪ Erkläre, warum Strahlung viel gefährlicher ist, wenn sie in den Körper eindringt.

d ■ Legt man sich 6 Stunden am Stück in die Sonne, so bekommt man einen schlimmeren Sonnenbrand, als wenn man sich 6-mal eine Stunde in die Sonne legt. Übertrage diese Erkenntnis auf radioaktive Strahlung.

2 Zellschäden durch Strahlung

a ◪ Beschreibe die Schäden, die Strahlung im Körper anrichten kann.

b ■ Erkläre, welche Schädigungen für missgebildete Tomaten verantwortlich sein können.

3 Regeln zum Umgang mit Radioaktivität

Für Radioaktivität gilt die „5-A-Regel“:
- **A**ktivität (Strahlung) des Präparats so klein wie möglich halten.
- **A**bstand zur Strahlenquelle so groß wie möglich halten.
- **A**bschirmungsmöglichkeiten ausnutzen.
- **A**rbeitszeit mit Radioaktivität so kurz wie möglich halten.
- **A**ufnahme in den Körper vermeiden.

a ◪ Beschreibe die fünf Regeln mit eigenen Worten. Welche Sicherheitsmaßnahmen sind gemeint?

b ◪ Argumentiere, warum diese Regeln zum Schutz des Körpers sinnvoll sind.

4 Folgen für den Menschen

Schreibe einen kurzen Zeitungsartikel, der die verschiedenen Folgen einer radioaktiven Verseuchung für den Menschen zusammenfasst.

Anwendungen der Radioaktivität

1 Sieben Tage alte Erdbeeren: mit (links) und ohne Bestrahlung (rechts)

3 Man muss nicht graben, um ein Leitungsleck zu finden.

Es gibt viele nützliche Anwendungen von Radioaktivität. In der Industrie werden vielfältige Verfahren verwendet, die auf Radioaktivität basieren.

Lebensmittel sterilisieren

Die Haltbarkeit von Früchten kann durch Bestrahlung stark erhöht werden. Die Strahlen töten Bakterien und Schimmelpilze auf der Oberfläche der Frucht ab.

Ionisationsrauchmelder

In Ionisationsrauchmeldern befindet sich eine Kammer mit einer Strahlenquelle. Durch die Strahlung ist die Luft in der Kammer schwach elektrisch leitend. Tritt Rauch ein, sinkt die Leitfähigkeit und ein elektrisches Messgerät löst Alarm aus.

Schweißnähte prüfen

Bestrahlt man Schweißnähte und fertigt Aufnahmen der durchdringenden Strahlung an, kann ein Fachmann Schwachstellen finden.

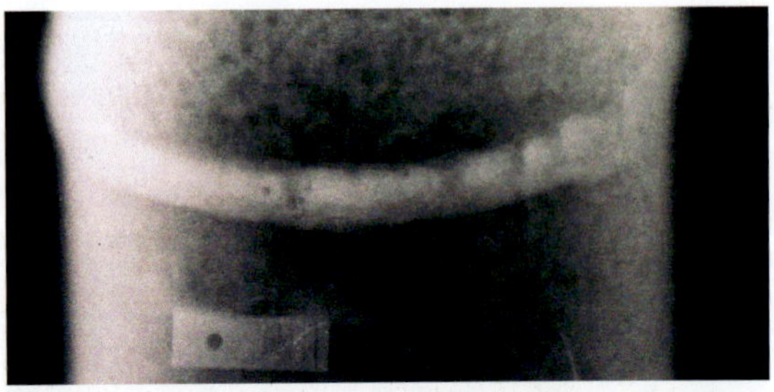

2 Der Fachmann sieht die Schwachstelle in der Schweißnaht.

Lecks aufspüren

Pipelines, die z. B. Gas oder Öl führen, laufen oft unter der Erde. Hat eine Leitung ein Leck, ist dies nicht so leicht zu finden. Daher gibt man ein radioaktives Präparat in die Leitung und misst von oben an welcher Stelle die Strahlung verstärkt austritt. Hier befindet sich das Leck.

Schichtdicken prüfen

Bei der Herstellung von Papier wird die Qualität, vor allem die gleichbleibende Dicke, laufend kontrolliert. Dazu wird das Papier bestrahlt und die Menge der Radioaktivität gemessen, die das Papier durchdringt. Diese muss immer gleich groß sein. Wird die gemessene Strahlung zu stark, ist das hergestellte Papier zu dünn und die Maschine muss sofort nachreguliert werden.

Bei technischen Anwendungen nutzt man die abtötende, die ionisierende oder die durchdringende Eigenschaft der Radioaktivität.

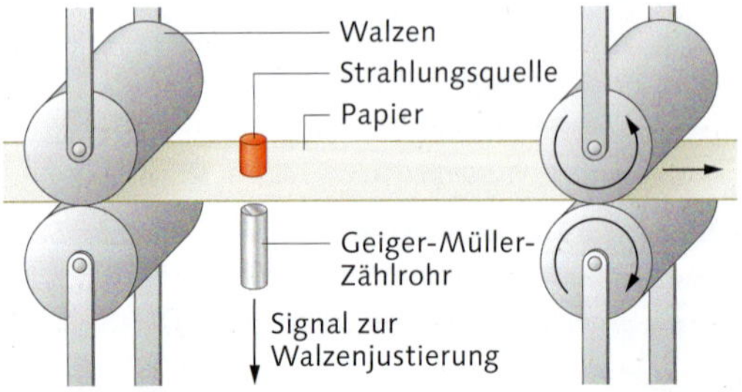

4 Die Papierstärke wird während der Produktion kontrolliert.

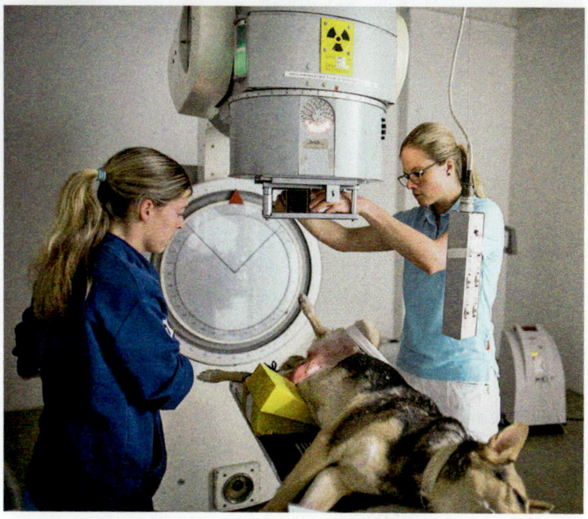

5 Der Tumor der Hündin Silvana wird bestrahlt.

Medizinische Bestrahlung

Bei der Bestrahlung von Krebstumoren werden Tumorzellen gezielt mit Radioaktivität bestrahlt. Dadurch wird das Erbgut der Krebszellen geschädigt und sie sterben ab. Hier wird die abtötende Wirkung der Strahlung genutzt. Allerdings werden auch gesunde Zellen zwischen Strahlungsquelle und Tumor abgetötet oder beschädigt.

Medizinische Diagnostik

Auch zu Diagnosezwecken werden radioaktive Stoffe eingesetzt. Bei der Angiografie z. B. wird ein schwachradioaktives Präparat gespritzt. Dieses verteilt sich mit dem Blutkreislauf im Körper. Anschließend wird eine Aufnahme der Abstrahlung gemacht. Dabei werden geweitete oder verengte Blutbahnen erkennbar. Dieses Verfahren nutzt die durchdringende Strahlenwirkung. Die geringe Menge an Radioaktivität, die hierbei in den Körper eingebracht wird, verursacht in der Regel keine Schäden.

Auch die Positronen-Emissions-Tomografie (PET) nutzt die durchdringende Strahlenwirkung. Man verwendet radioaktiven Zucker, um mit dessen Strahlung Tumore im Körper zu finden.

> In der Medizin verwendet man die abtötende oder die durchdringende Eigenschaft der Strahlung radioaktiver Stoffe zur Therapie und zur Diagnose.

Aufgaben

1 Anwendungssparten

Die technischen Anwendungen von Radioaktivität lassen sich in drei große Gebiete einteilen: Energiegewinnung, Medizin und sonstige technische Anwendungen.

a □ Ordne die Anwendungen im Text den genannten Anwendungsbereichen zu.

b ◪ Sortiere die Anwendungen nach den verwendeten Eigenschaften der Radioaktivität.

c ■ Vergleiche medizinische und technische Anwendungen. Gibt es Gemeinsamkeiten?

2 Sterilisation medizinischen Geräts

Neben Obst und Gemüse kann auch medizinisches Werkzeug mit Strahlung von Schimmel und Bakterien befreit werden.

a □ Nenne die Eigenschaft der Strahlung, die bei der Sterilisation genutzt wird.

b ◪ Schätze Vorteile und Nachteile der Sterilisation mithilfe von Radioaktivität ab.

c ◪ Für die Sterilisation mit Strahlung gelten strenge gesetzliche Richtlinien. Begründe, warum diese nötig sind.

3 Radioaktivität zur Füllstandsmessung

■ Gammastrahlen werden beim Durchdringen von Materie abgeschwächt.
Formuliere Ideen, wie mit dieser Eigenschaft die Füllhöhe in einem geschlossenen Öltank gemessen werden kann.

4 Wirkung von Bestrahlung

Bestrahlt man wachsende Pflanzen, so stellt man fest, dass eine schwache Bestrahlung der Pflanze guttut, eine starke Bestrahlung jedoch nicht.

a ◪ Nimm Stellung zu dieser Tatsache. Finde mögliche Gründe.

b ◪ Vergleiche mit den Erdbeeren in Bild 1.

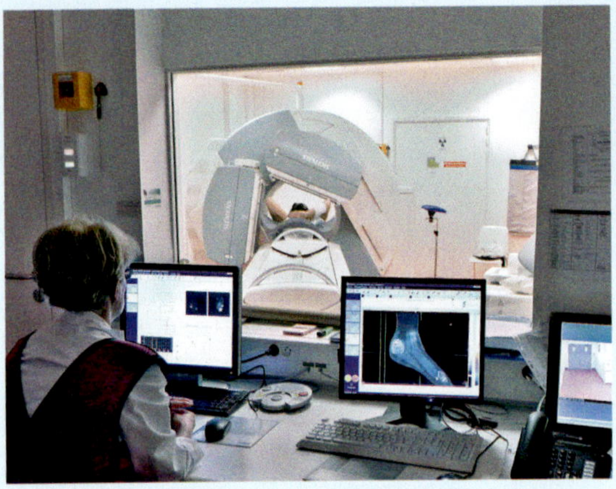

Wie kann man mithilfe von Radioaktivität medizinische Untersuchungen durchführen?

Die folgenden Aufgaben zum Thema **Atomphysik** helfen dir, deinen Lernstand einzuschätzen. Beobachte dich dazu beim Lösen der Aufgaben selbst:
- Brauchst du Hilfe? Musst du z. B. noch einmal nachlesen oder jemanden fragen?
- Kannst du die Aufgaben ohne Hilfe lösen?
- Weißt du sogar mehr, als in der Lösung steht?

Notiere dir, bei welchen Fragen du Schwierigkeiten hast. Kehre noch einmal zu den entsprechenden Seiten zurück, arbeite sie durch und löse die zugehörigen Aufgaben. Weitere Aufgaben findest du auf den folgenden Seiten.

1 Atom, Ion und Isotop

a □ Beschreibe, wie ein Atom aufgebaut ist.

b ◪ Erkläre den Unterschied und die Gemeinsamkeiten zwischen den Isotopen eines Elements.

c ◪ Beschreibe, wie aus einem neutralen Atom ein Ion werden kann.

2 Radioaktivität

Man unterscheidet bei der Radioaktivität drei Arten von Strahlung: Alphastrahlung, Betastrahlung und Gammastrahlung.

a □ Nenne die Eigenschaften der drei Strahlungsarten.

b ◪ Beschreibe die Kernumwandlung im Fall von Alpha- und Betastrahlung.

c ◪ Vergleiche die Gammastrahlung mit den beiden anderen Strahlungsarten. Finde Gemeinsamkeiten und Unterschiede.

3 Technische Anwendungen von Radioaktivität

a □ Nenne verschiedene technische Anwendungen von Radioaktivität.

b ◪ Auch das Messen von Radioaktivität ist letztendlich eine Anwendung. Beschreibe, wie Radioaktivität gemessen wird.

c ■ Bei der Interpretation der Messwerte muss der Nulleffekt berücksichtigt werden. Erkläre, warum das nötig ist und wie man das macht.

4 Umgebungsstrahlung

Wir sind ständig von einer gewissen Menge an Radioaktivität umgeben. Sie ist für uns ungefährlich. Wir sind an diese Dosis angepasst.

a □ Beschreibe die Zusammensetzung der Umgebungsstrahlung.

b ◪ Erkläre den Zusammenhang zwischen Umgebungsstrahlung und Nulleffekt.

5 Biologische Wirkung von Radioaktivität

a □ Gib an, in welche Kategorien sich die Wirkungen von Radioaktivität einteilen lassen.

b ◪ Stelle Vermutungen an, um welche Art von Schädigung durch Strahlung es sich beim gezeigten Röntgenbild handeln könnte.

c ■ Die biologische Wirkung von Strahlung kann auch zum Nutzen eingesetzt werden. Finde und erkläre Beispiele.

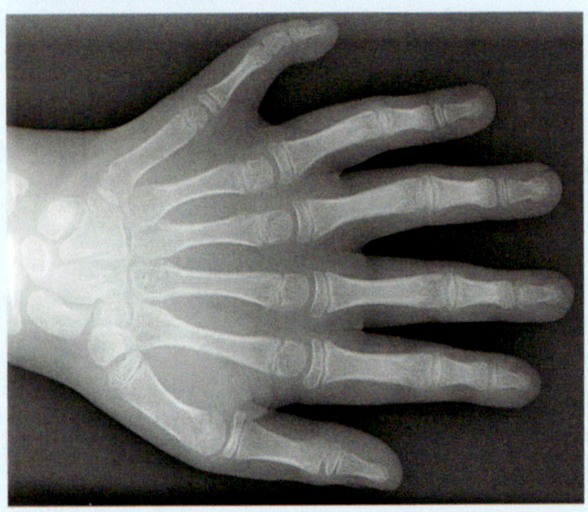

Atomphysik

Atome
Jedes Atom besteht aus einer Atomhülle aus Elektronen und einem Atomkern, der aus Protonen und Neutronen aufgebaut ist.
Die Anzahl der Protonen bestimmt, um welches Element es sich handelt.

4 Kernbauteile $^{4}_{2}\mathrm{He}$

– 2 Protonen

= 2 Neutronen

Strahlungsarten
Es gibt drei Strahlungsarten. Bei Alpha- und Betastrahlung wandelt sich der Atomkern in ein neues Element um und sendet dabei ein Teilchen aus.
Gammastrahlung ist Energiestrahlung – es findet keine Kernumwandlung statt.

Messen von Radioaktivität
Radioaktivität kann man z. B. mit dem Geiger-Müller-Zählrohr messen. Dabei werden die Kernzerfälle gezählt.
Ein Zerfall pro Sekunde bedeutet eine Strahlung von 1 Becquerel (Bq).

Umgebungsstrahlung
Die Umgebungsstrahlung setzt sich aus kosmischer Strahlung und Bodenstrahlung zusammen.
Diese Strahlung macht sich beim Messen als **Nulleffekt** bemerkbar.

Biologische Wirkung und Strahlendosis
Die Strahlung radioaktiver Stoffe kann körperliche und erbliche Folgen haben.
Die Stärke der Schädigung hängt von der effektiven Strahlendosis ab. Die effektive Strahlendosis berücksichtigt die Art der Strahlung, die Masse des Körpers und das betroffene Gewebe. Sie wird in Sievert (Sv) angegeben.

Halbwertszeit
Nach einer Halbwertszeit ist die Hälfte der Atomkerne einer Ausgangsmenge eines radioaktiven Stoffs zerfallen.

Anwendungen der Radioaktivität
Radioaktivität wird wegen ihrer ionisierenden und abtötenden Wirkung ebenso wie wegen ihrer Durchdringungsfähigkeit in technischen und medizinischen Verfahren eingesetzt.

Isotope
Atomkerne eines Elements können bei gleicher Protonenzahl unterschiedlich viele Neutronen besitzen. Die verschiedenen Arten nennt man Isotope des Elements.

1 Modell des Atoms

$^{12}_{6}C$

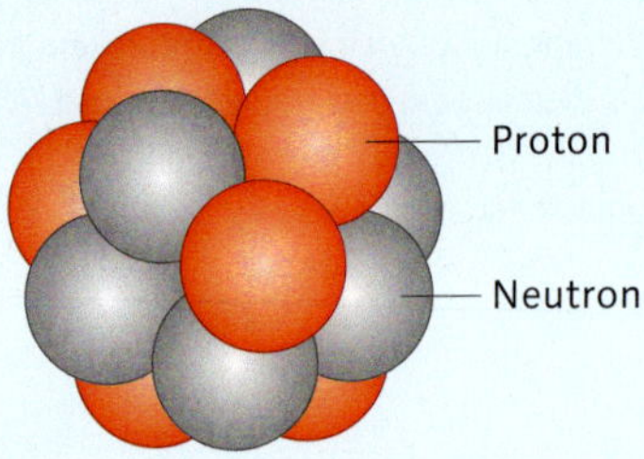

□ Die Grafik zeigt eine Modellvorstellung eines Atoms und die dazugehörige chemische Schreibweise. Erkläre, was man aus der chemischen Schreibweise ablesen kann. Finde Entsprechungen in der zeichnerischen Darstellung.

2 Isotope

Inge behauptet: „Die Isotope eines Elements sind wie Mitglieder einer Familie, weil sie alle den gleichen Namen tragen."
Rolf widerspricht: „Dann müssten ja alle Familienmitglieder gleich groß sein!"

a □ Erkläre, was man unter den Isotopen eines Elements versteht.

b ◪ Bewerte die Aussagen. Wer hat recht?

c ■ Sauerstoff hat die stabilen Isotope O-16 und O-18. Beschreibe, wie jeweils der Atomkern aussieht.

3 Radioaktivität

a □ Recherchiere, was „Radio" im Begriff Radioaktivität bedeutet.

b ◪ Nenne Gemeinsamkeiten und Unterschiede der drei Strahlungsarten radioaktiver Stoffe.

c ◪ Die Entdeckung der Radioaktivität durch Henri Becquerel wurde durch einen Zufall ausgelöst. Bewerte, ob er den Nobelpreis für diese Entdeckung verdient hat.

4 Kernumwandlungen

a □ Wenn Uran-233 zerfällt, dann sendet es Alphastrahlung aus. Beschreibe was geschieht und welches neue Element dabei entsteht.

b ◪ Bismut-213 ist ein Betastrahler. Erkläre an diesem Beispiel den sogenannten Betazerfall.

c ◪ Betastrahlung ist Elektronenstrahlung. Atomkerne enthalten jedoch keine Elektronen. Erkläre, wie Betastrahlung entsteht.

5 Sicher verstaut

Drei radioaktive Elemente sollen sicher verstaut werden. Es stehen drei Behälter zur Verfügung: einer aus Aluminium, einer aus Plastik und einer aus Blei. Folgende Informationen über die Elemente liegen vor:

Nummer	Halbwertszeit	Strahlenart
A	5000 Jahre	Alpha
B	4 Jahre	Beta
C	156 Jahre	Gamma

a ◪ Welchen Stoff kann man in welchem Behälter sicher lagern? Begründe deine Wahl.

b ■ Von den drei Stoffen wurden je 8 kg eingelagert. Berechne, wie lange es dauert, bis jeweils nur noch 500 g des Ausgangsstoffs vorhanden sind.

c ■ Die Stoffe wurden am 1. Januar 2000 eingelagert. Gib an, in welchem Jahr 87,5 % des jeweiligen Stoffs zerfallen sind.

6 Halbwertszeit radioaktiver Stoffe

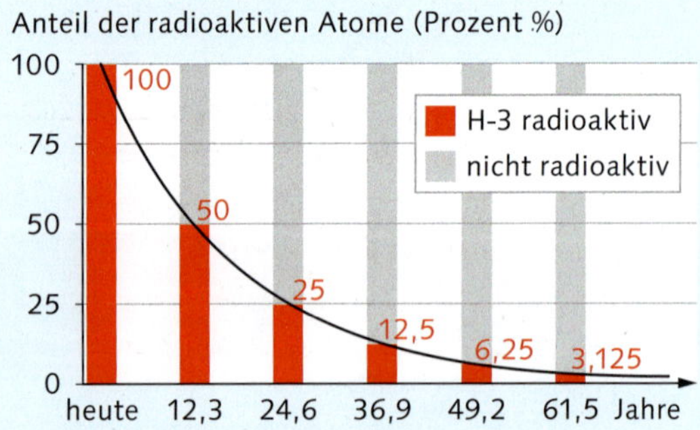

a ◪ Das Wasserstoff-Isotop Tritium (H-3) ist radioaktiv. Erkläre mithilfe der Grafik den Begriff „Halbwertszeit".

b □ Gib die Halbwertszeit von Tritium an.

c ◪ Die Halbwertszeit des Caesium-Isotops Cs-137 beträgt 30 Jahre. Fertige eine entsprechende Grafik für Caesium an.

d ■ Bei Reaktorunfällen kann Caesium-137 freigesetzt werden. Es lagert sich an der Erdoberfläche ab und versinkt mit einer Geschwindigkeit von etwa 1 bis 3 mm pro Jahr im Boden. Angenommen, der Grundwasserspiegel liegt einen Meter unter der Oberfläche: Schätze ab, wie groß der Anteil an Cs-137 ist, der ins Trinkwasser gelangt.

7 Halbwertszeit – nicht so ernst genommen

Aus einem englischen Physikbuch:

By mistake (in his lunch) Freddy Furse
Ate radium and died with a curse
But the point about Fred
Is that now he is dead,
His half-life is sixteen hundred years!

a □ *Half-life* bedeutet Halbwertszeit. Übersetze den Reim ins Deutsche.

b ◪ Erkläre die Aussage des Reims physikalisch.

8 Biologische Wirkung

a □ Gliedere die Schädigungen durch die Strahlung radioaktiver Stoffe in Frühschäden, Spätschäden und erbliche Schäden.

b ◪ Erkläre, wie es zu den verschiedenen Schädigungen im Körper kommt.

9 Jahresdosis

Die Jahresdosis setzt sich aus verschiedenen Anteilen zusammen.

a □ Ein Teil der Jahresdosis stammt aus der Umgebungsstrahlung. Nenne die Bestandteile der Umgebungsstrahlung.

b ◪ Einige Faktoren der typischen Jahresdosis treffen uns auf jeden Fall, andere kann man vermeiden. Ordne die Faktoren in vermeidbare und unvermeidbare Anteile.

c ■ Strahlendosis ist ein Überbegriff, der die Wirkung auf den menschlichen Körper umschreibt. Genauer betrachtet unterscheidet man die Begriffe Energiedosis, Organdosis und die effektive Dosis. Erkläre die drei Begriffe mithilfe eines Schülerlexikons oder des Internets.

10 Röntgenstrahlung

In der Medizin verwendet man häufig Röntgenstrahlung. Bei dieser Strahlungsart handelt es sich wie bei radioaktiver Strahlung um eine ionisierende Strahlung.

a ◪ Recherchiere Gemeinsamkeiten und Unterschiede von Röntgenstrahlung und der Strahlung radioaktiver Stoffe.

b ◪ Röntgenuntersuchungen werden häufig in einen Röntgenpass eingetragen. Erläutere die Funktion des Röntgenpasses.

11 Anwendungsbereiche der Radioaktivität

In der Industrie unterteilt man die radioaktiven Anwendungen in drei Sparten: Bestrahlungsverfahren, Durchstrahlungsverfahren und Markierungsanwendungen.

a ◪ Nenne einige technische Anwendungen von Radioaktivität und ordne sie den drei Sparten zu. Begründe deine Wahl. Wenn du dir nicht sicher bist, recherchiere im Internet.

b ■ Schreibe einen Zeitungsartikel über die C-14-Methode zur Altersbestimmung von historischen Funden.

12 Ionisationsrauchmelder

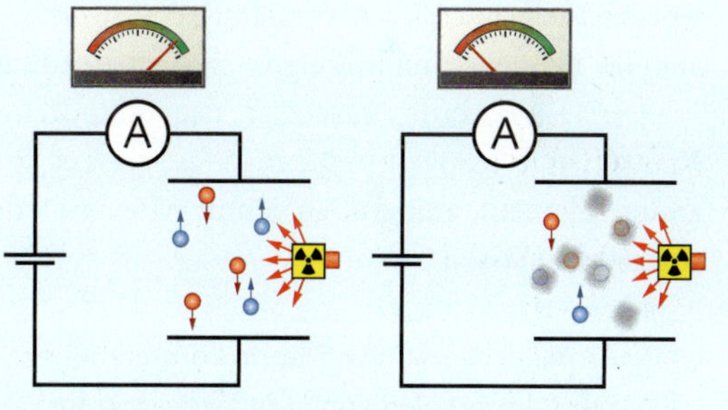

a ◪ Die Grafik zeigt das Innere eines Ionisationsrauchmelders mit (A) und ohne (B) Rauchpartikel. Informiere dich im Internet über die genaue Funktion dieser Rauchmelder und stelle ihre Vor- und Nachteile gegenüber.

b □ Das Californium-Isotop Cf-241 ist ein Alphastrahler mit einer Halbwertszeit von 4 Minuten. Begründe, warum dieser Stoff für den Einsatz in Rauchmeldern ungeeignet ist.

c ■ Rauchmelder im Schlafzimmer sind in einigen Bundesländern Pflicht. Bewerte das gesundheitliche Risiko bei Verwendung von Ionisationsrauchmeldern.

Kernspaltung

1 Wäre es möglich, dass ein Uranatomkern zerplatzt?

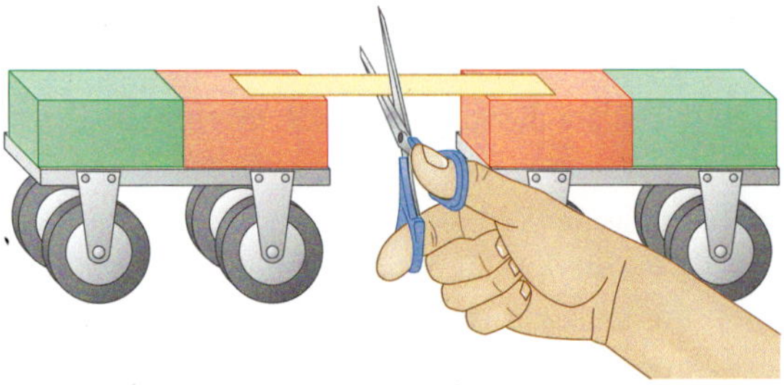

3 Modellvorstellung zur frei werdenden Energie

Entdeckung der Kernspaltung

Bei seinen Forschungen bestrahlte OTTO HAHN Uran mit Neutronen. Er stellte fest, dass dabei Barium entstand. Dies konnte er sich nicht erklären und wandte sich hilfesuchend an LISE MEITNER. Lise Meitner schlug etwas bis dahin Undenkbares vor: Lassen sich Atomkerne vielleicht spalten? Sie behielt recht: Bei Bestrahlung mit Neutronen wurden die großen Urankerne in Kerne zweier anderer Elemente mit mittelgroßen Kernen aufgespalten. Dabei werden zusätzlich zwei oder drei Neutronen frei. Später stellte man fest, dass es auch andere Elemente mit großen Atomkernen gibt, die sich spalten lassen.

Die Atomkerne mancher Stoffe können bei der Bestrahlung mit Neutronen in zwei kleinere Atomkerne aufgespalten werden. Dabei werden zusätzlich Neutronen frei.

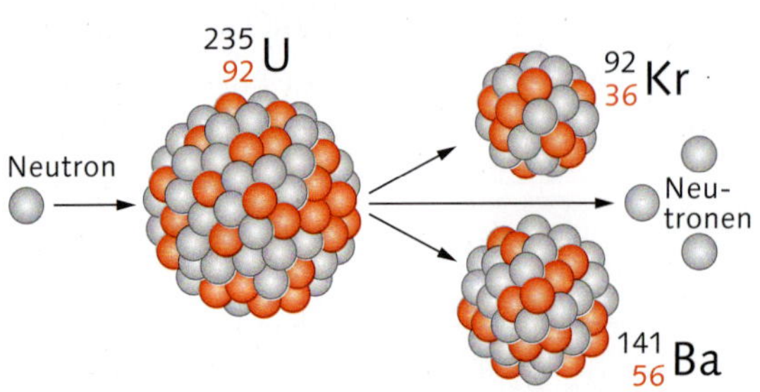

2 Ein Urankern wird in einen Bariumkern und einen Kryptonkern gespalten.

Energiefreisetzung bei der Kernspaltung

Atomkerne bestehen aus Protonen und Neutronen. Die positiv geladenen Protonen stoßen sich, wie die gleichnamigen Pole eines Magnets, gegenseitig ab. Im Atomkern wirken starke Kräfte, die die Kernbauteile trotz der Abstoßung zusammenhalten. Wird ein Atomkern gespalten, führen die abstoßenden Kräfte zwischen den Kernbauteilen zu einer Energiefreisetzung.

Bild 3 zeigt stark vereinfacht, wie man sich die Kernspaltung mithilfe von Magneten verdeutlichen kann: Die Energie, die benötigt wurde um die beiden Südpole der Magnete einander zu nähern, ist im System gespeichert. Das Klebeband steht für die Kernkräfte, die den Atomkern zusammenhalten, obwohl sich die Protonen abstoßen.

Eine kleine Energie von außen, im Modell der Schnitt mit der Schere, reicht aus, um die im System gespeicherte Energie freizusetzen.
So genügt ein winziges Neutron, um einen Atomkern zu spalten und die Energie freizusetzen, die durch die Abstoßung zwischen den Protonen im Kern vorhanden ist.

Bei der Kernspaltung wird Energie freigesetzt, die vor der Spaltung im Atomkern gespeichert ist. Ursache für die gespeicherte Energie sind die Abstoßungskräfte zwischen den Protonen.

Extra Kernfusion

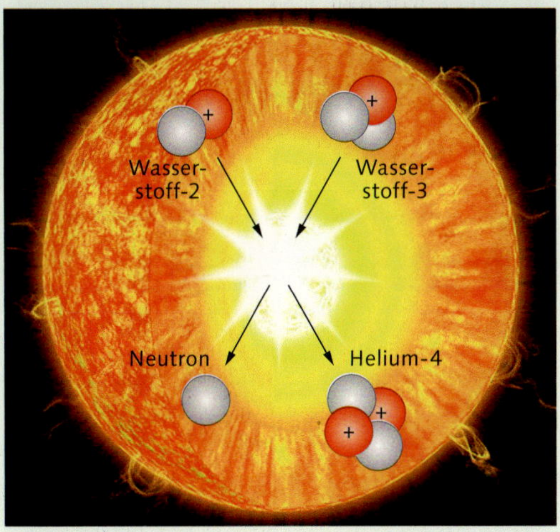

4 Die Sonne gewinnt Energie aus der Kernfusion.

Die Umkehrung der Kernspaltung ist die Kernfusion. Bei der Kernfusion werden Atomkerne verschmolzen.

Im Gegensatz zur Kernspaltung, bei der große Atomkerne in mittelschwere Kerne gespalten werden, werden bei der Kernfusion kleine Atomkerne zu schwereren Kernen verschmolzen. Auch bei diesem Vorgang wird Energie freigesetzt.

In der Sonne verschmelzen zum Beispiel Wasserstoffkerne zu Helium. Weil riesige Mengen Wasserstoff zu Helium verschmolzen werden, wird dabei eine ungeheuer große Menge Energie freigesetzt.

In Forschungslabors versuchen Wissenschaftler, es der Sonne nachzumachen. Fusionsreaktoren galten lange als die Technologie der Zukunft, die alle Energieprobleme der Erde für immer lösen würde. Aber trotz jahrelanger Forschung lassen sich die extremen Bedingungen, die in der Sonne herrschen, nur schwer auf der Erde nachbauen. So ist es ausgesprochen schwierig, die hohen Temperaturen, die für eine Kernfusion nötig sind, dauerhaft aufrechtzuerhalten. Hinzu kommt, dass die Fusionsreaktoren selbst diese Temperaturen von mehreren Millionen Grad aushalten müssen. Auf der Erde gelingt eine künstliche Kernfusion deshalb bisher nur für wenige Millisekunden.

Aufgaben

1 Kernspaltung

a □ Erkläre mit eigenen Worten was geschieht, wenn man einen Urankern (U-235) mit einem Neutron beschießt.

b ◪ Der Urankern kann in verschiedene kleinere Kerne zerteilt werden. Die Anzahl der Atombauteile vor und nach der Spaltung muss immer gleich sein. Überprüfe das beim in der Grafik dargestellten Beispiel.

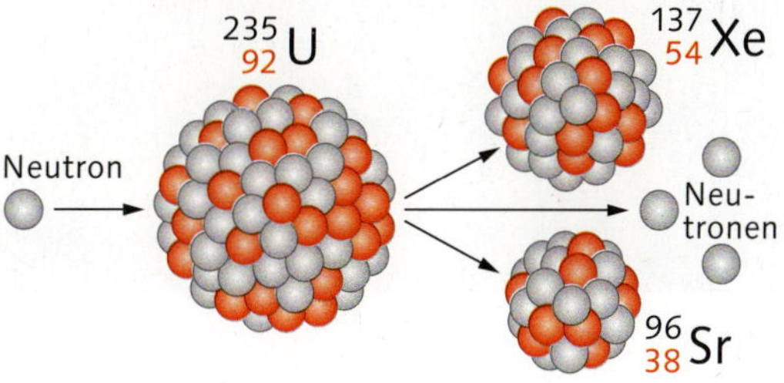

2 Energiefreisetzung

a ◪ Beschreibe Bild 3. Erkläre, wie in dem gezeigten System Energie gespeichert ist.

b ■ Übertrage Bild 3 auf Atomkerne. Fertige eine Zeichnung an und erläutere diese. Wo ist die Energie gespeichert?

3 Plutonium

a ◪ Plutonium (Pu) ist ebenfalls ein spaltbares Element. Notiere, welche Information über den Plutoniumkern du aus dieser Aussage ableiten kannst.

b ■ $^{239}_{94}$Pu kann bei Beschuss mit einem Neutron in Barium (Ba) und Strontium (Sr) gespalten werden. Skizziere den Spaltvorgang.

4 Otto Hahn gelingt die Kernspaltung

◪ Erläutere den Cartoon.

Kettenreaktion

1 Eine Kettenreaktion mit Dominosteinen

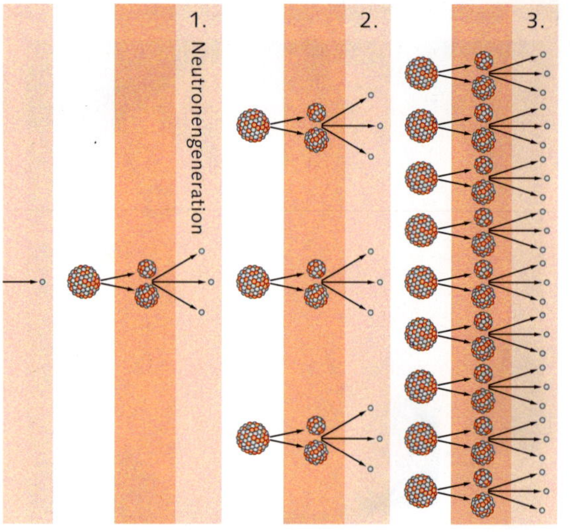

2 Eine atomare Kettenreaktion

Kettenreaktion

Stößt man den ersten Dominostein an, so löst er eine Kettenreaktion aus. Ganz ähnlich funktioniert das auch bei der Kernspaltung.

Trifft ein Neutron auf einen Urankern (U-235), so kann es diesen spalten. Bei der Spaltung entstehen neben zwei kleineren Atomkernen auch zwei bis drei freie Neutronen. Treffen diese Neutronen wieder auf Urankerne, können sie diese wiederum spalten. Auch hierbei entstehen wieder freie Neutronen – zwei bis drei bei jeder Spaltung (Bild 2). Diese bis zu neun freien Neutronen können wieder Urankerne spalten usw. Eine Kettenreaktion entsteht, bei der die Zahl der gespaltenen Urankerne in jeder Neutronengeneration ansteigt. Diese Kettenreaktion läuft so lange weiter, wie ausreichend spaltbare Urankerne vorhanden sind.

Da bei jeder Spaltung eines Urankerns Energie freigesetzt wird, nimmt die frei werdende Energiemenge einer unkontrollierten Kettenreaktion innerhalb von Sekundenbruchteilen rasant zu. Eine Explosion entsteht. Dieses Prinzip nutzen Atombomben.

Bei einer unkontrollierten Kettenreaktion vervielfacht sich die Anzahl der Kernspaltungen mit jeder Neutronengeneration. In kurzer Zeit wird eine extrem große Energiemenge freigesetzt.

Kontrollierte Kettenreaktion

Möchte man eine Kettenreaktion zur Energiegewinnung nutzen, muss sie kontrollierbar sein. Dazu muss man einen Teil der frei werdenden Neutronen abfangen. Die Energiefreisetzung wird so konstant gehalten.

Bei einer kontrollierten Kettenreaktion wird die Anzahl der freien Neutronen reguliert.

Bedingungen für eine Kettenreaktion

In der Natur entstehen normalerweise keine Kettenreaktionen. Denn Natururan besteht zum größten Teil aus Uran-238. Dieses Isotop ist sehr stabil. Das spaltbare Isotop Uran-235 kommt in Natururan nur in sehr geringen Mengen vor. Wird ein solcher Uran-235-Kern gespalten, dann treffen die frei werdenden Neutronen meist nicht auf weitere spaltbare Kerne: Es entsteht keine Kettenreaktion. Um eine Kettenreaktion zu erzeugen, muss der Anteil der spaltbaren Uran-235-Kerne erhöht werden. Außerdem muss eine ausreichende Menge an Uran vorliegen, eine **kritische Masse**. Allerdings spalten nur langsame Neutronen effektiv Urankerne.

Eine Kettenreaktion wird ausgelöst, wenn ausreichend spaltbares Material mit Neutronen beschossen wird und die entstehenden Neutronen die passende Geschwindigkeit haben.

Modellexperiment Kettenreaktion

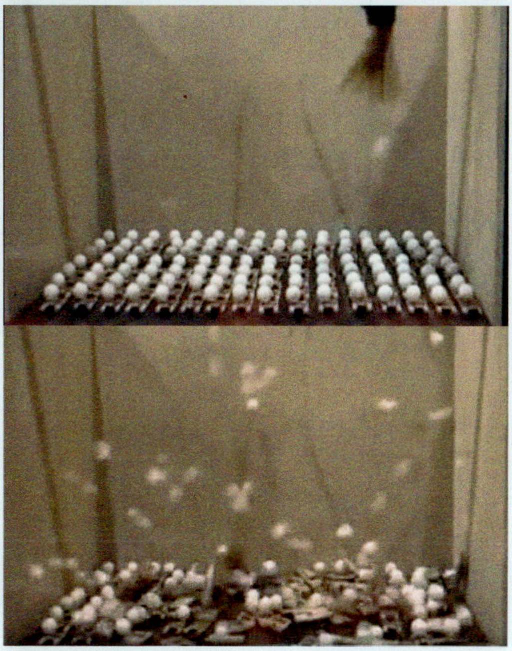

3 Mausefallenkettenreaktor

Für dieses Experiment braucht man viele Mausefallen und genauso viele Tischtennisbälle. Die aufgespannten Mausefallen werden dicht nebeneinander auf dem Fußboden aufgestellt. Auf jeder Mausefalle liegt ein Tischtennisball. (Um die Mausefallen herum sind Sperrwände nützlich.)

Ein einzelner Tischtennisball startet die Kettenreaktion. Er löst eine Falle aus und springt weiter. Außerdem springen der Tischtennisball, der auf der ausgelösten Mausefalle lag, und die Mausefalle selbst weiter und lösen weitere Mausefallen aus. Eine Kettenreaktion entsteht.

Der erste Tischtennisball stellt das erste Neutron dar. Mausefalle, Start-Tischtennisball und der Tischtennisball aus der Falle stehen für die Neutronen der ersten Neutronengeneration. Alle drei lösen jeweils wieder Mausefallen aus.
Die Kettenreaktion endet, wenn alle Mausefallen ausgelöst sind – im übertragenen Sinne: wenn alle spaltbaren Kerne gespalten sind.
Den entstehenden Lärm kann man mit der frei werdenden Energie vergleichen: Vom leisen Klick zum lauten Krach in wenigen Sekunden.

Aufgaben

1 Kettenreaktion

a □ Übertrage den ersten Spaltprozess aus Bild 1 in dein Heft und erkläre mithilfe der Zeichnung, was bei einer Kettenreaktion geschieht.

b ◪ Erkläre, warum sich die frei werdende Energie explosionsartig vermehrt.

2 Natururan und Anreicherung

a □ Natururan besteht zu 99,7 % aus Uran-238. Erkläre, warum es in Natururan nicht automatisch zu einer Kettenreaktion kommt.

b ◪ Beschreibe, was bei der Anreicherung von Uran geschieht.

c ■ Angereichertes Uran für Atomkraftwerke besteht zu 3 % aus Uran-235. Uran, das für Kernwaffen verwendet wird, besteht zu 85 % aus Uran-235. Erkläre, warum das nötig ist.

3 Kritische Masse

a □ Erkläre, was man unter kritischer Masse versteht.

b ◪ Walzt man 50 kg Uran-235 zu einem dünnen Blech aus, kann keine Kettenreaktion mehr zustande kommen. Erkläre.

4 Kettenreaktion im Rollenspiel

Jedes Kind hält einen Ball in der Hand. Die Regel des Spiels lautet: Wenn dir jemand einen Ball zuwirft, darfst du deinen Ball weiterwerfen.

a □ Welche Form der Kettenreaktion wird in diesem Rollenspiel dargestellt? Begründe.

b ◪ Formuliere eine neue Spielregel, die eine unkontrollierte Kettenreaktion zur Folge hat.

c ■ Erörtere, an welchen Stellen das Rollenspiel die physikalischen Zusammenhänge passend darstellt und an welchen Stellen es nicht passt oder Sachverhalte offenlässt.

Kernkraftwerk

1 Menschen leben in unmittelbarer Nähe von Kernkraftwerken.

Leben am Kernkraftwerk

In Deutschland gab es 2015 zwölf betriebsfähige Kernkraftwerke, drei in Baden-Württemberg.

In der Umgebung eines Kernkraftwerks zu wohnen ist gewöhnlich nicht gefährlicher als anderswo in Deutschland. Die Radioaktivität ist sicher im Innern des Kernkraftwerks eingeschlossen und in den Gebieten rund um ein Kernkraftwerk gibt es keine erhöhte Strahlenbelastung.
Kernkraftwerke erzeugen auch keine schädlichen Abgase und produzieren kein CO_2. Sie erscheinen – auf den ersten Blick – sehr umweltfreundlich.

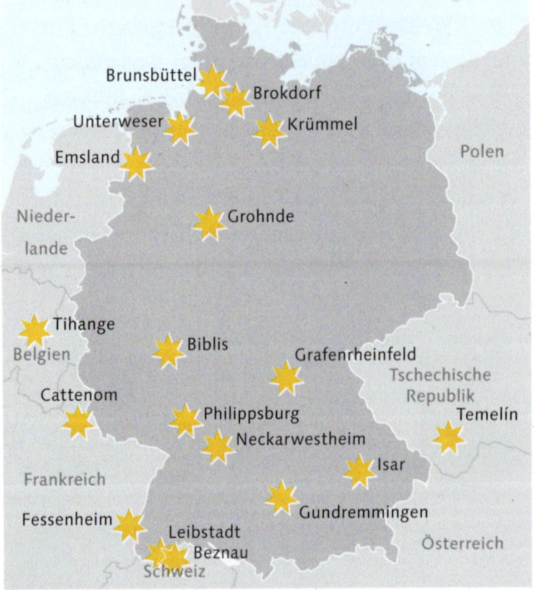

2 Standorte von Kernkraftwerken 2015

Im Druckbehälter

Bei einem Kernkraftwerk läuft im Druckbehälter mit den Brennstäben eine kontrollierte Kettenreaktion ab. Die Brennstäbe enthalten Uran, das mit dem spaltbaren Uran-235 angereicherter wurde. Das Wasser im Druckbehälter bremst die bei der Spaltung frei werdenden Neutronen ab und sorgt damit dafür, dass die Neutronen die richtige Geschwindigkeit für weitere Kernspaltungen haben. So wird die Kernspaltung in Gang gehalten.

In einem Kernkraftwerk muss die entstehende Energiemenge kontrolliert werden. Diese Aufgabe übernehmen die Steuerstäbe. Sie fangen einen Teil der freiwerdenden Neutronen ein. Diese absorbierten Neutronen können keine weiteren Atomkerne spalten.
Je nachdem, wie viel Energie benötigt wird, werden die Steuerstäbe unterschiedlich tief zwischen die Brennstäbe gefahren. Je tiefer die Steuerstäbe zwischen den Brennstäben stecken, desto mehr freie Neutronen absorbieren sie, desto weniger Atomkerne werden also gespalten. Mithilfe der Steuerstäbe, lässt sich die Kettenreaktion im Notfall sehr schnell unterbrechen.

Erzeugung elektrischer Energie

Die frei werdende Energie erhitzt das Wasser im Druckbehälter. Die Wärme wird in den Dampferzeuger weitergeleitet, wo Wasser verdampft wird. Der Dampf treibt eine Turbine an. Die Turbine treibt einen Generator an. Der Generator erzeugt schließlich elektrische Energie.

Wasserkreisläufe

Das Wasser im Druckbehälter ist radioaktiv. Deshalb ist es wichtig, dass dieses Wasser sich nicht mit dem Wasser im Dampferzeuger vermischt. Als Sicherheitsmaßnahme hat der Druckbehälter daher einen in sich geschlossenen Wasserkreislauf.
Auch der Wasserkreislauf, der die Turbine antreibt, ist in sich geschlossen, obwohl das Wasser in diesem Kreislauf normalerweise nicht radioaktiv ist.

> Kernkraftwerke nutzen die Energie aus der Kernspaltung, um elektrische Energie zu erzeugen. Dabei stoßen sie kein CO_2 aus.

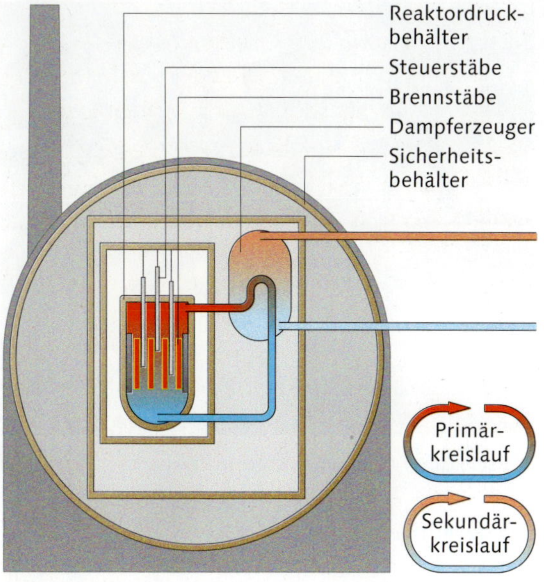

3 Aufbau eines Kernkraftwerks mit Druckwasserreaktor

Strahlungsbarrieren

Radioaktivität kann für den Menschen sehr gefährlich werden. Um die Radioaktivität sicher im Innern des Kernkraftwerks zu verschließen, gibt es neben den getrennten Wasserkreisläufen und der Möglichkeit, die Steuerstäbe notfalls schnell in den Reaktor einzufahren, noch andere Sicherheitsvorkehrungen in Form von Strahlungsbarrieren.

1. Das spaltbare Uran ist in Form von Brennstofftabletten in Keramik eingeschlossen, die den größten Teil der Spaltprodukte zurückhält.
2. Die Brennstofftabletten sind zusätzlich in Metall eingegossen und bilden so die Brennstäbe.
3. Der Reaktordruckbehälter schließt die Brennstäbe und das radioaktive Wasser ein.
4. Ein 1 m dicker Betonmantel umgibt den Druckbehälter und fängt weitere Strahlung ab.
5. Der Sicherheitsbehälter aus 1,2 m dickem Stahlbeton umschließt den gesamten Reaktorteil des Kernkraftwerks.
6. Das Reaktorgebäude besteht aus 1,8 m dickem Stahlbeton und schützt das Kernkraftwerk gegen Einwirkungen jeglicher Art von außen.

Im Kernkraftwerk umschließen mehrere Schichten von Barrieren den Kernreaktor. Sie schließen die Radioaktivität im Innern des Reaktors ein.

Aufgaben

1 Kettenreaktion

a □ Beschreibe, was im Druckbehälter geschieht. Vergiss dabei die Rolle des Wassers nicht.

b ◪ Erkläre, was man unter einer kontrollierten Kettenreaktion versteht.

c ■ Fertige eine Zeichnung an, die die Aufgabe der Steuerstäbe verdeutlicht.

2 Energie

a □ Nenne die einzelnen Stationen der Energiegewinnung vom Uran bis zum Haushalt.

b ◪ Zeichne eine entsprechende Energiekette.

3 Wasser im Kernkraftwerk

a ◪ Nenne die Wasserkreisläufe im Kernkraftwerk. Beachte Bild 3.

b ◪ Simon behauptet: „Es wäre technisch viel einfacher, wenn man mit dem heißen Wasser aus dem Druckbehälter direkt die Turbine antreiben würde." Nimm Stellung zu dieser Aussage.

4 Sicherheit

a □ Nenne die Sicherheitsvorkehrungen im Kernkraftwerk.

b ◪ Auf seiner Homepage vergleicht das Kernkraftwerk Gundremmingen seine Sicherheitsvorkehrungen mit den Häuten einer Zwiebel: „Wie bei einer Zwiebel Schale für Schale übereinanderliegt, umhüllt im Kernkraftwerk eine Sicherheitsbarriere die nächste." Erkläre diese Aussage mithilfe deines Wissens über die Sicherheitsvorkehrungen.

5 Ausstieg aus der Kernenergie

Nach dem Reaktorunfall in Fukushima 2011 hat die deutsche Bundesregierung den Ausstieg aus der Kernenergie und die Abschaltung aller deutschen Atomkraftwerke bis 2022 beschlossen.

a ◪ Betrachte die Karte in Bild 2 und überlege, welche Konsequenzen ein Abschalten für Süddeutschland, Norddeutschland oder den Osten Deutschlands haben könnte.

b ◪ Überlege, warum viele Politiker sagen, der Atomausstieg müsse „europäisch" gelöst werden.

Radioaktiver Abfall

1 Radioaktives Material wird in Castorbehältern transportiert.

2 Radioaktiver Abfall im Zwischenlager Asse

In einem Kernkraftwerk entsteht jedes Jahr eine große Menge radioaktiver Abfall. Dieser Abfall ist ein langfristiges Problem, denn er strahlt für Tausende von Jahren.

Die Brennelemente im Kraftwerk müssen in regelmäßigen Abständen ausgetauscht werden, weil nicht mehr genug spaltbares Uran übrig ist. Stattdessen sind radioaktive Spaltprodukte entstanden. Neben den hochradioaktiven Brennstäben gibt es auch mittel- und schwachradioaktiven Abfall, z. B. Filter, Ventile, Rohre.

Lagerung im Kernkraftwerk

Zunächst wird der radioaktive Abfall eines Kernkraftwerks in einem wassergefüllten Becken innerhalb des Reaktorgebäudes gelagert, dem Abklingbecken. Hier klingt ein großer Teil der Radioaktivität ab, da viele Spaltprodukte eine sehr kurze Halbwertszeit haben. Das Wasser im Abklingbecken muss dabei ständig gekühlt werden, da der radioaktive Abfall sehr viel Wärme erzeugt.

Transport

Nach zwei Jahren im Abklingbecken beträgt die Temperatur der alten Brennelemente noch 250 °C. Jetzt werden sie, so gut es geht, strahlungsdicht verpackt und in speziellen Containern, den Castorbehältern, zur Wiederaufbereitungsanlage oder ins Zwischenlager transportiert. Dabei ist der Abfall immer noch hochradioaktiv und muss durch dicke Bleiwände abgeschirmt werden.

Wiederaufbereitung

Ein Teil des radioaktiven Abfalls wird in Wiederaufbereitungsanlagen gebracht. Hier wird das übrig gebliebene Uran-235 von den anderen Spaltprodukten getrennt.
Die Spaltprodukte können teilweise für medizinische, technische und wissenschaftliche Anwendungen eingesetzt werden. Aus dem ebenfalls entstandenen Plutonium können jedoch auch Kernwaffen gebaut werden.
Die Produkte, die in der Wiederaufbereitungsanlage gewonnen werden, sind meist ebenfalls radioaktiv. Sie werden wieder in Castorbehälter verpackt und weitertransportiert.

In einer Brennelemente-Fabrik werden aus dem wiederaufbereiteten Uran sowie frischem Uran aus dem Bergbau neue Brennelemente gefertigt.

Zwischenlager und Endlager

Ein Teil des radioaktiven Abfalls wird in Stahlfässer verpackt und in unterirdische Salzstollen eingelagert. Bis heute fehlt jedoch eine dauerhafte Lösung für den Umgang mit dem radioaktiven Abfall.

> Radioaktiver Abfall wird zuerst im Kernkraftwerk gelagert. Danach wird er zum Teil wiederaufbereitet und zu neuen Brennstäben verarbeitet. Der Rest muss für Tausende von Jahren gelagert werden, bis die Radioaktivität abgeklungen ist.

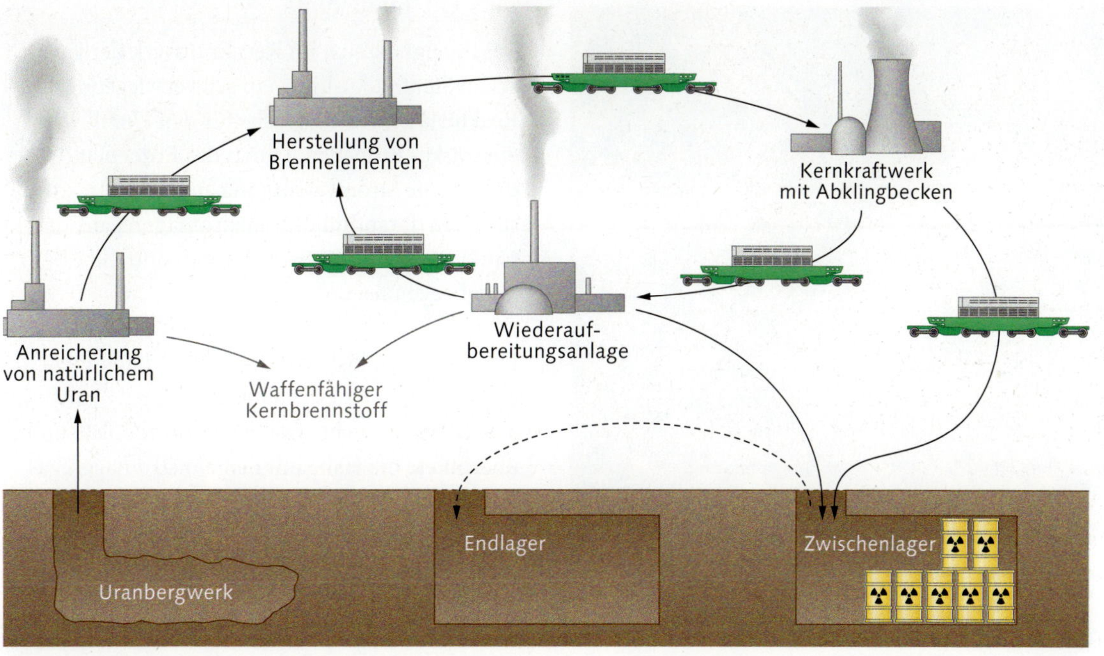

3 Der Brennstoffkreislauf

Aufgaben

1 Radioaktiver Abfall

a □ Erkläre, warum man radioaktiven Abfall nicht einfach wie Hausmüll auf eine Müllkippe werfen kann.

b ◪ Nenne wesentliche Aspekte, die radioaktiven Abfall so gefährlich machen. Beschreibe auch, weswegen er so schwer zu beseitigen ist.

c ■ Tim sagt: „Wäre Uran ein reiner Alphastrahler, wäre der radioaktive Müll kein großes Problem." Nimm Stellung zu dieser Aussage.

2 Lagerung

a □ Gib die Rolle des Wassers im Abklingbecken des Kernkraftwerks wieder.

b ◪ Nach zwei Jahren Lagerung im Kernkraftwerk strahlen die alten Brennelemente etwa 99 % weniger. Erkläre, wie das möglich ist, obwohl Uran-235 eine Halbwertszeit von 704 Mio. Jahren hat.

c ■ Beschreibe, welche Probleme bei der Zwischenlagerung von Atommüll in Salzbergwerken auftreten könnten. Nimm Bild 2 zu Hilfe.

3 Brennstoffkreislauf

a □ Nenne die zentralen Punkte im Brennstoffkreislauf.

b ◪ Beschreibe die Grafik zum Brennstoffkreislauf ausführlich.

c ■ Schätze die Risiken ein, die ein Castortransport per Bahn oder auf einem Lkw mit sich bringt. Berücksichtige dabei auch, dass Atomkraftgegner häufig Castortransporte behindern und auf ihrer Fahrt stoppen und viel Polizei im Einsatz ist.

4 Langfristige Lösung

Folgende Ideen kursieren zum langfristigen Umgang mit Atommüll:

1. in die Sonne schießen
2. über große Flächen verteilen, also verdünnen
3. in einem aktiven Vulkan versenken
4. in alten Bergwerken mit Beton eingießen
5. einfach in den Castorbehältern lassen

◪ Bewerte die Lösungsvorschläge. Welche Vorteile, Nachteile und Risiken siehst du?

1 Das Kernkraftwerk Fukushima nach dem Reaktorunfall

Super-GAU

Als GAU („größter anzunehmender Unfall") bezeichnet man in einem Kernkraftwerk den Ausfall des Kühlsystems und damit die Kernschmelze. Kommt es infolgedessen zum Austritt von Radioaktivität, spricht man von einem „Super-GAU".

Kernschmelze

Bei einer Kernschmelze gerät die Kettenreaktion im Reaktor außer Kontrolle, die Brennelemente überhitzen und schmelzen. Dadurch können Sicherheitsvorkehrungen beschädigt oder zerstört werden. Im schlimmsten Fall entweicht Radioaktivität.

Die Folgen für die Menschen in der direkten Umgebung können verheerend sein: In kurzer Zeit werden sie einer hohen Strahlenbelastung ausgesetzt. Sie erleiden die Strahlenkrankheit oder Spätfolgen der Verstrahlung. Alle Ortschaften in der näheren Umgebung müssen evakuiert werden.
Die Radioaktivität verteilt sich durch Wind, Regen und Meeresströmungen nach und nach über die ganze Erde. Überall nehmen die Menschen unterschiedliche Mengen an Radioaktivität über die Nahrung und das Trinkwasser auf.

> Bei einem Super-GAU (**g**rößter **a**nzunehmender **U**nfall) tritt Radioaktivität aus einem Kernkraftwerk aus.

Beispiele Fukushima

2011 ereignete sich im Kernkraftwerk der japanischen Stadt Fukushima ein schwerwiegender Reaktorunfall. Die Ursache für den Unfall war ein starkes Erdbeben. Durch das Erdbeben fiel die externe Stromversorgung aus. Wie geplant starteten daraufhin die Notstromaggregate, das Notkühlsystem für die Reaktoren und die Abklingbecken lief an.

Das Erdbeben löste vor der Küste Japans allerdings auch eine riesige Flutwelle, einen Tsunami, aus. Dieser erreichte wenig später die Küste und überflutete die Halle mit den Notstromaggregaten und der Stromverteilung. Ein Teil der Notstromaggregate fiel aus. Die Notkühlsysteme versagten.

Durch den Wegfall der Kühlsysteme überhitzten die Brennstäbe in den Reaktoren. In drei der Reaktoren kam es zur Kernschmelze.
Die Hitze in den Reaktorgebäuden stieg immer weiter an. Wasserstoff entstand und explodierte. Große Mengen Radioaktivität stiegen mit dem Rauch in die Atmosphäre auf oder wurden bei den Löscharbeiten ins Meer gespült.

Bild 2 zeigt die Ausbreitung der Radioaktivität mit den Meeresströmungen ein Jahr nach dem Reaktorunfall. Das radioaktive Wasser verteilt sich immer weiter und breitet sich über den ganzen Ozean aus.

Das Kernkraftwerk in Fukushima verwendet einen ähnlichen Reaktortyp wie deutsche Kernkraftwerke.

2 Ausbreitung der Radioaktivität ein Jahr nach dem Unfall

Beispiele Tschernobyl

1986 ereignete sich in der ukrainischen Stadt Tschernobyl einer der größten Reaktorunfälle in der Geschichte der Kernkraft.

Der Kernreaktor in Tschernobyl funktioniert nach einem anderen Prinzip als deutsche Kernkraftwerke. Er verwendet Graphit statt Wasser, um die frei werdenden schnellen Neutronen abzubremsen. Die Brennstäbe sitzen in wassergekühlten Druckröhren in einem Graphitblock.

Der Reaktorunfall in Tschernobyl ereignete sich während eines Sicherheitstests: Die Mitarbeiter simulierten einen Stromausfall. Dabei kam es zu einem extremen Anstieg der Kernspaltungen und damit zu einer extremen Hitzeentwicklung. Die Steuerstäbe verformten sich und ließen sich nicht mehr zum Abschalten zwischen die Brennstäbe schieben. Da das Graphit aber weiterhin die schnellen Neutronen passend abbremste, stieg die Zahl der Kernspaltungen immer weiter an. Das Kühlwasser verdampfte und das Graphit begann zu brennen. Es kam zu einer Kernschmelze.

Bis heute kämpft man in Tschernobyl gegen die Folgen des Reaktorunfalls. Mit einem Schutzhülle aus Stahl und Beton, genannt Sarkophag, versucht man die Radioaktivität dort einzuschließen.

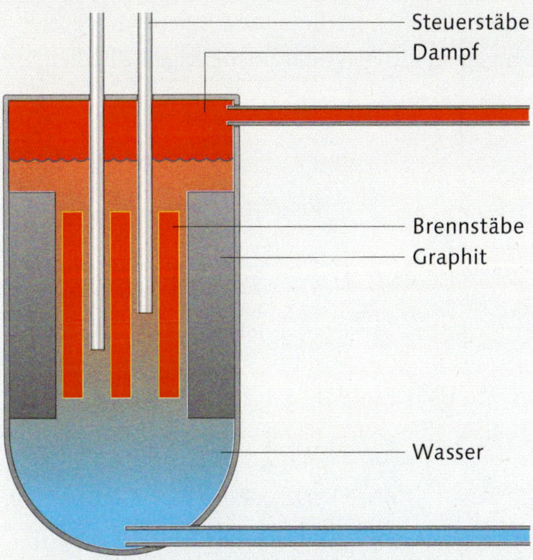

3 Kernreaktor mit Graphit als Moderator

Aufgaben

1 Kernschmelze

a □ Erkläre die Begriffe GAU und Super-GAU.

b ◪ Erläutere, was bei einer Kernschmelze geschieht und auf welche die Ursache sie zurückzuführen ist.

c ■ Beschreibe den Ablauf eines Reaktorunfalls anhand des Texts.

2 Fukushima

a □ Nenne die äußeren Ursachen, die zur Reaktorkatastrophe von Fukushima geführt haben, und beschreibe die Folgen bis zum Austritt der Radioaktivität in die Umwelt.

b ◪ Im Frühjahr 2015 erreichte die radioaktive Strömung im Meer die Westküste der USA. Betrachte die Karte in Bild 2 und schätze ab, welche Länder noch betroffen sind.

c ■ Schätze das Risiko ein, dass sich ein ähnlicher Unfall in Deutschland ereignen kann. Berücksichtige dabei, welche Probleme auch in Deutschland auftreten könnten.

3 Tschernobyl

a ◪ Bewerte die Rolle des Graphits beim Reaktorunfall von Tschernobyl.

b ■ Vergleiche den Aufbau des Reaktors von Tschernobyl mit einem bei uns gebräuchlichen Reaktor. Begründe, warum ein Unfall wie in Tschernobyl bei uns nicht möglich ist.

c ◪ Nach etwa 30 Jahren muss der Schutzschild aus Beton und Stahl über Tschernobyl erneuert werden (Bild unten). Beschreibe die Aufgabe des Schutzschilds.

d ■ „Kernkraft ist zu groß für menschliche Fähigkeiten." Erläutere diese Aussage.

4 Neues Schutzschild für Tschernobyl

Kraftwerksvergleich

1 Verschiedene Kraftwerke decken unseren Energiebedarf.

Energiebedarf in Deutschland

In Deutschland wird jedes Jahr eine enorme Menge an Energie benötigt. 2014 waren es 3893 TWh (Terawattstunden). Das sind 3 893 000 000 000 kWh. Diese Energie wird von Kraftwerken bereitgestellt.

Um Kraftwerke bewerten zu können, schaut man zuallererst darauf, wie effizient sie arbeiten. Dazu vergleicht man die zugeführte mit der nutzbar gemachten Energie und berechnet daraus den Wirkungsgrad.
Außerdem spielen der Verbrauch und die Verfügbarkeit der Brennstoffe, die Menge und die Art der erzeugten Schadstoffe, der produzierte Abfall und die Risiken im Fall einer Fehlfunktion oder eines Unfalls eine wichtige Rolle.

Kernkraftwerke

Kernkraftwerke benötigen 260 t Uran, um 15 Mrd. kWh elektrische Energie zu erzeugen. Das ist der Jahresbedarf einer Stadt wie Stuttgart.
Kernkraftwerke stoßen während des ungestörten Betriebs keine schädlichen Abgase in die Umwelt aus. Dafür fallen radioaktive Abfälle an: Neben den 260 t hochradioaktiven Urans aus den Brennstäben erzeugen Kernkraftwerke etwa 1500 t schwach- und mittelradioaktive Abfälle.

Verbrennungskraftwerke

Verbrennungskraftwerke verwenden fossile Brennstoffe, um elektrische Energie zu erzeugen. Kohlekraftwerke benötigen pro Jahr etwa 5,1 Mio. t Kohle, um daraus etwa 15 Mrd. kWh elektrische Energie zu gewinnen. Durch das Verbrennen der fossilen Brennstoffe gelangen große Mengen des Treibhausgases CO_2 in die Atmosphäre. Außerdem erzeugen Kohlekraftwerke für 15 Mrd. kWh elektrischer Energie jährlich etwa 320 000 t giftige Abfälle.

Anlagen für regenerative Energiequellen

Windkraft- und Solaranlagen nutzen regenerative Energiequellen, um elektrische Energie bereitzustellen. Für 15 Mrd. kWh müsste man etwa 2000 Windräder oder eine Solaranlage mit einer Fläche von über 100 km² betreiben – Letzteres entspricht etwa der Hälfte der Fläche Stuttgarts. Beide Anlagen erzeugen zwar nicht im Betrieb, aber bei ihrer Herstellung und Entsorgung große Mengen an giftigen oder hochgiftigen Abfällen.

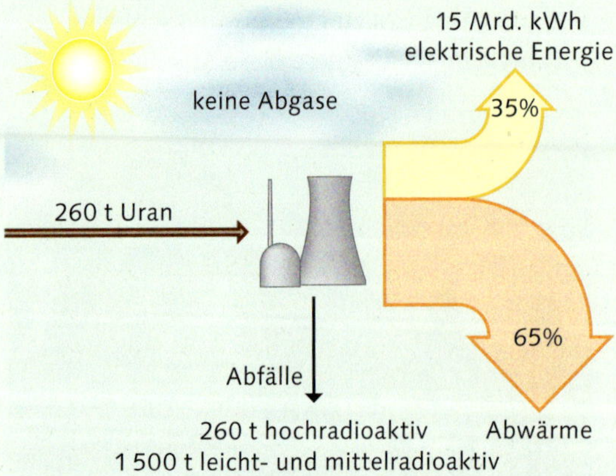

2 Brennstoff, Energie, Schadstoffe und Abfälle beim Kernkraftwerk pro Jahr

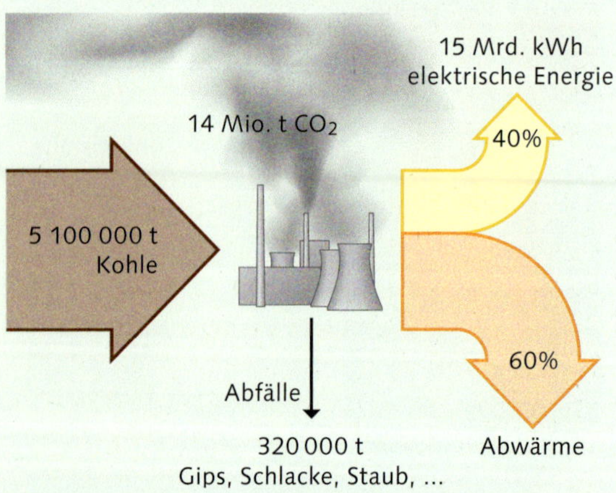

3 Brennstoff, Energie, Schadstoffe und Abfälle beim Kohlekraftwerk pro Jahr

1 Blick in einen Kernreaktor

Deutschland hat sich für den Ausstieg aus der Kernenergie entschieden und setzt in Zukunft auf erneuerbare Energieformen.

Pro und Kontra Kernkraftwerk

Kernkraftwerke stehen nicht erst seit dem Reaktorunfall von Fukushima immer wieder in der Diskussion. Die Frage, die in diesem Zusammenhang immer wieder gestellt wird, lautet: Wiegen die Vorteile von Kernkraftwerken ihre Nachteile und Risiken auf? Um eine Antwort auf diese Frage zu finden, muss man sich mit den Vor- und Nachteilen der atomaren Energiegewinnung auseinandersetzen und diese bewerten.

Schritt 1: Fachwissen aneignen

Um einen Sachverhalt bewerten zu können, musst du dir zunächst das Fachwissen, das zum Beurteilen der wissenschaftlichen Zusammenhänge nötig ist, erarbeiten. Daraus ergeben sich Argumente.

Einige Argumente für Kernkraftwerke sind:

1 Kernkraftwerke kommen mit vergleichsweise wenig Brennstoff aus.

2 Kernkraftwerke stoßen kein CO_2 aus. Sie sind klimafreundlich.

3 Kernenergie lässt sich zuverlässig bereitstellen. Sie unterliegt kaum wetterbedingten Schwankungen oder Ähnlichem.

4 Kernreaktoren benötigen wenig Platz, um eine große Anzahl von Menschen mit Energie zu versorgen.

5 Nebenprodukte können für medizinische und industrielle Zwecke verwendet werden.

6 …

Einige Argumente gegen Kernkraftwerke sind:

1 Die Sicherheit von Reaktoren kann nicht garantiert werden. Das zeigen Unfälle wie in Fukushima und Tschernobyl.

2 Es gibt keine vernünftige Lösung für den Umgang mit dem entstehenden Atommüll.

3 In einigen Kraftwerkstypen entstehen Spaltprodukte, die für den Bau von Kernwaffen verwendet werden können.

4 Kernkraftwerke erzeugen noch Jahre nach ihrem Abschalten radioaktive Abfälle und hohe Kosten.

5 Deutschland muss das gesamte benötigte Uran im Ausland kaufen.

6 …

Schritt 2: Argumente gewichten

Hast du dir das nötige Fachwissen angeeignet, musst du Kriterien finden, um dieses Wissen zu bewerten. Du musst entscheiden, welche Argumente schwerwiegend sind und einen hohen Stellenwert haben und welche geringer zu gewichten sind.

Zur Gewichtung der Argumente dienen Fragen wie:
Wie viele Menschen sind betroffen? Wie lange?
Sind die Auswirkungen auf Menschen und Umwelt bekannt oder abschätzbar?
Gibt es verlässliche Informationen dazu?

Schritt 3: Eigene Meinung bilden

Hast du alle Argumente gegeneinander abgewogen, kannst du aufgrund deines Fachwissens eine begründete Entscheidung treffen und diese mit fachwissenschaftlichen Argumenten begründen.

Carolin hat sich jetzt auf Grundlage der wissenschaftlichen Fakten und ihrer persönlichen Gewichtung eine Meinung gebildet. Sie kann ihre Position zum Thema Kernkraft jetzt erläutern und begründen.

Aufgabe

1 ■ Bewerte die Entscheidung der Bundesregierung, alle Kernkraftwerke abzuschalten.

Woher kommt die Energie im Kernkraftwerk?

Die folgenden Aufgaben zum Thema **Kernphysik** helfen dir, deinen Lernstand einzuschätzen. Beobachte dich dazu beim Lösen der Aufgaben selbst:
- Brauchst du Hilfe? Musst du z. B. noch einmal nachlesen oder jemanden fragen?
- Kannst du die Aufgaben ohne Hilfe lösen?
- Weißt du sogar mehr, als in der Lösung steht?

Notiere dir, bei welchen Fragen du Schwierigkeiten hast. Kehre noch einmal zu den entsprechenden Seiten zurück, arbeite sie durch und löse die zugehörigen Aufgaben. Weitere Aufgaben findest du auf den folgenden Seiten.

1 Kernspaltung
Otto Hahn und Lise Meitner machten mit der Kernspaltung eine sensationelle Entdeckung: Atomkerne sind doch nicht unteilbar!
- **a** □ Erkläre, wie die beiden Wissenschaftler darauf gekommen sind.
- **b** □ Beschreibe, was bei einer Kernspaltung geschieht.
- **c** ◪ Erkläre, woher die Energie stammt, die bei einer Kernspaltung frei wird.
- **d** ■ Wird ein Urankern gespalten, können z. B. ein Kryptonatom und ein Bariumatom entstehen. Es kann stattdessen aber auch Caesium entstehen. Benenne mithilfe des Periodensystems den Spaltpartner von Caesium.

2 Kettenreaktion
Die Neutronen, die bei einer Kernspaltung frei werden, können weitere Urankerne spalten.
- **a** □ Nenne die Bedingungen, unter denen eine Kettenreaktion entstehen kann.
- **b** ◪ Erkläre den Unterschied zwischen einer kontrollierten und einer unkontrollierten Kettenreaktion.
- **c** ■ Begründe, warum sich eine unkontrollierte Kettenreaktion nicht für den Einsatz im Kernkraftwerk eignet.

3 Kernkraftwerke
Kernkraftwerke erzeugen aus geringen Mengen Uran große Mengen an nutzbarer Energie.
- **a** ◪ Urankerne, Neutronengeschwindigkeit und Neutronenanzahl sind für die Energiemenge, die ein Kernkraftwerk bereitstellt, entscheidend. Beschreibe ihr Zusammenwirken.
- **b** ◪ Zeichne eine Energiekette auf, die die Energieumwandlungen in einem Kernkraftwerk zeigt.
- **c** ◪ Die Hauptaufgabe der Sicherheitsvorkehrungen ist es, die Radioaktivität im Innern des Kraftwerks einzuschließen. Beschreibe, welche Maßnahmen dazu ergriffen werden.

4 Probleme der Kernenergie
Radioaktiver Abfall und Sicherheitsrisiken machen die Nutzung von Kernenergie problematisch.
- **a** □ Beschreibe die Probleme, die ein Kernkraftwerk mit sich bringt, mit eigenen Worten.
- **b** ◪ Erstelle auf Basis deines Wissens über die Kernenergie eine Liste mit Vorteilen und Nachteilen der Kernenergienutzung.
- **c** ■ Stelle die Reaktorunfälle von Fukushima und Tschernobyl einander gegenüber. Zeige Gemeinsamkeiten und Unterschiede auf.

Kernphysik

Kettenreaktion
Bei einer Kettenreaktion löst die Spaltung eines Atomkerns weitere Kernspaltungen aus. Dabei wird eine große Menge Energie freigesetzt.

Bedingungen für eine Kettenreaktion
- ausreichend spaltbares Material
- passende Neutronengeschwindigkeit

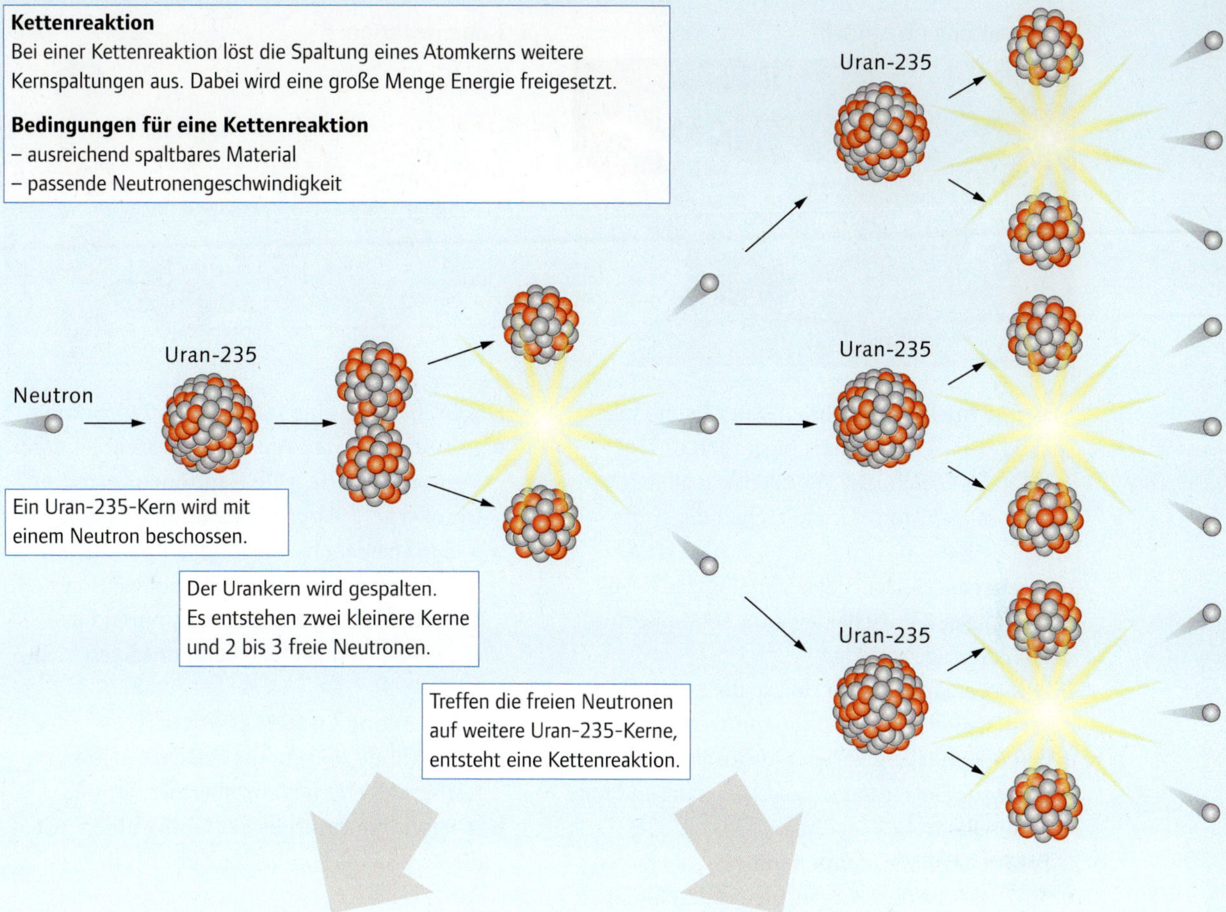

Ein Uran-235-Kern wird mit einem Neutron beschossen.

Der Urankern wird gespalten. Es entstehen zwei kleinere Kerne und 2 bis 3 freie Neutronen.

Treffen die freien Neutronen auf weitere Uran-235-Kerne, entsteht eine Kettenreaktion.

Kontrollierte Kettenreaktion
Fängt man einen Teil der frei werdenden Neutronen ein, sodass jede Spaltung nur eine einzige weitere Spaltung erzeugt, dann ist die Kettenreaktion kontrolliert.
Einsatz: Energiegewinnung im Kernkraftwerk

Unkontrollierte Kettenreaktion
Läuft die Kettenreaktion ohne Regulierung ab, nimmt die Anzahl der Spaltungen über die Neutronengenerationen hinweg lawinenartig zu. Es entsteht eine unkontrollierte Kettenreaktion.
Einsatz: Kernwaffen

Kernkraftwerk
Kernkraftwerke nutzen die Energie aus Kernspaltungen zur Umwandlung in elektrische Energie. Dabei entsteht radioaktiver Abfall. Eine gute Lösung für die Entsorgung dieses Abfalls fehlt bisher.
Bei einem GAU (größter anzunehmender Unfall) kommt es im Reaktor zur Kernschmelze. Entweicht dabei Radioaktivität aus dem Kraftwerk, spricht man vom Super-GAU.

1 Kernspaltung im Modell

Max und Meike helfen ihrem Vater beim Holzspalten. Meike behauptet: „Eigentlich ist Holzspalten das Gleiche wie Atomkernespalten. Die Axt ist das Neutron, der Holzscheit der Atomkern."

a □ Schreibe zunächst den Vorgang der Kernspaltung auf. Entscheide dann, ob Meike mit ihrer Aussage recht hat.

b ◪ Max ergänzt: „Wäre Holzspalten und Atomkernespalten das Gleiche, dann wären die auf den Boden fallenden Spaltstücke aber nicht mehr aus Holz, sondern aus zwei ganz anderen Materialien."
Erkläre was, Max damit meint.

c ◪ Vergleiche den Vorgang des Holzspaltens mit der Kernspaltung. Finde Gemeinsamkeiten und Unterschiede.

2 Spaltprodukte

Uran-235 kann bei Beschuss mit einem Neutron in Krypton-89 und Barium-144 sowie drei freie Neutronen ($^{1}_{0}n$) gespalten werden.

$$^{235}_{92}U + ^{1}_{0}n \longrightarrow ^{89}_{36}Kr + ^{144}_{56}Ba + 3\,^{1}_{0}n$$

a ◪ Übertrage die Reaktionsgleichung in dein Heft und erkläre genau, was bei der Spaltung geschieht.

b ■ Statt Krypton-89 und Barium-144 können bei einer Kernspaltung auch andere Spaltpartner entstehen. Erkläre diese Aussage mithilfe der folgenden Tabelle.

$$^{235}_{92}U + ^{1}_{0}n \longrightarrow ^{137}_{55}Cs + ^{96}_{37}Rb + 3\,^{1}_{0}n$$

$$^{235}_{92}U + ^{1}_{0}n \longrightarrow ^{90}_{36}Kr + ^{144}_{56}Ba + 2\,^{1}_{0}n$$

$$^{235}_{92}U + ^{1}_{0}n \longrightarrow ^{135}_{52}Te + ^{98}_{40}Rb + 3\,^{1}_{0}n$$

3 Kettenreaktion

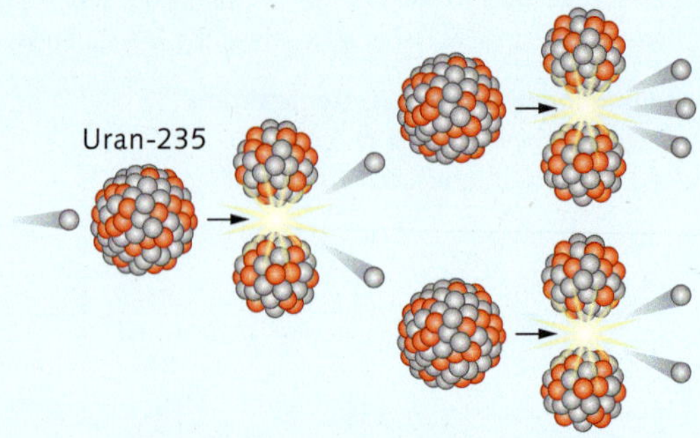

Die Grafik zeigt eine startende Kettenreaktion.

a □ Beschreibe den Ablauf der Kettenreaktion. Verwende die Begriffe Neutronengeneration, Urankerne, Spaltprodukte und Energie.

b ◪ Entscheide, ob es sich um eine kontrollierte oder eine unkontrollierte Kettenreaktion handelt, und beschreibe, was während der folgenden Neutronengenerationen geschieht.

4 Kettenreaktion im Kernkraftwerk

a □ Begründe, warum die Kettenreaktion in Kernkraftwerken kontrolliert werden muss.

b ◪ Beschreibe mithilfe der Grafik unten, wie die Kettenreaktion im Kernkraftwerk gesteuert wird.

c ■ Zwei mögliche Gefahren im Reaktor:
1. Der Moderator versagt.
2. Die Steuerstäbe versagen.

Beschreibe jeweils, was im Hinblick auf die Kettenreaktion geschieht, und schätze ein, welche Folgen das für den Kernreaktor mit sich bringt.

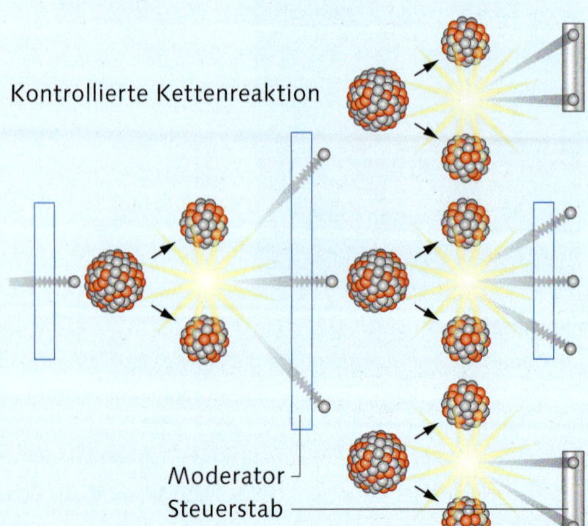

5 Wohin mit dem Abfall?

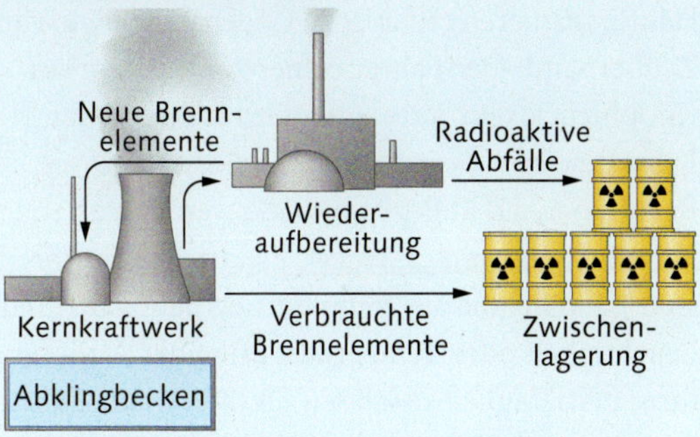

Radioaktiver Abfall muss mit großer Vorsicht behandelt werden, denn unabgeschirmt ist er eine Gefahr für Mensch und Umwelt.

a □ Beschreibe die Grafik: Was geschieht mit dem radioaktiven Abfall?

b ◪ Erläutere die Aufgabe des Abklingbeckens in einem Kernkraftwerk.

c ◪ Radioaktiver Abfall wird in speziellen Behältern – den Castoren – transportiert. Beschreibe die Aufgaben dieser Behälter und bewerte die Risiken solcher Transporte.

6 Eine Lösung des Atommüllproblems?

Bei der „Transmutation" werden hochradioaktive Stoffe, die viele Tausend Jahre strahlen würden, mit Neutronen beschossen. Sie werden dadurch in Stoffe umgewandelt, die eine kürzere Halbwertszeit haben oder überhaupt nicht mehr radioaktiv sind. Diese Technologie steckt noch in den Kinderschuhen.

◪ Vergleiche diese Art der Atommüllbeseitigung mit anderen. Recherchiere Kosten und Energiebedarf und bewerte anschließend diese Lösung.

7 Endlagerung in Salzstollen

Radioaktiver Müll wird teilweise in Salzstollen gelagert. Salz hat folgende Eigenschaften:
- Es ist für Flüssigkeit und Gas undurchlässig.
- Es schließt entstehende Risse schnell wieder.
- Es leitet Wärme gut ab.

Salzsteingebirge in Deutschland sind außerdem sehr stabil und verändern sich kaum.

a □ Erkläre, warum alle diese Eigenschaften Salzstollen zu einem guten Endlager machen.

b ◪ Bewerte diese Endlagerung und vergleiche Vorteile und Risiken mit anderen Lösungen.

8 Reaktorunfälle

Neben den Unfällen in den Kernkraftwerken von Fukushima und Tschernobyl gab es auch in anderen Kernkraftwerken Reaktorstörfälle, die aber nicht das gleiche Ausmaß annahmen.

a ◪ Informiere dich über weitere Reaktorunfälle und notiere Ursachen und Auswirkungen.

b ■ Sortiere die Reaktorunfälle in Gruppen. Finde dazu passende Gemeinsamkeiten.

9 Energiewende

Nach dem Reaktorunfall in Fukushima hat die Bundesregierung für Deutschland den „Ausstieg aus der Kernenergie" beschlossen. Ziel ist es, Kernkraftwerke abzuschalten und verstärkt regenerative Energieformen zu nutzen.

a □ Die Grafik unten zeigt, welcher Anteil elektrischer Energie 2014 aus welchen Energiequellen gewonnen wurde. Vergleiche die Anteile von fossilen Energieträgern mit erneuerbaren Energiequellen und Kernenergie.

b ◪ Schätze ab, welche Probleme es mit sich bringen würde, wenn man auf einen Schlag alle Kernkraftwerke abstellen und durch Kohlekraftwerke ersetzen würde.

c ◪ Erstelle eine Tabelle, die die Vorteile und Nachteile aller drei Gruppen von Energiequellen – fossil, erneuerbar und atomar – aufzeigt.

d ■ Bewerte die Vorteile und Nachteile der drei Gruppen und formuliere einen Text, der die in deinen Augen beste Zusammensetzung aus den drei Energiegruppen darstellt und begründet.

Stromerzeugung 2014 in %

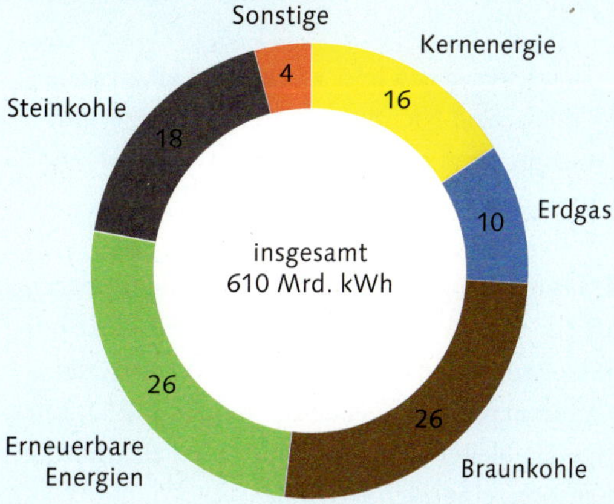

Halbleiter

1 Ein Halbleiterwafer – Grundlage elektronischer Geräte

Nichtleiter wie Kunststoffe lassen keinen Stromfluss zu. Erwärmt man einen Nichtleiter, ändert sich daran nichts. Der Widerstand bleibt hoch und verhindert das Fließen eines elektrischen Stroms. Leiter wie Metalle hingegen ermöglichen bei Raumtemperatur einen Stromfluss. Erwärmt man ein Metall, nimmt seine Leitfähigkeit allerdings ab: Die in Form von Wärme zugeführte Energie hat zur Folge, dass der Stromfluss stärker behindert wird; der Widerstand nimmt bei Erwärmung zu.

Halbleiter verhalten sich anders!

Stoffe, deren Leitfähigkeit zwischen der von Leitern und Nichtleitern liegt, nennt man Halbleiter. Führt man einem Halbleiter Energie zu, z. B. indem man ihn erwärmt, leitet er den Strom im Gegensatz zu Metallen besser. Durch die Erwärmung entstehen im Halbleiter freie Ladungsträger, die seine Leitfähigkeit erhöhen. Der Widerstand wird also geringer.

> Halbleiter liegen in der Leitfähigkeit zwischen Leitern und Nichtleitern. Bei Energiezufuhr nimmt ihre Leitfähigkeit zu, ihr Widerstand wird geringer.

Das am häufigsten verwendete Halbleitermaterial ist Silicium. Aus Silicium werden viele elektronische Bauteile, insbesondere Grundplatten für Computerchips, sogenannte Wafer (Bild 1), gefertigt. Halbleiter spielen aber auch bei elektrischen Sensoren eine wichtige Rolle.

Elektrische Sensoren

Häufig reagieren technische Gegenstände wie von Zauberhand: Der Fahrer öffnet von Weitem auf Knopfdruck sein Auto oder wird während der Fahrt gewarnt, dass die Straße vereist ist. Diese Reaktionen auf äußere Einflüsse werden von sogenannten Sensoren gesteuert. Elektrische Sensoren sind Bauteile, die auf Veränderung bei Lichteinfall, Feuchtigkeit oder Temperatur mit einer Änderung ihrer Leitfähigkeit reagieren. In modernen Autos bestehen viele Sensoren aus Halbleitermaterial.

> Elektrische Sensoren ändern ihren Widerstand durch äußere Einflüsse. Für Licht und Temperatur gibt es Halbleitersensoren.

Beispiel Temperatursensor

Da jeder Mensch ein anderes Wärmeempfinden hat, sollte eine Sitzheizung individuell einstellbar sein. Bei einer vorher eingestellten Wohlfühltemperatur sollte die Heizung abschalten. Kernstück hierfür ist ein temperaturabhängiger Widerstand, der ein Heizelement steuert. Der Widerstand des Halbleiters wird bei Erwärmung geringer und steuert so die Sitzheizung.

Beispiel Lichtsensor

Fährt ein Auto in einen Tunnel hinein, muss das Abblendlicht eingeschaltet werden. Moderne Fahrzeuge übernehmen das Einschalten für den Fahrer. Wenn auf einen lichtabhängigen Widerstand (engl. *light dependent resistor*, LDR) weniger Licht fällt, ändert sich sein Widerstandswert. Als Folge schaltet sich das Licht ein.

A

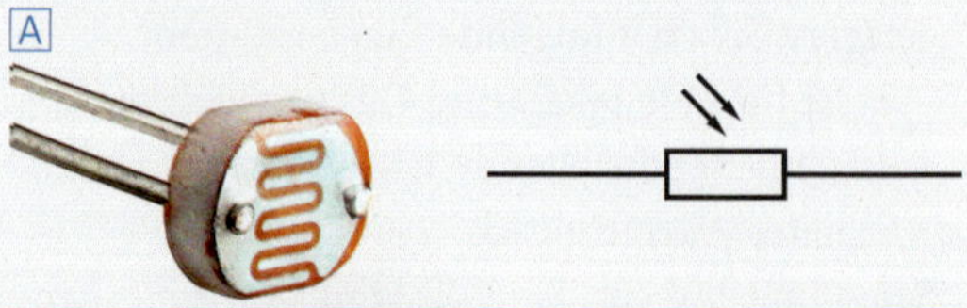

B

2 LDR (A) und temperaturabhängiger Widerstand (B)

Extra Kennlinien von Halbleitern

Kennlinien stellen Eigenschaften eines elektronischen Bauteils grafisch dar. Sie veranschaulichen den Zusammenhang zwischen der Leitfähigkeit und einer veränderlichen Messgröße wie Temperatur oder Lichteinwirkung. In Bild 3 wird die Kennlinie eines temperaturabhängigen Widerstands aufgenommen.

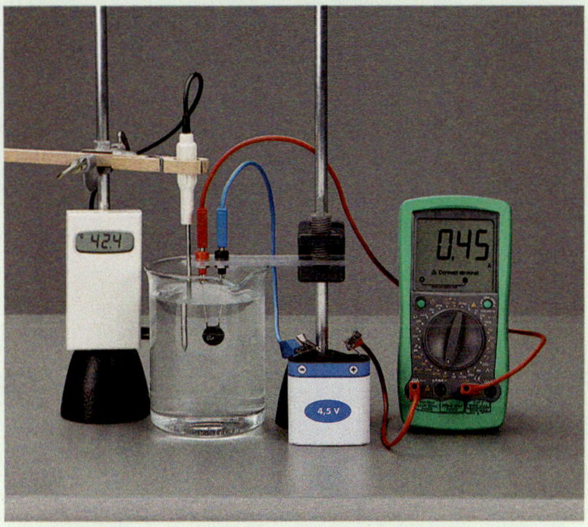

3 Schaltung zur Aufnahme der Kennlinie

Bild 4 zeigt die Messergebnisse des Experiments. Aus der Kennlinie lässt sich ablesen, dass die Stromstärke bzw. die Leitfähigkeit des Halbleiters bei steigender Temperatur zunimmt. Das bedeutet, dass der elektrische Widerstand bei zunehmender Temperatur abnimmt.
Über einen Regler kann jetzt bestimmt werden, bei welcher Stromstärke z. B. eine Sitzheizung abschalten soll.

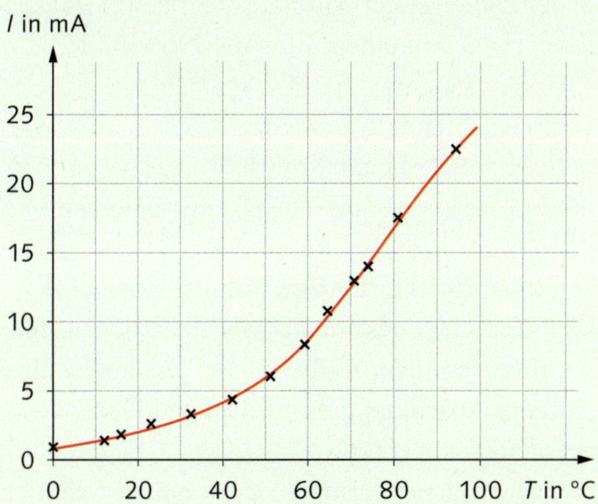

4 Kennlinie eines temperaturabhängigen Widerstands

Aufgaben

1 Leiter – Halbleiter – Nichtleiter

a □ Nenne jeweils mindestens einen Stoff zu jeder der oben angegebenen Kategorien.

b ◪ „Silicium gibt es wie Sand am Meer!" Stelle eine Vermutung an, was mit diesem Ausspruch gemeint sein könnte.

2 Sensoren im Auto

a □ Erkläre den Begriff „Sensor".

b ◪ Im Auto messen Sensoren an verschiedenen Stellen die Temperatur. Nenne mindestens drei unterschiedliche Bereiche, in denen Temperatursensoren im Auto eingesetzt werden. Begründe jeweils, warum es dort notwendig ist, die Temperatur zu messen.

c ■ Auch Airbags werden über Sensoren gesteuert. Stelle eine Vermutung an, auf welche äußeren Einflüsse diese Sensoren reagieren.

3 Sensor in Schaltskizze

a □ Zeichne eine Schaltskizze mit einer Reihenschaltung aus einem lichtabhängigen Widerstand, einer Batterie und einer Glühlampe.

b ◪ Formuliere eine Vermutung, ob die Lampe erlischt oder leuchtet, wenn der lichtabhängige Widerstand beleuchtet wird. Begründe deine Antwort.

4 Sinne und Sensoren

Wir Menschen sind mit Sinnesorganen ausgestattet, Maschinen arbeiten mit Sensoren.

a □ Nenne Sensoren, die du kennst.

b ◪ Vergleiche die Sensoren mit deinen Sinnen. Welche Sensoren reagieren auf dieselben Reize wie deine Sinne, welche messen andere Einflüsse?

c ◪ Beschreibe, wie Sensoren eingesetzt werden. Formuliere Sätze wie „Wenn nicht mehr genug Licht auf den Sensor der Außenbeleuchtung fällt, schaltet sich die Lampe ein."

5 *Negative Temperature Coefficient* (NTC)

a □ Skizziere den groben Verlauf einer Temperatur-Widerstand-Kennlinie im Bereich zwischen 0 und 80 °C. Orientiere dich an Bild 4.

b ■ Formuliere eine Vermutung, warum man einen solchen Halbleiter als NTC bezeichnet.

1 Leuchtdioden in einem Autoscheinwerfer

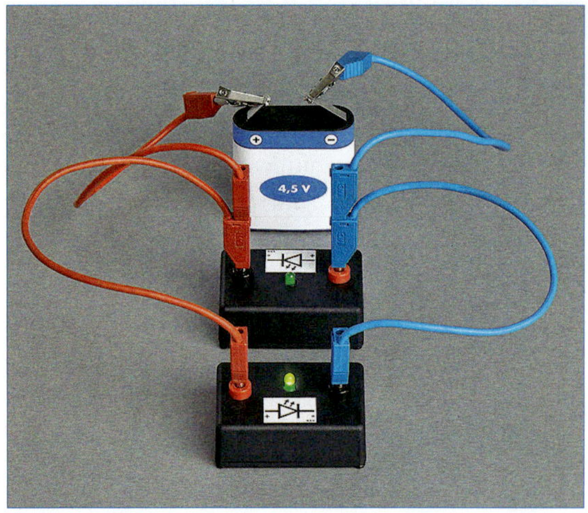

3 Zwei identische, entgegengesetzt geschaltete Leuchtdioden

Moderne Autoscheinwerfer nutzen keine Glühlampen mehr. Leuchtdioden sind langlebiger, sparsamer und lassen sich besser regeln.

Eine leuchtende Diode – die LED

Als Dioden bezeichnet man Bauteile, die elektrischen Strom nur in eine Richtung durchlassen. Sie haben eine Sperr- und eine Durchlassrichtung. So wie ein Fahrradventil den Luftstrom nur in eine Richtung durchlässt, erlaubt auch eine Diode den Stromfluss nur in eine Richtung. Man unterscheidet Leuchtdioden (Bild 2A) und Dioden (Bild 2B). Leuchtdioden senden zusätzlich zur Ventilwirkung Licht aus. Zur Leuchtdiode sagt man oft LED (engl. *light emitting diode*). Sowohl Dioden als auch Leuchtdioden werden aus Halbleitermaterial gefertigt.

> Dioden sind Halbleiterbauteile, die elektrischen Strom nur in eine Richtung durchlassen.

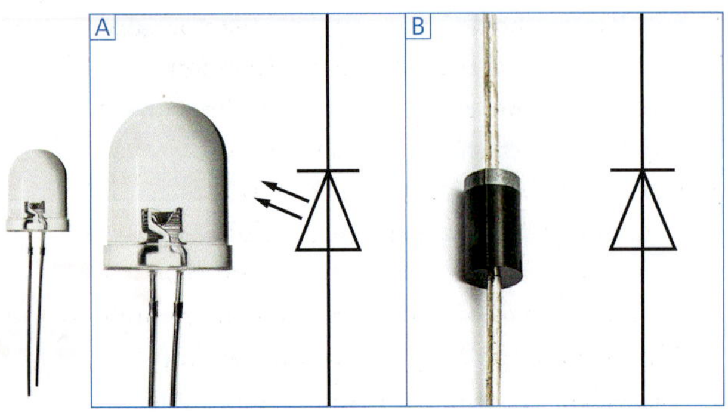

2 Leuchtdiode (A) und Diode (B) mit ihren Schaltsymbolen

Auf die Polung kommt es an

Bild 3 zeigt zwei LEDs, die an dieselbe Batterie angeschlossen sind. Obwohl sie parallel geschaltet sind, leuchtet die eine LED, die andere nicht. Betrachtet man den Kunststoffkörper einer LED von oben, fällt auf, dass er eine abgeflachte Seite hat. Diese auffällig markierte Seite hat zudem ein kürzeres Anschlussbein (Bild 2A). Dieses Anschlussbein führt im Kunststoffkörper zu einem breiten Metallplättchen, das mit einer Reflektorwanne versehen ist. Die LED leuchtet nur, wenn der Anschluss mit dem kürzeren Anschlussbein an den Minuspol der Energiequelle angeschlossen wird. Der zweite Anschluss muss entsprechend an den Pluspol der Energiequelle angeschlossen werden. Andernfalls verhindert die LED wie eine normale Diode den Stromfluss.
Bei der Diode ist der Anschluss, der zum Minuspol führen muss, mit einem Ring markiert (Bild 2B).

> LEDs leuchten nur, wenn der
> - kurze Anschluss am Minuspol angeschlossen ist,
> - lange Anschluss am Pluspol angeschlossen ist.

Merkhilfe für die richtige Polung einer LED

Das Pluszeichen besteht aus zwei Teilstrichen. Setzt man sie zusammen, ergibt sich der lange Anschluss. Der lange Anschluss muss also an den Pluspol angeschlossen werden.
Das Minuszeichen besteht nur aus einem Teilstrich: Er steht für den kurzen Anschluss am Minuspol.

LED-Lampe

Glühlampen und Leuchtstofflampen werden immer seltener. Auch Energiesparlampen werden häufig durch LED-Lampen ersetzt. Während Glühlampen Licht erzeugen, indem ein Draht zum Glühen gebracht wird, und in Leuchtstofflampen ein Gasgemisch Licht erzeugt, enthalten LEDs Halbleitermaterial, das Licht abstrahlt, wenn es von Strom durchflossen wird.
LED-Lampen bestehen aus mehreren LEDs. Anfangs waren LEDs für die Beleuchtung von Räumen unbeliebt, weil ihr Licht unangenehm kalt wirkte. Inzwischen kann man ihre Farbe gezielt festlegen. Man erkennt LED-Lampen an ihrem mit Leuchtstoff überzogenen LED-Chip. Der Leuchtstoff verändert das von der LED ausgesandte blaue Licht so, dass der Eindruck weißen Lichts entsteht. Je nach Leuchtstoff entsteht ein warmer oder kalter Farbeindruck, der **Farbtemperatur** genannt wird. Die Farbtemperatur wird in Kelvin (K) angegeben und steht meistens farblich markiert auf der Verpackung.

> LED-Lampen bestehen aus Leuchtdioden. Ihr Licht kann warm oder kalt wirken.
> Die Farbtemperatur wird in Kelvin angegeben.

Achtung: Die Leuchtkraft von LEDs wird oft unterschätzt. Es gibt LED-Lampen, die so hell sind, dass sie das Auge schädigen können!

Experiment LED-Lampen sparen Energie

Vergleicht man Wärmeabgabe und Leistung zweier verschiedener Lampen gleicher Leuchtkraft, ergibt die Leistungsmessung, dass eine LED-Lampe nur etwa ein Sechstel der Leistung umsetzt wie eine 75-Watt-Glühlampe. Die Erklärung liefert eine Wärmebildkamera.

Die blaue Farbe im Wärmebild zeigt, wie gering die Wärmeabgabe der LED-Lampe nach einer Viertelstunde ist. Im Vergleich dazu ist die Glühlampe extrem heiß. Wegen der geringen Wärmeabgabe benötigen LEDs bei gleicher Helligkeit viel weniger Energie als Glühlampen.

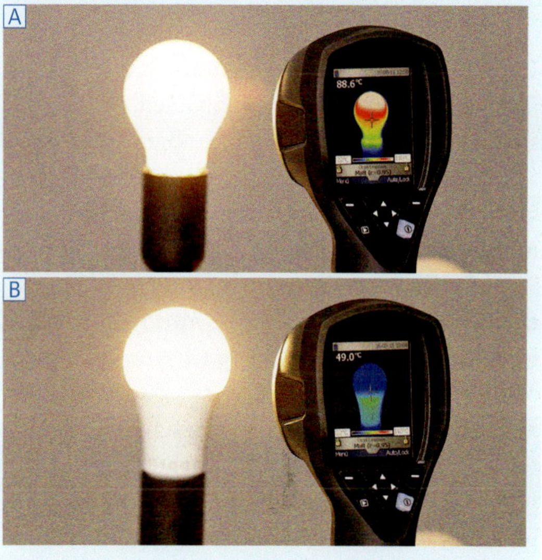

4 Wärmebilder von Glühlampe (A) und LED-Lampe (B)

Aufgaben

1 Dioden und Leuchtdioden

a □ „Dioden sind elektrische Ventile." Erläutere diese Aussage, indem du die Funktionsweise der Diode mit dem Ventil eines Fußballs vergleichst.

b ◪ Nenne drei Kennzeichen einer LED, die einen Hinweis darauf geben, wie man sie anschließen muss. Welches Merkmal ist bei verbauter LED häufig keine Hilfe mehr?

c ◪ Überlege dir eine Merkhilfe, die dich unterstützt, Spannungsquelle und Schaltsymbol einer Diode in Durchlassrichtung in einem Schaltplan richtig herum einzuzeichnen.

2 Augen auf beim LED-Lampen-Kauf

Beim Kauf von LED-Lampen ist viel zu beachten.

a □ Erkläre die Bedeutung von Farbtemperatur und Energieeffizienzklasse für einen Kauf.

b ◪ Zeichne die Energiekette für die Energieumwandlungen bei der LED-Lampe.

c ■ Kritiker der LED-Technologie behaupten, dass diese Technik nicht so umweltschonend sei, wie behauptet wird. Recherchiere, welche Argumente die Kritiker haben, und bewerte sie.

d ◪ Ermittle aus dem Experiment oben die ungefähre Leistungsaufnahme einer LED-Lampe.

Solarzellen

1 Stromerzeugung im All

Die Solarzelle – eine umgekehrte Leuchtdiode

Die Solarzelle ist ein Halbleiterbauteil. Im Gegensatz zur Leuchtdiode erzeugt sie aber nicht Licht aus elektrischer Energie, sondern elektrische Energie aus Licht. Eine Solarzelle ist im Prinzip eine umgekehrte Leuchtdiode.
Diese Form der Energieumwandlung von Sonnenenergie zu elektrischer Energie wird **Fotovoltaik** genannt.

Die Solarzelle hat meist eine blau schimmernde Oberfläche. Durch diese Oberfläche kann das Sonnenlicht in den Halbleiter eintreten. Die Energie der Sonnenstrahlen ist in der Lage, im Halbleiter positive und negative Ladungen voneinander zu trennen. Die zur Trennung der Ladungen aufgebrachte Energie kann dann durch angebrachte Kontakte abgegriffen und genutzt werden.

> Eine Solarzelle ist ein Energiewandler, der Sonnenenergie in elektrische Energie umwandelt. Diese Umwandlung wird Fotovoltaik genannt.

Eine einzelne Solarzelle erzeugt eine elektrische Spannung von etwa 0,5 V. Mit dieser kleinen elektrischen Spannung lässt sich weder ein Solarrechner noch ein Glühlämpchen betreiben. Aus diesem Grund werden mehrere Zellen miteinander verbunden. Mehrere solcher verbundenen Zellen werden **Solarmodul** genannt.

Solarparks

Wenn sehr viele Solarmodule zusammengeschaltet werden, entstehen sogenannte Solarparks (Bild 2). Diese Anlagen befinden sich nicht auf Häuserdächern, sondern auf großen Freiflächen, bevorzugt in Regionen, die viele Sonnentage pro Jahr haben. Ein Solarpark mit 440 000 Solarmodulen erreicht eine Leistung von bis zu 100 Megawatt (MW). Bei vielen Sonnenstunden kann man ungefähr 70 000 Haushalte ohne CO_2-Ausstoß mit elektrischer Energie versorgen. Noch größere Anlagen mit über 1000 MW sind in Wüstengebieten im Bau.

Kehrseiten des Solarstroms

Bei der Herstellung von Solarzellen werden seltene und teilweise giftige Stoffe verwendet, was sowohl die Produktion, als auch die Entsorgung von Solarmodulen teuer und umweltschädlich macht.
Zudem benötigen Solarparks große Flächen, die landwirtschaftlich nicht mehr genutzt werden können. Viele Tiere verlassen diese Flächen und müssen sich einen neuen Lebensraum suchen.

Aufgaben

1 Solarzelle aus durchsichtiger LED

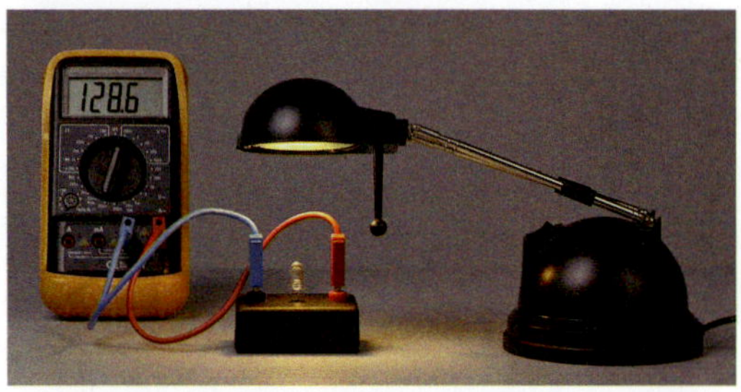

◪ Nenne Folgerungen, die man aus dem dargestellten Experiment ziehen kann.

2 Von der Zelle zum Modul

Schaltet man mehrere Solarzellen zusammen, erhält man ein Solarmodul.

a □ Berechne die Anzahl von Solarzellen, die man für ein 12-V-Modul benötigt.

b ◪ Erkläre den Begriff Solarpark. Nenne Kriterien für geeignete Standorte in Deutschland.

c ■ Bewerte die Solarenergie kritisch und stelle Für und Wider in einer geeigneten Tabelle dar.

Mit Solarzellen experimentieren

1 Eine einzelne Solarzelle liefert 0,5 V.

2 Viele zusammengeschaltete Solarzellen im Solarpark

A Spannung mit Solarzellen erhöhen

Von der Größe unabhängig liefert eine Solarzelle etwa 0,5 V Spannung. Wie muss man Solarzellen schalten, um die Spannung zu erhöhen?

Material

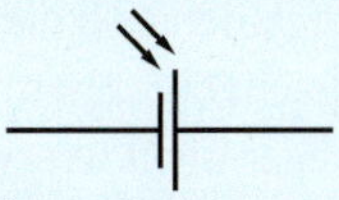

- drei Solarzellen
- starke Lichtquelle und Spannungsmessgerät
- Kabel und Krokodilklemmen

Durchführung

- Verbinde die Solarzelle mit einem Spannungsmessgerät und beleuchte die Zelle ausreichend. Miss und notiere die Spannung.
- Schalte nun eine zweite Solarzelle in Reihe. Achte darauf, dass sich Plus- und Minuspol der Solarzellen abwechseln. Beleuchte die beiden Solarzellen ausreichend und miss erneut die Spannung.
- Stelle einer Vermutung an, wie sich der Wert bei einer dritten Solarzelle in Reihe ändert. Prüfe die Vermutung, indem du die Schaltung aufbaust.
- Untersuche jetzt die Abhängigkeit der Spannung vom Lichteinfall, indem du den Standort der Lampe veränderst. Notiere deine Ergebnisse.

Auswertung

1 Erstelle eine fachgerechte Schaltskizze mit drei Solarzellen und einem Spannungsmessgerät.

2 Schreibe einen Merksatz, wie man Solarzellen schalten muss, um die Gesamtspannung zu erhöhen.

B Stromstärke mit Solarzellen erhöhen

Eine 10 cm^2 große Solarzelle liefert bei ausreichendem Lichteinfall etwa 200 mA Stromstärke. Wie kann die Stromstärke gesteigert werden?

Material

- drei Solarzellen
- starke Lichtquelle und ein Stromstärkemessgerät
- Kabel und Krokodilklemmen

Durchführung

- Überprüfe die Aussage, dass eine 10 cm^2 große Solarzelle etwa 200 mA Stromstärke liefert. Miss hierzu die Stromstärke bei ausreichender Beleuchtung. Sollte deine Solarzelle größer oder kleiner sein, rechne den erhaltenen Wert um.
- Schalte nun zwei Solarzellen parallel und miss die Stromstärke erneut. Notiere deine Beobachtungen.
- Untersuche jetzt die Abhängigkeit der Stromstärke vom Lichteinfall, indem du den Standort der Lampe veränderst. Notiere deine Ergebnisse.

Auswertung

1 Erstelle eine fachgerechte Schaltskizze mit zwei Solarzellen und einem Strommessgerät.

2 Schreibe einen Merksatz, wie man Solarzellen schalten muss, um die Stromstärke zu erhöhen.

3 Vergleiche deine Ergebnisse aus Experiment A und B. Beschreibe Gemeinsamkeiten und Unterschiede.

Dotieren und Diode

1 Mitarbeiter in Silicon Valley bei der Halbleiterproduktion

Bei der Produktion von Halbleitern muss auf absolute Sauberkeit geachtet werden, denn dabei arbeitet man im atomaren Bereich.

Leitungsvorgänge im Siliciumgitter

Silicium (engl. *silicon*) ist das am häufigsten verwendete Material zur Herstellung von Halbleiterbauteilen. Silicium ist ein Stoff der vierten Hauptgruppe des Periodensystems. Das bedeutet, dass vier seiner Elektronen Bindungen mit anderen Atomen eingehen können. Wenn die vier benachbarten Atome je ein Elektron für diese Bindung zur Verfügung stellen, entsteht eine regelmäßige Gitterstruktur.

Bei Energiezufuhr, z. B. durch Licht oder Wärme, lösen sich Elektronen aus dem Gitter und stehen als bewegliche Ladungsträger zur Verfügung (Bild 2, blau). Die Elektronenfehlstellen bzw. „Löcher“ (Bild 2, rot), die dadurch entstehen, verhalten sich wie positive Ladungsträger. Wird Spannung angelegt, kann man sich den Leitungsvorgang wie bei einem Kinobesuch vorstellen: Kommt man zu spät, erreicht man den reservierten Sitz (Atom) am anderen Ende der Reihe nicht. Wenn aber alle Besucher (Elektronen) nacheinander auf den jeweils freien Platz (Loch) aufrücken, wandert der freie Platz in die entgegengesetzte Richtung.

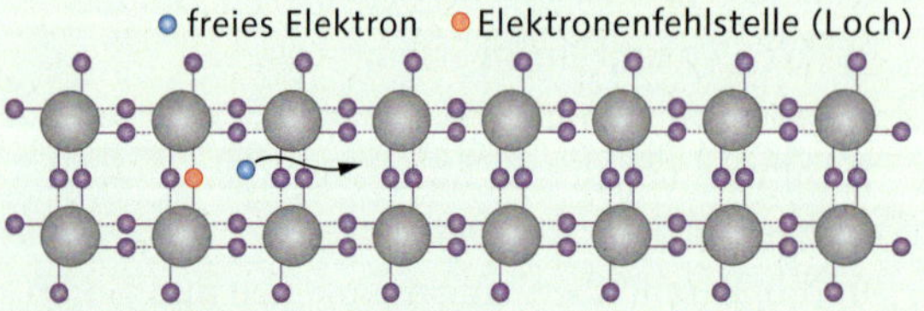

2 Siliciumgitter bei angelegter Spannung

n-dotiertes und p-dotiertes Siliciumgitter

Dotieren ist die gezielte Verunreinigung eines Gitters mit Fremdatomen. Beim Dotieren eines Siliciumgitters mit einem Fremdatom der fünften Hauptgruppe, z. B. Phosphor, bleibt ein freies Elektron (Bild 3, links), da Silicium nur vier Elektronen bindet. Entstehen beim Dotieren freie Elektronen, spricht man von n-Dotierung.

Dotiert man das Siliciumgitter hingegen mit einem Fremdatom eines Elements der dritten Hauptgruppe, z. B. Bor, fehlt ein Elektron. Man erhält ein Loch, das sich wie ein positiver Ladungsträger verhält (Bild 3, rechts). Entstehen beim Dotieren Löcher, spricht man von p-Dotierung.

Von der Dotierung zur Diode

Bringt man eine n- und eine p-Schicht zusammen (Bild 4), neutralisieren sich die grenznahen Ladungsträger (Bild 5). Es entsteht eine Grenzschicht ohne freie Ladungsträger. Weil bei der Neutralisation Elektronen in die p-Schicht und Löcher in die n-Schicht wandern, laden sich die Schichten an der Grenze auf. Es entsteht eine Spannungsschwelle, die weitere Ladungsträger nicht überwinden können. Nur wenn von außen eine Spannung mit entgegengesetzter Polung angelegt wird, kann die Sperrspannung überwunden werden. Ein Bauteil aus n-, p- und Grenzschicht heißt Diode.

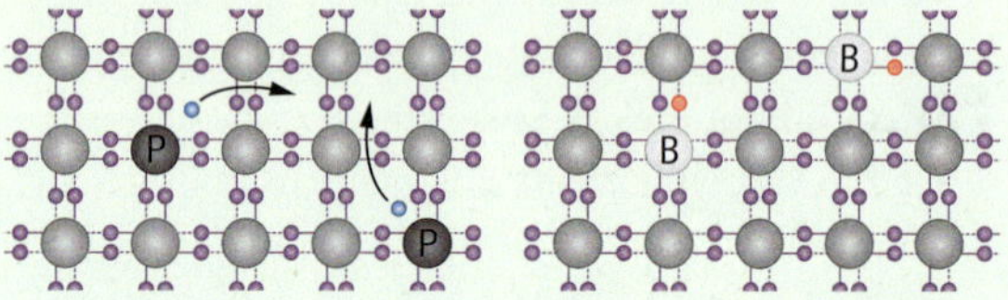

3 Siliciumkristall: n-dotiert (links) und p-dotiert (rechts)

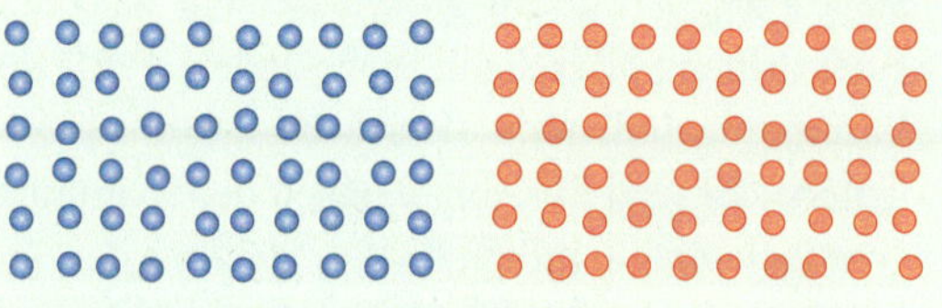

4 Vereinfachte Darstellung; nur die freien Ladungsträger

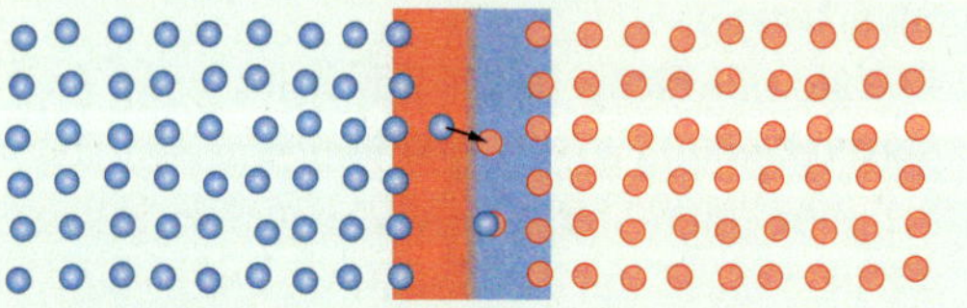

5 Grenzschicht nach Neutralisation grenznaher Ladungsträger

Extra Solarzelle

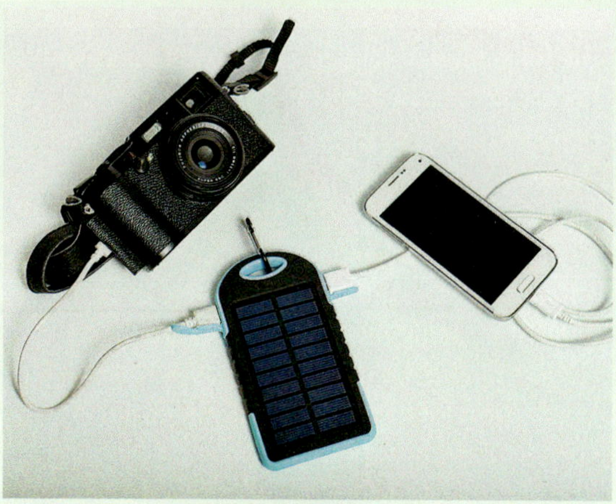

1 Mithilfe von Solarzellen Geräte aufladen

Solarzellen wandeln Licht in elektrische Energie um. So lassen sich mobile Ladegeräte konstruieren.

Aufbau einer Solarzelle

Solarzellen bestehen in der Regel wie Dioden aus einer n-dotierten und einer p-dotierten Siliciumschicht (Bild 2). Wenn Licht auf die Grenzschicht trifft, erzeugt das elektrische Energie.
Damit Licht auf die Grenzschicht gelangen kann, sind die dotierten Schichten anders als bei der Diode unterschiedlich dick. Die n-dotierte Schicht misst nur ein tausendstel Millimeter. Um den Lichteinfall möglichst wenig zu behindern, sind die Kontakte zum Abgreifen der Spannung auf dieser Seite sehr schmal gehalten.
Die p-dotierte Schicht ist dicker. Hier nimmt der elektrische Kontakt die gesamte Unterseite ein.

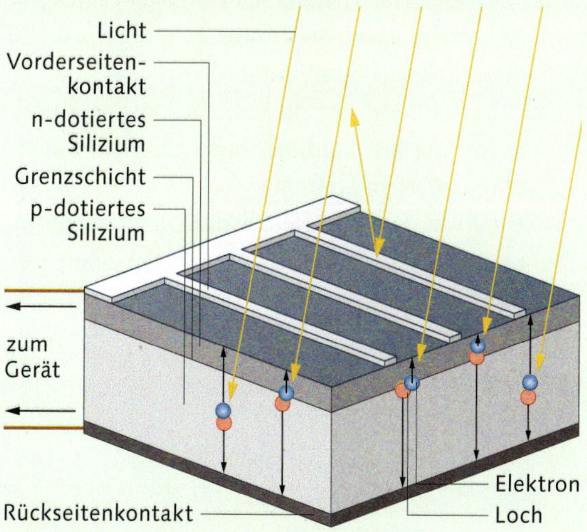

2 Aufbau einer Solarzelle

Wie wandelt eine Solarzelle Energie um?

Wie bei einer Diode entsteht zwischen p- und n-Schicht eine Grenzschicht, weil sich Elektronen und Löcher neutralisieren. An dieser Grenzschicht baut sich eine Spannung auf. Solange die Solarzelle unbeleuchtet ist, fließt jedoch noch kein Strom. Fällt nun Licht auf die Solarzelle, durchdringt es die dünne n-Schicht und trifft auf die Grenzschicht. Die Energie des Lichts erzeugt dort Elektronen-Loch-Paare (Bild 2). Die Spannung an der Grenzschicht sorgt dafür, dass die entstandenen Elektronen-Loch-Paare getrennt werden und zu den gegenüberliegenden Solarzellenkontakten wandern. Dieser Stromfluss kann genutzt werden.
Die Ladungstrennung ist allerdings begrenzt. Eine Solarzelle erzeugt deshalb unabhängig von der Größe nur eine Spannung von etwa 0,5 V.
Die Stromstärke einer Solarzelle hängt hingegen von der Größe der Zelle ab. Bei einer Kantenlänge von 10 cm × 10 cm und ausreichend Licht beträgt sie etwa 2 A. Die Leistung einer solchen Solarzelle beträgt somit $P = U \cdot I = 0{,}5\,\text{V} \cdot 2\,\text{A} = 1\,\text{W}$.

Aufgabe

1 Dotieren einer Solarzelle
Betrachte den Auszug des Periodensystems:
a Nenne Stoffe, die sich für eine p- bzw. n-Dotierung von Silicium eignen.
b Stelle eine Vermutung an, welches Gittermaterial noch verwendbar sein könnte.

III. Hauptgruppe	IV. Hauptgruppe	V. Hauptgruppe	VI. Hauptgruppe	VII. Hauptgruppe
5 10,81 B Bor	6 12,01 C Kohlenstoff	7 14,007 N Stickstoff	8 15,999 O Sauerstoff	9 18,998 F Fluor
13 26,98 Al Aluminium	14 28,09 Si Silicium	15 30,97 P Phosphor	16 32,07 S Schwefel	17 35,45 Cl Chlor
31 69,72 Ga Gallium	32 72,61 Ge Germanium	33 74,92 As Arsen	34 78,96 Se Selen	35 79,90 Br Brom
49 114,82 In Indium	50 118,71 Sn Zinn	51 121,76 Sb Antimon	52 127,60 Te Tellur	53 126,90 I Iod

2 Diode und Solarzelle
Erkläre Aufbau und Funktion von Diode und Solarzelle. Vergleiche in einer Tabelle.

Wie kann ein Fahrzeug selbstständig fahren?

Die folgenden Aufgaben zum Thema **Elektronik** helfen dir, deinen Lernstand einzuschätzen. Beobachte dich dazu beim Lösen der Aufgaben selbst:
- Brauchst du Hilfe? Musst du z. B. noch einmal nachlesen oder jemanden fragen?
- Kannst du die Aufgaben ohne Hilfe lösen?
- Weißt du sogar mehr, als in der Lösung steht?

Notiere dir, bei welchen Fragen du Schwierigkeiten hast. Kehre noch einmal zu den entsprechenden Seiten zurück, arbeite sie durch und löse die zugehörigen Aufgaben. Weitere Aufgaben findest du auf den folgenden Seiten.

1 Halbleiter

a □ Erkläre, woher der Name Halbleiter kommt.

b ◪ Die Leitfähigkeit eines Stoffs namens Germanium wird getestet. Im Experiment zeigt sich, dass der Widerstandswert des Materials sinkt, wenn es erwärmt wird. Welchen Schluss ziehst du aus dem Experiment?

2 Sensoren

Das Wort Sensor stammt vom lateinischen Wort *sentire*, das „fühlen" bedeutet.

a □ Nenne äußere Einflüsse, die ein Sensor „erfühlen" kann.

b ◪ Die Kühlwassertemperaturanzeige eines Autos besteht im Wesentlichen aus einem Strommessgerät und einem temperaturabhängigen Widerstand. Zeichne eine vollständige Schaltskizze.

3 Dioden und Leuchtdioden

Dioden und Leuchtdioden sind Halbleiterbauteile.

a □ Nenne mögliche Grundmaterialien beider Bauteile.

b ◪ Nenne wesentliche Unterschiede bei Bauform, Schaltsymbol und Funktion zwischen beiden Bauelementen.

c ◪ Nenne Vor- und Nachteile von LED- und Glühlampen.

4 Solarzellen

Solarzellen sind Energiewandler.

a □ Bilde zwei Sätze mit folgenden Begriffen: Solarmodul, Solarzelle, Solarpark, Fotovoltaik.

b ◪ Erläutere, warum man eine Solarzelle als umgekehrte Leuchtdiode betrachten kann.

c ◪ Zeichne die Energieumwandlungskette einer Solarzelle und einer Leuchtdiode.

d ■ In der Darstellung einer Energiekette kann man durch die Dicke der Pfeile und durch Abzweigungen zusätzliche Informationen ausdrücken.
Zeichne die Energiekette eines Solarmoduls, in der du diese Zusatzinformationen ausdrückst.

5 Umgang mit Solarzellen

a □ Welche Auswirkung hat bei gleicher Beleuchtungsstärke die Größe einer Solarzelle auf die gemessene Spannung?

b □ Nenne Möglichkeiten, wie Stromstärke und Spannung bei Kombinationen von Solarzellen erhöht werden können.

c ■ Gib an, wie sich die Leistung einer einzelnen Solarzelle verändert, wenn man einen Teil ihrer Fläche abdeckt.

Elektronik

Halbleiter
Halbleiter liegen in der Leitfähigkeit zwischen Leitern und Nichtleitern. Bei Energiezufuhr verringert sich ihr Widerstand.

Fotovoltaik
Solarzellen wandeln Sonnenenergie in elektrische Energie um. Schaltet man mehrere Solarzellen zusammen, erhält man ein Solarmodul. Solarmodule werden z. B. zur elektrischen Versorgung von Parkscheinautomaten oder Lampen verwendet.

Temperatursensoren
Temperaturabhängige Widerstände verändern ihren elektrischen Widerstand mit der Temperatur. Sie werden als Sensoren zur Temperaturmessung eingesetzt.

Dioden und Leuchtdioden
Dioden sind Halbleiterbauteile. Sie haben eine Sperr- und eine Durchlassrichtung für den elektrischen Strom. Wenn sie richtig herum im Stromkreis eingebaut sind, senden Leuchtdioden (LEDs) Licht aus. LEDs werden in energiesparende Statusanzeigen und Lampen verbaut.

Lichtsensoren
Lichtabhängige Widerstände (LDRs) verändern ihren elektrischen Widerstand bei Lichteinfall. Sie werden als Sensoren eingesetzt, um bei veränderten Lichtverhältnissen Geräte ein- oder auszuschalten.

1 Geschichte eines Halbleiterbauteils
„Michael Faraday entdeckte 1833, dass die Leitfähigkeit von angelaufenem Silber (Silbersulfid) mit steigender Temperatur zunimmt. Ferdinand Braun entdeckte 1874, dass der Widerstand von Metallsulfiden von der Stromrichtung abhängt."

a ◪ Erläutere, von welchem Halbleiterbauteil die Geschichte erzählt.

b ◪ Recherchiere im Internet was ein Gleichrichter ist. Erkläre, was er mit dem Bauteil von Aufgabenteil a zu tun hat.

2 Schaltsymbole besser merken
Das Grundschaltsymbol für einen Widerstand, der von äußeren physikalischen Einflüssen abhängt, ist ein Widerstandssymbol mit Pfeil.

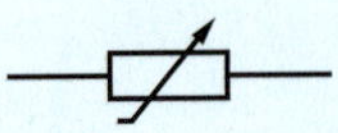

Pfeile neben dem Grundsymbol stellen den Einfluss (erster Pfeil) und die Reaktion (zweiter Pfeil) des veränderbaren Widerstands dar. Ein Formelzeichen gibt einen Hinweis auf den Einfluss, von dem der Widerstand abhängt.

a ◪ Interpretiere das folgende Symbol:

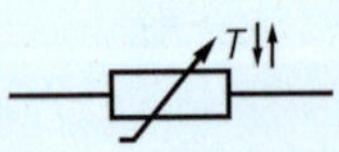

b ◪ Zeichne das Schaltsymbol für ein Widerstandsbauteil, dessen Widerstand bei steigender Temperatur zunimmt.

c ■ „Erfinde" ein Schaltsymbol für einen Sensor, dessen Widerstand geringer wird, wenn die Spannung steigt. Recherchiere im Internet, ob es dieses Bauteil gibt und ob dein Schaltsymbol korrekt ist.

3 Sensoren im Alltag
Gib an, welche Sensoren in den folgenden Fahrzeugen und Geräten eingesetzt werden:

a □ Aufzug
b □ Auto
c ◪ Alarmanlage in einem Museum
d ■ Smartphone
e ■ Wassertank einer Kaffeemaschine
f ■ Bewegungsmelder

4 Versuche mit Licht und Sensor
Mit dem eingebauten Lichtsensor im Smartphone und einem Widerstandsmessgerät lässt sich ein LDR genauer untersuchen.

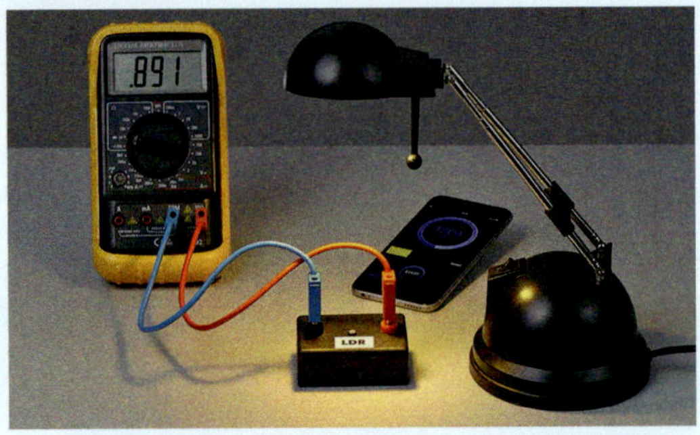

a □ Erkläre, wofür die Abkürzung LDR steht.

b ◪ Nimm die Kennlinie eines LDR mit einem Widerstandsmessgerät auf. Folgende zwei Möglichkeiten stehen dir zur Verfügung:

1. Lade eine kostenlose App, die die Beleuchtungsstärke messen kann, auf dein Smartphone. Erstelle die Kennlinie mit dem Smartphone und demWiderstandsmessgerät.
2. Oder du entfernst die Lichtquelle einfach immer weiter vom LDR und notierst die Abstände, in denen sich der Widerstandswert jeweils halbiert. Zeichne mit den so erhaltenen Werten eine Kennlinie.

5 Mit Leuchtdioden forschen
Mit Baumarktmaterial kannst du selbst mit LEDs experimentieren. Du benötigst Metallstifte, Lüsterklemmen, einen 100-Ω-Widerstand, eine LED, zwei 1,5-V-Batterien und einen Schraubendreher.

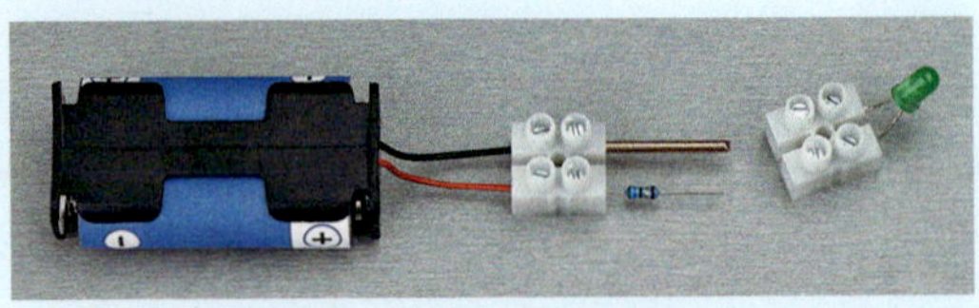

a □ Beschreibe in wenigen Sätzen die Eigenschaften einer LED.

b ■ Häufig werden Leuchtdioden in Verbindung mit Widerständen in Schaltungen eingebaut. Finde eine mögliche Erklärung für diese Maßnahme.

c ◪ Baue die angedeutete Schaltung mit dem Material so auf, dass die LED leuchtet.

6 „Bei mir klappt es nicht!“

Anika soll mit ihrer Experimentiergruppe erst eine Glühlampe, dann eine LED mit einer 4,5-V-Batterie zum Leuchten bringen. Während es mit der Glühlampe problemlos funktioniert, macht die Schaltung mit der LED Probleme.

a □ Nenne mögliche Fehlerquellen.

b □ „Leuchtdioden sind leuchtende Einbahnstraßen.“ Erkläre, was damit gemeint ist.

c ◪ Zeichne jeweils eine Schaltskizze mit einer Glühlampe bzw. einer LED.

7 Lampen im Haushalt

Bei dir zu Hause gibt es sicher verschiedene Lampentypen.

a □ Erstelle eine Tabelle. In der Tabelle soll jedes Zimmer eurer Wohnung mit den dort verwendeten Lampen aufgeführt werden.

b ◪ Ergänze die Tabelle um eine zusätzliche Spalte. Bewerte hier die verschiedenen Lampentypen hinsichtlich ihrer Energieeffizienz. Besuche dafür einen Baumarkt und vergleiche die Typenschilder.

c ◪ Zeichne eine Farbtemperaturskala und trage die gefundenen Lampen in die Farbskala ein.

d ■ Recherchiere den Begriff „Binning“ und erkläre, was man beim Kauf von LED-Lampen beachten sollte.

8 Kennlinie eines Bauteils lesen

a □ Entnimm dem Diagramm die Stromstärke für die Temperaturen: 20 °C, 30 °C, 50 °C.

b ◪ Berechne den Widerstand des wärmeabhängigen Widerstands bei Zimmertemperatur und 5 V.

c ■ Bestimme die Temperatur bei 5 V Eingangsspannung und 50 Ω Widerstand.

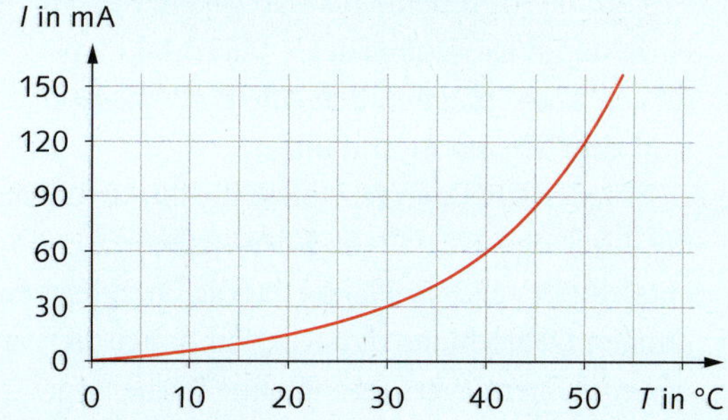

9 Solarpark

◪ „Solarparks sind wichtige Bausteine zur Bewältigung der Energiewende.“
Bewerte dies, indem du recherchierst, wie groß der durch Solarparks erzeugte Energieanteil in Deutschland ist.

10 Zauberlicht

Dieser Aufbau wirkt wie ein Zaubertrick:

a □ In die Schaltung ist ein lichtabhängiger Widerstand eingebaut. Beschreibe die Eigenschaft des Bauteils. Wie heißt es?

b ◪ Wenn man ein Streichholz der Lampe nähert, leuchtet sie auf. Der lichtabhängige Widerstand befindet sich im Boden des Aufbaus unterhalb des Lochs. Nimm an, dass er mit der Glühlampe in Reihe geschaltet ist. Erkläre, warum die Glühlampe leuchtet.

c ■ Erstaunlicherweise kann man die Glühlampe auch ausblasen. Erkläre, warum der Trick nur funktioniert, wenn man stark pustet.

d ◪ Was passiert, wenn man den lichtabhängigen Widerstand parallel schaltet. Erstelle eine Schaltskizze mit Energiequelle.

11 Fotovoltaik oder Solarthermie?

Auf vielen Hausdächern findet man Anlagen, die Sonnenenergie nutzen.

a ◪ Schaue dir Solarenergieanlagen in deiner Umgebung an. Notiere Unterschiede.

b ◪ Recherchiere Gemeinsamkeiten und Unterschiede von Solarthermie- und Fotovoltaikanlagen.

c ◪ Stelle Vor- und Nachteile beider Systeme einander gegenüber.

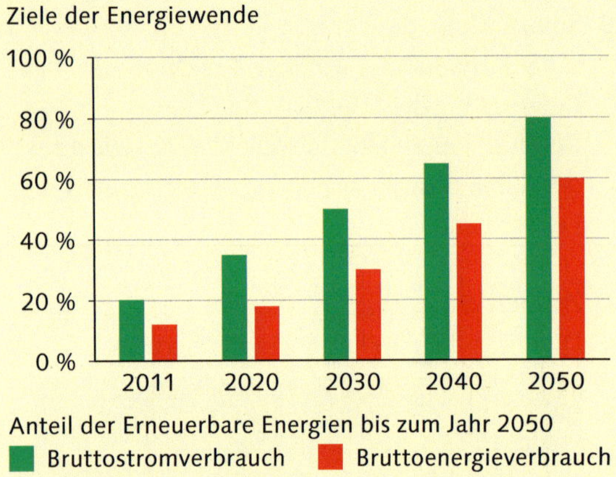

1 Nutzung erneuerbarer Energiequellen in Deutschland

2 Atommüll in einem Zwischenlager

1 Energiewende: Ausstieg aus der Kernenergie?

Das Bundesministerium für Wirtschaft und Energie veröffentlichte 2015 Folgendes über die Energiewende in Deutschland:

„Die Energiewende ist unser Weg in eine sichere, umweltverträgliche und wirtschaftlich erfolgreiche Zukunft. Und auf diesem Weg haben wir schon vieles erreicht: Mittlerweile stammt fast ein Drittel unseres Stroms aus Wind, Sonne oder Biomasse.“

a □ Informiere dich auf der Homepage des Bundesministeriums für Wirtschaft und Energie über den Stand der Energiewende. Ergänze die in Bild 1 dargestellten Informationen.

b ◪ Im Zuge der Energiewende tauchen in den Medien immer wieder folgende Begriffe auf: Strommarkt, Versorgungssicherheit, Kraft-Wärme-Kopplung, Netzausbau, Atomrückstellungen. Recherchiere diese Begriffe und erkläre sie deinem Nachbarn.

c ◪ Erkläre, warum diese Themen wichtig für das Erreichen der Energiewende sind.

d ◪ Das Meinungsforschungsinstitut Forsa hat 2013 eine Meinungsumfrage zur Kernenergie durchgeführt. Informiere dich über die gestellten Fragen und erarbeite auf dieser Grundlage eine Umfrage für deine Mitschüler.
Führe die Umfrage durch und werte sie aus. Vergleiche die Ergebnisse mit denen der Forsa-Umfrage.

e ■ „Wenn wir die Kernkraftwerke abschalten, macht das keinen Unterschied. Dann importieren den Atomstrom nämlich aus Frankreich.“ Nimm Stellung zu dieser Aussage.

2 Atommüll

Zum Umgang mit Atommüll gibt es verschiedene Entsorgungsvorschläge: Atommüll …
- per Rakete ins Weltall schießen
- in Tiefseegräben versenken
- in ärmere Länder schicken
- ins antarktische Eis einschmelzen
- mit einem Weltraumlift ins All befördern
- transmutieren und über 1000 Jahre lagern
- per Tiefenbohrung in den Erdmantel versenken
- lokale Endlagerstätte für >1 Mio. Jahre finden

a ◪ Ordne diese Vorschläge nach ihrer aktuellen Machbarkeit. Recherchiere, wenn nötig.

b ◪ Informiere dich, warum alte Salzbergwerke als Endlager vorgeschlagen werden.

c ■ Beurteile, welche Vor- und Nachteile Salzbergwerke gegenüber anderen möglichen Endlagern in Deutschland haben.

d ■ Bei der Transmutation sollen radioaktive Stoffe mit einer hohen Halbwertszeit in Stoffe mit kürzerer Halbwertszeit umgewandelt werden. Recherchiere den Stand der Forschung. Stelle die Transmutation zeichnerisch dar.

e ◪ Sammle Argumente für und gegen die einzelnen Entsorgungsideen. Veranstalte mit deinen Klassenkameraden eine Podiumsdiskussion zum Thema Atommüll.

f ◪ Erneuerbare Energien sollen die Lücke füllen, die durch den Wegfall der Kernkraftwerke entsteht. Erstelle ein Plakat, das die Energieerzeugung in Deutschland darstellt. Führe Beispiele an, wie eine Energieversorgung ohne Kernenergie aussehen könnte und welche Folgen das hätte.

3 Fund eines Mammutschädels

3 Radiokarbonmethode

Mit der Radiokarbonmethode kann man das Alter von archäologischen Funden bestimmen. Die Altersbestimmung ist bei organischen Funden möglich, die zwischen 300 und etwa 60 000 Jahre alt sind.

a ◪ Bei der Datierung spielen biologische Aspekte eine Rolle. Fertige ein einfaches Modell des Stoffkreislaufs von Kohlenstoff im Körper vor und nach dem Tod eines Lebewesens an.

b ◪ Erkläre, wie die Radiokarbonmethode funktioniert.

c ◪ Erstelle eine Grafik zur C-14-Methode, die den Zusammenhang zwischen Halbwertszeit von noch vorhandenen und schon zerfallenen C-14-Atomen zeigt.

d ◪ Recherchiere, wann die C-14-Methode an Grenzen stößt und für welche Fehler sie anfällig ist.

e ■ Aus einer Zeitschrift:
„Sensationeller Fund: Die C-14-Methode beweist, dass dem Pharao im Frühjahr des Jahres 1357 v. Chr. ein Sohn geboren wurde."
Beurteile die inhaltliche Richtigkeit dieses Zeitungsausschnitts.

f ■ Außer der C-14-Methode gibt es noch andere Methoden der Altersbestimmung, die auf Radioaktivität basieren. Vergleiche diese Methoden mit der Radiokarbonmethode. Gib an, mit welchen Methoden das Alter von Dinosaurierknochen bestimmt werden kann.

g ■ Welchen Einfluss hat die Halbwertszeit des betrachteten Isotops auf Messgenauigkeit und maximales Alter der untersuchten Probe?

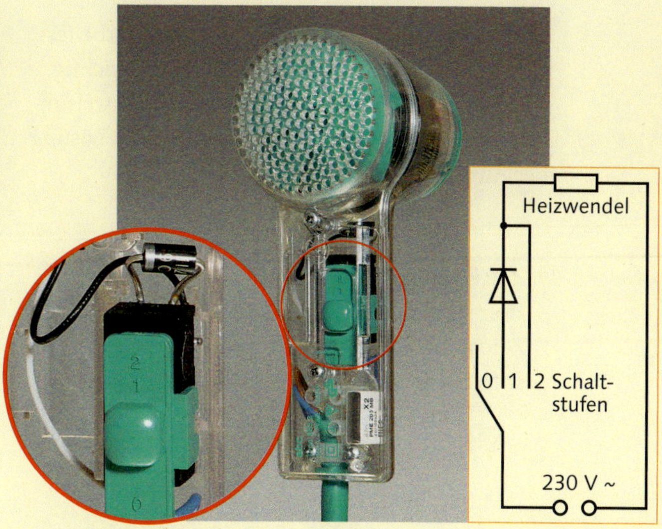

4 Haartrockner mit zwei Heizstufen

4 Diode im Haartrockner

Die meisten Haartrockner haben zwei Stufen zur Regulierung der Heizleistung. Neben der Schaltstufe Aus (0) kann man noch zwischen halber Heizleistung (1) und voller Heizleistung (2) wählen. Diese Änderung der Heizleistung wird nicht durch die Veränderung eines Widerstands, sondern durch eine einzige Diode erzielt (Bild 4).

a □ Recherchiere die Funktionsweise einer Diode. Schreibe eine „Funktionsbeschreibung einer Diode bei Gleichspannung". Verwende hierzu die Begriffe Sperrrichtung und Durchlassrichtung.

b ■ Schließt man ein Anzeigegerät für Spannungen bei Stufe 2 an die Heizspirale an, sieht man den typischen Verlauf einer Wechselspannung (Bild 5A). Bei Schaltstufe 1 ist die negative Seite abgeschnitten (Bild 5B). Erkläre, wie dieser Spannungsverlauf entsteht und warum sich die Heizleistung halbiert.

c ■ Erkläre den Begriff „pulsierende Gleichspannung" und skizziere den Spannungsverlauf.

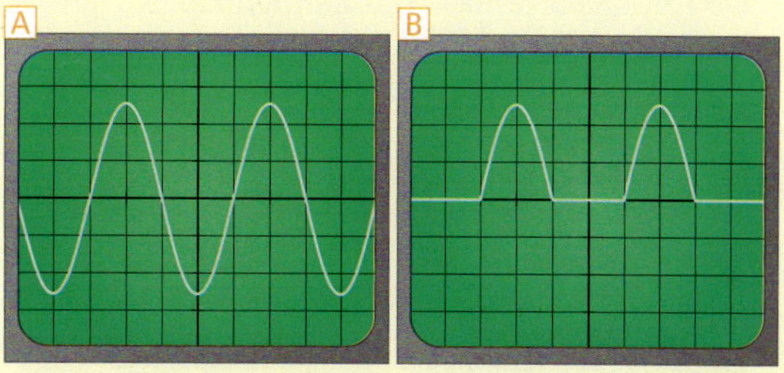

5 Spannung an der Heizspirale: Stufe 2 (A), Stufe 1 (B)

Arbeitsaufträge richtig verstehen

Im Unterricht oder in Klassenarbeiten bearbeitest du immer wieder Aufgaben. Daher ist es wichtig, genau zu verstehen, was mit den Arbeitsanweisungen oder Arbeitsaufträgen gemeint ist. Die Lösung der Aufgaben gelingt dann viel leichter.

Nennen
Hier sollst du etwas stichwortartig auflisten oder aufzählen. Verwende wenn möglich Fachbegriffe.

Lösung:
Anschlagen einer Stimmgabel: erzeugt einen Ton.
Zerknüllen von Papier: erzeugt ein Geräusch.
Zuschlagen einer Autortür: erzeugt einen Knall.

Nenne drei Schallquellen, die verschiedene Schallarten erzeugen.

Zeichnen und Skizzieren
Hier sollst du eine anschauliche und genaue Zeichnung oder eine übersichtliche Skizze anfertigen.

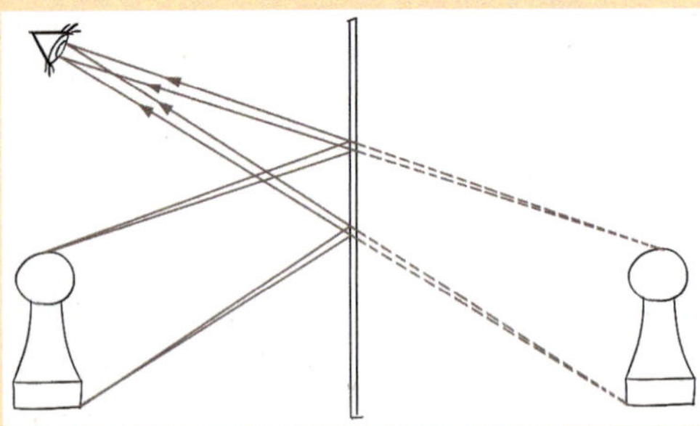

Zeichne eine Spielfigur, die vor einem Spiegel steht. Konstruiere ihr Spiegelbild mithilfe des Lichtwegs.

Recherchieren
Du sollst Informationen aus verschiedenen Quellen wie dem Lehrbuch oder dem Internet zusammentragen. Manchmal musst du auch Fachleute befragen. Die Informationen sollen übersichtlich zusammengestellt werden.

Lösung: Ein Perpetuum mobile ist eine Maschine, die nach einmaligem Anschubsen ohne weitere Energiezufuhr endlos weiterarbeitet. So eine Maschine kann es nicht geben.
Da ständig ein Teil der Energie entwertet wird, hält jede Maschine ohne Energiezufuhr irgendwann an.

Recherchiere den Begriff Perpetuum mobile und schreibe eine kurze Zusammenfassung, was sich hinter dem Begriff verbirgt.

Erstelle ein Plakat über die physikalische Funktion eines Regensensors.

Darstellen und Erstellen
Du sollst Sachverhalte, Zusammenhänge, Methoden und Ergebnisse klar gegliedert und anschaulich wiedergeben.

Hinweis: Ein Plakat, eine Mindmap oder eine Tabelle ermöglichen es dir, die Inhalte durch verschiedene Beispiele mit Bildern oder Diagrammen anschaulich und strukturiert zu präsentieren.

Vergleiche den Aufbau eines Lautsprechers mit dem eines Elektromotors.

Vergleichen
Hier sollst du Gemeinsamkeiten, aber auch Unterschiede herausarbeiten. Eine Tabelle hilft dir, dies anschaulich zu gestalten.

Lösung:

Gemeinsamkeiten	Magnet, Spule
Unterschiede	Beim Motor ist wenigstens ein Teil drehbar gelagert und es gibt einen Stromwender.

Beschreiben
Sachverhalte und Zusammenhänge oder Strukturen sollst du in eigenen Worten wiedergeben. Verwende Fachbegriffe und Fachsprache.

Lösung: Man kann die Stromstärke durch die Spule oder die Windungszahl der Spule verändern. Außerdem kann man einen Eisenkern in die Spule stecken oder herausnehmen.

Beschreibe Möglichkeiten, wie man die Stärke eines Elektromagnets verändern kann.

Erklären
Hier sollst du Zusammenhänge, Abläufe, Strukturen oder Ursachen eines Sachverhalts aussagekräftig ausdrücken.

Lösung: Der Ruderer nutzt beim Übertragen seiner Kraft auf das Wasser das Prinzip des zweiseitigen Hebels. Da er am kurzen Hebelarm sitzt, verringert sich die übertragene Kraft, während sich der Weg des Paddels durch das Wasser erhöht.

Erkläre, welches physikalische Prinzip sich ein Ruderer zunutze macht.

Erläutern
Hier sollst du Zusammenhänge, Abläufe, Strukturen oder Ursachen eines Sachverhalts aussagekräftig ausdrücken und durch zusätzliche Informationen oder Beispiele veranschaulichen.

Lösung: Die Muskeln werden in der Schwerelosigkeit weniger stark beansprucht und bilden sich zurück. Um das zu verhindern, machen Astronauten ein besonderes Muskeltraining.

Erläutere, welche Probleme Astronauten bekommen, wenn sie sich längere Zeit in der Schwerelosigkeit aufhalten.

Worin steckt mehr Wärmeenergie: in einer Tasse Tee oder einer Kanne Tee gleicher Temperatur? Begründe deine Antwort.

Begründen
Du sollst Sachverhalte auf Gesetzmäßigkeiten, Regeln und Ursachen zurückführen und Zusammenhänge aufgezeigen.

Lösung: In der Kanne Tee steckt mehr Wärmeenergie. Die in einem Stoff gespeicherte Menge an Wärmeenergie ist abhängig von der Temperatur und der Menge des Stoffs. Da der Tee in Tasse und Kanne die gleiche Temperatur hat, aber mehr Tee in der Kanne als in der Tasse enthalten ist, steckt in der Teekanne mehr Wärmeenergie.

Bewerte das gesundheitliche Risiko bei der Verwendung von Ionisationsrauchmeldern.

Bewerten und Stellungnehmen
Du sollst zu einem Sachverhalt aufgrund von Fachwissen, aber auch persönlicher Einschätzung eine Aussage machen.

Lösung: Ionisationsrauchmelder arbeiten mit Radioaktivität. Die Reichweite der verwendeten Strahlung ist sehr gering. Da die Rauchmelder in der Regel hängen und somit einen großen Abstand von den Schlafenden haben, ist das gesundheitliche Risiko klein. Der Nutzen eines Rauchmelders ist dagegen deutlich größer, denn er kann Leben retten.

Tabellen mit wichtigen Größen

Physikalische Größen

Größe	Symbol	Einheit
Amplitude		1 m
Arbeit	W	1 J
Beschleunigung	a	$1\,\frac{m}{s^2}$
Elektrische Spannung	U	1 V
Elektrische Stromstärke	I	1 A
Elektrischer Widerstand	R	1 Ω
Energie	E	1 J, 1 kWh
Farbtemperatur		1 K
Frequenz		1 Hz, $\frac{1}{s}$
Geschwindigkeit	v	$1\,\frac{m}{s}$, $1\,\frac{km}{h}$
Härtegrad (Feder)	D	$1\,\frac{N}{m}$
Kraft	F	1 N
Länge, Strecke, Höhe, Weg	l, s, h, w	1 m
spez. Längenausdehnungskoeffizient	α	$\frac{1}{K}$
Lautstärke		1 dB(A)
Leistung	P	1 W (1 PS)
Masse	m	1 kg
Ortsfaktor	g	$1\,\frac{N}{kg}$, $1\,\frac{m}{s^2}$
Radioaktivität		1 Bq
Strahlendosis		1 Sv
Temperatur	T	1 °C, 1 K, 1 °F
Volumen	V	1 L, 1 m^3
Wärme	Q	1 J
spez. Wärmekapazität	c	$1\,\frac{J}{kg \cdot K}$
Wärmeleitfähigkeit		$1\,\frac{W}{m \cdot K}$
Windungszahl	n	einheitenlos
Wirkungsgrad		einheitenlos
Zeit	t	1 s

Vorsilben für dezimale Vielfache und Teile von Einheiten

Vorsilbe	Deka (da)	Hekto (h)	Kilo (k)	Mega (M)	Giga (G)
Zahlenwert	10	100	1000	1 000 000	1 000 000 000
Potenz	10^1	10^2	10^3	10^6	10^9

Vorsilbe	Dezi (d)	Zenti (c)	Milli (m)	Mikro (μ)	Nano (n)
Zahlenwert	0,1	0,01	0,001	0,000 001	0,000 000 001
Potenz	10^{-1}	10^{-2}	10^{-3}	10^{-6}	10^{-9}

Wichtige Einheitenumrechnungen

Energie	1 J	= 1 Nm	= 2,778 · 10^{-7} kWh
Geschwindigkeit	$1 \frac{m}{s}$	= $3{,}6 \frac{km}{h}$	
Leistung	1 W	= 0,00136 PS	= $0{,}86 \frac{kcal}{h}$
Ortsfaktor	$1 \frac{N}{kg}$	= $1 \frac{m}{s^2}$	
Temperatur	$T_{°C} = (T_{°F} - 32) \cdot \frac{5}{9}$; $T_{°C} = T_K + 273{,}15$		
Zeit	1 h	= 60 min	= 3600 s

Schaltsymbole

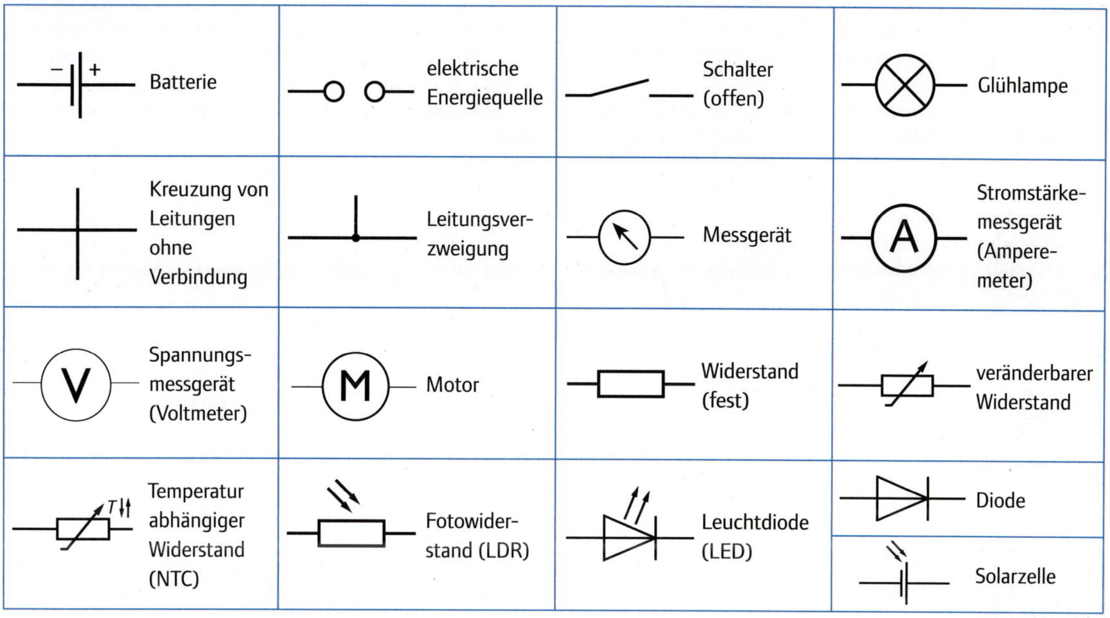

Ausgewählte Stoffeigenschaften

Stoff	**Schmelz-/Siedetemperatur in °C**		**Ausdehnungskoeffizient α in $\frac{1}{K}$**	**Wärmeleitfähigkeit in $\frac{W}{m \cdot K}$**	**Elektrische Leitfähigkeit in $\frac{1}{\Omega \cdot m}$**
Aluminium	660	2470	$2{,}38 \cdot 10^{-5}$	235	$37 \cdot 10^{6}$
Benzin	–45	30 bis 215	$1{,}06 \cdot 10^{-4}$	0,14	$<10^{-8}$
Eisen	1538	3000	$1{,}17 \cdot 10^{-5}$	80,2	$10 \cdot 10^{6}$
Fensterglas	um 600	–	$9{,}6 \cdot 10^{-6}$	0,76	$<10^{-8}$
Gummi (Kautschuk)	180	–	um $2 \cdot 10^{-4}$	0,16	$<10^{-8}$
Kupfer	1085	2595	$1{,}65 \cdot 10^{-5}$	400	$58 \cdot 10^{6}$
Sauerstoff	–218	–183	$3{,}67 \cdot 10^{-3}$	0,027	$<10^{-8}$
reines Wasser	0	100	$0{,}21 \cdot 10^{-3}$	0,59	$5 \cdot 10^{-6}$
Wasserstoff	–259	–252	$3{,}66 \cdot 10^{-3}$	0,18	$<10^{-8}$

Werte für 20 °C, bei Stoffgemischen (Glas, Gummi, Benzin) Werte für typische Gemische

Musterlösungen zu den Teste-dich-Aufgaben

Licht und Schatten (S. 22)

zum Bild: Die Sonnenstrahlen im Wald sieht man, weil die Lichtstrahlen durch kleine Wassertropfen in der Luft in unser Auge umgelenkt werden.

1 a Selbstleuchter ist ein anderes Wort für Lichtquelle. Eine Lichtquelle erzeugt selbst Licht. Fremdleuchter ist eine andere Bezeichnung für beleuchtete Körper. Beleuchtete Körper erzeugen kein Licht, sie reflektieren nur Licht, das auf sie fällt.

b Bei Vollmond steht die Erde zwischen Sonne und Mond. So sieht man von der Erde aus die gesamte angestrahlte Seite des Mondes. Bewegt sich der Mond nun weiter um die Erde, sieht man nur noch einen Teil der angestrahlten Mondseite: Der von der Erde aus sichtbare Teil des Mondes nimmt ab.

2a Licht breitet sich geradlinig aus. Die Strahlen beginnen an der Lichtquelle und breiten sich in alle Richtungen aus.

b Grenzt man das Licht einer Lichtquelle ein, entsteht ein Lichtbündel. In Gedanken kann man dieses Lichtbündel immer weiter eingrenzen, bis nur noch ein einzelner Lichtstrahl übrig bleibt. Ein Lichtstrahl ist eine Modellvorstellung, da man das Lichtbündel in Wirklichkeit nicht so weit eingrenzen kann.

c Das Licht der Lichtquelle fällt auf den Gegenstand und wird von dort ins Auge reflektiert. Skizze: Siehe Bild 2 auf Seite 16.

3a Wenn Gegenstände Licht an der Ausbreitung hindern, entstehen Bereiche, in die kein Licht gelangt: der Schatten.

b Die Größe eines Schattens hängt von der Größe des Schatten werfenden Gegenstands und der Position des Gegenstands zwischen Lichtquelle und Schirm ab.

c Gegenüber jeder der beiden Lichtquellen gibt es jeweils einen Schattenbereich, in den nur das Licht der anderen Lichtquelle gelangt, ein Teilschatten. Wenn sich die beiden Teilschatten überlagern, entsteht ein Schattenbereich, den Licht von keiner der beiden Lichtquellen erreicht, der Kernschatten.

4a Wenn sich der Mond zwischen Sonne und Erde bewegt, fällt sein Schatten auf die Erde. Von der Erde aus betrachtet verdeckt der Mond die Sonne und wir sehen eine Sonnenfinsternis.

b Sonne, Mond und Deutschland müssen in dieser Reihenfolge genau auf einer Linie liegen. Außerdem muss Tag sein, damit die Sonne überhaupt sichtbar ist.

c Der Mond ist sehr viel kleiner als die Erde. Sein Schatten kann dadurch nur einen kleinen Teil der Erde verdunkeln.

5a Der Mond kreist um die Erde. Taucht er dabei in den Schatten der Erde ein, entsteht eine Mondfinsternis.

b Bei einer Mondfinsternis fällt der Schatten der Erde auf die Mondoberfläche. Hierfür müssen Sonne, Erde und Mond genau auf einer Linie liegen. In dieser Situation ist immer Vollmond, da man von der Erde aus direkt auf die angeleuchtete Seite des Mondes sieht.

Licht und Farbe (S. 40)

zum Bild: Die Wasseroberfläche ist eine glatte, reflektierende Oberfläche und wirkt wie ein Spiegel. Sie reflektiert das Licht.

1 a Eine helle Wand reflektiert das Licht. Da die Oberfläche rau ist, wird jeder Lichtstrahl in eine andere Richtung abgelenkt: Das Licht wird also diffus reflektiert. Es handelt sich um Streuung.

b Eine schwarze Jacke reflektiert kein Licht, sondern absorbiert es. Dadurch ist man nur sehr schlecht zu sehen.

c Dunkle Kleidung reflektiert kaum Licht, wodurch man schlecht zu sehen ist. Reflektoren werfen Licht, z. B. von Autoscheinwerfern, zurück. Dadurch wird man im Straßenverkehr besser gesehen.

2a Die Aussage ist richtig, denn wenn Licht an einer glatten Fläche reflektiert wird (hier: die Wasseroberfläche), gilt das Reflexionsgesetz.

b Das Lot ist eine gedachte Hilfslinie und steht senkrecht auf der reflektierenden Oberfläche. Der Einfallswinkel ist der Winkel zwischen einem einfallenden Lichtstrahl und dem Lot. Der Reflexionswinkel ist der Winkel zwischen dem Lot und dem reflektierten Lichtstrahl. Beide Winkel sind gleich groß.

3a Sonnenlicht enthält alle Farben des Lichtspektrums. Wenn es auf ein Prisma fällt, werden die Farbanteile unterschiedlich stark gebrochen, sodass das Sonnenlicht in seine Spektralfarben aufgebrochen wird. (Rotes Licht wird am schwächsten gebrochen, dann kommt gelbes, dann grünes, dann blaues Licht. Violettes Licht wird am stärksten gebrochen.)

b Die Pixel eines Bildschirms enthalten je drei Lichtquellen (rot, blau und grün), die so klein sind, dass sie mit bloßem Auge nicht unterscheidbar sind. Über additive Farbmischung lassen sich mit diesen drei Lichtquellen alle nötigen Farbeindrücke erzeugen.

c Man schaltet die blaue und die rote Lichtquelle ein, die grüne nicht.

4a Die Spiegelbilder scheinen genauso weit hinter dem Spiegel zu liegen, wie die Schachfiguren vor dem Spiegel stehen. Sie erscheinen genauso groß und haben den gleichen Abstand. Die Spiegelbilder stehen aufrecht und rechts/links ist nicht vertauscht. Lediglich vorne/hinten ist gegenüber den echten Figuren vertauscht.

b 1. Wenn sich z. B. eine Katze von mir weg in Richtung eines Spiegels bewegt, dann bewegt sich ihr Spiegelbild auf mich zu. 2. Wenn ich den Arm hebe und nach links zeige, zeigt mein Spiegelbild ebenfalls (von mir aus gesehen) nach links.

c Skizze: Wie Bild 3 auf Seite 30.

5a Wenn ein Lichtstrahl aus der Luft auf eine Wasseroberfläche trifft, dann ändert er beim Eindringen ins Wasser seine Ausbreitungsrichtung. Er wird von der Wasseroberfläche weg gebrochen. Trifft der Lichtstrahl aus dem Wasser kommend auf die Grenzfläche, so wird er zur Wasseroberfläche hin gebrochen. (Ab einem bestimmten Winkel kommt es hierbei statt zur Brechung zur Totalreflexion.)

b Das vom Gegenstand kommende Licht wird an der Grenzfläche (zur Wasseroberfläche hin) gebrochen. Das Gehirn ergänzt den Weg des Lichts aber geradlinig. Daher sieht der Beobachter den Gegenstand an einer anderen Stelle (höher), als er sich tatsächlich befindet.

c Wenn an der Grenzfläche zwischen zwei durchsichtigen Stoffen Totalreflexion auftritt, wird das Licht vollständig reflektiert. Da kein Licht mehr austritt, kann man durchaus behaupten, das Licht sei im Wasser gefangen.

d Damit Totalreflexion stattfinden kann, muss Licht auf eine Grenzschicht zwischen zwei transparenten Stoffen fallen und der Einfallswinkel recht groß sein.

Optische Abbildungen (S. 52)

zum Bild: Der Großvater verwendet eine Lupe. Die Linse in der Lupe sorgt hier für die Vergrößerung des Auges.

1 a Man sticht ein kleines Loch in die Postkarte und stellt sie dann zwischen die Kerze und einen Schirm. Dann erzeugt das Loch in der Postkarte (die Blende) ein Bild der Kerzenflamme. Die Skizze entspricht den Bildern 2 und 3 auf Seite 44.

b Entfernt man die Kerze von der Blende (Postkarte), wird das Bild kleiner. Entfernt man den Schirm von der Blende, so wird das Bild größer.

c Wenn man die Blende (das Loch in der Postkarte) vergrößert, wird das Bild heller und unschärfer, weil jeder Punkt der Kerze statt als Punkt als zunehmend größerer Fleck abgebildet wird und sich die Flecke überlagern.
2a Die Sammellinse vereinigt Lichtbündel so, dass sie auf dem Schirm wieder als Punkt abgebildet werden. Hierdurch kann die Linse ein helles *und* scharfes Bild eines Gegenstands auf einem Schirm erzeugen.
b Sammellinsen bündeln parallele Lichtstrahlen (z. B. von der Sonne) in einem Punkt, dem Brennpunkt. Den Abstand zwischen der Linsenebene und dem Brennpunkt nennt man Brennweite.
c 1. Sammellinsen bündeln parallele Lichtstrahlen in einem Punkt, dem Brennpunkt.
2. Sammellinsen können helle, scharfe Bilder erzeugen.
3. Beim Blick durch eine Sammellinse sieht man Gegenstände vergrößert, wenn sich die Gegenstände zwischen Linsenebene und Brennpunkt befinden.
3a Licht fällt durch die Pupille ins Auge. An der Linse wird es so gebündelt, dass ein scharfes Bild auf der Rückwand des Augapfels, der Netzhaut, entsteht.
b Die Pupille reguliert den Lichteinfall in den Augapfel. Wenn es sehr hell ist, verkleinert sich die Pupille, sodass weniger Licht in den Augapfel fällt und die Netzhaut vor Schäden geschützt wird. Bei wenig Licht weitet sich die Pupille, sodass möglichst viel Licht ins Auge und auf die Netzhaut fällt.
Die Linse sorgt dafür, dass das Bild eines Gegenstands – egal ob er nah oder fern ist – als scharfes Bild auf der Netzhaut abgebildet werden kann. Hierfür passt das Auge die Krümmung der Linse an.
4a Lichtbündel, die von einem Gegenstand ausgehen, fallen durch die Blende auf einen dahinterliegenden Schirm. In der Lochblende kreuzen sich die Lichtbündel, sodass beim Bild oben und unten sowie rechts und links vertauscht sind.
b Bei einer großen Lochblende fällt viel Licht auf den Schirm und das Bild ist hell. Da die Lichtbündel, die durch die große Blende fallen, aber recht breit sind, werden die Punkte eines Gegenstands nicht als Punkte, sondern als überlagernde Flecke auf dem Schirm abgebildet, weshalb das Bild unscharf ist.
c Eine Linse bricht das Licht so, dass Lichtbündel in einem Punkt gebündelt werden. Um Punkte eines Gegenstands als Punkte auf einem Schirm abzubilden, ist es deshalb nicht nötig, das einfallende Licht wie beim Verkleinern der Blende zu reduzieren, um ein scharfes Bild zu erhalten. Deshalb kann eine Linse gleichzeitig helle *und* scharfe Bilder erzeugen.
5a Wenn der Augapfel zu lang ist, liegt das von der Linse erzeugte, scharfe Bild vor der Netzhaut. Kurzsichtige Menschen sehen deshalb weit entfernte Gegenstände unscharf.
b Die Linse weitet den Strahlengang auf. Dadurch verschiebt sich das Bild auf die Netzhaut.

Akustik (S. 64)

zum Bild: Die kleinen Teilchen auf dem Lautsprecher werden durch die Schwingung der Membran hochgeworfen. Diese Schwingungen erzeugen auch die Schallwellen, die man hört.
1a Mögliche Beispiele: Eine Stimmgabel erzeugt einen Ton, das Zerknüllen eines Blatts Papier erzeugt ein Geräusch, das Zuschlagen einer Autotür erzeugt einen Knall.
b Ein Körper ist eine Schallquelle, wenn er Schallwellen aussendet. (Dazu muss der Körper schnell schwingen.)
c Die Schallquelle sendet Schallwellen aus. Das Medium, z. B. die Luft, trägt die Schallwellen weiter. Der Schallempfänger nimmt die Schallwellen auf und macht die enthalten Informationen verwertbar.
2a Die drei Schallarten sind Ton, Geräusch und Knall.
b Ein Ton ist Schall mit regelmäßigen Schwingungen. Eine Stimmgabel erzeugt einen Ton oder auch das Freizeichen beim Telefon. (Überlagern sich mehrere Töne, spricht man von einem Klang.)
Ein Geräusch ist eine Mischung unregelmäßiger Schwingungen. Eine Mülltüte macht beim Entfalten Geräusche. Quietschen, Brummen, Klappern sind ebenfalls Geräusche.
Ein Knall ist ein kurzes, lautes Schallereignis. Das Zerplatzen eines Luftballons ist ein Knall oder das Zuschlagen einer Tür.
c Die Schwingungsbilder sind in Bild 2 auf Seite 58 abgebildet. Der Ton hat eine regelmäßige Wellenlinie als Schallbild.
Das Schallbild des Geräuschs ist völlig unregelmäßig.
Der Knall hat nur eine kurze, heftige Auslenkung im Schallbild.
d Beim Klang wiederholen sich wie beim Ton Teile des Schallbilds immer wieder. Allerdings sind diese wiederkehrenden Anteile komplizierter als beim Ton. (Das liegt daran, dass sich die einfachen Schwingungen mehrerer Töne überlagern.)
3a Laute Töne haben eine große maximale Auslenkung bzw. Amplitude, leise Töne haben eine geringe Amplitude.
b Hat ein Ton viele Schwingungen pro Sekunde, also eine große Frequenz, klingt er hoch. Hat ein Ton wenige Schwingungen pro Sekunde, also eine kleine Frequenz, klingt er tief.
c Ein hoher, lauter Ton ist in Bild C zu Aufgabe 2 auf Seite 59 dargestellt, ein tiefer, leiser Ton in Bild B.
4a Lauter Schall hat einen großen Schalldruck. Je größer die Lautstärke ist, desto höher ist auch der Schalldruck.
b Bei der Schalldämmung hindert man den Schall an der Ausbreitung, indem man ihn durch harte und glatte Materialien zurückwerfen lässt.
Bei der Schalldämpfung hindert man den Schall an der Ausbreitung, indem man ihn durch weiche oder poröse Stoffe schlucken lässt.
c Der Presslufthammer erzeugt ein sehr lautes Geräusch mit einem hohen Schalldruck. Die Ohrenschützer des Bauarbeiters bestehen aus einer harten äußeren Schale, die den Schall zurückwirft (dämmt), gefüllt mit Schaumstoff, der den eindringenden Schall schluckt (dämpft). Der junge Mann bemüht sich, sein Gehör ebenfalls so gut es geht mit den Händen zu schützen.

Energie, Energieumwandlungen und Energieerhaltung (S. 80)

zum Bild: In der Physik versteht man unter Energie die Fähigkeit, Gegenstände anzuheben, zu beschleunigen, zu verformen oder zu erwärmen.
1a Energie kann umgewandelt, transportiert, gespeichert und entwertet werden.
b Die Batterie speichert Energie. Schließt man ein Gerät an, wird die Energie umgewandelt.
Das Brot speichert auch Energie. Isst man das Brot, wird die Energie umgewandelt.
Eine heiße Glühlampe hat Wärme gespeichert. Kühlt die Glühlampe ab, wird die Energie entwertet.
Ein Aufziehauto mit gespannter Feder speichert auch Energie, die dann umgewandelt werden kann. Auf der Fahrt transportiert das Auto Energie, kommt es zum Stillstand, wurde die Energie durch Reibung entwertet.

2a Ist ein Körper in Bewegung, besitzt er Bewegungsenergie. Ist ein Körper elastisch verformt, besitzt er Spannenergie. Lageenergie besitzt ein Körper aufgrund seiner Position. Je höher und je schwerer er ist, desto größer ist seine Lageenergie.
b Weitere Energieformen sind z. B. Licht, Wärme, chemische Energie und Kernenergie.
c Beide Tiere befinden sich etwa gleich weit über dem Erdboden. Die Katze ist aber deutlich schwerer als der Vogel und besitzt deshalb eine größere Lageenergie.
d Da die Katze den Ast elastisch verformt, ist im Ast Spannenergie gespeichert. Erwischt die Katze den Vogel und frisst ihn, dann liefert die Nahrung ihr chemische Energie. Bewegen sich Ast, Katze oder Vogel, spielt Bewegungsenergie eine Rolle. Die Sonne spendet Licht und Wärme. Der Wind hat Bewegungsenergie.
3a Bei einer Energieumwandlung wird eine Energieform durch einen Energiewandler ggf. in eine andere Energieform umgewandelt.
b Batterie (Energiewandler) → chemische Energie (Energieform) → Auto (Energiewandler) → Bewegungsenergie (Energieform) → Hügel (Energiewandler) → Lageenergie (Energieform)
Ergänzend könnte man bei jedem Schritt noch Wärmeabgabe hinzufügen.
c Startet das Flugzeug, wird die chemische Energie des Treibstoffs in Bewegungsenergie und Lageenergie umgewandelt. Springt der Fallschirmspringer aus dem Flugzeug, wird er zunächst immer schneller. Seine Lageenergie wird in Bewegungsenergie umgewandelt. Öffnet er den Fallschirm wird ein großer Teil der Bewegungsenergie durch den Luftwiderstand entwertet. Landet der Springer am Boden, wurden seine Lageenergie und seine Bewegungsenergie vollständig entwertet.
4a Energie kann niemals erzeugt werden oder verloren gehen. Sie wird nur von einer Energieform in andere Energieformen umgewandelt.
b Mögliche Beispiele: Fährt man auf ebener Strecke Fahrrad, muss man ständig treten. Die Bewegungsenergie geht scheinbar ständig verloren. Ursache hierfür sind die Reibung und der Luftwiderstand.
Betreibt man eine Taschenlampe mit einer Batterie, ist diese irgendwann leer und das Licht geht aus. Scheinbar ist die chemische Energie aus der Batterie verschwunden. Sie wurde jedoch durch Licht und Wärme entwertet.
Heizt man im Winter einen Raum und schaltet abends die Heizung aus, ist der Raum morgens deutlich kälter. Die Energie der Heizung scheint verschwunden, hat aber die Umwelt erwärmt.
c Die Kugeln in der Maschine rollen nach unten und treiben so die Maschine an. Durch die entstehende Bewegung dreht sich das Rad und trägt die Kugeln wieder nach oben. Gäbe es keine Reibung, die die Energie entwertet, würde die Maschine immer weiterlaufen. Das ist leider nicht möglich.

Umgang mit Energie (S. 92)

zum Bild: Wir beziehen unsere elektrische Energie aus Kraftwerken (Kohlekraftwerke, Windkraftanlagen usw.). Die elektrische Energie wird über Hochspannungsleitungen und andere elektrische Leitungen zum Nutzer transportiert.
1a Die Sonne ist die Quelle für fast alle Energie auf der Erde. Kohle, Gas, Biomasse, Wind, Gezeiten usw. haben ihren Ursprung in der Energie der Sonne. Einzige Ausnahmen bilden die Erdwärme und die Kernenergie.
b Neben Kraftwerken liefern Batterien, Akkus und Solarzellen elektrische Energie.
c Als fossil bezeichnet man Energieträger wie Kohle, Erdöl und Erdgas, die im Laufe der Erdgeschichte aus abgestorbenen Pflanzen und Tierkadavern entstanden sind.
2a Batterien speichern chemische Energie. Diese lässt sich in elektrische Energie zum Betrieb von Geräten umwandeln.
Im Wasser kann man Wärme speichern. Diese Wärme kann man später zum Heizen benutzen.
In Federn kann man Spannenergie speichern, z. B. um ein Aufziehauto anzutreiben.
In schweren Gegenständen kann man Lageenergie speichern, wenn man sie auf ein höheres Niveau bringt. Ihre Energie kann man nutzen, indem man sie beim Herabfallen etwas antreiben lässt (Pumpspeicherkraftwerk).
b Bewegungsenergie (Energieform) → Feder (Energiewandler) → Spannenergie (Energieform) → Aufziehauto (Energiewandler) → Bewegungsenergie
Ergänzend könnte man bei jedem Schritt noch Wärmeabgabe hinzufügen.
c Ein Schwungrad speichert die Energie in Form von Bewegungsenergie. Die Drehbewegung der großen Masse des Rads sorgt dafür, dass ein Generator gleichmäßig mit Energie versorgt wird.
3a Bewegungsenergie (Energieform) → Dynamo (Energiewandler) → Elektrische Energie (Energieform) → LED (Energiewandler) → Licht (Energieform)
Ergänzend könnte man bei jedem Schritt noch Wärmeabgabe hinzufügen.
Die Bewegungsenergie wird über den Reifen und das Abnahmerädchen in den Dynamo transportiert. Die elektrische Energie aus dem Dynamo wird über ein Kabel zur LED transportiert. Das Licht breitet sich von der LED ohne Medium aus.
b Wind transportiert Bewegungsenergie. Anjas Aussage stimmt.
c Mögliche Beispiele:
Eine rollende Kugel transportiert Bewegungsenergie.
Ein Kabel transportiert elektrische Energie.
Wärme wird von der Herdplatte in den Kochtopf transportiert.
Batterien sind Energiespeicher und können mit einem Lkw transportiert werden.
4a Energie, die scheinbar verloren geht, wird meist in nicht mehr nutzbare Wärme umgewandelt, also entwertet.
b Bei einem Automotor entsteht neben der gewünschten Bewegungsenergie durch Verbrennung und Reibung Wärme, die höchstens teilweise für die Heizung nutzbar ist.
c Bei einem Schwungrad geht Energie durch Reibung verloren.

Elektrische Stromkreise (S. 106)

zum Bild: Ja, denn der Stromkreis ist über die Schienen, den Trafo und die Lok geschlossen.
1a Energiequellen: Kohle, Erdöl, Erdgas, Wind, Wasser, Sonne, Uran …
b Im Falle der Erzeugung elektrischer Energie wird eine nichtelektrische Energieform (z. B. Bewegungsenergie des Wassers) mithilfe eines Energiewandlers (Generator) in elektrische Energie umgewandelt. Entsprechende Energieketten zeigt z. B. Bild 2 auf Seite 100.
2a Mögliche Gründe: Die Batterie ist leer; die Lampe ist nicht korrekt in die Fassung geschraubt; der Zirkel ist mit einer nicht leitenden Lackschicht überzogen.

b Die Batterie ersetzen; die Lampe korrekt eindrehen; die Lackschicht vom Zirkel abkratzen.
3a Ein solcher Stromkreis ist auf Seite 103 in Bild 5 skizziert.
b Der Stromkreis ist unabhängig vom Schienenkreis. Der Stromkreis führt von einem Schienenstrang über die Räder der Lok auf der einen Seite zum Motor und dann durch die Räder auf der anderen Seite zum zweiten Schienenstrang. Das heißt, die Lok schließt den Stromkreis aus Schienen und Transformator.
4a $S_1 + S_3$ oder $S_2 + S_3$: S_3 muss für einen geschlossenen Stromkreis immer geschlossen sein, dazu S_1 oder S_2. Nur so hat die Lampe eine ununterbrochene Verbindung zu beiden Polen der Batterie.
b Ja. Der Stromkreis ist dann sowohl über S_1 als auch über S_2 geschlossen.

Spannung, Stromstärke und ihre Messung (S. 122)

zum Bild: Wie hell eine Lampe leuchtet hängt, davon ab, wie viel Energie sie in einer bestimmten Zeit in Licht umwandelt, also von ihrer Leistung.
1a *Spannung:* Die Spannung gibt an, wie viel Energie pro Elektron von der Energiequelle zur Lampe (zum Energiewandler) übertragen wird.
Stromstärke: Die Stromstärke gibt an, wie viele Elektronen pro Sekunde durch eine bestimmte Stelle des Stromkreises fließen.
b Die Spannung einer Energiequelle gibt an, wie viel Energie pro Elektron von der Energiequelle zur Verfügung gestellt wird. Die Spannung an einer Lampe gibt an, wie viel Energie pro Elektron an die Lampe übertragen wird. Diese Werte müssen nicht gleich sein, z. B. wenn der Stromkreis mehrere Lampen, aber nur eine Energiequelle enthält.
c Maya hat recht. Es gibt Spannung ohne Stromstärke (aber keine Stromstärke ohne Spannung). Die Spannung ist der Antrieb der Elektronen. Ohne den Antrieb bewegen sich Elektronen nicht im Stromkreis und somit gibt es keine Stromstärke. (Ein typisches Beispiel für Spannung ohne Stromstärke ist die Spannung zwischen den Polen eine Batterie, die nicht in einen Stromkreis eingebaut ist.)
2a Ein Kabel des Spannungsmessgeräts steckt man entweder in die Anschlussstelle A oder B, das andere Kabel in die Anschlussstelle C oder D ein. Idealerweise misst man möglichst dicht am Bauteil, bei der Lampe also von B nach C.
b Man entfernt das Kabel zwischen den Anschlussstellen A und B bzw. zwischen C und D und schließt dort die Kabel des Strommessgeräts an.
Alternativ kann man den Stromkreis auch an einer Anschlussstelle öffnen und die Kabel in das Messgerät einstecken.

3

	Abkürzung	Einheit mit Abkürzung
Spannung	*U*	Volt (V)
Stromstärke	*I*	Ampere (A)
elektr. Leistung	*P*	Watt (W)
elektr. Energie	*E*	Kilowattstunde (kWh)

4a Wichtige Begriffe sind: Energie, Sekunde, Zeit, Spannung, Stromstärke und Elektronen.
b Die elektrische Leistung gibt an, wie viel elektrische Energie ein Gerät pro Sekunde benötigt bzw. wie viel Energie im Stromkreis pro Sekunde transportiert wird. Im Gegensatz zur Energie ist sie also eine zeitabhängige Größe, die angibt, mit welcher Geschwindigkeit Energie übertragen wird.
c Jeffs Aussage ist falsch. Die Stunde in der Einheit Kilowattstunde hat nichts mit der Dauer zu tun, in der diese Energiemenge tatsächlich umgewandelt wird. Man kann 1 kWh Energie auch in längerer oder kürzerer Zeit als einer Stunde umwandeln.
5a $P = U \cdot I$
$<=> I = \frac{P}{U}$
$=> I = \frac{1100\,\text{W}}{230\,\text{V}} = 4{,}78\,\text{A}$
b $E = P \cdot t$
$=> E = 1100\,\text{W} \cdot \frac{2}{60\,\text{h}} = 36{,}7\,\text{Wh}$

Widerstände im Stromkreis (S. 136)

zum Bild: Ob elektrischer Strom gefährlich wird, hängt vom der elektrischen Stromstärke ab, die durch den Körper fließt. Stromstärken ab 50 mA führen in der Regel zum Tod.
Die körperliche Verfassung (z. B. eine Herzschwäche), der Stromweg sowie die Einwirkungsdauer des elektrischen Stroms auf den Körper können die Auswirkungen eines Elektrounfalls jedoch beeinflussen.
1a Der Widerstandswert hängt von der Länge, der Querschnittsfläche, dem Material und der Temperatur des Drahts ab.
b Je länger der Draht ist, desto größer ist sein Widerstandswert. Je dicker der Draht ist, desto kleiner ist sein Widerstandswert. Auch das Material beeinflusst die Größe des Widerstandswerts: Kupfer z. B. hat einen sehr geringen Widerstand, Chromnickel einen hohen.
Je höher die Temperatur ist, desto größer ist in der Regel der Widerstandswert. Das gilt nicht für Materialien wie Konstantan.
c Der Draht sollte möglichst dünn, möglichst lang und sehr heiß sein. Außerdem sollte er aus einem Material mit einem sehr hohen Widerstandswert bestehen.
2a Ein Widerstandswert von 10 Ω bedeutet, dass eine Spannung von 10 V angelegt werden muss, damit eine Stromstärke von 1 A fließen kann.
b A: $R = \frac{U}{I} => R = \frac{600\,\text{V}}{0{,}2\,\text{A}} = 3000\,\Omega$
B: $U = R \cdot I => U = 90\,\Omega \cdot 2{,}1\,\text{A} = 189\,\text{V}$
C: $I = \frac{U}{R} => I = \frac{230\,\text{V}}{1100\,\Omega} = 0{,}21\,\text{A}$

3a Es entsteht eine Ursprungsgerade, da bei gleichmäßiger Erhöhung der Spannung auch die Stromstärke im gleichen Verhältnis zunimmt.
b Dividiert man die zusammengehörigen Werte von Spannung und Stromstärke, so ergibt sich immer derselbe Wert.
4a Links ist eine Parallelschaltung gezeichnet, rechts eine Reihenschaltung.
b In der Reihenschaltung teilt sich die Spannung auf. Damit liegen an jeder Lampe 2 V an. In der Parallelschaltung liegt an jeder Lampe die volle Spannung von 4 V an.
c In der Parallelschaltung leuchten die Lampen heller als in der Reihenschaltung. In der Parallelschaltung ist jede Lampe direkt an die Spannungsquelle angeschlossen und leuchtet daher so hell, als ob nur eine Lampe angeschlossen wäre.
In der Reihenschaltung bekommt jede Lampe weniger Energie, da die Spannung geringer ist (2 V). Auch die Stromstärke in der Reihenschaltung ist wegen des höheren Gesamtwiderstands geringer.
5 Hochspannungsleitungen transportieren elektrische Energie bei mehreren Tausend Volt Spannung. Spannungen dieser Größe sind lebensgefährlich, wenn ein Mensch in den Stromkreis gerät.

Magnetismus und Elektromagnetismus (S. 156)

zum Bild: Die magnetische Wirkung eines Dauermagnets kann man verstärken, indem man ihn in Kontakt zu einem Eisenkern bringt. Dieser wird dann ebenfalls zu einem Magnet und verstärkt die magnetische Wirkung.
Die magnetische Wirkung eines Elektromagnets kann man verstärken, indem man eine Spule mit größerer Windungszahl verwendet, die Stromstärke durch die Spule erhöht oder auch hier einen Eisenkern verwendet.
Man kann in beiden Fällen auch mehrere Magnete verwenden.
1 a *Fall 1:* Ungleichnamige Pole (Südpol und Nordpol) werden angenähert: Die Stabmagnete ziehen einander an.
Fall 2: Gleichnamige Pole (zwei Südpole oder zwei Nordpole) werden angenähert: Die Stabmagnete stoßen sich ab.
b Eisen, Nickel, Cobalt und viele Legierungen, die diese Stoffe in angemessenem Anteil enthalten, lassen sich magnetisieren.
c Die Elementarmagnete werden beim Magnetisieren gleichmäßig ausgerichtet. Beispiel: Der Südpol eines Magnets wird vom Kopf zur Spitze eines Stahlnagels bewegt. Dabei werden die Nordpole der Elementarmagnete vom Südpol des Magnets angezogen und an der Nagelspitze entsteht ein Nordpol.
2a Mögliche Hilfsmittel sind: Eisenfeilspäne, Büroklammern, Reißnägel, Kompassnadeln, Magnetometer im Smartphone …
b Die Zeichnungen entsprechen dem Bild des Magnetfelds um einen Stabmagnet auf Seite 157, einmal mit vielen Magnetfeldlinien (starker Magnet), einmal mit weniger Magnetfeldlinien (schwacher Magnet).
c Der Südpol des Stabmagnets zeigt in Richtung des magnetischen Nordpols. Da sich der magnetische Nordpol am geografischen Südpol der Erde befindet, zeigt der Südpol des Stabsmagnets „nach Süden".
3a Die Zeichnung entspricht Bild 3 auf Seite 149: kreisförmige Feldlinien rund um einen elektrischen Leiter.
b Am Verlauf der Feldlinien (kreisförmig um den Leiter) ändert sich nichts. Aber die Richtung des Magnetfelds dreht sich um, weil sich die Richtung des elektrischen Stroms umdreht.
c Das Magnetfeld um den Leiter wird stärker. Dies stellt man dar, indem man mehr Kreise um den Leiter zeichnet und ihren Abstand verringert.
4a Die wesentlichen Bestandteile sind ein Draht, der zu einer Spule aufgewickelt ist, und eine elektrische Energiequelle. Es kann ein Eisenkern hinzukommen.
b Die Zeichnung entspricht dem Bild des Magnetfelds einer Spule auf Seite 157.
c Am Verlauf der Feldlinien ändert sich nichts. Aber die Richtung des Magnetfelds dreht sich um, weil sich die Richtung des elektrischen Stroms durch die Spule umdreht.
d Man kann die Stromstärke durch die Spule oder die Windungszahl der Spule verändern. Außerdem kann man einen Eisenkern in die Spule stecken oder herausnehmen.
5a Lautsprecher und Elektromagnete nutzen die magnetische Wirkung des elektrischen Stroms.
b Bei beiden Geräten kommt es aufgrund der Magnetfelder zu Anziehung oder Abstoßung der entsprechenden Pole. Beim Lautsprecher entsteht dadurch eine Hin- und Herbewegung, beim Elektromotor eine Drehbewegung.
c Die grundlegenden Unterschiede zwischen den beiden Geräten sind, dass beim Elektromotor ein Bauteil drehbar gelagert ist und dass ein Stromwender vorhanden ist. Der Stromwender sorgt für ein ständiges Umpolen des Elektromagnets, sodass eine dauerhafte Drehbewegung entsteht.

Einfache Bewegungen (S. 178)

zum Bild: Ja. Wenn es auf der Zielgeraden eine höhere Geschwindigkeit erreicht, kann es das rote Auto noch überholen.
1 a Weltklassesprinter über 100 m erreichen Geschwindigkeiten von etwa $44\,\frac{\text{km}}{\text{h}}$. Nichtathleten können 20 bis $30\,\frac{\text{km}}{\text{h}}$ erreichen.
b Die Geschwindigkeit ist ein Maß für die Schnelligkeit eines Körpers. Sie gibt an, welche Strecke ein Körper in einer bestimmten Zeit zurücklegen würde.
c Das Formelzeichen der Geschwindigkeit ist v wie *velocity*.
2a Um Geschwindigkeiten miteinander zu vergleichen, kann man entweder die Strecken vergleichen, die beide Objekte in der gleichen Zeit (z. B. in einer Stunde) zurücklegen, oder man vergleicht die Zeiten, die sie für dieselbe Strecke (z. B. einen Kilometer) brauchen.
Allgemein vergleicht man Geschwindigkeitsangaben, indem man sie in die gleiche Einheit umrechnet, z. B. $\frac{\text{m}}{\text{s}}$.
b Die Angaben lassen sich vergleichen, indem man z. B. berechnet, um wie viel ein Haar und ein Fingernagel in einem Monat wachsen. Ein Monat hat etwa vier Wochen, daher wächst der Fingernagel:

$$0{,}5\,\frac{\text{mm}}{\text{Woche}} \cdot 4\,\frac{\text{Wochen}}{\text{Monat}} = 2\,\frac{\text{mm}}{\text{Monat}} = 0{,}2\,\frac{\text{cm}}{\text{Monat}}.$$

Ein Zuwachs von 0,2 cm ist weniger als 1 cm. Haare wachsen also deutlich (fünfmal) schneller als Fingernägel.
c Umrechnung von $\frac{\text{m}}{\text{s}}$ in $\frac{\text{km}}{\text{h}}$ an einem konkreten Beispiel:
Fährt ein Fahrradfahrer in einer Sekunde einen Meter weit ($1\,\frac{\text{m}}{\text{s}}$), legt er in einer Minute die 60-fache Strecke zurück, denn eine Minute hat 60 Sekunden. In einer Stunde kommt er noch mal 60-mal so weit. Er legt also insgesamt die $60 \cdot 60 = 3600$-fache Strecke zurück. Um die große Zahl an Metern pro Stunde in Kilometern pro Stunde auszudrücken, muss man durch 1000 teilen (1000 m = 1 km). Insgesamt hat man also mit 3600 multipliziert und durch 1000 geteilt: $\frac{3600}{1000} = 3{,}6$.
3a Mögliche Wertetabelle:

t in s	0	1	2	3	4	5	6
s in cm	0	10	20	30	40	50	60

b

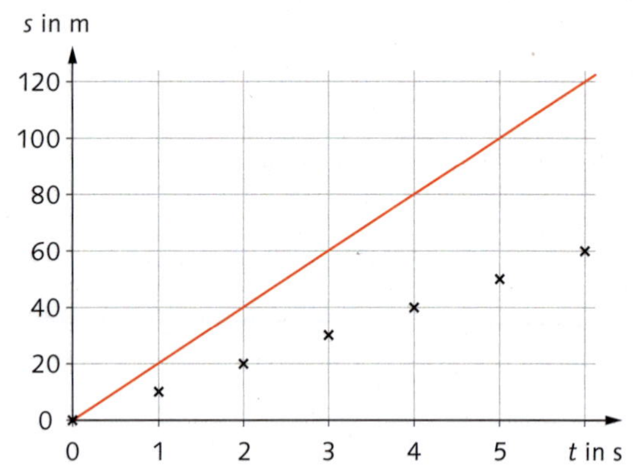

c Eine Bewegung mit konstanter Geschwindigkeit bildet im *s*-*t*-Diagramm eine Ursprungsgerade. Um eine Ursprungsgerade festzulegen, benötigt man neben dem Ursprung (0,0) nur einen weiteren Punkt.
Hinweis: Es empfiehlt sich dennoch, mehrere Wertepaare einzuzeichnen, um Fehler auszuschließen.

4a Die Momentangeschwindigkeit ist die Geschwindigkeit zu einem bestimmten Zeitpunkt. Da Geschwindigkeiten nur indirekt über Strecken- und Zeitmessungen über $v = \frac{\Delta s}{\Delta t}$ bestimmt werden können, besteht die einzige Möglichkeit, die Momentangeschwindigkeit abzuschätzen, darin, das Zeitintervall Δs möglichst kurz zu machen.
b Bei einem Schülerlauf ist ein Läufer mit einer Durchschnittsgeschwindigkeit von $10 \frac{\text{km}}{\text{h}}$ gelaufen. Im Schlussspurt war seine Geschwindigkeit jedoch deutlich höher. Er erreichte vor der Ziellinie eine Momentangeschwindigkeit von $15 \frac{\text{km}}{\text{h}}$.
c Um eine Durchschnittsgeschwindigkeit zu bestimmen, teilt man die zurückgelegte Strecke Δs durch die hierfür erforderliche Zeitspanne Δt. Beispiel: Jans Schulweg ist $\Delta s = 900\,\text{m}$ lang. Hierfür benötigt er $\Delta t = 10\,\text{min}$ ($= 600\,\text{s}$).
$v = \frac{\Delta s}{\Delta t} \Rightarrow v = \frac{900\,\text{m}}{600\,\text{s}} = 1{,}5 \frac{\text{m}}{\text{s}} = 5{,}4 \frac{\text{km}}{\text{h}}$
5a Bewegungen können auch mit Worten oder Formeln beschrieben werden.
b Das Zeichen Δ („Delta") bedeutet, dass hier eine Spanne, genauer: eine Differenz zweier Messungen, gemeint ist.
Beispiel: Die Formel für die Geschwindigkeit lautet $v = \frac{\Delta s}{\Delta t}$.
Ausgeschrieben bedeutet dies $v = \frac{s_2 - s_1}{t_2 - t_1}$. Das Wertepaar t_1, s_1 steht hier für Zeit und Strecke zu Beginn der Bewegung und das Wertepaar t_2, s_2 für Strecke und Zeit zum Ende der Bewegung.
c Idealisierungen sind Vereinfachungen, die einen komplizierten Sachverhalt in der Physik erklärbar machen. Sie verfälschen das Ergebnis nur unwesentlich.
Beispiel 1: Nach der Messung proportionaler Größen wird im Diagramm eine Ausgleichsgerade gezogen, die möglichst nahe an den Messwerten liegt.
Beispiel 2: Die Erde kreist um die Sonne. Um die Bewegung präzise beschreiben zu können, stellt man sich die Massen von Sonne und Erde jeweils in einem Punkt, ihrem jeweiligen Schwerpunkt, vereinigt vor.

Kraft und Masse (S. 194)

zum Bild: Aus den Verformungen kann man auf die Kräfte schließen, die beim Crash gewirkt haben.
1a Kräfte erkennt man an ihren Wirkungen. Sie können den Bewegungszustand eines Körpers ändern oder ihn verformen.
b Die Zeichnung entspricht der Abbildung des Kraftpfeils in der Zusammenfassung auf Seite 195.
- Angriffspunkt: Hier setzt die Kraft an.
- Betrag der Kraft: Gibt die Größe der Kraft an.
- Kraftrichtung: Gibt an, in welche Richtung die Kraft wirkt.

2a Vor einer Messung muss die zu messende Kraft abgeschätzt und der passende Federkraftmesser auswählt werden. Im Anschluss muss die Nullpunkteinstellung des Federkraftmessers justiert werden.
b Eine harte Feder wird für die Messung großer Kräfte verwendet. Die Auslenkung ist bei gleicher Krafteinwirkung geringer.
c Wenn eine Proportionalität zwischen einwirkender Kraft und Auslenkung besteht (Hooke'sches Gesetz), lassen sich die am Kraftmesser wirkenden Kräfte besonders einfach ablesen.
3a Im Gegensatz zur Gewichtskraft eines Körpers ist die Masse eine vom Ort unabhängige Größe. Eine Tafel Schokolade hat auf dem Mond und auf der Erde jeweils die Masse von 100 g.
b Mit Gravitationswaagen wie der von Cavendish kann man die Massenanziehung zweier Körper nachweisen.
c Wenn man zwei Massestücke voneinander entfernt, nimmt die Anziehung ab.
4a Wenn man dieselbe Tafel Schokolade an der höchsten und tiefsten Stelle in Deutschland wiegt, erhält man unterschiedliche Werte.
b Der Satz ist korrekt. Die (Masse der) Erde zieht beispielsweise die (Masse der) Schokolade an und umgekehrt. Wegen der großen Trägheit der (Masse der) Erde fällt aber nur auf, dass die Schokoladentafel zur Erde fällt, nicht dass die Erde in Richtung Schokoladentafel „springt".
c Die Masse einer Sonne ist riesig. Die Anziehung wäre so hoch, dass man nicht nach oben springen könnte.
5a Fährt ein Auto um eine Kurve, werden die Insassen ihren Bewegungszustand (in diesem Fall: die Bewegungsrichtung) zunächst beibehalten und z. B. gegen die Autotür gedrückt.
b Man muss den Hammerstil auf eine harte Unterlage schlagen. Durch die Trägheit rutscht der Hammerkopf wieder auf den Stil.
c Bei einem Auffahrunfall von hinten wird das eigene Auto schnell nach vorne geschoben. Der Kopf bleibt in der ursprünglichen Position, knickt also gegenüber dem Körper, der vom Sitz „mitgenommen" wird, nach hinten. Die Kopfstütze verhindert ein Überstrecken des Kopfes.

Zusammenwirken von Kräften (S. 204)

zum Bild: Je besser die Lager bei Inlineskates sind, desto geringer ist deren Reibung beim Rollen. Will man also mit möglichst wenig Mühe Inlineskates fahren, dann sollte man beim Kauf auf gute Lager achten.
1
- Wenn sich der Schrank nicht in Bewegung setzt, liegt Kräftegleichgewicht vor.
- Beim Anfahren an der Ampel liegt kein Kräftegleichgewicht vor. Es muss eine resultierende Kraft geben, die das Fahrrad beschleunigt.
- Bei einem Handstand liegt ein Kräftegleichgewicht vor. Stützkräfte der Arme und Gewichtskraft halten sich die Waage.
- Beim Tauziehen liegt immer dann ein Kräftegleichgewicht vor, wenn das Seil gerade nicht beschleunigt wird.
- Wenn das Auto mit konstanter Geschwindigkeit fährt, liegt ein Kräftegleichgewicht vor.

2a Unter dem Begriff resultierende Kraft versteht man die Kraft, die übrig bleibt, wenn alle wirkenden Kräfte miteinander verrechnet worden sind.
b *Kräfteaddition:* Mehrere Sportler ziehen an einem Seil in die gleiche Richtung (vgl. Bild 2 auf Seite 198).
Kräftesubtraktion: Ein Elefant gewinnt ein Tauziehen (vgl. Bild 3 auf Seite 198).
3a Bei vielen Maschinen ist Reibung unerwünscht und wird mit Schmierstoffen (z. B. Ölen) minimiert. Ohne Reibung könnten wir uns jedoch nicht fortbewegen. Die Aussage ist also zu pauschal.
b Man kann einen Turnschuh an einem Kraftmesser über eine ebene Fläche ziehen. Der Kraftmesser zeigt, dass die Haftreibung irgendwann abreißt und zur Gleitreibung wird, deren Reibungskraft geringer ist. Stellt man den Turnschuh nun auf runde Stifte, wird die Kraft beim Ziehen noch geringer. Folglich ist Rollreibung die kleinste der drei Reibungsarten.
c Haftreibung hängt von der Oberflächenbeschaffenheit der sich berührenden Körper und von ihrer Gewichtskraft ab.
4a Die Gleitreibung hemmt Bewegungen am stärksten. (Haftreibung tritt bei bewegten Körpern nicht auf.)

b – Die Haftreibung, die das Auto bei einer Kurvenfahrt gegen die Trägheit seitlich in der Spur hält, reißt ab. Zwischen Reifen und Straße wirkt nur noch Gleitreibung.
– Auf Eis ist kaum Reibung vorhanden. Das Eis kann nur eine geringe Kraft auf die Sohle bewirken. Deshalb rutscht man leicht aus.
– Auf einer Ölspur ist die Reibung erheblich geringer als auf trockener und sauberer Straße. Fährt man geradeaus über eine Ölspur, bleibt das meist ohne Folgen. Bremst oder lenkt man auf der Ölspur, so kann die reduzierte Reibung zu einem Unfall führen.

c *Haftreibung:* Zwei ineinandergedrückte Bürsten lassen sich kaum gegeneinander verschieben. Die Reibung ist sehr stark.
Gleitreibung: Wird die Haftreibung überwunden, rutschen die Bürsten übereinander. Der Widerstand ist jetzt geringer.
Rollreibung: Eine Bürste wird über eine Rundbürste geführt. Die Reibung ist sehr gering.

5a Kraft F, Masse m und Beschleunigung a

b $F = m \cdot a$
– Je größer die auf einen Körper wirkende Kraft ist, desto größer ist die Beschleunigung bei gleicher Masse.
– Je größer die Masse eines Körpers ist, desto kleiner ist die Beschleunigung bei gleicher Krafteinwirkung.
– Je größer die Beschleunigung eines Körpers ist, desto geringer muss bei gleicher Kraft die Masse sein.

c Das Wechselwirkungsgesetz besagt, dass die Kräfte dem Betrag nach gleich, aber entgegengesetzt gerichtet sind.

d Beim Laufen übe ich eine Kraft auf den Boden aus. Diese Kraft wirkt entgegengesetzt auf mich und lässt mich nach vorne gehen.

e – Die Kraft, die das Auto entlang der Bodenoberfläche auf den Boden ausübt, zeigt in Bewegungsrichtung, die Reibungskraft in Gegenrichtung. Wenn das Auto dabei abbremst, ist die Reibungskraft größer als die Kraft des Autos auf den Boden.
– Der Fuß übt eine nach hinten gerichtete Kraft auf das Eis aus, das Eis eine gleich große, nach vorne gerichtete Kraft auf den Fuß. (Auf Eis sind diese beiden Kräfte sehr gering.)
– Bei Fahrt mit konstanter Geschwindigkeit verhält es sich wie beim Gehen auf Eis, beim Bremsen oder Lenken wie im Fall des Autos, das aus der Kurve fliegt.

Kraftwandler (S. 220)

zum Bild: Ein Kran kann so große Lasten heben, weil er die Vorteile eines Flaschenzugs nutzt. Er spart Kraft ein auf Kosten eines längeren Wegs.

1a Die Skizze entspricht weitgehend Bild 3 auf Seite 208.

b Ein Hebel überträgt Kräfte. Die übertragene Kraft kann vergrößert oder verringert werden. Das Produkt aus Kraft F_1 und Hebelarm s_1 ist bei der Wippe (wie bei jedem Hebel) genauso groß wie das Produkt aus der Kraft F_2 und dem Hebelarm s_2.

c Ronja hat recht: Der schwergewichtige Erwachsene muss dazu allerdings deutlich dichter am Drehpunkt Platz nehmen, und zwar genau in der Entfernung, in der bei beiden das Produkt aus (Gewichts-)Kraft und Entfernung gleich groß ist.

2a Mögliche Beispiele: Eine Schubkarre, ein Tacker und ein Nussknacker sind einseitige Hebel. Schere, Zange und Wippe sind zweiseitige Hebel.

b *Gemeinsamkeiten:* Bei beiden Typen von Hebeln gilt das Hebelgesetz, sie können also Kräfte übertragen und diese dabei verringern oder vergrößern. Beide haben Hebelarme und einen Drehpunkt.
Unterschied: Beim einseitigen Hebel fallen beide Hebelarme zusammen, d. h., sie liegen auf derselben Seite des Drehpunkts. Beim zweiseitigen Hebel liegt der Drehpunkt zwischen den Hebelarmen.

c Die Schranke ist ein zweiseitiger Hebel im Gleichgewicht. Das Gewicht am Ende des kurzen Hebelarms hält den langen Hebelarm der Schranke auf der anderen Seite des Drehpunkts in der gewünschten Position.

3a Eine feste Rolle lenkt die Kraftrichtung um. Eine lose Rolle teilt die Kraft auf zwei Seilabschnitte auf.

b Die losen Rollen im Flaschenzug teilen die Gewichtskraft der angehängten Last auf. Dabei entscheidet die Anzahl der tragenden Seile darüber, wie stark die zum Anheben benötigte Kraft verringert wird. Gib es z. B. vier tragende Seile, benötigt man nur ein Viertel der Kraft. Dafür verlängert sich der Weg, den man am Seilende ziehen muss, um das Vierfache.
Die festen Rollen lenken die Richtung der Kraft um.

c Möchte man die eine Masse von 100 kg anheben, so hat diese eine Gewichtskraft von etwa 1000 N. Diese Kraft verteilt sich auf die fünf tragenden Seilstücke. Jeder Seilabschnitt trägt somit 200 N. Die zum Anheben benötigte Kraft beträgt also auch 200 N. Möchte man diese Masse um 10 cm anheben, muss man das Zugseil um 50 cm einholen.

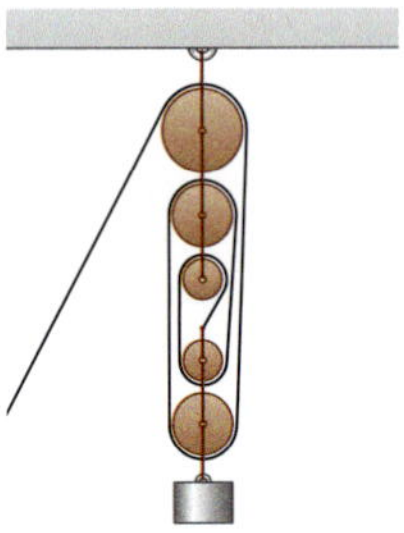
Flaschenzug

4a Die Goldene Regel der Mechanik sagt aus, dass sich der Weg, auf dem eine Kraft ausgeübt wird, verlängert, wenn Kraft eingespart wird. Dies bedeutet für die schiefe Ebene: Je flacher die schiefe Ebene ist (also je länger der Weg), desto weniger Kraft benötigt man zum Aufstieg. Oder umgekehrt: Je steiler die schiefe Ebene ist (also je kürzer der Weg), desto größer ist die benötigte Kraft.

b Die Goldene Regel der Mechanik gilt auch bei Hebel und Flaschenzug.

c Der Ruderer nutzt das Prinzip des zweiseitigen Hebels. Er überträgt seine Kraft auf das Wasser. Da er am kurzen Hebelarm sitzt, verringert sich die übertragene Kraft, ermöglicht ihm aber einen langen Weg des Paddels im Wasser.

d Alle Kraftwandler folgen dem Prinzip der Goldenen Regel der Mechanik. Sparen sie Kraft ein, so geschieht dies immer auf Kosten eines verlängerten Wegs, auf dem die Kraft ausgeübt werden muss.

Induktion (S. 236)

zum Bild: Unsere elektrische Energie wird in der Regel mit Generatoren in Kraftwerken durch elektromagnetische Induktion erzeugt. Je nach Kraftwerk stammt die Bewegungsenergie für den Generator aus unterschiedlichen Energiequellen.

1a Wesentlich sind eine Spule und ein Magnet bzw. Magnetfeld.

b Man bewegt einen Stabmagnet in eine Spule hinein und wieder heraus. Zum Nachweis der Induktionsspannung wird die Spule an ein Spannungsmessgerät angeschlossen.

c Die Zeichnung entspricht der Energiekette in Bild 4 auf Seite 229: Bewegungsenergie (Energieform) → Magnet und Spule (Energiewandler) → Elektrische Energie (Energieform).

d Bei der Bewegung des Stabmagnets in der Spule übernehmen die Elektronen im Spulendraht einen Teil der Bewegungsenergie des Stabmagnets als elektrische Energie. Die Elektronen besitzen ihre Energie nur so lange, wie sich der Stabmagnet in geeigneter Weise bewegt.

2a Die Induktionsspannung kann man vergrößern durch:
- eine größere Bewegungsgeschwindigkeit des Magnets in der Spule bzw. der Spule um den Magneten
- ein stärkeres Magnetfeld
- eine höherer Windungszahl der Spule

b
- Je größer die Bewegungsgeschwindigkeit des Magnets ist, desto größer ist auch die induzierte Spannung.
- Je stärker das Magnetfeld ist, desto größer ist auch die induzierte Spannung.
- Je größer die Windungszahl der Spule ist, desto größer ist auch die induzierte Spannung.

c Es gibt drei Möglichkeiten:
- den Magnet umdrehen
- die Anschlüsse der Kabel an die Spule tauschen
- die Bewegungsrichtung des Magnets umkehren (herausziehen statt hineinstecken)

3a Bei Wechselspannung ändert sich ständig die Größe und in einem bestimmten Rhythmus die Polung der Spannung.

b Die Stärke der induzierten Spannung erkennt man bei der Bildschirmdarstellung daran, wie weit der Ausschlag von der Nulllinie entfernt ist. Ein kleiner Ausschlag zeigt eine kleine Spannung, ein großer Ausschlag zeigt eine große Spannung an. Oberhalb der Nulllinie wird in der Bildschirmdarstellung die eine Polung der induzierten Spannung angezeigt, unterhalb der Nulllinie wird die andere Polung angezeigt.

4a Die wesentlichen Bestandteile eines Generators sind Spule und Magnet.

b Der Elektromotor eines E-Bikes kann als Generator eingesetzt werden, wenn das Fahrrad bergab fährt oder bremst (oder bei starkem Rückenwind), d. h. bei allen Situationen, bei denen es überschüssige Bewegungsenergie gibt.

c Ein Generator besteht aus denselben Bestandteilen wie ein Elektromotor. In welcher Funktion er eingesetzt wird, hängt davon ab, welche Energieform er erhält.

Übertragung elektrischer Energie (S. 248)

zum Bild: Am Kraftwerk wird die Spannung mithilfe eines Hochspannungstransformators auf mehrere Hunderttausend Volt erhöht. (Dadurch lassen sich die Verluste an elektrischer Energie an den sehr langen Hochspannungsleitungen reduzieren.) In Umspannwerken wird die Spannung dann mithilfe von Niederspannungstransformatoren nach und nach wieder heruntergesetzt, bis im Haushalt die gewohnten 230 V zur Verfügung stehen.

1a Ein Transformator besteht aus zwei meist unterschiedlichen Spulen und einem Eisenkern.

b Die Primärspule ist an die Energiequelle angeschlossen, die Sekundärspule an das Gerät, das die Energie benötigt.

c Die Energieübertragung beim Transformator ist kabellos, d. h., es gibt keine leitende Verbindung zwischen den beiden Spulen. Der Träger der Energie von einer Spule zur anderen ist das Magnetfeld.

d Eine elektrische Wechselspannungsenergiequelle wird an die Primärspule angeschlossen. Die Wechselspannung ändert ständig ihre Polung und ihre Stärke. Dadurch wird in der Primärspule ein sich ständig änderndes Magnetfeld erzeugt. In der Primärspule steckt ein Eisenkern. Er verstärkt das Magnetfeld und überträgt es auf die Sekundärspule. Durch das sich ständig ändernde Magnetfeld wird in der Sekundärspule eine Wechselspannung induziert.

2a Mögliche Geräte sind: Handyladegerät, Akkuladegeräte, Halogenlampen, Netzgeräte in der Physiksammlung …

b Die Geräte benötigen eine geringe Spannung, wie sie von Batterien bereitgestellt werden kann. Wird das Gerät an eine Steckdose angeschlossen, müssen die 230 V durch den Transformator auf die passende Spannungsgröße reduziert werden. (In Netzgeräten ist noch eine zusätzliche Schaltung eingebaut, die aus Wechselspannung Gleichspannung macht.)

c Bei einem Hochspannungstransformator ist die Windungszahl der Sekundärspule sehr viel höher als die Windungszahl der Primärspule. Beim einem Niederspannungstransformator ist die Windungszahl der Sekundärspule niedriger als die Windungszahl der Sekundärspule.

3 Durch Umformen der Gleichungen ergeben sich die fehlenden Größen:

$n_s = \frac{U_s}{U_p} \cdot n_p$, $n_p = \frac{U_p}{U_s} \cdot n_s$, $U_s = \frac{n_s}{n_p} \cdot U_p$, $U_p = \frac{n_p}{n_s} \cdot U_s$

Durch Einsetzen der gegebenen Werte erhält man:

n_p	n_s	U_p	U_s
50	104	110 V	230 V
6	300	230 V	11 500 V
2000	300	40 V	6 V
50	200	12 V	48 V

4a Beispiele für Energieträger in Wärmekraftwerken: Erdöl, Gas, Kohle, Kernenergie

b Beispiele für Kraftwerke, die regenerative Energien nutzen: Windkraftwerk, Laufwasserkraftwerk, Speicherkraftwerk (Pumpspeicherkraftwerk), Biogaskraftwerk, Fotovoltaikanlagen

c chemische Energie / Kernenergie → Wärme → Bewegungsenergie → Elektrische Energie

d In der Brennkammer wird ein Energieträger verbrannt (oder es finden Kernspaltungen statt). Es entsteht Wärme. Wasser wird in Rohren oberhalb der Brennkammer durch die Wärme zu Wasserdampf. Der Wasserdampf trifft in der Turbine auf die Turbinenschaufeln und versetzt sie in Bewegung. Die Drehbewegung wird auf den Generator übertragen. Dort wird die Bewegungsenergie über Induktion in elektrische Energie umgewandelt. Zum Transport wird die Spannung im Transformator erhöht.

Stoffe und Wärme (S. 270)

zum Bild: Die „normale" Höhe bei 20 °C wird mit 324 m angegeben. Geht man im Winter von Temperaturen um −10 °C aus, beträgt die Temperaturdifferenz 30 °C. Die Längendifferenz ist daher:

$\Delta l = l_0 \cdot \alpha \cdot \Delta T = 324\,\text{m} \cdot 0{,}012\,\frac{\text{mm}^2}{°\text{C}} \cdot 15\,°\text{C} = 58{,}32\,\text{mm}$

Der Eiffelturm ist also im Winter ca. 11 cm länger als bei 20 °C.

1a Die drei Aggregatzustände heißen fest, flüssig und gasförmig.

b *Fest:* Der Abstand zwischen den Teilchen ist gering, ihr Zusammenhalt ist groß. Sie lassen sich nicht gegeneinander verschieben.

Flüssig: Der Zusammenhalt ist geringer. Die Teilchen lassen sich gegeneinander verschieben.

Gasförmig: Zwischen den Teilchen gibt es große Abstände und fast keinen Zusammenhalt mehr. Die Teilchen bewegen sich frei im Raum.

2a Je höher die Temperatur ist, desto schneller ist auch die Teilchenbewegung.
b Im heißen Wasser bewegen sich die Wasserteilchen schneller und stoßen heftiger gegen die Zuckerteilchen. Im kalten Wasser sind die Wasserteilchen langsamer. Sie stoßen weniger heftig gegen die Zuckerteilchen und können sie deshalb nicht so schnell vom restlichen Zuckerstück ablösen.
3a Schmelztemperatur von Aluminium: 933 K
Siedetemperatur von Stickstoff: −196 °C
b Ein möglicher Bereich für die Temperatur an einem kalten Wintertag auf der Kelvinskala wären 273 bis 253 K (entspricht einem Temperaturbereich von 0 °C bis −20 °C).
4a Flüssigkeiten dehnen sich bei Erwärmung aus. Wie weit sich die Flüssigkeit ins Thermometerröhrchen hinein ausdehnt, lässt einen direkten Rückschluss auf die Temperatur zu.
b Durch das heiße Wasser wird die im Tischtennisball eingeschlossene Luft erwärmt. Die Luft dehnt sich beim Erwärmen aus. Da der Tischtennisball in sich abgeschlossen ist und die Luft nicht entweichen kann, erhöht sich der Luftdruck im Innern: Die Beule verschwindet.
5a Durch die Wärme dehnt sich der Metalldeckel stärker aus als das Marmeladenglas. Dadurch sitzt er lockerer und lässt sich leichter lösen.
b Herrscht im Hochsommer eine Temperatur von 35 °C, beträgt die Temperaturdifferenz gegenüber dem Normalzustand 15 °C. Die Längendifferenz ist daher:
$\Delta l = l_0 \cdot \alpha \cdot \Delta T = 324\,\text{m} \cdot 0{,}012 \frac{\text{mm}^2}{°\text{C}} \cdot 15\,°\text{C} = 58{,}32\,\text{mm}$
Der Eiffelturm ist an heißen Tagen also etwa 5,8 cm länger als bei 20 °C Normaltemperatur.
6a In der Kanne Tee steckt mehr Wärme, weil der Tee in der Kanne und in der Tasse die gleiche Temperatur hat, die Kanne aber mehr Tee enthält.
b Das Speiseöl wird schneller warm als das Wasser, weil es eine geringere spezifische Wärmekapazität hat. Voraussetzung ist allerdings, dass beide Herdplatten die gleiche Wärmemenge zuführen.

Übertragung von Wärme (S. 284)

zum Bild: Beim Eisklettern ist eine Kleidung sinnvoll, in der man sich gut bewegen kann, die den Körper aber zugleich gut gegen Wärmeabgabe isoliert, damit er nicht auskühlt. (Die Isolierung darf allerdings auch nicht zu stark sein, damit man beim Klettern nicht überhitzt.)
1a Die Teilchen in unmittelbarer Nähe der Energiequelle werden durch die Wärme der Energiequelle in stärkere Bewegung versetzt. Diese Bewegungsenergie wird durch Stöße von Teilchen zu Teilchen immer weiter durch den Stoff transportiert.
b Man braucht zwei ähnlich große Löffel. Mit jeder Löffelspitze wird ein Stückchen Butter aufgenommen.
Beide Löffel werden mit dem Löffelstiel gleich weit in ein Gefäß mit heißem Wasser gestellt. Der Löffel, beim dem die Butter als Erstes schmilzt, leitet die Wärme besser/schneller.
2a Die Teilchen eines strömenden Gases oder einer strömenden Flüssigkeit werden durch die Wärme einer Energiequelle stärker in Bewegung versetzt und nehmen diese Bewegungsenergie auf ihrem Strömungsweg mit.
Eine Wärmeströmung kann aber auch dadurch entstehen, dass Teilchen in unmittelbarer Nähe der Energiequelle durch die Wärme der Energiequelle zunächst stärker in Bewegung versetzt werden. Dadurch werden die Abstände zwischen den Teilchen größer und es gibt weniger Teilchen im gleichen Volumen (die Dichte nimmt ab). Der erwärmte Stoff ist dadurch leichter als der umgebende Stoff, steigt auf und führt dabei die erhöhte Bewegungsenergie der Teilchen mit.
b Die Luft, welche die Kerzenflamme umgibt, wird erwärmt. Dadurch werden die Abstände zwischen den Luftteilchen größer. Die Luft ist dann weniger dicht und steigt nach oben. Innerhalb dieses Luftstroms bildet sich die Form der Kerzenflamme aus. Da die erwärmte Luft immer nach oben steigt, ist auch die Kerzenflamme immer nach oben gerichtet.
c Die Eiswürfel im Gefäß kühlen die umgebende Bowle ab. Dadurch werden die Abstände zwischen den Teilchen der Flüssigkeit geringer und es befinden sich mehr Teilchen im gleichen Volumen (die Dichte nimmt zu). Die kalte Bowle sinkt nach unten, die warme Bowle von unten steigt auf und wird ebenfalls vom Kühlgefäß abgekühlt.
3a Wärmestrahlung benötigt keine Teilchen, um Wärme zu transportieren.
b Die Wärmestrahlung der Hand wird von der Blechoberfläche reflektiert. Dadurch nehmen wir die Wärmestrahlung unserer eigenen Hand wahr.
c Beispiel für einen Versuchsaufbau: Aus weißem und schwarzem Karton werden zwei identische Würfel gebastelt. In jeden der Würfel wird ein Thermometer gesteckt. Beide Würfel werden in die Sonne gestellt. Die Temperaturwerte werden in einer Tabelle in gleichmäßigen Zeitabständen festgehalten.
4a Ein Anorak besteht aus zwei Stoffschichten, die ein Füllmaterial aus vielen kleinen Fasern sowie möglichst viel Luft einschließen. Die Oberfläche des Innenfutters ist glatt.
Das glatte Innenfutter des Anoraks reflektiert einen Teil der Wärmestrahlung des Körpers zurück zum Körper. Das Futter des Anoraks leitet die restliche Wärme nur schlecht nach außen, weil Luft ein sehr schlechter Wärmeleiter ist. Dadurch dass der Anorak geschlossen ist und keine Außenluft an die Haut lässt, verhindert er außerdem, dass Wärme durch Wärmeströmung verloren geht.
b Wie gut ein Anorak die Wärme dämmt, hängt von der Art und Menge der Füllung ab. Dünne Anoraks haben schlechtere Wärmedämmeigenschaften als dicke Anoraks. Daunen wirken als besonders gute Wärmedämmung, da sie viel Luft einschließen, ohne dass man viel Material verwenden muss.
5a Der natürliche Treibhauseffekt hat seine Ursache in der natürlichen Zusammensetzung der Erdatmosphäre. Er sorgt für Temperaturen, bei denen sich das Leben auf der Erde entwickeln konnte.
Der künstliche Treibhauseffekt ist vom Menschen hervorgerufen, da durch unsere Lebensweise (Massentierhaltung, Verbrennung von fossilen Brennstoffen usw.) ein höherer Anteil an Treibhausgasen in die Atmosphäre gelangt. Diese verstärken den natürlichen Treibhauseffekt.
b Wasserdampf, CO_2 und Methan sind für den Treibhauseffekt verantwortlich. Sie verringern die Abstrahlung von Wärme in den Weltraum. So wird ein Teil der Wärme zur Erde zurückgestrahlt.
c Der Mond hat keine Atmosphäre.
Auf der Tagseite trifft die Wärmestrahlung der Sonne daher direkt und ungefiltert auf die Mondoberfläche. Dadurch erwärmt sich der Mond auf der Tagseite stark.
Auf der Nachtseite des Mondes kühlt die Mondoberfläche schnell aus, da die Wärme ungehindert ins Weltall abgestrahlt wird.

Atomphysik (S. 310)

zum Bild: Die durchstrahlende Wirkung der Strahlung radioaktiver Stoffe wird verwendet, um Bilder vom Körperinnern zu machen. Dazu wird zunächst ein radioaktives Präparat gegeben, das sich in das zu untersuchende Gewebe einlagert. Die Abstrahlung wird dann aufgezeichnet und zu einem Bild verarbeitet.

1a Ein Atom besteht aus einem Atomkern, in dem sich Neutronen und Protonen befinden, und einer Atomhülle, in der sich die Elektronen aufhalten.

b Die Isotope eines Elements unterscheiden sich in ihrer Neutronenzahl im Atomkern. Die Anzahl der Protonen und Elektronen ist bei allen Isotopen eines Stoffs gleich.

c Aus einem neutralen Atom kann ein Ion, also ein geladenes Teilchen werden, indem man Elektronen aus der Atomhülle entfernt. Das Rest-Ion ist dann positiv geladen.

2a *Alphastrahlung* ist eine positiv geladene Teilchenstrahlung. Die Alphateilchen bestehen aus zwei Protonen und zwei Neutronen. Die Strahlung hat nur eine geringe Reichweite. Sie lässt sich leicht abschirmen, z. B. mit Papier.

Betastrahlung ist eine negativ geladene Teilchenstrahlung. Die Betateilchen sind Elektronen. Sie haben eine mittlere Reichweite, können aber z. B. bereits mit einem dünnen Aluminiumblech abgeschirmt werden.

Gammastrahlung ist eine ungeladene Energiestrahlung. Gammastrahlen haben eine sehr hohe Reichweite und sind kaum abschirmbar.

b *Alphastrahlung:* Sendet ein Atomkern Alphastrahlung aus, so verringert sich die Anzahl der Teilchen im Atomkern um zwei Neutronen und zwei Protonen. Dadurch entsteht ein neues Element mit einer um zwei geringeren Ordnungszahl.

Betastrahlung: Bei der Betastrahlung zerfällt ein Neutron im Kern in ein Proton und ein Elektron. Das Elektron verlässt als Betateilchen den Kern, das Proton bleibt im Kern zurück. Dadurch entsteht ein neues Element mit einer um eins erhöhten Ordnungszahl.

Gammastrahlung besteht nicht aus Teilchen. Beim Aussenden von Gammastrahlen bleibt das Element erhalten und wird nicht umgewandelt.

c Alle drei Strahlungsarten unterscheiden sich in ihrer Ladung, der Reichweite und der Abschirmbarkeit. Gemeinsam ist allen, dass sie von Atomkernen ausgesendet werden und Zellen schädigen können.

3a Radioaktivität kann man anwenden, um Lebensmittel zu sterilisieren, Schweißnähte zu prüfen, Lecks in Pipelines aufzuspüren und Schichtdicken zu prüfen, z. B. bei der Papierherstellung. Sie wird auch in Ionisationsrauchmeldern genutzt.

b Radioaktivität kann man auf drei Arten nachweisen:
- Radioaktivität kann Filme belichten.
- Radioaktivität hinterlässt sichtbare Spuren in einer Nebelkammer, weil sie den Dampf in der Nebelkammer ionisiert.
- Radioaktivität kann man mit dem Geiger-Müller-Zählrohr messen. Auch hier wird die ionisierende Wirkung von Radioaktivität genutzt.

c Der Nulleffekt wird durch die ständig vorhandene natürliche Strahlung hervorgerufen. Möchte man messen, ob ein Gegenstand radioaktiv ist, so muss man die durchschnittliche natürliche Strahlung vom Messergebnis abziehen.

4a Die Umgebungsstrahlung setzt sich aus der kosmischen Strahlung und der Bodenstrahlung zusammen.

b Die Umgebungsstrahlung verändert jede Radioaktivitätsmessung, denn sie wird automatisch mitgemessen. Den Einfluss der Umgebungsstrahlung beim Messen nennt man Nulleffekt.

5a Die Strahlung radioaktiver Stoffe hat eine abtötende Wirkung auf biologische Organismen. Sie hat eine ionisierende Wirkung und eine durchstrahlende Wirkung.

b Das Röntgenbild zeigt eine Hand mit sechs Fingern. Dies ist eine genetische Abnormalität. Also handelt es sich um eine genetische Schädigung, die auf die nächste Generation übertragen wurde.

c Bei medizinischen Untersuchungen wird die durchstrahlende Wirkung genutzt, um Bilder aus dem Körperinnern zu machen, z. B. bei der Szintigrafie.

Bei der Behandlung von Krebstumoren mit Bestrahlung wird gezielt Strahlung auf krankes Gewebe gestrahlt, um dieses abzutöten.

Kernphysik (S. 326)

zum Bild: Die Energie eines Kernkraftwerks stammt von der Energie, die bei Kernspaltungen freigesetzt wird.

1a Lise Meitner und Otto Hahn stellten fest, dass beim Beschuss von Uran mit Neutronen Barium entsteht. Das konnte nur bedeuten, dass das Uranatom aufgespalten wurde, da Barium deutlich kleinere Atomkerne hat als Uran.

b Bei einer Kernspaltung wird ein großer Atomkern in zwei mittelgroße Atomkerne gespalten. Dabei wird Energie frei.

c Die positiv geladenen Protonen im Kern stoßen sich gegenseitig ab. Im Atomkern wirken jedoch starke Kräfte, die alle Teilchen trotzdem zusammenhalten. Bei der Kernspaltung werden diese Kräfte überwunden und die abstoßenden Kräfte zwischen den Protonen freigesetzt.

d Da Uran 92 Protonen besitzt, muss der Spaltpartner von Caesium mit 55 Protonen Rubidium mit 37 Protonen sein.

2a Damit eine Kettenreaktion entstehen kann, muss genug spaltbares Material vorhanden sein. Außerdem benötigt man Neutronen mit der richtigen Geschwindigkeit, um die Kettenreaktion zu starten und am Laufen zu halten.

b Bei einer unkontrollierten Kettenreaktion nimmt die Anzahl der Kernspaltungen mit jeder Neutronengeneration zu. Alle frei werdenden Neutronen (meist zwei oder drei) spalten wieder Atomkerne.

Bei einer kontrollieren Kettenreaktion bleibt die Anzahl der Kernspaltungen in jeder Neutronengeneration gleich. Es wird dazu immer ein Teil der frei werdenden Neutronen eingefangen, sodass sie keine weiteren Atomkerne spalten können.

c Im Kernkraftwerk möchte man eine konstante Energiemenge erzeugen. Eine sehr explosiv ansteigende Energiefreisetzung wie bei der unkontrollierten Kettenreaktion würde den Reaktor zerstören.

3a Die Urankerne in den Brennstäben sind das Spaltmaterial. Die Anzahl der mithilfe eines Moderators auf die passende Geschwindigkeit gebrachten Neutronen bestimmt, wie viele Kernspaltungen stattfinden, also welche Energiemenge freigesetzt wird. Soll ein Kraftwerk mehr Energie produzieren, werden weniger der freien Neutronen abgefangen und es kommt zu einer größeren Zahl von Kernspaltungen.

b Kernenergie (Energieform) → Kernspaltung in den Uranbrennstäben (Energiewandler) → Wärme (Energieform) → Dampferzeuger (Energiewandler) → Bewegungsenergie (Ausdehnung, Energieform) → Turbine (Energiewandler) → Bewe-

gungsenergie (Drehung, Energieform) → Generator (Energiewandler) → Elektrische Energie (Energieform)
c Folgende Sicherheitsbarrieren im Kernkraftwerk schließen die Radioaktivität im Innern ein:
- Das spaltbare Uran ist von Keramik umschlossen.
- Die Brennstofftabletten sind in den Brennstäben durch Metall umschlossen.
- Der Reaktordruckbehälter umschließt die Brennstäbe und das radioaktive Wasser.
- Ein Betonmantel umschließt den Druckbehälter.
- Ein Sicherheitsbehälter umschließt den gesamten Reaktorteil des Kraftwerks.
- Das Reaktorgebäude schützt den Sicherheitsbehälter gegen Einwirkungen von außen.

4a Die Radioaktivität im Innern eines Kernkraftwerks ist gefährlich und muss mit großem Aufwand sicher eingeschlossen sein. Eine Bestrahlung der Mitarbeiter sowie das Austreten von Strahlung muss auf jeden Fall verhindert werden.
Kernkraftwerke erzeugen außerdem eine große Menge leicht-, mittel- und hochradioaktiver Abfälle. Dieser Abfall muss sicher entsorgt werden, weil er über sehr lange Zeit noch radioaktiv ist.
b *Vorteile:* großer Energiegewinn aus wenig Brennmaterial, umweltfreundliche Abgasbilanz (keine Freisetzung von CO_2)
Nachteile: radioaktiver Abfall, Gefahr eines atomaren Unfalls
c *In Tschernobyl* wurde der Super-GAU durch menschliches Versagen ausgelöst. Bei einem Sicherheitstest simulierten die Techniker einen Stromausfall. Dadurch entstand eine große Wärmemenge, die die Brennstäbe verformte und somit eine Abschaltung unmöglich machten.
In Fukushima sorgte ein Tsunami für den Ausfall der Stromversorgung. Dadurch versagten die Kühlsysteme. Der Reaktor überhitzte.
In beiden Fällen kam es zur Kernschmelze.

Elektronik (S. 338)

zum Bild: Um selbstständig fahren zu können, muss ein Fahrzeug seine Umgebung „wahrnehmen". Dies geschieht über Sensoren, die physikalische Größen wie Helligkeit, Temperatur oder Feuchtigkeit messen. Solche Sensoren basieren zu einem großen Teil auf Halbleitern.
1a Bei Halbleitern liegt die Leitfähigkeit bei Zimmertemperatur zwischen der von Leitern und Nichtleitern (Isolatoren). Daher haben Halbleiter ihren Namen.
b Germanium ist wie Silicium ein Halbleitermaterial.
2a Sensoren können beispielsweise Druck, Wärme und Licht „erfühlen".
b In der Schaltung muss noch eine Energiequelle, beispielsweise eine Batterie, ergänzt werden.

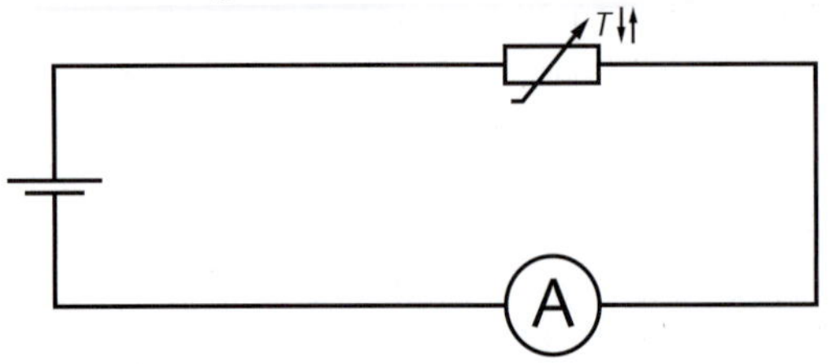

3a Das Grundmaterial für LED und Leuchtdiode ist ein Halbleitermaterial, meist Silicium.
b Wesentlicher Unterschied bei der Funktion ist die Fähigkeit der LED zu leuchten.
Im Aufbau haben Diode und LED gemeinsam, dass sie von einer Kunststoffhülle umgeben sind. Der Unterschied ist, dass die Kunststoffhülle bei einer LED transparent ist und eine Reflektorwanne enthält.
Die Schaltsymbole von LED und Diode unterscheiden sich dadurch, dass bei der LED zwei Pfeile vom Dreieck weg zeigen, die das Licht darstellen.
c Ein Vorteil der LED sind ihr geringer Leistungsbedarf aufgrund ihrer geringen Wärmeabgabe. Die Lebensdauer von LEDs ist zudem höher. Für viele Menschen haben jedoch Glühlampen ein angenehmeres, warmes Licht.
4a Mögliche Antwort: Ein Solarmodul besteht aus mehreren Solarzellen. In einem Solarpark wird durch Fotovoltaik elektrische Energie aus Sonnenenergie erzeugt.
b Eine Leuchtdiode macht aus elektrischer Energie Licht. Bei einer Solarzelle ist es genau umgekehrt.
c 1. Sonnenenergie (Energieform) → Solarzelle (Energiewandler) → Elektrische Energie (Energieform)
2. Elektrische Energie (Energieform) → Leuchtdiode (Energiewandler) → Licht (Energieform)

d

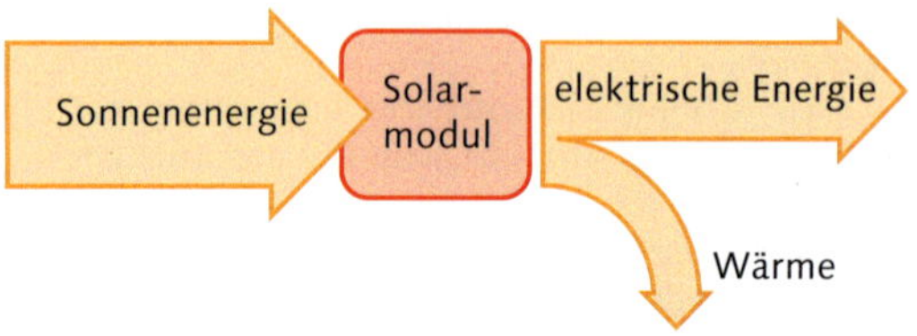

Der Abzweig „Wärme" zeigt, dass nicht die komplette Sonnenenergie wie gewünscht in elektrische Energie umgewandelt wird. Die Breite der Pfeile zeigt zum einen, dass der Anteil der in elektrische Energie umgewandelten Sonnenenergie höher ist als der Anteil, der in Form von Wärme verloren geht. Dass die Breiten der Pfeile von elektrischer Energie und Wärme in der Summe genau der Breite des Sonnenenergiepfeils entspricht, zeigt, dass die Energiemenge prinzipiell erhalten bleibt, auch wenn ein Teil (in Form von Wärme) entwertet wird.
5a Die Größe einer Solarzelle hat keine Auswirkung auf die Spannung, nur auf die Stromstärke.
b Die Spannung kann durch Reihenschaltung von Solarzellen erhöht werden. Eine Parallelschaltung von Solarzellen erhöht die Stromstärke.
c Wenn man die Fläche einer Solarzelle verkleinert, verringert sich die Stromstärke. Nach $P = U \cdot I$ nimmt dabei auch die Leistung der Solarzelle ab.

Register

F

G

Methoden

Bildquellenverzeichnis

Cover: F1online/Henn Photography/Culture creative, S. 3 Fotolia/klickerminth, S. 3 Fotolia/Carl-J. Bautsch, S. 4 ddp images, S. 4 NASA, S. 5 picture alliance/dpa, S. 5 Shutterstock/Master1305, S. 6 ddp/interTOPICS/Dalle, S. 6 REUTERS/Arnd Wiegmann, S. 7 Fotolia/fototrm12, S. 7 Fotolia/pixelpoems.de, S. 8 vgl. S. 4, 12/13, S. 9 vgl. S. 155, 204, 289, S. 11 Fotolia/T. Michel, S. 11 Walther-Maria Scheid, Berlin, 2016, für Cornelsen FachWerk, S. 12 Fotolia/Carl-J. Bautsch, S. 13/u. Shutterstock/Inara Prusakova, S. 13/o. Shutterstock/Andrzej Kubik, S. 14/1 Fotolia/Vitaly Krivosheev, S. 14 123RF/Alexandra Coman, S. 16 Cornelsen Verlag, S. 16/1 Fotolia/zacupboss, S. 17/4 Cornelsen/Markus Gaa, S. 18 Cornelsen/Markus Gaa, S. 19/4 Cornelsen/Markus Gaa, S. 20/2 akg-images/PHOTO CNES, S. 20/1 Deutsches Museum, München, S. 20/3 Cornelsen/Moritz Vennemann, S. 21 Arnold Barmettler, S. 22/u. Fotolia/Claudio Divizia, S. 22/o. Shutterstock/Andrzej Kubik, S. 24/M. Cornelsen/Markus Gaa, S. 25/o. Cornelsen/Markus Gaa, S. 26/1 Shutterstock/Dmitri Mihhailov, S. 27 Shutterstock/Sari ONeal, S. 27/1a-d: Cornelsen/Markus Gaa, S. 28/1 ddp images/interTOPICS, S. 28 Cornelsen/Stephanie Staudemaier, S. 30/1 Fotolia/WavebreakMediaMicro, S. 30/2 Shutterstock/Renata Sedmakova, S. 30/o. Cornelsen/Markus Gaa, S. 30 Walther-Maria Scheid, Berlin, 2016, für Cornelsen FachWerk, S. 31/u. l. brandingservice/Stephan Schwill, S. 31/o., M., u.: Cornelsen/Markus Gaa, S. 32/1 Ethnotracks, S. 33/4 Cornelsen/Volker Döring, S. 34/2 Cornelsen/Markus Gaa, S. 34/1 Phywe, S. 35/3 Fotolia/PRILL Mediendesign, S. 35/1 ddp images, S. 36/1 Fotolia/Jon Manjeot, S. 36/M. Cornelsen/Markus Gaa, S. 36/u. Cornelsen/Markus Gaa, S. 37/M. ddp images//INTERTOPICS, S. 37/u. Fotolia/Ingo Bartussek, S. 38 Fotolia/Roma, S. 38/1 Fotolia/jojje11, S. 38/3 Peter Lingemann, uranmaschine.de, S. 39/4 Shutterstock/Anton Petrus, S. 40/o. Fotolia/Carl-J. Bautsch, S. 42/o. Fotolia/chalabala.cz, S. 43/M. Shutterstock/www.smith1972.com, S. 43/o. picture-alliance/Norbert Hohn, S. 44/2 Cornelsen/Markus Gaa, S. 46/3 Benvie, N./juniors@wildlife, S. 46/1 Fotolia/Andreas Safreider, S. 47/M. Shutterstock/Zepedrocoelho, S. 47/5 Fotolia/conejota, S. 47/u. Cornelsen/Herbert Fallscheer, S. 48/1 Fotolia/Ilike, S. 49/M. Fotolia/zdshooter, S. 52/o. Shutterstock/Inara Prusakova, S. 54/l. akg-images, S. 54/r. Glow Images/Image Source, S. 54/u. KoeppiK/Wikipedia (CC 3.0 Lizenz), S. 56/u. Cornelsen/Markus Gaa, S. 56/1 Shutterstock/Cristi Kerekes, S. 57/u. Fotolia/klickerminth, S. 58/1 Shutterstock/Lucky Business, S. 60/1 Fotolia/Harald Jeske, S. 63/2 Fotolia/www.danmirica.ro, S. 64/o. Shutterstock/Cristi Kerekes, S. 67/u. Fotolia/Albert Peer, S. 68/1 Fotolia/Voennyy, S. 68/3 Fotolia/Vasilev Alexandr, S. 69/5 Fotolia/kommunaga, S. 70 ddp images, S. 71/u. Fotolia/Stephan Leyk, S. 71/o. Fotolia/3dsculptor, S. 74/1 Shutterstock/Denis Kuvaev, S. 74/2 Shutterstock/Denis Kuvaev, S. 75/4 Shutterstock/mezzotint, S. 76/1 BLOB Event & Sales GmbH , S. 80/o. Fotolia/3dsculptor, S. 80/u. l. Fotolia/TimurD, S. 84/1 Fotolia/uzkiland, S. 86/1 www.pedal-power.com, S. 87/3 Shutterstock/topten22photo, S. 90/2 Regionalverband Ruhr, Essen 2012, S. 92/o. Fotolia/Stephan Leyk, S. 92/u. picture-alliance/ZB, S. 94/r. Fotolia/Sunny studio, S. 94/l. Mobil Racing, S. 96/1 Colourbox, S. 97/4 Fotolia/stockWERK, S. 97/3 Fotolia/HandmadePictures, S. 98 NASA, S. 99/o. Cornelsen/Volker Döring, S. 99/u. panthermedia/Andre Bonn, S. 100/u. Cornelsen/Walther-Maria Scheid, S. 101/3 Shutterstock/Barabasa, S. 101/u. Cornelsen/Volker Döring, S. 101/o. Fotolia/funnymike1108, S. 102/1 Cornelsen/Volker Döring, S. 103/M. Colourbox, S. 103/7 Cornelsen/Volker Döring, S. 104/1a, 1b Cornelsen Experimenta, S. 104/3a, 3b Cornelsen Experimenta, S. 105/5 Bosch/Marianne Majerus Garden Images, S. 106/o., u.: Cornelsen/Volker Döring, S. 108/u. l. Cornelsen/Volker Döring, S. 108/u. r. Cornelsen/Volker Döring, S. 108/M. Fotolia/thomas58, S. 110/1 Cornelsen/Volker Döring, S. 110/3 Cornelsen Experimenta, S. 112/1 Cornelsen Experimenta, S. 113 Cornelsen Experimenta, S. 113/3a, 3b, 3c: Conrad Electronic SE, S. 113/M. r. , M. l. Conrad Electronic SE, S. 114/1 Cornelsen Experimenta, S. 115 l. und r.: Cornelsen/Volker Döring, S. 116/1 Cornelsen Experimenta, S. 117/M. Cornelsen Experimenta, S. 118/1 Cornelsen/Markus Gaa, S. 118/2 Cornelsen/Bettina Missale, S. 119 picture alliance / CITYPRESS24, S. 120/2a Fotolia/Thomas Madel, S. 120/2b EnBW Energie Baden-Württemberg AG 2010, S. 121/3 HEA, S. 122 Mitte NASA, S. 124 oben Cornelsen/Volker Döring, S. 124/3a, 3b: Cornelsen/Volker Döring, S. 124/6 Cornelsen/Volker Döring, S. 124/7: Cornelsen Experimenta, S. 125/o. Cornelsen/Volker Döring, S. 126/1: Cornelsen/Volker Döring, S. 128/1 UK-electronic, S. 129/3a, b, c Cornelsen/Volker Döring, S. 129/u. Beurer GmbH, S. 130/1 Cornelsen/Markus Gaa, S. 132/1 Cornelsen/Boris Mahler, S. 132 Cornelsen/Markus Gaa, S. 134/1 Fotofinder/argum, S. 134/2: doc-stock/Jochen Tack, S. 135/u. Cornelsen Experimenta, S. 136/o. panthermedia/Andre Bonn, S. 136/u. Cornelsen/Heinz Mahler, S. 137/u. Fotolia/funnymike1108, S. 139 Cornelsen/Volker Döring, S. 140/1 u. 2: Cornelsen/Markus Gaa, S. 141 Fotolia/maexico, S. 142 Dirk Vogel/VISUM, S. 143 u. Glow Images, S. 143/o. Cornelsen/Markus Gaa, S. 144/3 Cornelsen/Michael J. Fabian, S. 144/1, 2a, 2b, 2c: Cornelsen/Markus Gaa, S. 145/u. Peros Marketing GmbH, S. 145/6 Cornelsen/Markus Gaa, S. 146 Cornelsen/Markus Gaa, S. 146 Cornelsen/Michael J. Fabian, S. 146/3 NTL Austria, S. 146 Cornelsen/Michael J. Fabian, S. 146 Cornelsen/Michael J. Fabian, S. 147/u. Fotolia/akf, S. 147 Cornelsen/Terezia Petö, S. 148/1 Deutsches Museum, S. 148/2a, 2b, 2c: Cornelsen/Markus Gaa, S. 149/u. Cornelsen/Markus Gaa, S. 149 Cornelsen/Michael J. Fabian, S. 150/1, 3: Mannesmann Dematic AG, Wetter, S. 150/2 Cornelsen/Michael J. Fabian, S. 151/u. action press/United Artists film, S. 151/5 Cornelsen/Michael J. Fabian, S. 151/4 Cornelsen/Markus Gaa, S. 152/1 Mauritius Images/Photononstop, S. 153/3 Cornelsen/Markus Gaa, S. 154/l. Fotolia/Lev Aleshin, S. 154/r. Cornelsen/Markus Gaa, S. 155/M. l. Fotolia/Brostock, S. 155/o. Cornelsen/Markus Gaa, S. 155/M. r. Cornelsen/Markus Gaa, S. 155/u. Cornelsen/Markus Gaa, S. 156/o. Dirk Vogel/VISUM, S. 156/u. NTL Austria, S. 158/o. Phywe Systeme GmbH, S. 159/M. Fotolia/Matze, S. 159/o. abc-Werbegeschenke, S. 160/2 mauritius images/Alamy/sciencephotos, S. 160/1 Cornelsen/Markus Gaa, S. 161/o., u.: Cornelsen/Markus Gaa, S. 162 Shutterstock/Master1305, S. 163/o. Glow Images /imagebroker.com, S. 163/u. IMAGO, S. 164/1 epd-bild/LICHTBLICK/Guido Frebel, S. 165/o. r. Juniors Bildarchiv, S. 165/o. l Fotolia/Alexander Ozerov, S. 165/M. r.: imago/Westend61, S. 165/u. picture alliance/blickwinkel/McPHOTO, S. 165/M. l.: WILDLIFE/S. Muller, S. 166/1 topic Media/Uwe Skrzypczak, S. 166/3 picture-alliance/dpa, S. 167/u. Honda Motor Europe Ltd, S. 168/1 Cornelsen/Markus Gaa, S. 170/1: Motorsport-Magazin.com, S. 172/1 Shutterstock/hxdbzxy, S. 173/M.: KPA Archival Collection/Süddeutsche Zeitung Photo, S. 173/2 Mauritius Images/imagebroker.com, S. 174/2 IMAGO, S. 174/r., l.: Cornelsen/Markus Wacker, S. 175/o. Fotolia/maros_bauer, S. 175/u. Shutterstock/Derek Gordon, S. 175/M. picture alliance/Foto Huebner, S. 176/1 ACE Auto Club Europa, S. 176/2 Cornelsen/Volker Minkus, S. 178/o. IMAGO, S. 179 Fotolia/Creativa Images, S. 180/o. Shutterstock/Kekyalyaynen, S. 180/M. l. Cornelsen Verlag/Volker Döring, S. 181/o. action press/QKD/Rex Features, S. 182/1 Shutterstock/Ijansempoi, S. 182/2 wikipedia/Cyrusdreams, S. 183/5a mauritius images/Science Source/GIPhotoStock, S. 183/5b Michael Maggs, S. 184 picture alliance/dpa, S. 185/u. Shutterstock/bogdanhoda, S. 185/o. Fotolia/Maridav, S. 186/2a IMAGO, S. 186/2c Shutterstock/Gines Romero, S. 186/2d Clip Dealer/Birgit Reitz-Hofmann, S. 186/2e Shutterstock/Arnon.PT, S. 186/2b Shutterstock/Icatnews, S. 186/1 ASTERIX®- OBELIX® / © 2016 LES EDITIONS ALBERT RENE, S. 187/u. Fotolia/krisgo, S. 187/3 picture-alliance/dpa, S. 188/1 Cornelsen/Bettina Missale, S. 190/1 NASA, S. 190 Cornelsen/Markus Wacker, S. 193 Sergey Furtaev, S. 193/3 Cornelsen/Markus Gaa, S. 194/u. Cornelsen/Markus Gaa, S. 194/o. picture alliance/dpa, S. 196/M. HEINZ KETTLER GmbH & Co. KG, S. 197 wikipedia, S. 198 ddp images, S. 199/5 action press/Jochen Klein, S. 199/o. blickwinkel/P. Royer, S. 199/u. picture alliance/SZ Photo, S. 200/1 REUTERS/Nir Elias, S. 201/u. Cornelsen/Bettina Missale, S. 202/1 picture alliance/AP Photo, S. 202/3 Cornelsen/Heinz Mahler, S. 203 /4 picture-alliance/Stefan Matzke, S. 203/o. Cornelsen/Markus Gaa, S. 204/o. Fotolia/Maridav, S. 206/r. picture-alliance/dpa, S. 206/l. IMAGO, S. 207/o. bpk/Dietmar Katz, S. 207/u. Fotolia/sylv1rob1, S. 209 imago/Sven Simon,S. 210/2 Fotolia/rdnzl, S. 211/2 bpk/Ägyptisches Museum und Papyrussammlung, SMB/Sandra Steiß, S. 211/1 Glow Images, S. 211/3 Glow Images, S. 211 Fotolia/Africa Studio, S. 212/3 Fotolia/Alois, S. 212/1 Fotolia/Lars Sander, S. 214/1 Fotolia/zhukovvvlad, S. 214/2 Mauritius/Eye Ubiquitous/Alamy, S. 215/3 ddp images/INTERTOPICS, S. 216/1 Fotolia/vulcanus, S. 217/l. Fotolia/Stefan Merkle, S. 217/r. Fotolia/ballabeyla, S. 218/1 ddp images, S. 219/u. Fotolia/RioPatuca, S. 219/4 Fotolia/Andreas P., S. 220/o. Shutterstock/bogdanhoda, S. 223/u. r. Glow Images, S. 223/u. l. Shutterstock/Kuznetcov_Konstantin, S. 223/o.: Österreichischer Bergrettungsdienst/Markus Isser 2016, S. 224/u. action press/Ferrari Press Agency, S. 225/3 Fotolia/Aintschie, S. 225/4 Shutterstock/Girodjl, S. 226 REUTERS/Arnd Wiegmann, S. 227/o. Shutterstock/jakit17, S. 227/u. Shutterstock/hipproductions, S. 228/1 Fotolia/marcodeepsub, S. 228/1 Fotolia/stevanzz, S. 228/3 Cornelsen/Markus Gaa, S. 229/5 Cornelsen/Markus Gaa, S. 230/1, 2 Cornelsen/Markus Gaa, S. 232/1 Cornelsen/Markus Gaa, S. 233/u. Cornelsen/Markus Gaa, S. 234/1 Shutterstock/Arogant, S. 234/2a, 2b: Cornelsen/Markus Gaa, S. 235 ddp images/Jeff Siner/Charlotte Observer/MCT, S. 236/u. Fotolia/autofocus67, S. 236/o. REUTERS/Arnd Wiegmann, S. 239/o. Cornelsen/Volker Döring, S. 239/u. Cornelsen/Bettina Missale, S. 240/o. Cornelsen/Markus Gaa, S. 241/u. Shutterstock/Peter Sobolev, S. 241/3a, 3b: Cornelsen/Markus Gaa, S. 242/1, 2: Cornelsen/Markus Gaa, S. 243/3 Siemens AG, S. 245/2 Shutterstock/Zeljko Radojko, S. 247/4 Cornelsen/Markus Gaa, S. 248/o. Shutterstock/jakit17, S. 248/u. Shutterstock/warat42, S. 250 u. l. Cornelsen/Markus Gaa, S. 250/o. Cornelsen/Heinz Mahler, S. 250/u. r. Einhell, Landau, S. 251/u. Clip Dealer/Thomas Klee, S. 251/o. Shutterstock/studio23, S. 252/1 Shutterstock/Tyler Olson, S. 252/3 Cornelsen/Markus Gaa, S. 253/4 Fotolia/theyok, S. 254 ddp/interTOPICS/Dalle, S. 255/o. F1online/Cultura Images, S. 255/u. Fotolia/Rasulov, S. 256/1 Bildagentur Huber/Sonderegger, S. 258/1, 2, 3: Cornelsen/Volker Döring, S. 260/1 Shutterstock/Alexander Raths, S. 262 Fotolia/euthymia, Fotolia/blende11, Fotolia/Schlierner, Fotolia/Igor Semenov, Fotolia/dima_pics, Fotolia/TELCOM-PHOTOGRAPHY, Shutterstock/Evgeny Tomeev, S. 262/2a, 2b, 2c: Cornelsen/Volker Döring, S. 263/3a Used with permission of Tyco Fire Protection Products, S. 263/3b, 3c, 3d Tyco Fire Protection Products, S. 263/u. Cornelsen/Volker Döring, S. 264 Shutterstock/FloridaStock, S. 264 PantherMedia/Roland Hoffmann, S. 266/1 Fotolia/elxeneize, S. 267/l. imago/Jochen Tack, S. 267/r. Cornelsen Verlag, S. 268/1 Cornelsen/Markus Gaa, S. 268/3 Sonnenhaus-Institut, S. 269/u. BASF SE, S. 270/o. Fotolia/Rasulov, S. 270 M.: Cornelsen/Markus Gaa, S. 274/1 Cornelsen/Volker Döring, S. 275/o. IDG Entertainment Media GmbH, S. 275/u. Cornelsen/Volker Döring, S. 276/r. Cornelsen/Volker Döring, S. 276/1 Cornelsen/Volker Döring, S. 277/u. Fotolia/meonfriday, S. 277/3 Fotolia/DenisIsmagilov, S. 279/5 Cornelsen/J. Burgstaller, S. 279/5 Fotolia/Ingo Bartussek, S. 283/a www.energiesparen-im-haushalt.de, S. 283/b bauen.de/energiesparhaus, S. 283/c www.marketeamcreativ.de, S. 283/2d viebrockhaus.de, S. 283/e stork-maler.de, S. 284/o. F1online/Cultura Images, S. 286/l. Cornelsen/Herbert Fallscheer, S. 286 WENKO Wenselaar GmbH & Co. KG, S. 287/o. GlowImages, S. 287/u. r. Shutterstock/Ligak, S. 287/u. l. Fotolia/Jürgen Fälchle, S. 288/2 Cornelsen/Markus Gaa, S. 288/1a, 1b: Cornelsen/Markus Gaa, S. 289/u. Shutterstock/mantis80, S. 289/o. Shutterstock/Gena Melendrez, S. 290 Fotolia/fototrm12, S. 291/o. REA/laif/Patrick Allard, S. 291/u. Daimler AG, S. 292/1 The ATLAS Experiment at CERN, http://atlas.ch, S. 294/2 Shutterstock/Everett Historical, S. 294/1 akg/Science Photo Library, S. 296/1 Fotolia/wellphoto, S. 296/2 Visual bridges, S. 302/1 mauritius images/Phototake/Philippe Dacla, S. 303/o. Shutterstock/m6photo, S. 304/1 imago, S. 306/1 Fotolia/web2000ra, S. 308/1 xxpool/Science Photo Library/Cordelia Molloy, S. 308/2 Shutterstock/shinobi, S. 309/5 picture alliance/dpa Themendie, S. 309/u. Cornelsen/Markus Gaa, S. 310/o. REA/laif/Patrick Allard, S. 310/u. commons.wikimedia.org/wiki/File:Polydactyly_01_Lhand_AP.jpg/en:users Drgnu23, Grendelkhan, Raul654, Solipsist, lizenziert über Creative Commons CC-BY-SA 3.0, S. 313/o. TECTRION/Juergen Bindrim, S. 316/1 Fotolia/pixelpoems.de, S. 317/1, 2: Physikalisches Institut der Universität Bonn in konzeptioneller Anlehnung an die WDR-Produktion „Sendung mit der Maus“, S. 318/1 mauritius images/imageBROKER/Martin Moxter, S. 320/2 Helmholtz Zentrum München, S. 320/1 Gesellschaft für Nuklear-Service mbH, S. 322 Google/2012 Terrametrics, S. 322/1 picture alliance/abaca, S. 323/4 imago, S. 324/1 Fotolia/Kara, S. 325/1 YourPhotoToday/PM, S. 326/o. Fotolia/fototrm12, S. 327/M. Shutterstock /Everett Historical, S. 327/u. Shutterstock/Kletr, S. 328/o. Colourbox/DimaSobko, S. 330/2a Shutterstock/Timothy Hodgkinson, S. 330/1 shutterstock/joanchang, S. 330/2b TubeAmpDoctor, Worms, S. 331/3 Cornelsen/Markus Gaa, S. 332/1 picture-alliance/dpa, S. 332/2a Clipdealer/Dario Sabljak, S. 332/2b Shutterstock/NNL_STUDIO, S. 332/3 Cornelsen/Markus Gaa, S. 333/4a, 4b: Cornelsen/Markus Gaa, S. 334/1 Fotolia/Jürgen Fälchle, S. 334/u. Cornelsen/Markus Gaa, S. 335/1 Cornelsen/Markus Gaa, S. 335 shutterstock/Volker Muether, S. 336/1 ddp images, S. 337/1 Cornelsen/Moritz Vennemann, S. 338/o. Daimler AG, S. 340/o., u.: Cornelsen/Markus Gaa, S. 341/M. www.koenen-kreativ.de, S. 342/2 Fotolia/MC Rendered Artwork, S. 343/3 Fotolia/Kris Wiktor, S. 343/4 Cornelsen Verlag/Hommel

Periodensystem der Elemente

Metall
Halbmetall
Nichtmetall

schwarz = Feststoff
weiß = Flüssigkeit
rot = Gas
hellblau = künstliches Element
* = radioaktives Element

[1] = Gruppennummerierung IUPAC (1989): Gruppennummern 1 bis 18
[2] = vorläufiges IUPAC-Symbol

Periode	1[1] I. Hauptgruppe	2 II. Hauptgruppe	3 III. Nebengruppe	4 IV. Nebengruppe	5 V. Nebengruppe	6 VI. Nebengruppe	7 VII. Nebengruppe	8 VIII. Nebengruppe	9 VIII. Nebengruppe
1	1 1,008 H Wasserstoff								
2	3 6,94 Li Lithium	4 9,01 Be Beryllium							
3	11 22,99 Na Natrium	12 24,31 Mg Magnesium							
4	19 39,10 K Kalium	20 40,08 Ca Calcium	21 44,96 Sc Scandium	22 47,88 Ti Titan	23 50,94 V Vanadium	24 51,996 Cr Chrom	25 54,94 Mn Mangan	26 55,85 Fe Eisen	27 58,93 Co Cobalt
5	37 85,47 Rb Rubidium	38 87,62 Sr Strontium	39 88,91 Y Yttrium	40 91,22 Zr Zirconium	41 92,91 Nb Niob	42 95,94 Mo Molybdän	43 [98] Tc* Technetium	44 101,07 Ru Ruthenium	45 102,91 Rh Rhodium
6	55 132,91 Cs Caesium	56 137,33 Ba Barium	57 138,91 La ● Lanthan	72 178,49 Hf Hafnium	73 180,95 Ta Tantal	74 183,84 W Wolfram	75 186,21 Re Rhenium	76 190,23 Os Osmium	77 192,22 Ir Iridium
7	87 [223] Fr* Francium	88 226,03 Ra* Radium	89 227,03 Ac* ●● Actinium	104 [261] Rf* Rutherfordium	105 [262] Db* Dubnium	106 [266] Sg* Seaborgium	107 [264] Bh* Bohrium	108 [277] Hs* Hassium	109 [268] Mt* Meitnerium

● Elemente der Lanthanreihe (Lanthanoide)

Periode					
6	58 140,12 Ce Cer	59 140,91 Pr Praseodym	60 144,24 Nd Neodym	61 [145] Pm* Promethium	62 150,36 Sm Samarium

●● Elemente der Actiniumreihe (Actinoide)

Periode					
7	90 232,04 Th* Thorium	91 231,04 Pa* Protactinium	92 238,03 U* Uran	93 [237] Np* Neptunium	94 [244] Pu* Plutonium

Ordnungszahl — 7
Atommasse in u — 14,007
Symbol — N
Name — Stickstoff

Die Atommassen in eckigen Klammern beziehen sich auf das längstlebige gegenwärtig bekannte Isotop des betreffenden Elements.

								18 VIII. Hauptgruppe
			13 III. Hauptgruppe	14 IV. Hauptgruppe	15 V. Hauptgruppe	16 VI. Hauptgruppe	17 VII. Hauptgruppe	2 4,003 He Helium
			5 10,81 B Bor	6 12,01 C Kohlenstoff	7 14,007 N Stickstoff	8 15,999 O Sauerstoff	9 18,998 F Fluor	10 20,18 Ne Neon
10 VIII. Nebengruppe	11 I. Nebengruppe	12 II. Nebengruppe	13 26,98 Al Aluminium	14 28,09 Si Silicium	15 30,97 P Phosphor	16 32,07 S Schwefel	17 35,45 Cl Chlor	18 39,95 Ar Argon
28 58,69 Ni Nickel	29 63,55 Cu Kupfer	30 65,39 Zn Zink	31 69,72 Ga Gallium	32 72,61 Ge Germanium	33 74,92 As Arsen	34 78,96 Se Selen	35 79,90 Br Brom	36 83,80 Kr Krypton
46 106,42 Pd Palladium	47 107,87 Ag Silber	48 112,41 Cd Cadmium	49 114,82 In Indium	50 118,71 Sn Zinn	51 121,76 Sb Antimon	52 127,60 Te Tellur	53 126,90 I Iod	54 131,29 Xe Xenon
78 195,08 Pt Platin	79 196,97 Au Gold	80 200,59 Hg Quecksilber	81 204,38 Tl Thallium	82 207,2 Pb Blei	83 208,98 Bi Bismut	84 [209] Po* Polonium	85 [210] At* Astat	86 [222] Rn* Radon
110 [271] Ds* Darmstadtium	111 [272] Rg* Roentgenium	112 [272] Cn* Copernicium	113 [284] Uut[2]* Ununtrium	114 [289] Fl* Flerovium	115 [288] Uup[2]* Ununpentium	116 [293] Lv* Livermorium	117 Uus[2]* Ununseptium	118 [294] Uuo[2]* Ununoctium

63 151,97 Eu Europium	64 157,25 Gd Gadolinium	65 158,93 Tb Terbium	66 162,50 Dy Dysprosium	67 164,93 Ho Holmium	68 167,26 Er Erbium	69 168,93 Tm Thulium	70 173,04 Yb Ytterbium	71 174,97 Lu Lutetium
95 [243] Am* Americium	96 [247] Cm* Curium	97 [247] Bk* Berkelium	98 [251] Cf* Californium	99 [252] Es* Einsteinium	100 [257] Fm* Fermium	101 [258] Md* Mendelevium	102 [259] No* Nobelium	103 [262] Lr* Lawrencium